住房和城乡建设领域专业人员岗位培训考核系列用书

机械员专业基础知识

江苏省建设教育协会　组织编写

中国建筑工业出版社

图书在版编目（CIP）数据

机械员专业基础知识/江苏省建设教育协会组织编写.
北京：中国建筑工业出版社，2014.4
住房和城乡建设领域专业人员岗位培训考核系列用书
ISBN 978-7-112-16559-9

Ⅰ.①机… Ⅱ.①江… Ⅲ.①建筑机械-岗位培训-教材 Ⅳ.①TU6

中国版本图书馆CIP数据核字（2014）第046284号

本书是《住房和城乡建设领域专业人员岗位培训考核系列用书》中的一本，依据《建筑与市政工程施工现场专业人员职业标准》编写。全书共分五章。本书可作为机械员岗位考试的指导用书，又可作为施工现场相关专业人员的实用手册，也可供职业院校师生和相关专业技术人员参考使用。

* * *

责任编辑：刘　江　岳建光　杨　杰
责任设计：张　虹
责任校对：张　颖　党　蕾

住房和城乡建设领域专业人员岗位培训考核系列用书
机械员专业基础知识
江苏省建设教育协会　组织编写
*
中国建筑工业出版社出版、发行（北京西郊百万庄）
各地新华书店、建筑书店经销
霸州市顺浩图文科技发展有限公司制版
北京富生印刷厂印刷
*
开本：787×1092毫米　1/16　印张：29¾　字数：720千字
2014年9月第一版　2015年3月第三次印刷
定价：**76.00**元
ISBN 978-7-112-16559-9
（25349）

住房和城乡建设领域专业人员岗位培训考核系列用书

编审委员会

出版说明

为加强住房城乡建设领域人才队伍建设，住房和城乡建设部组织编制了住房城乡建设领域专业人员职业标准。实施新颁职业标准，有利于进一步完善建设领域生产一线岗位培训考核工作，不断提高建设从业人员队伍素质，更好地保障施工质量和安全生产。第一部职业标准——《建筑与市政工程施工现场专业人员职业标准》（以下简称《职业标准》），已于 2012 年 1 月 1 日实施，其余职业标准也在制定中，并将陆续发布实施。

为贯彻落实《职业标准》，受江苏省住房和城乡建设厅委托，江苏省建设教育协会组织了具有较高理论水平和丰富实践经验的专家和学者，以职业标准为指导，结合一线专业人员的岗位工作实际，按照综合性、实用性、科学性和前瞻性的要求，编写了这套《住房和城乡建设领域专业人员岗位培训考核系列用书》（以下简称《考核系列用书》）。

本套《考核系列用书》覆盖施工员、质量员、资料员、机械员、材料员、劳务员等《职业标准》涉及的岗位（其中，施工员、质量员分为土建施工、装饰装修、设备安装和市政工程四个子专业），并根据实际需求增加了试验员、城建档案管理员岗位；每个岗位结合其职业特点以及培训考核的要求，包括《专业基础知识》、《专业管理实务》和《考试大纲·习题集》三个分册。随着住房城乡建设领域专业人员职业标准的陆续发布实施和岗位的需求，本套《考核系列用书》还将不断补充和完善。

本套《考核系列用书》系统性、针对性较强，通俗易懂，图文并茂，深入浅出，配以考试大纲和习题集，力求做到易学、易懂、易记、易操作。既是相关岗位培训考核的指导用书，又是一线专业人员的实用手册；既可供建设单位、施工单位及相关高、中等职业院校教学培训使用，又可供相关专业技术人员自学参考使用。

本套《考核系列用书》在编写过程中，虽经多次推敲修改，但由于时间仓促，加之编者水平有限，如有疏漏之处，恳请广大读者批评指正（相关意见和建议请发送至 JYXH05@163.com），以便我们认真加以修改，不断完善。

本书编写委员会

主　　编：马　记　余　宁

编写人员：马　记　余　宁　蔡国英　顾学军

前　言

为贯彻落实住房城乡建设领域专业人员新颁职业标准，受江苏省住房和城乡建设厅委托，江苏省建设教育协会组织编写了《住房和城乡建设领域专业人员岗位培训考核系列用书》，本书为其中的一本。

机械员培训考核用书包括《机械员专业基础知识》、《机械员专业管理实务》、《机械员考试大纲·习题集》三本，以现行国家规范、规程、标准为依据，以机械应用、机械管理为主线，内容不仅涵盖了现场机械管理人员应掌握的通用知识、基础知识和岗位知识，还涉及新设备、新工艺等方面的知识等。

本书为《机械员专业基础知识》分册。全书共分5章，内容包括：机械制图识图基础；建筑机械基础；常用和新型建筑施工机械应用；工程管理基础知识；建筑机械管理相关法律法规知识。

本书部分内容参考了江苏省建设专业管理人员岗位培训教材，对原培训教材作者的辛勤劳动和对本书出版工作的支持表示衷心感谢！

本书既可作为机械员岗位培训考核的指导用书，又可作为施工现场相关专业人员的实用手册，也可供职业院校师生和相关专业技术人员参考使用。

目　录

第1章　机械制图识图基础

1.1　机械图的基本规定

1.1.1　图纸幅面、图框和标题栏

1. 图纸幅面与图框

图纸幅面指图纸本身的大小。图框是明确图纸上绘图范围的边线，用粗实线绘制。国标对图纸基本幅面与图框尺寸（不留装订边）的规定见表1-1。图框格式和表中尺寸代号的含义如图1-1所示。

从表中可以看出，A1幅面是A0幅面的对开，A2幅面是A1幅面的对开，以此类推。以短边作垂直边的图纸称为横式幅面；以短边作水平边的图纸称为立式幅面。一般A0～A3图纸宜采用横式幅面。

基本幅面与图框尺寸　　表1-1

幅面代号 尺寸代号	A0	A1	A2	A3	A4
$B \times L$	841×1189	594×841	420×594	297×420	210×297
c	10			5	
a	25				

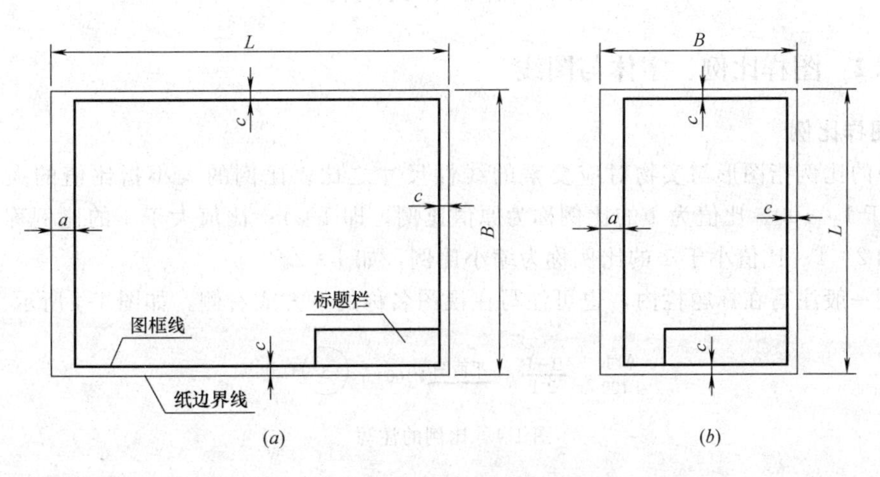

图1-1　图纸幅面格式及其尺寸代号

(a) 横式幅面；(b) 立式幅面

2. 标题栏

标题栏位于图框的右下角，一般由更改区、签字区、名称及代号组成，见图 1-2 所示。每个区内的具体内容参图 1-3 所示，也可根据实际情况需要进行增减。

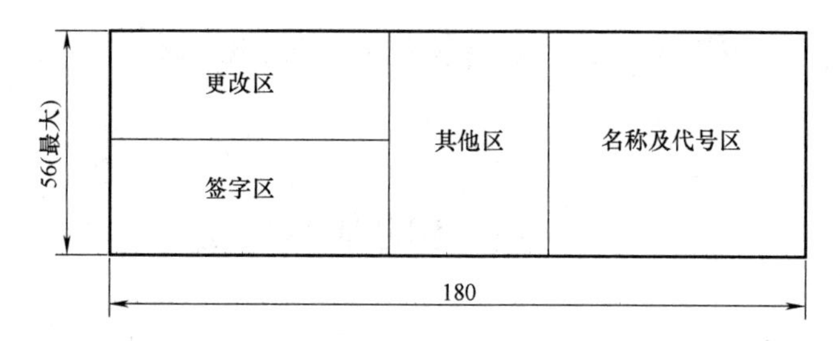

图 1-2　标题栏组成

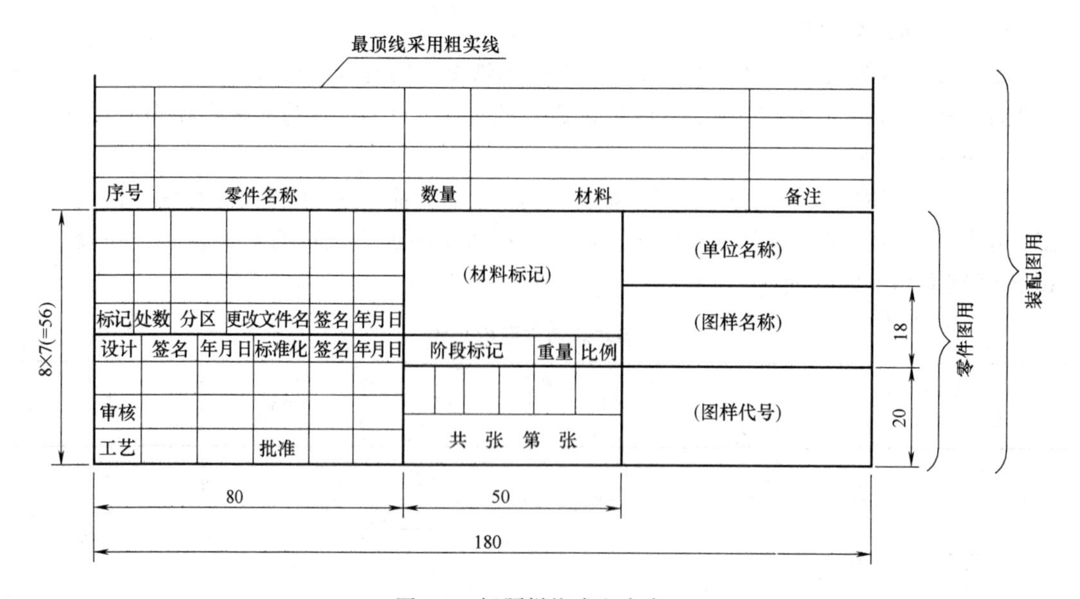

图 1-3　标题栏格式和内容

1.1.2　图样比例、字体与图线

1. 图样比例

图样的比例指图形与实物对应要素的线性尺寸之比。比例的大小指比值的大小，如 1∶50大于 1∶100。比值为 1 的比例称为原值比例，即 1∶1；比值大于 1 的比例称为放大比例，如 2∶1；比值小于 1 的比例称为缩小比例，如 1∶2。

比例一般注写在标题栏内，也可注写在视图名称的下方或右侧，如图 1-4 所示。

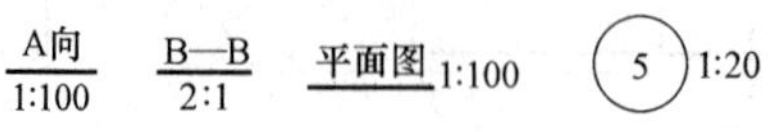

$\frac{\text{A向}}{1:100}$　$\frac{\text{B—B}}{2:1}$　$\underline{\text{平面图}}$ 1:100　⑤ 1:20

图 1-4　比例的注写

一个图样一般选用一种比例。根据需要，同一图样也可选用两种比例。绘图时，根据图样的用途和所绘物体的复杂程度，从表 1-2 中选取适当的比例，并优先选用表中的常用比例。

绘图所用比例　　表 1-2

	常用比例	可用比例
放大比例	5∶1;2∶1;5×10ⁿ∶1;2×10ⁿ∶1;1×10ⁿ∶1	4∶1;2.5∶1;4×10ⁿ∶1;2.5×10ⁿ∶1
缩小比例	1∶2;1∶5;1∶10;1∶2×10ⁿ;1∶5×10ⁿ;1∶1×10ⁿ	1∶1.5;1∶2.5;1∶3;1∶4;1∶6;1∶1.5×10ⁿ;1∶2.5×10ⁿ;1∶3×10ⁿ;1∶4×10ⁿ;1∶6×10ⁿ
原值比例	1∶1	

2. 图线

为了表达工程图样中的不同内容，并且能够分清主次，必须使用不同的线型和不同粗细的图线。GB/T 4457.4—2002 明确规定了图线的线宽、线型和画法。机械图样中采用粗细两种图线的线宽，它们之间的比例为 2∶1。

(1) 线宽组别　工程图样中，习惯把粗实线的宽度用 b 表示。粗线宽度按图样的类型和尺寸大小在下列数系中选择：0.25、0.35、0.5[a]、0.7[a]、1、1.4、2mm 系列（其中标注有 a 的表示为优先采用的图线组别），对应的细线宽度为：0.13、0.18、0.25、0.35、0.5、0.7、1mm。同一图样中，同类图线的宽度应一致。

(2) 线型　在机械制图中，常用的线型如表 1-3 所示。

常用线型　　表 1-3

图线名称	线型	线宽(mm)	一般用途
粗实线	————	b(约 0.25～2)	主要可见轮廓线
细实线	————	$b/2$	尺寸线、尺寸界线、指引线、基准线、剖面线等
虚线	— — — —	$b/2$	不可见轮廓线
单点画线	—·—	$b/2$	对称中心线、轴线、孔系分布线、剖切线
双点画线	—··—	$b/2$	相邻辅助零件的轮廓线、零件假想投影线、轨迹线、质心线、特定区域线
折断线	—\/—	$b/2$	断开界线、视图与剖视图的分界线
波浪线	～～	$b/2$	断开界线、视图与剖视图的分界线

3. 字体

字体包括汉字、字母和数字。工程图中的汉字应写成长仿宋体，并应采用国家正式公布的汉字书写。汉字的高度 h（有 1.8，2.5，3.5，5，7，10，14，20mm 系列）不应小于 3.5mm，字宽约为字高的 2/3，书写时必须做到：字体工整，笔画清楚，间隔均匀，排列整齐（书写示例如图 1-5 所示）；工程图样中的字母和数字应按国标规定的示例书写，高度 h 不应小于 2.5mm。字母和数字可按需要写成直体或斜体，斜体字字头向右倾斜，与水平线成 75°（如图 1-6 所示）。

1.1.3 尺寸标注

1. 机械图尺寸标注的分类与原则

根据机械图尺寸标注的主要目的，尺寸标注可分为定形尺寸、定位尺寸和总体尺寸三类，见图 1-7。其中，定形尺寸是确定组合零件的各基本形体大小的尺寸；定位尺寸是确定各基本形体之间的相对位置的尺寸（一般应从尺寸基准注出基本体长、宽、高三个方向

10号

横平竖直起落分明笔锋满格布局均匀

7号

建筑机械零件剖面详图螺纹结构设备

5号

说明比例尺寸销键螺纹材料零件名称

3.5号

单位名称数量明细校核制图离合器齿轮

图 1-5　长仿宋字示例

ABCDEFGHIJKLMNOPQRSTUVWXYZ

abcdefghijklmnopqrstuvwxyz

I II III IV V VI VII VIII IX　1234567890

(*a*)

ABCDEFGHIJKLMNOPQRSTUVWXYZ

abcdefghijklmnopqrstuvwxyz

I II III IV V VI VII VIII IX　1234567890

(*b*)

图 1-6　字母和数字示例

(*a*) 斜体；(*b*) 直体

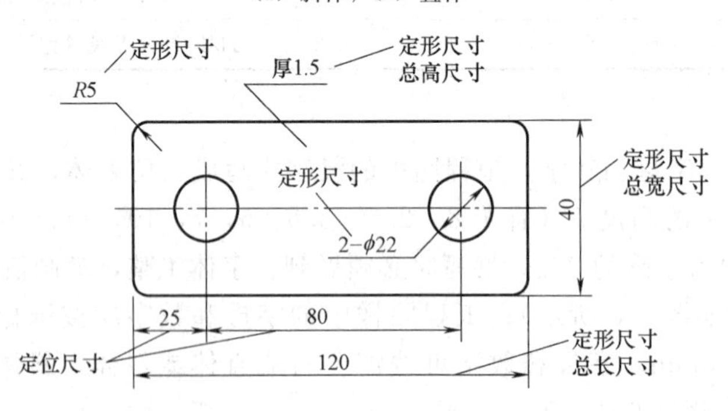

图 1-7　尺寸分类

的定位尺寸)；总体尺寸是确定零件在长、宽、高三个方向的总尺寸。

机械图尺寸标注的原则：图上标注的尺寸都是零件的真实大小；图样中长度尺寸以 mm 为单位，角度以“°”“′”“″”为单位；图样中所注尺寸为零件的完工尺寸。

2. 尺寸标注的三要素及有关规定

完整的尺寸包括尺寸界线、尺寸线（包括尺寸线的起止符号箭头）和尺寸数字三个要素，如图 1-8 所示。

（1）尺寸界线和尺寸线

尺寸界线一般宜单独画出，也可以借用图中的图线。

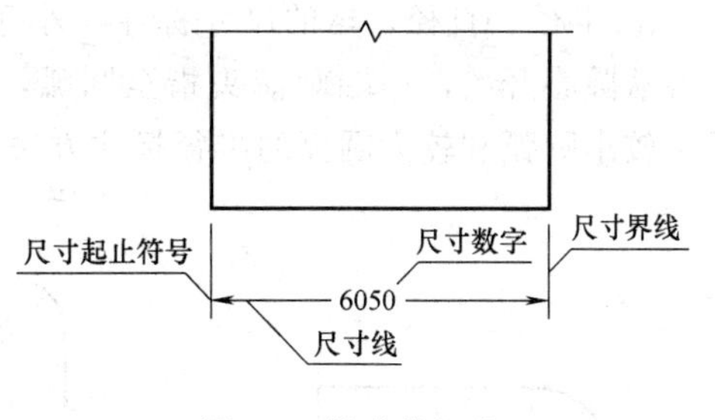

图 1-8 尺寸的组成

尺寸线必须单独画出，不得借用图中的任何图线或其他图线的延长线。尺寸线用细实线绘制，和所表示的线段平行且相等，和尺寸界线垂直。

尺寸线的起止符号通常用箭头表示，箭头尖端应与尺寸界线相接。当位置很小时，允许用圆点或斜线代替箭头，见图 1-10 和图 1-14 所示。

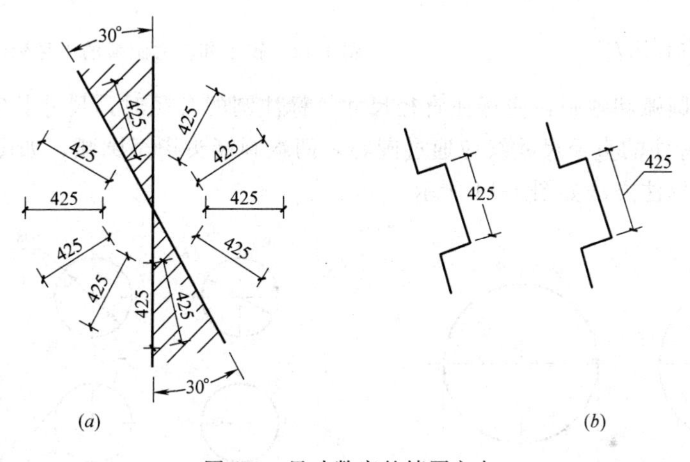

图 1-9 尺寸数字的填写方向

（2）尺寸数字及其填写

尺寸数字代表物体的实际大小，与绘图时选用的比例无关。图样上的尺寸以尺寸数字为准，不得从图上直接量取。图样上的尺寸单位，除有特别标注说明外，均以 mm 为单位。

尺寸数字的填写方向，应按图 1-9（*a*）所示的规定注写。若尺寸数字在 30°斜线区内，也可按图 1-9（*b*）所示的形式注写。

尺寸数字依据其填写方向应在靠近尺寸线的上方中部，离开尺寸线不大于 1mm。如果没有足够的填写位置，最外边的尺寸数字可填写在尺寸界线的外侧，中间相邻的尺寸数字可错开填写，也可引出填写，如图 1-10 所示。

尺寸数字不得被任何图线穿过，不可避免时，应断开图线。

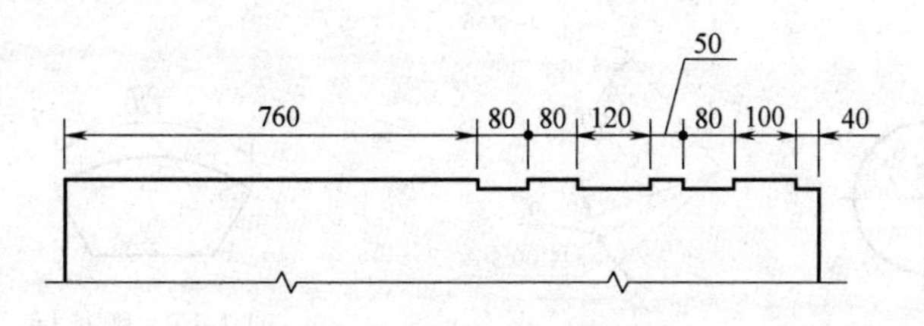

图 1-10 尺寸数字的填写位置

（3）尺寸标注的其他规定

① 半径、直径、球的尺寸标注　小于或等于半圆的圆弧，应标注半径尺寸。尺寸线一端从圆心开始，一端画箭头指至圆弧，并在半径数字前加注半径符号 R，如图 1-11 所示。较小圆弧和较大圆弧的半径标注方法如图 1-12 所示。

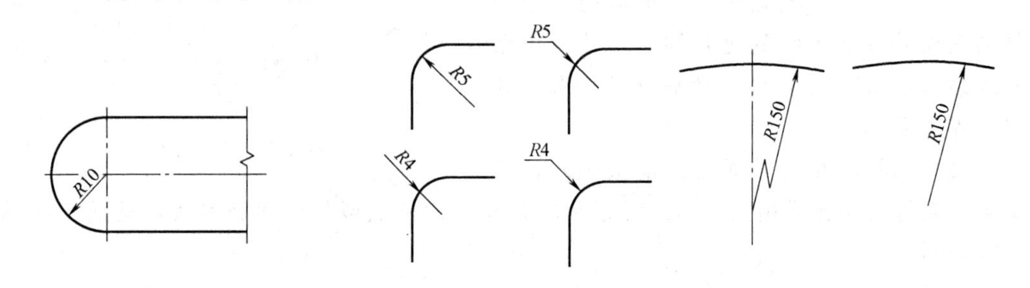

图 1-11　半径标注方法

图 1-12　较小和较大圆弧的半径标注方法

大于半圆的圆弧和整圆，应标注直径尺寸。标注圆的直径时，尺寸数字前应加注直径符号 ϕ。在圆内标注的直径尺寸线应通过圆心，两端画箭头指至圆弧，如图 1-13 所示。较小圆的直径尺寸标注方法如图 1-14 所示。

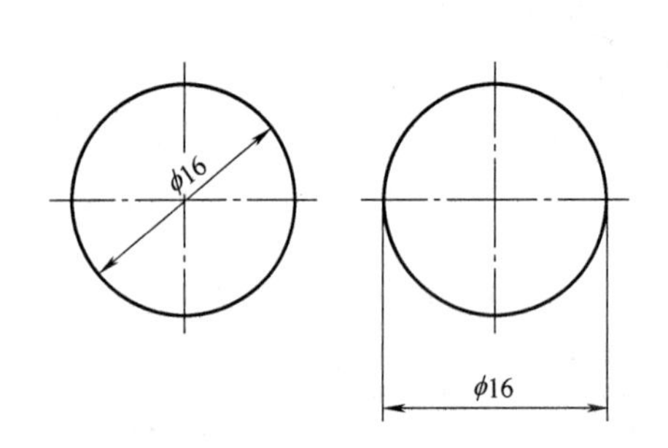

图 1-13　圆直径的标注方法

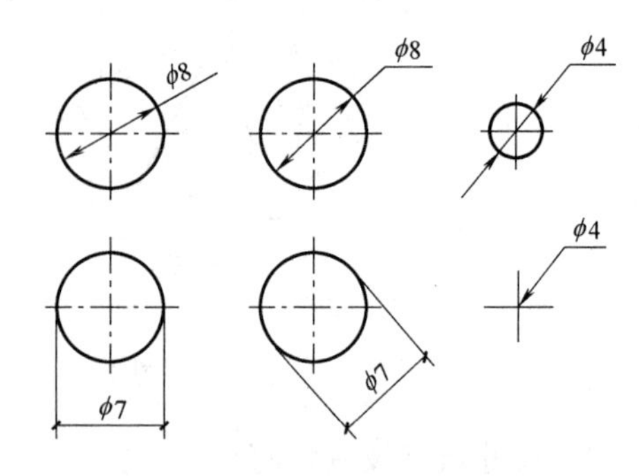

图 1-14　小圆直径的标注方法

标注球的半径尺寸时，应在尺寸数字前加注符号 SR；标注球的直径尺寸时，应在尺寸数字前加注符号 $S\phi$。标注方法与圆弧半径和直径的尺寸标注相同，如图 1-15 所示。

② 角度、弧长、弦长的标注　如图 1-16 所示，角度的尺寸线以圆弧线表示，圆弧的圆心为角顶点。尺寸界线为角的两个边。起止符号用箭头表示，若没有足够位置画箭头，可用圆点代替。角度数字应水平注写。

标注圆弧的弧长时，尺寸线用与该圆弧同心的圆弧线表示，尺寸界线垂直于该圆弧的弦，起止符号用箭头表示，弧长数字的上方应加注圆弧符号，如图 1-17 所示。

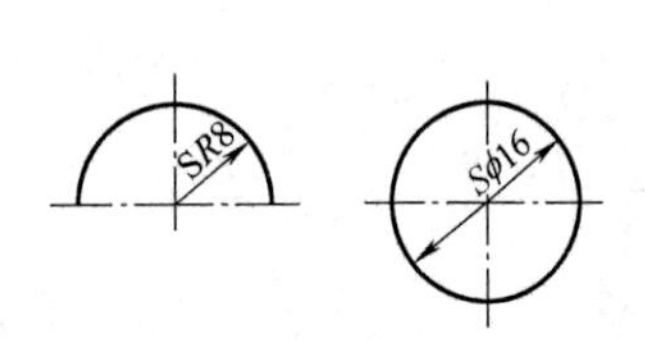

图 1-15　球的标注方法

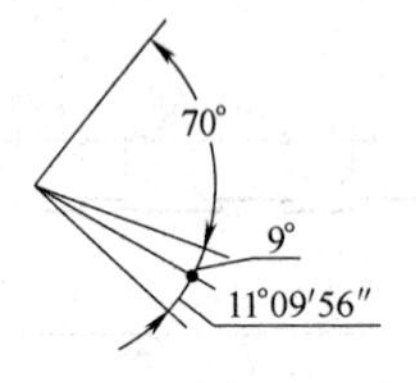

图 1-16　角度标注方法

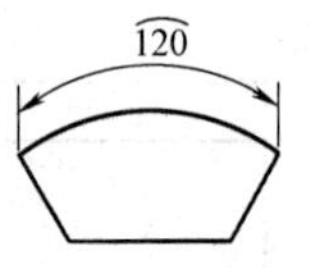
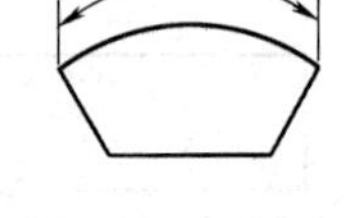

图 1-17　弧长标注方法

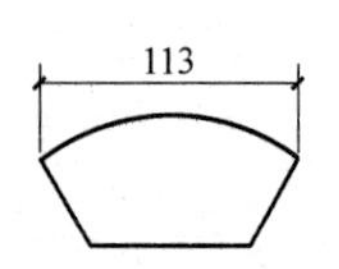

图 1-18　弦长标注方法

标注圆弧的弦长时，尺寸线以平行于该弦的直线表示，尺寸界线垂直于该弦，起止符号用中粗斜短线表示，如图 1-18 所示。

③ 标注尺寸的常用符号含义及应用见表 1-4

标注尺寸的常用符号含义及应用 **表 1-4**

符号	含　义	应　用
ϕ	圆直径	当圆弧大于半个圆时，尺寸数字前面加"ϕ"；减速箱箱体上的轴承座孔和箱盖上的轴承座孔为装配后加工，加工时为了便于看图，在各自的零件图上，尽管是半个圆，但在尺寸数字前也加"ϕ"
R	圆半径	当圆弧小于或等于半个圆时，尺寸数字前面加"R"
Sϕ	球直径	当大于半个球体时，尺寸数字前面加"Sϕ"
SR	球半径	当小于或等于半个球体时，尺寸数字前面加"SR"
t	板材厚度	对于板状零件的厚度，可在尺寸数字前面加"t"
C	45°倒角	用于倒角为 45°要素的图形上的标注，用引线标注
EQS	均布	在同一图形中，对于尺寸相同的成组孔、槽等要素，可以只在一个要素上标注其尺寸和数量，并加注"EQS"
□	正方形	标注端面为正方形结构的尺寸时，可在该尺寸数字前加符号"□"，或用"边长×边长"表示
↧	深度	用于盲孔深度的标注
⌴	沉孔或锪平	用于阶梯孔或沉孔尺寸的标注
⌵	埋头孔	用于锥形孔尺寸的标注
⌒	弧长	用于弧长尺寸的标注
∠	斜度	用于非回转体倾斜结构尺寸的标注
◁	锥度	用于回转体锥度尺寸的标注

(4) 尺寸的简化标注

连续排列的等长，可用"个数×等长尺寸＝总长"的形式标注，如图 1-19 所示。

零件内的构造因素（如孔、槽等）如相同，可仅标注其中一个要素的尺寸，如图 1-20 所示。

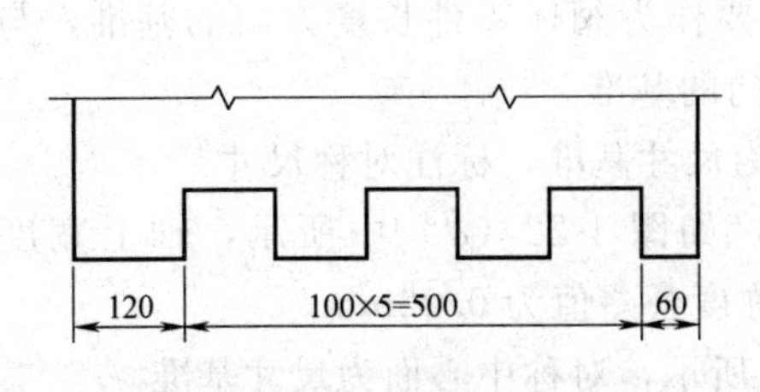

图 1-19　等长尺寸简化标注方法

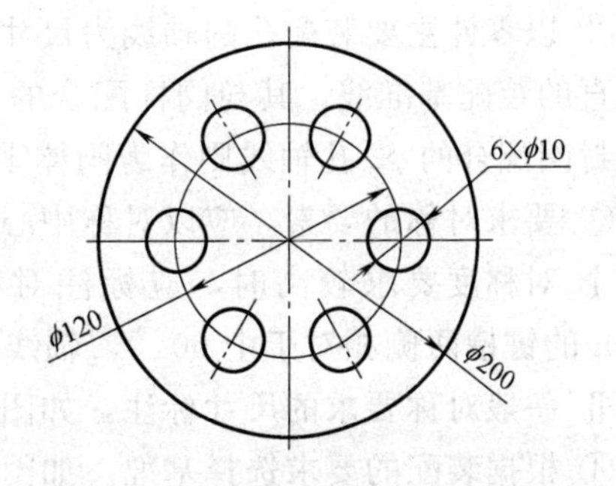

图 1-20　相同要素的尺寸标注方法

3. 尺寸基准及其选择

(1) 尺寸基准

尺寸基准就是标注尺寸的起点，在标注形体长、宽、高三个方向的尺寸时需各选择一个尺寸基准。零件之间的结合平面，重要的底面、端面、对称平面，主要孔的轴线或回转体的轴线和圆周的中心（点）等，都可以选作尺寸基准。图 1-21 所示的工件，其轴线是径向（高度）尺寸的基准，大端面是长度方向的基准，过轴线的前后对称中心面则是槽宽的基准。

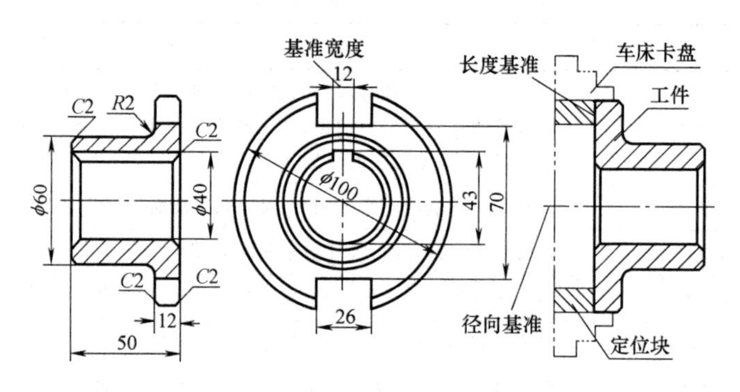

图 1-21　基准概念

同一方向有几个尺寸基准时，基准间应有联系。例如图 1-7 中，左端面和左孔中心是零件长度方向的两个基准（左端面是左孔长度方向的基准，左孔中心则是右孔长度方向的基准），两个基准相距了 25mm。

（2）尺寸基准的选择

根据零件的结构要求所选定的尺寸基准叫做设计基准（零件的主要尺寸，一般从设计基准出发来标注）；为了加工和测量而选定的尺寸基准叫做工艺基准（一般的机械加工尺寸，可从工艺基准出发来标注）。尺寸基准选择时，应尽量使设计基准和工艺基准重合，这样可以减少尺寸误差，易于加工。

① 对相互结合的零件，应以其结合面为标注尺寸的基准。如图 1-22（*a*）所示的 *A* 面是套筒与支座的结合面，也是套筒在该部件中的轴向定位面，因此，在套筒零件图上，要以 *A* 面作为长度方向的基准；所示的 *B* 面是轴在部件中与套筒的结合面，也是轴的轴向定位面，因此，在轴零件图上，要以 *B* 面作为长度方向的基准，见图 1-22（*b*）所示。

② 以零件主要装配孔的轴线为尺寸基准。如图 1-22（*c*）所示的阀体零件，有两条互相垂直的装配基准线，其与阀杆配合的 $\phi1$ 孔轴线要作为阀体零件长度方向的基准，与环形密封圈配合的 $\phi2$ 孔轴线则作为阀体零件高度方向的基准。

③ 要求对称的要素，应以对称中心面（线）为尺寸基准，标注对称尺寸。

Ⅰ 对称度要求较高时，应标注对称度公差，如图 1-22（*d*）中所示，轴上宽度为 18mm 的键槽两侧相对于中 $60^{+0.060}_{+0.041}$轴线对称，对称度公差值为 0.02mm。

Ⅱ 一般对称要求的尺寸标注，如图 1-22（*e*）所示，对称中心面为尺寸基准。

④ 根据装配的要求选择基准。如图 1-22（*f*）所示，若不考虑装配要求，凸模结构左右对称，以 16mm 的对称面标注即可。但从装配关系来看，有装配尺寸 20 限制，装配后 *A* 面平齐，为了满足该要求，因此，凸模应以 *A* 面为基准标注尺寸。

⑤ 以安装底面作为尺寸基准。图 1-23 所示轴承座的底平面是安装底面，是高度方向的主要基准。

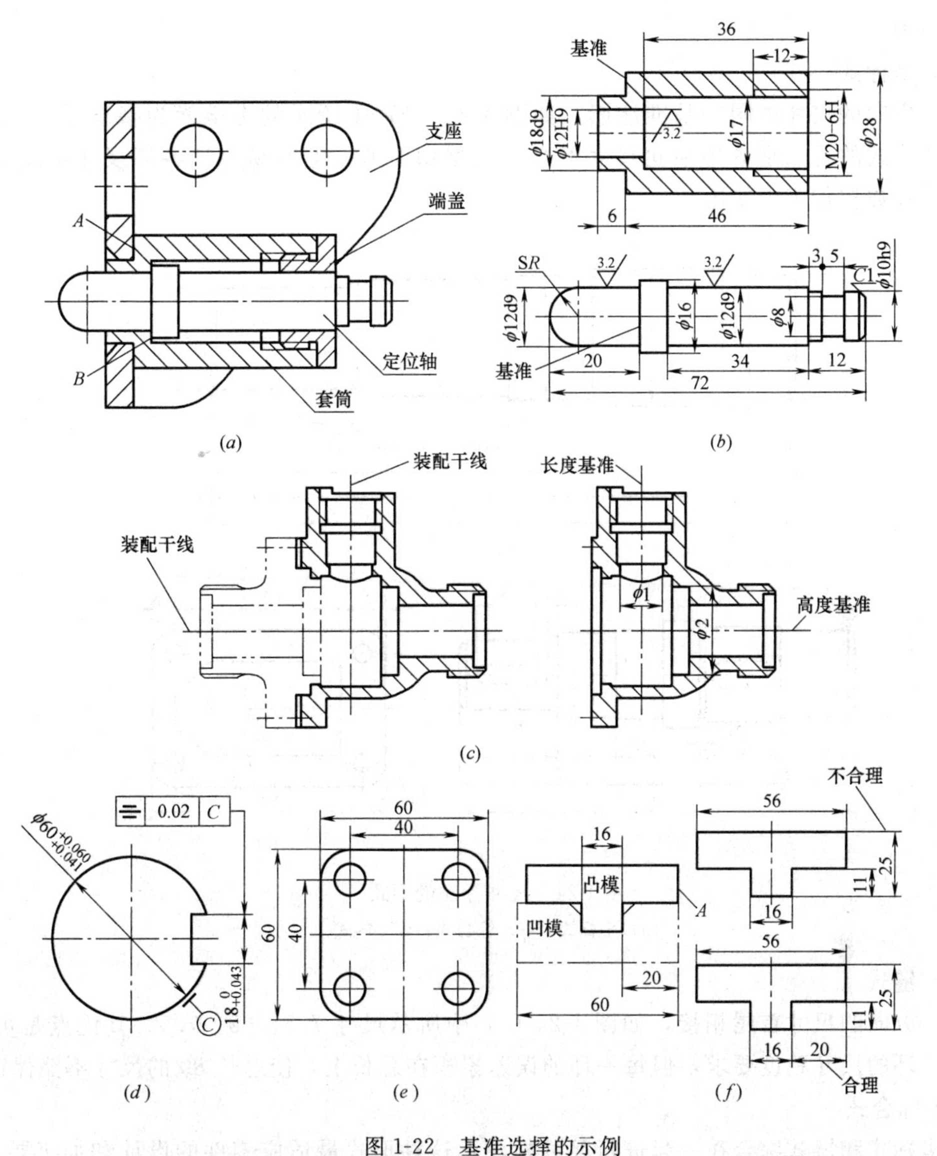

图 1-22 基准选择的示例

(a) 装配时定位面为基准；(b) 零件图上的尺寸基准；(c) 以主要装配孔轴线为基准；
(d) 对称度要求高；(e) 一般对称要求的尺寸标注；(f) 不对称

⑥ 以安装底面作为尺寸基准。图1-23所示轴承座的底平面是安装底面，是高度方向的主要基准。

⑦ 以加工面作为尺寸基准。如图1-21所示，法兰盘在车床上加工时，先加工大端面，再以大端面为基准加工其他部分，故该面作为尺寸基准。

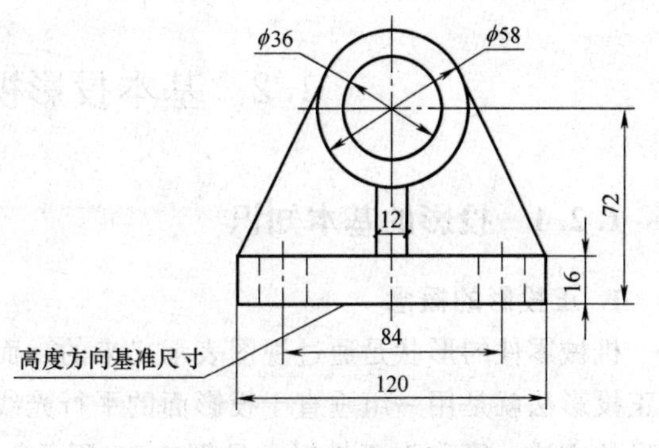

图 1-23 以安装底面为基准

4. 尺寸标注的形式及特点

尺寸标注的形式有坐标式、链式和

综合式三种。

（1）坐标式

同一方向的尺寸由同一基准注起，如图 1-24（*a*）中所示的右端面为基准进行标注。这种标注形式的优点是各环轴向尺寸不会产生累积误差，但不易保证各环尺寸精度的要求。通常在数控加工中使用。

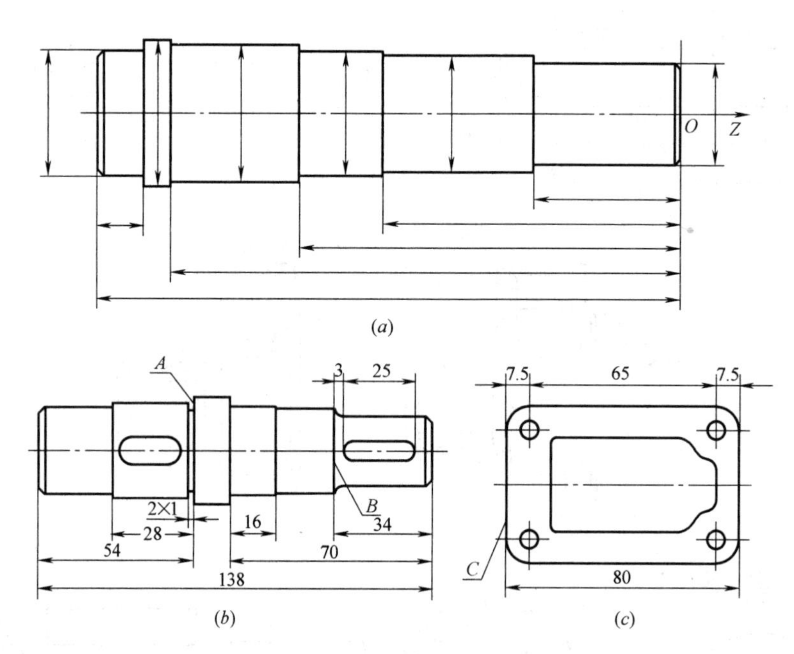

图 1-24　尺寸标注的形式

（*a*）坐标式；（*b*）综合式；（*c*）链式

（2）链式

同一方向的尺寸首尾相接，如图 1-24（*c*）中所示尺寸 7.5、65、7.5。其优点是可以保证每一环的尺寸精度要求，但每一环的误差累积在总长上，使总长 80 的尺寸不能保证。

（3）综合式

将坐标式和链式综合在一起进行尺寸标注，这种形式最适应零件的设计和加工要求，被广泛应用，如图 1-24（*b*）所示。端面 *A* 是设计基准，其中 28 是重要的尺寸，而 54 是联系尺寸。

1.2　基本投影视图及其识读

1.2.1　投影的基本知识

1. 正投影的概念

机械零件的形状是通过视图表示出来的，而常用的视图是采用正投影法画出来的。所谓正投影法就是用一组垂直于投影面的平行光线，将物体的轮廓投射到投影面上获得物体图形的方法，简称为正投影，见图 1-25 所示。图中投影面上的物体视图又叫投影视图，简称视图。

2. 正投影的特性

（1）真实性

当直线或平面平行于投影面时，其投影反映直线段或平面的实长或实形，这种投影特性称为真实性，如图 1-26（a）、（b）所示。

（2）积聚性

当直线或平面垂直于投影面时，其投影积聚为一点或一条直线，这种投影特性称为积聚性，如图 1-26（c）、（d）所示。

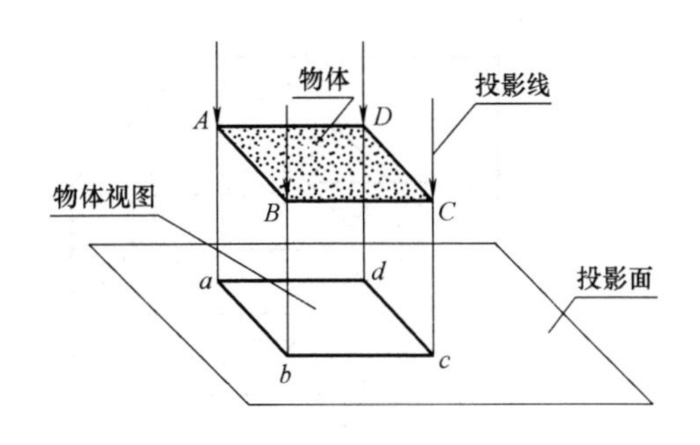

图 1-25　正投影

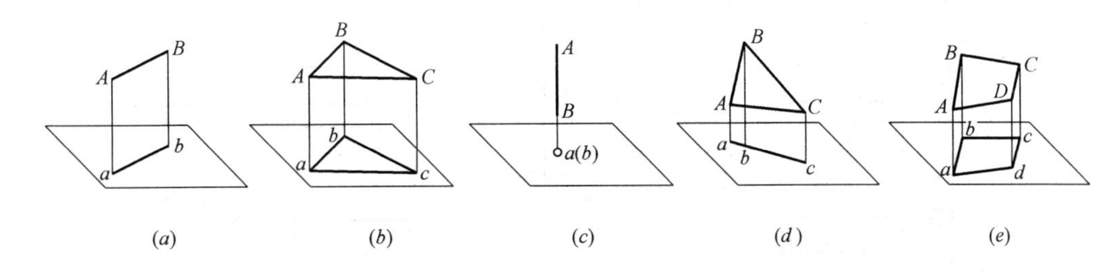

图 1-26　正投影的特性

（3）类似性

当直线或平面倾斜于投影面时，其投影反映空间实形的类似形，即直线的投影仍为直线，N 边形的投影仍为 N 边形，这种投影特性称为类似性，如图 1-26（e）所示。

3. 投影图的形成

绘制出立体的投影即为投影图。如图 1-27 所示的三个不同立体，它们在同一投影面上的投影图却相同。由此可知，立体的一面投影图不能确定立体的空间形状，故工程中常用三面投影图（又称三面视图）确定立体的空间形状。

如图 1-28 所示，先设立三面投影体系。与观察者视线垂直的投影面称为正立投影面，简称正面，用字母 V 表示；水平位置的投影面称为水平投影面，简称水平面，用字母 H 表示；右侧的投影面称为侧立投影面，简称侧面，用字母 W 表示。且三个投影面两两垂直，其交线 OX、OY、OZ 称为投影轴，三个投影轴的交点 O 称为原点。

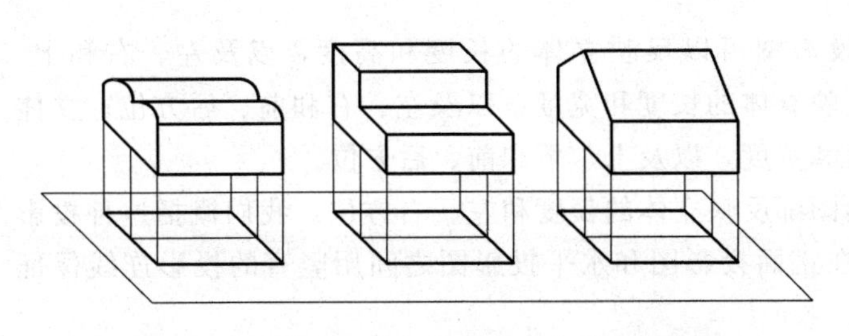

图 1-27　立体的一面投影不能确定其空间形状

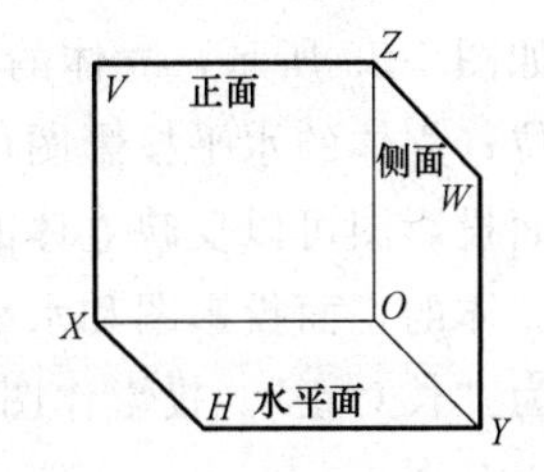

图 1-28　三面投影体系

然后将立体放入三面投影体系，分别向三个投影面作投影，在三个投影面上得到立体的三面投影，如图 1-29（a）所示。V 面上的投影称为立体的正面投影；H 面上的投影称

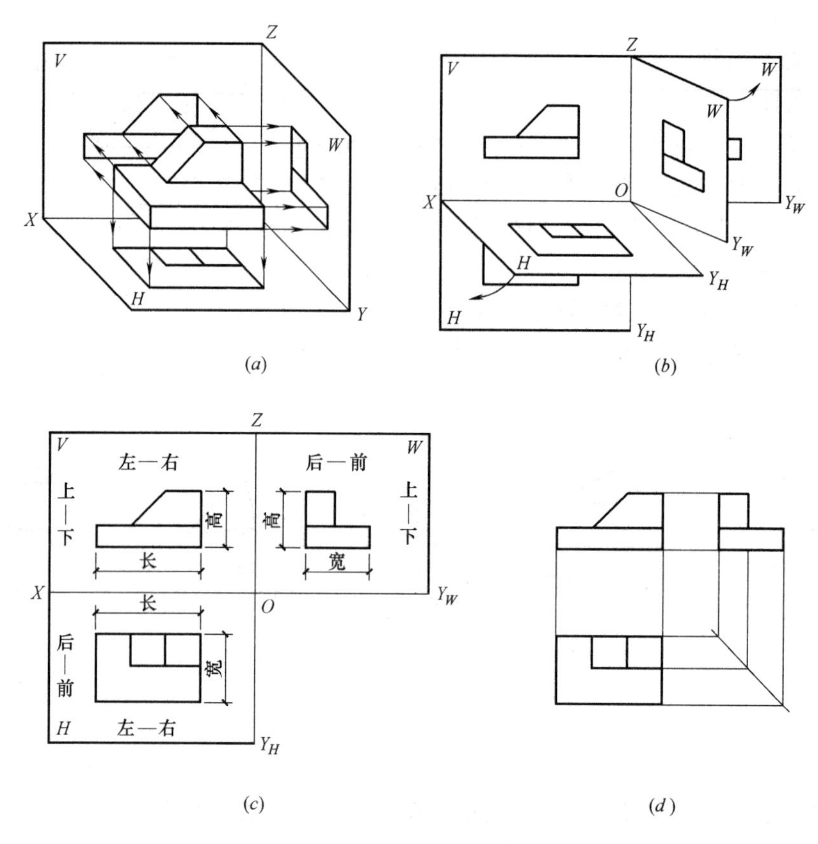

图 1-29　立体的三面投影

为立体的水平投影；W 面上的投影称为立体的侧面投影。由立体的正面投影、水平投影、侧面投影组成的投影图称为立体的三面投影图。

最后将三面投影图展开。为了把三面投影图画在同一张图纸上，必须将三个投影面展开成一个平面，方法如图 1-29（b）所示，V 面保持不动，H 面绕 OX 轴向下旋转 90°、W 面绕 OZ 轴向右旋转 90°，使三个投影面最终展开在同一平面上。投影面展开后 OY 轴一分为二，随 H 面旋转的用 OY_H 表示；随 W 面旋转的用 OY_W 表示。图 1-29（c）所示即为展开后的三面投影图。工程中通常不画投影面的边线和投影轴，如图 1-29（d）所示。

4. 三面投影图的投影规律

如图 1-29 所示，立体的正面投影图可以反映立体的长度和高度，以及左、右和上、下方位；立体的水平投影图可以反映立体的长度和宽度，以及左、右和前、后方位；立体的侧面投影图可以反映立体的高度和宽度，以及上、下和前、后方位。

立体的正面投影图和水平投影图都反映立体的长度和左、右方位，我们概括这种投影规律为“长对正”。投影作图时，在正面投影图和水平投影图之间用竖直的投影连线保证长对正。

立体的水平投影图和侧面投影图都反映立体的宽度和前、后方位，我们概括这种投影规律为“宽相等”。投影作图时，在水平投影图和侧面投影图之间用 45°斜线保证宽相等。

立体的正面投影图和侧面投影图都反映立体的高度和上、下方位，我们概括这种投影规律为“高平齐”。投影作图时，在正面投影图和侧面投影图之间用水平的投影连线保证高平齐。

“长对正、宽相等、高平齐”即为三面投影图的投影规律。

1.2.2 点、线、面的投影规律

点、直线、平面是构成立体的基本几何元素。点、直线、平面的投影规律是投影作图和识读图的基础。

1. 点的三面投影及其规律

如图 1-30（*a*）所示，设空间有一 *A* 点，过 *A* 点分别向 *H*、*V*、*W* 面作投影，便得到 *A* 点的水平投影 *a*、正面投影 a'、侧面投影 a''。移去空间 *A* 点，按照投影面展开的方法将三个投影面展开在图纸上，便得到 *A* 点的三面投影图，如图 1-30（*b*）所示。

由图 1-30（*b*）可以得出点的三面投影规律：

点的正面投影和水平投影的连线垂直于 *OX* 轴，即 $aa' \perp OX$；

点的正面投影和侧面投影的连线垂直于 *OZ* 轴，即 $a'a'' \perp OZ$；

点的水平投影到 *OX* 轴的距离等于点的侧面投影到 *OZ* 轴的距离，均等于 *A* 点到 *V* 面的距离，即 $aa_X = a''a_Z = Aa'$。

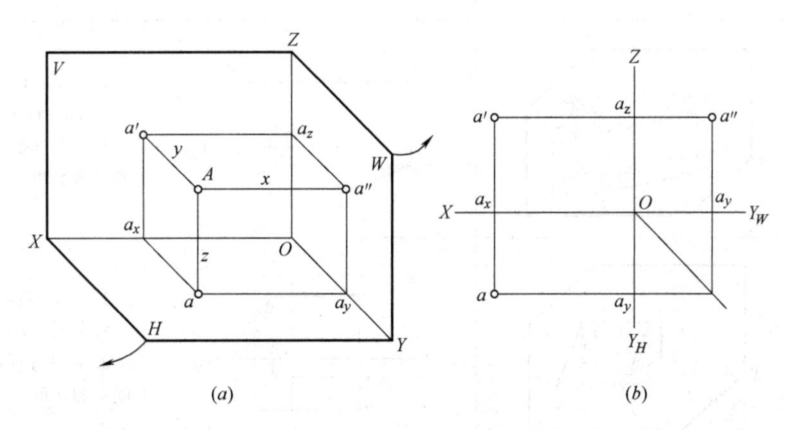

图 1-30　点的三面投影

（*a*）直观图；（*b*）投影图

由点的投影规律可知，点的每两面投影之间都有联系，已知两面投影便可求出第三面投影。

2. 直线的三面投影及其特性

直线段 *AB* 的投影可归结为作出直线段两端点 *A* 和 *B* 的投影，两端点同面投影的连线即为直线段在该投影面的投影，如图 1-31 所示。

在三面投影体系中，直线与投影面的相对位置可分为三类：

（1）直线平行于一个投影面，倾斜于其他两个投影面，称为投影面平行线。

其投影特性为：直线在它所平行的投影面上的投影反映实长；反映实长的投影与相应投影轴的夹角，分别反映直线与相应投影面的倾角；其他两投影均小于实长，且分别平行于相应的投影轴，见表 1-5 所示。

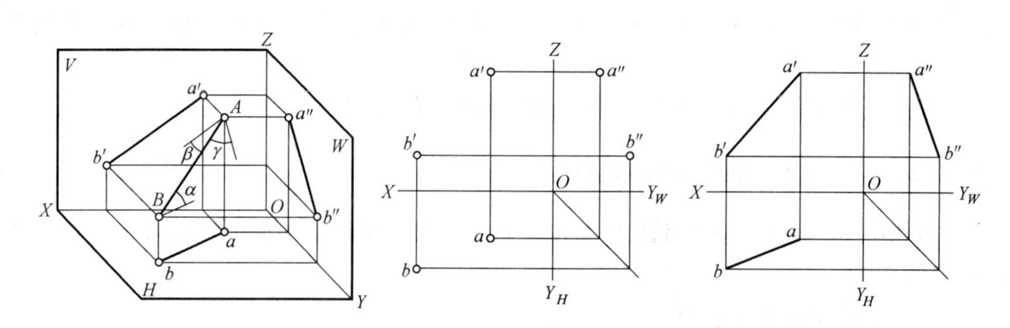

图 1-31　直线的投影

投影面平行线的投影特性　　**表 1-5**

种类	直观图	投影图	投影特性
正平线	V Z a′ A a″ W b′ B α γ b″ X b H a Y	Z a′ a″ γ b′ α b″ X O Y_W b a Y_H	1. $ab // OX, a''b'' // OZ$ 2. $a'b' = AB$ 3. $a'b'$ 与投影轴的夹角反映 α 和 γ 角
水平线	Z V c′ d′ C β c″ γ D W d″ X c H d Y	Z c′ d′ c″ d″ X O Y_W c α γ d Y_H	1. $c'd' // OX, c''d'' // OY_W$ 2. $cd = CD$ 3. cd 与投影轴的夹角反映 β 和 γ 角
侧平线	Z V e′ B e″ W β f′ α X e F f″ H f Y	Z e′ e″ β α f″ f′ X O Y_W e f Y_H	1. $ef // OY_H, e'f' // OZ$ 2. $e''f'' = EF$ 3. $e''f''$ 与投影轴的夹角反映 α 和 β 角

（2）直线垂直于一个投影面，平行于其他两个投影面，称为投影面垂直线。

其投影特性为：直线在它所垂直的投影面上的投影积聚为一点；其他两投影均反映实长，且分别垂直于相应的投影轴。见表 1-6 所示。

投影面垂直线的投影特性　　**表 1-6**

种类	直观图	投影图	投影特性
正垂线	Z V a′(b′) B b″ A a″ W X b H a Y	a′(b′) Z b″ a″ X O Y_W b a Y_H	1. $a'b'$ 积聚为一点 2. $ab // OY_H, a''b'' // OY_W$ 3. $ab = a''b'' = AB$

种类	直观图	投影图	投影特性
铅垂线	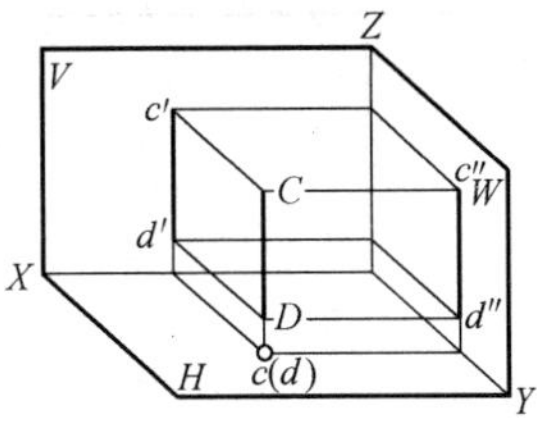	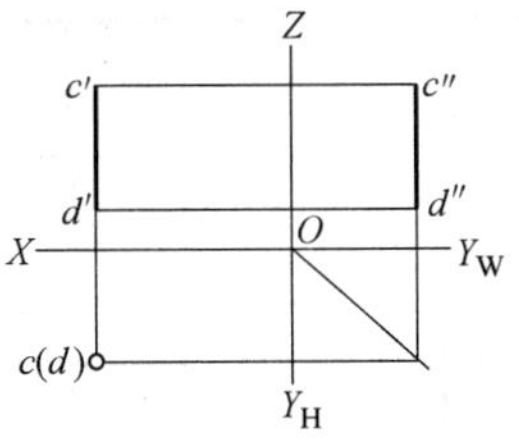	1. cd 积聚为一点 2. $c'd' \parallel c''d'' \parallel OZ$ 3. $c'd' = c''d'' = CD$
侧垂线	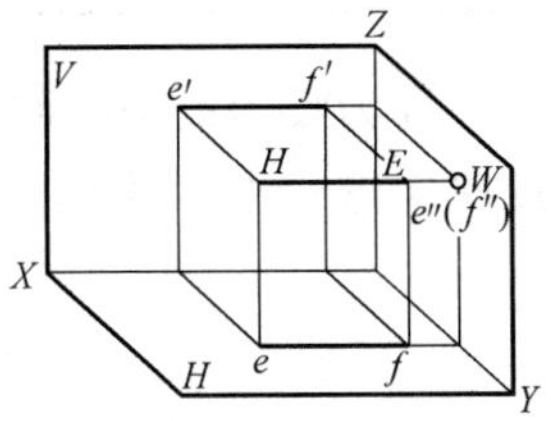	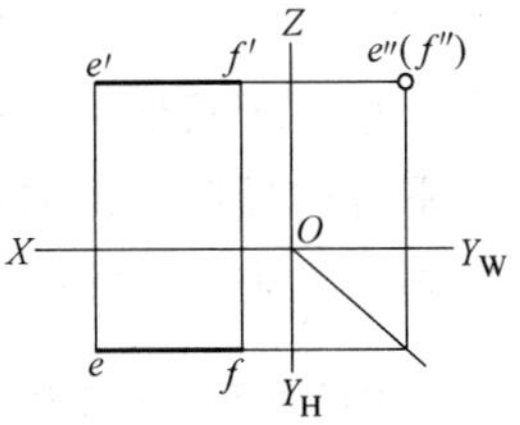	1. $e''f''$积聚为一点 2. $ef \parallel e'f' \parallel OX$ 3. $ef = e'f' = EF$

（3）直线倾斜于三个投影面，称为一般位置直线。

其投影特性为：三个投影不反映实长，不反映任何一个倾角，如图 1-31 所示。

3. 平面的三面投影及其规律

在三面投影体系中，平面与投影面的相对位置可分为三类：

（1）平面垂直于一个投影面，倾斜于其他两个投影面，称为投影面垂直面。

其投影特性为：平面在它所垂直的投影面上的投影积聚成一条与投影轴倾斜的直线，此直线与投影轴所成的夹角，分别反映平面与相应投影面的倾角；平面的其他两投影均为平面的类似形，见表 1-7 所示。

投影面垂直面的投影特性 **表 1-7**

种类	直观图	投影图	投影特性
正垂面	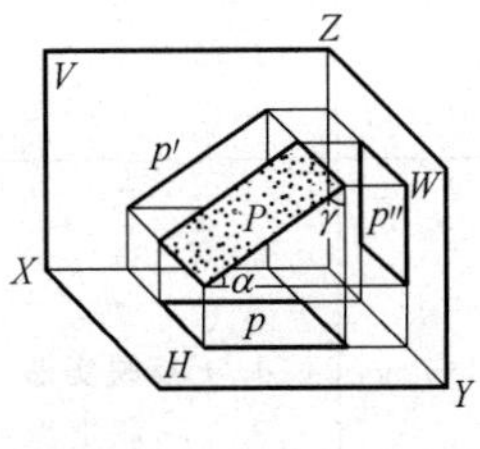	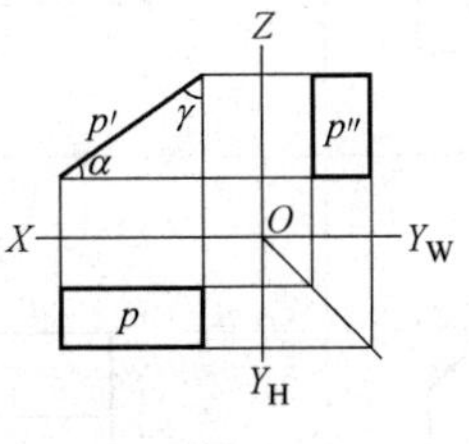	1. p'积聚为一直线 2. p'与投影轴夹角反映 α 和 γ 角 3. p, p''为类似图形
铅垂面	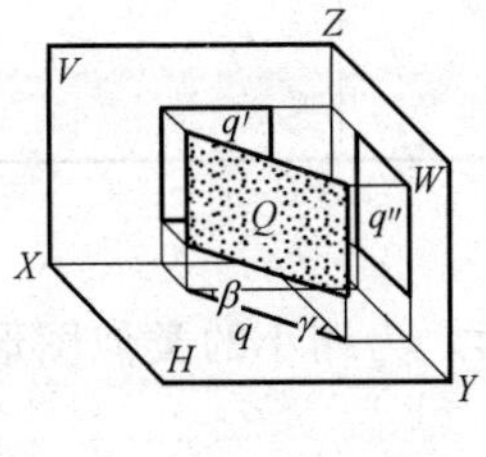	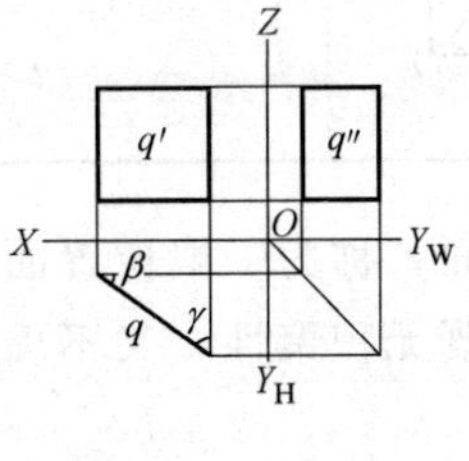	1. q 积聚为一直线 2. q 与投影轴夹角反映 β 和 γ 角 3. q', q''为类似图形

续表

种类	直观图	投影图	投影特性
侧垂面	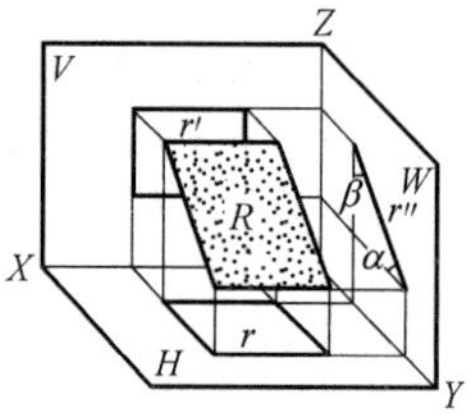	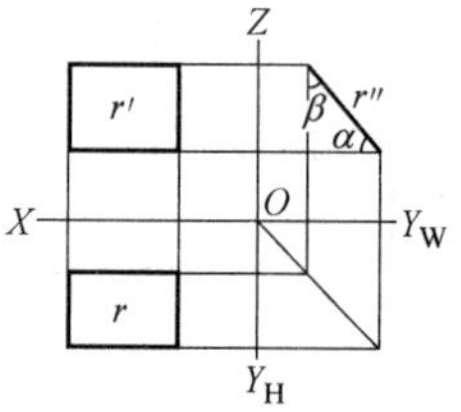	1. r''积聚为一直线 2. r''与投影轴夹角反映 α 和 β 角 3. r，r'为类似图形

(2) 平面平行于一个投影面，垂直于其他两个投影面，称为投影面平行面。

其投影特性为：平面在它所平行的投影面上的投影反映实形；平面的其他两投影均积聚成直线，且平行于相应的投影轴，见表 1-8 所示。

投影面平行面的投影特性 **表 1-8**

种类	直观图	投影图	投影特性
正平面	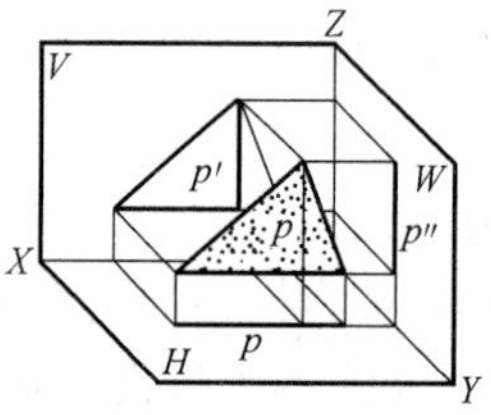	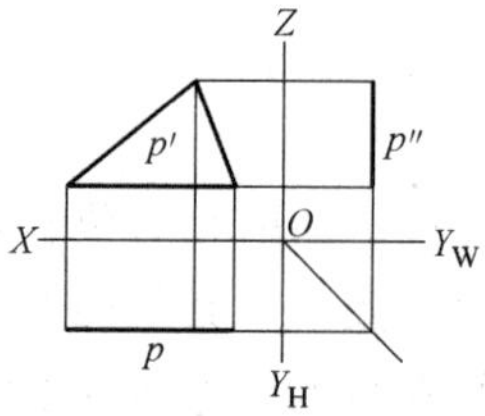	1. p'反映实形 2. p，p''积聚为一条直线 3. $p // OX$，$p'' // OZ$
水平面	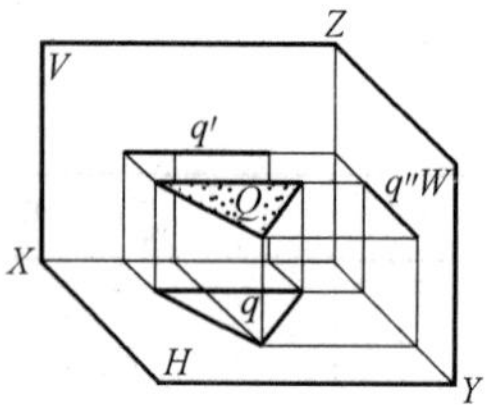	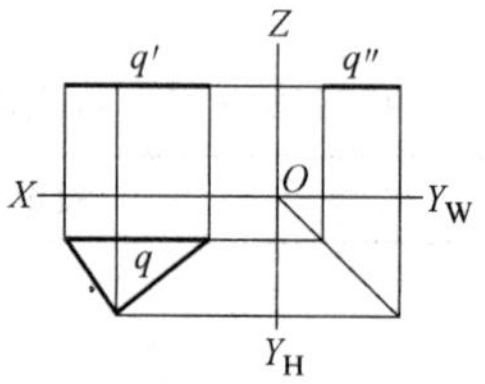	1. q 反映实形 2. q'、q''积聚为一条直线 3. $q' // OX$，$q'' // OY_W$
侧平面	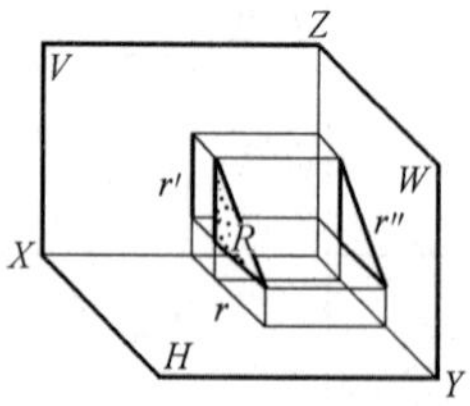	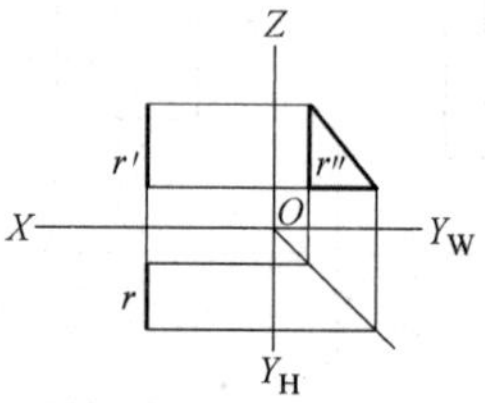	1. r''反映实形 2. r，r'积聚为一条直线 3. $r // OY_H$，$r' // OZ$

(3) 平面倾斜于三个投影面，称为一般位置面。

其投影特性为：三个投影既无积聚性，又不反映实形，为缩小的类似图形，见图 1-32 所示。

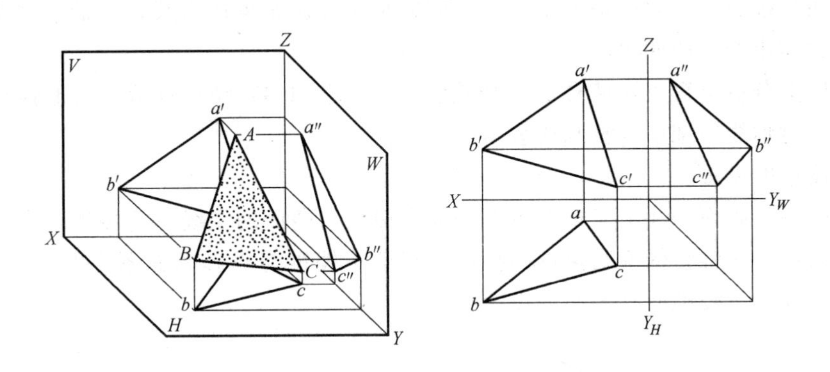

图 1-32　一般位置面的投影

1.2.3　立体的投影

任何复杂的立体往往都是由一些单一几何形体，如棱柱、棱锥、圆柱、圆锥等组成。工程制图中把单一几何形体称为基本体，由多个基本体组合而成的立体称为组合体。

基本体是由一系列面围成，根据面的几何性质不同，基本体分为平面体和曲面体两大类。基本体的投影由构成该基本体的所有面的投影总和而成。

1. 平面体的投影

全部由平面包围而成的基本体称为平面体，常见的平面体有棱柱、棱锥。

(1) 棱柱的投影

棱柱由两个互相平行且全等的底面和几个四边形棱面组成，棱面与棱面的交线称为棱线。现以正六棱柱为例说明棱柱的投影。当正六棱柱与投影面如图 1-33 (*a*) 所示位置时，分析围成正六棱柱所有平面的投影如下：

上、下底面——它们是水平面，它们的水平投影重合且反映六边形实形，正面、侧面投影积聚成直线。

前、后两棱面——它们是正平面，它们的正面投影重合且反映四边形实形，水平、侧面投影积聚成直线。

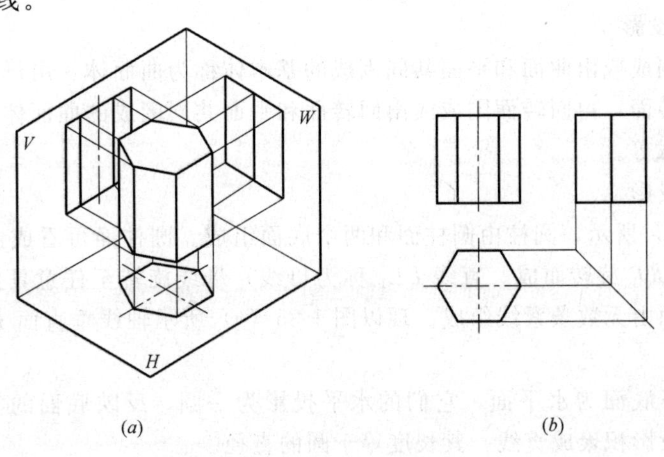

图 1-33　六棱柱的投影

其余四个棱面——它们是铅垂面，它们的水平投影积聚成直线，正面、侧面投影两两重合，均为缩小类似的四边形。

根据以上分析可得正六棱柱的三面投影图，如图 1-33（*b*）所示。当形体对称时应画出对称线，对称线用细单点长画线表示。

（2）棱锥的投影

棱锥由一个底面和几个三角形棱面组成，棱面与棱面的交线称为棱线，所有棱线交于锥顶。现以正三棱锥为例说明棱锥的投影。当正三棱锥与投影面如图 1-34（*a*）所示位置时，分析围成正三棱锥所有平面的投影如下：

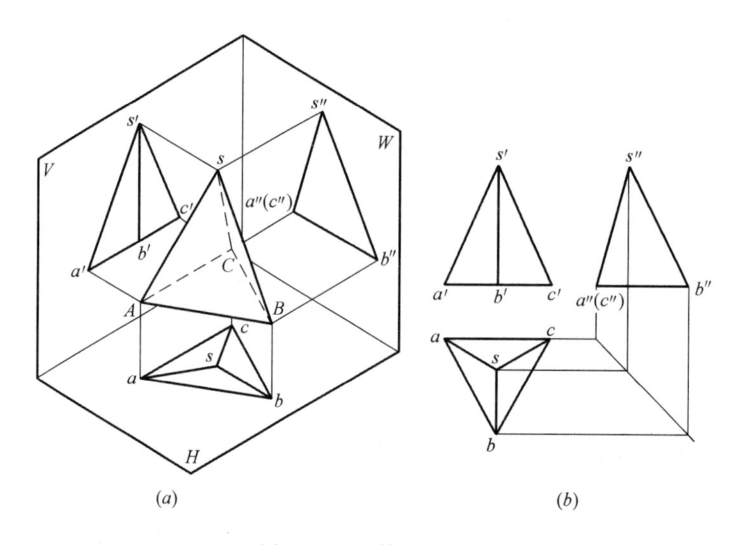

图 1-34　三棱锥的投影

底面为水平面，它的水平投影反映正三边形实形，正面、侧面投影积聚成直线。

三个棱面中，*SAC* 棱面是侧垂面，它的侧面投影积聚成直线，水平、正面投影为缩小类似的三角形；*SAB* 和 *SCB* 棱面为一般位置面，它们的三面投影均为缩小类似的三角形。

根据以上分析可得正三棱锥的三面投影图，如图 1-34（*b*）所示。

2. 曲面体的投影

全部由曲面围成或由曲面和平面共同围成的基本体称为曲面体。由母线绕轴线旋转而成的曲面称为回转面，由回转面围成或由回转面和平面共同围成的曲面体称为回转体，如圆柱、圆锥、圆球等。

（1）圆柱的投影

如图 1-35（*a*）所示，圆柱由圆柱面和两个底面组成。圆柱面可看成由一直线 LL_1 绕与它平行的轴线 OO_1 旋转而成。直线 LL_1 称为母线，母线旋转至任意具体位置即产生一条素线，故圆柱面由无数条素线组成。现以图 1-35（*b*）所示轴线垂直面 *H* 放置的圆柱为例分析其投影：

圆柱的上、下底面为水平面，它们的水平投影为一圆，反映底面的实形，且两者重合，正面、侧面投影积聚成直线，其长度等于圆的直径。

圆柱面是光滑的曲面，它的水平投影具有积聚性，积聚成一圆，且与底面的水平投影

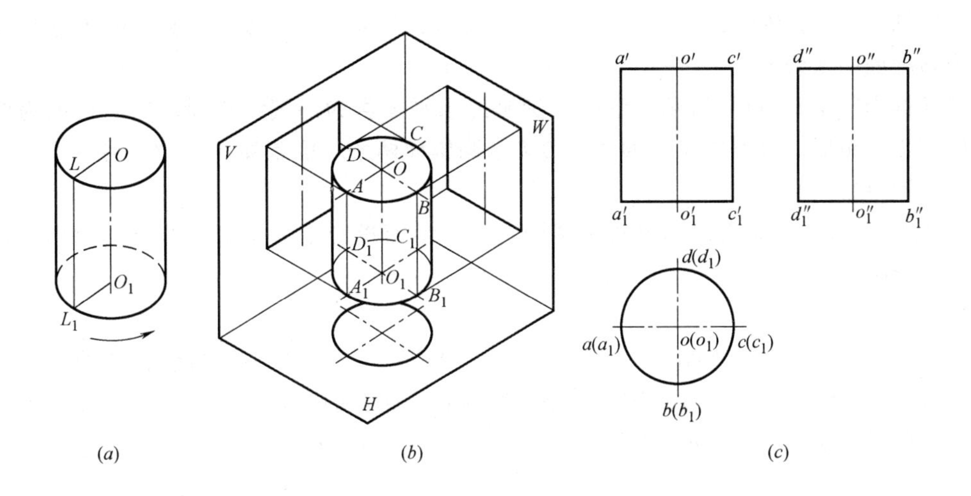

图 1-35　圆柱的投影

圆重合，圆柱面上所有素线的水平投影皆积聚在此圆上。

把圆柱面向 V 面投影时，圆柱面上最左和最右两条素线的投影，构成圆柱面正面投影的左右轮廓线，这种素线称为轮廓素线。必须指出，对于不同方向的投影，曲面上的轮廓素线是不同的。我们利用轮廓素线来作回转面的投影。如图 1-35（c）中，圆柱面的最左轮廓素线 AA_1 和最右轮廓素线 CC_1 的正面投影 $a'a_1'$ 和 $c'c_1'$，与圆柱上下底面的正面投影围成一矩形，即为圆柱的正面投影。同理，圆柱面的最前轮廓素线 BB_1 和最后轮廓素线 DD_1 的侧面投影 $b''b_1''$ 和 $d''d_1''$，与圆柱上下底面的侧面投影围成一矩形，即为圆柱的侧面投影。

不难看出，圆柱投影图的特征：两面投影图为矩形且全等，第三面投影图为圆。

绘制回转体投影图时，要用细单点长画线画出回转轴的投影，还要在投影为圆的投影图上绘制圆的中心线，如图 1-35（c）所示。

（2）圆锥的投影

如图 1-36（a）所示，圆锥由圆锥面和一个底面组成。圆锥面可看成由直线 SL 绕与

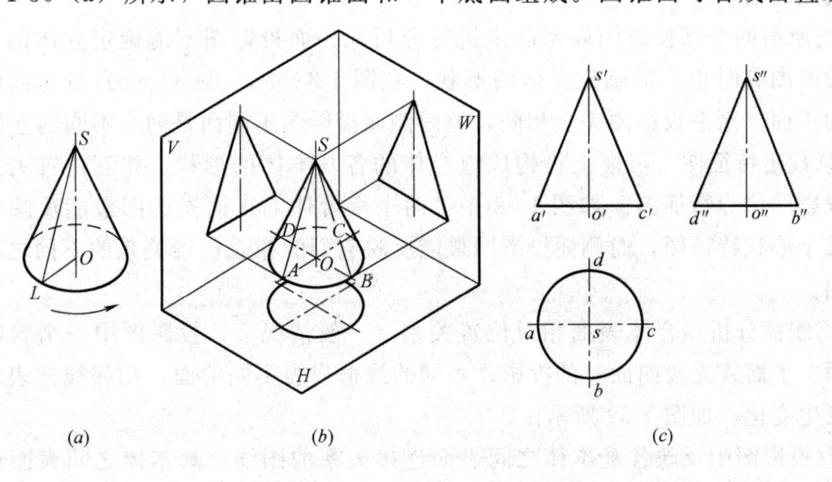

图 1-36　圆锥的投影

它相交的轴线 SO 旋转而成。S 称为锥顶，直线 SL 称为母线。圆锥面上通过 S 的任意直线称为圆锥面的素线。

当圆锥为图 1-36（*b*）所示位置时，圆锥的水平投影为一圆，正面、侧面投影为两个全等的等腰三角形，等腰三角形的两等边表示圆锥面两条轮廓素线的投影，另一边表示底面的积聚性投影。

从图 1-36（*c*）不难看出圆锥投影图的特征：两面投影图为全等的等腰三角形，第三面投影图为圆。

（3）圆球的投影

圆球由圆球面围成。如图 1-37（*a*）所示，圆球面可看成是一圆母线以它的直径为回转轴旋转而成。圆球的三个投影图为三个和圆球直径相等的圆，这三个圆是圆球三个方向轮廓线的投影，如图 1-37（*b*）、（*c*）所示。

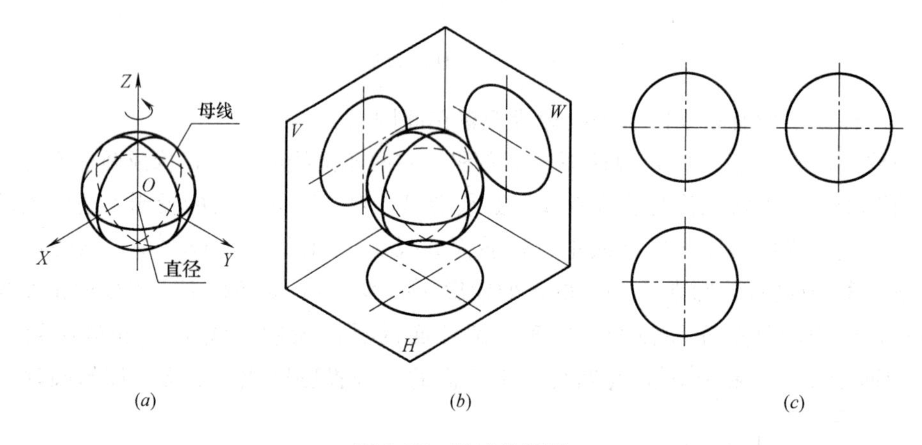

图 1-37　圆球的投影

3. 组合体投影图的识读

读图就是根据组合体的投影图想象出它的空间形状。读图时除了熟练地运用投影规律进行分析外，还应掌握读图的要领和方法。

（1）读图的要领

① 要把所给的全部投影图联系起来进行分析。一面投影图不能确定立体的形状，即使有两面投影图有时也不能确定立体的形状。在图 1-38 中，（*a*）、（*b*）所示的两个组合体，它们的正面、水平投影图完全相同，但因侧面投影图不同而是两个不同的立体。

② 注意找出特征图。习惯上将构成组合体的各基本体的形状、相互位置关系反映的最充分的投影图称为特征图。如图 1-38 中，两个组合体的正面投影图最能反映它们的形状特征，属于形状特征图，而侧面投影图最能反映它们的相互位置关系的不同之处，属于位置特征图。

③ 利用线框分析组合体表面相对位置关系。一般情况下，投影图中一个封闭的线框代表一个面（平面或光滑曲面）的投影；不同的线框代表不同的面；相邻线框表示组合体表面必然发生变化，如图 1-39 所示。

④ 注意投影图中反映各基本体之间表面连接关系的图线。基本体之间表面连接关系的变化，会使投影图中的图线也发生相应的变化。图 1-40（*a*）中的三角形肋板与底板和

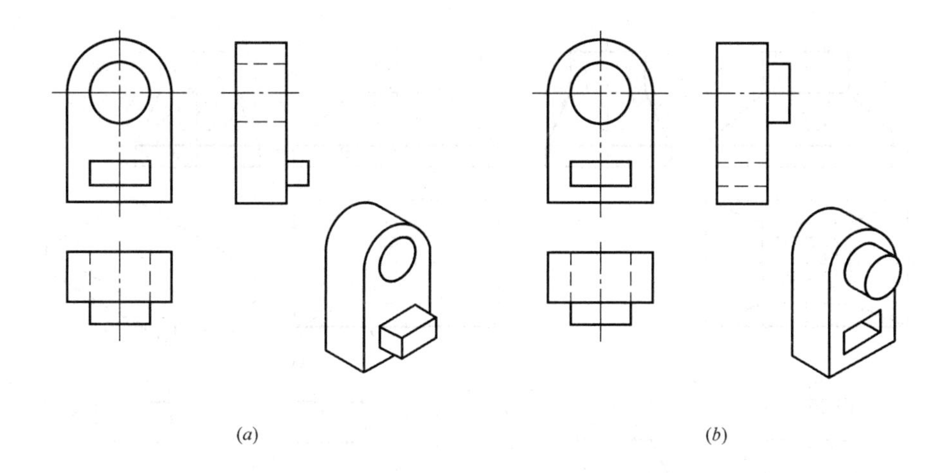

图 1-38　投影图和特征图分析

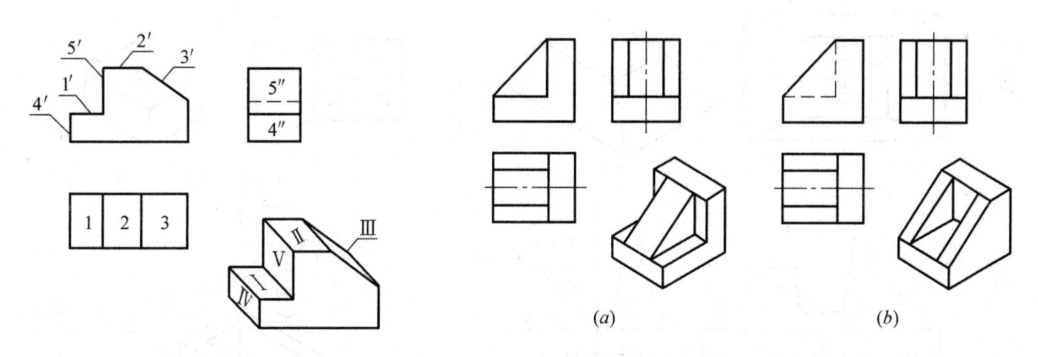

图 1-39　线框分析

图 1-40　表面连接关系分析

侧板的连接线是实线，说明它们的前面不平齐，因此三角形肋板应在底板的中间。图 1-40（*b*）中的三角形肋板与底板和侧板的连接线是虚线，说明它们的前面平齐，再根据水平投影图得出三角形肋板有两块，分别在底板的前、后面。

（2）读图的方法（图 1-41）

读图的基本方法是形体分析法，必要时辅以线面分析。组合体读图的步骤如下：

① 看投影、分部分。先大致看一下全部投影图，找出一个形状特征明显的投影图（一般情况下，总是从正面投影图入手），将该投影图分解为若干简单的封闭线框，然后应用形体分析法，依据所分的线框将组合体分解为几个基本部分。

如图 1-41（*a*）所示的投影图，在对全部投影图有基本了解后，以正面投影图为主，将正面投影图分为四个线框，用对线框、找投影的方法分析得知四个线框代表四个基本体的投影，故将该组合体分解为“Ⅰ、Ⅱ、Ⅲ、Ⅳ”四个基本部分。

② 对投影、定形状。把组合体分解为几个基本部分之后，就要细致地分析投影，确定每个基本部分的形状，即根据“长对正、宽相等、高平齐”的投影规律，借助三角板等工具，将每一部分的三个投影划分出来，然后依据基本体的投影，仔细分析、想象，确定每一部分的形状。

如“Ⅰ、Ⅱ、Ⅲ、Ⅳ”四部分的投影，想象出它们的空间形状，如图 1-41（*b*）、（*c*）、

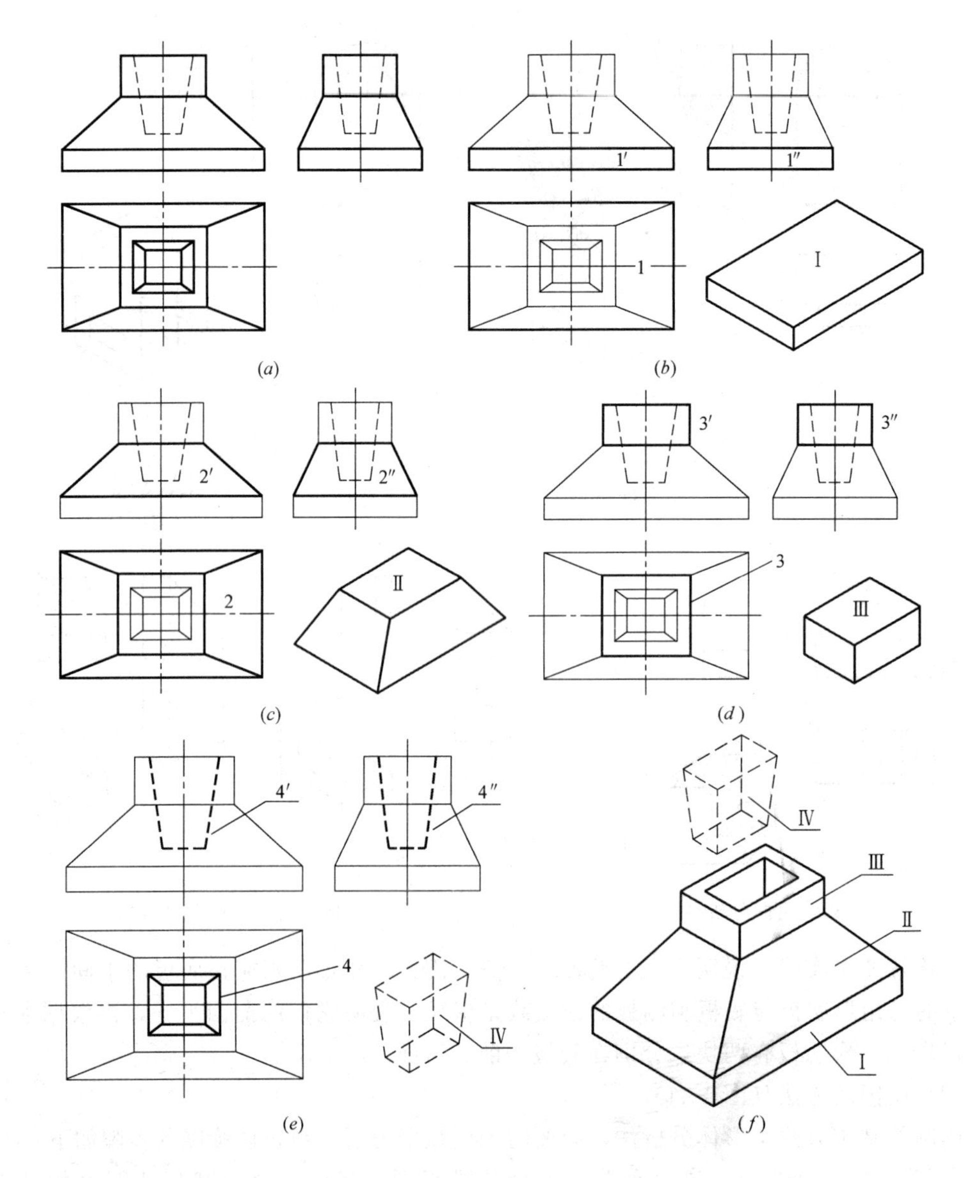

图 1-41　组合体读图

(*d*)、(*e*) 所示。

③ 综合起来想整体。在看懂每部分形体的基础上，进一步分析它们的组合方式和相对位置，最后综合起来想象出该组合体的整体形状。

把分析所得各部分的形状，对照投影图上各线框的上下、左右、前后位置关系，想象出组合体的整体形状，如图 1-41 (*f*) 所示。

(3) 看图的一般顺序

先看主要部分，后看次要部分；先看整体形状，后看细节形状；先看容易确定的部分，后看难于确定的部分。对难点处，可采用“先假定后验证，边分析边想象”的分析方法。

1.3 机械形体表达的多种视图

对于结构复杂的机械形体，仅用三面投影图有时无法完整、清晰的表达它们。为此，国家制图标准规定了机械形体的多种表达方式。

1.3.1 基本视图与辅助视图

主要用来表达工程形体外部结构形状的视图有基本视图和辅助视图。

1. 基本视图

如图 1-42 所示，在已有的三个投影面基础上，再增加三个投影面组成一个正方形空盒，构成正方形的六个投影面称为基本投影面，物体放置于正方形空盒中，分别向基本投影面投影，得到的投影图称为基本视图。工程中称这六个基本视图为：主视图（正立面图）、俯视图（平面图）、左视图（左侧立面图）、右视图（右侧立面图）、仰视图（底面图）、后视图（背立面图）。

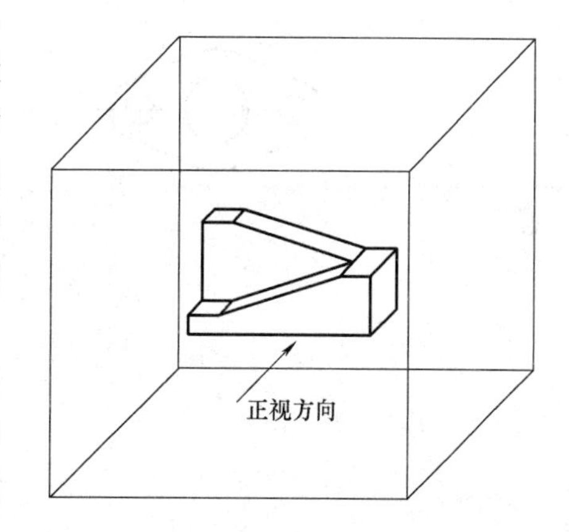

图 1-42　基本视图的形成

一般应在每个视图下方注写图名，并在图名下绘制一条粗横线。若在同一张图纸上按图 1-43 所示配置基本视图时，可省略图名。常用的三视图为主视图、俯视图和左视图。

六个基本视图是三面投影图的完善，亦遵循投影规律：

主视图、俯视图、仰视图、后视图“长对正”；

俯视图、左视图、右视图、仰视图“宽相等”；

主视图、左视图、右视图、后视图“高平齐”。

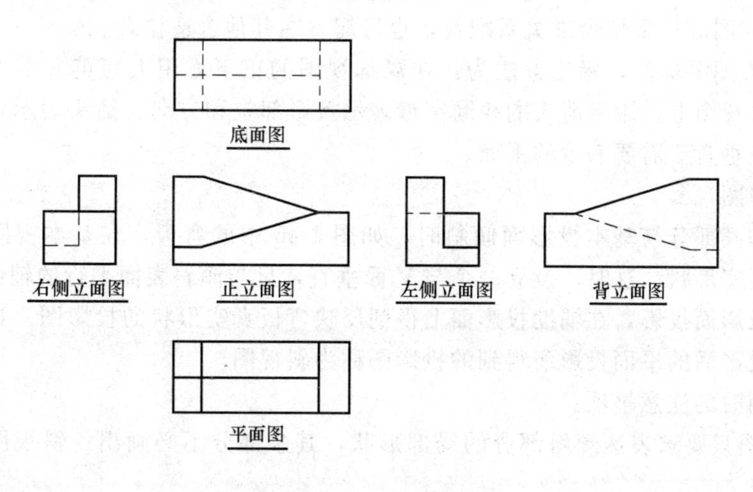

图 1-43　基本视图的配置

2. 辅助视图

表达工程形体时，不一定要画出全部六个视图，应在表达完整、准确的前提下，根据工程形体的形状特征，有选择地使用。有时为使表达更加简洁、清晰，减少绘图工作量，常采用辅助视图。辅助视图不能独立存在，必须与基本视图配合使用。

常用的辅助视图有局部视图和斜视图。

（1）局部视图

如图 1-44 所示的弯管，它的主要形状已在两个基本视图上表达清楚，而在箭头所指的方向尚有部分形状未表达出来，此时，没有必要再画出基本视图，只需将未能表达清楚的局部结构按箭头方向向基本投影面投影，画出它的投影图。这种将物体的某一部分向基本投影面投影所得的图形称为局部视图。

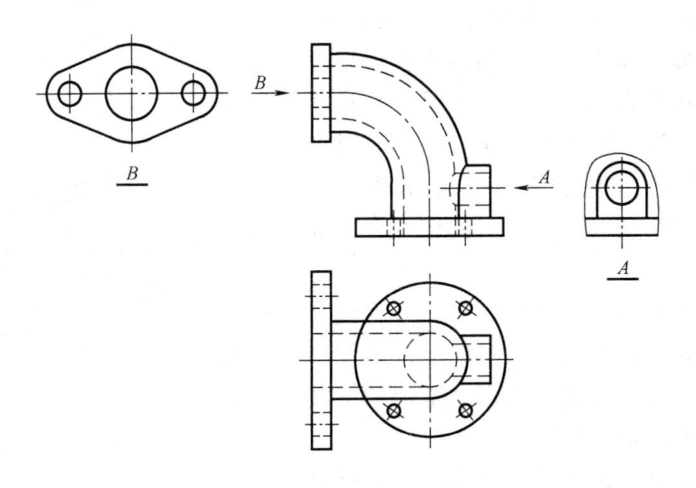

图 1-44　局部视图

画局部视图时的注意事项：

① 局部视图的边界用波浪线表示，如图 1-44 中的 A 向视图。若表达的局部结构是完整的，且外轮廓封闭，则波浪线可省略不画，如图 1-44 中的 B 向视图。

② 局部视图应尽量按投影关系配置，也可配置在其他合适位置。

③ 局部视图要标注，标注方法为：在局部视图的正下方用大写英文字母标出视图的名称，在基本视图上，用带箭头的相同字母表示投影部位和方向。箭头表示投射方向，一般投射方向应垂直于需要表示的平面。

（2）斜视图

当物体的某部分与基本投影面倾斜时，如图 1-45 中的弯板，在基本视图上就不能反映其表面的真实形状。这时，设立一个与 V 面垂直，且与倾斜表面平行的辅助投影面，将弯板向辅助投影面投影，在辅助投影面上得到反映弯板真实形状的投影图。这种向不平行于任何基本投影面的平面投影所得到的投影图称为斜视图。

画斜视图时的注意事项：

① 斜视图只要求表达倾斜部分的局部形状，其余部分不必画出。斜视图的边界用波浪线表示。

② 斜视图应尽量按投影关系配置，也可配置在其他合适位置。必要时允许斜视图旋

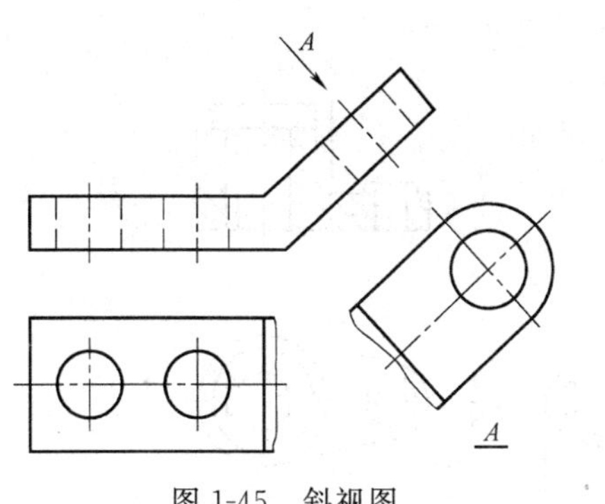

图 1-45　斜视图

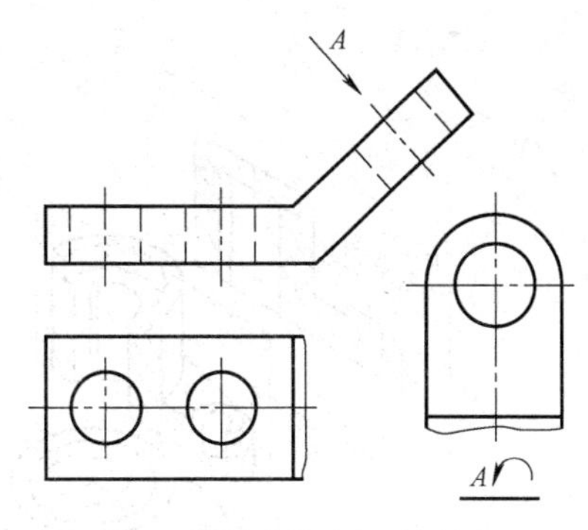

图 1-46　斜视图（旋转）

转配置。

③ 斜视图要标注，标注方法与局部视图相同。对旋转配置的斜视图，还应在表示该视图名称的大写英文字母后标出旋转箭头，如图 1-46 所示。

1.3.2　剖视图

当机械形体内部结构复杂时，在视图上就会出现许多虚线，如图 1-47 所示，这给读图和标注尺寸带来不便，为此，国家制图标准规定了表达机械形体内部结构的方法：剖视图。

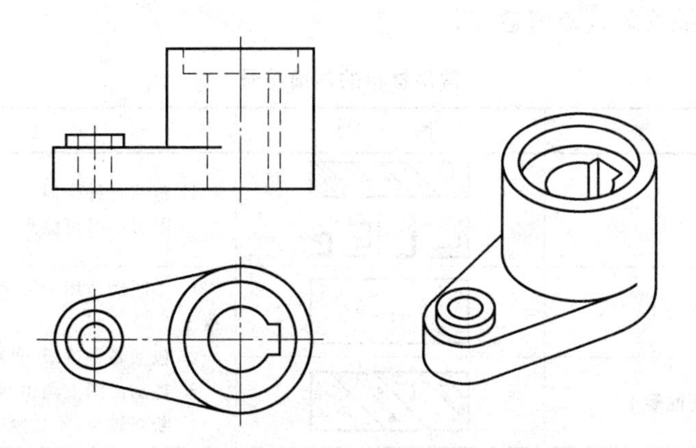

图 1-47　用虚线表示机械形体的内部结构

1. 剖视图的概念

如图 1-48 所示，假想用剖切面切开物体，移走观察者和剖切面之间的部分，将剩余部分向基本投影面投影，所得的投影图称为剖视图，建筑制图中称为剖面图。

2. 剖视图的画法

(1) 确定剖切面的位置

剖切面应尽量通过孔、洞、槽等内部结构处，并要平行或垂直于某个基本投影面。当物体有对称面时，一般选对称面作剖切面。

(2) 按照剖视图的概念，想象出剖视图的形状，画出剖视图

剖视图应尽量按投影关系配置，也可配置在其他合适位置。

(3) 对剖视图进行标注

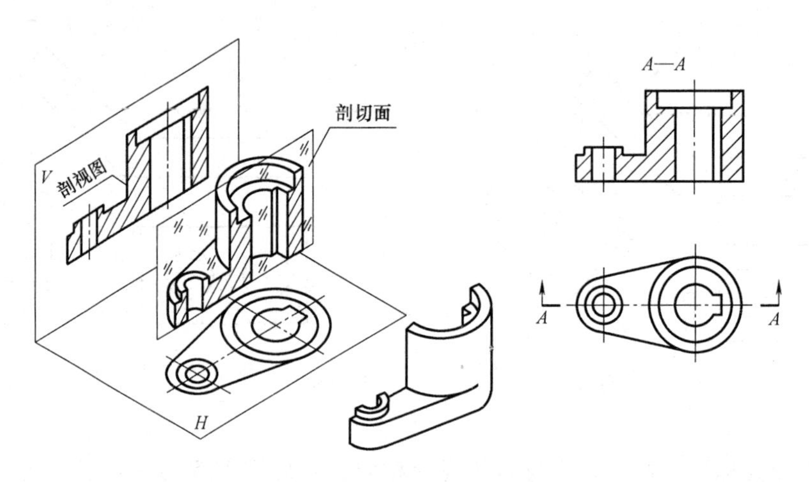

图 1-48　剖视图的形成与画法

剖视图一般应用带大写字母的剖切符号及箭头表示剖切的位置及投影方向，并在剖视图上方标出相应的字母“X—X”，如 A—A 剖视。

(4) 在剖切面与物体接触的部分（即断面），按照国家标准规定画出相应的材料图例，以区分断面和非断面，同时说明物体所使用的材料

常用材料的剖面符号如表 1-9 所示。金属材料剖面符号用细实线绘制，斜线一律与水平线成 45°，且间隔均匀，疏密适度。

常用材料的剖面符号　　　　**表 1-9**

序号	名　　称	图　　例	说　　明
1	金属		1. 包括各种金属 2. 图形小时可涂黑
2	混凝土		1. 本图例适用于能承重的混凝土及钢筋混凝土 2. 包括各种等级、骨料、添加剂的混凝土 3. 在剖面图上画出钢筋时，不画图例线 4. 断面较窄，不易画图线时，可涂黑
3	钢筋混凝土		
4	木材		1. 上图为横断面 2. 下图为纵断面

3. 画剖视图应注意的问题

(1) 剖视图是在作图时假象把物体切开而得到的，事实上物体并没被切开，也没有移走一部分，因此，在某个基本投影面上采用剖视图后，在其他投影面上仍按完整物体画出其基本视图。

(2) 画剖视图时，剖切面后面的可见部分的投影都要画出，不能遗漏。

(3) 剖视图或基本视图上已表达清楚的部分，在其他剖视图或基本视图上该部分投影为虚线时，一般不画出，如图 1-49 (a) 所示。

如果必须画出虚线才能清楚表达物体时，允许画出少量的虚线，如图 1-49 (b) 所示。

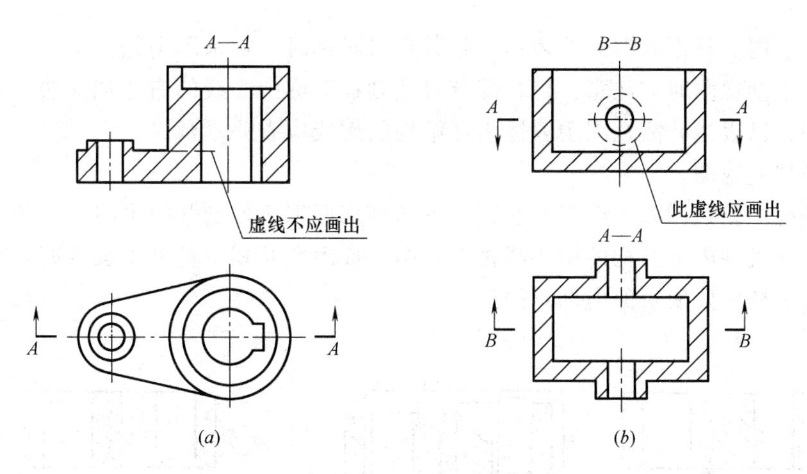

图 1-49　剖视图中的虚线

4. 工程中常用的剖视图

常用的剖视图有全剖视图、半剖视图、阶梯剖视图和局部剖视图等。

（1）全剖视图

只用一个平行于投影面的剖切平面将工程形体全部剖开后所画的剖视图称为全剖视图，如图 1-48 和图 1-49 所示剖视图。

（2）半剖视图

当工程形体具有对称面，以对称中心线为界，一半画成剖视图，另一半画成视图，这种剖视图称为半剖视图，如图 1-50 所示。由于半剖视图可以同时表达物体的内、外形状，

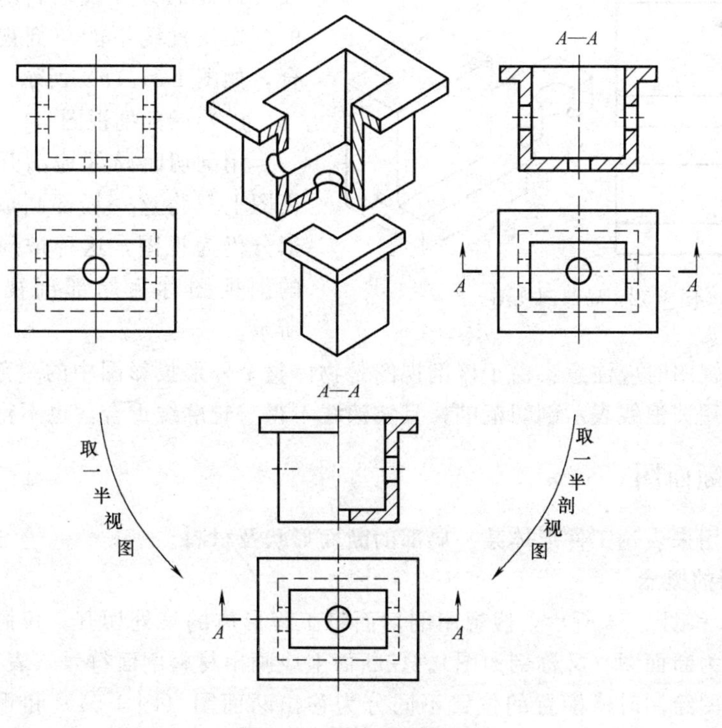

图 1-50　单一半剖视图

所以当物体的内、外形状都需要表达，且其形状对称时，常采用半剖视图。

画单一半剖视图时应注意：剖视部分习惯画在对称中心线的右边或前边；由于内部结构在剖视部分已表达，故视图中表达内部结构的虚线应省略不画。

(3) 阶梯剖视图

阶梯剖视图就是用两个或多个互相平行的剖切面把机件剖开画出的剖视图，如图 1-51 (*a*) 所示。当机件内部结构的中心线排列在两个或多个互相平行的平面内时，可用阶梯剖视图来表达多处所要表达的内部结构。

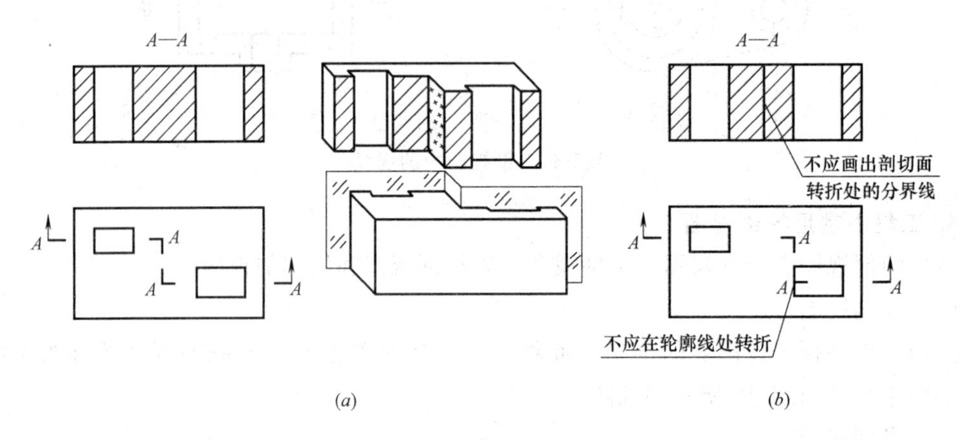

图 1-51 阶梯剖视图

画阶梯全剖视图时应注意：由于剖切面是假想的，故在阶梯全剖视图中不应画出剖切面转折处的分界线；表示剖切面转折处的剖切位置线不能与剖视图上的图线重合，如图 1-51 (*b*) 所示。

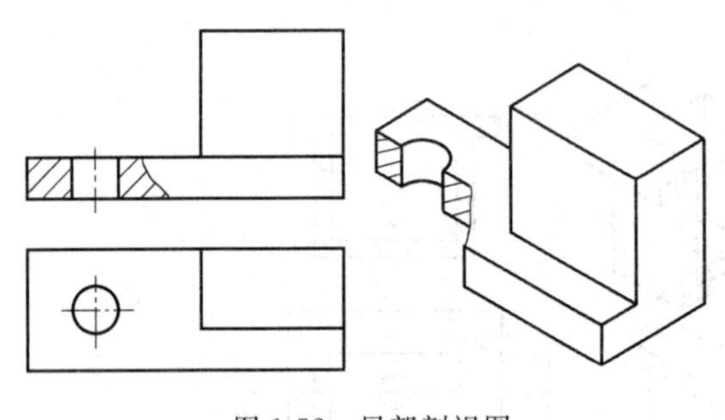

图 1-52 局部剖视图

(4) 局部剖视图

用剖切面局部地剖开物体，在基本视图上只将这一局部画成剖视图，其余部分仍为视图，这种被局部剖切后所得的剖视图称为局部剖视图，如图 1-52 所示。

画局部剖视图时应注意：由于该剖视图是物体整个外形投影图中的一部分，因此不需要标注，但要用波浪线表示剖切范围，且波浪线不得与轮廓线重合，也不得超出轮廓线。

1.3.3 断面图

断面图常用来表达工件形体某一局部的断面形状及材料。

1. 断面图的概念

如图 1-53 和图 1-54 所示，假想用剖切面将工程形体的某处切开，仅画出切口形状投影的图形，称为断面图（又称剖面图）。在断面上应画出材料剖面符号（表 1-9）。

根据断面图绘制时所配置的位置不同分为移出断面图（图 1-54）和重合断面图（图 1-53）两类。

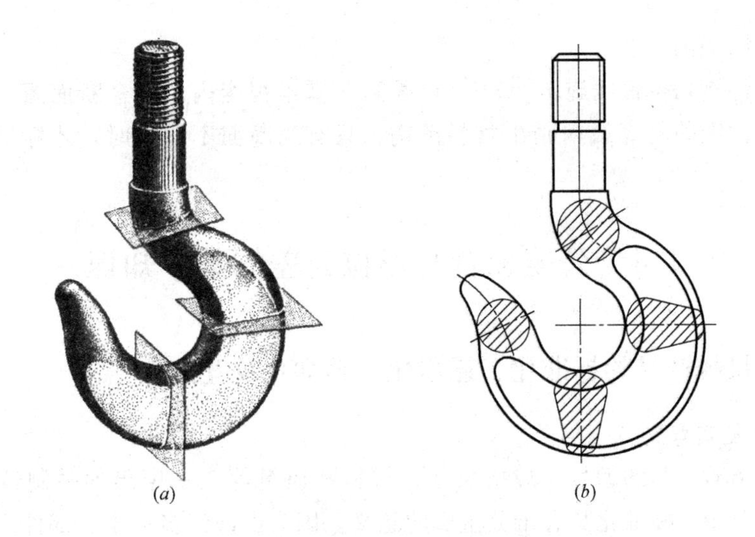

图 1-53　重合断面图的形成

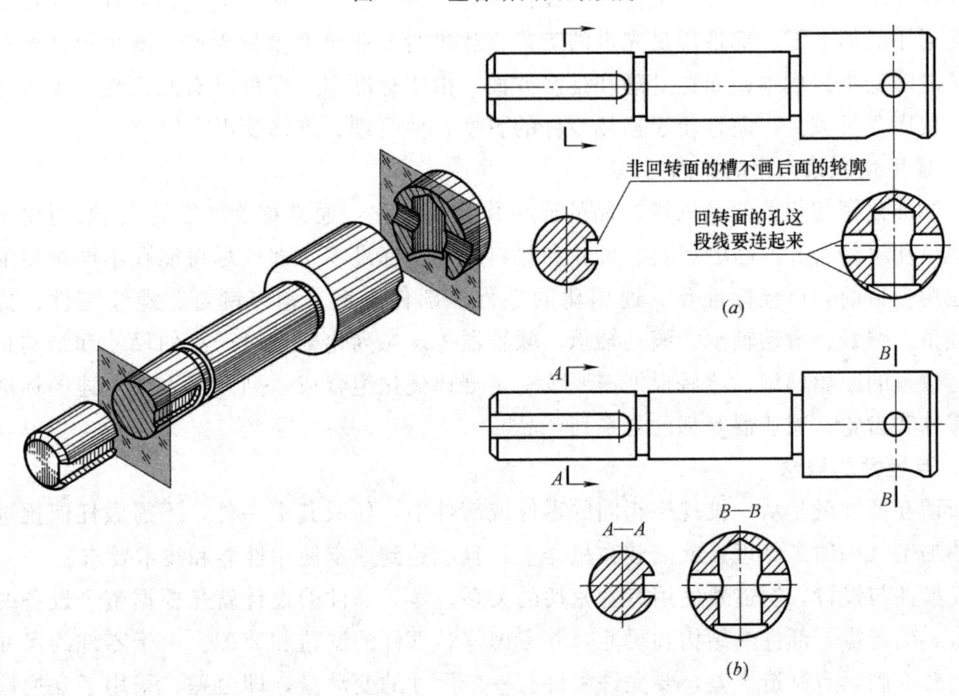

图 1-54　移出断面图及画法

(*a*) 画在剖切线的延长线上；(*b*) 画在剖切线外

2. 断面图的标注

(1) 移出断面图

若断面图画在剖切线延长线上，且图形对称（对剖切线而言），只需画点划线表明剖切面位置即可；如不对称，则需用粗实线表明剖切面位置，并用箭头表明投影方向，如图 1-54（*a*）所示。若断面图不是画在剖切线延长线上，当图形不对称时，要用带字母的两段粗实线标明剖切面位置，并用箭头表明投影方向，而在断面图的上方标上相同的字母；图形对称，可省画箭头线，如图 1-54（*b*）所示。

（2）重合断面图

其断面图绕剖切位置线旋转（90°）重叠画在基本视图内。重合断面图一般不需要标注，只要在断面图的轮廓线内画出材料图例。只有当断面不对称时，才标出剖切位置和箭头。

1.4 公差配合与形位公差的基本知识

1.4.1 机械产品的标准化、通用化、系列化及互换性

1. 标准化及其意义

标准化是指对产品的型号、规格尺寸、材料和质量等统一定出的强制性的规定和要求。在机械行业中，标准化具有十分重要的意义。因为由许许多多零、部件组成的任何机器，在设计中采用标准零件、部件可使设计简化，以节省时间从事创造性设计；在制造上可以使通用的标准零、部件用最先进的工艺方法进行专业化大批量生产，既可提高产品质量、又能降低生产成本；而在管理和维修方面，由于标准零、部件具有互换性，不仅方便采购、使库存量减少，而且便于损坏零件的更换，使管理、维修变得方便。

2. 通用化和系列化的概念

与标准化密切相关的是机械产品的通用化和系列化，通常称为“三化”。通用化就是尽量减少和尽量合并产品的型式、尺寸和材料等，使标准零、部件尽可能在不同规格的产品中通用。目前，已经标准化、通用化的零件、部件有键、销、铆钉、螺纹零件、传动带、链条、弹簧、滑动轴承、滚动轴承、联轴器等。系列化则是对产品的尺寸和结构拟定出一定数量的原始模型，然后根据需要按一定规律优化组合成系列产品。如上述的标准通用化零件和齿轮、减速器等都已是系列产品。

3. 互换性的概念

所谓互换性就是从一批规格相同的零件或部件中，任取其中一件，不需做任何挑选或附加的加工（如钳工修理）就能装在机器上，且能达到原定使用性能和技术要求。

互换性与设计、制造及使用有着密切的关系。零、部件的设计就是根据整个设备的使用要求，确定零、部件的结构和尺寸，并考虑零、部件的制造和装配。由于零件的尺寸不可能绝对准确，有制造误差，要允许零件有一个尺寸的变动量，即公差。采用了互换性原则，就能实现零部件的“标准化、通用化、系列化”，使设计工作大为简化。

互换性对制造提出了要求，就是要使零件生产出来后，具有设计规定的精度，而这些精度又与零件的制造工艺水平和测量的技术水平有密切的关系。

在使用方面，机器采用了具有互换性的零件或部件后，在它们损坏时可以及时方便地换上一个新的同一规格的零件和部件，就能使机器正常的工作，延长机器的使用寿命。

总之，机械的标准化、通用化、系列化和零、部件的互换性，有利于进行专业化、大批量生产。对提高生产效率，保证产品质量，降低产品成本，及方便机器维修，延长机器使用寿命等有着十分重要的意义。

1.4.2 公差与配合

公差与配合是一项应用广泛、涉及面广的重要技术基础标准。零件在制造过程中，由于机床精度、刀具磨损、测量误差和技术水平等因素的影响，加工的尺寸总是有误差的。为了满足零件具有互换性，就必须把零件的制造误差控制在一个适当的范围内，这个尺寸允许的最大误差范围称为公差。公差范围越小，零件的互换性越好，但制造成本就越大。所以，在机械制造中，“公差”用于协调机器零件的使用要求与制造经济之间的矛盾。

对于两个相互配合的零件，有时要求装得松一些，有时要求装得紧一些。两个零件这种相互结合起来时所要求的松紧程度，称为配合。“配合”是反映机器零件之间性能要求的相互关系。为了达到两个零件的这种配合性能要求，配合又与公差有密切的联系。公差与配合的标准化，有利于机器的设计、制造、使用和维修，并直接影响产品的精度、性能和使用寿命。

1. 公差

(1) 尺寸的术语

① 尺寸　是用来反映工件长度大小的值。尺寸由数字和特定单位两部分组成，如30mm、6μm 等。在工程图纸中，若用 mm 做长度尺寸单位，可只标数字。

② 基本尺寸　是指设计时给定的尺寸。它是根据产品的使用要求，通过计算和结构方面的考虑，或根据试验、类比相似零件的经验来确定的。图 1-55 所示的尺寸都是基本尺寸，它们是极限尺寸和偏差的起始尺寸。

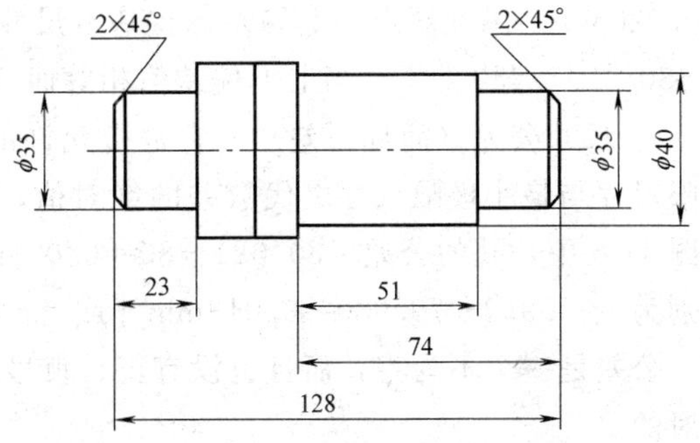

图 1-55　基本尺寸

③ 实际尺寸　是指零件加工后，通过测量所得的尺寸。由于存在测量误差，实际尺寸并非尺寸的真值。同时由于制造误差的影响，各零件的实际尺寸往往不同，并非正好等于基本尺寸。

零件的实际尺寸包括零件毛坯的实际尺寸，零件加工过程中工序间的实际尺寸和零件制成后的实际尺寸。一般情况是指零件制成后的实际尺寸。

④ 极限尺寸　它是允许尺寸变化的两个界限值，并以基本尺寸为基数来确定。其中较大的一个称为最大极限尺寸，较小的一个称为最小极限尺寸。在这两个尺寸之间的任何实际尺寸都是合格尺寸。

基本尺寸和极限尺寸的相互关系见图 1-56。图 1-56（*a*）中，孔的基本尺寸 $L=\phi80$mm，孔的最大极限尺寸 $L_{max}=\phi80.021$，孔的最小极限尺寸 $L_{min}=\phi80$mm；（*b*）图中，轴的基本尺寸 $l=\phi80$mm，轴的最大极限尺寸 $l_{max}=\phi79.993$mm，轴的最小极限尺寸 $l_{min}=\phi79.980$mm。

(2) 公差与偏差

① 尺寸偏差　最大极限尺寸减其基本尺寸所得的代数差称为上偏差；最小极限尺寸减其基本尺寸所得的代数差称为下偏差；上偏差与下偏差统称为极限偏差；实际尺寸减其

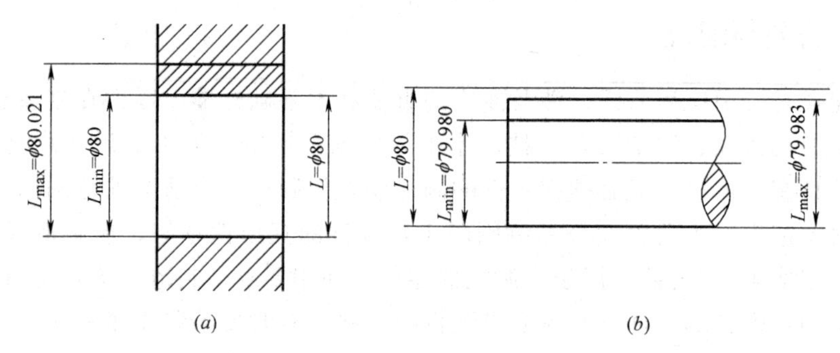

图 1-56 极限尺寸

(a) 孔的极限尺寸；(b) 轴的极限尺寸

基本尺寸所得的代数差为实际偏差。由于极限尺寸和实际尺寸都有可能大于、小于或等于基本尺寸，所以偏差可为正的、负的或零值。零件的实际偏差在极限偏差范围之内，则这个零件尺寸是合格的。

根据尺寸偏差的定义，图 1-56 中，孔的上偏差＝80.021－80＝0.021mm，孔的下偏差＝80－80＝0；轴的上偏差＝79.993－80＝－0.007mm，轴的下偏差＝79.980－80＝－0.020mm。国标规定：上偏差标在基本尺寸的右上角，下偏差标在基本尺寸的右下角，如 $\phi80_{0}^{+0.021}$、$\phi80_{-0.020}^{-0.007}$。当上下偏差值相等而符号相反时，可标为 $\phi80\pm0.008$。

② 尺寸公差（简称公差） 它是指允许的尺寸变动量。就数值而言，公差等于最大极限尺寸与最小极限尺寸之代数差的绝对值；也等于上偏差与下偏差之代数差的绝对值。在图 1-56 中，孔的公差＝80.021－80＝0.021mm（或＝0.021－0＝0.021mm），轴的公差分别为＝79.993－79.980＝0.013mm［或＝－0.007－（－0.020）＝0.013mm］。

公差是一个不为零，而且也没有正、负号的数值。所以，零公差或负公差的说法都是不对的。

对于制造来说，零件的公差规定越小，实际尺寸可以变动的范围也越小，加工也就越难。为此，在能够满足机器质量要求的前提下，尽量采用较大的公差。

2. 配合

配合是指基本尺寸相同的零件，相互结合的关系。如孔与轴的配合，键与键槽的配合等。由于孔、轴实际尺寸的不同，相互结合的关系根据松紧的程度可分为间隙配合（又称动配合）、过盈配合（又称静配合）和过渡配合三大类。

（1）间隙配合

如图 1-57 所示，当孔的实际尺寸大于相配合的轴的实际尺寸时，它们的配合叫间隙配合（动配合），它们的尺寸之差（代数差为正值）称为间隙。在轴与孔配合中，间隙的存在是轴与孔能够相对运动的基本条件。

（2）过盈配合

如图 1-58 所示，当孔的实际尺寸小于相配合的轴的实际尺寸时，它们的配合叫过盈配合（静配合），它们的尺寸之差（代数差为负值）称为过盈。由于过盈的存在，孔与轴配合后，可使零件之间传递载荷或固定位置。

（3）过渡配合

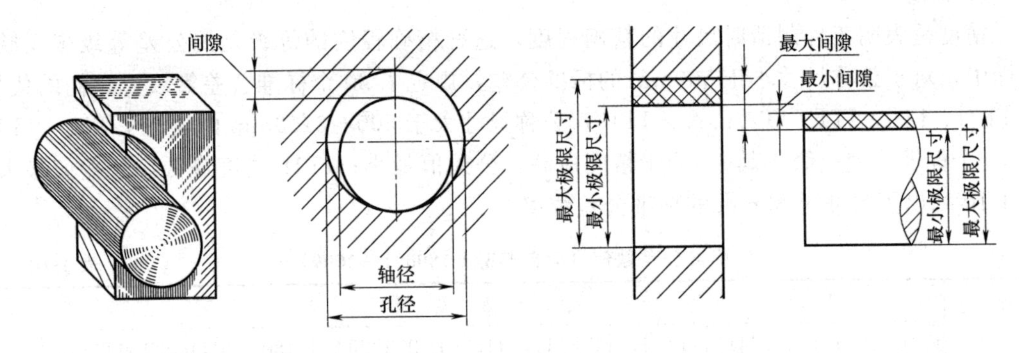

图 1-57　间隙配合示意图

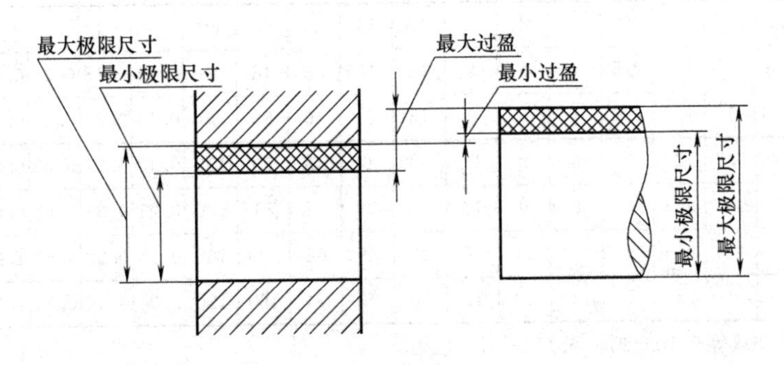

图 1-58　过盈配合示意图

它是介于动、静配合之间的一种配合。如图 1-59 所示，孔的实际尺寸可能大于轴的实际尺寸，也可能小于轴的实际尺寸，即有时产生间隙，有时产生过盈，但间隙量和过盈量都比较小。

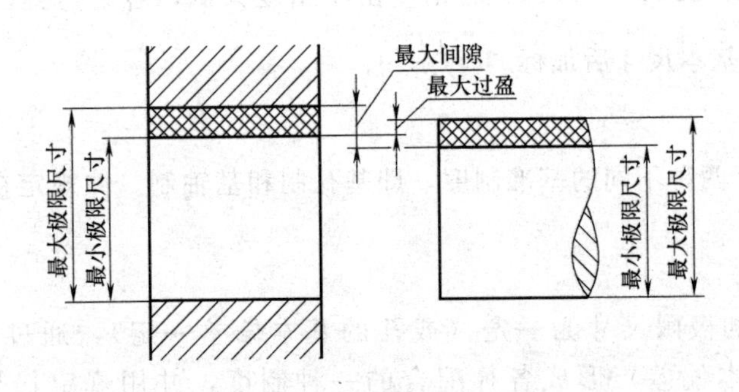

图 1-59　过渡配合示意图

孔的配合类别代号用其拼音的大写字母表示：*D*-表示动配合，*G*-表示过渡配合，*J*-表示静配合；轴的配合类别代号用其拼音的小写字母表示：*d*-表示动配合，*g*-表示过渡配合，*j*-表示静配合。以上三种配合，根据松紧程度的不同，又可分为若干种。其中动配合分 6 种，过渡配合分 4 种，静配合分 6 种。每类配合者是第一种最紧，依次渐松，并用小写英文字母 a、b、c……的顺序依次表示各种配合。

3. 精度

精度是表明工件制造时尺寸的精确程度，这种精确程度的等级是用公差等级来反映。国标中，对于公称尺寸小于500mm的标准公差，规定了20个标准公差等级，它们的代号为IT01、IT0、IT1、IT2...... IT18；公称尺寸大于500～3150mm内规定了IT1～IT18共18个标准公差等级。其中IT01精度最高，公差值最小；IT18精度最低，公差值最大。表1-10列出了尺寸至80mm的标准公差数值。

标准公差数值（摘自GB/T 1800.1—2009） **表1-10**

公称尺寸/mm		公差等级																			
		IT01	IT0	IT1	IT2	IT3	IT4	IT5	IT6	IT7	IT8	IT9	IT10	IT11	IT12	IT13	IT14	IT15	IT16	IT17	IT18
大于	至	公差/μm													公差/mm						
—	3	0.3	0.5	0.8	1.2	2	3	4	6	10	14	25	40	60	0.10	0.14	0.25	0.40	0.60	1.0	1.4
3	6	0.4	0.6	1	1.5	2.5	4	5	8	12	18	30	48	75	0.12	0.18	0.30	0.48	0.75	1.2	1.8
6	10	0.4	0.6	1	1.5	2.5	4	6	9	15	22	36	58	90	0.15	0.22	0.36	0.58	0.90	1.5	2.2
10	18	0.5	0.8	1.2	2	3	5	8	11	18	27	43	70	110	0.18	0.27	0.43	0.70	1.10	1.8	2.7
18	30	0.6	1	1.5	2.5	4	6	9	13	21	33	52	84	130	0.21	0.33	0.52	0.84	1.30	2.1	3.3
30	50	0.6	1	1.5	2.5	4	7	11	16	25	39	62	100	160	0.25	0.39	0.62	1.00	1.60	2.5	3.9
50	80	0.8	1.2	2	3	5	8	13	19	30	46	74	120	190	0.30	0.46	0.74	1.20	1.90	3.0	4.6

注：公称尺寸小于或等于1mm时，无IT14～IT18。

在机械加工中，国家标准规定了12个精度等级，按精度的高低依次为1、2、3……12级，分别对应于标准公差等级IT1、IT2……IT12。其中1、2是规划精度等级，目前加工工艺达不到此水平；7级精度为基本级，是在实际使用（或设计）中普遍应用的精度等级。至于对应于公差等级IT01、IT0的精度只是远景的理论规划等级，是很难达到的；对应于公差等级IT12……IT18的精度由于精度太低，容易达到，一般不需标注说明$\left(\text{若要说明，可在基本尺寸后加标“}\pm\frac{IT}{2}\text{”}\right)$。

4. 配合制度

国家标准规定有两种不同的基准制度，即基孔制和基轴制。并规定在一般情况下，优先采用基孔制。

（1）基孔制

基孔制是以孔的极限尺寸为一定（或孔的基本偏差一定），通过改变轴的极限尺寸（或轴的不同基本偏差）形成各种配合的一种制度，并用规定代号D表示。基孔制的孔为基准孔，其下偏差为零，上偏差即为基准孔的公差，且为正值，见图1-60所示。

（2）基轴制

基轴制是以轴的极限尺寸为一定（或轴的基本偏差一定），通过改变孔的极限尺寸（或孔的不同基本偏差）形成各种配合的一种制度，并用规定代号d表示。基轴制的轴为基准轴，其上偏差为零，下偏差即为基准轴的公差，且为负值，见图1-61所示。

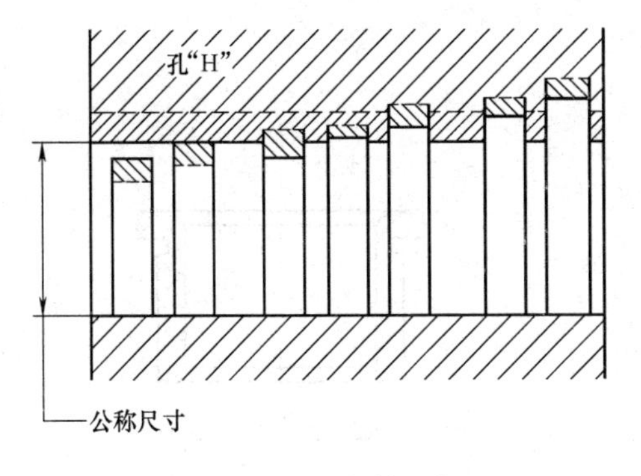

图 1-60　基孔制配合

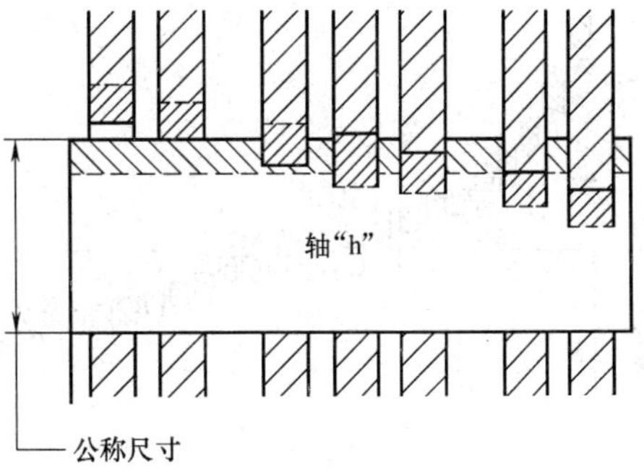

图 1-61　基轴制配合

5. 公差与配合的标注

（1）在零件图上的标注

① 用偏差代号标注　见图 1-62（*a*）中 ϕ60H8 和 ϕ60f7 所示。标注中 H8 表示孔的公差带，其中大写字母 H 是孔的基本偏差位置代号（由图 1-63 可知其偏差位置），8 是公差等级代号（由表 1-10 可查知公差数值为 46μm）；f7 表示轴的公差带，其中小写字母 f 是轴的基本偏差位置代号（由图 1-63 可知其偏差位置），7 是公差等级代号（由表 1-10 可查知公差数值为 30μm）。

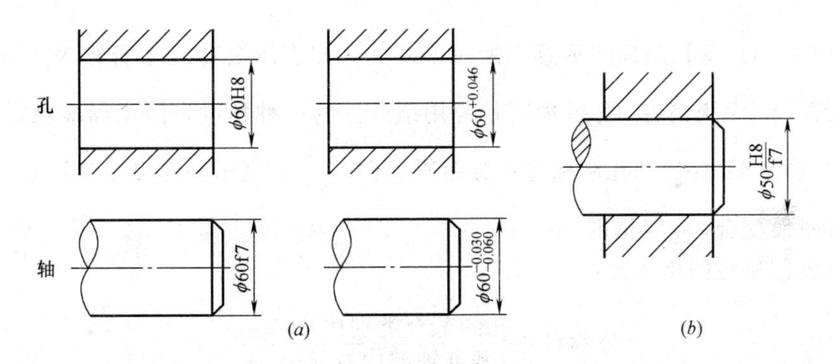

图 1-62　公差与配合代号标注

（*a*）公差在零件图上的标注；（*b*）在装配图上的标注

② 用偏差数值标注　见图 1-62（*a*）中 $\phi60^{+0.046}$和 $\phi60^{-0.030}_{-0.060}$所示。

③ 用偏差代号和偏差数值同时标注　如图 1-64 所示，在公称尺寸数字右边同时注出偏差代号和数值，但偏差数字应注在偏差代号右边的括号内，这种形式适合于零件生产批量不固定时。

（2）在装配图上的标注

装配图中，国标对配合代号规定为：在基本尺寸数字后面用分数的形式标注，分子为孔的偏差代号，分母为轴的偏差代号。

对于基孔制，配合代号的格式为：

$$\text{公称尺寸}\frac{\text{基准孔的代号 }D_{\text{精度等级}}}{\text{轴的配合类别代号}_{\text{精度等级}}}$$

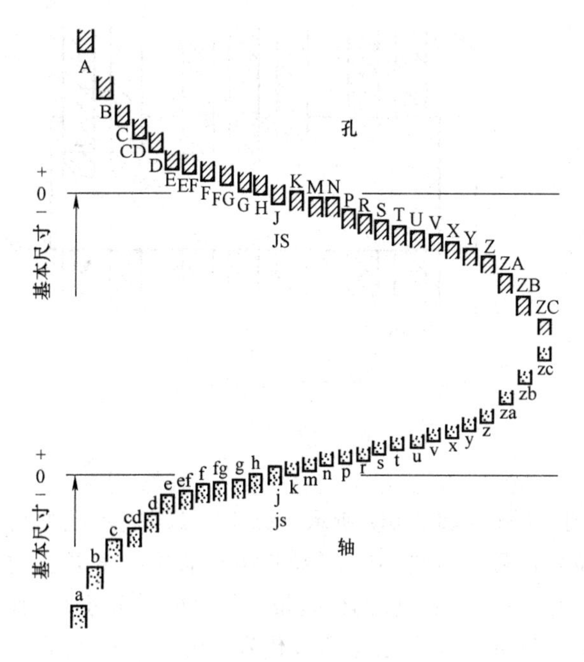

图 1-63　基本偏差系列及位置代号

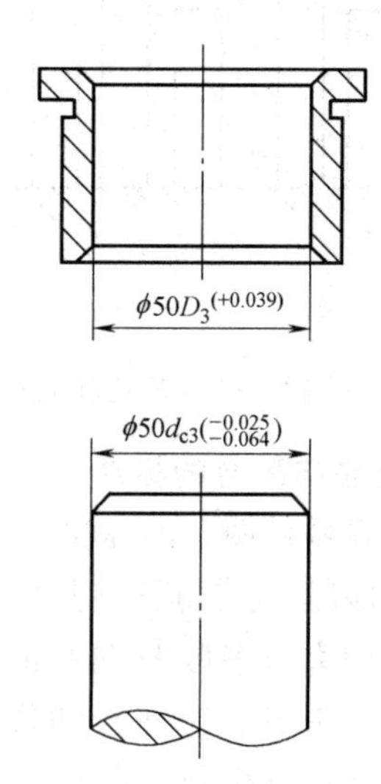

图 1-64　用偏差代号和偏差数值同时标注

如图 1-65（a）基孔制标注示意图所示 $\phi 40\,\dfrac{D}{je}$，即表示公称尺寸直径为 40mm，基孔制第五种静配合，7 级精度（7 级精度是应用最广泛的一种精度，国家标准规定 7 级精度不必标注）。图 1-65（b）基孔制标注示意图所示 $\phi 40\,\dfrac{D_3}{gc_3}$，表示公称尺寸直径为 40mm，基孔制第三种过渡配合，3 级精度。

对于基轴制标注的格式为：

$$\text{公称尺寸}\frac{\text{孔的配合类别代号}_{\text{精度等级}}}{\text{基准轴的代号 } d_{\text{精度等级}}}$$

如图 1-66 基轴制标注示意图所示 $\phi 40\,\dfrac{De_4}{d_4}$，即表示公称尺寸直径为 40mm，基轴制第五种动配合，4 级精度。

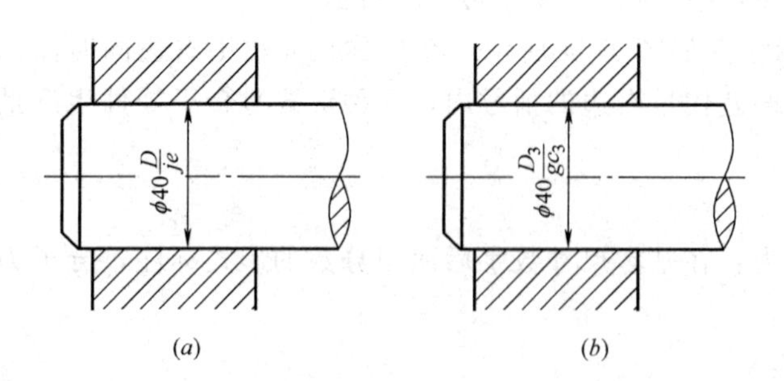

图 1-65　基孔制标注示意图

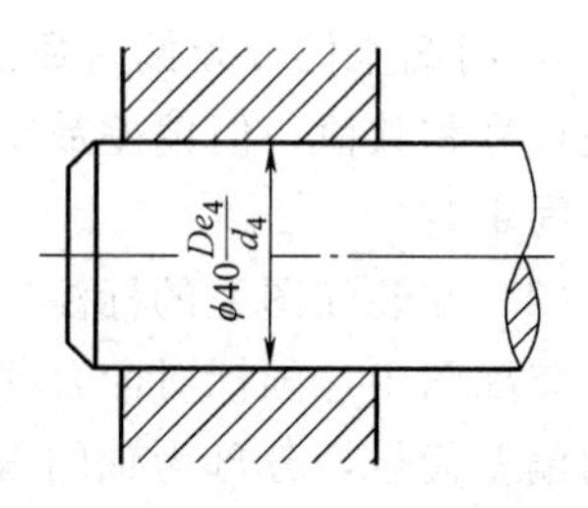

图 1-66　基轴制标注示意图

6. 公差与配合标准的选用

公差与配合标准的选择是机械设计和制造中很重要的问题。其选择是否恰当，将直接影响到机械产品的使用性能、质量和制造成本。

公差与配合的选择主要考虑以下三方面的问题：

(1) 基准制的选择

一般情况下，应优先采用基孔制。因为加工一定精度的孔比加工同样精度的轴困难，所需使用的定尺寸刀具，如扩孔钻、铰刀、拉刀等价值昂贵，且每一把指定的刀具只能加工一种尺寸，即一种配合的孔。这样造成刀具规格繁多。而制造轴则不同，尽管轴径有不同，但可用一把车刀来加工。

基轴制一般用在下列几种情况：冷拉钢料、不经机械加工的轴与孔配合时；当一根光轴与几个零件相配合时，由于工作要求不同，所用配合种类也不相同，则应采用基轴制，如图 1-67 所示的销轴与连杆孔的配合；在使用标准件时，应按标准件确定基准制。如图 1-68 所示的滚动轴承外圈与座孔的配合应采用基轴制，而轴承内圈与轴的配合应采用基孔制。

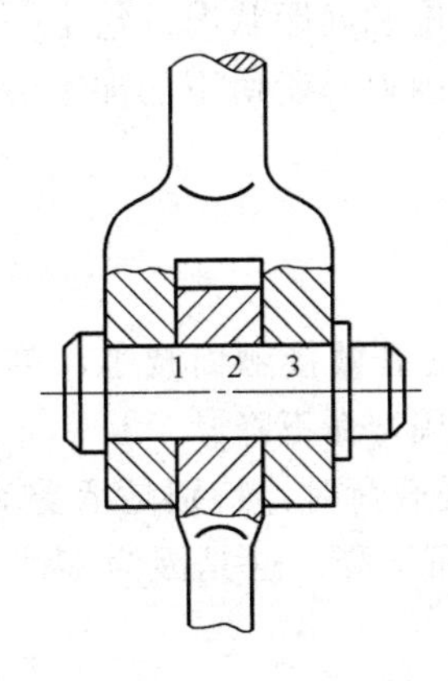

图 1-67　销轴与连杆孔的配合

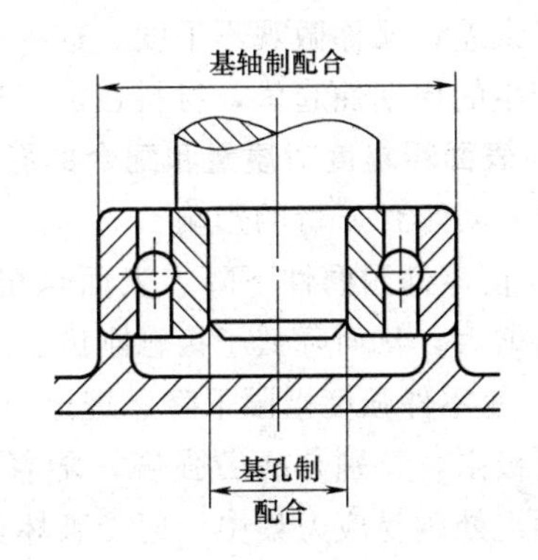

图 1-68　滚动轴承与轴承座孔的配合

(2) 公差等级的选择

首先从配合质量方面考虑选择公差等级时，不得不考虑零件配合的质量。由于同一直径公差等级越低，则公差越大，其配合公差也必增大，这使得这一批零件的配合松紧程度很不一致。为此，对需要完全互换性的零件，应根据相配合的最松和最紧要求（即配合公差的大小）来选择其公差等级。

从孔和轴的加工方面考虑，通常公差等级越高，要求的加工精度也就越高，它所需要的加工步骤也就越多，加工成本越高。因此，选用公差等级时，应在满足使用要求的前提下，尽量选用较低的公差等级，以降低加工成本。

(3) 配合种类的选择

正确选用配合，既能保证机器的运转质量，延长使用寿命，又能使制造经济合理。现将各种配合的特性、选择原则及应用实例介绍如下：

① 过盈配合的选择　过盈配合是利用轴和孔间配合的过盈数值，使装配后的孔径被胀大，轴径被压小。当两者的变形都未超过材料的弹性极限时，则在结合表面间产生一定

的正压力，从而可表现出有一定紧固能力的摩擦力。利用这种静配合的紧固力，可固定零件位置或传递载荷。

选择过盈配合的原则是：其最小过盈量必须保证能传递机构所要求的扭矩或轴向力，最大过盈应保证工件材料不致因过盈过大而遭到破坏。

② 过渡配合的选择　过渡配合产生的过盈或间隙都很小，安装拆卸比过盈配合方便，加紧固件后，可传递扭矩。过渡配合的对中性比间隙配合好。因此，过渡配合常用于要求对中性好、又便于拆装的静连接。

③ 间隙配合的选择　间隙配合常用于两零件有相对转动（或运动）的配合中。其中，必要的配合间隙用以储存润滑油，减少相对摩擦。对于对中性要求较高，需经常拆卸或调整相对位置的连接，或通过加紧固件传递扭矩、固定零件相对位置的连接，可用基准孔同基准轴的配合（最小间隙为零）。

1.4.3　表面粗糙度

1. 表面粗糙度的概念

表面粗糙度是指被加工零件表面上微小峰谷的高低程度和间距状况。它是一种微观几何形状误差，又称微观不平度。这种微观不平度主要由切削刀具所留下的加工痕迹，机床振动产生的周期性起伏，材料在加工过程中的变形等引起。

2. 表面粗糙度对质量和配合的影响

（1）对零件质量的影响

① 使零件耐磨性下降　表面越粗糙，使零件摩擦时的有效接触面减小，单位面积上的压力增大，从而降低了接触刚度、使磨损增快增大，使用寿命下降。

② 使零件强度极限下降　理论与实际表明，零件承受载荷时，特别是承受动载荷时，其强度极限，特别是疲劳强度，随着表面粗糙度的增大而下降。这是因为零件表面越粗糙，凹入处越易应力集中、遭受破坏。

③ 使零件的抗腐蚀性下降　零件表面粗糙度越大，粗糙面上凹处越易聚集腐蚀物质和气体，越易受到腐蚀，从而使零件的抗腐蚀性能下降。

④ 还会使零件配合的紧密性、不透气性以及导热性下降。

（2）对配合质量的影响

由于表面粗糙不平，将使配合的性质不稳定。对于间隙配合，粗糙的表面会使机件过早的磨损，并相应地扩大了间隙；对于过盈配合，由于表面粗糙，使金属实际发生的变形量减少，即有效过盈量变小，而达不到所要求的过盈配合要求。

表面粗糙度增大，虽对零件的质量和配合有不利的影响，但不是说粗糙度越小就越好。表面粗糙度要求太小，会引起零件的加工费用上升。有时，为了增强零件表面的散热性能或增加对涂料的粘附性能，还要求粗糙度大一些才好。因此，在选用表面粗糙度时，应根据零件的具体要求来确定，并在满足使用性能要求的前提下，尽可能选用较大的粗糙度值。

3. 表面粗糙度的代（符）号及标注

表面粗糙度的基本符号是由两条不等长，且与被标注表面投影轮廓线成60°左右的倾斜线组成。图1-69为表面粗糙度的三个基本特征符号，它们的意义见表1-11。

表面粗糙度的符号及意义 **表 1-11**

符号	意 义 及 说 明
	基本符号，表示可用任何方法获得
	基本符号加一短划，表示表面是用去除材料的方法获得。例如：车、铣、钻、磨、剪切、抛光、腐蚀、电火花加工、气割等
	基本符号加小圆，表示表面粗糙度是用不去除材料的方法获得。例如：铸、锻、冲压变形、热扎、冷扎、粉末冶金等。或者是用保持原供应状况的表面和上道工序的状况

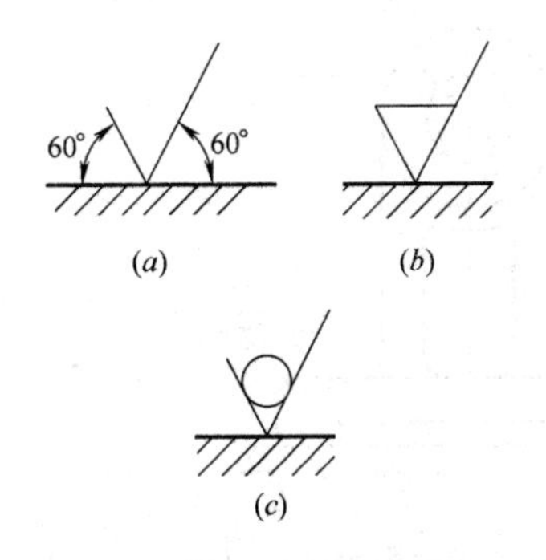

图 1-69 表面粗糙度基本符号

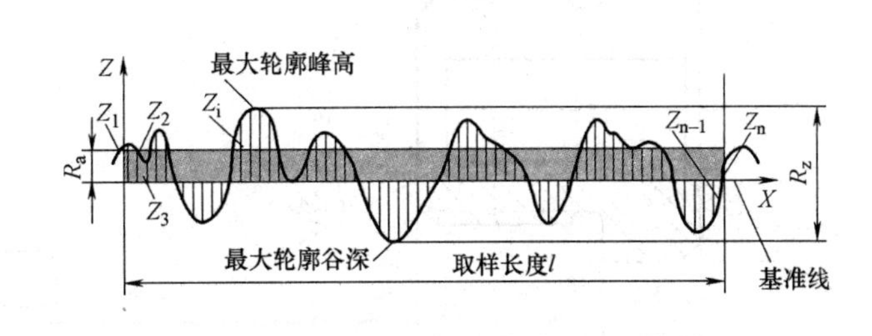

图 1-70 基准线的确定

表面粗糙度的基本评定参数是表面轮廓算术平均偏差 R_a 和轮廓的最大高度 R_z。如图 1-70 所示，$R_a=\dfrac{1}{n}\sum_{i=1}^{n}|Z_i|$。$R_a$ 数值越大，表示粗糙度越大。标注时，R_a 数值标注在表面粗糙度基本符号的上面，见表 1-12 所示。R_z 是指在取样长度 l 内，最大轮廓峰高和最大轮廓谷深之和的高度（图 1-70）。

R_a 值的标注 **表 1-12**

代 号	意 义
3.2	用任何方法获得的表面，R_a 的最大允许值为 3.2μm
3.2	用去除材料方法获得的表面，R_a 的最大允许值为 3.2μm
3.2	用不去除材料方法获得的表面，R_a 的最大允许值为 3.2μm
3.2 1.6	用去除材料方法获得的表面，R_a 的最大允许值为 3.2μm，最小允许值为 1.6μm

除了标注表面粗糙度外，为了明确表面的其他要求，必要时应标注补充要求。这些要求在图形符号中的标注位置如图 1-71 所示。

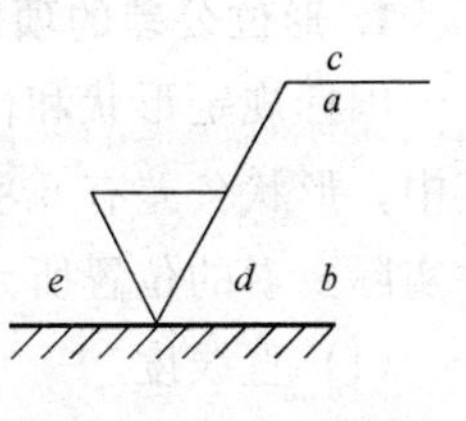

图 1-71 补充要求的标注位置（*a* 到 *e*）

位置 *a*　　标注表面结构的单一要求。

位置 *a* 和 *b*　*a* 标注第一表面结构要求；*b* 标注第二表面结构要求。

位置 *c*　　标注加工方法，如“车”、“磨”、“镀”等。

位置 d　　　标注表面纹理②方向。

位置 e　　　标注加工余量。

在图样上，表面粗糙度代（符）号应标注在可见轮廓线、尺寸线、尺寸界线或它们的延长线上，见图 1-72 所示。符号的尖端必须从材料外指向零件表面。若地方不够，也可以引出标注。见图 1-73 所示。

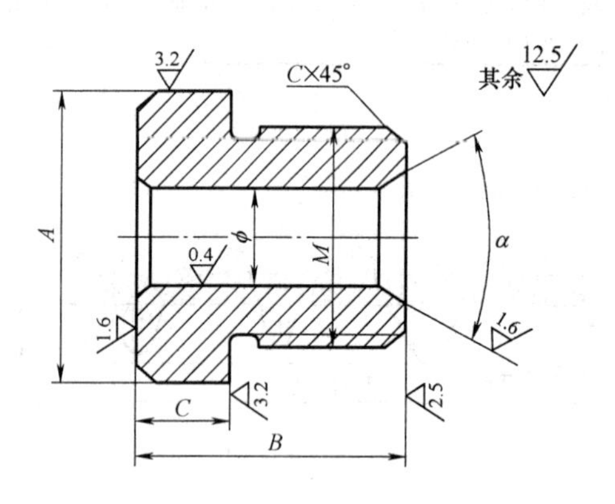

图 1-72　表面粗糙度代号注法

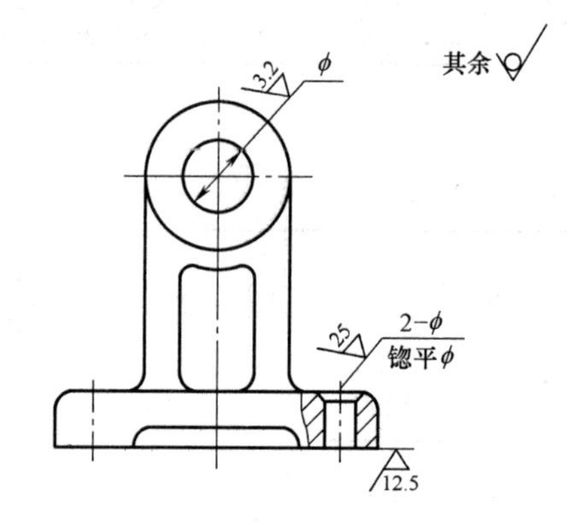

图 1-73　表面粗糙度的引出注法

4. 表面粗糙度的选择原则

表面粗糙度的选择十分重要，一般的选用原则是：

（1）同一零件上，工件表面应比非工作表面要光洁，即粗糙度要小；

（2）在摩擦面上，速度越高，所受的压力越大，则粗糙度应越小；

（3）在间隙配合中，配合的间隙越小，和在过盈配合中，要求的结合可靠性越高，则表面粗糙度应越小；

（4）承受周期性载荷的表面及可能发生应力集中的圆角沟槽处，表面粗糙度应较小；

（5）在满足技术要求的前提下，尽可能采用较大的表面粗糙度，以减少加工的费用；

（6）对如散热器等需粘接的表面，粗糙度越大越好。

1.4.4　形状和位置公差

对于一个合格的加工零件来说，除了尺寸公差和表面粗糙度满足一定的要求外，还应满足零件的形状、位置误差方面的一些要求。因为形状误差会影响配合的连接强度和刚度、耐磨性及寿命等，位置误差影响着机器运转的平稳性、使用寿命及噪声大小等。为了合理地限制这两种误差，国家标准规定了形状误差和位置误差的最大允许值，即形状、位置公差。

1. 形位公差的项目及符号

国标规定形状和位置两类公差共有 14 个项目，各项目的名称及对应符号见表 1-13。其中，形状公差有 6 项，是零件实际要素的形状所允许的变动量，位置公差有 8 项，是零件实际要素的位置所允许的变动量。

（1）直线度

直线度是指加工零件圆柱面或圆锥面的素线、轴线、面与面的交线或给定方向上的直线不直的程度。而被测直线相对于理想直线的允许变动量，则称为直线度公差。

形位公差各项目的符号 表 1-13

分类	项目	符号	分类		项目	符号
形状公差	直线度	—	位置公差	定向	平行度	//
	平面度	▱			垂直度	⊥
	圆度	○			倾斜度	∠
	圆柱度	⌭		定位	同轴度	◎
	线轮廓度	⌒			对称度	⌯
	面轮廓度	⌓			位置度	⌖
				跳动	圆跳动	↗
					全跳动	⌰

(2) 平面度

平面度是指平面加工后实际形状不平的程度。而被测平面相对于理想平面的允许变动量，则称为平面度公差。

(3) 圆度

圆度是指平面上的圆，回转体任一截面上的圆和过球心截面上的圆，加工后实际形状不圆的程度。而被测面上的圆相对于理想圆的允许变动量则称为圆度公差。

(4) 圆柱度

圆柱度是指圆柱面加工后实际形状相对于理想柱面的误差程度。而被测圆柱面相对于理想圆柱面的允许变动量，则称为圆柱度公差。

(5) 线轮廓度

线轮廓度是指被加工曲面被指定方向的剖切平面剖切后，所得截面上的轮廓曲线相对于理想轮廓曲线的误差程度。而它的允许变动量称为线轮廓度公差。

(6) 面轮廓度

面轮廓度是指被加工轮廓曲面相对于理想轮廓曲面的误差程度。而其允许的变动量称为面轮廓度公差。

(7) 平行度

平行度是指加工后零件上的面、线或轴线相对于该零件上作为基准的面、线或轴线不平行的程度。而其允许的变动量称为平行度公差。

(8) 垂直度

垂直度是指加工后零件上的面、线或轴线相对于该零件上作为基准的面、线或轴线不垂直的程度。其允许的变动量称为垂直度公差。

(9) 倾斜度

倾斜度是指加工后零件上相对于与基准面或线倾斜成一定角度的面或线偏离理想角度的程度。而其允许的变动量称为倾斜度公差。

（10）同轴度

同轴度是指加工后零件上的轴线相对于该零件上作为基准的轴线不处在同一直线上的误差程度。其允许的变动量称为同轴度公差。

（11）对称度

对称度是指加工后零件上的中心平面、中心线、轴线相对于作为基准的中心平面、中心线、轴线不共面或不共线的程度。而其允许的变动量称为对称度公差。

（12）位置度

位置度是指加工后零件上的点、线、面偏离理想位置的程度。而其允许的变动量称为位置度公差。

（13）圆跳动

圆跳动是指回转体零件绕基准轴线回转时，由位置固定的指示计，如百分表，在被测表面指定方向上的径向跳动量。其允许的最大跳动量，称为圆跳动公差。

（14）全跳动

全跳动是被测回转体零件绕基准轴线回转时，由位置可变动的指示计在整个被测表面上测得的跳动量。如测轴的全跳动时，不但零件作回转运动，而且百分表还在被测表面全长上作移动。而整个被测表面所允许的最大跳动量称为全跳动公差。

2. 形位公差的标注

（1）形位公差的代号

形位公差代号包括：形位公差有关项目的符号；形位公差框格和指引线；形位公差数值和其他有关符号及基准代号，见图 1-74 所示。

标注时，形位公差框格应水平或垂直绘制，线型用细实线；指引线应指向被测要素，它可以从框格两边的方便处引出，但要与框格线垂直。

基准代号是用于有位置公差要求的零件上。基准代号如图 1-75 所示，是由基准符号、圆圈、连线和字母组成。标注时，基准符号用加粗的短线表示，圆圈用细实线绘制，直径同框格高相等，圆圈内填写大写英文字母、大小与尺寸数字相同。不论基准要素的方向如何，圆圈内字母都应水平书写。

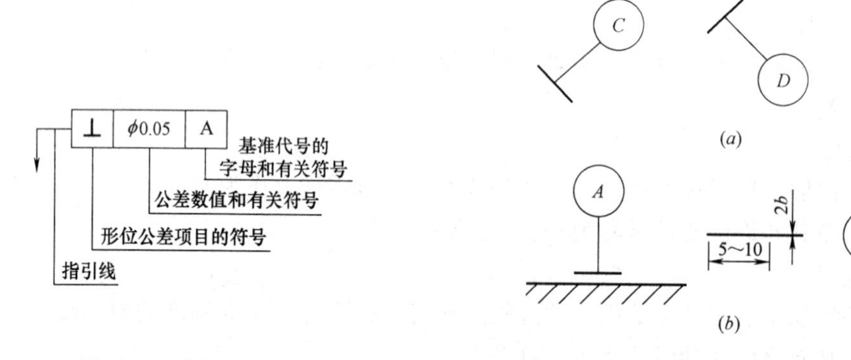

图 1-74　形位公差代号

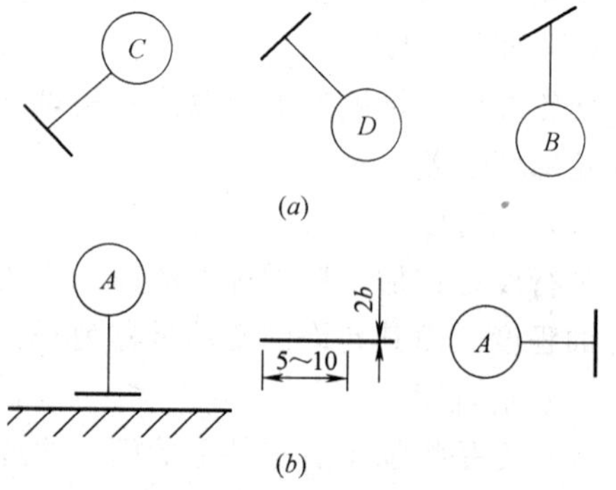

图 1-75　基准代号

（2）形位公差的标注方法

① 当基准或被测要素为线或表面时，指引线的箭头应指在该要素的轮廓线或其引出

线上，并应明显地与尺寸线错开，见图 1-76 所示。

② 当基准或被测要素为轴线、球心或中心平面时，指引线的箭头应与该要素的尺寸线对齐，见图 1-77 所示。

③ 当基准或被测要素为单一要素的轴线或各要素的公共轴线、公共中心平面时，指引线的箭头可以直接指在轴线或中心线上，见图 1-78 所示。

④ 当基准或被测要素为圆锥体的轴线时，指引线箭头应与圆锥体大端或小端的直径尺寸线对齐。如圆锥体采用角度尺寸标注，则指引线的箭头应对着该角度尺寸线，见图 1-79所示。

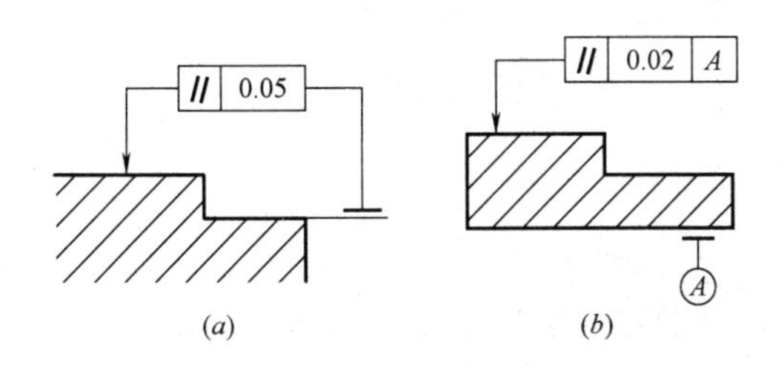

图 1-76　基准、被测要素为线或面

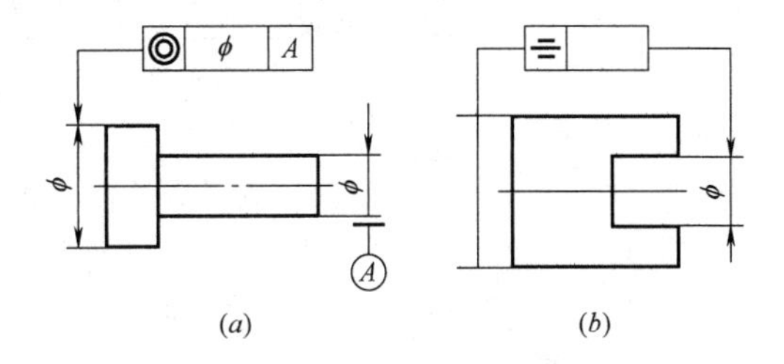

图 1-77　基准、被测要素为轴线或中心平面

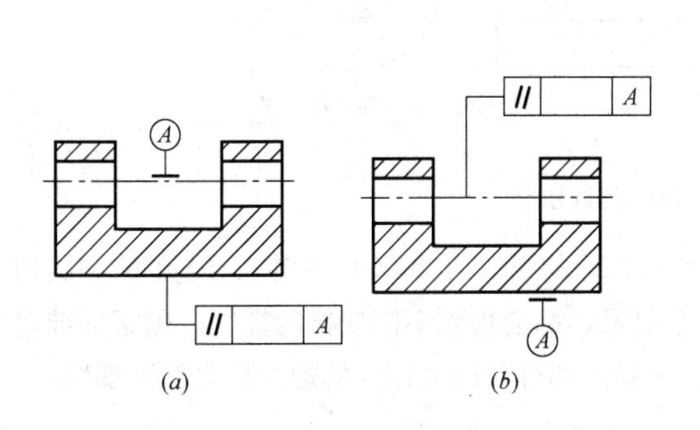

图 1-78　基准、被测要素为整体轴线时

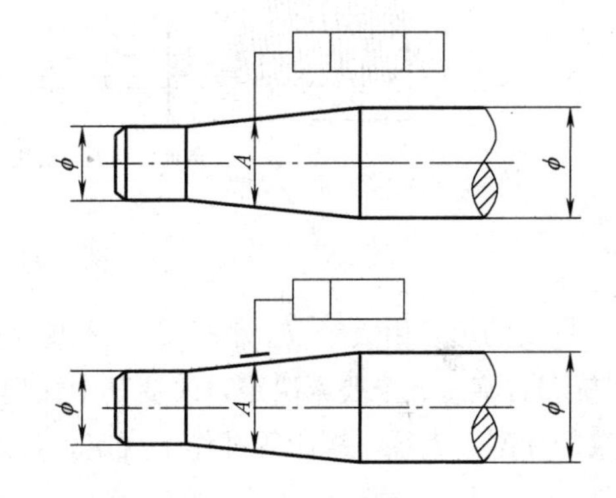

图 1-79　基准或被测要素为圆锥体轴线时

1.5　机械工程图识读

1.5.1　标准件和常用件的画法与识读

在机械零件中，螺钉、螺栓、螺母、垫圈、齿轮、键、轴承、弹簧等是机械中的常用零件，简称常用件。这些常用件中有的规格和尺寸都已实行标准化，凡标准化了的常用件叫做标准件。对标准件的形状不必按真实投影画出来，只要按照机械制图国家标准中的规定画法绘制，并注上相应的规定代号和标记，这样就可提高制图的效率，而不影响机械图的明显性。

下面介绍一些常用件和标准件的基本常识、代号和标记。

1. 螺纹和螺纹连接件

（1）螺纹

螺纹是指螺栓、螺钉、螺母和丝杆等零件上起连接与传动作用的牙形部分。在圆柱外表面上的螺纹称外螺纹；在圆孔表面上的螺纹称内螺纹。图 1-80 和图 1-81 是外螺纹和内螺纹的画法；对于不穿孔螺纹的画法见图 1-82，孔尖顶角为 120°；图 1-83 为螺纹连接的画法。

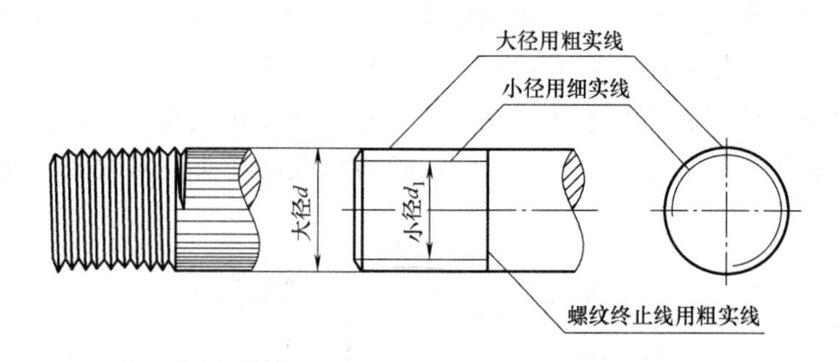

图 1-80　外螺纹纹的画法

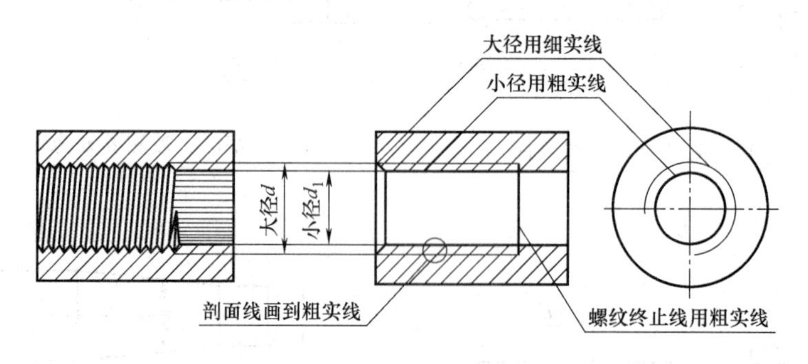

图 1-81　内螺纹的画法

螺纹的形状由大径 d、小径 d_1、牙型（三角形 M、梯形 Tr、锯齿形 S 等）、线数 K 和旋向（左旋和右旋）五个要素决定，改变其中任何一个要素，都会得到不同规格的螺纹。国家标准对螺纹的牙型、大径、螺距等都作了规定，凡这三个要素都符合国家标准的螺纹称为标准螺纹。

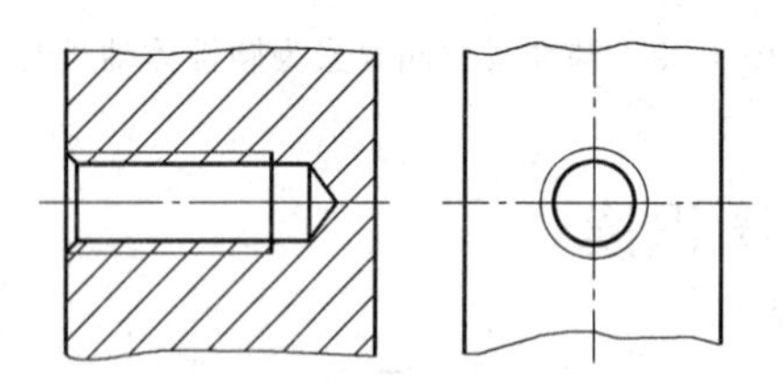

图 1-82　不穿孔内螺纹画法

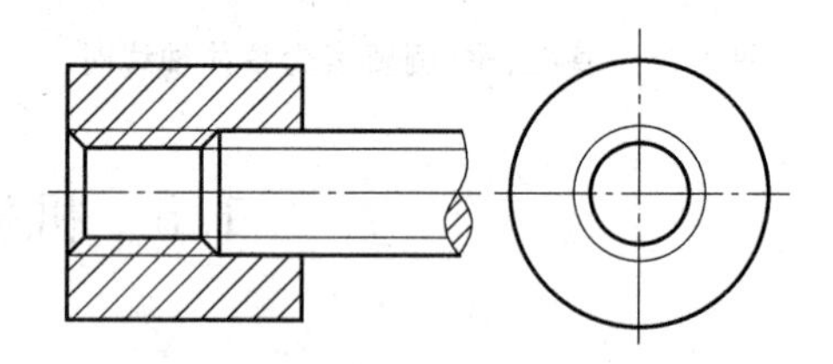

图 1-83　螺纹连接的画法

图纸上，螺纹的画法都相同，螺纹种类是通过螺纹的标注来区别。螺纹的标注方式如下：

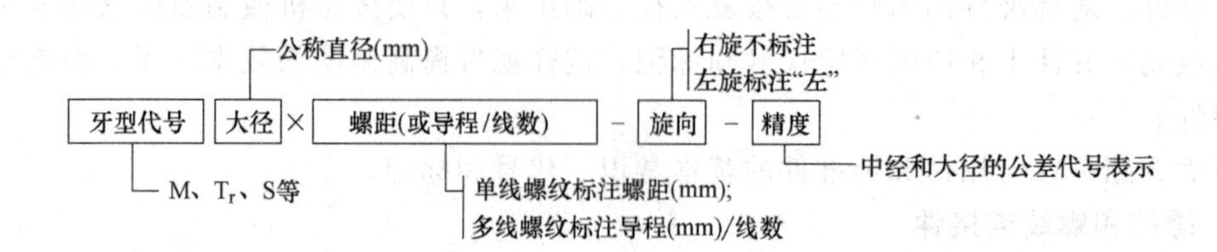

例如图 1-84 中，图 1-84（*a*）的 M20-6g 表示普通三角形外螺纹，大径 20mm，螺距 2.5mm，右旋，中径与大径公差带代号相同均为 6g；图 1-84（*b*）的 M10-6H 表示普通内螺纹，大径 10mm，右旋、中径与大径公差带代号相同均为 6H；图 1-84（*c*）的 M16×1.5-5g6g 表示普通外螺纹，大径 16mm，螺距为 1.5mm，右旋，中径公差带代号为 5g，大径公差带代号为 6g；图 1-84（*d*）的 Tr32×6 左-7e 表示梯形外螺纹，公称直径 32mm，螺距 6mm，左旋，中径与大径公差带代号相同均为 7e。

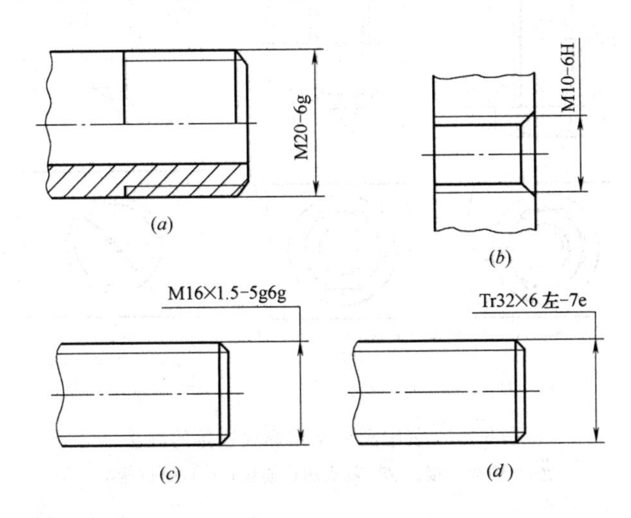

图 1-84　螺纹的标注

（2）螺纹连接件

常用的螺纹连接件主要有螺柱、螺栓、螺钉、螺母和垫圈等，并且都已标准化。图 1-85是螺栓、螺母和垫圈的画法。

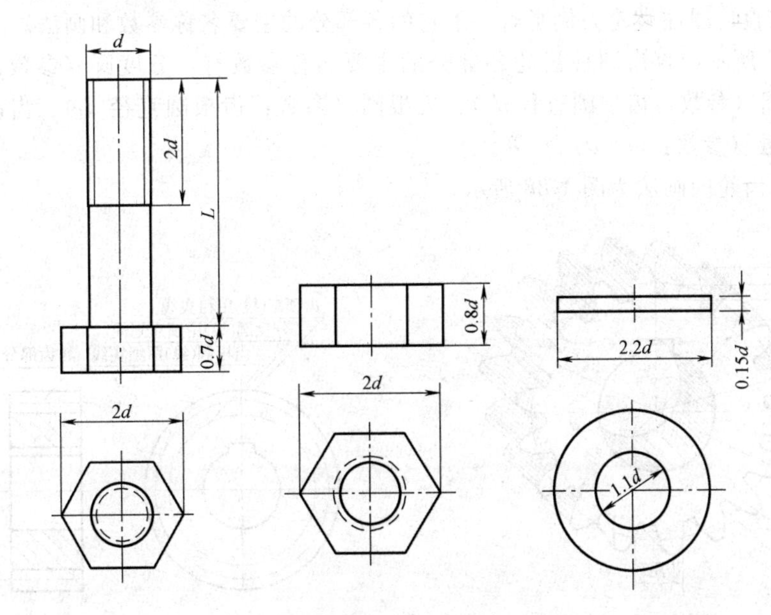

图 1-85　螺栓、螺母和垫圈的画法

（3）装配图中常用螺纹连接的画法

常见的螺纹连接有螺栓连接、双头螺柱连接和螺钉连接，它们的常规画法见图 1-86 所示。

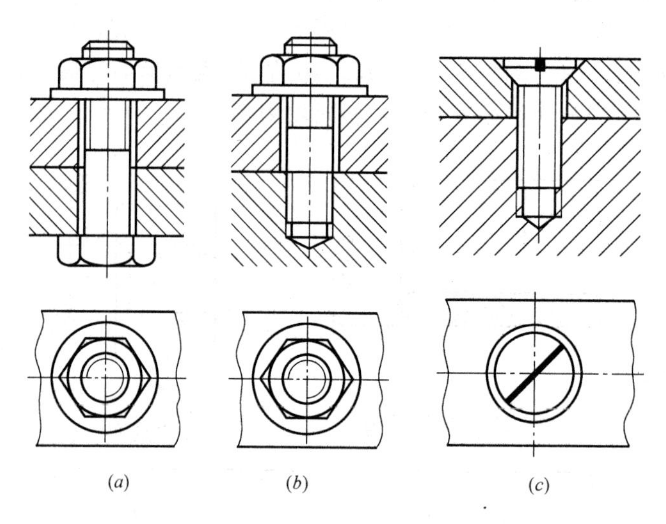

图 1-86　装配图中常用螺纹连接的画法

（a）螺栓连接；（b）双头螺柱连接；（c）螺钉连接

2. 齿轮与齿轮传动

（1）圆柱齿轮

齿轮是广泛用于机械中的常用传动零件，它既可传递动力，又可改变转速和方向。齿轮的种类很多，使用最多的圆柱齿轮可分成直齿、斜齿和人字齿等，常用于两平行轴之间的传动。现以直齿圆柱齿轮为例了解一下它的各部分的主要名称参数和画法。

参图 1-87 所示，直齿圆柱齿轮各部分的主要名称参数有：分度圆（参数：分度圆直径 d）、齿顶圆（参数：齿顶圆直径 d_a）、齿根圆（参数：齿根圆直径 d_f）、齿高（h）、齿数（z）和模数（参数：$m=d/z$）等。

单个圆柱齿轮的画法为图 1-88 所示。

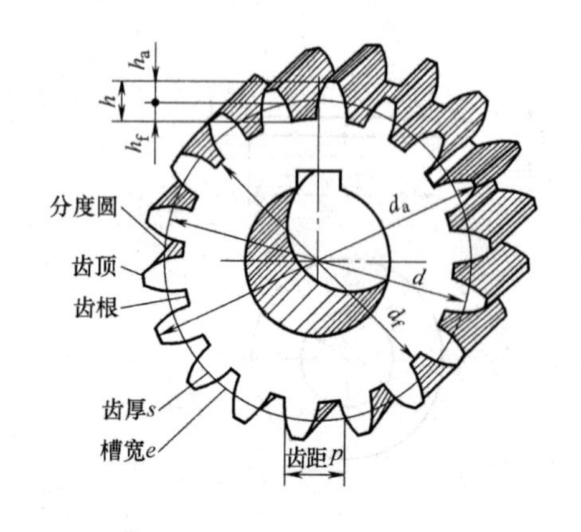

图 1-87　圆柱齿轮各部分的名称

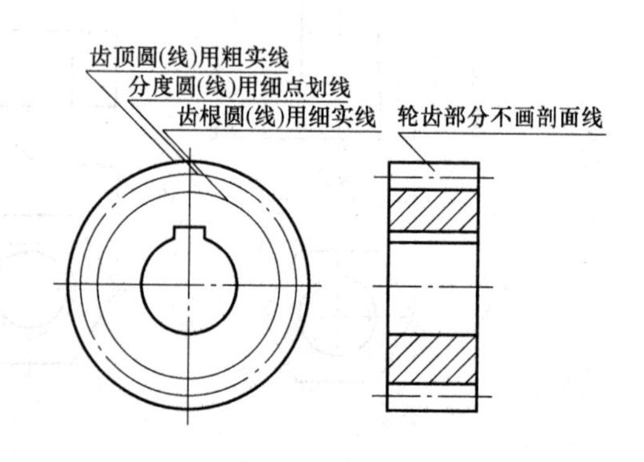

图 1-88　单个圆柱齿轮的画法

(2) 齿轮传动

常用的齿轮传动形式有圆柱齿轮传动、圆锥齿轮传动和蜗轮与蜗杆传动等。图 1-89 是两个圆柱齿轮啮合的画法；图 1-90 是圆锥齿轮啮合的画法；图 1-91 是蜗轮与蜗杆啮合的画法。

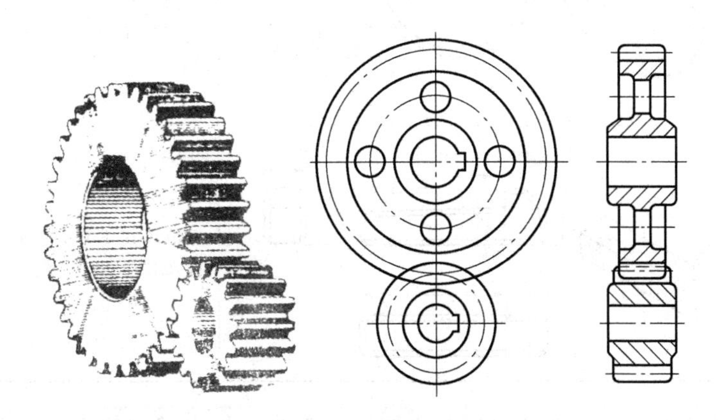

图 1-89　两个圆柱齿轮啮合的画法

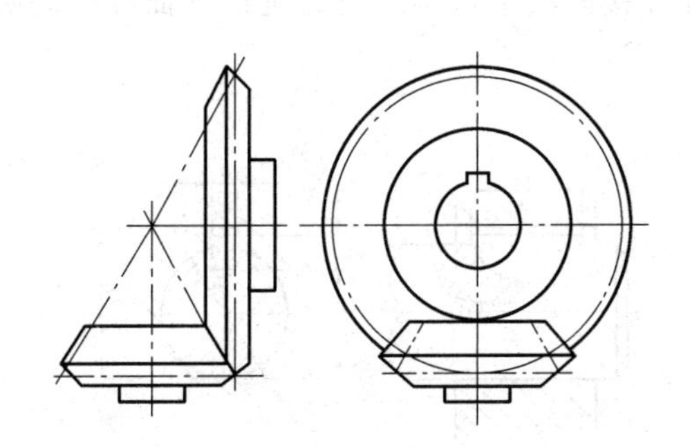

图 1-90　圆锥齿轮啮合的画法

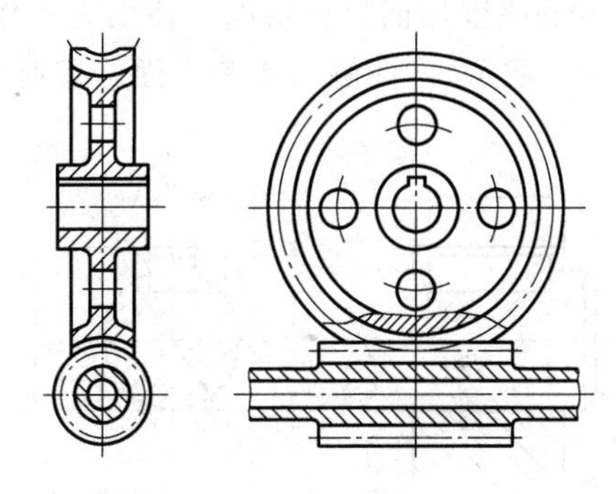

图 1-91　蜗轮与蜗杆啮合的画法

3. 键与键连接

键用来联结轴与轴上零件，传递扭矩。键分为常用键与花键。常用键包括普通平键、半圆键、钩头楔键；花键按齿形分为矩形花键与渐开线花键。

(1) 常用键

① 常用键的型式、标准号、标记示例见表 1-14 所示。

常用键的型式和标记示例　　**表 1-14**

名称	图　例	标　记
普通平键	$c\times45°$ h $R=0.5b$ b L	圆头普通平键(A 型) 平头普通平键(B 型) 单圆头普通平键(C 型) 标记:GB/T 1096 键 $b\times h\times L$ 例:GB/T 1096 键 16×10×100

续表

名称	图　例	标　记
半圆键	L　b　d_1　h　$c\times45°$	标记:GB/T 1099.1　键 $b\times h\times D$ 例:GB/T 1099.1　键 $6\times10\times25$
钩头楔键	45°　h　1:100　b　h_1　h　L	标记:GB/T 1565　键 $b\times L$ 例:GB/T 1565　键 16×100

② 常用键连接的画法　普通平键与半圆键的工作面均为键的侧面，故在连接画法中，键与轮毂键槽两侧没有间隙（图 1-92、图 1-93），顶面为非工作面，留有间隙。

钩头楔键顶面带有斜度，顶面为工作面，在连接画法中，键与轮毂键槽顶面没有间隙（图 1-94 所示），两侧为非工作面，留有间隙。

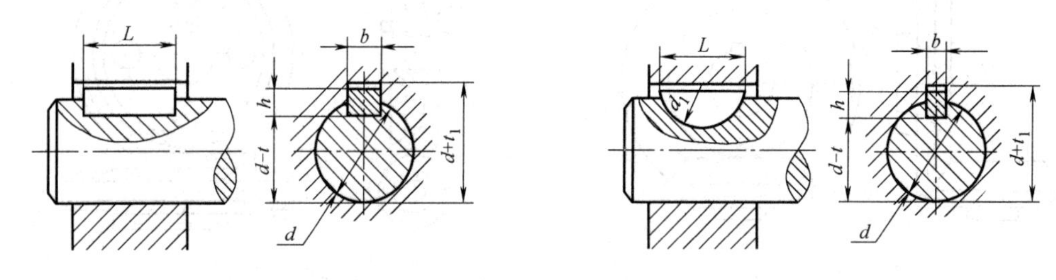

图 1-92　普通平键的连接画法　　　图 1-93　半圆键的连接画法

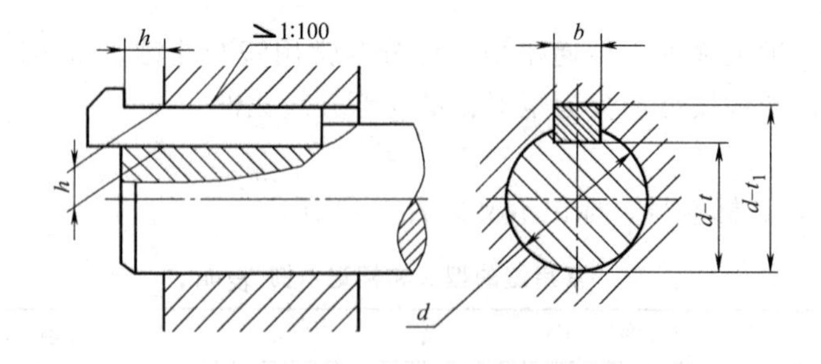

图 1-94　钩头楔键的连接画法

（2）花键

① 花键画法　花键有外花键和内花键之分，键型又有矩形花键和渐开线花键等。图 1-95 是矩形外花键的画法及标注；图 1-96 是矩形内花键的画法与标注；图 1-97 是渐开线花键的画法。

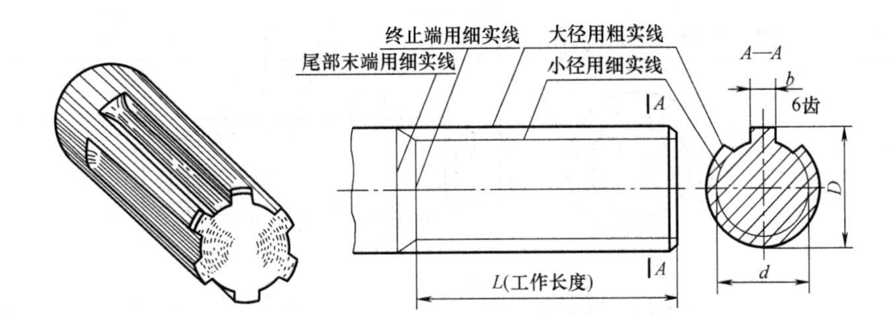

图 1-95　矩形外花键的画法及标注

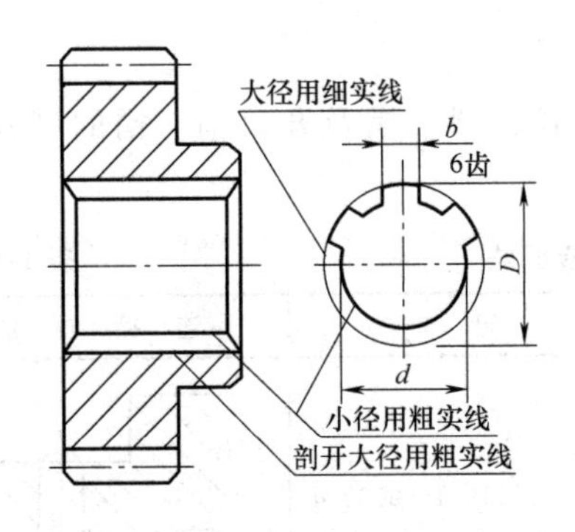

图 1-96　矩形内花键的画法与标注

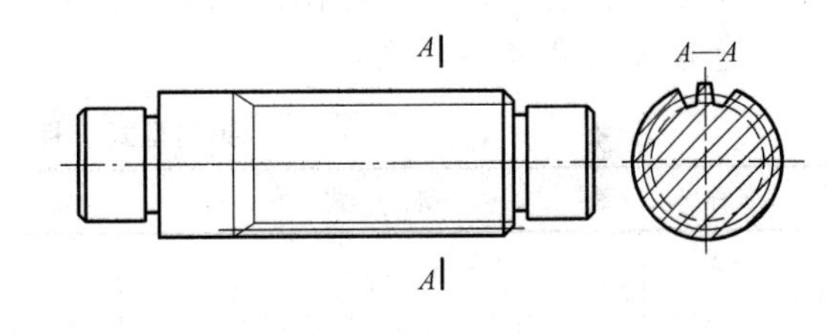

图 1-97　渐开线花键的画法

② 花键连接的画法　在装配图中，花键连接用剖视图表示时，其连接部分按外花键绘制，如图 1-98 和图 1-99 所示。

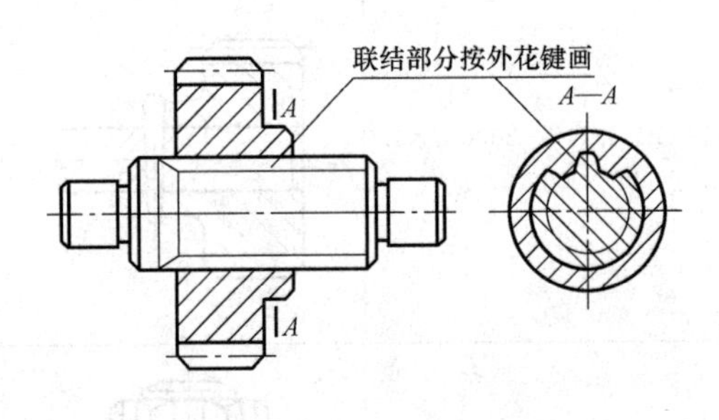

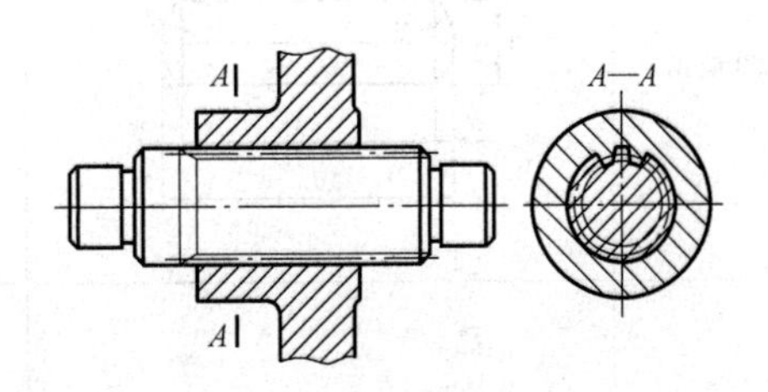

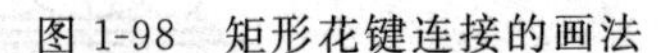

图 1-98　矩形花键连接的画法　　图 1-99　渐开线花键连接的画法

③ 花键连接标记的注法　花键连接类型由图形符号表明，⎍表示矩形花键连接，⋀表示渐开线花键连接。花键连接的标记是注写在指引线的基准线上，如图 1-100 所示。

图 1-100 中花键连接标记“⎍ 6×23H7/f7×26H10/a11×6H11/d10GB/T1144-2001”表示：矩形花键，花键键数为 6，小径 d=23mm，配合公差带代号 H7/f7，大径 D=26mm，配合公差带代号 H10/a11，键宽 b=6mm，配合公差带代号 H11/d10，GB/T 1144—2001 是花键的国标号；花键连接标记“⋀ INT/EXT24Z×2.5m×30R×5H/5hGB/T 3478.1—1995”表示：渐开线花键（INT-内花键，EXT-外花键），齿数 Z=24，模数 m=2.5，内花键为 30°圆齿根，公差等级为 5 级，配合类别为 H/h。

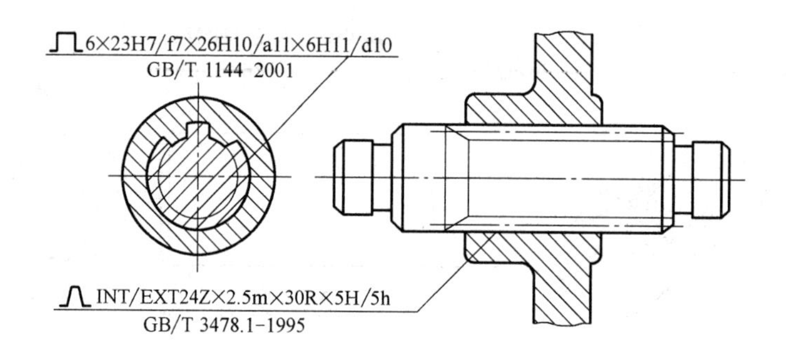

图 1-100 花键连接的标注

4. 销与销连接

销主要起连接和定位的作用。常用的销有圆柱销、圆锥销及开口销。销的型式、标记、连接画法见表 1-15 所示。

销的型式、标记及连接画法 **表 1-15**

名称	型式	标记	连接画法
圆柱销	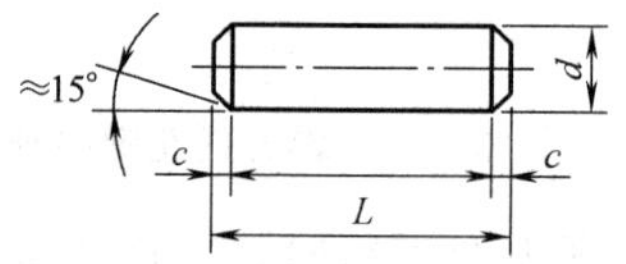 ≈15° c L d	标记:销 GB/T 119.1—2000 d 公差×L 例:GB/T 119.1—2000 6m6×30	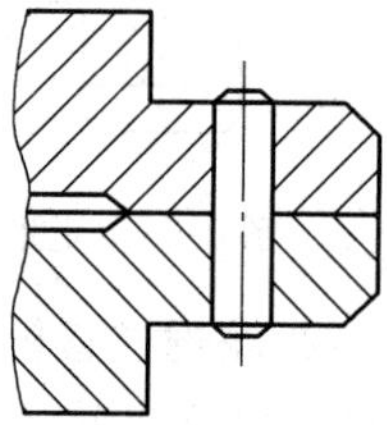
圆锥销	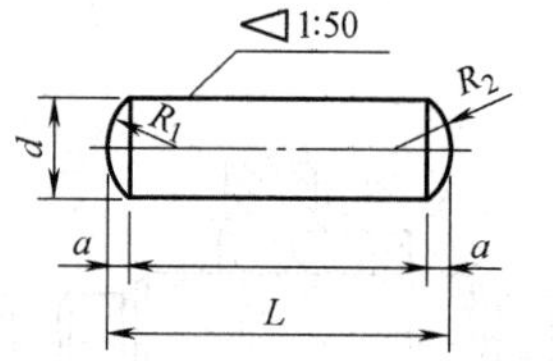 1:50 R_1 R_2 d a L	标记:销 GB/T 117—2000 d×L 例:GB/T 117—2000 6×30	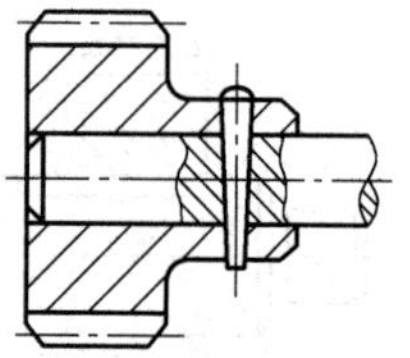
开口销	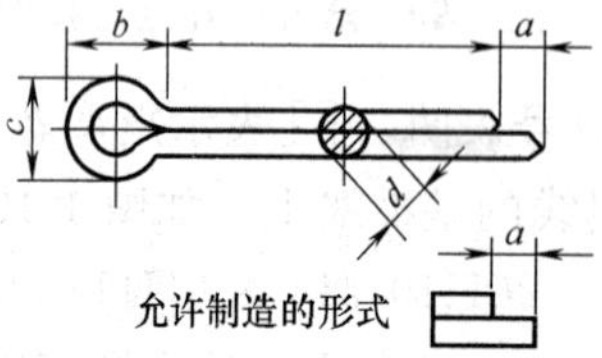 b l a c d 允许制造的形式 a	标记:销 GB/T 91—2000 d×L 例:GB/T 91—2000 5×50	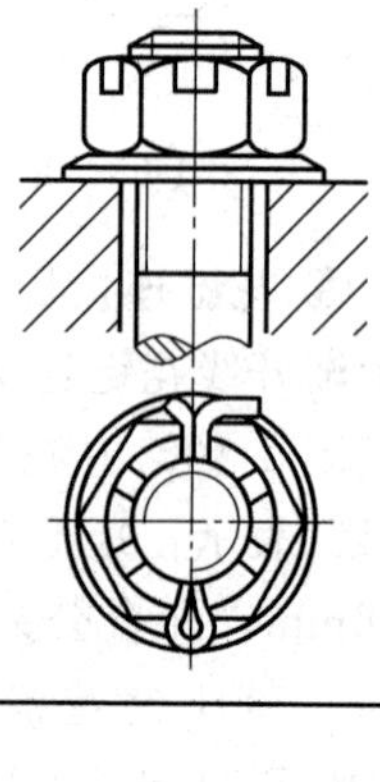

5. 滚动轴承

滚动轴承在机械中可减少轴的转动摩擦，应用很广，种类也很多，但结构大体相同，一般是由外圈、内圈、滚动体和隔离圈组成，也都已标准化。例如深沟球轴承（GB/T 276）的代号为6000，主要承受径向力，它在装配图中的画法如图1-101（*a*）所示。又如单列圆锥滚子轴承（GB/T 297）的代号为3000，可同时承受径向和轴向力，它在装配图中的画法如图1-101（*b*）所示。

6. 弹簧

弹簧主要用于减震、夹紧、储存能量和测力等，弹簧的种类很多，常用的螺旋弹簧按其用途可分为压缩弹簧、拉伸弹簧和扭力弹簧等，图1-102中介绍了圆柱螺旋压缩弹簧的规定画法。

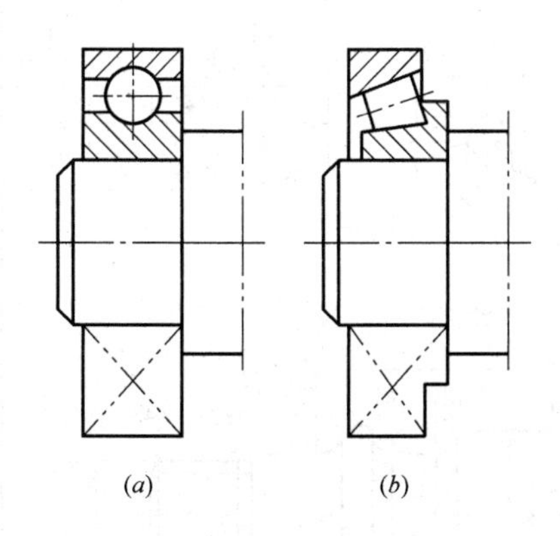

(*a*)　　(*b*)

图1-101　滚动轴承的画法

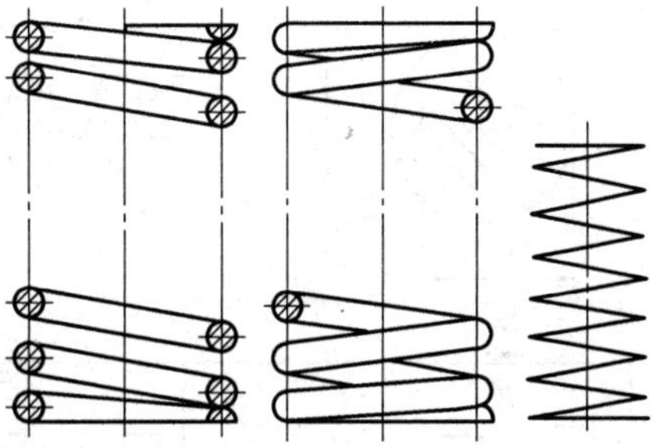

(*a*)　　(*b*)　　(*c*)

图1-102　弹簧的画法

弹簧在平行于轴线的非圆视图中，螺旋形轮廓线可用直线代替螺旋线。有效圈数为四圈以上的螺旋弹簧，每端只需画出两圈，中间各圈可以省略不画，如图1-102（*a*）、（*b*）所示。当弹簧钢丝直径在图形上小于2mm时，剖面可以涂黑。当弹簧钢丝直径在图形上小于1mm时，可用示意画法，如图1-102（*c*）所示。

1.5.2　零件图的识读

机器或部件都是由零件装配而成，表达单个零件的结构、形状、尺寸和技术要求的图样叫零件图。零件图是制造加工和检验零件的主要依据，零件图（图1-103）应包括以下一些内容：

1. 一组图形

视图零件图样应有一组视图，能够正确、完整地表达该零件的内、外形状和结构。零件图样，如视图、剖视图、截面图及其有关图形都有规定的画法。

2. 完整的尺寸

尺寸零件图中的尺寸是制造零件的重要依据，尺寸应该完整、合理、清晰，符合国家标准《机械制图》的规定及加工工艺的要求。

机械图中的尺寸线通常用箭头（图1-103），很少用45°短斜线，注尺寸也不像土建图注成封闭式和重复标注。

3. 必要的技术要求

在制造、检验及装配时所应达到的必要技术要求，如：表面粗糙度、尺寸公差、形状及位置公差、热处理要求等。

表面粗糙度反映零件加工表面所具有的微观几何不平的程度，其符号及意义见表 1-11 所示。表面粗糙的程度用注写在表面粗糙度符号上的数字（即粗糙度高度轮廓算术平均值 R_a，单位：μm）来表示。例如图 1-103 零件图中的“$\overset{1.6}{\bigtriangledown}$”表示其所指的零件表面粗糙度是用去除材料的方法获得，粗糙度的最大允许值为 1.6μm。

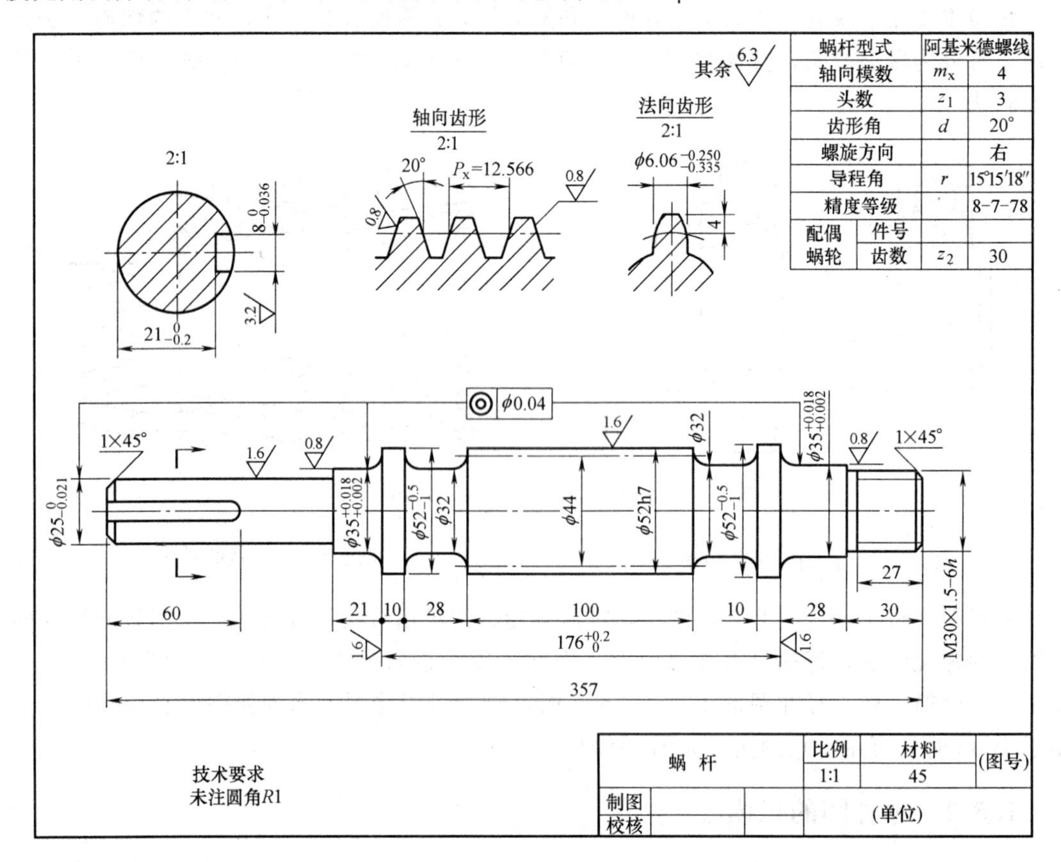

图 1-103 零件图

尺寸公差是指由于加工制造零件时要求尺寸绝对准确是不可能的，在实际生产中，按零件的使用要求给予的一定尺寸允许误差。零件上的重要尺寸需根据配合要求标注出有关的尺寸公差。例如，图 1-103 中蜗杆右端轴颈直径的标注尺寸“$\phi35^{+0.018}_{-0.002}$”表示基本尺寸为 35，上偏差为+0.018，下偏差为-0.002，加工得到的实际尺寸最大不得大于 35.018，最小不得小于 34.998（即 35-0.002）。

在图 1-103 所示的零件图中，“◎ φ0.04”表示 $\phi25^{\ 0}_{-0.021}$ 蜗杆段轴线与两处 $\phi35^{+0.018}_{-0.002}$ 轴颈段轴线的同轴度要求≯0.04mm。

4. 完整的标题栏

在标题栏中应注明零件名称、材料、数量、图号、比例等。机械零件图中的标题栏格式，与土建图中标题栏的格式也略有不同，零件的名称、件数、材料、比例、制图、设计、审核等均需注在规定格式的标题栏内，如图 1-103 所示。

1.5.3 装配图的识读

装配图是表达机器或部件的结构、形状、工作原理、技术要求和零件装配关系和工作原理的图样。

装配图的阅读应达到如下目的：读懂机器或部件的作用原理，读懂部件中各零件间的装配关系和连接方式，及图中各主要零件以及与之有关的零件的结构形状；并能按装配图拆绘出除标准件外的各种零件，特别是主要零件的零件图。

1. 装配图的内容

装配图（以图 1-104 所示的水阀装配图为例）应包括以下一些内容：

（1）一组视图

用以表达机器或部件的装配关系和工作原理，以及分析、看懂零件的结构和形状。图 1-104 通过主视图、左视图和俯视图表示了阀体 1、阀门 2、手柄 3、销母 4、压圈 5、垫片 6、和管接头 7 各零件的装配关系和形状。工作时，操动手柄 3 可使阀门 2 转动，从而控制阀的开启与关闭；通过垫片 6 的压紧变形，可使管接头 7 与阀体 1 之间的连接严密而不漏水；通过销母 4 对压圈 5 的压紧变形，可防止水从阀门 2 上部与阀体 1 的缝隙泄水。

（2）尺寸

装配图中的尺寸有特性尺寸、装配尺寸、安装尺寸和外形尺寸等。如图 1-104 中，管接头 7 上标注的“G3/8”（英制管螺纹，孔径 3/8 英寸）为连接的规格尺寸；阀门 2 和阀

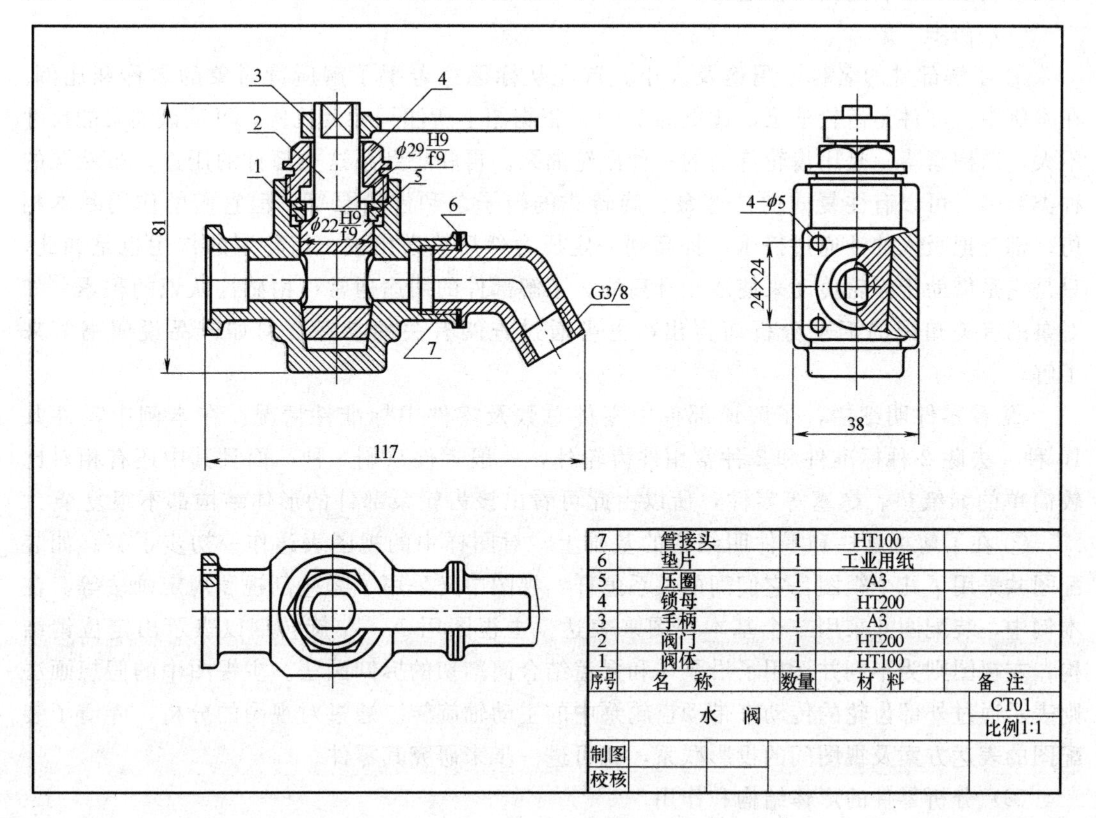

图 1-104 水阀装配图

体 1 孔的配合尺寸 $\phi22\ \frac{H9}{f9}$，压圈 5 和阀体 1 孔的配合尺寸 $\phi29\ \frac{H9}{f9}$都是装配尺寸；左视图中的 24×24 为孔间距和阀的安装尺寸；阀的总长、宽、高 117×38×81 为外形尺寸。

轴与孔的配合尺寸，根据轴和孔的公差之间的关系，可分成间隙配合、过渡配合和过盈配合三类。图 1-104 中，阀门 2 与阀体 1 孔的配合$\left(\text{配合尺寸：}\phi22\ \frac{H9}{f9}\right)$，压圈 5 与阀体 1 孔的配合$\left(\text{配合尺寸：}\phi29\ \frac{H9}{f9}\right)$都属于间隙配合。

（3）零件编号和明细表

在装配图中是把各个零件按顺时针方向或逆时针方向依次编号的，并在标题栏上面的明细表中注明有各零件的件号、名称、件数、材料等，图 1-104 所示。若零件是标准件，在备注栏内应标注有其国家的标准编号，根据这个编号可在有关的标准中方便地查找到这个零件的图形与尺寸情况。

（4）标题栏

在规定格式的标题栏中注明有机器或部件的名称、型号、规格、重量、比例、制图、设计、审核、批准及设计单位等，如图 1-104 所示。

2. 阅读装配图的方法和步骤

装配图的内容虽然各异，但其读图方法却基本相同。下面图 1-105 齿轮油泵为例来说明其读图步骤。装配图阅读通常分为如下四个阶段：

（1）初步了解

① 了解部件的名称、用途及大小。首先从标题栏着手了解所读对象的名称和比例。在本例中，部件是齿轮油泵，比例为 1∶1。根据图上所注尺寸及比例，可见该油泵的尺寸不大，结构紧凑，是用齿轮传动的一种齿轮油泵。再联想到泵这类部件的用途，虽然泵的种类繁多，可以有往复式的柱塞泵、旋转式的转子泵和齿轮泵等，但它们的作用基本相仿，都是把吸入的油通过挤压，提高到一定压力然后输送出去。齿轮泵的作用也是如此，只是它是借助于齿轮传动来使油压升高的。了解部件的用途通常可由感性认识的积累，如对泵的有关知识的汇总分析而得出，也可通过查阅有关的参考资料如产品说明书等来了解。

② 看零件明细栏，了解该部件中零件总数及零件中标准件情况。在本例中零件共 10 种。去除 2 种标准件和 2 种常用件齿轮外，一般零件只剩 6 种，而且其中还有相对比较简单的如纸垫、螺塞等零件，所以由此可看出该齿轮泵部件的形体结构都不很复杂。

③ 在了解标题栏和零件明细栏的基础上，对图样中的视图表达作一初步了解。如装配图共采用了几个视图，它们间的关系怎样？视图中又采用了哪些剖视和规定画法等。在本例中，装配图共采用二个基本视图来表达。主视图用 A—A 旋转剖以表示出定位销结构；左视图则为半剖并运用了沿泵体和泵盖结合面剖切的拆卸画法。主视图中的假想画法则表示通过外部齿轮的传动来带动齿轮泵中的主动轴旋转。通过对视图的分析，弄清了装配图的表达方案及视图间的投影联系，就可进一步来研究其零件。

（2）分析零件的形体结构和作用

① 图、号对照，逐个分析，找出重点零件。在对整个部件做初步了解后，就可转入

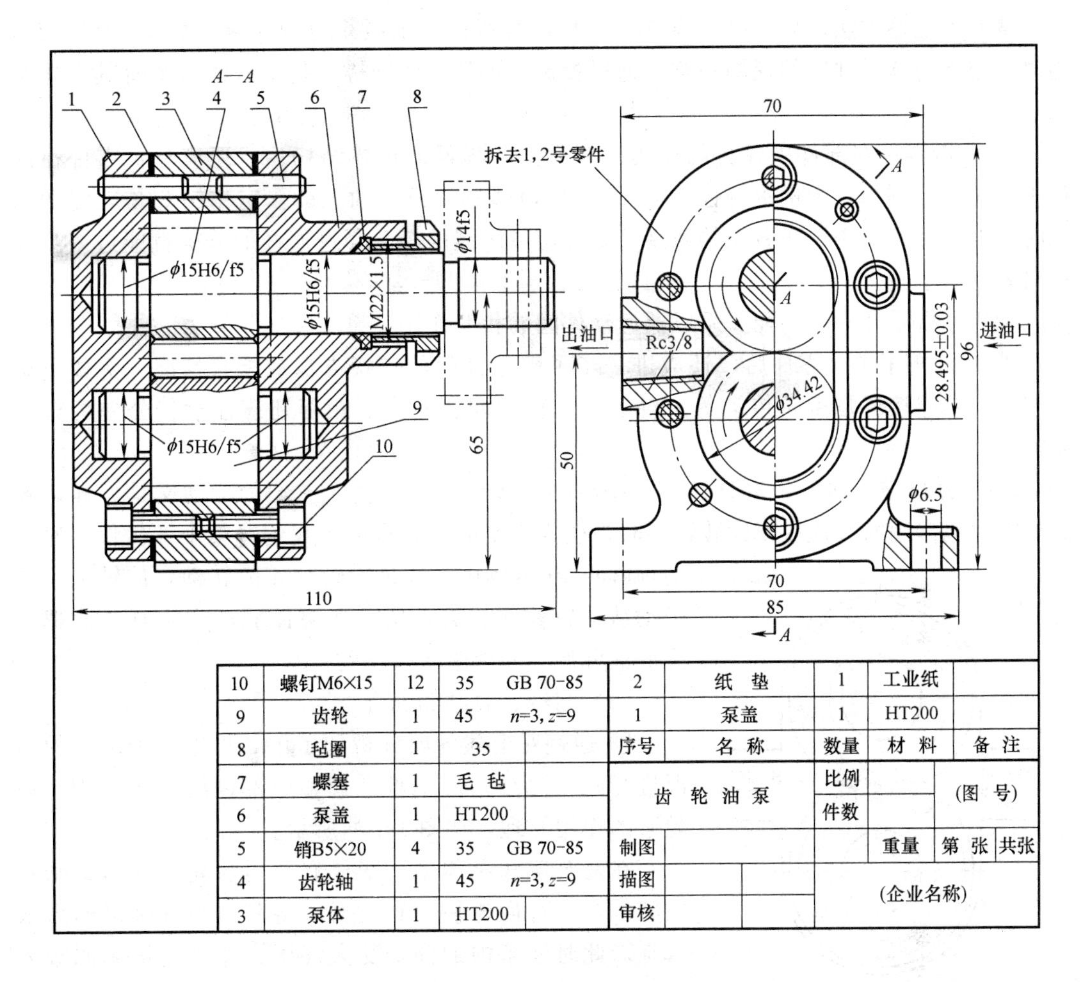

10	螺钉M6×15	12	35	GB 70-85
9	齿轮	1	45	n=3, z=9
8	毡圈	1	35	
7	螺塞	1	毛 毡	
6	泵盖	1	HT200	
5	销B5×20	4	35	GB 70-85
4	齿轮轴	1	45	n=3, z=9
3	泵体	1	HT200	
2	纸 垫	1	工业纸	
1	泵盖	1	HT200	
序号	名 称	数量	材 料	备 注

齿 轮 油 泵		比例		(图 号)	
		件数			
制图			重量	第 张	共张
描图			(企业名称)		
审核					

图 1-105 齿轮泵装配图

对零件的形体结构进行分析。根据零件的明细栏与视图中零件编号的对应关系，按顺序逐一找出各零件的投影轮廓进行分析。对于标准件都有规定画法，形体也简单，经图、号对照找到其投影后立即就能看懂；对于常用件也有规定画法（如齿轮 4、9 等），在找到其视图后也易于理解；对剩下的零件，如纸垫 2，其形状应和泵体、泵盖间结合面的形状完全一致；螺塞 8，毡圈 7 的形状也极简单，到后来必然只剩下少数零件需花费些时间进行重点分析。在本例中需重点分析的也就是左、右泵盖 1、6 和中间泵体 3 了。

② 掌握装配图中区分零件的方法。为了对重点零件进行形体结构的分析，首先就应将它们从装配图中和其相邻零件区分开来。从装配图中把一零件从和它相邻的零件中区分开来，通常可用如下的方法：

ⅰ 通过不同方向或疏密各异的剖面线来区分两相邻零件。

ⅱ 通过各种零件的不同编号来区分零件。

ⅲ 通过各零件的外形轮廓线也可以区分零件。由于任何零件其形体的外形轮廓线都是封闭的，因此根据视图中已表达出来的部分投影进行分析、构思，就不难把一零件从其相邻的零件中区分出来。

掌握了上述方法以后，把一零件在装配图各视图中的投影分离出来，并集中在一起，这时就相当于读零件图的视图一样，通过投影、形体、线面等分析法来深入了解其形体结构了。

③ 分析零件在部件中各自的作用。在弄清各零件的形体结构后，还应分析零件在部件中的作用。例如，本例中的齿轮 4、9 是用以传动、升高油压的，定位销 5 是装配和加工时用以定位的，主视图右端的毡圈 7 则是用以防漏的等。经过这样的分析就能进一步加深对零件的了解。

（3）分析零件间的装配关系以及运动件间的相互作用关系

① 在分析了单个零件后，还应进一步了解零件间的连接方法或配合情况。例如是螺纹连接、销连接还是齿轮传动等。对于孔、轴的配合和中心距等还应注意其公差配合的要求。

② 在分析零件间的关系时，还应找出哪些零件是运动件，它们的运动又是怎样影响其他零件起作用的（这在阅读装配图时是极为重要的，它有助于我们对整个部件作用原理的理解）。在本例中，通过齿轮轴 4 的转动，使轴上齿轮带动从动轮轴 9 旋转，从而在泵体腔内产生真空而把外界的油源源不断地吸入泵体的。

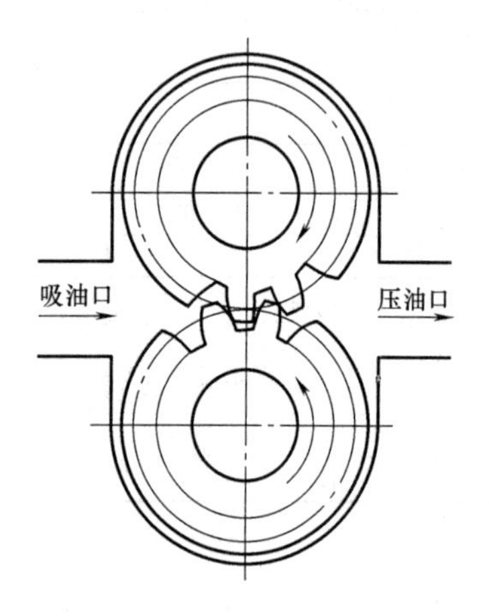

图 1-106　齿轮泵的作用原理

（4）归纳、总结和综合

① 通过对上述各项分析和了解，再把所了解到的情况进行归纳总结，就不难掌握整个部件的作用原理。齿轮泵的作用原理，如图 1-106 所示。

在两泵盖和泵体中，安放有一对齿轮，并形成密封空腔。当一对齿轮快速转动时，将腔内空气排出而形成真空。此时油箱内的油，受大气压力作用而被源源吸入空腔。当油进入进口处空腔后，因中间有齿轮阻隔不能直接通向出口，而必须经腔壁由齿轮甩带到出口处。在齿轮泵设计中，齿顶圆与腔壁间的间隙是极为关键的地方，加工时应有严格的规定和要求。如间隙过大则油不经挤压，油压无从升高，如间隙过小则又出油困难。故必须保持合适的间隙，才能使油进入空腔后经齿轮和腔壁间的挤压而将油压提高到所需的程度。

② 通过上述分析，对部件中各零件的形状也已了解、掌握。图 1-107、图 1-108、图 1-109 和图 1-110 分别是齿轮油泵主要零件泵盖 1、6，泵体 3 和齿轮轴 4 的零件图，供大家识读装配图和拆绘装配图的零件图时参考。拆绘装配图的零件图应注意以下问题：

ⅰ 零件图视图的画法可以参考装配图中的表达方法，但不应一概照抄。因为，零件图应按零件所属种类的形体结构特征来确切表达，且有些在装配图中允许省略的倒角。退刀槽等细节也必须在零件图中详尽、正确地加以表达。

ⅱ 由于装配图都按比例绘制，所以虽然其上只注少量尺寸，零件上其余未注尺寸的长度、直径等均可按比例量得。必须注意在零件图上应注出该零件在制造与检验时所需的全部详尽的尺寸。

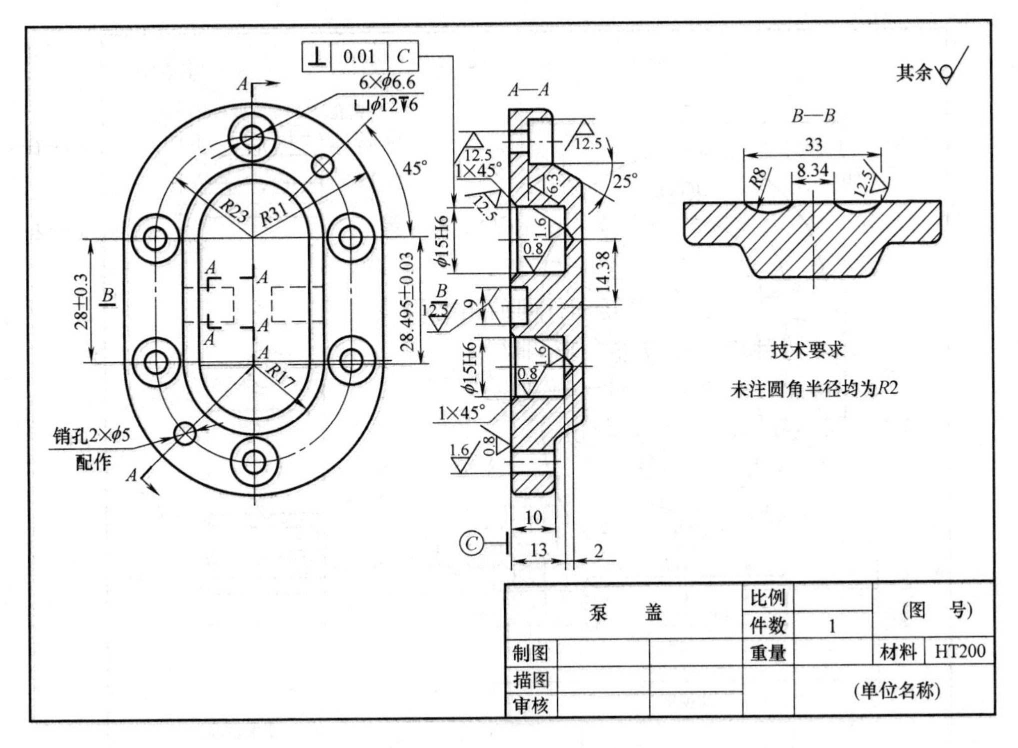

图 1-107 左泵盖零件图

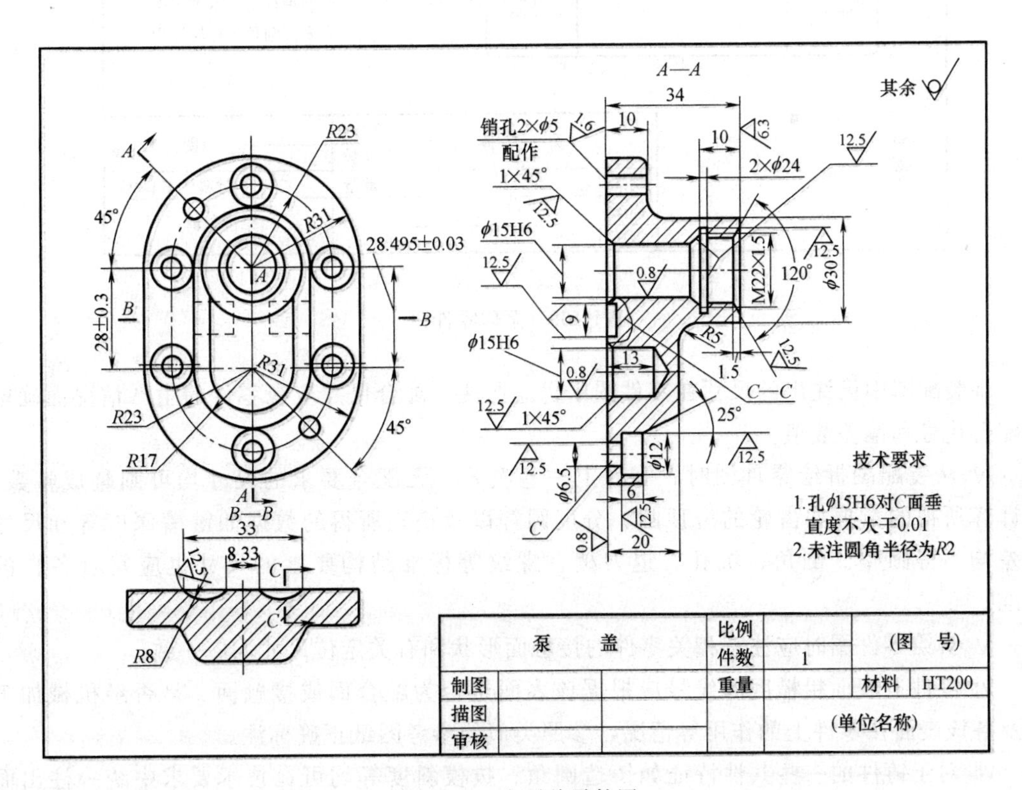

图 1-108 右泵盖零件图

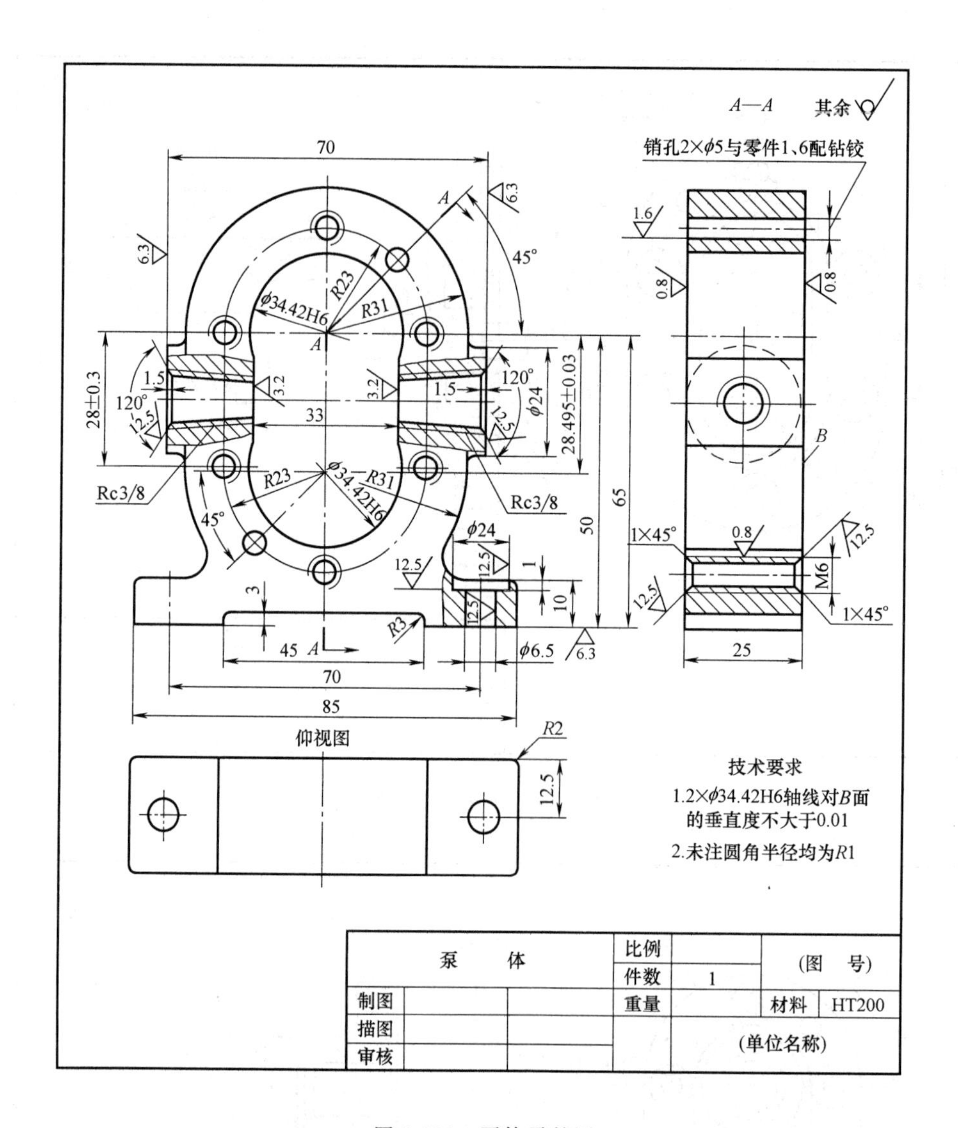

图 1-109 泵体零件图

ⅲ 装配图中已注出的尺寸在零件图中仍应照注。配合尺寸应视零件的生产情况而确定其配合代号和偏差数值。

ⅳ 从装配图拆绘零件图时，零件上一些次要、无配合要求的尺寸均可圆整成整数。但计算所得的数据如齿轮的齿顶圆、分度圆等以及查表所得的数据如键槽深度等和尺寸偏差均不得圆整。倒角、沉孔、退刀槽、螺纹等标准结构要素的尺寸也应符合各自的标准。

ⅴ 拆绘零件图时应注意相关零件的接触面形状和有关定位尺寸均应一致。

ⅵ 零件上表面粗糙度的代号应根据该表面是否为配合面或接触面、是否经机械加工以及各该表面在零件上的作用等情况，参照类似的参考图纸正确标注。

ⅶ 对于铸件的一些共性特征如铸造圆角、拔模斜度等均可在技术要求中统一注出而不必在图上逐一标注其尺寸。

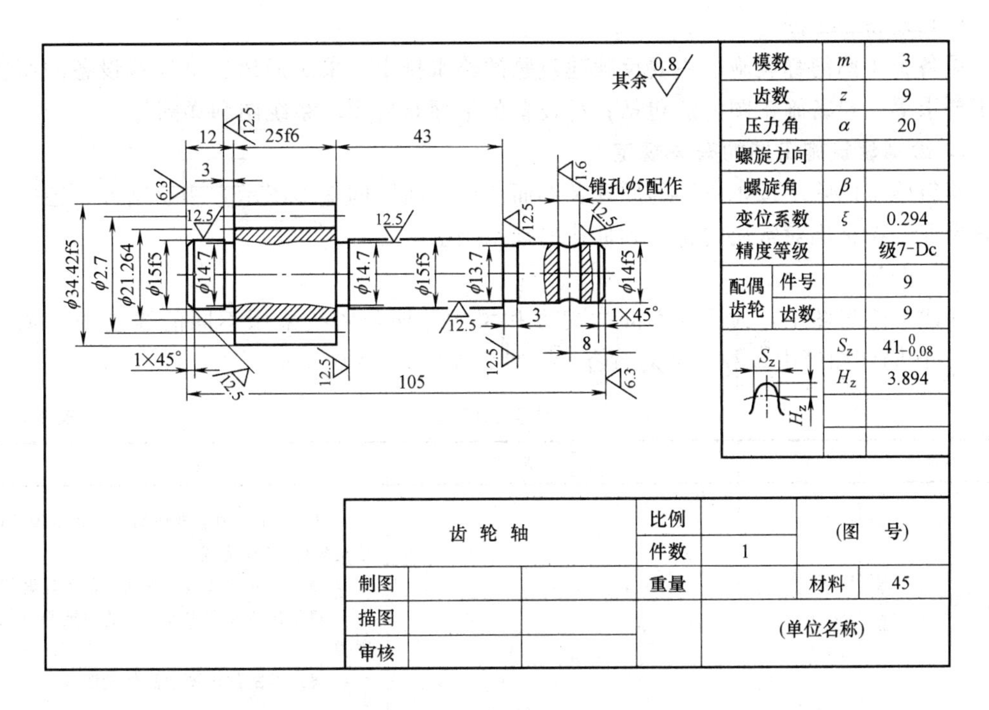

图 1-110 齿轮轴的零件图

1.6 房屋建筑施工图识读

1.6.1 建筑施工图概述

1. 房屋工程图的内容及分类

房屋工程图是用正投影的方法，将拟建房屋的内外形状、大小，以及各部分的结构、构造、装修、设备等内容，详细而准确地绘制成的图样。

房屋工程图按专业内容和作用的不同，可分为：建筑施工图、结构施工图和设备施工图。

(1) 建筑施工图

建筑施工图简称建施，主要反映建筑物的整体布置、外部造型、内部布置、细部构造、内外装饰以及一些固定设备、施工要求等，是房屋施工放线、砌筑、安装门窗、室内外装修和编制施工预算及施工组织计划的主要依据。一套建筑施工图一般包括施工总说明、总平面图、建筑平面图、建筑立面图、建筑剖面图、建筑详图和门窗表等。本书主要介绍建筑施工图的识读。

(2) 结构施工图

结构施工图简称结施，主要反映建筑物承重结构的布置、构件类型、材料、尺寸和构造做法等，是基础、柱、梁、板等承重构件以及其他受力构件施工的依据。结构施工图一般包括结构设计说明、基础图、结构平面布置图和各构件的结构详图等。

(3) 设备施工图

设备施工图简称设施，主要反映建筑物的给水排水、采暖通风、电气等设备的布置和施工要求等。设备施工图一般包括各种设备的平面布置图、系统图和详图等。

2. 绘制建筑施工图的有关规定

建筑施工图除了按正投影的原理及剖面图、断面图的基本图示方法绘制外，还应遵守建筑专业制图标准对常用的符号和标注的规定画法。

(1) 图线

在建筑施工图中，为反映不同的内容和层次分明，图线采用不同的线型和线宽（表1-16）。在同张图纸中三种线宽的组合，一般为 b : 0.5b : 0.25b。

线型和线宽　　表 1-16

名称	线宽	线　型	用　途
粗实线	b	————	1. 平、剖面图中被剖切的主要建筑构造(包括构配件)的轮廓线 2. 建筑立面图或室内立面图的外轮廓线 3. 建筑构造详图中被剖切的主要部分的轮廓线 4. 建筑构配件详图中的外轮廓线
中实线	0.5b	————	1. 平、剖面图中被剖切的次要建筑构造(包括构配件)的轮廓线 2. 建筑平、立、剖面图中建筑构配件的轮廓线 3. 建筑构造详图及建筑构配件详图中一般轮廓线
细实线	0.25b	————	尺寸线、尺寸界线、图例线、索引符号、标高符号、详图中材料做法的引出线等
中虚线	0.5b	- - - - - -	1. 建筑构造及建筑构配件不可见的轮廓线 2. 平面图中的起重机(吊车)轮廓线 3. 拟扩建的建筑物轮廓线
细虚线	0.25b	- - - - - -	图例线、小于 0.5b 的不可见轮廓线
粗单点画线	b	—·—	起重机(吊车)轨道线
细单点画线	0.25b	—·—	中心线、对称线、定位轴线
折断线	0.25b	—\/—	不需画全的断开界线
波浪线	0.25b	～～	不需画全的断开界线、构造层次的断开界线

(2) 比例

建筑施工图中，各种图样采用的比例见表 1-17。

图样比例化 **表 1-17**

图 名	比 例
建筑物或构筑物的平面图、立面图、剖面图	1∶50、1∶100、1∶150、1∶200、1∶300
建筑物或构筑物的局部放大图	1∶10、1∶20、1∶25、1∶30、1∶50
配件及构造详图	1∶1、1∶2、1∶5、1∶10、1∶20、1∶25、1∶30、1∶50

（3）定位轴线

定位轴线是用来确定建筑物主要结构及构件位置的尺寸基准线。凡承重构件如墙、柱、梁、屋架等位置都要画上定位轴线并进行编号，施工时以此作为定位的基准。施工图上，定位轴线应用细单点长画线表示。在线的端部画一直径为 8～10mm 的细实线圆，圆内注写编号。在建筑平面图上编号的次序是横向自左向右用阿拉伯数字编写，竖向自下而上用大写拉丁字母编写，字母 I、O、Z 不用，以免与数字 1、0、2 混淆。定位轴线的编号宜注写在图的下方和左侧。如图 1-111 所示。

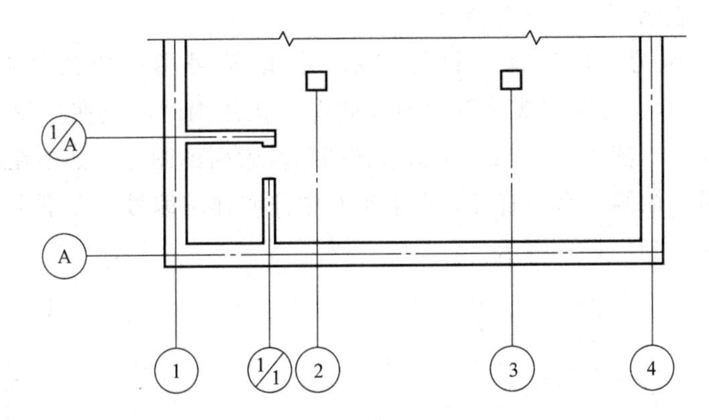

图 1-111　定位轴线编号顺序

对于一些次要构件的定位轴线一般作为附加轴线，编号可用分数表示。分母表示前一轴线的编号，分子表示附加轴线的编号，编号宜用阿拉伯数字顺序编写。

（4）尺寸和标高注法

建筑施工图上的尺寸可分为定形尺寸、定位尺寸和总体尺寸。定形尺寸表示各部位构造的大小，定位尺寸表示各部位构造之间的相互位置，总体尺寸应等于各分尺寸之和。尺寸除了总平面图及标高尺寸以米（m）为单位外，其余一律以毫米（mm）为单位。

标高是用以表明房屋各部分（如室内外地面、窗台、雨篷、檐口等）高度的标注方法。在图中用标高符号加注高程数字表示，如图 1-112 所示。标高符号用细实线绘制，符号中的三角形为等腰直角三角形，标高的尺寸单位为米，注写到小数点后三位（总平面图上可注到小数点后两位）。涂黑的标高符号，用在总平面图及底层平面图中，表示室外地坪标高。

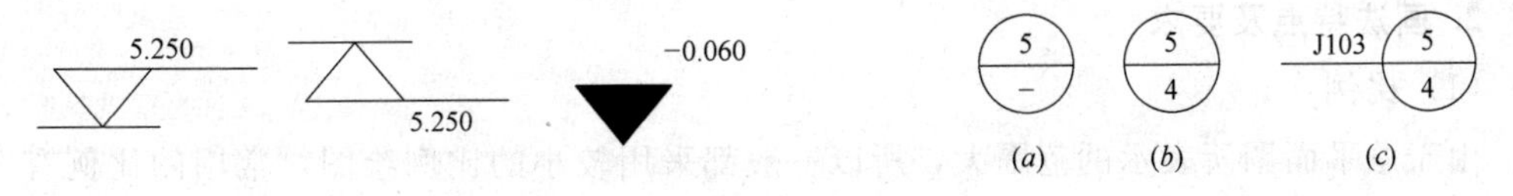

图 1-112　标高符号

图 1-113　索引符号

（5）索引符号与详图符号

在图样中的某一局部或构件未能表达清楚而需另见详图，以得到更详细的尺寸及构造做法时，为方便施工时查阅图样，常常用索引符号注明详图所在的位置。按国家规定，标注方法如下：

索引符号的圆及直径均应以细实线绘制，圆的直径为 10mm，如图 1-113 所示。索引出的详图，若与被索引的图样同在一张图内，应在索引符号的上半圆中用阿拉伯数字注明该详图的编号，并在下半圆中间画一段水平细实线，如图 1-113（*a*）所示；若与被索引的图样不在同一张图内，应在索引符号的下半圆中用阿拉伯数字注明该详图所在图样的图样号，如图 1-113（*b*）所示；若采用标准图集，应在索引符号水平直径的延长线上加注该标准图集的编号，如图 1-113（*c*）所示。

索引符号如用于索引剖面详图，应在被剖切的部位绘制剖切位置线，并应以引出线引出索引符号，引出线所在的一侧应为剖视方向。如图 1-114（*a*）所示，表示剖切后向右投影，图 1-114（*b*）表示剖切后向上投影。

详图的位置和编号，应以详图符号表示，详图符号用一粗实线圆绘制，直径为 14mm，图 1-115 所示。详图与被索引的图样同在一张图内时，应在详图符号内用阿拉伯数字注明详图的编号，图 1-115（*a*）所示。详图与被索引的图样，如不在同一张图内，可用细实线在详图符号内画一水平直径，在上半圆中注明详图编号，在下半圆中注明被索引图样的图样号，图 1-115（*b*）所示。

图 1-114　用于索引剖面详图的索引符号

图 1-115　详图符号

3. 建筑施工图常用图例

为了简化作图，建筑施工图中常用的建筑构配件图例见表 1-18。

1.6.2　建筑总平面图

1. 图示方法和内容

建筑总平面图是较大范围内的建筑群和其他工程设施的水平投影图。主要表示新建、拟建房屋的具体位置、朝向、高程、占地面积，以及与周围环境，如原有建筑物、道路、绿化等之间的关系。它是整个建筑工程的总体布局图。

2. 画法特点及要求

（1）比例

由于总平面图所表示的范围大，所以一般都采用较小的比例绘图，常用的比例有 1∶500、1∶1000、1∶2000 等。

(2) 图例

建筑构配件图例 **表 1-18**

名称	图例	说明
楼梯	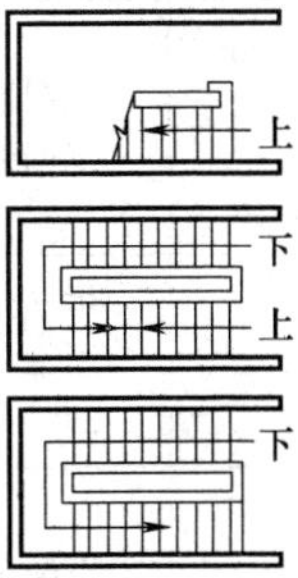	1. 上图为底层楼梯平面图,中图为中间层楼梯平面图,下图为顶层楼梯平面图 2. 楼梯及栏杆扶手的形式和梯段踏步数按实际情况绘制
坡道	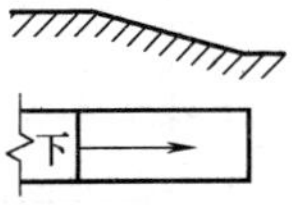 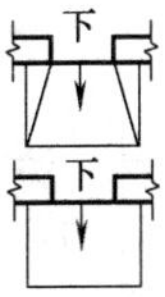	上图为长坡道 下图为门口坡道
空门洞	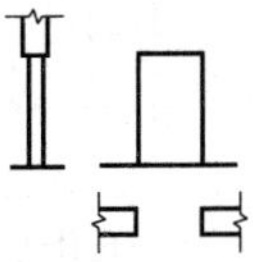	下图为门洞宽度
电梯	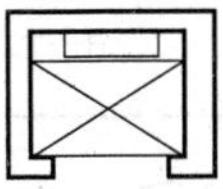	电梯应注明类型,并给出门和平衡锤的实际位置
查孔	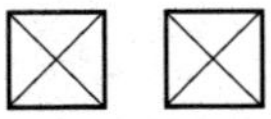	左图为可见检查孔 右图为不可见检查孔
孔		阴影部分可以涂色代替
坑槽	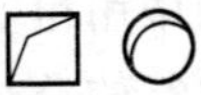	

名称	图例	说明
单扇门(包括平开或单面弹簧)	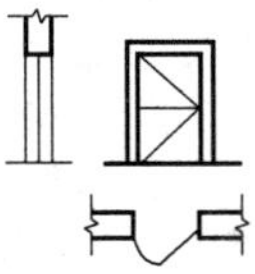	1. 门的名称代号用 M 表示 2. 图例中剖面图左为外、右为内。平面图下为外、上为内 3. 立面图上开启方向线交角一侧为安装铰链的一侧,实线为外开,虚线为内开 4. 平面图上门线应 90°或 45°开启,开启弧线应绘出
单扇双面弹簧门	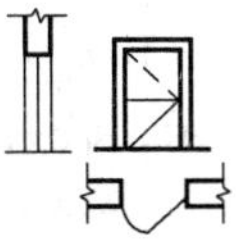	
双扇门(包括平开或单面弹簧)	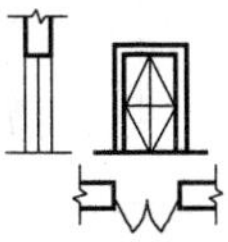	
单层固定窗检	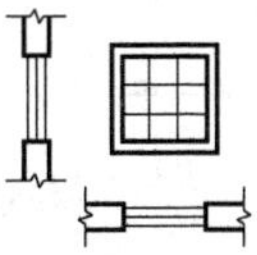	1. 窗的名称代号用 C 表示 2. 立面图中的斜线表示窗的开启方向。实线为外开,虚线为内开。开启方向线交角的一侧为安装铰链的一侧 3. 图例中上面图所示左为外,右为内,平面图下为外、上为内 4. 窗的立面形式应按实际绘制
单层中悬窗	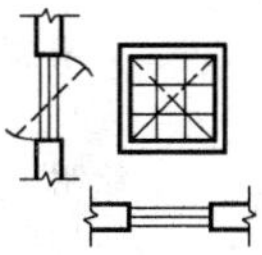	
单层外开平开窗	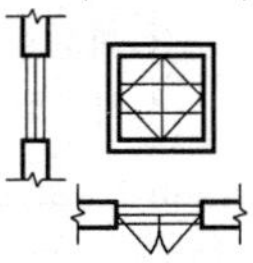	
推拉窗	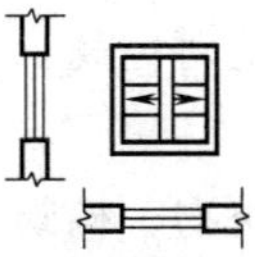	
高窗	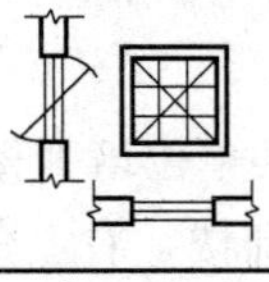	

由于比例很小，总平面图上的内容一般是按图例绘制的，常用图例见表 1-19。当标准中所列图例不够用时，也可自编图例，但应加以说明。

(3) 图线

新建房屋的可见轮廓用粗实线绘制，新建的道路、桥涵、围墙等用中实线绘制，计划扩建的建筑物用中虚线绘制，原有的建筑物、道路及坐标网、尺寸线、引出线等用细实线绘制。

(4) 尺寸标注

总平面图上常用图例 **表 1-19**

名称	图例	说明
围墙及大门		上图为实体性质的围墙 下图为通透性质的围墙
新建建筑物	6	用粗实线表示，图形内右上角的数字或点数表示层数，▲表示出入口
原有建筑物		用细实线表示
计划扩建的建筑物或预留地		用中粗虚线表示
拆除的建筑物		用细实线表示
风向频率玫瑰图	北	根据当年统计的各方向平均吹风次数绘制 实线表示全年风向频率，虚线表示夏季风向频率，按 6、7、8 三个月统计

名称	图例	说明
坐标	X105.00 Y425.00 A105.00 B425.00	上图表示测量坐标 下图表示建筑坐标
原有的道路		用细实线表示
计划扩建的道路		用细虚线表示
铺砌场地		
散状材料露天堆场		需要时可注明材料名称
其他材料露天堆场或露天作业场		
指北针	北	细实线绘制，圆圈直径为 24mm，尾部宽度 3mm，指针头部应注“北”或“N”字

总平面图中的距离、标高及坐标尺寸宜以米为单位（保留至小数点后两位）。新建房屋的室内外地面应注绝对标高。

(5) 注写名称

总平面图上的建筑物、构筑物应注写其名称，当图样比例小或图面无足够位置时，可编号列表标注。

3. 读图举例

图 1-116 所示为某单位培训楼的总平面图。绘图比例 1∶500。图中用粗实线表示的轮廓是新设计建造的培训楼，右上角 7 个黑点表示该建筑为 7 层。该建筑的总长度和宽度为 31.90m 和 15.45m。右下角指北针显示该建筑物坐北朝南的方位。室外地坪绝对标高为 10.40m，室内地坪绝对标高为 10.70，室内外高差 300mm。该建筑物南面是新建道路牌楼巷，与西面原有道路环城路相交。西面为绿化用地，北面是篮球场，西北有两栋单层实验室，东北有四层办公楼和五层教学楼，东面是将来要建的四层服务楼。培训楼南面距离道路边线 9.00m，东面距离原教学楼 8.4m。

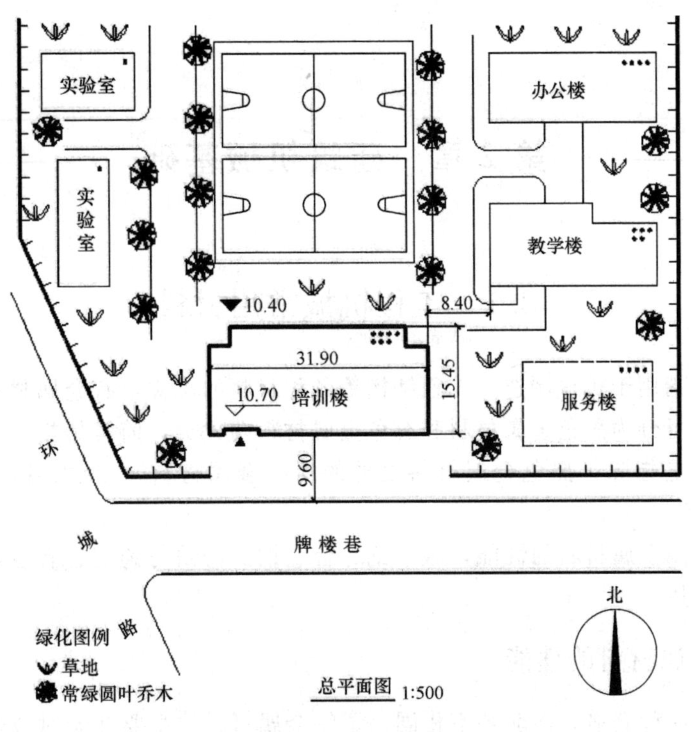

图 1-116　培训楼总平面图

第2章　建筑机械基础

2.1　工程机械常用材料

工程材料是指用于机械制造、工程结构等各种材料的总称，有金属材料和非金属材料之分。金属材料可分为黑色金属材料和有色金属材料两大类，前者是指铁碳合金材料，如钢和铸铁；后者是指除了黑色金属材料之外的所有金属材料，如铜、铝、锰、钛等及其合金。

本节主要介绍金属材料的性能，碳素钢、合金钢、铸铁与铸钢、有色金属、非金属材料分类编号和应用。

2.1.1　金属材料的性能

金属材料的品种繁多，性能各不相同。了解金属材料的主要性能对合理使用各种金属材料有十分重要的意义。

金属材料的性能包括金属材料的使用性能和工艺性能。金属材料的使用性能是指金属材料在使用的过程中所表现出的性能，包括金属材料抵抗外力的作用所表现的力学性能，由于各种物理现象所表现的物理性能和抵抗腐蚀性介质侵蚀所表现的化学性能；金属材料的工艺性能是指金属材料在加工过程中适应各种加工工艺所表现的性能。

根据需要，本教材主要介绍金属材料力学性能和工艺性能。

1. 金属材料力学性能及其指标

金属材料力学性能主要包括强度、塑性、硬度、冲击韧性、疲劳强度、蠕变及松弛等。

（1）强度

强度是指金属材料在外力的作用下，抵抗塑性变形和断裂的能力。根据金属材料承受外力的形式不同，可分为抗拉强度、抗压强度、抗弯强度、抗扭强度及抗剪强度，应用最普遍的是抗拉强度。

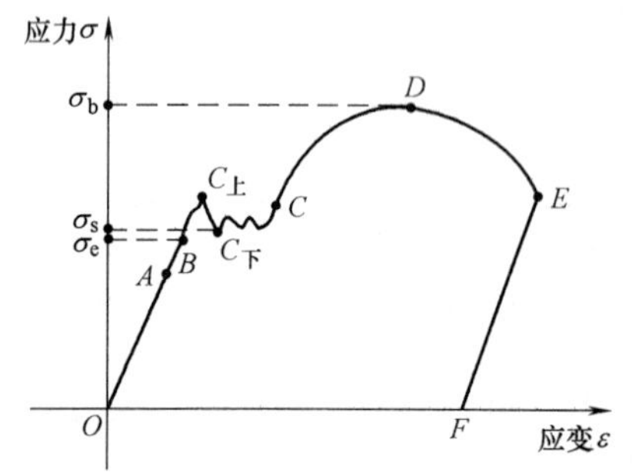

图 2-1　低碳钢的拉伸曲线图

抗拉强度是由拉伸试验测定的。金属材料通过拉伸试验绘出拉伸曲线（见图 2-1），可求出材料的弹性极限（σ_e）、屈服极限（σ_s，也称屈服强度）、和强度极限（σ_b，也称抗拉强度）。σ_e、σ_s、σ_b 是选择金属材料的重要依据。一般的机械零件所承受的最大应力不允许超过 σ_b，否则会产生破坏。对于一些不允许在塑性变形情况下工作的机械零件，如锅炉、压力容器、高压缸体联结螺栓等等，计算应力要控制在σ_s以下。

在工程实际中，还常用到屈强比的概念，它是指σ_s和σ_b的比值。屈强比的大小能反映材料的强度有效利用的情况和安全使用程度的情况。材料的屈强比越小，安全使用的可靠性越高，一旦超载，也能由于塑性变形使金属的强度提高（称为硬化）而不至于立刻断裂。但屈强比太小，则材料的强度得不到有效利用，造成材料的浪费。根据机械零件的不同需要，对金属材料的屈强比可以通过热处理等手段进行适当的调整。压力容器所用的金属材料的屈强比一般应控制在0.7左右。

（2）塑性

塑性是指金属材料在外力作用下产生永久变形而不破坏的能力。塑性指标用延伸率（δ）和断面收缩率（ψ）来表示。δ、ψ值越大，表示材料的塑性越好。如工业纯铁的δ可达50%、ψ可达80%，而普通铸铁的δ、ψ几乎为零。塑性好的材料可以发生较大的塑性变形而不破坏，这样的材料不但能进行各种轧制加工，还能避免一旦超载而引起的突然断裂。例如，采用塑性较好的钢材（一般$\delta>20\%$；$\psi>40\%$）制造板材、钢筋、型钢（角钢、槽钢等）、垫圈等。

（3）硬度

硬度是指金属材料抵抗另一种更硬的物体压入其表面的能力。硬度值是通过硬度试验测定的。用具有高硬度的压头，压入金属材料表面产生塑性变形并形成压痕，再对压痕进行测量并计算求得硬度值。因此，硬度也可以表示为，金属材料对局部塑性变形的抵抗力。金属材料的重要性能指标之一，一般硬度越高，耐磨性越好。常用的硬度指标有布氏硬度、洛氏硬度和维氏硬度。

① 布氏硬度（HBW）。对一定直径的硬质合金球施加压力压入试样表面，经规定保持时间后，卸除试验力，测量试样表面压痕的直径。以其压痕面积除加在钢球上的荷载，所得之商，即为金属的布氏硬度值。标准只允许使用硬质合金球压头。布氏硬度试验范围上限为650HBW。

$$\text{布氏硬度值}=0.102\times\frac{2F}{\pi D(D-\sqrt{D^2-d^2})}$$

式中 F——试验力，N；

D——硬质合金球直径，mm；

d——压痕平均直径，mm

布氏硬度单位一般不写。

布氏硬度HBW表达方式举例：600HBW 1/30/20

其中：600为布氏硬度值；

HBW为硬度符号；

1为硬质合金球直径，mm；

30为施加的试验力，对应的kgf值，这里30kgf≈294.2N；

20为试验力保持时间20s。

② 洛氏硬度（HR）。用一个顶角120°的金刚石圆锥体或直径为1.5875mm的钢球，在一定载荷下压入被测材料表面，取其压痕的深度来计算硬度的大小。根据试验材料硬度的不同，分三种不同的标度来表示：

HRA：是采用588.4N载荷和120°的圆锥形金刚石压头所测定出来的硬度，用于硬度很高或硬而薄的金属材料，如碳化物、硬质合金等。

HRB：是采用980.7N载荷和直径1.5875mm淬硬的钢球，求得的硬度，用于硬度较低的材料，如退火钢、铸铁、铜、铝等有色金属。

HRC：用1471N载荷，将顶角为120°的圆锥形金刚石压头，压入金属表面，取其压痕的深度来计算硬度的大小，即为金属的HRC硬度。主要用于测定淬火钢、调质钢等硬度很高的材料。

洛氏硬度试验法与布氏硬度试验法相比，有如下应用特点：操作简单，压痕小，不能损伤工件表面，测量范围广，主要应用于硬质合金、有色金属、退火或正火钢、调质钢、淬火钢等。但是，由于压痕小，当测量组织不均匀的金属材料时，其准确性不如布氏硬度。

③ 维氏硬度（HV）。以49.03～980.7N的载荷和顶角为136°的金刚石四方角锥体压头压入金属表面，用其压痕表面积除以载荷所得之商，即为维氏硬度值（HV）。HV只适用于测定很薄（0.3～0.5mm）的金属材料、金属薄镀层或化学热处理后的表面层硬度。

维氏硬度试验的特点和应用范围：

ⅰ 和布氏、洛氏硬度试验相比，维氏硬度试验测量范围较宽，从较软材料到超硬材料，几乎涵盖各种材料；

ⅱ 维氏硬度试验具有相似性，使得试验力的选取具有较大的灵活性；

ⅲ 由于压痕轮廓较清晰，测量对角线长度时，具有较高的对线精确度，因而硬度的测量精确度较高；

ⅳ 显微维氏硬度试验的试验力很小，因而可对特别细小的试件进行硬度测定；

ⅴ 维氏硬度试验特别适应于精密仪表中的薄件、小件以及镀层、渗碳、渗氮层等的硬度测定。显微维氏硬度试验因其试验力比较小，更能进行材料金相组织及脆性材料的硬度测量。

(4) 冲击韧性

冲击韧性是指金属材料抵抗冲击载荷的作用而不破坏的能力，其大小用冲击韧性值a_k衡量。a_k愈大，表示金属材料的冲击韧性愈好，在受到冲击载荷时不宜被破坏。由此可见，在受冲击载荷作用的机械零件，如空气压缩机的连杆、曲轴等，只用强度和硬度这些静载荷指标作为设计计算的依据是不够的，还要考虑金属材料抵抗冲击载荷的能力，即冲击韧性值a_k应满足设计要求，以保证机械零件使用中的安全可靠性。

(5) 疲劳强度

疲劳强度是指金属材料在无数次交变应力（载荷大小及方向随时间周期性变化的应力）作用下不发生疲劳断裂的能力。实际上，金属材料并不能作无数次交变载荷试验，一般规定钢在经过10^7次、有色金属在经过10^8次的交变载荷作用时，不产生断裂的最大应力，作为该金属材料的疲劳强度，用σ_{-1}表示。

金属材料的疲劳强度与抗拉强度间具有一定的近似关系。一般钢$\sigma_{-1}\approx(0.4\sim0.55)\sigma_b$；有色金属$\sigma_{-1}\approx(0.3\sim0.4)\sigma_b$。

弹簧、齿轮、轴等机械零件往往在交变应力的作用下工作，在这些零件的设计计算选择材料时，不仅要考虑强度、硬度等力学性能指标是否满足要求，还要考虑它们的疲劳强

度指标 σ_{-1} 是否能满足要求。

（6）蠕变

金属材料在高温及一定应力作用下，随着时间的增加而产生缓慢的连续塑性变形的现象，称为金属材料的蠕变。

① 金属材料的蠕变特点

金属材料的蠕变也是一种塑性变形，但它与一般的塑性变形相比，具有以下几个特点：

ⅰ金属材料的蠕变是在一定的温度下才能发生的。金属材料开始发生蠕变的温度与金属材料本身的熔点有关，熔点高的材料开始发生蠕变的温度也高。如铅、锡等熔点低的材料，在室温下就能发生蠕变，而钢在400℃以上才能发生蠕变。

ⅱ发生蠕变现象时间长。一般要经过几百甚至几万小时才发生蠕变现象。

ⅲ发生蠕变现象时的应力较小。金属材料发生蠕变现象时的应力，一般低于本身的屈服点甚至低于弹性极限。对于长期在高温条件下工作的机械零件，如热力管道、锅炉设备，要特别重视蠕变现象。

②评定金属材料蠕变的指标

金属材料的蠕变指标有蠕变极限、持久极限、持久塑性。

ⅰ蠕变极限是指试样在一定温度下，经过一定时间，产生一定伸长率的应力值。如 $\sigma_{0.2/1000}^{700}$ 表示试样在700℃下经过1000小时产生0.2%伸长率的应力值。

ⅱ持久极限是指试样在一定温度下，经过一定时间发生断裂的应力值。如 $\sigma_{10^5}^{500}$ 表示试样在500℃下经过 10^5 小时发生断裂的应力值。20钢的 $\sigma_{10^5}^{500}$ 为40MPa。

ⅲ持久塑性是指试样在一定温度下，经过一定时间发生断裂后的伸长率和断面收缩率。

蠕变现象的发生与材料本身的化学成分、组织结构有很大关系。因此，要提高金属材料的抗蠕变能力，需从改善金属材料的冶炼方法及选择合理的热处理工艺入手。

（7）松弛

受到一定预紧力的金属零件，在高温工作条件下，随着时间的逐渐延长，原来的弹性变形逐渐转变成了塑性变形，而应力逐渐减小，这种现象称为松弛。如紧固螺栓及一些过盈配合相互联结的机械零件都可能出现松弛现象。

金属的松弛和蠕变都是在高温和应力共同作用下，不断产生塑性变形的现象，但两者也有区别，蠕变时应力基本不变，而变形不断增加；松弛则是变形量不变，而应力逐渐减小。

2. 金属材料的工艺性能

金属材料的工艺性能是指金属材料在加工成型过程中表现出的性能，主要包括金属材料的铸造性能、压力加工性能、焊接性能和切削加工性能等。

（1）铸造性能

铸造性能是指金属材料用铸造方法制成铸件时所表现的性能。

金属材料的铸造性能主要取决于金属的流动性、收缩性和偏析倾向等。金属的流动性是指液体金属在浇注时充满铸型的能力，流动性愈好，金属愈容易成型；金属的收缩性是指液体金属在浇注后冷凝时体积收缩量的大小，收缩量愈小，铸件产生的疏松、缩孔、变形、裂纹等缺陷愈少；偏析是指铸件凝固后各处化学成分的不均匀性。常用的金属材料中，铸铁的铸造性能较好，所以，散热器、阀门、机械设备的机座或机壳常常选用铸铁制造。

(2) 压力加工性能

压力加工性能是指金属材料通过压力加工的方法制成工件时所表现的性能。

压力加工性能与金属材料本身的塑性有关。金属材料的塑性愈好，压力加工性能就愈好。含碳量不高的碳钢或合金钢，其压力加工性较好，而铸铁的压力加工性能却很差。所以，垫圈、容器等压力加工件只能选用前者而不能选择后者。

(3) 焊接性能

焊接性能是指金属材料在一定的焊接条件下获得优良焊接接头的能力（也称为可焊性）。

焊接性能好的金属材料，易于用焊接方法和工艺措施焊接，在焊接时不易产生裂纹、夹渣、气孔等缺陷，焊接接头有一定的力学性能。低碳钢的可焊性好，用该种材料制成的生活用采暖管道可以用焊接方法进行管道的连接；铸铁的可焊性差，用该种材料制成的铸铁阀门与管道的连接不采用焊接而采用螺纹法兰连接。

(4) 切削加工性

切削加工性是指金属材料在进行冷加工时，易于被刀具（如车刀、铣刀、钻头、代丝、丝锥）切削加工成型的性能。

切削加工性好的金属材料，在切削加工时，切削量大，易断屑，刀具的寿命长，切削后工件的表面粗糙度值较低。如高碳钢、白口铸铁很硬，切削加工性很差，而低碳钢、纯铜很软，切削加工性也很差。在生产中，中碳钢、灰口铸铁的切削加工性较好。

2.1.2 碳素钢

1. 钢的分类及牌号表示

钢是指含碳量小于2.11%的铁碳合金。常用的钢中除含有Fe、C元素以外还含有Si、Mn、S、P等杂质元素。另外，为了改善钢的力学性能和工艺性能，有目的的向常用的钢中加入一定量的合金元素，即得到合金钢。

钢的种类繁多，为了便于研究和使用，通常按下列方法分类：

(1) 按钢的化学成分分类。分为碳素钢和合金钢两类。碳素钢按含碳量的不同又可分为低碳钢（含碳量小于0.25%）、中碳钢（含碳量为0.25%～0.6%）、高碳钢（含碳量大于0.6%）；合金钢按含合金元素量的不同可分为低合金钢（含合金元素总量小于5%）、中合金钢（含合金元素总量为5%～10%）、高合金钢（含合金元素总量大于10%）。

(2) 按钢的用途分类。分为结构钢、工具钢和特殊性能钢。结构钢主要用于制造各种工程结构，如建筑结构、桥梁、锅炉、容器等结构件和齿轮、轴等机械零件；工具钢主要用于制造各种工具、量具、模具；特殊性能钢主要用于制造需要某些特殊物理、化学或力学性能的结构、工具或零件如不锈钢、耐热钢、耐磨钢等。

(3) 按钢的冶金质量分类。即按钢中的有害杂质S、P的含量分为普通质量钢（P≤0.045%，S≤0.050%）、优质钢（P≤0.035%，S≤0.035%）、高级优质钢（P≤0.025，

S≤0.025%)、特级优质钢（P<0.025，S<0.015%）。

钢的分类除以上几种分类方法之外，还有按金相组织分、按加工工艺分等。我国现行钢材分类及命名方法，是以钢的质量和用途为基础进行综合分类的。

工程机械常用钢材的分类、特点和标示方法见表 2-1。

常用钢材牌号的表示方法 **表 2-1**

<table>
<tr><th colspan="2">产品名称</th><th>牌号举例</th><th>牌号表示方法说明</th></tr>
<tr><td colspan="2">碳素结构钢
(GB/T 700—2006)</td><td>Q195
Q215
Q235
Q275</td><td>Q235AF：
Q—钢的屈服强度的“屈”字汉语拼音的首位字母；
235—屈服强度数值，MPa；
A—质量等级为 A 级。质量等级分为 A、B、C、D 级；
F—沸腾钢“沸”字汉语拼音的首位字母，镇静钢，牌号后面加 Z</td></tr>
<tr><td colspan="2">优质碳素结构钢
(GB/T 699—1999)</td><td>08F
08
10F
10
85
15Mn
20Mn
70Mn</td><td>08F：
08—优质钢，含碳量 0.05～0.11%。高级优质钢牌号后面加 A，特级优质钢牌号后面加 E；
F—沸腾钢，半镇静钢，牌号后面加 b。
15Mn：
15—优质钢，含碳量 0.12～0.18%；
Mn—含 Mn 量 0.70～1.00%</td></tr>
<tr><td rowspan="2">合金钢</td><td>低合金结构钢
(GB/T 1591—2008)</td><td>Q345
Q390
Q420
Q460
Q500
Q550
Q620
Q690</td><td>Q345D：
Q—钢的屈服强度的“屈”字汉语拼音的首位字母；
345—屈服强度数值，MPa；
D—质量等级为 D 级；
当钢板具有厚度方向性能时，上述牌号后加 Z，如：Q345DZ15</td></tr>
<tr><td>合金结构钢
(GB/T 3077—1999)</td><td>20Mn2
30GrMnSi
30GrMoAlA</td><td> 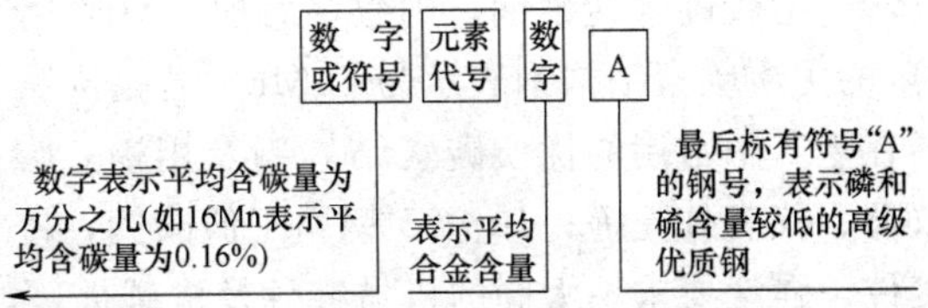数 字或符号 | 元素代号 | 数字 | A
数字表示平均含碳量为万分之几(如16Mn表示平均含碳量为0.16%)
表示平均合金含量
最后标有符号“A”的钢号，表示磷和硫含量较低的高级优质钢</td></tr>
<tr><td rowspan="2">铸钢</td><td>一般工程用铸造碳钢件
(GB/T 11352—2009)</td><td>ZG200-400
ZG230-450
ZG270-500
ZG310-570
ZG340-640</td><td> 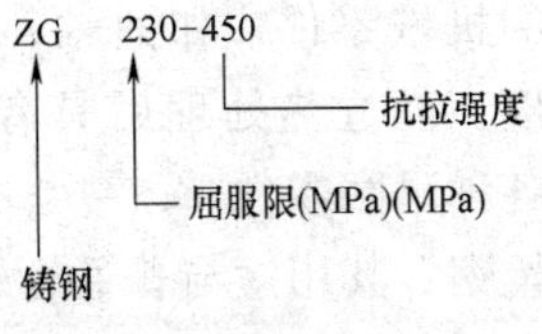ZG 230-450
抗拉强度
屈服限(MPa)(MPa)
铸钢</td></tr>
<tr><td>一般用途耐热钢和合金铸件
(GB/T 8492—2002)</td><td>ZG30Cr7Si2
ZG40Gr28Si2</td><td>ZG30Cr7Si2：
ZG—铸钢的汉语拼音的首位字母；
30—含碳量 0.20～0.35%；
Cr7—含 Cr 量 6～8%；
Si2—含 Si 量 1.0～2.5%</td></tr>
</table>

2. 碳素钢

对于碳素钢（又称为碳钢），由于有较好的力学性能、工艺性能、价格低廉等特点，广泛应用于建筑、低压管网、容器、机械制造等方面。碳素钢按质量和用途综合分类为：碳素结构钢、优质碳素结构钢、易切削结构钢、碳素工具钢、铸造碳钢等。

（1）碳素结构钢

碳素结构钢含硫、磷等杂质较多，与其他碳素钢相比力学性能较低，但由于制造方便、价格较低，一般在能满足使用要求的情况下都优先选用，通常轧制成各种型材如圆钢、方钢、工字钢及钢筋等，也可制作焊接管、螺栓及齿轮等，一般不经过热处理。

碳素结构钢的牌号是由代表屈服点的字母“Q”、屈服点数值、质量等级符号（A、B、C、D）及脱氧方法符号四个部分按顺序组成。质量等级符号反映了碳素结构钢中有害元素（S、P）含量的多少，从A级到D级，钢中的S和P含量依次减少。C级和D级的碳素结构钢的S和P的含量较少，质量较好，可以作为重要的焊接结构件。脱氧方法符号F、b、Z、TZ分别表示沸腾钢、半镇静钢、镇静钢和特殊镇静钢。在钢号中的“Z”和“TZ”可以省略。如Q215-AF表示屈服点为215MPa的A级沸腾钢。

在生产中常用的碳素结构钢及用途：Q195钢和Q215钢通常轧制成薄板、钢筋，可用于制作焊接管、屋面板、铆钉、螺钉、地脚螺栓、轻负荷的冲击零件和焊接结构件等；Q235钢和Q255钢通常用于制作各种型钢、钢筋、各种管材、螺栓、螺母、吊钩以及不太重要的渗碳件；Q275钢强度较高，有时可代替优质碳素结构钢使用。

（2）优质碳素结构钢

优质碳素结构钢含硫、磷等杂质较少，有稳定的化学成分和较好的表面质量及较高的力学性能，适用于热处理工艺。因此优质碳素结构钢广泛应用于较重要的工程结构及各种机械零件。

优质碳素结构钢的牌号是用其平均含碳量的万分之几的两位数字表示，如平均含碳量为0.45%的优质碳素结构钢表示为45钢；若钢中的含锰量较高时（含锰量为0.7%～1.2%），为较高含锰量钢，则数字后加“Mn”字。如含碳量为0.65%，含锰量为0.7%～1.0%的优质碳素结构钢表示为65Mn。若是沸腾钢，则在牌号的末尾加“F”字。

在生产中常用的优质碳素结构钢及用途：08F钢塑性好，一般用于制造冷冲压零件，如仪器、仪表外壳等；10～25钢属于低碳钢，冷冲压性和焊接性好，常用于制作冲压件、焊接件、强度要求不太高的机械零件及渗碳件，如机罩、焊接容器、法兰盘、螺母、垫圈及渗碳凸轮、齿轮等；30～35钢属于中碳钢，调质后可获得良好的综合力学性能，主要制造受力较大的机械零件，如曲轴、连杆、齿轮、水泵转子等；60钢等高碳钢，具有较高的强度、硬度，经过热处理后具有较高的弹性，但可焊性、可切削性差，主要用做弹簧、弹簧垫及各种耐磨零件。

较高含锰量钢，其用途与普通含锰量钢基本相同，但淬透性和强度稍高，可制成截面稍大或强度稍高的零件。

（3）易切削结构钢

易切削结构钢是在钢中加入一种或几种元素，利用其本身或其他元素形成一种对切削加工有利的夹杂物，使切削抗力降低，从而改善钢材的切削加工性。有利于切削加工性的常用元素有硫、磷、铅及微量的钙等。易切削结构钢可采用最终热处理，但一般不进行预先热处理以免损害其切削加工性。它的冶金工艺要求比普通钢严格，成本较高，故只有对大批大量生产的工件，在必须要改善钢材的切削加工性时，采用易切削结构钢才能获得良好的经济效益。

易切削结构钢的牌号是在同类结构钢牌号前加“Y”，以区别其他结构用钢。例如，Y12Pb 表示含磷量为 0.05％～0.10％，含硫量为 0.15％～0.25％，含铅量为 0.15％～0.35％的易切削结构钢。

在生产中使用的比较典型的易切削结构钢及用途：Y12 和 Y15 用来制造螺栓、螺母、管接头等不重要的标准件；Y20 切削加工后可进行渗碳处理，用来制造表面耐磨的仪器仪表零件；Y45Ca 钢适合高速切削加工，与 VY45 钢相比可提高一倍以上的生产效率，用来制造齿轮轴、花键轴等重要的热处理零件。

(4) 碳素工具钢

碳素工具钢是用于制造各类工具的高碳钢。其含碳量在 0.65％～1.35％之间，含杂质量少，属于优质或高级优质钢，硬度高、耐磨性好，红硬性较差，当温度超过 250℃时硬度急剧下降。因此，碳素工具钢只适用于制造低速刃具、手动工具及冷冲压模具等。

碳素工具钢的牌号由“T”和两位数字组成，数字表示钢的平均含碳量的千分之几。例如，T8 表示平均含碳量为 0.8％的碳素工具钢。如果是高级优质钢在牌号后面注上“A”，如 T12A 表示平均含碳量为 1.2％的高级优质碳素工具钢。

(5) 铸造碳钢

铸造碳钢一般为中碳钢，含碳量为 0.20％～0.60％。它的铸造性能比铸铁差，主要表现在流动性差、凝固时收缩率大、易产生偏析等。主要用来制造形状复杂，有一定力学性能要求的铸造零件，如阀体、曲轴、缸体、机座等。

铸造碳钢的牌号是“铸造”两字的汉语拼音字首“ZG”和两组数字组成，第一组数字表示屈服点，第二组数字表示抗拉强度，若是焊接用铸造碳钢，则在牌号后加“H”字。如 ZG200-400 表示屈服点为 200MPa，抗拉强度为 400MPa 的工程用铸造碳钢。

在生产中常用的铸造碳钢及用途：ZG200-400 具有良好的塑性、韧性和焊接性，用于制造受力不大、要求具有一定韧性的零件，如机座、变速箱壳体等；ZG230-450 具有一定的强度和较好的塑性、韧性、焊接性并易切削，主要用于受力不大、要求有一定韧性的零件，如阀体、轴承盖、箱体等；ZG270-500 具有较高的强度和较好的塑性、铸造性、切削性、焊接性，用于制造机架、轴承座、连杆及曲轴等，是铸造碳素钢中应用最广的一种；ZG310-570 强度和切削性较好，焊接性较差，主要用于载荷较大的零件，如大齿轮、缸体、制动轮等。ZG340-640 具有高的强度、硬度和耐磨性，塑性、韧性、焊接性差，主要用于制造齿轮、棘轮、联轴器等。

2.1.3 合金钢

所谓合金钢就是在碳素钢的基础上，为改善钢的某些性能，在冶炼时有目的的向钢中加入某些合金元素而获得的性能优良的钢。如高速切削刀具对钢材的红硬性（在高温下仍能保持高硬度和高耐磨的性能）的要求；在腐蚀性介质中工作的工业管道、容器、阀门等对耐腐蚀性的要求；锅炉用钢对高强度和耐高温性的要求；复杂形状的零件对力学性能以及热处理性能的要求等等。正是合金钢弥补了碳素钢的不足，具有碳素钢不能媲美的优点。

合金结构钢一般可分为低合金高强度结构钢和合金结构钢两大类。机械制造用钢又可分为渗碳钢、调质钢、弹簧钢及滚珠轴承钢等。

1. 低合金高强度结构钢

低合金高强度结构钢是一种低碳（含碳量小于0.2%）、低合金（合金元素的总量不超过3%）、高强度的钢。低合金高强度结构钢含主要的合金元素有Mn、V、Al、Ti、Cr、Nb等，它与相同含碳量的碳素结构钢比具有强度高，塑性、韧性好，焊接性和耐蚀性好，主要用于代替碳素结构钢制造重要的工程结构，如桥梁、船舶、锅炉、容器、建筑钢筋、输油输气管道等各种强度要求较高的工程构件。

低合金高强度结构钢的牌号由代表屈服点的字母（Q）、屈服点数值、质量等级符号（A、B、C、D）三部分组成，如Q420A表示屈服极限为420MPa，质量等级为A级的低合金高强度结构钢。

2. 合金结构钢

机械制造用钢是在优质碳素结构钢的基础上加入一些合金元素而形成的钢。因加入的合金元素较少（合金元素的总量不超过5%），所以机械制造用钢都属于中、低合金钢，其中的主加元素一般为Mn、Si、Cr、B等，这些元素对于提高淬透性起主导作用；辅加元素主要有W、Cu、V、Ti、Ni、Mo等。

机械制造用钢的牌号通常采用“数字＋元素符号＋数字”的表示方法。其中前两位数字表示钢中的含碳量的万分之几，元素符号表示钢中所含的合金元素，而后面的数字表示合金元素含量的百分数。但应注意：当合金元素的含量小于1.5%时，一般只标出元素符号，不标出合金元素含量，而当合金元素的含量等于或超过1.5%、2.5%、3.5%……时，则在该元素符号后面注上2、3、4……等。合金结构钢都是优质钢、高级优质钢（牌号后加“A”）或特级优质钢（牌号后加“E”）。

3. 特殊用途钢

（1）弹簧钢

合金弹簧钢是指经热处理后，专门用于制造弹簧、弹簧板等减振零件的钢。合金弹簧钢含碳量较高，一般在0.45%～0.7%之间，以保证高的弹性极限和疲劳极限。弹簧钢大致分三类。一类调质处理的高碳钢，如65、85等；一类是以Si、Mn为主要合金元素的弹簧钢，如65Mn、60Si2Mn等。这类钢的价格便宜，淬透性明显优于碳素弹簧钢，主要用于制作汽车、拖拉机上的板弹簧和螺旋弹簧；另一类是以含Cr、V、W为主要合金元素的弹簧钢，如50CrVA、30W4Cr2VA等，这类钢主要用于制作在350℃～400℃下承受重载的较大的弹簧，如阀门弹簧、高速柴油机的气门弹簧等。

（2）轴承钢

高碳铬轴承钢，主要用来制造轴承的钢。滚动轴承钢含碳量要求较高，一般为0.95%～1.15%，以保证轴承钢的高硬度、高耐磨性和高强度。

轴承钢的牌号与其他合金结构钢不同，其牌号是由“G（表示‘滚’字）＋Cr＋数字”组成，数字表示铬含量的千分之几，碳的含量不标出。

我国以铬轴承应用最广，如GCr4可以用来制作一般工作条件下的滚动轴承的滚动体、内外圈；GCr15广泛用来制作汽车、内燃机、机床等其他工业设备上的轴承；

GCr15SiMn 可以用来制作大型轴承（外径＞440mm）的滚动体和内外圈。

（3）工具钢

常用的工具钢通常可分为碳素工具钢和合金工具钢两种。

① 碳素工具钢。含碳量在 0.65%～1.35%之间，经热处理后，硬度值较高，主要用于各类低速切削及手动工具。常用的低合金工具钢有 T7、T8、T8Mn 等。

② 合金工具钢。按照用途，可分为量具刃具用钢、耐冲击工具用钢、冷作模具钢、热作模具钢、无磁模具钢、塑料模具钢。合金工具钢含碳量较高，并加入了 Cr、Mn、Si 等微量元素，经热处理后，具有高硬度、耐磨性和韧性好、变形小等特点。主要用于板牙、铣刀、各类模具。

（4）其他特殊性能钢

根据用途的不同，开发出了多种特殊用途的钢材。如：不锈钢、耐热钢、耐候钢、大型轧辊件用钢等，可根据需要选用。

特殊性能钢是指具有特殊物理、化学性能，可以应用在特殊工作场合的钢，如不锈钢、耐热钢和耐磨钢等。特殊性能钢的牌号与合金工具钢基本相同，但当含碳量小于或等于 0.08%时则在牌号前面标出“0”；当含碳量小于或等于 0.03%时则在牌号前面标出“00”，例如 0Cr19Ni9，00Cr30Mo2 等。

① 不锈钢。在自然环境或一定的工业介质中具有耐腐蚀性的钢称为不锈钢。常用的不锈钢有：马氏体型不锈钢、铁素体型不锈钢和奥氏体型不锈钢等。

ⅰ马氏体型不锈钢。马氏体型不锈钢含铬量为 12%～18%，含碳量为 0.1%～0.95%。马氏体型不锈钢因碳及铬的含量都很高，具有较高的强度、耐磨性和耐蚀性。常用的马氏体型不锈钢有 12Cr13、20Cr13 等，可用来制造汽轮机叶片、锅炉管附件等；30Cr13、40Cr13 可用来制造阀门、油泵轴等。

ⅱ铁素体型不锈钢。铁素体型不锈钢含铬量为 12%～32%，含碳量低于 0.12%。铁素体不锈钢的耐蚀性和抗氧化性较好，特别是腐蚀性能较好，但力学性能及工艺性能较差。典型的铁素体不锈钢有 022Cr12 型、10Cr17 型，广泛用来制造耐蚀设备、耐蚀容器及管道。

ⅲ奥氏体不锈钢。奥氏体不锈钢含铬量超过 18%，含镍量超过 8%，含碳量低于 0.12%。比铬不锈钢更高的化学稳定性及耐蚀性，是目前应用最多、性能最好的一类不锈钢。常用的奥氏体不锈钢有 12Cr18Ni9、06Cr32Ni13，用来制造医疗器械、耐酸碱设备及管道等。

② 耐热钢。耐热钢是指在高温下具有高的化学稳定性和热强性（热强性是指在高温下的强度）的特殊钢。耐热钢多为中、低碳合金钢，合金元素有 Cr、Ni、Mo、Mn、Si、Al、W、V 等，使得钢的表面形成完整、稳定的氧化膜，提高钢的抗氧化性并在钢中形成细小弥散的碳化物，起到提高钢的高温强度的作用。耐热钢分为奥氏体耐热钢、铁素体耐热钢、马氏体耐热钢，用来制造锅炉导管、过热器及换热器等。

③ 耐磨钢。耐磨钢是指在巨大压力和强烈冲击载荷作用下才能发生硬化现象的高锰钢。高锰钢含锰量为 11%～14%，含碳量为 0.9%～1.3%，使高锰钢具有高强度、高韧性和耐冲击的优良性能。在工作时，如受到强烈的冲击、压力与摩擦，高锰钢的表面会因塑性变形而产生强烈的加工硬化，使高锰钢表面硬度提高到 500HBS～550HBS，因而高

锰钢可获得高的耐磨性，而其心部仍保持原来有的塑性和韧性。当旧的表面磨损后，新露出的表面又可在冲击与摩擦作用下，获得新的耐磨层。故这种钢具有很高的抗冲击能力与耐磨性，但在一般机械工作条件下它并不耐磨。

在切削加工时，高锰钢极易产生加工硬化，使切削加工困难，所以大多数高锰钢零件采用铸造成型，如 ZGMn13-1、ZGMn13-5 等通常用来制造拖拉机履带、碎石机颚板、挖掘机铲斗的斗齿等。

2.1.4 铸铁

铸铁是指含碳量大于 2.11%的铁碳合金，工业上常用的铸铁的含碳量为 2.5%～4.0%。与钢相比，铸铁的强度、塑性和韧性较差，但生产成本低，并具有优良的铸造性、可切削加工性、耐磨性及减震性，并且生产工艺简单、价格便宜，是工业生产中应用较广的金属材料。

根据碳在铸铁中存在的形态不同，铸铁可分为抗磨白口铸铁、灰铸铁、可锻铸铁（碳绝大部分是以团絮状石墨的形式存在）、球墨铸铁（碳绝大部分是以球状石墨的形式存在）、蠕墨铸铁（碳绝大部分是以短蠕虫状石墨形式存在）和合金铸铁（在灰口铸铁中或球墨铸铁中加入一定量的合金元素）。

1. 抗磨白口铸铁

白口铸铁中的碳绝大部分是以 Fe_3C 的形式存在。由于其断口呈亮白色，故得名白口铸铁。白口铸铁的特点是硬而脆，很难加工，一般不用来制造机械零件，主要用作炼钢的原材料或用来制造可锻铸铁的毛坯。但有些零件，如火车轮圈、轧辊、破碎机压板等，为了使其获得较高的表面硬度和耐磨性，常用激冷的办法使这些铸件表层获得耐磨的白口铸铁组织，而心部则是灰铸铁组织。

2. 灰铸铁

灰铸铁中的碳，全部或大部分以片状石墨存在于铸铁中。由于断口呈灰色，因此称为灰铸铁。

灰铸铁的抗拉强度、塑性和韧性都比同样基体的钢要低得多，这是因为石墨本身的强度很低，石墨镶嵌在金属基体上，割裂了金属基体的连续性，从而使铸铁抗拉强度、塑性和韧性降低。但灰铸铁的抗压强度比其抗拉强度高出 3～4 倍，这是灰铸铁的重要特性。

灰铸铁具有优良的铸造性能，这是因为铁水的流动性好，可以铸造形状非常复杂的零件，并且铸件凝固后不易形成集中缩孔和分散缩孔。

灰铸铁具有良好的耐磨性和减震性，这是因为铸铁中的石墨本身具有润滑作用，石墨脱落后形成的空洞能够吸附和储存润滑油，并且可以阻止震动的传播。

此外，灰铸铁还具有较低的缺口敏感性和良好的切削加工性，常用来制造支架、机座、散热器、阀门及铸铁管件等。

灰铸铁的牌号是由“HT＋数字”组成。其中“HT”是“灰铁”二字的汉语拼音字首，数字表示该铸铁的最低抗拉强度值。如 HT200 表示最小抗拉强度为 200MPa 的灰铸铁。

3. 可锻铸铁

可锻铸铁中的碳，全部或大部分以团絮状石墨存在于铸铁中，对基体的割裂作用小，引起的应力集中也较小。因此，可锻铸铁比具有相同基体的灰铸铁具有较高的强度和塑性。适用于制造一些形状复杂的薄壁件、中空件及有一定强度、韧性要求的铸铁零件，如低压阀门、管道接头零件、齿轮箱等。

可锻铸铁的牌号是由三个字母及两组数字组成。其中前两个字母“KT”是“可铁”两字的汉语拼音字首；第三个字母代表不同类别的可锻铸铁，H 表示黑心类型（铁素体）可锻铸铁，Z 表示珠光体型可锻铸铁；后面两组数字分别表示最低抗拉强度和最低延伸率。如 KTZ550-05 表示珠光体可锻铸铁，其最低抗拉强度为 550MPa，最小延伸率为 5%。

4. 球墨铸铁

由于球墨铸铁中的碳，全部或大部分以球状石墨存在于铸铁中，割裂金属基体的作用最小，可以充分发挥金属基本的性能，所以球墨铸铁的力学性能与钢相近，具有较高的抗拉强度和弯曲疲劳强度，也具有良好的塑性、韧性及耐磨性。球形石墨使基体强度利用率从灰口铸铁的 30%～50%提高到 70%～90%；另外，球墨铸铁也具有良好的消振、减磨、易切削和铸造性。球墨铸铁常可以代替部分碳钢、合金钢和可锻铸铁，用于制造一些受力复杂，强度、韧性和耐磨性高的零件，如阀门、机器底座、连杆、缸套等重要零件。

球墨铸铁的牌号是由“QT＋数字”组成。“QT”为“球铁”两字的汉语拼音字首，两组数字分别表示铸铁的最低抗拉强度和延伸率。如 QT400-18 表示球墨铸铁，其最低抗拉强度为 400MPa，最小延伸率为 18%。

5. 蠕墨铸铁

蠕墨铸铁中的碳，以介于片状和球状之间的蠕虫状石墨存在于铸铁中，其性能介于优质灰铸铁和球墨铸铁之间。当成分一定时，蠕墨铸铁的强度、韧性、疲劳强度和耐磨性等都优于灰口铸铁，对断面的敏感性也较小，但蠕墨铸铁的塑性和韧性比球墨铸铁低，强度接近球墨铸铁。蠕墨铸铁抗热疲劳性能、铸造性能、减震能力以及导热性能都优于球墨铸铁，接近于灰口铸铁。因此，蠕墨铸铁主要用来制造电机壳、汽缸套、机身、机座及液压阀等零件。

蠕墨铸铁的牌号是由“RuT＋数字”组成，“RuT”表示“蠕铁”两字的汉语拼音字首，数字表示该铸铁的最低抗拉强度值，如 RuT380 表示抗拉强度不低于 380MPa 的蠕墨铸铁。

6. 特殊性能铸铁

随着工业的发展，不仅要求铸铁具有更高的力学性能，而且有时还要求它具有某些特殊性能，如耐磨、耐热及耐蚀等。为此，可向铸铁中加入一定量的合金元素，得到具有特殊性能的合金铸铁，或称为特殊性能铸铁。这些铸铁与相似条件下使用的合金钢相比，冶炼简单、成本低廉，具有良好的使用性能。但它们的力学性能比合金钢低，脆性较大。常用的合金铸铁有耐热合金铸铁、耐磨合金铸铁、耐蚀合金铸铁等。

（1）耐热合金铸铁

为了提高铸铁的耐热性，通常在铸铁中加入 Si、Al、Cr 等合金元素，这些合金元素能在铸铁表面形成一层致密的、稳定性很高的氧化膜（如 Al_2O_3 和 SiO_2 等），保护铸铁不被氧化，还能使金属基体在高温下保持稳定的单一组织结构。因此，耐热合金铸铁有很高的耐热性，能在 550～1100℃高温下承受一定的载荷而正常工作。耐热合金铸铁主要用于制造加热炉附件如底板、炉条、渗碳罐及坩埚等高温零件。

（2）耐磨合金铸铁

耐磨合金铸铁中加入的主要合金元素有 Cr、Mo、Cu、Ni、Mn 等，这些合金元素能强化铸铁金属基体，获得较高的强度、硬度、耐磨性。耐磨合金铸铁常用于制造机身、工作台、发动机缸套、球磨机衬板及磨球等。

（3）耐蚀合金铸铁

耐蚀合金铸铁是一种含硅量较高的合金铸铁。耐蚀合金铸铁中加入的 Si、Al、Cr 等合金元素，能在铸铁表面形成一层连续致密的保护膜；加入的 Cr、Si、Mo、P、Cu、Ni 等合金元素，可提高铁素体的电极电位。耐蚀合金铸铁主要用于制造化工设备管道、容器、阀门、泵、反应锅及存贮器等。

2.1.5 有色金属

1. 铜及铜合金

（1）纯铜

纯铜有良好的导电性和导热性（仅次于金和银），塑性和抗蚀性也很好，但强度和硬度较低。因此在工业中主要用于电力、电气、仪表、化工设备等。

工业纯铜的含铜量为 99.50%～99.95%，牌号由“T＋数字”组成。其中“T”表示“铜”字汉语拼音的字首，数字表示纯铜的纯度，数字越大，纯度越低。根据纯铜中含杂质量不同，工业纯铜可分为四种：T1、T2、T3 和 T4。

（2）铜合金

由于纯铜的强度、硬度较低，不能满足使用要求，为此在纯铜的基础上加入适量的合金元素而形成铜合金，大大改善了纯铜的使用性能，获得较高的强度、硬度和韧性。常用的铜合金有黄铜和青铜。

① 黄铜。黄铜是以锌为主要合金元素的铜合金。黄铜按其化学成分可分为普通黄铜和特殊黄铜。

ⅰ普通黄铜是铜和锌组成的合金。它不仅具有良好的加工性能，而且具有优良的铸造性能。另外，普通黄铜还对海水和大气具有良好的耐蚀性。

普通黄铜的力学性能随含锌量的变化而改变，工业上使用的普通黄铜含锌量一般不超过 45%，否则黄铜的强度、塑性极差，无使用价值。

普通黄铜的牌号“H＋数字”组成。“H”表示“黄”字汉语拼音的字首，数字表示该普通黄铜中平均含铜量的百分数，如 H70 表示含铜量为 70%的普通黄铜。如果是铸造普通黄铜，则用“铸”字汉语拼音字首“Z”、基体金属元素符号“Cu”、含锌元素符号“Zn”及平均含锌量的百分数组成，如 ZCuZn38 表示含锌量为 38%，而含铜量为 62%的铸造普通黄铜。

ⅱ特殊黄铜是指在普通黄铜中加入少量的 Si、Pb、Mn、Al、Ni 等合金元素组成的铜锌合金。和普通黄铜相比较，特殊黄铜具有更好的力学性能、耐腐蚀性能及工艺性能。

特殊黄铜又可分为压力加工黄铜和铸造黄铜。压力加工黄铜牌号采用“H＋主加元素符号＋数字”表示，数字依次表示铜和各主加元素的含量的百分数，如 HSi80-3 表示含铜量为 80%、含硅量为 3%、其余含量为锌的压力加工黄铜。而铸造黄铜的牌号是“Z＋Cu＋主加元素＋数字”，其中“Z”和“Cu”表示“铸造”和“铜”汉语拼音的字首，其他符号和数字与压力加工黄铜的含义相同，如 ZCuZn40Pb2 表示含锌量为 40%，含铅量为 2%，其余含量为铜的铸造黄铜。

② 青铜。青铜是以锡、铝、铍、硅、铅、锰等元素为主加元素的铜基合金。按其主加元素种类分为锡青铜、铝青铜、铍青铜、硅青铜、铅青铜、锰青铜等，这里仅介绍常用的几种青铜。

ⅰ锡青铜具有良好的强度、硬度、耐蚀性和铸造性。但锡青铜的铸件易形成分散缩孔，致密程度低。

ⅱ铝青铜具有良好的流动性并且形成晶内偏析倾向小、缩孔集中，易获得质地致密的铸件，其力学性能比锡青铜高，有较高的强度、硬度及耐磨性。铝青铜的耐蚀性和耐热性比黄铜和锡青铜都好，且价格低。但铝青铜的焊接性能差，在过热蒸气环境中不稳定。

ⅲ铍青铜在淬火状态下具有较好的塑性，制成零件经过时效强化处理后具有较高的强度、硬度和弹性极限。另外，铍青铜的抗蚀性、抗疲劳性及耐蚀性都很高，还具有良好的导热性和耐寒性。但铍青铜的价格较高。

和特殊黄铜一样，青铜也分为压力加工青铜和铸造青铜两类。压力加工青铜的牌号由"Q＋主加元素符号＋数字"组成，其中"Q"表示青铜二字的汉语拼音字首，数字表示主加元素及其他加入元素在该青铜中含量的百分数。如 QSn4-3 表示含 Sn 量为 4%，含其他加入元素（这里是 Zn）量为 3%的压力加工青铜。铸造青铜的牌号用"ZCu＋主加元素符号及数字＋其他加入元素符号及数字"，其中"Z"表示"铸"字汉语拼音字首，数字表示主加元素或其他加入元素含量的百分数。如 ZCuSn5Pb5Zn5 表示含 Sn 量为 5%，含 Pb 量为 5%，含 Zn 量为 5%的铸造青铜。

2. 铝及铝合金

（1）纯铝

纯铝是一种银白色的轻金属，具有良好的导电性、导热性及耐蚀性，塑性好但强度、硬度较低。纯铝主要用于制造导线、电缆、化工容器及餐具等。

工业纯铝的纯度一般可达 99.7%～99.8%。由于工业纯铝中含有铁和硅等杂质，因此它的性能随着纯度的降低而变差。纯铝的牌号是以数字表示其纯度的高低，如 L1、L2、L3 等，"L"表示"铝"字汉语拼音的字首，后面的数字越大，表示铝的纯度越低。

（2）铝合金

由于纯铝的强度较低，不能用来制造承受载荷的结构零件，限制了其特性的发挥。为此，在纯铝中加入一定量的 Si、Cu、Mg、Zn、Mn 等合金元素，形成强度较高的铝合金，如果再经过冷变形和热处理，铝合金的强度可以达到 $\sigma_b=500\sim600$MPa。

铝合金分成形变铝合金和铸造铝合金。

① 形变铝合金。形变铝合金的塑性好，能进行各种压力加工，可制成板、管、线等型材，应用于建筑装饰、航空、化工、仪表等工业。形变铝合金按其性能分为防锈铝、硬铝、超硬铝及锻铝等。

ⅰ防锈铝包括铝-锰系和铝镁系合金，属于不能用热处理强化的合金，只能靠冷变形来提高强度。它具有良好的塑性、耐蚀性及焊接性，强度一般。主要用于制造薄板容器（如油箱等）、防锈蒙皮、管道、灯具、窗框等受力较小、质轻、耐腐蚀的制品及结构件。

ⅱ硬铝是铝-铜-镁系合金，属于能用热处理强化的合金，经淬火、时效热处理后强度

可达到 $\sigma_b=400$MPa，故称为硬铝。主要用于制造仪表、飞机骨架、螺旋桨、叶片、蒙皮及超负荷的铆钉等。

ⅲ 超硬铝是铝-铜-锌系合金。经淬火、时效热处理后强度可达到 $\sigma_b=600$MPa，比硬铝还高，故称为超硬铝。超硬铝主要用于飞机上受力较大的结构件，如大梁、桁架及起落架等。

ⅳ 锻铝多属于铝-铜-镁-硅系和铝-铜-镁-镍-铁系合金。其力学性能与硬铝相近，具有良好的热塑性和耐蚀性，适于锻造加工，故称为锻铝。主要用于航空和仪表工业中制造各种形状复杂的锻件或冲压件，如各种叶轮、活塞、框架及支杆等。

形变铝合金的牌号分别用"铝防"、"铝硬"、"铝超"、"铝锻"汉语拼音的字首"LF"、"LY"、"LC"、"LD"和其后的数字组成，其中的数字仅表示顺序号。如常用的防锈铝 LF5、LF11、LF21 等；常用的硬铝有 LY1、LY11、LY12 等；常用的超硬铝有 LC3、LC4、LC9 等；常用的锻铝有 LD2、LD7、LD10 等。

② 铸造铝合金　铸造铝合金的力学性能不如形变铝合金，但如经过淬火、时效处理后也能获得较好的力学性能，加之铸造性能好，多用于铸造仪表外壳、化工管件、发动机缸体、内燃机活塞等要求质轻、耐蚀、形状复杂但强度要求不高的薄壁铸件。

铸造铝合金按主加合金元素的不同分为铝-硅系、铝铜系、铝镁系、铝锌系合金等四类，其中铝-硅系铸造铝合金应用最广。

铸造铝合金的牌号由"Z"（"铸"字的汉语拼音字头）＋基体金属元素符号 Al＋合金元素符号及该元素含量的百分数组成，如 ZAlSi7Mg 表示铸造铝硅合金，其中含 Si 量为7%，含 Mg 量小于 1.0%。

为了便于应用，铸造铝合金也可采用代号表示，其代号是由"ZL"（"铸"、"铝"两字汉语拼音字头）及三位数字组成。第一位数字表示合金的类别（1 为铝-硅系、2 为铝-铜系、3 为铝-镁系、4 为铝-锌系合金）；第二、三位数字表示同类合金的顺序号。如牌号为 ZAlSi7Mg 的铝合金代号为 ZL101；牌号为 ZAlMg5Si1 的铝合金的代号为 ZL303。

2.1.6　非金属材料

概括地讲，非金属材料可分为有机非金属材料和无机非金属材料两大类，前者如塑料、橡胶、有机纤维及木材等，后者如陶瓷、玻璃、石棉及水泥等。本处主要介绍塑料、橡胶和陶瓷三种工程中常用的非金属材料。

1. 塑料

（1）塑料的特性

塑料是一种有机高分子固体材料，一般是以合成树脂为基体，再加入几种添加剂，经过一定的温度、压力塑制而成的。塑料通常有如下特性：

① 密度小，比强度高。塑料的比强度非常高，超过金属材料。用塑料制造的机械构件，对减轻设备的自重具有特别的意义。

② 有良好的耐腐蚀性。塑料对酸、碱及有机溶剂等具有良好的耐腐蚀性能，其中最突出的是聚四氟乙烯，能耐"王水"的腐蚀。

③ 有良好的减摩性和耐磨性。塑料的摩擦系数比较低，并且很耐磨，用塑料制作的轴承、齿轮及密封圈等零件，在少油、无油润滑的条件下及在油、水、腐蚀性介质中能有

效地运转工作，这是一些金属材料所不能比拟的。

④ 易于成型加工。塑料在一定的温度和压力下具有良好的可塑性，便于热塑成一定形状的制品，并在常温下能保持形状不变。

⑤ 具有消音、吸振、透光、隔热、保温等性能。

⑥ 成本低，外观美观，装饰性好。

⑦ 具有优异的绝电性能。塑料的绝电性能可与陶瓷、橡胶、云母等相媲美，是良好的电气绝缘材料。

⑧ 强度低，耐热性差，膨胀系数大，蠕变量大，易老化。

(2) 塑料的分类及用途

① 按塑料受热后的性能分类

按塑料受热后的性能分可把塑料分为热塑性塑料和热固性塑料。

ⅰ热塑性塑料。热塑性塑料加热后软化、熔融，冷却时凝固、变硬，此过程可以反复进行，如聚乙烯、聚氯乙烯、聚苯乙烯等，这类塑料的机械强度较高，成型工艺性能良好可反复成型和再生使用。但耐热性和刚度较差。

ⅱ热固性塑料。热固性塑料在初次加热时软化、熔融；进一步加热、加压或加入固化剂而固化后再加热，则不再软化、熔融。如酚醛塑料、氨基塑料、环氧树脂等，这类塑料具有较高的耐热性与刚性，但脆性大，不能反复成型与再生使用。

② 按塑料的应用范围来分类

按塑料的应用范围分可把塑料分为通用塑料、工程塑料和耐热塑料三种。

ⅰ通用塑料。通用塑料是指受力小、产量大、用途广、价格低的塑料。如聚乙烯、聚氯乙烯、聚苯乙烯、酚醛塑料等，它们约占塑料总产量的75%以上，广泛应用于工业、农业和日常生活中。

ⅱ工程塑料。工程塑料是指具有良好的力学性能，良好的耐热性、耐寒性、耐蚀性和电绝缘性的塑料。如聚甲醛、聚酰胺（尼龙）、聚氯醚等，主要用于制造机械零件和工程结构。

ⅲ耐热塑料。耐热塑料是指能在较高温度（一般在100℃～200℃）甚至更高温度下工作的塑料。如聚四氟乙烯、聚三氟乙烯、环氧树脂等，由于产量少，价格贵，所以仅用于特殊用途，但很有发展前途。

工业中常用的塑料的性能特点及用途见表2-2。

常用塑料的性能特点及用途 **表 2-2**

名称(代号)	主要性能特点	用途举例
聚氯乙烯(PVC)	硬质聚氯乙烯强度较高，电绝缘性优良，对酸、碱的抵抗力强，化学稳定性好，可在－15℃～60℃使用，有良好的热成型性，密度小	化工耐蚀的结构材料，如输油管道、容器、离心泵、阀门、管件等
	软质聚氯乙烯的强度不如硬质聚氯烯，但伸长率较大，有良好的电绝缘性，可在－15℃～60℃使用	电线、电缆的绝缘包装，农用薄膜，工业包装但因有毒，故不适于包装食品
聚乙烯(PE)	耐腐蚀性和电绝缘性好。高压聚乙烯的柔顺性、透明性较好；低压聚乙烯强度高，耐寒性好	高压聚乙烯用来制造薄膜、软管；低压聚乙烯用来制造耐蚀件、绝缘件、载荷不大的耐磨零件

续表

名称(代号)	主要性能特点	用途举例
聚丙烯(PP)	比重小,强度、硬度比低压聚乙烯高,耐热性、耐蚀性、高频绝缘性好,但低温发脆,不耐磨,易老化	可制造齿轮、泵叶轮、化工管道、接头、容器、绝缘件、表面涂层、电机罩等
聚酰铵(尼龙)(PA)	有较好的坚韧性、耐磨性、耐疲劳性、耐油性和良好的消声性,但吸水性大,成型收缩不稳定	用来制造一般的减摩、耐磨及传动零件,如轴承、齿轮、凸轮、滑轮、螺钉、螺母及一些小型零件,还可用做高压耐油密封圈
聚砜(PSF)	具有优良的耐热、耐寒、抗蠕变性,耐酸、碱和高温蒸汽,强度高,电绝缘性好	制造高强度、耐热、减摩、绝缘零件,如精密齿轮、仪表壳体和罩、耐热和绝缘仪表零件。
酚醛塑料(PF)	具有优良的耐热性、电绝缘性、化学稳定性及抗蠕变性,摩擦系数小。但质地较脆,耐光性差,加工性差	制造一般机械零件,电绝缘件,耐化学腐蚀的结构材料和耐磨零件等,如仪表壳体、电器绝缘板、绝缘齿轮、水润滑轴承等
环氧塑料(EP)	强度较高,韧性较好,电绝缘性优良,防水、防潮、防霉、耐热、耐寒,化学稳定性好,成型工艺简便,成本较低	制造塑料模具、精密量具、机械仪表、电气结构零件、电子元件及线圈的灌注、涂覆和包封,修复机件等
有机硅塑料	具有优良的电绝缘性,高电阻、高频绝缘性好,耐热、耐腐蚀、耐辐射、耐火焰、耐臭氧、耐低温。但价格较贵	制造高频绝缘件,湿热带地区电机、电器绝缘件,电气、电子元件及线圈的灌注与固定,耐热件等

2. 橡胶

(1) 橡胶的特性

橡胶是以生胶加入适量的配合剂组成的。生胶有天然生胶及合成橡胶两种,是橡胶的主要物质基础;配合剂是为提高和改善橡胶制品性能而加入的物质。橡胶具有如下特点:

① 很高的弹性和储能性,是良好的抗震、减振材料;

② 良好的耐磨性、绝缘性及隔声性;

③ 一定的耐蚀性;

④ 良好的扯断强度和抗疲劳强度;

⑤ 不透水、不透气、绝缘、耐燃等一系列可贵的性能。

(2) 橡胶的分类及用途

橡胶在工业中应用较广,如用橡胶制成软接头、衬垫、油管、密封件、减振件、传动带、轮胎及电缆等。橡胶的分类如图 2-2 所示。常用的橡胶特点及用途见表 2-3。

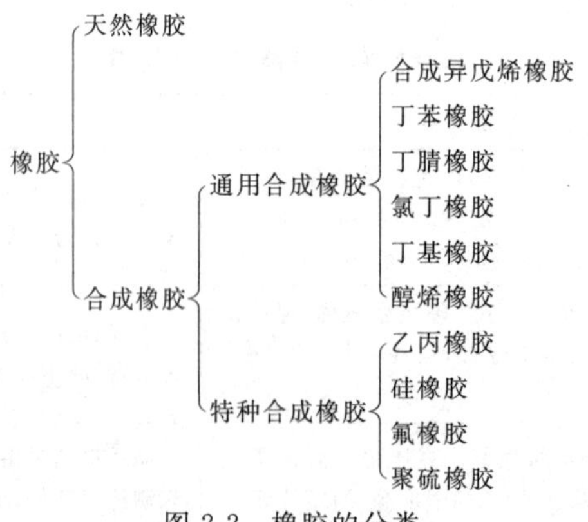

图 2-2 橡胶的分类

常用塑料的特点及用途　　表 2-3

名称(代号)	主要特点	应用举例
天然橡胶(NR)	具有良好的综合性能、耐磨性、抗撕性及加工性能。但不耐高温,耐油性和耐溶剂性差,耐臭氧和耐老化性较差	用于制造轮胎、胶带、胶管及通用橡胶制品等
丁苯橡胶(SBR)	优良的耐磨性、耐老化性及耐热性均比天然橡胶好。但加工性能比天然橡胶差,特别是自粘性	用于制造轮胎、胶带、胶管及通用橡胶制品等
氯丁橡胶(CR)	力学性能好,耐臭氧、耐腐蚀、耐油性及耐溶剂性较好。但密度大,绝缘性差,加工时易粘模	用于制造胶管、胶带、电缆、粘胶剂、模压制品及汽车门窗嵌条等
氟橡胶(FPM)	耐高温,可在315℃以下工作,耐真空、耐腐蚀性均高于其他橡胶。但加工性能差,价格较贵	用于制造耐化学腐蚀的衬里、垫圈、高级密封件及高真空橡胶件等
硅橡胶(SI)	可在－100℃～＋300℃下工作,有良好的耐气候性、耐臭氧性、电绝缘性,但强度低,耐油性差	用于制造耐高温或耐低温制品、电绝缘制品,如管道接头垫圈、密封圈等

3. 陶瓷

(1) 陶瓷的特性

陶瓷是指用各种粉状原料做成一定形状后，在高温炉中烧制而成的无机非金属固体材料是继金属材料、高分子材料之后的第三大工程材料之一。陶瓷的特性是：

① 硬度高、抗压强度高、耐磨性好；

② 具有很高的耐热性、抗氧化性和耐蚀性；

③ 绝缘性好，热膨胀系数小；

④ 塑性、韧性极差，是一种脆性材料。

(2) 陶瓷的分类及用途

陶瓷一般可分为普通陶瓷和特种陶瓷两大类。

① 普通陶瓷。普通陶瓷是用黏土、长石、硅砂等天然硅酸盐矿物质为原料，经过粉碎、成型、烧结而成。通常用于日用陶瓷、建筑瓷、卫生瓷、电工瓷、化工瓷等。

② 特种陶瓷。采用纯度较高的人工合成材料，如氧化物、氮化物、硅化物、碳化物及硼化物等经过粉碎、成型、烧结而成。通常用于高温结构陶瓷、导电陶瓷、半导体陶瓷、绝缘陶瓷、磁性陶瓷、光学陶瓷等。

常用陶瓷的特点及用途见表 2-4。

常用陶瓷的特点及用途　　表 2-4

种类	主要特点	应用举例
普通陶瓷	具有质地坚硬、耐腐蚀、不导电、能耐一定高温、成本低,加工成型性好等特点。但强度较低	用于电气、化工、建筑等行业。如电气绝缘子、耐酸碱容器、反应塔、管道、餐具及建筑卫生设备等
氧化铝陶瓷	主要成分为 Al_2O_3,强度、硬度高,耐高温达 1600℃～1980℃,耐酸、碱腐蚀、绝缘性好,但脆性大	用于制造高温容器、绝缘套管、高耐磨刀具及其零件等
碳化硅陶瓷	具有高温强度大、导热性好、热稳定性好、耐磨性好、耐腐蚀性及抗蠕变性好等特点	用于制造火箭尾喷管及热电偶套管等高温结构材料
氮化硅陶瓷	具有良好的化学稳定性,除氢氟酸外,能耐各种酸碱的腐蚀,硬度高、耐磨性好,电绝缘性好,抗急冷急热性好等特点	用于制造高温轴承、热电偶套管、燃气轮机叶片、切削刀具、耐磨密封件等
氮化硼陶瓷	具有良好的耐热性、热稳定性,是良好的高温绝缘及散热材料,化学稳定性好,自润滑性好。但硬度低	用于制造热电偶套管,散热绝缘零件,模具、金属切削磨料及刀具等

4. 复合材料

复合材料是指由两种或两种以上性质不同的固体材料经过某种工艺方法合成的多相材料。常用的复合材料有钢筋混凝土、玻璃钢、金属陶瓷、双金属复合板等。

（1）复合材料的特点

复合材料既保持组成材料各自的特性，又具有复合后的新特性，其性能往往超过组成材料的性能。一般来说，复合材料有如下的特点：

① 比模量高、比强度大。比模量是弹性模量与密度之比，比强度是抗拉强度与密度之比。比模量高、比强度大的实质是单位质量所提供的变形抗力和承载能力大，这对要求自重小、运转速度高的结构零件很重要。

② 良好的抗疲劳和破断安全性。这是由于纤维增强复合材料对缺口、应力集中敏感小，纤维基体界面能阻止疲劳裂纹扩展。当少数增强纤维发生断裂时，载荷又会通过基体的传递迅速分散到其他完好的纤维上去，从而迟滞灾难性破坏的发生。

③ 阻尼减震性好。复合材料有较高的自振频率，同时复合材料的基体纤维界面有较大的吸收振动能量的能力，致使复合材料的振动阻尼较高。

④ 优良的耐高温性能。大多数增强纤维在高温下仍保持高的强度，用其增强金属和树脂时能显著提高耐高温性能。

（2）常用复合材料的应用

① 纤维增强复合材料。在所有的增强材料中，纤维增强复合材料发展最快，应用最广。纤维增强复合材料是以玻璃纤维、碳纤维、硼纤维等材料作为复合增强剂，复合于塑料、树脂和金属基体的材料中所形成的复合材料。如橡胶轮胎、玻璃钢等。

ⅰ玻璃纤维-树脂复合材料　玻璃纤维-脂复合材料是用玻璃纤维与树脂复合而成。它具有良好的耐蚀性、抗烧性和较高的强度、冲击韧性，因此又称玻璃钢，主要用于汽车、机械、化工、建筑等受力构件及电器设备中的绝缘件，如汽车车身、轻型船体、齿轮、轴承、氧气瓶、化工管道和容器、围护结构、装饰门窗、阀门、开关装置等。

ⅱ碳纤维-树脂复合材料　碳纤维-树脂复合材料是用碳纤维与树脂复合而成的。它的强度比玻璃钢高，密度比玻璃钢小，此外，它还具有良好的耐磨性、减摩性、自润滑性和耐蚀性、耐热性等。碳纤维-树脂复合材料主要用于承载零件和耐磨件，如连杆、齿轮、轴承、活塞等，也可用于石油化工业使用的耐蚀零件，如管道、泵、阀门及容器等。

② 层叠复合材料。层叠复合材料是由两层或两层以上不同材料复合而成。工业上常用的层叠复合材料有以下两种：

ⅰ双层金属复合材料。双层金属复合材料是将不同性能的两种金属，用胶合或熔和（铸造、热压、焊接等）等方法复合在一起，以得到不同要求的材料。例如温控器可用不锈钢-碳素钢复合板、合金钢-碳素钢复合板等。

ⅱ塑料-金属多层复合材料。常用的 SF 型三层复合材料，是以钢为基体，烧结铜网或铜球为中间层，塑料为表层的一种自润滑复合材料。这种材料主要用于无润滑条件下的轴承、摩擦面等。

③ 颗粒复合材料。颗粒复合材料是有一种或多种材料的颗粒均匀分布在基体材料内形成的材料。工业上常用的颗粒复合材料有以下两种：

ⅰ金属陶瓷。金属陶瓷是将陶瓷颗粒均匀分布在金属基体中，使两者复合在一起的材料。金属陶瓷主要吸取了陶瓷耐高温、硬度高、耐腐蚀等特点，弥补了金属的高温易氧化及容易产生蠕变等不足，使金属陶瓷具有硬度、强度高，耐磨性、耐蚀性、红硬性好等特点。主要用于高速切削刀具和高温耐磨材料等。

ⅱ石墨-合金颗粒复合材料。石墨-合金颗粒复合材料是将石墨颗粒悬浮于铝合金液体中，浇注成铸件而得。它具有良好的减摩性、减振性，是一种新型的轴承材料。

2.1.7 无机胶凝材料的分类及特性

1. 无机胶凝材料

无机胶凝材料就是能单独或与其他材料混合形成塑性浆体，经物理或化学作用转变成坚固的石状体的一种无机非金属材料，也称无机胶结料。建筑材料中，凡是自身经过一系列物理、化学作用，或与其他物质（如水等）混合后一起经过一系列物理、化学作用，能由浆体变成坚硬的固体，并能将散粒材料（如砂、石等）或块、片状材料（如砖、石块等）胶结成整体的物质，称为胶凝材料。

2. 胶凝材料的分类

（1）胶凝材料按其化学组成，可分为有机胶凝材料（如沥青、树脂等）与无机胶凝材料（如石灰、水泥等）。

（2）无机胶凝材料又称矿物胶凝材料，它根据硬化条件可分为气硬性胶凝材料与水硬性胶凝材料。

气硬性胶凝材料只能在空气中硬化，并且只能在空气中保持或发展其强度，如石膏、石灰等；水硬性胶凝材料则不仅能在空气中，而且能更好地在水中硬化，保持并发展其强度，如水泥。

3. 无机胶凝材料的性能

（1）石灰

将主要成分为碳酸钙（$CaCO_3$）的石灰石在适当的温度下煅烧，所得的以氧化钙（CaO）为主要成分的产品即为石灰，又称生石灰。煅烧出来的生石灰呈块状，称块灰，块灰经磨细后成为生石灰粉。

① 石灰的熟化与硬化

生石灰（块灰）不能直接用于工程，使用前需要进行熟化。生石灰（CaO）与水反应生成氢氧化钙 $Ca(OH)_2$（熟石灰，又称消石灰）的过程，称为石灰的熟化或消解（消化）。石灰熟化过程中会放出大量的热，同时体积增大 1～2.5 倍。根据加水量的不同，石灰可熟化成消石灰粉或石灰膏。

② 石灰的技术性质

ⅰ保水性好。在水泥砂浆中掺入石灰膏，配成混合砂浆，可显著提高砂浆的和易性。

ⅱ硬化较慢、强度低。1∶3 的石灰砂浆 28d 抗压强度通常只有 0.2～0.5MPa。

ⅲ耐水性差。石灰不宜在潮湿的环境中使用，也不宜单独用于建筑物基础。

ⅳ硬化时体积收缩大。除调成石灰乳作粉刷外，不宜单独使用，工程上通常要掺入砂、纸筋、麻刀等材料以减小收缩，并节约石灰。

ⅴ生石灰吸湿性强。储存生石灰不仅要防止受潮，而且也不宜储存过久。

（2）石膏

石膏胶凝材料是一种以硫酸钙（$CaSO_4$）为主要成分的气硬性无机胶凝材料。其品种主要有建筑石膏、高强石膏、粉刷石膏、无水石膏水泥、高温煅烧石膏等。其中，以半水石膏（$CaSO_4 \cdot 1/2H_2O$）为主要成分的建筑石膏和高强石膏在建筑工程中应用较多，最常用的是建筑石膏。

建筑石膏是以β型半水石膏（β-$CaSO4 \cdot 1/2H_2O$）为主要成分，不添加任何外加剂的粉状胶结料，主要用于制作石膏建筑制品。建筑石膏色白，杂质含量很少，粒度很细，亦称型石膏，也是制作装饰制品的主要原料。由于建筑石膏颗粒较细，比表面积较大，故拌合时需水量较大，因而强度较低。建筑石膏的技术性质：

① 凝结硬化快。石膏浆体的初凝和终凝时间都很短，一般初凝时间为几分钟至十几分钟，终凝时间在半小时以内，大约一星期左右完全硬化。为满足施工要求，需要加入缓凝剂，如硼砂、酒石酸钾钠、柠檬酸、聚乙烯醇、石灰活化骨胶或皮胶等。

② 硬化时体积微膨胀。石膏浆体凝结硬化时不像石灰、水泥那样出现收缩，反而略有膨胀（膨胀率约为1%），使石膏硬化体表面光滑饱满，可制作出纹理细致的浮雕花饰。

③ 硬化后孔隙率高。石膏浆体硬化后内部孔隙率可达50%～60%，因而石膏制品具有表观密度较小、强度较低、导热系数小、吸声性强、吸湿性大、可调节室内温度和湿度的特点。

④ 防火性能好。石膏制品在遇火灾时，二水石膏将脱出结晶水，吸热蒸发，并在制品表面形成蒸汽幕和脱水物隔热层，可有效减少火焰对内部结构的危害。建筑石膏制品在防火的同时自身也会遭到损坏，而且石膏制品也不宜长期用于靠近65℃以上高温的部位，以免二水石膏在此温度下失去结晶水，从而失去强度。

⑤ 耐水性和抗冻性差。建筑石膏硬化体的吸湿性强，吸收的水分会减弱石膏晶粒间的结合力，使强度显著降低；若长期浸水，还会因二水石膏晶体逐渐溶解而导致破坏石膏制品吸水饱和后受冻，会因孔隙中水分结晶膨胀而破坏。所以，石膏制品的耐水性和抗冻性较差，不宜用于潮湿部位。为提高其耐水性，可加入适量的水泥、矿渣等水硬性材料，也可加入有机防水剂等，可改善石膏制品的孔隙状态或使孔壁具有憎水性。

（3）水泥

水泥为无机水硬性胶凝材料，是重要的建筑材料之一，在建筑工程中有着广泛的应用。水泥品种非常多，按其主要水硬性物质名称可分为硅酸盐水泥、铝酸盐水泥、硫铝酸盐水泥、氟铝酸盐水泥、磷酸盐水泥等。根据国家标准《水泥命名原则》GB 4131—84规定，水泥按其性能及用途可分为通用水泥、专用水泥及特性水泥三类。目前，我国建筑工程中常用的是通用水泥，主要有硅酸盐水泥、普通硅酸盐水泥、矿渣硅酸盐水泥、火山灰质硅酸盐水泥、粉煤灰硅酸盐水泥和复合硅酸盐水泥（表2A311022-1）。常用水泥的技术要求：

① 细度。细度是指水泥颗粒的粗细程度。水泥颗粒愈细，与水起反应的表面积就愈大，水化较快且较完全，因而凝结硬化快，早期强度高，但早期放热量和硬化收缩较大，且成本较高，储存期较短。因此，水泥的细度应适中。

② 凝结时间。水泥的凝结时间分初凝时间和终凝时间。初凝时间是从水泥加水拌合起至水泥浆开始失去可塑性所需的时间；终凝时间是从水泥加水拌合起至水泥浆完全失去可塑性并开始产生强度所需的时间。水泥的凝结时间在施工中具有重要意义。为了保证有

足够的时间在初凝之前完成混凝土的搅拌、运输和浇捣及砂浆的粉刷、砌筑等施工工序，初凝时间不宜过短；为使混凝土、砂浆能尽快地硬化达到一定的强度，以利于下道工序及早进行，终凝时间也不宜过长。国家标准规定，六大常用水泥的初凝时间均不得短于45min，硅酸盐水泥的终凝时间不得长于6.5h，其他五类常用水泥的终凝时间不得长于10h。

2.1.8 砂浆的分类组成材料及技术性质

1. 砂浆的分类组成材料

建筑砂浆按用途不同，可分为砌筑砂浆、抹面砂浆。按所用胶结材不同，可分为水泥砂浆、石灰砂浆、水泥石灰混合砂浆等。

建筑砂浆的组成材料主要有：胶结材料、砂、掺加料、水和外加剂等。

2. 砂浆的技术性质

(1) 砂浆的和易性。砂浆的和易性包括流动性和保水性。砂浆的流动性也叫稠度，是指在自重或外力作用下流动的性能，用砂浆稠度测定仪测定，以沉入度（mm）表示。沉入度越大，流动性越好。砂浆的保水性是指新拌砂浆保持其内部水分不泌出流失的能力。保水性不良的砂浆在存放、运输和施工过程中容易产生离析泌水现象。砂浆的保水性用砂浆分层度测量仪来测量，以分层度（mm）表示，分层度大的砂浆保水性差，不利于施工。

(2) 砂浆强度等级。砂浆强度等级是以边长为7.07cm的立方体试块，按标准条件[在 (20±3)℃温度和相对湿度为60%～80%的条件下或相对湿度为90%以上的条件下]养护至28 d的抗压强度值确定。

(3) 收缩性能。收缩性能是指砂浆因物理化学作用而产生的体积缩小现象。其表现形式为由于水分散失和湿度下降而引起的干缩、由于内部热量的散失和温度下降而引起的冷缩、由于水泥水化而引起的减缩和由于砂颗粒沉降而引起的沉缩。

(4) 粘结力。砂浆的粘结力主要是指砂浆与基体的粘结强度的大小。砂浆的粘结力是影响砌体抗剪强度、耐久性和稳定性，乃至建筑物抗震能力和抗裂性的基本因素之一。通常，砂浆的抗压强度越高粘结力越大。

2.1.9 混凝土与钢筋混凝土材料

1. 混凝土的定义

广义上讲，凡由胶凝材料、粗细骨料（或称集料）和水（或不加水，如以沥青、树脂为胶凝材料的）按适当比例配合，经均匀拌合、密实成型及养护硬化而成的人造石材，统称为混凝土（简写“砼”)。混凝土是当今世界用量最大、用途最广的人造石材。

目前，工程上使用最多的混凝土是以水泥为胶结材料，以碎石或卵石为粗骨料，砂为细骨料，加入适量的水（可掺入适量外加剂、掺合料以改善混凝土性能）而成的。

2. 混凝土的分类

(1) 按胶凝材料分类

混凝土按所用胶凝材料可分为：水泥混凝土、石膏混凝土、沥青混凝土、水玻璃混凝土、聚合物混凝土等。

(2) 按干表观密度分类

干表观密度简单来说，是指材料烘干后，单位体积的质量。

混凝土按干表观密度可分为：重混凝土、普通混凝土、轻混凝土等。

重混凝土是指干表观密度大于2800kg/m³ 的混凝土，采用特别密实和密度特别大的重晶石、铁矿石、钢屑等作骨料制成，具有防X射线、γ射线的性能，故又称防辐射混凝土，主要用于核工业屏蔽结构。

普通混凝土是指干表观密度为2000～2800kg/m³，以水泥为胶凝材料，采用天然的普通砂、石作粗细骨料配制而成的混凝土。为建筑工程中常用的混凝土。主要用作各种建筑的承重结构材料。

轻混凝土是指干表观密度小于2000kg/m³，采用陶粒等轻质多孔的骨料，或掺入加气剂、泡沫剂，形成多孔结构的混凝土。主要用作承重结构、保温结构和承重兼保温结构。

（3）按用途分类

混凝土按用途可分为结构混凝土、防水混凝土、道路混凝土、防辐射混凝土、耐热混凝土、耐酸混凝土、水工混凝土、大体积混凝土、膨胀混凝土等。

（4）按生产方式分类

混凝土按生产方式可分为预拌混凝土（即商品混凝土）和现场搅拌混凝土。

（5）按施工方法分类

混凝土按施工方法可分为泵送混凝土、喷射混凝土、压力混凝土、离心混凝土、碾压混凝土、挤压混凝土等。

（6）按流动性大小分类

混凝土的流动性根据大小分别用维勃稠度和坍落度表示。按维勃稠度大小可分为：超干硬混凝土、特干硬性混凝土、干硬性混凝土、半干硬性混凝土；按坍落度大小可分为：低塑性混凝土、塑性混凝土、流动性混凝土、大流动性混凝土、流态混凝土。

（7）按强度等级分类

混凝土按强度等级可分为低强度混凝土（C30以下)、中强度混凝土（C30～C55)、高强混凝土（C60～C95)、超高强混凝土（C100以上)。

3. 混凝土的主要技术性能

混凝土的各种组成材料按一定比例配合、搅拌而成的尚未凝固的材料，称为混凝土拌合物，又称新拌混凝土，硬化后的人造石材称为硬化混凝土。新拌混凝土应具备的性能主要是满足施工要求，即拌合物必须具有足够的强度、较小的变形性能和必要的耐久性。混凝土拌合物的主要性质为和易性，硬化混凝土的主要性质为强度、变形性能和耐久性。

强度是混凝土硬化后的主要力学性能。混凝土强度有立方体抗压强度、棱柱体抗压强度、抗拉强度、抗弯强度、抗剪强度和钢筋的粘结强度等。其中以抗压强度最大，抗拉强度最小（约为抗压强度的1/10～1/20)，因此，结构工程中混凝土主要用于承受压力。抗压强度与其他强度之间有一定的相关性，可根据抗压强度的大小估计其他强度值，下面重点介绍混凝土的抗压强度。

混凝土的抗压强度。它是指其标准试件在压力作用下直到破坏时单位面积所能承受的最大压力。混凝土结构构件常以抗压强度为主要依据。

根据国家标准《普通混凝土拌合物性能试验方法标准》GB/T 50080的规定，混凝土强度是指按标准方法制作的边长为150mm的立方体试件，在标准条件下（温度20℃±

2℃，相对湿度95%以上）下，养护至28d龄期（从搅拌加水开始时），经标准方法测试，得到的抗压强度值，用 f_{cu} 表示。

在实际的混凝土工程中，其养护条件（温度、湿度）不可能与标准养护条件一样，为了能说明工程中混凝土实际达到的强度，往往把混凝土试件放在与工程实际相同的条件下养护，再按所需的龄期测得立方体试件抗压强度值，作为工地混凝土质量控制的依据。

测定混凝土立方体试件抗压强度，也可按粗骨料最大粒径的尺寸选用边长为100mm和200mm的非标准试件。但在计算其抗压强度时，应乘以换算系数，以得到相当于标准试件的试验结果。

为便于设计选用和施工控制混凝土，根据混凝土立方体抗压强度标准值，将混凝土强度分成若干等级，即强度等级，混凝土通常划分为C15、C20、C25、C30、C40、C45、C50、C55、C60、C65、C70、C80等14个等级（C60以上的混凝土称为高强混凝土）。混凝土的强度是指混凝土的抗压强度。如C15混凝土抗压强度的标准值就是15MPa。

4. 普通混凝土的组成材料

普通混凝土的组成材料是水泥、水、天然砂和石子，有时还掺入适量的掺合料和外加剂。砂、石也称为骨料，在混凝土中起骨架作用，还起到抵抗混凝土在凝结硬化过程中的收缩作用。水泥是混凝土组成材料中最重要的材料，也是影响混凝土强度、耐久性、经济性的最重要的因素。在混凝土硬化前，水泥浆起润滑作用，赋予混凝土一定的流动性，以便于施工；水泥浆硬化后起胶结作用，把砂石骨料胶结在一起，成为坚硬的人造石材，并产生力学强度。

5. 钢筋混凝土

钢筋混凝土，工程上常被简称为钢筋砼。是指通过在混凝土中加入钢筋与之共同工作来改善混凝土力学性质的一种组合材料。

钢筋混凝土，被广泛应用于建筑结构中。浇筑混凝土之前，先进行绑筋支模，也就是将钢筋用铁丝将钢筋固定成想要的结构形状，然后用模板覆盖在钢筋骨架外面。最后将混凝土浇筑进去，经养护达到强度标准后拆模，所得即是钢筋砼。

2.2 力学基础知识

2.2.1 静力学基本概念与物体受力分析

1. 静力学基本概念

（1）力的概念

力是物体间相互的机械作用。这种作用一是使物体的机械运动状态发生变化，称为力的外效应；二是使物体产生变形，称为力的内效应。

（2）物体重力

物体所受的重力是由于地球的吸引而产生的。重力的方向总是竖直向下的，物体所受重力大小 G 和物体的质量 m 成正比，用关系式 $G=mg$ 表示。通常，在地球表面附近，g 取值为9.8N/kg，表示质量为1kg的物体受到的重力为9.8N。在已知物体的质量时，重力的大小可以根据上述的公式计算出来。

【案例 2-1】 起吊一质量为 5×10^3kg 的物体，其重力为多少？

解： 根据公式：$G=mg$

$$=5\times10^3\times9.8=49\times10^3\ (\mathrm{N})$$

答： 物体所受重力为 49×10^3N。

在国际单位制中，力的单位是牛顿，简称“牛”，符号是“N”。在工程中常用“kN”表示“千牛”，$1\mathrm{kN}=10^3\mathrm{N}$。与以前工程单位制采用的“公斤力（kgf）”的换算关系为：

$$1公斤力(\mathrm{kgf})=9.8牛(\mathrm{N})\approx10牛(\mathrm{N})$$

（3）力的三要素

力作用在物体上所产生的效果，不但与力的大小和方向有关，而且与力的作用点有关。我们把力的大小、方向和作用点称为力的三要素。改变三要素中任何一个时，力对物体的作用效果也随之改变。

例如用手推一物体，如图 2-3 所示，若力的大小不同，或施力的作用点不同，或施力的方向不同都会对物体产生不同的作用效果。

在力学中，把具有大小和方向的量称为矢量。因而，力的三要素可以用矢量图（带箭头的线段）表示，如图 2-4 所示。

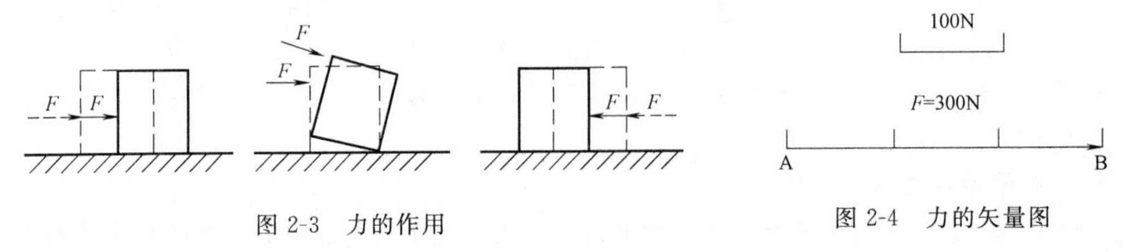

图 2-3　力的作用　　　图 2-4　力的矢量图

作矢量图时，从力的作用点 A 起，沿着力的方向画一条与力的大小成比例的线段 AB（如用 1cm 长的线段表示 100N 的力，那么 300N 就用 3cm 长的线段），再在线段末端画出箭头，表示力的方向。矢量力常用黑体字母“**F**”表示，并以同一字母非黑体字 F 表示力的大小，书写时则在表示力的字母 F 上加一横箭头“$\vec{F}$”表示矢量。

（4）力的平衡

物体相对于地球保持静止或做匀速直线运动的状态，称为物体的平衡态。正常情况下的房屋、电杆、水塔、桥梁等其他建筑物及匀速起吊的构件，它们相对于地球而言都处于平衡状态。

同时作用在一个物体上的两个及两个以上的力称为力系。物体在力系的作用下，一般会产生各种不同形式的运动。要使物体处于平衡状态，就必须使作用于物体上的力满足一定的条件，这些条件称为力系的平衡条件。使物体处于平衡状态的力系称为平衡力系。物体在各种力系作用下的平衡条件在建筑工程中有着广泛的应用。

2. 静力学公理

静力学公理是人们在生活和生产实践中长期总结出来的力的基本性质。是研究力系的合成和平衡条件的基础。

（1）二力平衡公理

作用在刚体上的两个力，使刚体处于平衡状态的充分必要条件是：两个力的大小相等、方向相反，作用线沿同一条直线（两个力等值、反向、共线），如图 2-5 所示。

（2）作用与反作用公理

我们知道，力是一个物体对另一个物体的作用。一个物体受到力的作用，必定有另一个物体对它施加这种作用，那么施力物体是否也同时受到力的作用呢？

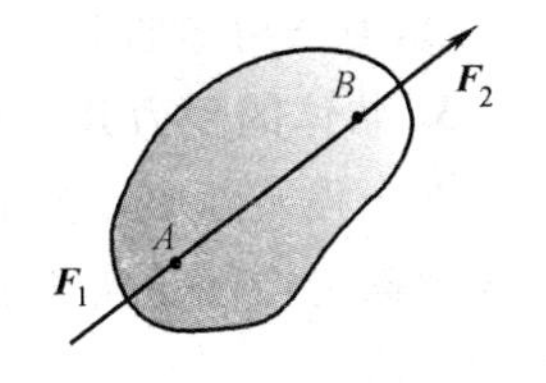

图 2-5　二力平衡

用手拉弹簧，弹簧受力而伸长，同时手也受到一反方向的力，即弹簧拉手的弹力。船上的人用竹篙抵住河岸，竹篙给河岸一个力，同时河岸也给竹篙一个反向推力，把小船推离河岸。物体 A 在物体 B 的平面上运动，如果平面 B 对物体 A 有摩擦力，则物体 A 对平面 B 也有摩擦力。

如图 2-6 中，绳索下端吊有一重物，绳索给重物的作用力为 T，重力给绳索的反作用力为 T'，T 和 T' 等值、相反、共线，且分别作用在两个物体上。

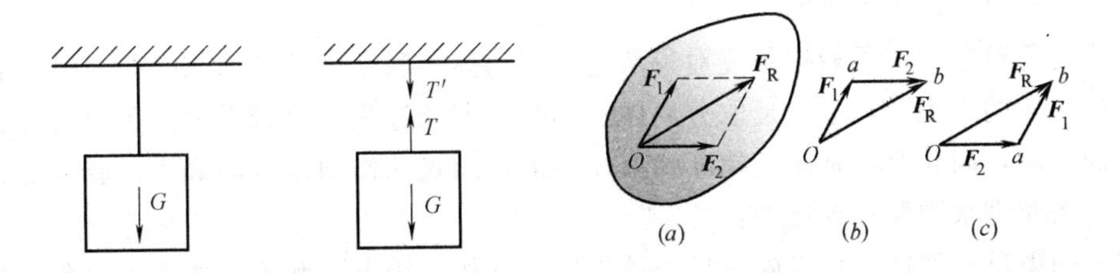

图 2-6　力的作用力与反作用力　　　　图 2-7　力的合成

以上事例说明：物体间的作用是相互的。这一对力叫做作用力和反作用力。我们把其中的一个力叫做作用力，另一个就叫做反作用力，它们大小相等，方向相反，分别作用在两个物体上。

（3）力的平行四边形法则

作用在物体上同一点的两个力，可合成为一个合力，合力的作用点仍在该点，其大小和方向由这两个力为边所构成的平行四边形的对角线来表示。如图 2-7 所示，矢量表达式为：

$$\boldsymbol{F}_R=\boldsymbol{F}_1+\boldsymbol{F}_2$$

合力的大小由余弦定理确定，合力的方向由正弦定理确定。此定理反映了力的方向性，这是力系简化的主要依据。

力的分解是力的合成的逆定理，如图 2-8 所示。

（4）三力平衡汇交定理。当刚体受到同平面内不平行的三力作用而平衡时，三力的作用线必汇交于一点，如图 2-9 所示。

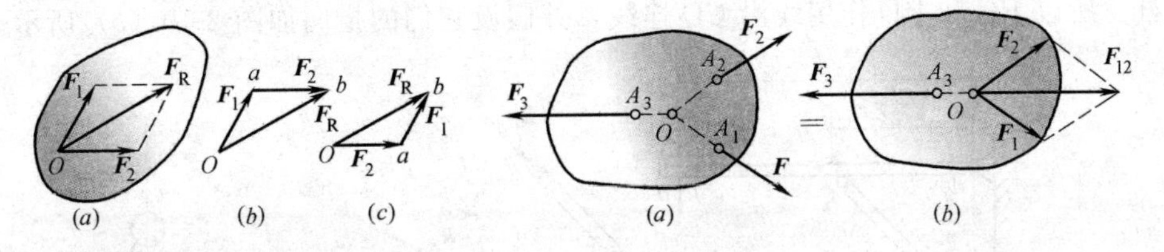

图 2-8　力的分解　　　　图 2-9　三力平衡汇交一点

用力的平行四边形法则求合力，也称之为力的三角形法。作力的三角形时，注意：

① 各分力首尾相接，但顺序可变；

② 合力矢量的箭头与最后分力矢量的箭头相碰；

③ 力三角形的合力只表示其大小和方向，并不表示力的作用点。

3. 物体的受力分析与受力图

在工程实际中，为了求出未知的约束反力，需要根据已知力，应用平衡条件求解。为此先要确定构件受到几个力，各个力的作用点和力的作用方向，这个分析过程称为物体的受力分析。

静力学中要研究力系的简化和力系的平衡条件，就必须分析物体的受力情况。这种表示物体受力的简明图形，称为受力图。为了正确地画出受力图，应当注意下列问题：

（1）明确研究对象

求解静力学平衡问题，首先要明确研究对象是哪一个物体。明确后要分析它所受的力。在研究对象不明，受力情况不清的情况下，不要忙于画受力图。

（2）取分离体，画受力图

明确研究对象后，我们把研究对象从它周围物体的联系中分离出来，把其他物体对它的作用以相应的力表示，这就是取分离体、画受力图的过程。分析受力的关键在于确定约束反力的方向，因此要特别注意判断约束反力的作用点、作用线方向和力的指向。建议根据以下三条原则来判断约束反力：

根据约束反力特征，可以确定反力的作用点、作用线方向和力的指向。这是分析约束反力的基本出发点。

运用二力平衡条件或三力平衡汇交定理确定某些约束反力。例如构件受三个不平行的力作用而处于平衡，已知两力作用线相交于一点，第三个力为未知的约束反力，则此约束反力的作用线必通过此交点。

按照作用力和反作用力规律，分析两个物体之间的相互作用力。讨论作用力和反作用力时，要特别注意明确每一个力的受力体和施力体。研究对象是受力体，要把其他物体对它的作用力画在它的受力图上。当研究对象改变时，受力体也随着改变。

下面举例说明受力图的画法。

【案例 2-2】 如图 2-10（*a*）所示，梁 AB 的 B 端受到载荷 ***P*** 的作用，A 端以光滑圆柱铰链固定于墙上，C 处受直杆支撑，C 、D 均为光滑圆柱铰链，不计梁 AB 和直杆 CD 的自身重量，试画出杆 CD 和梁 AB 的受力图。

解： 先分析杆 CD，已知杆 CD 处于平衡状态，由于杆上只受到两端铰链 C 、D 的约束反力作用，且杆的重量不计，即直杆 CD 在 RC 和 RD 作用下处于平衡，是二力构件中的链杆。所以 RC 和 RD 作用线沿 CD 连线，并假设它们的指向如图 2-10（*b*）所示。

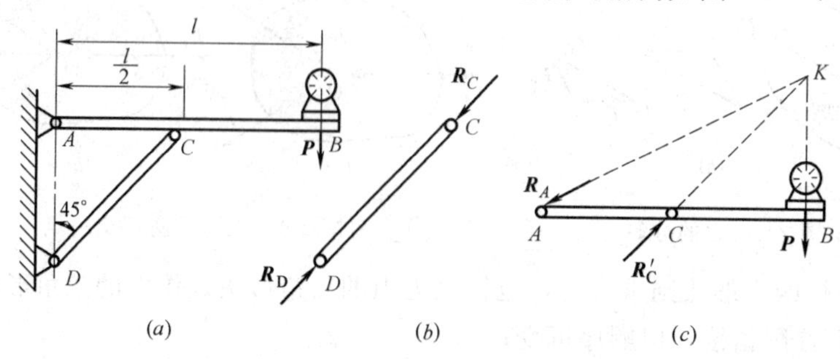

图 2-10　受力分析图

再分析杆 AB 受力情况，力 $\boldsymbol{P}$ 垂直向下，杆 CD 通过铰链 C 对 AB 杆的作用力 $\boldsymbol{R}_C'$，$\boldsymbol{R}_C'$为 RC 的反作用力，方向为从 D 指向 C，$\boldsymbol{R}_C'$与力 $\boldsymbol{P}$ 的作用线相交于 K 点，由三力平衡汇交定理得到 $\boldsymbol{R}_A$ 必沿 AK 方向，如图 2-10（*c*）所示。至于约束反力的大小和指向，需要下一章介绍的平衡条件求得。

【案例 2-3】 如图 2-11（*a*）所示，梯子的两部分 AB 、AC 由绳 DE 连接，A 处为光滑铰链。梯子放在光滑的水平面上，自重不计。质量为 *m* 的人站在 AB 的中点 H 处。试画出整个系统受力图以及绳子 DE 和梯子的 AB 、AC 部分的受力图。

解：（1）讨论整个系统受力情况，主动力为 $\boldsymbol{G}=m\mathbf{g}$，按照光滑接触面性质，B 、C 处受到沿法线方向的约束反力 $\boldsymbol{N}_B$ 、$\boldsymbol{N}_C$，受力图如图 2-11（*b*）所示。

（2）绳子 DE 的受力分析。绳子两端 D 、E 分别受到梯子对它的拉力 $\boldsymbol{T}_D$ 、$\boldsymbol{T}_E$ 的作用，如图 2-11（*c*）所示。

（3）梯子 AB 部分在 H 处受到人对它的作用力 $\boldsymbol{G}$，在铰链 A 处受到梯子 AC 部分给它的约束反力 $\boldsymbol{X}_A$ 和 $\boldsymbol{Y}_A$ 的作用。在点 D 处受到绳子对它的拉力 $\boldsymbol{T}_D'$的作用。在点 B 处受到光滑地面对它的法向反力 $\boldsymbol{N}_B$ 的作用。梯子 AB 部分的受力图如图 2-11（*d*）所示。

（4）梯子 AC 部分在铰链 A 处受到梯子 AB 部分给它的约束反力 $\boldsymbol{X}_A'$和 $\boldsymbol{Y}_A'$的作用。在点 E 处受到绳子对它的拉力 $\boldsymbol{T}_E'$的作用。在点 C 处受到光滑地面对它的法向反力 $\boldsymbol{N}_C$ 的作用。梯子 AC 部分的受力图如图 2-11（*e*）所示。

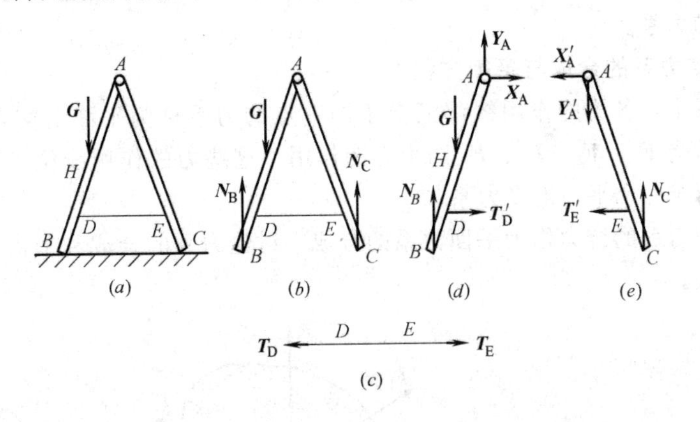

图 2-11　受力分析图

上题中存在着这样一些成对出现的作用力与反作用力：$\boldsymbol{X}_A'=-\boldsymbol{X}_A$、$\boldsymbol{Y}_A'=-\boldsymbol{Y}_A$、$\boldsymbol{T}_D'=-\boldsymbol{T}_D$、$\boldsymbol{T}_E'=-\boldsymbol{T}_E$，在讨论整个系统受力情况时，这些系统内部物体之间的相互作用力称为内力。内力总是成对出现且等值、反向、共线，对整个系统的作用效果相互抵消。系统以外的物体对系统的作用力称为外力。选择不同的研究对象，内力与外力之间可以相互转化，例如在整个系统受力分析时，$\boldsymbol{X}_A'$、$\boldsymbol{Y}_A'$和 $\boldsymbol{T}_D'$是内力；在梯子 AC 部分受力分析时，$\boldsymbol{X}_A'$、$\boldsymbol{Y}_A'$和 $\boldsymbol{T}_D'$便是外力。可见，内力与外力的区分，只有相对于某一确定的研究对象才有意义。

正确画出物体的受力图，是分析解决力学问题的基础。正确进行受力分析、画好受力图的关键点：

① 选好研究对象。根据解题的需要，可以取单个物体或整个系统为研究对象，也可以取由几个物体组成的子系统为研究对象。

② 正确确定研究对象受力的数目。既不能少画一个力，也不能多画一个力。力是物体之间相互的机械作用，因此受力图上每个力都要明确它是哪一个施力物体作用的，不能凭空想象。物体之间的相互作用力可分为两类：第一类为场力，例如万有引力、电磁力等；第二类为物体之间相互的接触作用力，例如压力、摩擦力等。因此分析第二种力时，必须注意研究对象与周围物体在何处接触。

③ 一定要按照约束的性质画约束反力。当一个物体同时受到几个约束的作用时，应分别根据每个约束单独作用情况，由该约束本身的性质来确定约束反力的方向，绝不能按照自己的想象画约束反力。

④ 当几个物体相互接触时，它们之间的相互作用关系要按照作用与反作用定律来分析。

⑤ 分析系统受力情况时，只画外力，不画内力。

2.2.2 平面力系的合成与平衡

为了研究方便，我们将力系按其作用线的分布情况进行分类。各力的作用线处在同一平面内的一群力称为平面力系，力系中各力的作用线不处在同一平面的一群力称为空间力系。

在建筑工程中所遇到的很多实际问题都可简化成为平面力系问题来处理，平面力系是工程中最常见的力系。

1. 平面汇交力系的合成与平衡方程

在平面力系中，各力的作用线都汇交于同一点的力系称为平面汇交力系。图 2-12 中钢架的角撑板承受 $\boldsymbol{F}_1$、$\boldsymbol{F}_2$、$\boldsymbol{F}_3$、$\boldsymbol{F}_4$ 四个力的作用，这些力的作用线位于同一平面内并且汇交于点 O，构成一个平面汇交力系。

求平面汇交力系的合力称为平面力系的合成。讨论力系的合成和平衡条件可以用几何方法或解析方法。

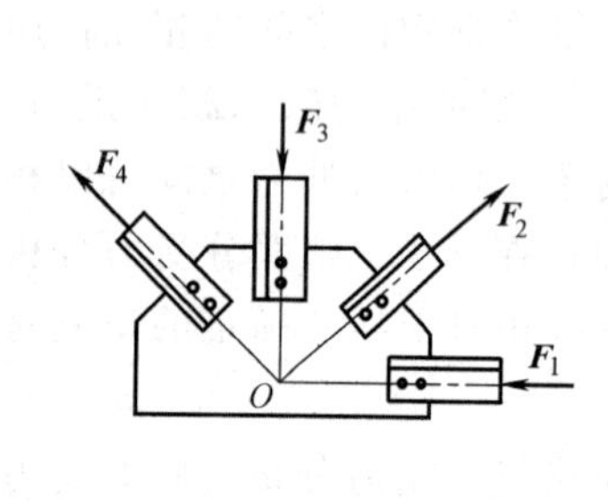

图 2-12 平面汇交力系

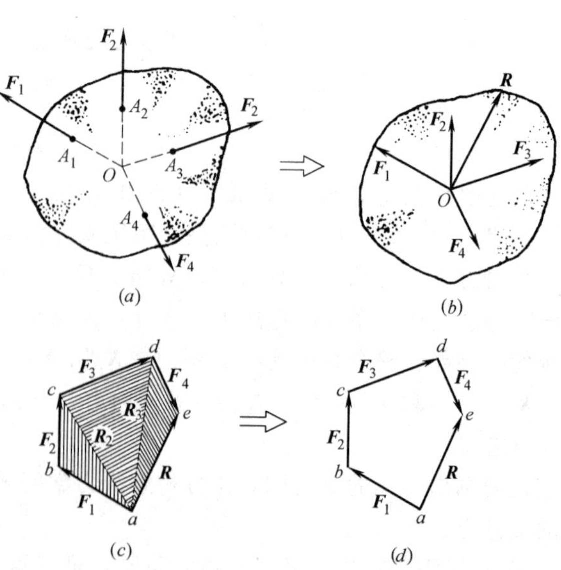

图 2-13 平面汇交力系几何法分析图

(1) 几何法

设作用于刚体上的四个力 $\boldsymbol{F}_1$、$\boldsymbol{F}_2$、$\boldsymbol{F}_3$、$\boldsymbol{F}_4$ 构成平面汇交力系，如图 2-13 (a) 所示。根据力的可传性原理，首先将各力沿其作用线移到 O 点，图 2-13 (b)，然后从任意点 a 出发连续应用力三角形法则，将各力依次合成，如图 2-13 (c) 所示，即先将力 $\boldsymbol{F}_1$ 与 $\boldsymbol{F}_2$ 合成，求出合力 $\boldsymbol{R}_2$，然后将力 $\boldsymbol{R}_2$ 与 $\boldsymbol{F}_3$ 合成得到合力 $\boldsymbol{R}_3$，最后将力 $\boldsymbol{R}_3$ 和 $\boldsymbol{F}_4$ 合成，求出力系的合力 $\boldsymbol{R}$，即

$$\boldsymbol{R}=\boldsymbol{F}_1+\boldsymbol{F}_2+\boldsymbol{F}_3+\boldsymbol{F}_4$$

由于我们需要求出的是整个力系的合力 $\boldsymbol{R}$，所以对作图过程中表示的矢量线 $\boldsymbol{R}_2$、$\boldsymbol{R}_3$ 可以省去不画，只要把力系中各力矢首尾相接，连接最先画的力矢 $\boldsymbol{F}_1$ 的始端 a 与最后画的力矢 $\boldsymbol{F}_4$ 的末端 e 的矢量 $\overrightarrow{ae}$，就是合力矢量 $\boldsymbol{R}$，如图 2-13 (d) 所示。各力矢 $\boldsymbol{F}_1$、$\boldsymbol{F}_2$、$\boldsymbol{F}_3$、$\boldsymbol{F}_4$ 和合力矢 $\boldsymbol{R}$ 构成的多边形 $abcde$ 称为力多边形。代表合力矢 $\overrightarrow{ae}$ 的边称为力多边形的封闭边。这种用力多边形求合力矢的作图规则称为力多边形法则。

用力多边形法则求汇交力系合力的方法称为汇交力系合成的几何法。合成中需要注意以下两点：

① 合力 $\boldsymbol{R}$ 的作用线必通过汇交点。

② 改变力系合成的顺序，只改变力多边形的形状，并不影响最后的结果。即不论如何合成，合力 $\boldsymbol{R}$ 是唯一确定的。

如果平面汇交力系中有 n 个力组成，可以采用与上述同样的力多边形法则，将各力 $\boldsymbol{F}_i$ ($i=1, 2, \cdots, n$) 相加，得到合力 $\boldsymbol{R}$。于是得到如下结论：平面汇交力系合成的结果是一个合力，其大小和方向由力多边形的封闭边代表，作用线通过力系中各力作用线的汇交点。合力 $\boldsymbol{R}$ 的表达式为：

$$\boldsymbol{R}=\boldsymbol{F}_1+\boldsymbol{F}_2+\boldsymbol{F}_3+\boldsymbol{F}_4=\sum_{i=1}^{n}\boldsymbol{F}_i$$

或简写为

$$\boldsymbol{R}=\sum\boldsymbol{F}$$

由上述分析可以知道，平面汇交力系可以用一个合力来代替，所以该力系平衡的充分必要条件是力系的合力等于零。即

$$\boldsymbol{R}=\sum\boldsymbol{F}=0$$

上式表明，当平面汇交力系平衡时，我们画出的力多边形其封闭边长度必为零。由此可得，平面汇交力系平衡的几何条件为：各分力 $\boldsymbol{F}_1$、$\boldsymbol{F}_2$、……、$\boldsymbol{F}_n$ 所构成的力多边形自行封闭。即：平衡的几何条件：力系的力多边形自行封闭。平衡的解析条件：

$$\left.\begin{array}{l}\sum\boldsymbol{X}=0\\ \sum\boldsymbol{Y}=0\end{array}\right\}$$

两个独立的平衡方程，可解两个未知量。

(2) 解析法

力在直角坐标轴上的投影，对于平面汇交力系 $\boldsymbol{F}_k$ ($k=1, 2, \cdots, n$)，各力在平面直角坐标系情形下，可写成

$$\begin{cases}\boldsymbol{R}_x=\boldsymbol{X}_1+\boldsymbol{X}_2+\cdots+\boldsymbol{X}_n=\sum\boldsymbol{X}\\ \boldsymbol{R}_y=\boldsymbol{Y}_1+\boldsymbol{Y}_2+\cdots+\boldsymbol{Y}_n=\sum\boldsymbol{Y}\end{cases}$$

上式表明：平面汇交力系的合力在任一坐标轴上的投影，等于各分力在同一坐标轴上投影的代数和。这个结论称为合力投影定理。这个结论还可以推广到其他矢量的合成上，可以统称为合矢量投影定理。

合力的模和方向可用下列公式表示：

$$\begin{cases} \boldsymbol{R}=\sqrt{\boldsymbol{R}_x^2+\boldsymbol{R}_y^2}=\sqrt{(\sum \boldsymbol{X})^2+(\sum \boldsymbol{Y})^2} \\ \cos(\boldsymbol{R},\boldsymbol{i})=\boldsymbol{R}_x/\boldsymbol{R} \\ \cos(\boldsymbol{R},\boldsymbol{j})=\boldsymbol{R}_y/\boldsymbol{R} \end{cases}$$

我们知道，平面汇交力系平衡的充分必要条件是力系的合力等于零。从上式可知，要满足合力 $\boldsymbol{R}=0$，其充分必要条件是：

$$\begin{cases} \sum \boldsymbol{X}=0 \\ \sum \boldsymbol{Y}=0 \end{cases}$$

即平面汇交力系平衡的充分必要（解析）条件是：力系中各力在 $\boldsymbol{X}$、$\boldsymbol{Y}$ 坐标轴上的投影的代数和都等于零，其方程称为平面汇交力系的平衡方程，可以用来求解两个未知量。用解析法求未知力时，约束力的指向要事先假定。在平衡方程中解出未知力若为正值，说明预先假定的指向是正确的；若为负值，说明实际指向与假定的方向相反。

2. 力对点的矩与合力矩定理

（1）力矩的定义

用扳手转动螺母时，螺母的轴线固定不动，轴线在图面上的投影为点 O，如图 2-14 所示。力 $\boldsymbol{F}$ 可以使扳手绕点 O（即绕通过点 O 垂直于图面的轴）转动。由经验可知，力 $\boldsymbol{F}$ 越大，螺钉就拧的越紧；力 $\boldsymbol{F}$ 的作用线与螺钉中心 O 的距离越远，就越省力。显然，力 $\boldsymbol{F}$ 使扳手绕点 O 的转动效应，取决于力 $\boldsymbol{F}$ 的大小和力作用线到点 O 的垂直距离 h。这种转动效应可用力对点的矩来度量。力对点的矩实际上是力对通过矩心且垂直于平面的轴的矩。

设平面上有一作用力 F，在该平面内任取一点 O 称为力矩中心，简称矩心，如图 2-15 所示。点 O 到力作用线的垂直距离 h 称为力臂。力 $\boldsymbol{F}$ 对点 O 的力矩用 $\boldsymbol{m}_{\mathrm{O}}(\boldsymbol{F})$ 表示或 $\boldsymbol{m}_{\mathrm{O}}$ 表示，计算公式为：

$$\boldsymbol{m}_{\mathrm{O}}(\boldsymbol{F})=\pm \boldsymbol{F}\cdot h$$

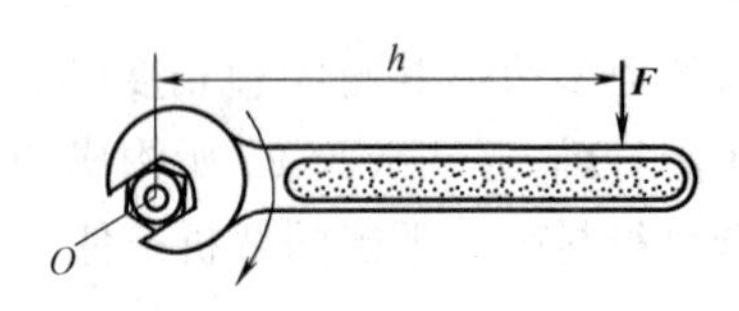

图 2-14　扳手受力分析

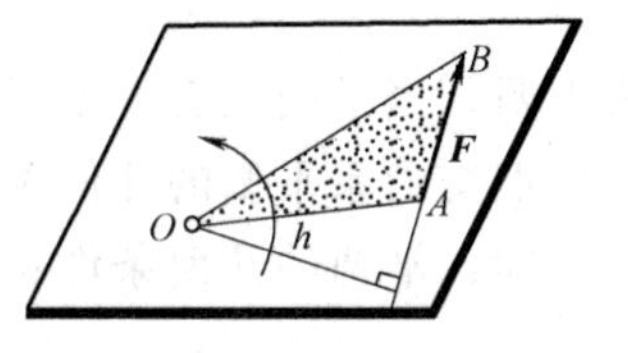

图 2-15　力矩分析

即在平面问题中力对点的矩是一个代数量，它的绝对值等于力的大小与力臂的乘积，力矩的正负号通常规定为：力使物体绕矩心逆时针方向转动时为正，顺时针方向转动时为负。

力矩在下列两种情况下等于零：①力的大小等于零；②力的作用线通过矩心，即力臂等于零。

力矩的量纲是［力］·［长度］，在国际单位制中以牛顿·米（N·m）为单位。

用力矩的定义式，即用力和力臂的乘积求力矩时，应注意：力臂 h 是矩心到力作用线的距离，即力臂必须垂直于力的作用线。

（2）平面问题中力对点的矩的解析表达式

在力对点的矩的计算中，还常用解析表达式。由图 2-16 可见，力对坐标原点的矩：

$$\begin{aligned} \boldsymbol{m}_{\mathrm{O}}(\boldsymbol{F}) &= \pm \boldsymbol{F} \cdot h = \boldsymbol{F} \cdot r \cdot \sin(\alpha-\theta) \\ &= \boldsymbol{F} \cdot r \cdot \sin\alpha\cos\theta - \boldsymbol{F} r\cos\alpha\sin\theta = r\cos\theta \cdot \boldsymbol{F}\sin\alpha - r\sin\theta \cdot \boldsymbol{F}\cos\alpha \end{aligned}$$

由于力 $\boldsymbol{F}$ 作用点 A 坐标 $x=r\cos\theta$，$y=r\sin\theta$。所以

$$\boldsymbol{m}_{\mathrm{O}}(\boldsymbol{F}) = x\boldsymbol{F}_y - y\boldsymbol{F}_x$$

一旦知道力作用点的坐标 x 、y 和力在坐标轴上的投影 $\boldsymbol{F}_x$、$\boldsymbol{F}_y$，利用上式便可计算出力对坐标原点之矩，所以，上式称为力矩的解析表达式。

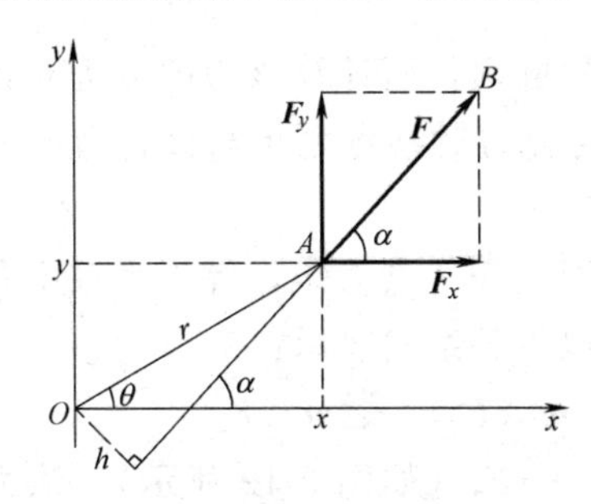

图 2-16　力矩的解析表达式

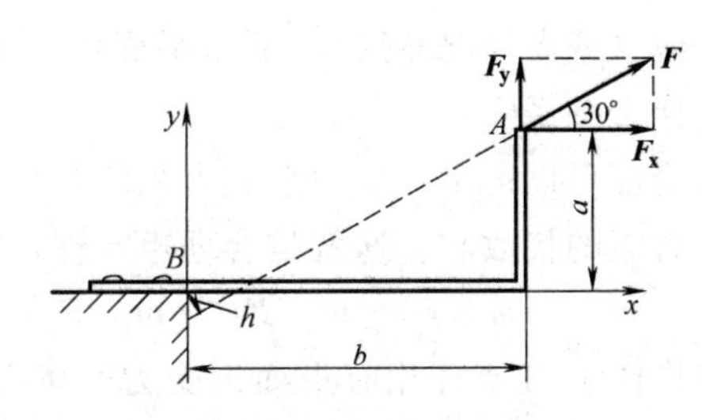

图 2-17　力矩的解析图

【案例 2-4】 力 $\boldsymbol{F}$ 作用在托架上，如图 2-17 所示。已知 $\boldsymbol{F}=480\mathrm{N}$，$a=0.2\mathrm{m}$，$b=0.4\mathrm{m}$。试求力 $\boldsymbol{F}$ 对 B 点之矩。

解： 直接计算矩心 B 到力 $\boldsymbol{F}$ 作用线的垂直距离 h 比较麻烦。现建立直角坐标系 $x\mathrm{B}y$，将力 $\boldsymbol{F}$ 沿水平方向 x 和垂直方向 y 分解

$$\boldsymbol{F}_x = \boldsymbol{F}\cos30°, \boldsymbol{F}_y = \boldsymbol{F}\sin30°$$

力 $\boldsymbol{F}$ 对 B 点之矩：

$$\begin{aligned} \boldsymbol{m}_{\mathrm{O}}(\boldsymbol{F}) &= x_{\mathrm{A}}\boldsymbol{F}_y - y_{\mathrm{A}}\boldsymbol{F}_x = b \cdot \boldsymbol{F}\sin30° - a \cdot \boldsymbol{F}\cos30° \\ &= \boldsymbol{F}(b \cdot \sin30° - a \cdot \cos30°) = 480 \times (0.4 \times 0.5 - 0.2 \times 0.866)\mathrm{N} \cdot \mathrm{m} \\ &= 12.9\mathrm{N} \cdot \mathrm{m} \end{aligned}$$

【案例 2-5】 刹车踏板如图 2-18 所示。已知 $\boldsymbol{F}=300\mathrm{N}$，$a=0.25\mathrm{m}$，$b=c=0.05\mathrm{m}$，推杆顶力 $\boldsymbol{S}$ 为水平方向，$\boldsymbol{F}$ 与水平线夹角 $\alpha=30°$。试求踏板平衡时，推杆顶力 $\boldsymbol{S}$ 的大小。

解： 踏板 AOB 为绕定轴 O 转动的杠杆，力 $\boldsymbol{F}$ 对 O 点矩与力 $\boldsymbol{S}$ 对 O 点矩相互平衡。力 $\boldsymbol{F}$ 作用点 A 坐标为：

$$x=b=0.05\mathrm{m}, y=a=0.25\mathrm{m}$$

力 $\boldsymbol{F}$ 在 x 、y 轴投影为：

$$\boldsymbol{F}_x = -\boldsymbol{F}\cos30° = -260\mathrm{N}, \boldsymbol{F}_y = -\boldsymbol{F}\sin300 = -150\mathrm{N}$$

力 $\boldsymbol{F}$ 对 O 点的矩

$$\boldsymbol{m}_{\mathrm{O}}(\boldsymbol{F}) = x\boldsymbol{F}_y - y\boldsymbol{F}_x = 0.05 \times (-150) - 0.25 \times (-260)\mathrm{N} = 57.5\mathrm{N}$$

力 $\boldsymbol{S}$ 对 O 点的矩等于 $\boldsymbol{S} \times c$，由杠杆平衡条件 $\Sigma \boldsymbol{m}_{\mathrm{O}}(\boldsymbol{F})=0$，得到

$$\boldsymbol{S} = \frac{m_0(F)}{c} = \frac{57.5}{0.05}\mathrm{N} = 1149\mathrm{N}$$

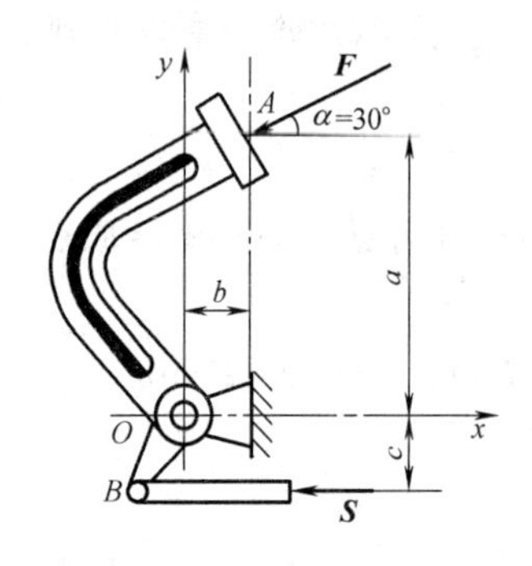

图 2-18　刹车踏板受力分析

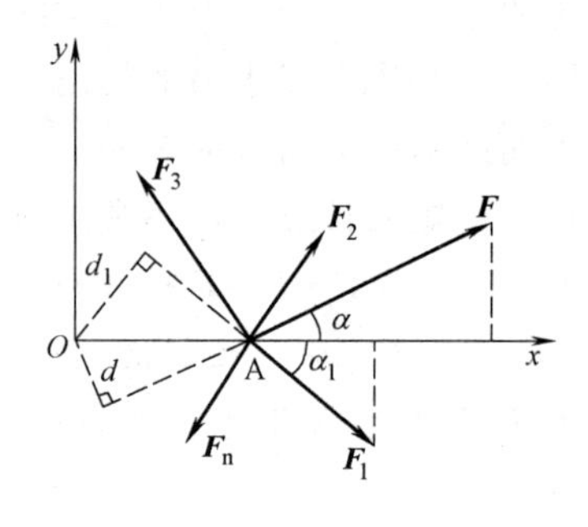

图 2-19　合力矩定理图

（3）合力矩定理

在工程实际中，有时直接计算力对某点的矩比较麻烦，而计算该力的分力对该点的力矩却很方便（或者情况相反），那么平面汇交力系的合力对某点之矩与该合力的分力对某点之矩有什么关系呢？

经过论证可以得出：平面汇交力系的合力对平面上任一点力矩，等于力系中各分力对于同一点力矩的代数和。这就是合理矩定理，可用以下关系式表示：

$$\boldsymbol{m}_{\mathrm{O}}(\boldsymbol{F})=\boldsymbol{m}_{\mathrm{O}}(\boldsymbol{F}_1)+\boldsymbol{m}_{\mathrm{O}}(\boldsymbol{F}_2)+\cdots+\boldsymbol{m}_{\mathrm{O}}(\boldsymbol{F}_{\mathrm{n}})=\sum\boldsymbol{m}_{\mathrm{O}}(\boldsymbol{F}_{\mathrm{i}})$$

设在物体上 A 点作用有平面汇交力系 $\boldsymbol{F}_1$、$\boldsymbol{F}_2$、$\cdots\boldsymbol{F}_{\mathrm{n}}$（如图 2-19 所示），该力的合力 F 可由汇交力系的合成求得。

计算力系中各力对平面内任一点 O 的矩，令 OA=L，则

$$\boldsymbol{m}_{\mathrm{O}}(\boldsymbol{F}_1)=\boldsymbol{F}_1 d_1=-\boldsymbol{F}_1 L\sin\alpha_1=\boldsymbol{F}_{1\mathrm{y}}L$$

$$\boldsymbol{m}_{\mathrm{O}}(\boldsymbol{F}_1)=\boldsymbol{F}_{2\mathrm{y}}L$$

$$\boldsymbol{m}_{\mathrm{O}}(\boldsymbol{F}_{\mathrm{n}})=\boldsymbol{F}_{\mathrm{ny}}L$$

由上图可以看出，合力 F 对 O 点的矩为

$$\boldsymbol{m}_{\mathrm{O}}(\boldsymbol{F})=\boldsymbol{F}d=\boldsymbol{F}L\sin\alpha_1=\boldsymbol{F}_{\mathrm{y}}L$$

据合力投影定理，有　$\boldsymbol{F}_{\mathrm{y}}=\boldsymbol{F}_{1\mathrm{y}}+\boldsymbol{F}_{2\mathrm{y}}+\cdots+\boldsymbol{F}_{\mathrm{ny}}$

两边同乘以 L，得　$\boldsymbol{F}_{\mathrm{y}}L=\boldsymbol{F}_{1\mathrm{y}}L+\boldsymbol{F}_{2\mathrm{y}}L+\cdots+\boldsymbol{F}_{\mathrm{ny}}L$

即　$\boldsymbol{m}_{\mathrm{O}}(\boldsymbol{F})=\boldsymbol{m}_{\mathrm{O}}(\boldsymbol{F}_1)+\boldsymbol{m}_{\mathrm{O}}(\boldsymbol{F}_2)+\cdots+\boldsymbol{m}_{\mathrm{O}}(\boldsymbol{F}_{\mathrm{n}})$

$$\boldsymbol{m}_{\mathrm{O}}(\boldsymbol{F})=\sum_{i}\boldsymbol{m}_{\mathrm{O}}(\boldsymbol{F}_{\mathrm{i}})$$

【案例 2-6】 如图 2-20 所示，构件 OBC 的 O 端为铰链支座约束，力 $\boldsymbol{F}$ 作用于 C 点，其方向角为 α，又知 OB=l，BC=h，求力 $\boldsymbol{F}$ 对 O 点的力矩。

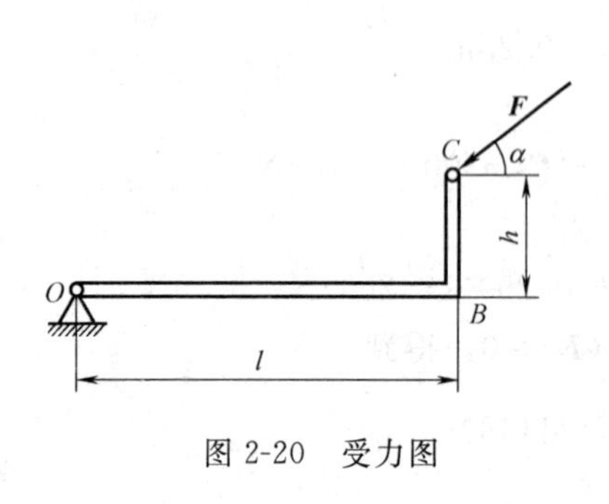

图 2-20　受力图

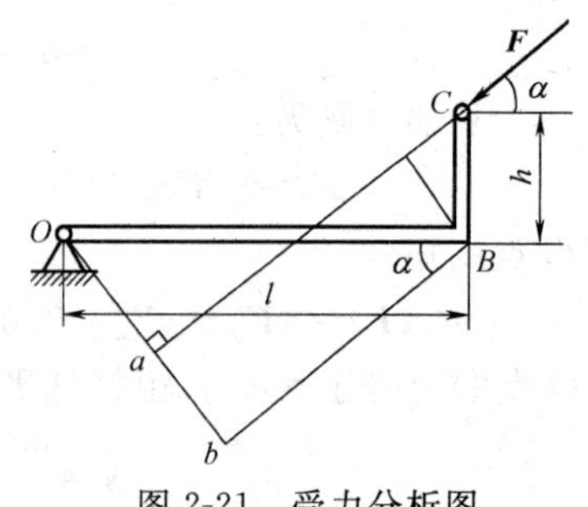

图 2-21　受力分析图

解：(1) 利用力矩的定义进行求解。

如图 2-21 所示，过点 O 作出力 $\boldsymbol{F}$ 作用线的垂线，与其交于 a 点，则力臂 d 即为线段 Oa。再过 B 点作力作用线的平行线，与力臂的延长线交于 b 点，则有

$$\boldsymbol{m}_{O}(\boldsymbol{F})=-\boldsymbol{F}d=-\boldsymbol{F}(Ob-ab)=-\boldsymbol{F}(l\sin\alpha-h\cos\alpha)$$

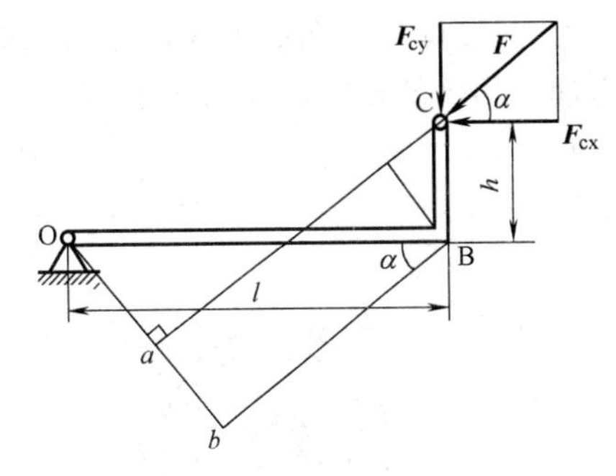

图 2-22 利用合力矩定理求解

(2) 利用合力矩定理求解。将力 $\boldsymbol{F}$ 分解成一对正交的分力（见图 2-22）

力 $\boldsymbol{F}$ 的力矩就是这两个分力对点 O 的力矩的代数。即

$$\boldsymbol{m}_{O}(\boldsymbol{F})=\boldsymbol{m}_{O}(\boldsymbol{F}_{cx})+\boldsymbol{m}_{O}(\boldsymbol{F}_{cy})=\boldsymbol{F}h\cos\alpha-\boldsymbol{F}l\sin\alpha=-\boldsymbol{F}(l\sin\alpha-h\cos\alpha)$$

3. 平面力偶系的合成与平衡

(1) 力偶及其性质

在工程实践中常见物体受两个大小相等、方向相反、作用线相互平行的力的作用，使物体产生转动。如图 2-23，用手拧水龙头、转动方向盘等。

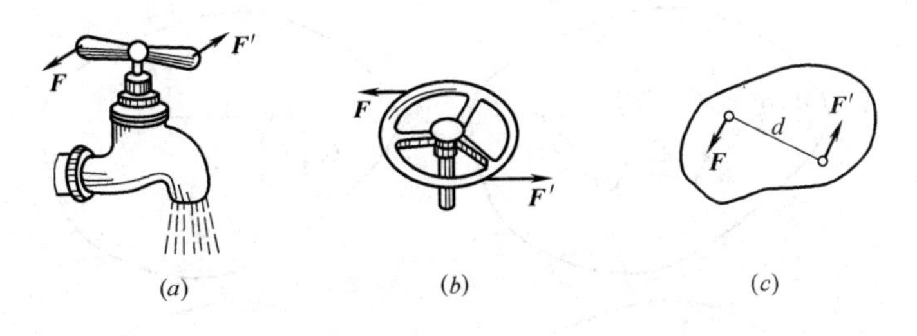

图 2-23 常见力偶

力偶是指大小相等、方向相反、作用线相互平行的两个力，如下图中的力 $\boldsymbol{F}$ 与 $\boldsymbol{F}'$ 构成一力偶，记作（$\boldsymbol{F}$，$\boldsymbol{F}'$）。

力偶的作用面就是两个力所在的平面；力偶臂就是两个力作用线之间的垂直距离 d；力偶的转向就是力偶使物体转动的方向；力偶只能使物体转动或改变转动状态。力使物体转动的效应，用力对点的矩度量。

力偶的三要素：大小、转向和作用平面。

力偶的性质：

① 力偶无合力。力偶不能用一个力来等效，也不能用一个力来平衡。可以将力和力偶看成组成力系的两个基本物理量。

② 力偶对其作用平面内任一点的力矩，恒等于其力偶矩。

③ 力偶的等效性。力偶的等效性——作用在同一平面的两个力偶，若它们的力偶矩大小相等、转向相同，则这两个力偶是等效的。

力偶的等效条件：

1) 力偶可以在其作用面内任意移转而不改变它对物体的作用。即力偶对物体的作用与它在作用面内的位置无关。如图 2-24，不论将力偶加在 A、B 位置还是 C、D 位置，对方向盘的作用效应不变。

2）只要保持力偶矩不变，可以同时改变力偶中力的大小和力偶臂的长短，而不会改变力偶对物体的作用，如图 2-25 所示。

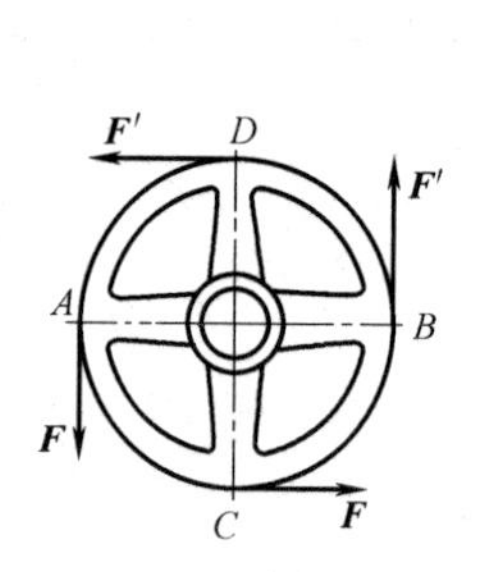

图 2-24　力偶与位置的关系

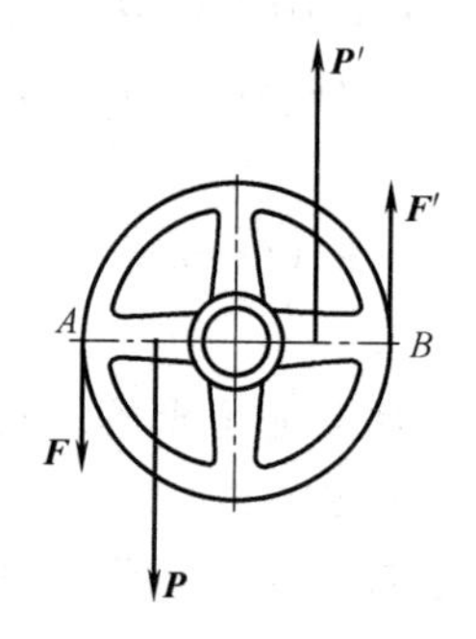

图 2-25　力偶中力和力偶臂的关系

（2）平面力偶系的合成与平衡

平面力偶系：作用在刚体上同一平面内的多个力偶。

① 平面力偶系的合成。如图 2-26 所示为两个力偶的合成。

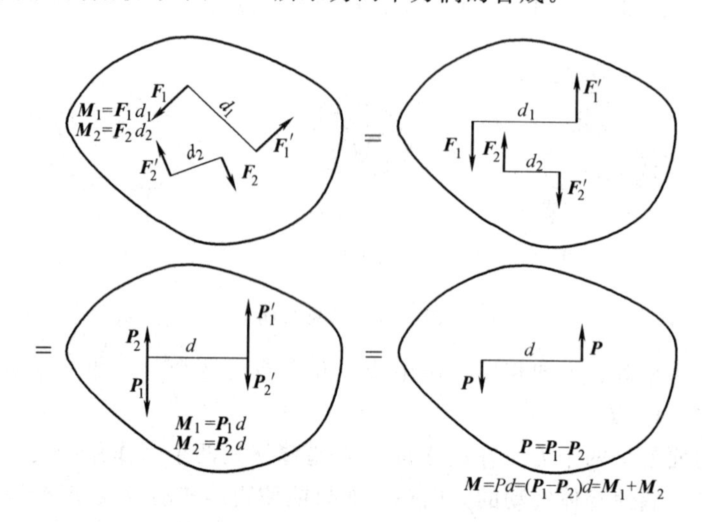

图 2-26　平面力偶系的合成与平衡

$$\boldsymbol{M}=\boldsymbol{M}_1+\boldsymbol{M}_2+\cdots+\boldsymbol{M}_n=\sum \boldsymbol{M}_i$$

② 平面力偶系的平衡。

平面力偶系合成的结果为一个合力偶，因而要使力偶系平衡，就必须使合力偶矩等于零

$$\sum \boldsymbol{M}_i=0$$

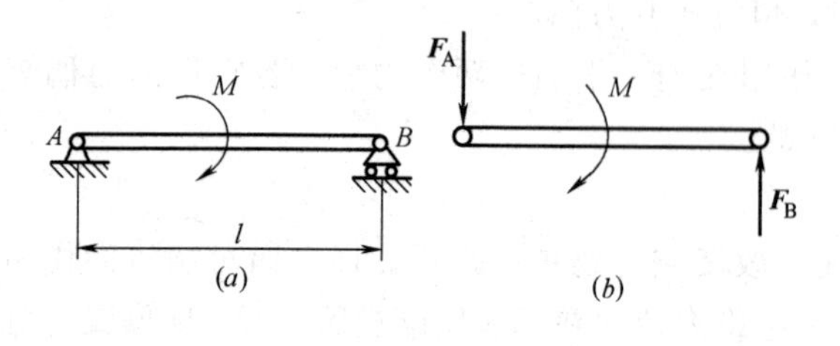

图 2-27　梁 AB 受力图

【案例 2-7】 如图 2-27，梁 AB 受一主动力偶作用，其力偶矩 $\boldsymbol{M}=100\text{Nm}$，梁长 $l=5\text{m}$，梁的自重不计，求两支座的约束反力。

解： 1）以梁为研究对象，进行受力分析并画出受力图。据图及力偶的平衡条件可知，$\boldsymbol{F}_{\mathrm{A}}$ 必须与 $\boldsymbol{F}_{\mathrm{B}}$ 大小相等、方向相反、作用线平行。

2）列平衡方程

$$\sum \boldsymbol{M}_i=0,\quad \boldsymbol{F}_{\mathrm{B}}l-\boldsymbol{M}=0,\quad \boldsymbol{F}_{\mathrm{A}}=\boldsymbol{F}_{\mathrm{B}}=\boldsymbol{M}/l=\frac{100}{5}\mathrm{N}=20\mathrm{N}$$

4. 平面一般力系的简化与平衡方程

平面一般力系：作用在物体上的各力作用线都在同一平面内，既不相交于一点又不完全平行。图 2-28 为起重机横梁 AB 受平面一般力系的作用示意图。

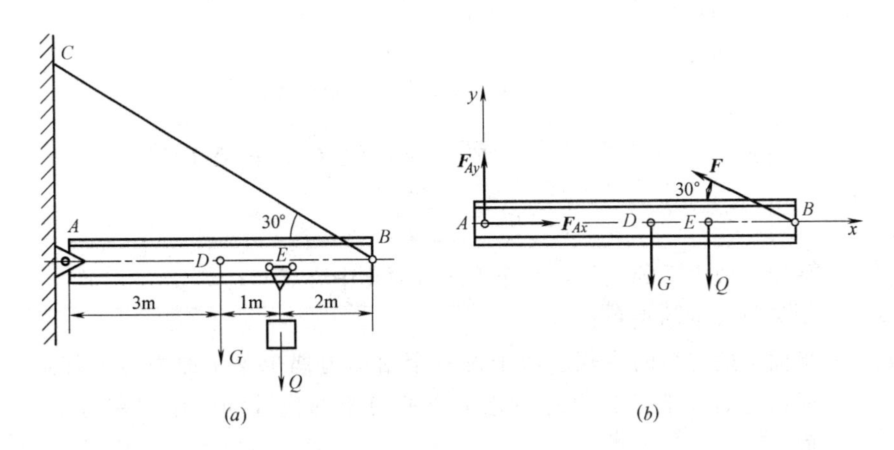

图 2-28　起重机横梁 AB 受平面一般力系的作用示意图

(1) 平面一般力系的简化

① 力的平移定理

力的可传性：作用于刚体上的力可沿其作用线在刚体内移动，而不改变其对刚体的作用效应。如图 2-29 所示，将作用在刚体上 A 点的力 $\boldsymbol{F}$ 平移动到刚体内任意一点 O，附加力偶，其力偶矩为：

$$\boldsymbol{M}(\boldsymbol{F},\boldsymbol{F}'')=\pm \boldsymbol{F}d=\boldsymbol{M}_{\mathrm{O}}(\boldsymbol{F})$$

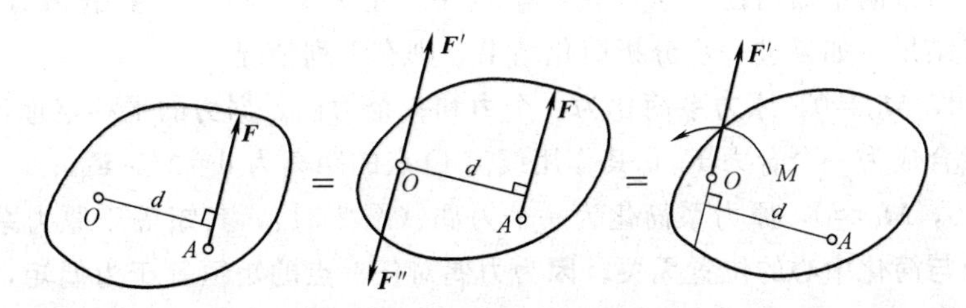

图 2-29　力的平移定理

上式表示，附加力偶矩等于原力 $\boldsymbol{F}$ 对平移点的力矩。于是，在作用于刚体上平移点的力 $\boldsymbol{F}'$ 和附加力偶 $\boldsymbol{M}$ 的共同作用下，其作用效应就与力 $\boldsymbol{F}$ 作用在 A 点时等效。

力的平移定理：作用于刚体上的力，可平移到刚体上的任意一点，但必须附加一力偶，附加力偶矩等于原力对平移点的力矩。

根据力的平移定理，可以将力分解为一个力和一个力偶；也可以将一个力和一个力偶合成为一个力。

② 平面一般力系向平面内任意一点的简化，参图 2-30。

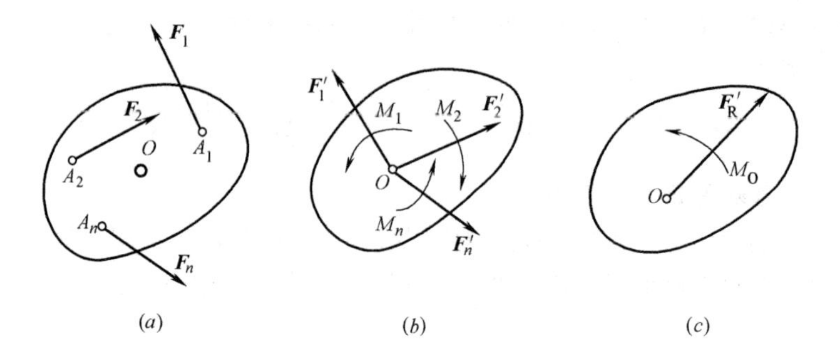

图 2-30　平面一般力系向中心点 O 的简化

$$\begin{cases} F'_R = \sqrt{(\sum F'_x)^2 + (\sum F'_y)^2} = \sqrt{(\sum F_x)^2 + (\sum F_y)^2} \\ \tan\alpha = \left| \dfrac{\sum F_y}{\sum F_x} \right| \end{cases}$$

其中　F_R'——平面一般力系的主矢，其作用线过简化中心点 O；

α——主矢与 x 轴的夹角；

M_O——平面一般力系的主矩。由于每一个附加力偶矩等于原力对平移点的力矩，所以主矩等于各分力对简化中心的力矩的代数和，作用在力系所在的平面上。

$$M_O = M_1 + M_2 + \cdots + M_n = M_O(F_1) + M_O(F_2) + \cdots + M_O(F_n)$$

平面一般力系向平面内一点简化，得到一个主矢 F_R'和一个主矩 M_O，主矢的大小等于原力系中各分力投影的平方和再开方，作用在简化中心上。其大小和方向与简化中心的选择无关。

主矩等于原力系各分力对简化中心力矩的代数和，其值一般与简化中心的选择有关。

③ 简化结果分析。

平面一般力系向平面内任一点简化，得到一个主矢 F_R'和一个主矩 M_O，但这不是力系简化的最终结果，如果进一步分析简化结果，则有下列情况：

ⅰ $F_R' \neq 0$，$M_O \neq 0$，原力系简化为一个力和一个力偶。据力的平移定理，这个力和力偶还可以继续合成为一个合力 F_R，其作用线离 O 点的距离为 $d = M_O / F_R'$；

ⅱ $F_R' = 0$，$M_O \neq 0$，原力系简化为一个力偶（图 2-31），其矩等于原力系对简化中心的主矩。主矩与简化中心的位置无关。因为力偶对任一点的矩恒等于力偶矩，与矩心位置无关。

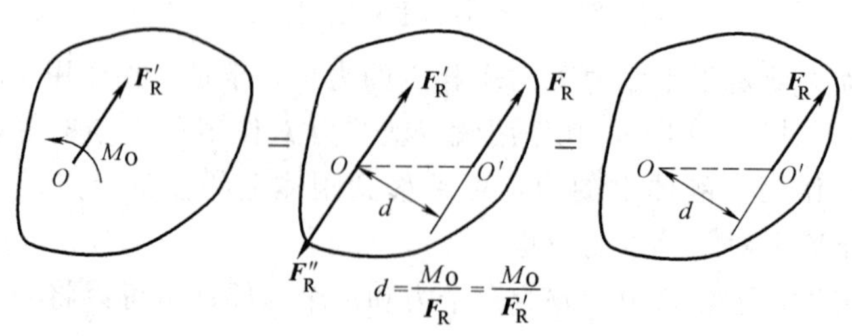

图 2-31　平面一般力系向平面内任意一点的简化

ⅲ $F_R{}' \neq 0$，$M_O=0$，原力系简化为一个力。主矢 $F_R{}'$ 即为原力系的合力 F_R，作用于简化中心；

ⅳ $F_R{}'=0$，$M_O=0$，原力系是平衡力系。

(2) 平面一般力系的平衡

① 平面一般力系的平衡条件

平面一般力系平衡的必要与充分条件为：$F_R{}'=0$，$M_O=0$，即

$$\begin{cases} F_R' = \sqrt{(\sum F_x)^2 + (\sum F_y)^2} = 0 \\ M_O = \sum M_O(F_i) = 0 \end{cases}$$

平面一般力系的平衡方程为

$$\begin{cases} \sum F_x = 0 \\ \sum F_y = 0 \\ \sum M_O(F_i) = 0 \end{cases}$$

可求解出三个未知量。

② 平面平行力系的平衡条件（图 2-32）

平面平行力系的平衡方程为

$$\begin{cases} \sum F_y = 0 \\ \sum M_O(F_i) = 0 \end{cases}$$

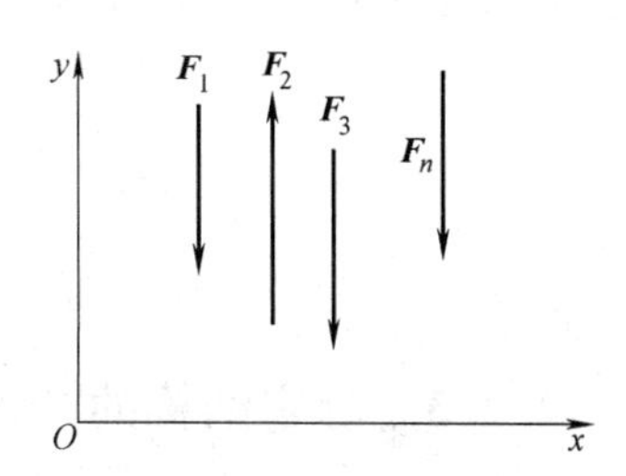

图 2-32　平面平行力系的平衡

平面平行力系的平衡方程，也可用两个力矩方程的形式，即

$$\begin{cases} \sum M_A(F_i) = 0 \\ \sum M_B(F_i) = 0 \end{cases}$$

式中 A、B 两点（任取）连线不能与各力的作用线平行，平面平行力系只有两个独立的平衡方程，因此只能求出两个未知量。

【案例 2-8】 塔式起重机的结构简图如图 2-33 所示。设机架重力 $G=500\text{kN}$，重心在 C 点，与右轨相距 $a=1.5\text{m}$。最大起吊重量 $P=250\text{kN}$，与右轨 B 最远距离 $l=10\text{m}$。平衡物重力为 G_1，与左轨 A 相距 $x=6\text{m}$，二轨相距 $b=3\text{m}$。试求起重机在满载与空载时都不至翻倒的平衡重物 G_1 的范围。

解： 取起重机为研究对象，是一平面平行力系，图 2-34 所示。

1）要保障满载时机身平衡而不向右翻倒，则这些力必须满足平衡方程，在此状态下，

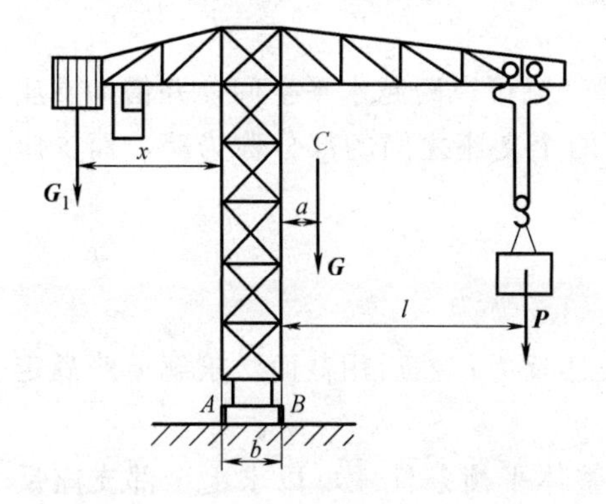

图 2-33　塔式起重机的结构简图

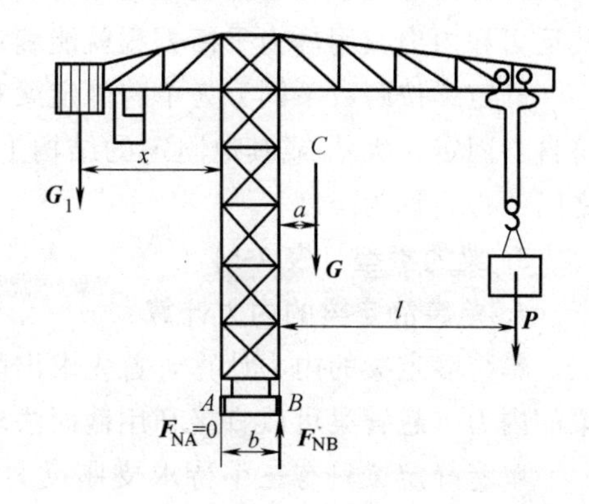

图 2-34　塔式起重机的受力简图

A 点将处于离地与不离地的临界状态，即有 $\boldsymbol{F}_{NA}=0$。这样求出的 $\boldsymbol{G}_1$ 值是它应有的最小值。

平衡方程：

$$\sum \boldsymbol{F}_y=0, \quad -\boldsymbol{G}_{1min}-\boldsymbol{G}-\boldsymbol{P}+\boldsymbol{F}_{NA}=0$$

$$\sum \boldsymbol{M}_B(\boldsymbol{F}_i)=0, \quad \boldsymbol{G}_{1min}(x+b)-\boldsymbol{G}a-\boldsymbol{P}l=0$$

得：

$$\boldsymbol{G}_{1nim}=\frac{\boldsymbol{Ga}+\boldsymbol{Pl}}{\boldsymbol{x}+\boldsymbol{b}}=\frac{500\times1.5+250\times10}{6+3}\text{kN}=361\text{kN}$$

2）要保障空载时机身平衡而不向左翻倒，则这些力必须满足平衡方程，在此状态下，B 点将处于离地与不离地的临界状态，即有 $\boldsymbol{F}_{NA}=0$。这样求出的 $\boldsymbol{G}_1$ 值是它应有的最大值。

$$\sum \boldsymbol{M}_A(\boldsymbol{F}_i)=0, \quad \boldsymbol{G}_{1max}x-\boldsymbol{G}(a+b)=0$$

得：

$$\boldsymbol{G}_{1max}=\frac{\boldsymbol{G}(\boldsymbol{a}+\boldsymbol{b})}{x}=\frac{500(1.5+3)}{6}\text{kN}=375\text{kN}$$

因此，平衡重力 $\boldsymbol{G}_1$ 之值的范围为：$361\text{kN}\leqslant \boldsymbol{G}_1\leqslant 375\text{kN}$

2.2.3 静定结构的杆件内力

1. 静定结构

静定结构的几何特征就是无多余约束几何不变，静定结构是实际结构的基础。因为静定结构撤销约束或不适当的更改约束配置可以使其变成可变体系，而增加约束又可以使其成为有多余约束的不变体系（即超静定结构）。

从几何构造分析的角度看，结构必须是几何不变体系。根据多余约束 n，几何不变体系又分为：

有多余约束（$n>0$）的几何不变体系——超静定结构；

无多余约束（$n=0$）的几何不变体系——静定结构。

从求解内力和反力的方法也可以认为，静定结构是指凡只需要利用静力平衡条件就能计算出结构的全部支座反力和杆件内力的结构。

2. 静定梁

梁属于受弯构件，工程上常用的梁一般为等直梁。在外力因素作用下全部支座反力和内力都可由静力平衡条件确定的梁称为静定梁。静定梁是没有多余约束的几何不变体系，其反力和内力只用静力平衡方程就能确定。

静定梁按跨数不同分为单跨静定梁和多跨静定梁。梁可以跨越水平空间，并借助支座将自身固定在大地 或其他固定的结构上。梁在相邻两个支座之间的部分称为跨，而支座之间的距离称为跨度。

3. 梁的类型（表 2-5）

4. 单跨静定梁的内力计算

单跨静定梁的内力计算，首先求出静定单跨梁支座反力；然后用截面法求解单跨静定梁的内力（悬臂梁可以直接利用截面法求解内力）。

单跨静定梁只有三个待求支座反力，只用三个整体平衡条件就可以求出全部支座反力，单跨静定梁内力正负号规定和内力图绘制规定。

梁的类型 **表 2-5**

单跨梁		
悬臂梁	简支梁	外伸梁
一次超静定梁	两次超静定梁	固端梁

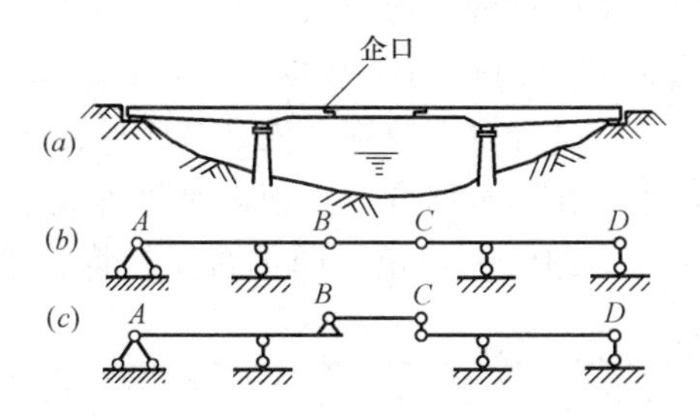

单跨静定梁的内力计算示例：

【案例 2-9】 一简支梁如下例图 2-35（a）所示。简支梁在跨度中点作用集中力 F。梁的跨度为 l，求指定截面Ⅰ-Ⅰ的剪力和弯矩（Ⅰ-Ⅰ截面距梁的 A 端距离为 a）。

解：1. 求梁的支座反力。

由整体平衡及对称条件得：$F_{Ay}=F_{By}=F/2$

2. 求 1-1 截面上的内力

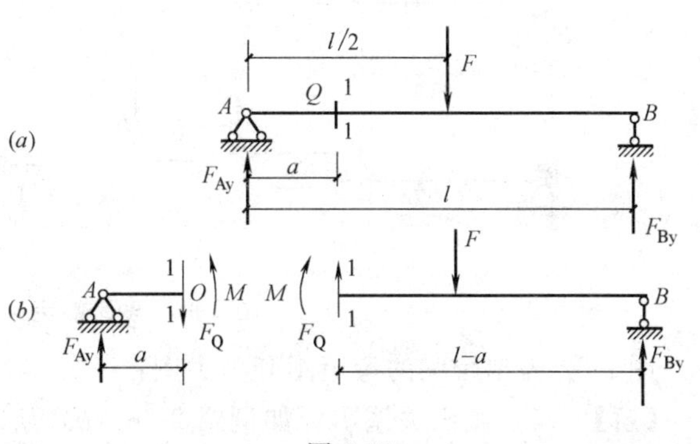

图 2-35

杆上外力均为已知，可求任意截面的内力。取左段为分离体，如例图 2-35（b）所示。在 1-1 截面处假想地切开，考察左段梁的平衡，在左段梁上作用有平行于横截面的外力 F_{Ay}，为了保持左段梁的平衡，必须满足平衡方程式$\sum y=0$ 和$\sum M=0$。因此，横截面 1-1 上必定有两个内力分量：即平行于横截面的竖向内力 F_Q和位于荷载作用平面内的内力偶矩 M。此处，F_Q称为剪力，因为它使梁发生相对错动，而产生剪切的效果；M 称为弯矩，它使梁发生弯曲变形。

由
$$\sum y=0,$$
则
$$F_{Ay}-F_Q=0;F_Q=F_{Ay}=F/2$$
再对 1-1 截面的形心 O 取矩，

由
$$\sum M_O=0$$
$$M-F_{Ay}a=0;M=F_{Ay}a=Fa/2$$

F_Q，M 均为正值，说明假设方向正确。

如果考察右段梁的平衡，同样可得出 1-1 截面上的剪力 F_Q和弯矩 M，它们与考察左段梁的平衡所得出的结果，在数值上相同，而在方向和转向上则相反。出现这个结果的原因是它们具有作用力与反作用力的关系。

5. 多跨静定梁的内力计算

多跨梁可利用部件的外伸部分使支座处产生负弯矩，从而相对于等跨度的简支梁可使最大弯矩值减少。因此，同样荷载作用下，比连续排放的简支梁可有更大跨度。多跨静定梁主要承弯，截面上正应力沿高度直线分布故材料不能充分发挥作用，这是缺点。但多跨静定梁构造简单、易于施工等又是这种结构的优点。因此，设计时要综合考虑。多跨静定梁是由若干短梁用中间铰组成，支座反力一般多于三个，只用三个整体平衡条件不能求得全部支座反力。应先分析静定多跨梁的几何组成，分清基本部分和附属部分，先计算附属部分的支座反力，将其作为荷载反向作用于基本部分，再计算基本部分的支座反力。因此，计算多跨静定梁内力时，应遵守以下原则：先计算附属部分后计算基本部分。将附属部分的支座反力反向指向，作用在基本部分上，把多跨梁拆成多个单跨梁，依次解决。多跨静定梁内力正负号规定和内力图绘制规定，同单跨梁；将各单跨梁的内力图连在一起，即得静定多跨梁的内力图。

多跨静定梁的内力计算示例。

【案例 2-10】 试作例图 2-36（c）所示多跨静定梁的内力图。

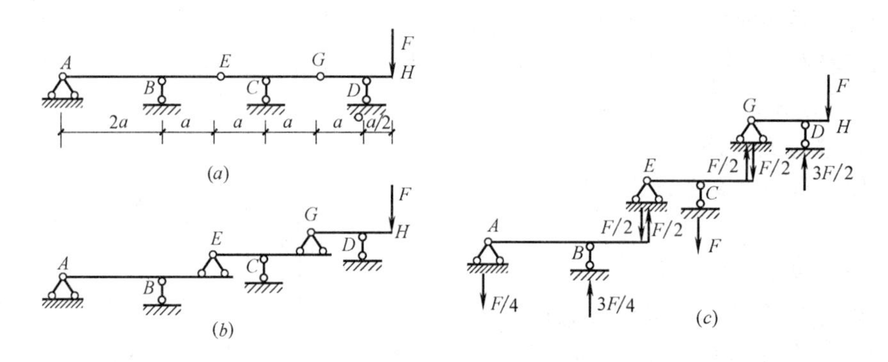

图 2-36　多跨静定梁的内力图

图 2-37 为单跨梁的弯矩图和剪力图：

【解】（1）画出关系图，如例图 2-36（b）所示。AE 为基本部分，EG 相对于 AE 来讲为附属部分，而 EG 相对于 GH 来讲又是基本部分，而 GH 为附属部分。

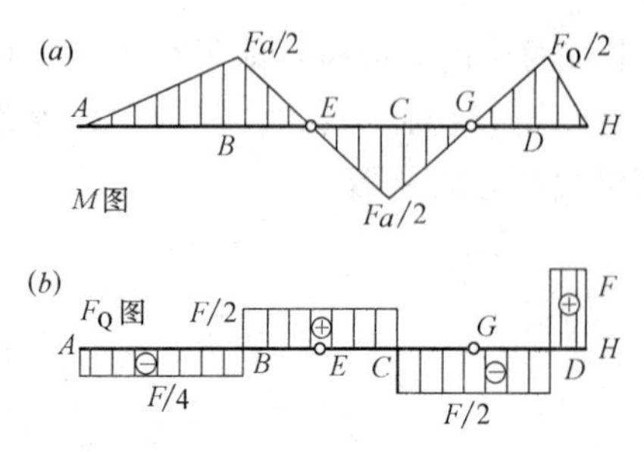

图 2-37　单跨梁的弯矩图和剪力图

（2）求各支反力。先从附属部分 GH 开始计算，G 点反力求出后，反其指向就是 EG 梁的荷载。再计算出 EG 梁 E 点的反力后，反其指向就是梁 AE 的荷载。各支反力的具体数值如例图 2-36（c）中所示。

（3）作各单跨梁的弯矩图和剪力图，并分别连在一起，即得该多跨静定梁的 M 和 F_Q图，如例图 2-37（a）、（b）所示。

6. 梁的合理设计

在设计多跨静定梁时，可以适当选择中间铰的位置，使其弯矩的峰值减小，从而达到

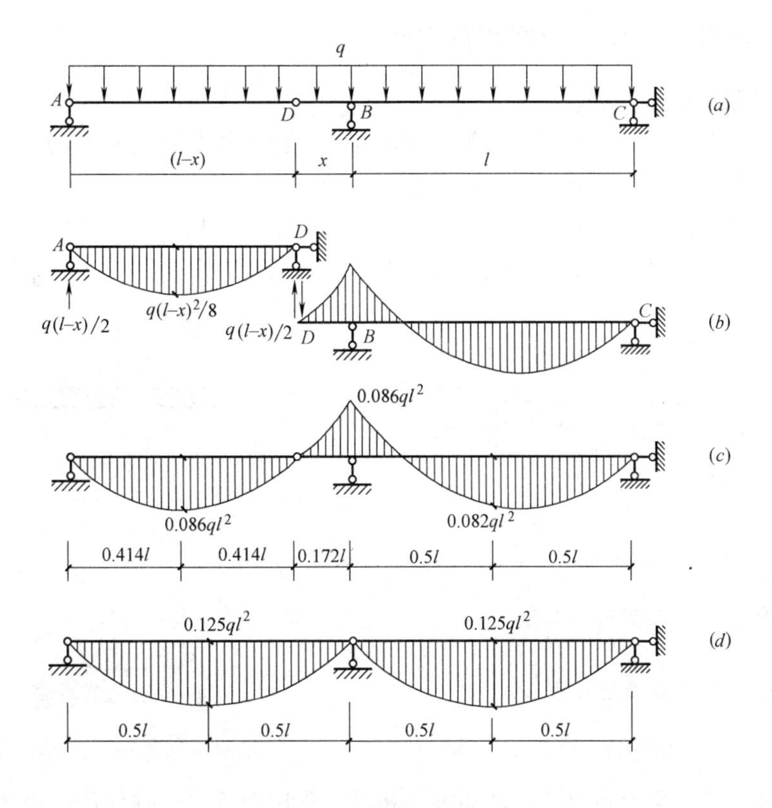

图 2-38 【案例 2-11】图

节约材料的目的。下面具体举例来说明。

【案例 2-11】 两跨静定梁，全长承受均布荷载 q，如图 2-38（a）所示。要使正负弯矩峰值相等，试求 D 铰的位置，并绘出相应弯矩图。

【解】（1）设 D 铰的位置与 B 支座的距离为 x，如图 2-38（a）所示。

（2）计算支座反力。现从附属部分 AD 开始，由平衡条件求得 $F_{Dy}=q\ (l-x)/2$，并将其反向作用到基本部分 DBC 上（如图 2-38b）。

（3）求 D 铰的位置。B 支座处弯矩为 $q\ (l-x)^2/2+qx^2/2$，AD 跨中的正弯矩为 $q\ (l-x)^2/8$。根据题意，得

$$q(l-x)^2/2+qx^2/2=q(l-x)^2/8$$

由此式解得 $x=0.172l$

（4）得的 x 值代入正负弯矩的表达式，作弯矩图如图 2-38（c）所示。其正负弯矩的峰值为 $0.086ql^2$。

图 2-38（d）所示为与图 2-38（a）具有同跨和同荷载的 q 作用下简支梁的弯矩图。通过比较可知：多跨静定梁的弯矩峰值比一串简支梁的弯矩峰值要小，两者的比值为 68.8%。

一般说来，静定多跨梁与一系列简支梁相比，内力分布均匀，材料用量较少，但中间铰的构造要复杂一些。

2.2.4 杆件的强度、刚度和稳定性

1. 杆件变形的基本形式

（1）拉伸或压缩变形：受大小相等、方向相反、作用线与轴线重合的一对力的作用而发生的变形，表现为长度拉伸或缩短，图 2-39 所示。

（2）剪切变形：受大小相等、方向相反、作用线垂直于轴线且相距很近的一对力的作用而发生的变形，表现为两个面发生错动，图 2-40 所示。

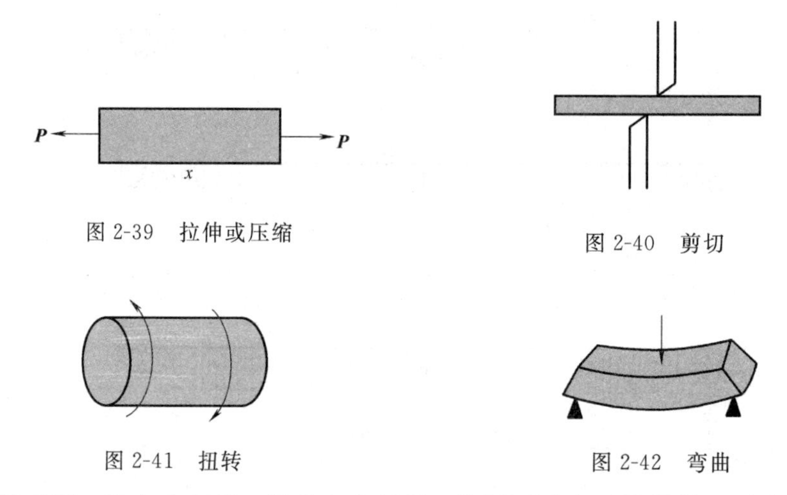

图 2-39 拉伸或压缩

图 2-40 剪切

图 2-41 扭转

图 2-42 弯曲

（3）扭转变形：受大小相等、转动方向相反、作用面垂直于轴线的一对力偶的作用而发生的变形，表现为两个截面绕轴相对转动，图 2-41 所示。

（4）弯曲变形：受垂直于轴的横向力作用而产生的变形，表现为杆件由直线变为曲线，图 2-42 所示。

2. 应力与应变

应力应变就是应力与应变的总称。应力就是受力物体截面上内力的集度，即单位面积上的内力，其数学表达式：$\sigma=F/A$。其中 σ 为应力，F 表示作用在物体截面上的力，A 表示物体上的受力截面面积。若受力面积与施力方向垂直，此应力称正应力；若受力面积与施力方向平行，此应力称剪应力。当材料在外力的作用下不能产生位移时，它的几何形状和尺寸将发生变化，这种形变称为应变。

应力和应变区别：应力（载荷）施加于物体将产生应变（变形）。应变是被测试材料尺寸的变化率，它是加载后应力引起的尺寸变化。由于应变是一个变化率，所以它没有单位。

3. 杆件的强度、刚度和稳定性

杆件的强度是指（杆件具有的抵抗破坏）的能力；杆件的刚度是指（杆件具有的抵抗变形）的能力，杆件的稳定性则是指（杆件具有保持原有平衡状态）的能力。

2.3 机械概述

在建筑业中，各类施工机械和建筑设备的使用，不仅能有效地提高施工效率、施工质量、完成人力所不能完成的工作，而且能改善劳动工作条件，方便生活，提高生活质量。

掌握基本机械的构成，常用机械传动，常用机械连接及通用支承零部件等的机械知识，对于从事建筑设备的施工安装、正确使用、维护施工机械，进行建筑设备有关的机械维护、管理工作有着重要的作用。

2.3.1 零件、构件与部件

1. 零件

任何机器都是由零件组成的。所谓零件，是指机器中每一个单独制造的单元体。它可分为两类：一类是各种机器中经常使用，并具互换性的零件，称为通用零件，如螺栓、螺母、齿轮、三角轮、键、销、轴承等；另一类是只在某种机器中才使用的零件，称为专用零件，如内燃机中的曲轴、水泵中的水轮、起重机中的吊钩等。

2. 构件

在机器中，根据需要常把几个零件刚性地连接在一起，作为一个整体而运动。例如自行车的车轮就是由钢圈、钢丝、花毂筒及内、外胎等零件组成的构件。这种由一个或几个零件所构成的运动单元体称为构件。

构件按其运动状况可分为静件和动件。在机构中，凡是相对静止的构件叫做静件。静件常是机器的机座或机架，一般用来支承运动构件。而相对于静件运动的构件称为运动件。运动件又分带动其他构件运动的主动件和主动件带动的从动件。在机构中主动件和从动件是相对而言的，一个构件在机构中既可以是从动件，也可以是主动件。例如，图 2-43 中的连杆相对曲柄是从动件，相对活塞则是主动件。

3. 部件

应当指出，构件和通常所说的部件（或组件）是有所不同的。部件是指机器中由若干零件所组成的装配单元体，如轴承、联轴器、离合器等，部件中的各零件之间不一定具有刚性联系。把一台机器划分为若干部件，目的是方便于运输、安装和维修。

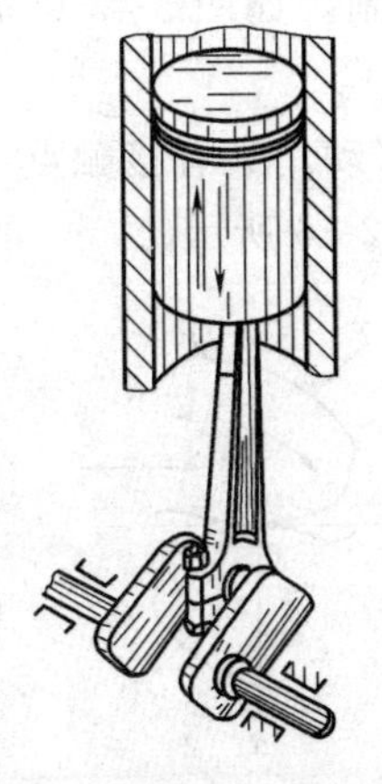

图 2-43　单缸内燃机

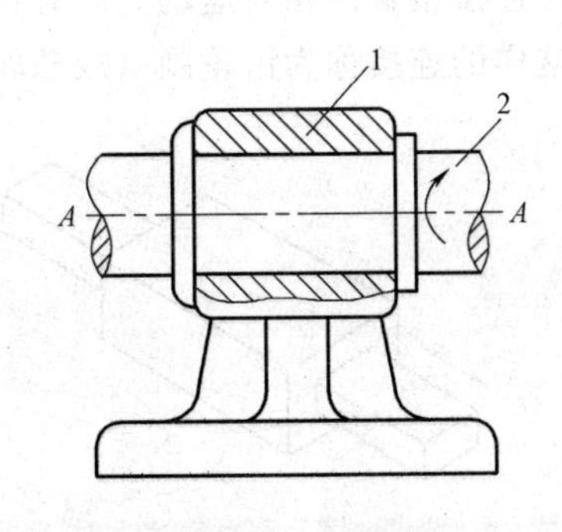

图 2-44　回转副

2.3.2 机器与机构

1. 机器

应具有如下三个特征的机械称为机器：

（1）它是由许多构件经人工组合而成；

（2）这些构件之间具有确定的相对运动；

（3）它可用来代替人的劳动去转换机械能（电动机将电能转换成机械能，内燃机将热能转换为机械能）或完成有用的机械功（如机床的工件加工）。

2. 机构

机构仅具有机器的前两个特征，而不具备最后一个特征。即机构也是由许多构件经人工组合而成，各部分之间也具有一定的相对运动，但它不能做机械功，也不能转换机械能。

从功用上来讲，机构主要用来传递运动或转变运动，而机器则是用来为生产目的而利用或转换机械能。例如对于图 2-43 所示的单缸内燃机，整个内燃机是一台机器，它能把燃料的化学能转换成机械能；而内燃机中的曲柄连杆机构，只能把汽缸内活塞的往复直线运动转变为曲柄的连续转动，就不能称为机器。

从关系上来讲，一部机器是由机构组成的。当一个或几个机构的组合能代替人的劳动来转换机械能，或完成有用的机械功时，就形成了机器。

机器和机构的总称叫机械。

2.3.3 运动副及机构运动简图

1. 运动副

运动副是指构件之间具有的完全确定的相对运动的联系（或连接）。是运动副和构件组成了机器和机构。

按照构件与构件之间相对运动的形式，运动副可分为回转副、移动副和凸轮副等。两个构件连接后的相对运动为转动或摆动，这样的连接叫回转副。图 2-44 所示的轴 2 和轴承 1 的连接和图 2-43 中连杆与曲柄的铰链连接都是回转副。

两构件连接后的相对运动为移动，这样的连接称为移动副。如图 2-43 中活塞与气缸间的连接和图 2-45 导杆 1 与导槽 2 间的连接均是移动副。

两构件连接接触的相对运动为既有接触点（或线）上的移动，又有接触点（或线）上的转动，这样的连接称为齿轮副（或凸轮副、螺旋副），见图 2-46 所示。

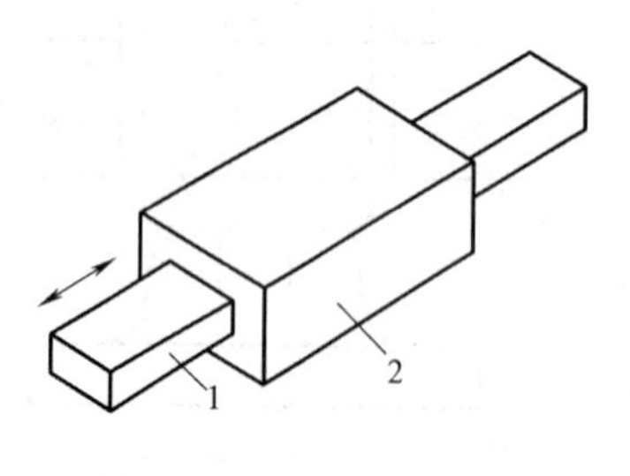

图 2-45 移动副

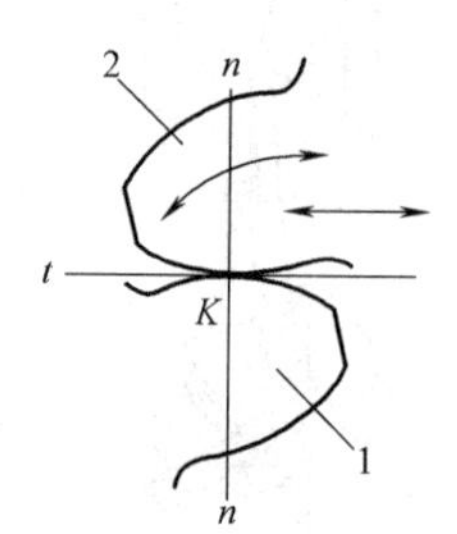

图 2-46 齿轮副

上述运动副中，回转副和移动副均为面接触、称为低副；齿轮副和凸轮副等，凡是点、线接触的运动副称为高副。

为了研究问题的方便，常用一些简单的符号来图示各种运动副。常见运动副的图示符号见表 2-6。

运动副的图示符号　　表 2-6

名称	基本符号	名称	基本符号
回转副		凸轮副	
移动副		螺旋副	

2. 机构运动简图

机构运动简图是撇开与运动无关的因素（构件的外形、构造特点），只根据构件的连接特征和与运动有关的尺寸，用简单的线条和符号表述的机构运动特性的图形。

图 2-47 中的（*b*）图为颚式破碎机机构的运动简图。表 2-7 是机械运动简图中常用的规定符号。

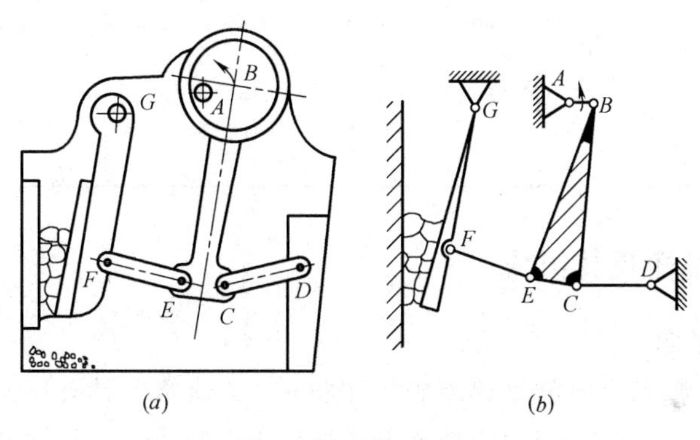

图 2-47　颚式破碎机

机构运动简图符号　　表 2-7

名称	符　　号	名称	符　　号
机架		盘形凸轮	
轴、杆			
构件组成部分的永久连接		圆柱凸轮	
机架是回转副的一部分		凸轮推杆 a)滚子推杆 b)尖顶推杆	
普通轴承			
单向式摩擦离合器		弹性联轴器 可移式联轴器	
无易损元件的安全离合器		滑块	

续表

名称	符　　号	名称	符　　号
滚动轴承 a)向心滚动轴承 b)向心推力滚动轴承 c)推力滚动轴承	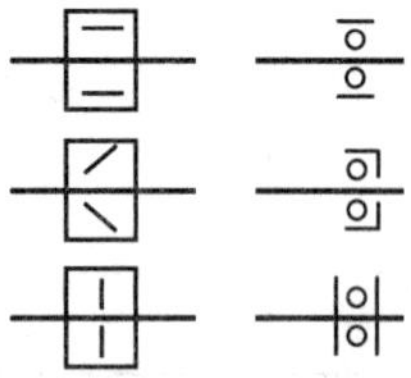	带传动	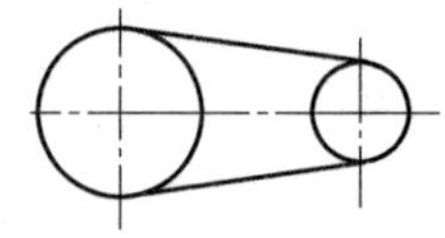
		圆柱齿轮传动	
组成部分与轴(杆)的固定连接		蜗轮与圆柱蜗杆	
棘轮机构		弹簧 a)压缩弹簧 b)拉伸弹簧	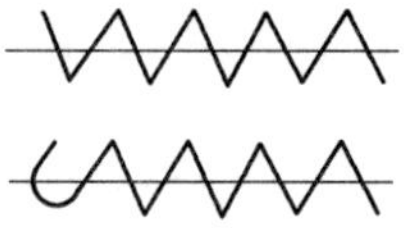

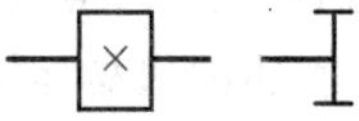

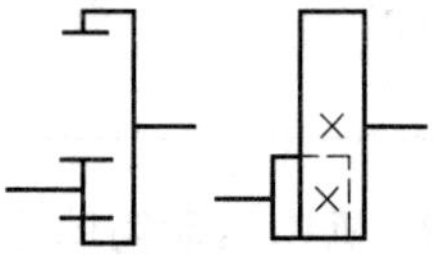

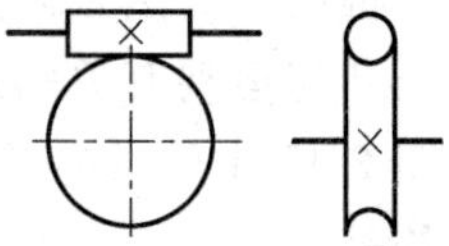

2.3.4　建筑机械及其组成

1. 建筑机械的概念

所谓建筑机械，顾名思义就是建筑施工用机械。“建筑”具有广义和狭义两种不同的理解，建筑机械因此而包括不同的产品范围。从广义上来讲，凡以建筑物为最终产品的生产都称之为建筑。除房屋建筑外，其他如港口、电站、地下工程、桥涵、铁路、公路等的建造工作都应在此范畴内，那么建筑机械就应包含建造这些工程的所有机械；而从狭义上来说，建筑主要是指工业与民用建筑，此时建筑机械就只包含建造这一类工程所使用的有关机械了。

2. 建筑机械的基本组成

建筑机械虽然门类繁多、结构复杂、大小不一，但任何一台完整的建筑机械可归纳为由以下几个部分组成：

(1) 动力装置

动力装置是用来提供动力的。建筑机械所采用的动力装置主要是下列几种：

① 电动机。主要用在固定式或行走距离较短的机械上。它具有经济、起动和制动方便、工作效率高、操纵方便、自重轻、占地少、有超载能力、电能引用和分配便利等优点。

② 内燃机。是移动式建筑机械的主要动力装置。它具有工作独立、不受外界影响、工作效率较高、体积较小、重量轻、起动快的特点。但使用内燃机的机械，结构较复杂，调速特性差，且受气候条件的影响较大。

③ 压缩空气动力装置。它的能源仍是电动机和内燃机，通过空气压缩机带动小型机

械和工具或作为操纵系统的动力。这种动力装置工作迅速、可靠、结构简单，照管方便，但发出的动力有限。

④ 蒸汽动力装置。它是由锅炉和蒸汽机构成。它具有结构简单、耐久、有可逆和超载能力等优点。但由于它设备庞大，起动时间长和效率低等缺点，除特殊情况外，一般很少采用。

（2）工作装置

它是用来直接进行作业的。不同类型的建筑机械由于其作业的要求、目的不同，它们的工作装置是不同的。因而产生各种不同形状、结构和工作原理。例如，挖掘机的工作装置和静压路机的工作装置就不同，前者包括动臂、斗杆和铲斗，后者为行走钢轮等。

（3）行走装置

它是用来使机械转移工作位置的。对于固定式或手提式一类的建筑机械则无此装置。它主要有轮式、履带式和轨道式几种。

（4）传动操纵机构

它是用来把动力传递给工作装置和行走装置，并操纵控制它们的机构。此机构能按工作装置和行走装置的要求将动力进行合理地分配，并使它们按作业要求进行工作。根据工作介质的不同，建筑机械传动操纵方式分为机械传动、液压传动、气压传动及电力传动等。

2.4 建筑工程机械的动力装置

动力装置是工程机械的心脏，是机械各种力和速度的来源。没有性能良好的动力装置就不可能有经济适用的机械。本节介绍工程机械使用最广泛的动力装置——三相异步电动机和柴油机。

2.4.1 电动机

1. 电动机的类型与使用特点

电动机是将电能转换成机械能的电力发动机。电动机按其所用电源的不同，分为直流电动机和交流电动机两大类。其中，交流电动机按其转子转速和定子磁场的转速关系又分为异步电动机和同步电动机两类。

直流电动机具有调速性能好、起动转矩大、过载能力强等优点，主要应用在要求起动力矩大的机械上（如电车等），但直流电动机的结构复杂、成本高、运行维护较困难，所使用的直流电源不易获得，所以，直流电动机应用的不普遍；而交流电动机的应用十分普遍，交流电动机分同步电动机和异步电动机（也称感应电动机），常用的是三相异步电动机。三相异步电动机结构简单、成本低、工作可靠。与同容量的直流电动机相比，其质量约为直流电动机的一半，而价格仅为直流电动机的 1/3。三相异步电动机在建筑工程机械中使用甚广，而三相同步电动机使用得很少。

电动机体积小、质量轻、经济性好，所以凡是在有电源地方的固定式设备或在轨道上移动距离短而移动速度慢的建筑机械均使用电动机作为动力装置。

2. 三相异步电动机的构成

图 2-48 为三相异步电动机外形结构图，其内部结构（图 2-49）主要由定子和转子两大部分组成，另外还有端盖、轴承及风扇等部件。

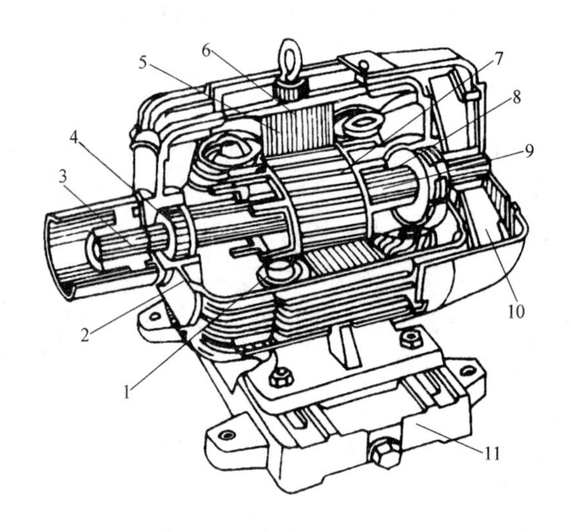

图 2-48　三相异步电动机外形结构图

1—定子绕组；2—轴承端盖；3—轴；4—轴承；5—定子铁心；6—定子外壳；7—转子铁芯；8—转子导体；9—端环；10—冷却风扇；11—机座

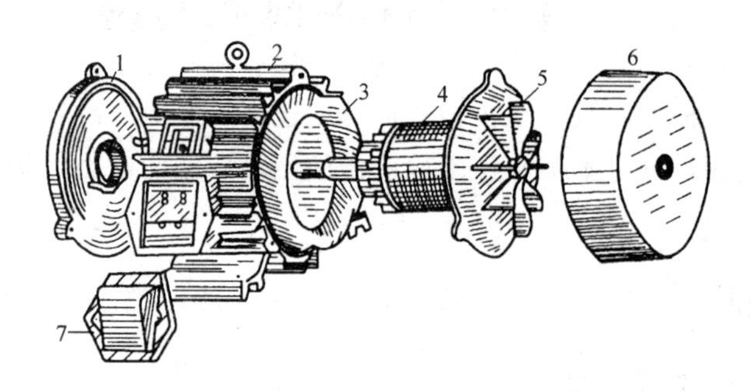

图 2-49　三相异步电动机的内部结构

1—端盖；2—定子；3—定子绕组；4—转子；5—风扇；6—风扇罩；7—接线盒盖

（1）定子

定子由机壳、定子铁芯、定子绕组三部分组成。

① 机壳。它是电动机的支架，一般用铸铁或铸钢制成。机壳的内圆中固定着铁芯，机壳的两头端盖内固定轴承，用以支承转子。封闭式电动机机壳表面有散热片，可以把电动机运行中的热量散发出去。

② 定子铁芯。由 0.35～0.5mm 的圆环形硅钢片叠压制成，以提供磁通的通路。铁芯内圆中有均匀分布的槽，槽中安放定子绕组。

③ 定子绕组。是电动机的电流通道，一般由高强度聚酯漆包铜线绕成。三相异步电动机的定子绕组有 3 个，每个绕组有若干个线圈组成。线圈与铁芯间垫有青壳纸和聚酯薄膜作为绝缘。三相绕组的 6 根引出线，连接在机座外壳的接线盒中，如图 2-50 所示。

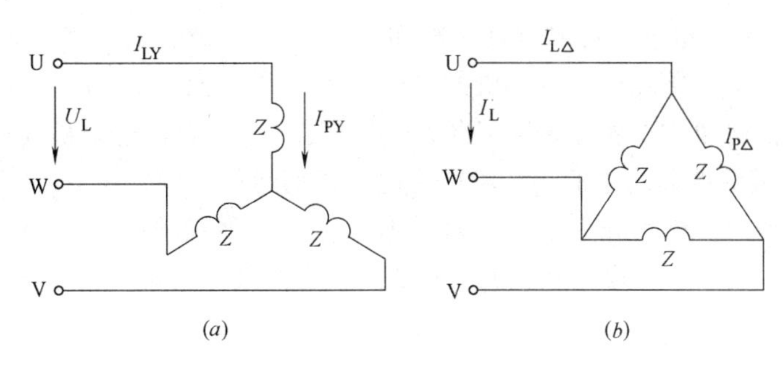

图 2-50　定子绕组的连接

(a) 星形连接；(b) 三角形连接

(2) 转子

转子结构可分为笼型（又称鼠笼式）和绕线型两类。笼型转子较为多见、主要由转轴、转子铁芯、转子绕组等组成。

① 转轴。一般用中碳钢制成，两端用轴承支撑，转子铁芯和绕组都固定在转轴上，在端盖的轴上装有风扇，帮助外壳散热。

② 转子铁芯。转子铁芯由厚 0.35～0.5mm 的硅钢片叠压制成，在硅钢片外圆上冲有若干个线槽，用以浇制转子笼条。

③ 转子绕组。将转子铁芯的线槽内浇制上铝质笼条．再在铁芯两端浇注两个圆环．与各笼条连为一体，就成为鼠笼式转子，如图 2-51 所示。

绕线式转子的绕组和定子绕组相似，也是由绝缘导线绕制成绕组，放在转子铁芯槽内。绕组引出线接到装在转轴上的 3 个滑环上，通过一级电刷引出与外电路变阻器相连接，以便启动电动机。

3. 三相异步电动机的机械特性与性能指标

异步电动机在工作时，其电磁转矩随转差率而变化。当定子电压和频率为定值时，电磁转矩 T 和转子转速 n_2 之间的关系 $n_2=f(T)$ 称为机械特性。

机械特性可用实验或计算的方法求出，如图 2-52 所示。在实际中常用到的，启动转矩 T_{ST}、最大转矩 T_{max} 和额定转矩 T_N 三个转矩的概念。

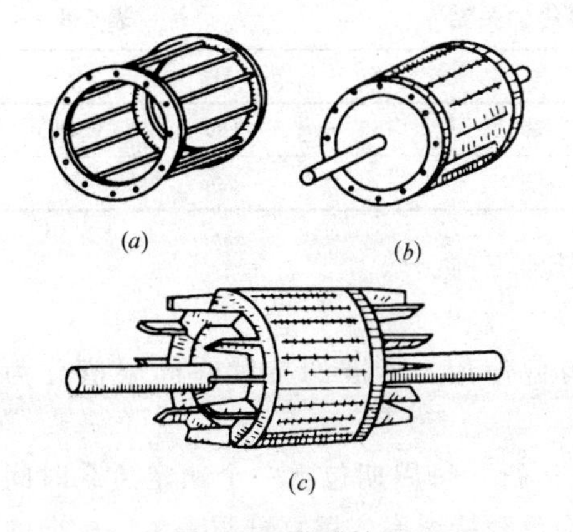

图 2-51　笼形转子

(a) 笼形绕组；(b) 笼形转子；

(c) 铸铝转子

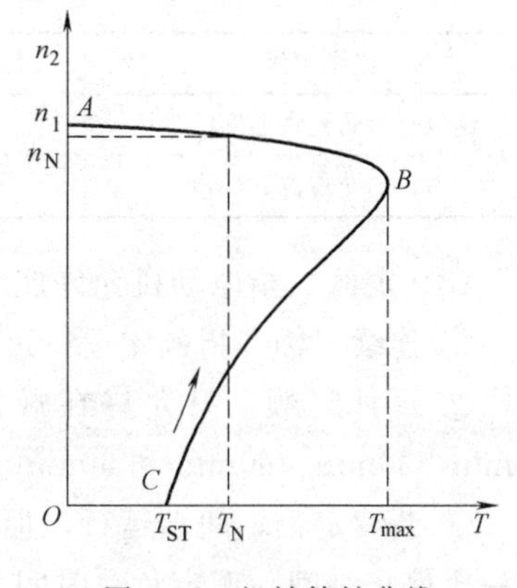

图 2-52　机械特性曲线

启动转矩 T_{ST} 是指电动机在刚启动一瞬间（$n_2=0$）时的转矩。当启动转矩大于电动机轴上的阻力时，转子开始旋转。电动机的电磁转矩 T 沿着曲线的 CB 部分上升，经过最大转矩 T_{max} 后，又沿曲线 BA 部分逐渐下降，最后当 $T=T_N$ 时，电动机便以额定转速旋转，此时 $n_2=n_N$。机械特性曲线中的 AB 段称为电动机的运行范围。

当轴上所拖动的机械负载大于最大转矩时，电动机将被迫停转，如不及时切断电源，便会烧毁电动机。所以一般电动机的额定转矩 T_N 要比最大转矩 T_{max} 小得多。T_{max} 与 T_N 的比值叫做电动机的过载能力，即：

$$\lambda=\frac{T_{max}}{TN}$$

一般异步电动机的 λ=1.8～2.5。

三相异步电动机的性能指标主要有以下几项：

（1）额定功率 P_N。指轴上输出的机械功率，单位为 W 或 kW。

（2）额定电压 U_N。指电动机在额定运行时的线电压，单位为 V 或 kV。

（3）额定电流 I_N。指电动机在额定运行时线电流，单位为 A。

（4）额定频率 f_N。指电动机在额定运行时的频率，单位 Hz。

（5）额定转速 n_N。指电动机在额定运行时的转速，单位 r/min。

（6）接法。指电动机在额定电压时定子三相绕组采用的连接方法。电动机的接线方法分为星形接法（标注为“Y”）和三角形接法（标注为“△”）。通常小功率电动机采用“Y”形接线方法，而较大功率的电动机采用“△”形接法。

当三相负载平衡时：负载作“Y”接法时，负载相电压 $U_{相}$ = 电源线电压 $U_{线}/\sqrt{3}$；而负载作“△”接法时，负载相电压 $U_{相}$ = 电源线电压 $U_{线}$。

通常电动机的接线方法均在其铭牌上标出，有的铭牌上通常标有两个电压值，是和接线相对应的。如“380/220V，Y/△”是表示电源的线电压为 380V 时，定子三相绕组应作“Y”接法，当电源电压为 220V 时，定子三相绕组应作“△”接法。

（7）温升。温升是电动机运行时温度高出环境温度的数值。容许温升和绝缘材料的耐热性能有关。电机容许温升与绝缘等级关系见表 2-8。

电机容许温升与一绝缘等级的关系 **表 2-8**

绝缘等级	A	E	N	F	H	C
绝缘材料的允许温度(℃)	105	120	30	155	180	180 以下
电机的允许温升(℃)	60	75	80	100	125	125

（8）定额。指电动机允许连续使用时间，通常分为三种：

① 连续定额，指额定运行可长时间持续使用；

② 短时定额，只允许在规定时间内按额定运行使用，标准的持续时间限值分为 10min、30min、60min 和 90min 四种；

③ 断续定额，间歇运行，但可按一定周期重复运行，每周期包括一个额定负载时间和一个停止时间，额定负载时间与一个周期之比称为负载持续率、用百分数表示。标准的负载持续率为 15%、25%、40%、60%，每个周期为 10min。短时定额的电机，由于有一段时间电机不发热，所以比同容量连续运行的电机，体积可以小一些。故连续定额的电机

用作短时定额或断续定额运行时，所带负载可以超过额定值，但短时定额和断续定额运行的电机不能按容量作连续定额运行，否则电机将过热，甚至烧毁。

4. 三相异步电动机的类型、型号及性能

三相异步电动机根据其绕组型式的不同，可分为鼠笼式和绕线式两种。

（1）鼠笼式电动机的转子绕组本身自成闭合回路，整个转子成一坚实的整体。其结构简单，运行可靠，体积小，效率高。在同容量同转速的情况下，比绕线型电动机的功率因素高5%左右，效率高3%左右，且价格较低，启动方便。但是，它的启动电流大（约为额定电流的4～7倍），启动转矩小，只能在轻负荷情况下启动。

（2）绕线型电动机的转子和定子绕组相似，采用三相对称绕组。它具有启动转矩大，启动电流小（约为额定电流的1.5～2.5倍），启动过程中可调节转速，启动平稳。但结构较复杂，维护、保养较麻烦，启动不如鼠笼型电动机简单、方便。

常用异步电动机的型号、性能和使用范围见表2-9。

常用异步电动机的型号、性能和应用范围　　**表2-9**

<table>
<tr><th>型号</th><th>名　称</th><th>主要性能</th><th>应用范围</th></tr>
<tr><td>Y(异)</td><td>封闭扇冷式鼠笼型转子异步电动机</td><td>能防止灰尘、铁屑或其他飞扬物件侵入电机内部</td><td>用于灰尘过多，水、土飞溅的地方，技术性能无特别要求的机械，如矿山机械和建筑工程机械</td></tr>
<tr><td>YQ(异起)</td><td>高启动转矩封闭扇冷式双鼠笼型异步电动机</td><td>与Y型相似，但具有加大的启动转矩，启动能力较大</td><td>用于启动静止或惯性负荷比较大的机械，如压缩机、粉碎机及小型起重或运输机械</td></tr>
<tr><td>YR(异绕)</td><td>防护式绕线型转子异步电动机</td><td>启动电流较小，启动转矩较大，可以在一定范围内调速，其结构是铸铁外壳、绕线型转子</td><td>用于电源容量不足以使用起动鼠笼型电动机及要求启动转矩较高的机械，如空压机，碎石机等</td></tr>
<tr><td>YZ(异重)</td><td>鼠笼型起重（吊车）用异步电动机</td><td rowspan="2">为封闭式外部风冷结构，铸铁外壳有散热筋，其特点是负载能力较高，当负载率为25%时，此种电动机的最大转矩和满载转矩之比在2.5～3之间</td><td rowspan="2">适用于起重机及冶金机械，按断续的额定工作方式使用，其相对持续率（以工作时间与工作和停车时间和之比）基本是25%</td></tr>
<tr><td>YZR
(异重绕)</td><td>绕线型起重（吊车）用异步电动机</td></tr>
<tr><td>YB(易爆)</td><td>防爆异步电动机</td><td>主要特点是能防爆</td><td>用于有爆炸性气体的场合</td></tr>
</table>

5. 电动机的启动方式及使用场合

电动机常用的启动方法有以下两种：

（1）直接启动（全压启动）。直接给电动机加上额定电压为全压启动。这种方法简单方便，只需通过安全开关或按钮开关控制电源，不需增加启动装置。但启动电流大，只能用于在电网允许条件下启动不太频繁的功率不大的电动机。

（2）降压启动。对于启动频繁、容量较大的电动机，为了减少它的启动电流，应采用降压启动。降压启动是在电动机启动时设法降低启动电压，待启动过程结束后再恢复到额定电压。由于降低了启动电压，也就减少了启动电流。因为力矩和电压平方成正比，所以启动力矩也显著减少。因此，降压启动只能用于空载或轻载情况下。

1）鼠笼型电动机的降压启动方式：

① 自耦变压器降压启动。自耦变压器又叫补偿器，适用于正常运行为 Y 接法的电动机启动。由于它不受电动机的电压和接法限制，电压降又可根据要求调节，所以应用十分普遍。

② 星形/三角形（Y/△）降压启动。它是改变电动机定子绕组的三角形连接为星形连接，使电压降低（由 380V 降为 220V），电流也随之减少。待电动机的转速升高后，再通过开关改接成三角形，恢复额定转速。

2）绕线型电动机的降压启动方式：

① 电阻器启动。绕线型电动机采用变阻器在启动前使电阻全部接入转子电路，启动后将电阻切除。这种启动不但能减少启动电流，还能增大启动转矩。启动方法简单易行，但其机械特性较差，只适于较小容量的电动机使用。

② 频敏变阻器启动。频敏变阻器启动是一种无触点电阻元件，把它接在绕线型电动机转子电路中，在启动过程中因其阻抗是随转子电流频率的降低而减小，因此能自动地使电动机平稳启动。频敏变阻器简单、便宜，而且自动操作，启动平稳，使用较广泛，只是不能用来调速。

③ 变频调速。随着科学技术的日益先进，近年来，变频技术不断地应用于电动机中，它是采用在电动机的控制电路中加入变频器，通过改变控制电路中电源的频率，实现电动机的调速。变频调速可实现无级变速，运行平稳、速度快，效率高。是一种全新的技术。

电动机的启动设备的选择原则是：必须满足电动机的安全启动和正常运行，结构简单，操作方便，电能损耗小，价格低廉。

6. 电动机的使用与维护

（1）启动前的检查

① 了解电动机铭牌所规定的事项；

② 电动机是否适应安装条件、周围环境和保护形式；

③ 检查接线是否正确，机壳是否接地良好；

④ 检查配线尺寸是否正确，接线柱是否有松动现象，有无接触不好的地方；

⑤ 检查电源开关、熔断器的容量、规格与继电器是否配套；

⑥ 检查传动带的张紧力，是否偏大或偏小；同时要检查安装是否正确，有无偏心；

⑦ 用手或工具转动电动机的转轴，是否转动灵活，添加的润滑油量和材质是否正确；

⑧ 集电环表面和电刷表面是否脏污，检查电刷压力、电刷在刷握内活动情况以及电刷短路装置的动作是否正常；

⑨ 测试绝缘电阻；

⑩ 检查电动机的启动方法。

（2）启动时注意事项

① 操作人员应避开机组和传动装置，防止衣服和头发卷入旋转机械；

② 合闸要迅速果断，合闸后发现电动机不转或旋转缓慢、声音异常时，应立即拉闸，停电检查；

③ 使用同一台变压器的多台电动机，要由大到小逐一启动，不可几台同时启动；

④ 一台电动机连续多次启动时，要保持一定的时间间隔，连续启动一般不超过 3～5 次，以免电动机过热烧毁；

⑤ 使用星/三角启动或补偿启动器启动时，必须按规定顺序操作。

(3) 启动后的检查

① 检查电动机的旋转方向是否正确；

② 在启动加速过程中，电动机有无振动和异常声响；

③ 启动电流是否正常，电压降大小是否影响周围电气设备正常工作；

④ 启动时间是否正常；

⑤ 负载电流是否正常，三相电压电流是否平衡；

⑥ 启动装置是否正确；

⑦ 冷却系统和控制系统动作是否正常。

(4) 运转体的检查

① 有无振动和噪声；

② 有无臭味和冒烟现象；

③ 温度是否正常，有无局部过热；

④ 电动机运转是否稳定；

⑤ 三相电流和输入功率是否正常；

⑥ 三相电压、电流是否平衡，有无波动现象；

⑦ 有无其他方面的不良因素；

⑧ 传动带是否振动、打滑。

(5) 电动机的常见故障与处理方法

异步电动机常见故障与处理方法见表 2-10。

异步电动机常见故障及处理方法 **表 2-10**

故　障	原　因	排除方法
电动机不能启动	(1)电源未接通，绕组断路、短路、接地、接线错误； (2)控制设备接线错误； (3)熔体烧断； (4)绕线转子电动机启动时误操作； (5)过电流继电器整定值过小； (6)老式启动开关油杯缺油	(1)采用仪表检查，并进行修理处理； (2)校正接线； (3)查出故障后，按电动机规格配新熔体； (4)检查集电环短路装置及启动变阻器位置，启动时隔开短路装置、串接变阻器； (5)适当进行调大； (6)加新油，达到油面线止
电动机空载或加负荷时三相电流不平衡	(1)三相电源电压不平衡； (2)定子绕组有部分线圈短路，同时线圈局部过热； (3)重换定子绕组后，部分线圈匝数有错误或线圈之间的接线错误	(1)用电压表测量电源电压； (2)可用电流表测量三相电流或用手检查过热的线圈； (3)可用双臂电桥测量各相绕组的直流电阻，并按正确的接线法改正接线
电动机不能满载运行或启动	(1)保险丝松动，闸刀开关或启动设备触点损坏，造成接触不良； (2)把三角形接线为"Y"接线； (3)电源电压过低或负载过重； (4)鼠笼式转子绕组断裂； (5)被拖动的机械发生故障	(1)拧紧保险丝，修复损坏触点或更换新的启动设备； (2)按铭牌规定正确连接； (3)减少所拖的负载；调节电源电压； (4)焊接修补断裂处； (5)检查修理

续表

故　障	原　因	排除方法
电动机剧烈发热，有全部过热，也有局部过热	(1)电机的通风不好，电机受潮或浸湿后烘干不彻底； (2)电机周围环境温度过高； (3)电源电压较电动机的额定电压过高或过低； (4)更换线圈后的电机由于接线错误或绕制线圈时匝数错误； (5)在运转中的三相电动机一相短路，如电源断一相或电机绕组断一组； (6)定子铁心部分硅钢片之间绝缘漆不良或有毛刺； (7)由于转子在运转时和定子相摩擦致使定子局部过热； (8)定子绕组有短路或接地故障； (9)绕线型转子绕组的焊接点脱焊，因而转子过热，且转速和转矩出现显著降低	(1)应检查风扇旋转方向，风扇是否脱落，通风孔道是否堵塞，受潮后要彻底烘干； (2)应换以B级或F级绝缘的电机；或采用管道通风； (3)应调整电源电压。允许波动范围为±5%； (4)按正确图纸检查和改正； (5)分别检查三相电源电压和电机绕组； (6)拆开电机，检修定子铁心； (7)拆开电机，抽出转子，检查铁心是否变形，轴是否弯曲，端盖的止口是否过松，轴承是否磨损； (8)拆开电机，抽出转子，用电桥测量各相线圈或各元件的直流电阻，或用兆欧表测量对机壳的绝缘电阻，局部或全部更换线圈； (9)仔细检查各焊接点，将脱焊点重焊
集电环过热出现刷火	(1)电刷牌号不符； (2)电刷数目不够或截面积过小； (3)集电环椭圆或偏心； (4)集电环表面污垢，表面粗糙度不符合要求，导电不良； (5)电刷压力太小或刷压不均； (6)电刷被卡在刷握内，使电刷与集电环接触不良	(1)采用制造厂规定的牌号电刷或选性能符合制造厂要求的电刷； (2)增加电刷数目或增加电刷接触面积，使电流密度符合要求； (3)将集电环磨圆或车光； (4)清除污物，用干净布沾汽油擦净集电环表面，并消除漏油故障； (5)调整刷压，使其符合要求； (6)修磨电刷，使电刷在刷握内配合间隙正确
电动机内部冒火或冒烟	鼠笼式两级电动机在启动时由于启动时间较长，启动电流较大，转子绕组中感应电势较高，因而产生微小的火花，启动完毕后火花也就消失	这种火花对于电机的正常运行是没有妨害的，但必须经常检查有关部位的通风和散热是否良好
电动机不正常振动	(1)轴承磨损，轴承间隙不符合要求； (2)机壳强度不够； (3)铁心变椭圆形或局部突出； (4)转子不平衡； (5)基础强度不够，安装不平，重心不稳； (6)电扇片不平衡； (7)电动机绕组故障； (8)转轴弯曲、铁心松动； (9)联轴器或带轮安装不符合要求，齿轮接合松动； (10)电动机地脚螺栓松动	(1)更换轴承，调整间隙，使符合规定； (2)找出薄弱点，加固并增加机械强度； (3)车或磨铁心内、外圆； (4)紧固各部螺钉，然后进行校正平衡工作； (5)加固基础，将电动机地脚找平固定，重新找正，使重心平稳； (6)校正几何尺寸，找平衡； (7)采用仪表检查绕组有无短路、断路、接地、接错故障，查出后进行修理； (8)矫直转轴，紧固铁心和压紧冲片； (9)重新找正，必要时重新安装，检查齿轮接合，进行修理，并使其符合要求； (10)紧固电动机地脚螺栓，或更换不合格的地脚螺栓

续表

故　障	原　因	排除方法
电动机运行时噪声大和异响	(1)轴承间隙过度磨损,轴承有故障; (2)电源电压过高或三相不平衡; (3)定、转子铁心松动; (4)绕组有故障; (5)线圈重绕时,每相匝数不均,且槽配合不当; (6)轴承缺少润滑脂; (7)风扇碰风罩或风道堵塞; (8)气隙不均匀,定转子相擦	(1)检修或更换新轴承; (2)检查原因,并进行处理; (3)紧固铁心冲片或重新叠装; (4)用仪表检查后对故障线圈进行处理; (5)重新绕线,改正匝数,使三相绕组匝数相等,并重新校正定、转子槽配合; (6)清洗轴承,添加适量润滑脂(一般为轴承室的1/2～2/3); (7)修理风扇和风罩,使其几何尺寸正确,清理通风道; (8)调整气隙,提高装配质量
轴承过热	(1)装配不当使轴承受有外力; (2)轴承弯曲使轴承受有外界压力; (3)轴承内无润滑油,或轴承内的润滑油内有铁屑灰尘或其他脏物; (4)皮带过紧或其他连接器配合不好; (5)轴承滚珠、滚槽有斑痕或保护架磨损	(1)重新装配; (2)校正转轴; (3)用汽油清洗轴承注入新的润滑油,适量加入润滑油; (4)适当放松皮带,修理连接器; (5)更换轴承
电动机初次启动时响声大,启动电流大,且三相电流相差很大	定子三相绕组的6根引出线中有一相的起端和末端接反	先用兆欧表决定哪一对引出线是同一相的。再将任何两相绕组串联起来,接于电压较低的单相交流电源(电压约为电动机额定电压的40%左右)上,第三相绕组的两根引出线上接一只交流电压表或白炽灯泡(灯泡的电压应不低于第三相绕组的感应电压)。如果电压表指示读数或灯发光,即表示第一相绕组的末端和第二相绕组的起端是接在一起;如电压表没有指示读数或灯不发光,即表示第一相绕组的末端是和第二相绕组的末端接在一起。然后将第一相和第二相绕组的起端和末端做好标志,再用同样的方法决定第三相绕组的起端和末端

异步电动机故障一般可分为电气故障和机械故障两类。电气故障发生得较多，如电源问题，电机绕组短路、断路，缺相运行等等。表现为不能启动或转动很慢、运转中异常声响、局部过热甚至将绝缘烧坏等。机械方面的故障有轴承过热、损坏，转子扫膛，电机振动等。可用更换轴承、校直弯曲变形的转子轴等方法。

2.4.2 柴油机

柴油机作为内燃机的一种，在施工机械中应用极广，尤其是大型施工机械多以柴油机作为动力。本处着重介绍柴油机的构造、性能、使用保养及常见故障。

1. 柴油机的构成及其作用

一般柴油机由下列机械和系统组成：

(1) 机体

主要包括气缸盖、气缸体和曲轴箱。机体是柴油机各机构、各系统的装配基体。

（2）曲柄连杆机构

曲柄连杆机构是柴油机借以实现、完成能量转换，产生并传递动力的主要机构。通过它的工作循环，能将活塞在气缸中的往复运动变成曲轴的旋转运动而连续地输出动力。曲柄连杆机构主要由活塞组、连杆组和曲轴飞轮组等组成，图 2-53 和图 2-54 所示。

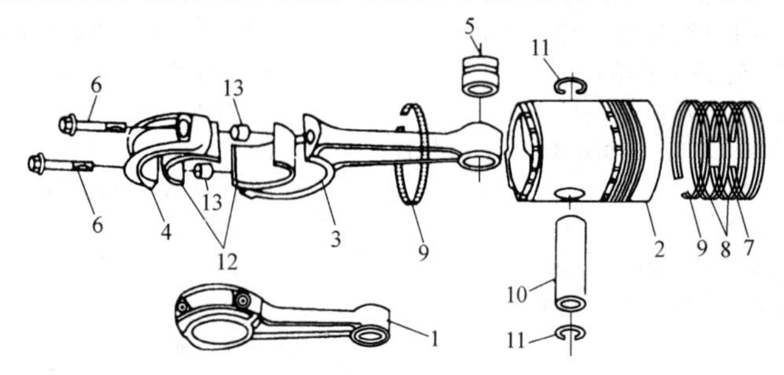

图 2-53　6135Q 型柴油机活塞组与连杆组的装配关系

1—连杆总成；2—活塞；3—连杆；4—连杆盖；5—连杆小端衬套；6—连杆螺栓；7—多孔镀铬气环；8—气环；9—油环；10—活塞销；11—挡圈；12—连杆轴瓦；13—定位套筒

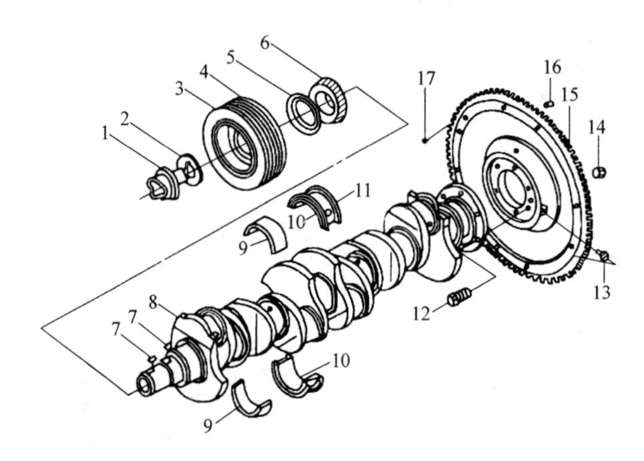

图 2-54　东风 CQ6100-1 型柴油机曲轴飞轮组

1—启动爪；2—锁紧垫圈；3—扭转减振器总成；4—皮带轮；5—挡油片；6—正时齿轮；7—半圆键；8—曲轴；9、10—主轴瓦；11—止推片；12—飞轮螺栓；13—油脂嘴；14—螺母；15—飞轮与齿圈；16—离合器盖定位销；17—六缸上止点标记用钢球

（3）配气机构

其功能是使燃油与空气所组成的可燃混合气在一定时刻被吸入气缸，并使燃烧后的废气在一定的时刻被排出气缸。配气机构主要由气门组和气门传动组等组成，如图 2-55 和图 2-56 所示。

（4）柴油机燃油供给系统

其任务是使将滤清的空气和燃料按照一定的供油规律，以高压、雾化的方式送入气缸。供给系统主要由燃油箱、柴油滤清器、喷油泵、喷油器、调速器等组成，如图 2-57 所示。

（5）润滑系统

其基本任务就是将机油不断供给各零件的摩擦表面，减少零件的摩擦和磨损，主要由机油泵、机油滤清器、机油散热器、机油温度表和机油压力表等组成，如图 2-58 所示。

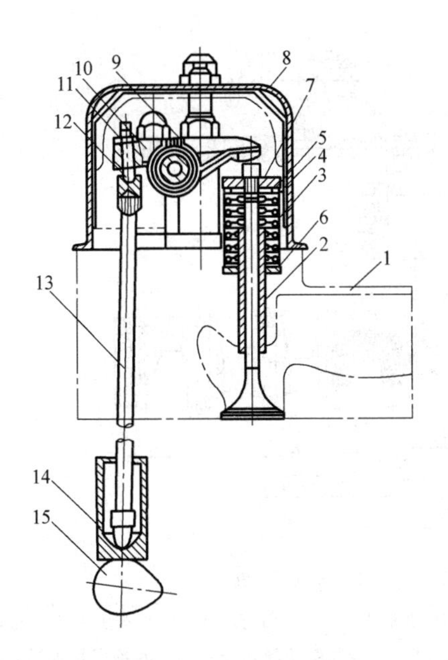

图 2-55　顶置式配气机构

1—气缸盖；2—气门导管；3—气门；4—气门主弹簧；5—气门副弹簧；6—气门弹簧座；7—锁片；8—气门室罩；9—摇臂轴；10—摇臂；11—锁紧螺母；12—调整螺钉；13—推杆；14—挺杆；15—凸轮轴

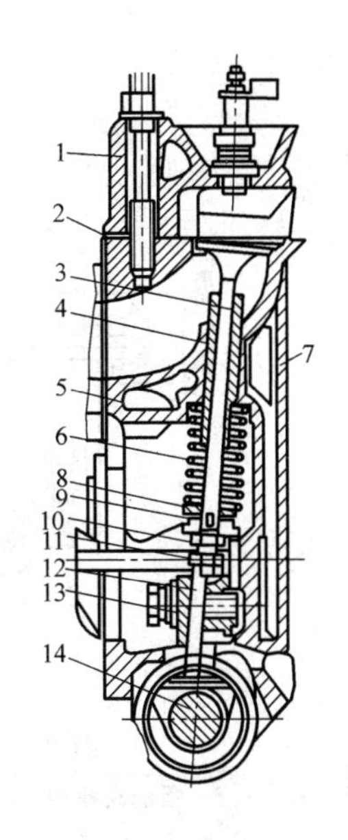

图 2-56　侧置式配气机构

1—气缸盖；2—气缸；3—气门；4—气门导管；5—气缸体；6—气门弹簧；7—气缸壁；8—气门弹簧座；9—锁销；10—调整螺钉；11—锁紧螺母；12—挺杆；13—挺杆导管；14—凸轮轴

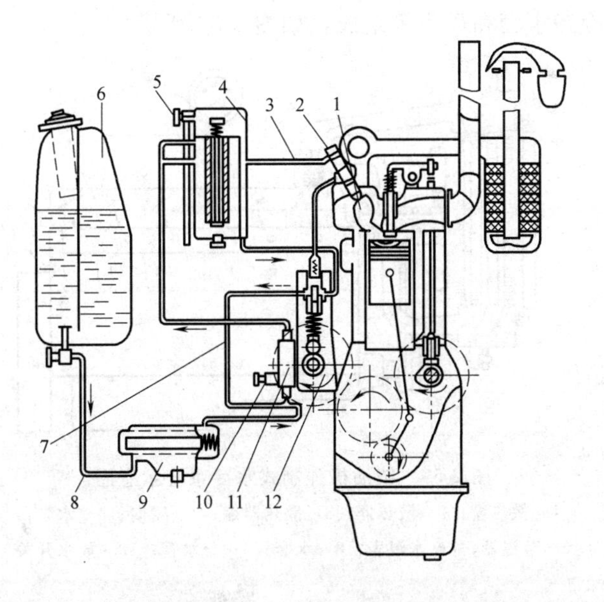

图 2-57　4125A 型柴油机燃油供给系统及配气机构示意图

1—涡流室；2—喷油器；3—排油管；4—细滤器；5—放气阀；6—油箱；7—回油管；8—油管；9—粗滤器；10—手动油泵；11—输油泵；12—喷油泵

(6) 冷却系统

其作用是保证柴油机正常的工作温度，既不过热也不过冷。柴油机的冷却方式有水冷

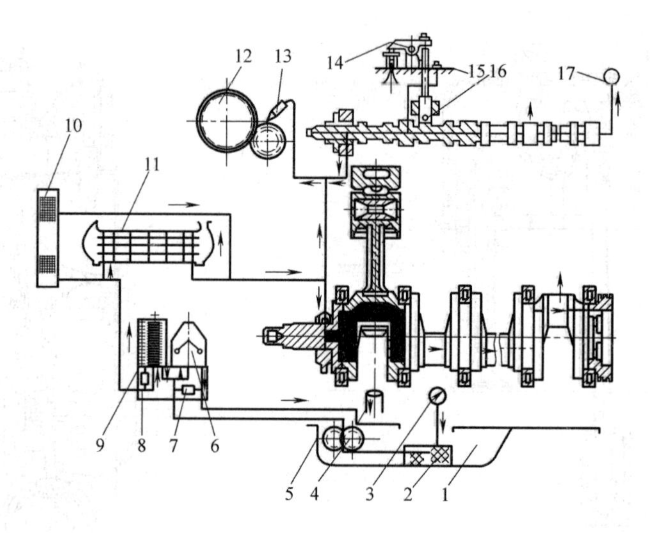

图 2-58　6135 型柴油机润滑系统简图

1—机油底壳；2—吸油盘滤网；3—温度表；4—加油口；5—机油泵；6—离心式机油滤清器；7—调压阀；8—旁通阀；9—刮片式机油粗滤器；10—风冷式机油散热器；11—水冷式机油散热器；12—齿轮系；13—齿轮润滑的喷嘴；14—摇臂；15—气缸盖；16—挺柱；17—机油压力表

和风冷两种。风冷式柴油机使用方便，启动时间短，故障少，冬天没有冻缸的危险，但驱动风扇所消耗的功率大，工作时噪声大，而且还有散热能力对气温变化不敏感等缺点，所以风冷式柴油机的应用没有水冷式柴油机普遍；水冷式柴油机设计了强制循环水冷系统，由水泵、散热器、冷却水套和风扇等组成，如图 2-59 所示。

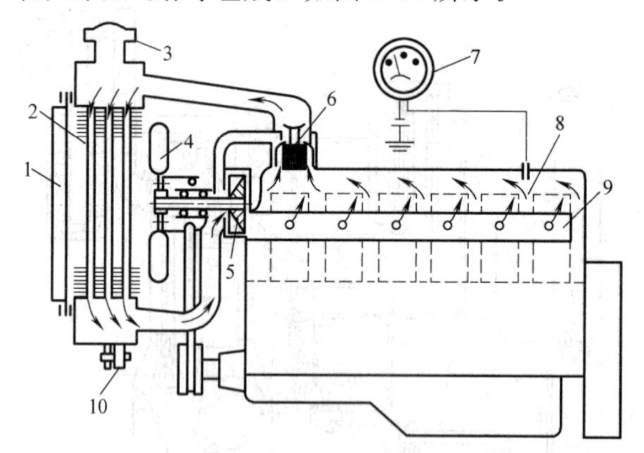

图 2-59　柴油机强制式水冷系统示意图

1—散热窗；2—散热器；3—散热器盖；4—风扇；5—水泵；6—节温器；7—水温表；8—水套；9—分水管；10—放水开关

（7）启动装置

是柴油机启动时，借助外力使曲轴连续转动直至气缸内的可燃混合气着火燃烧进入工作循环的装置。

柴油机启动时的最低曲轴转速称为启动转速。低于规定的启动转速时，由于气流速度低，可燃混合气形成不好，而且压缩行程时间长，气缸内气体漏失多，冷却系统吸收的热量多，使压缩气体的温度降低，柴油机难以启动。

内燃机的启动方法：柴油机有汽油机启动和小汽油机启动（附机启动）两种；汽油机有人力启动和电动机启动两种。小汽油机启动的主要缺点是结构复杂，价格高，而且启动较麻烦。

2. 柴油机的工作原理

（1）四行程柴油机的工作原理

四行程柴油机的一个完整的工作循环包括进气、压缩、做功和排气四个行程，图 2-60 为单缸四行程柴油机的工作原理图。

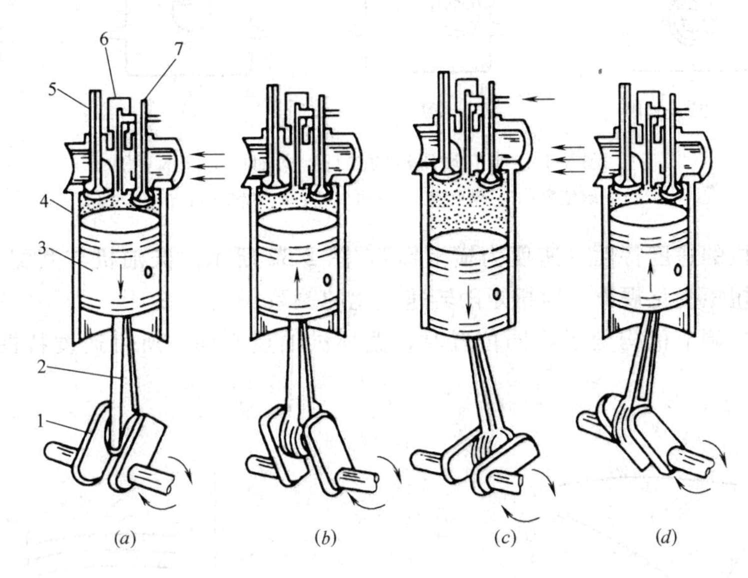

图 2-60　四行程柴油机工作原理

(*a*) 进气；(*b*) 压缩；(*c*) 做功；(*d*) 排气

1—曲轴；2—连杆；3—活塞；4—气缸；5—排气门；6—喷油嘴；7—进气门

（2）二行程柴油机的工作原理

是曲轴转一圈即活塞往复运动两个行程完成一个工作循环的内燃机。与四行程柴油机的主要区别是省去了单独的进、排气行程，靠气缸中部沿气缸四周开有的进气孔进气，而进气孔的开闭则是靠活塞上下移动位置的变化来控制的。

二行程柴油机的排气机构有两种常见的形式：一种在气缸盖上设有排气门；另一种在气缸中部比进气孔略高的部位四周开有排气孔，也是依靠活塞上下移动位置控制开、闭的。图 2-61 为带有增压装置的二行程柴油机的工作示意图。

3. 柴油机的性能指标

表示内燃机性能指标的主要参数有：有效功率 N_e、扭矩 M_e、转速 n、燃油消耗率 g_e 等。这些参数可用试验方法测得，并用平面坐标曲线图表示出来，称为内燃机的特性曲线。内燃机常用的特性有速度特性、负荷特性和调速特性。

（1）速度特性

当供油量调节机构位置一定时，柴油机的功率、扭矩、耗油率等指标随转速变化的关

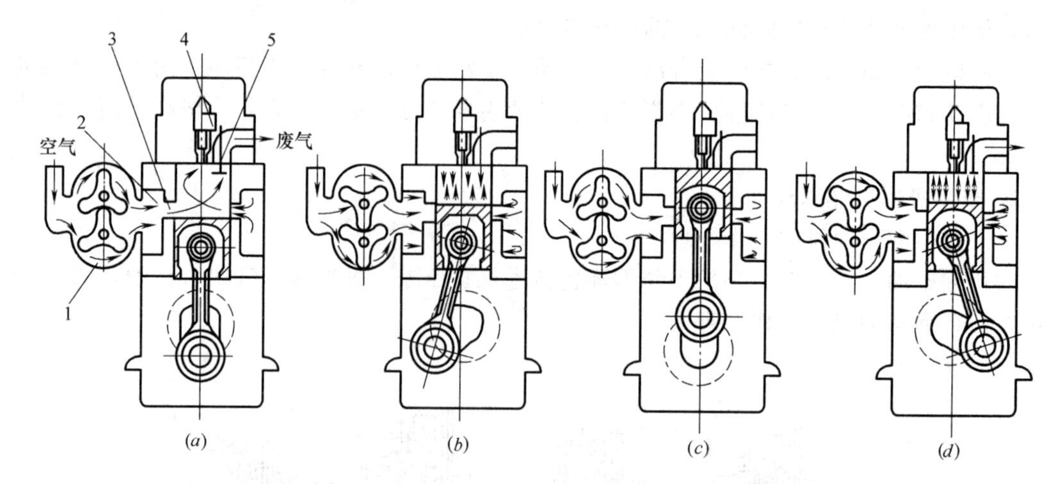

图 2-61 带有增压器的二行程柴油机工作示意图

1—增压器；2—空气室；3—进气孔；4—喷油器；5—排气门

系称为柴油机的速度特性（速度为横坐标），图 2-62 所示。柴油机与其配套机械工作时，最常用的是扭矩变化规律，即扭矩随转速变化的关系。

当供油量调节机构处于不同位置时，循环供油量不同，所得速度特性也不同，如图 2-63所示。

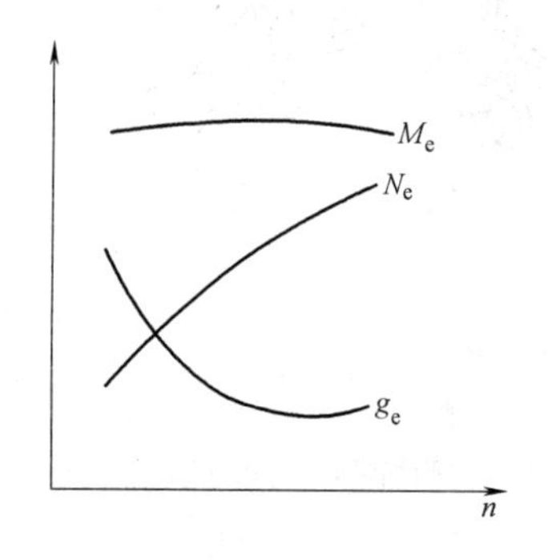

图 2-62 供油量调节机构处于一定位置时柴油机的速度特性

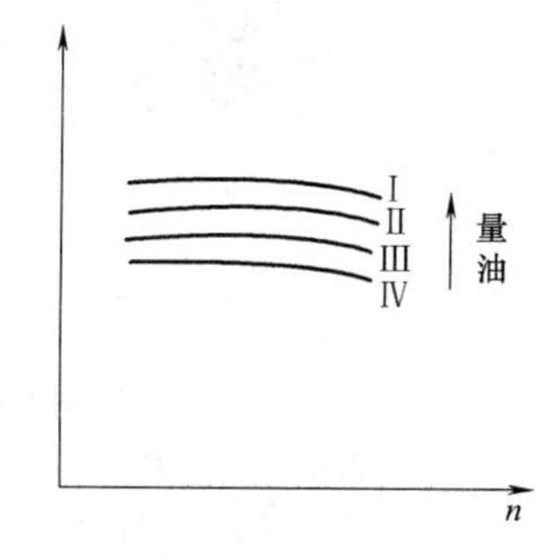

图 2-63 供油量调节机构处于不同位置时所得的速度特性曲线组

① 扭矩 M_e 的变化。在无任何损失的理想情况下，如每个工作循环内的供油量保持不变，则柴油机所做的功应相等，扭矩与做功的大小成比例，因此速度特性曲线中的扭矩为一条近似的水平直线。

② 功率 N_e 的变化。柴油机的有效功率随转速而倍增，最大功率在最大转速范围内。如转速继续增高时，由于燃烧情况恶化，摩擦损失增大，功率反而下降。

③ 燃油消耗率 g_e 的变化。转速从小逐渐增大，燃油消耗率随着下降，但到一定（中等）转速时，燃油消耗率最低，此后随着转速增高而逐渐增大。因此，可以得到一个与最小燃油消耗率相对应的转速。

速度特性曲线显示了柴油机的最大功率、最大扭矩、最小燃油消耗率所对应的转速；以及不同转速下，柴油机所能发出的功率、扭矩及燃油消耗率等。从中可选择柴油机最有利的转速范围和适应性。

柴油机的适应性可用适应性系数来表示，即

$$K=\frac{M_{emax}}{M_e}$$

式中　K——适应性系数；

M_{emax}——最大扭矩，N·m；

M_e——最大功率时的扭矩，N·m。

柴油机适应性系数越高，用以克服外界负荷（阻力矩）的能力贮备越大，使用时的适应性也越强（在外界负荷增大时保持柴油机一定转速）。一般柴油机的适应性系数为1.05～1.10，采用校正措施时，可提高到1.1～1.24左右。

（2）负荷特性

图2-64为柴油机负荷特性曲线（转速保持不变，负荷功率为横坐标）。从图中可以看出，耗油量 G_T 随负荷的增加而增加，在中小负荷时为正比关系。而耗油率 g_e 的变化为一条向下弯的曲线，并且靠近全负荷时为最小值 g_{emin}，说明内燃机在接近满载时最经济，因为此时的耗油率最低。此外，在负荷特性曲线中还有排气温度 t_T 曲线，这个温度曲线表示内燃机热负荷的情况。排气温度的高低是判断内燃机能否正常可靠地工作的一个重要指标。

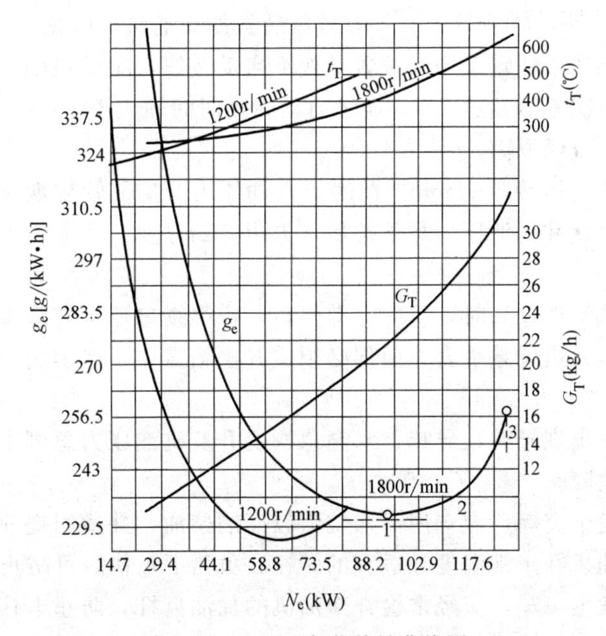

图2-64　柴油机负荷特性曲线图

（3）调速特性

在调速器的作用下，柴油机扭矩、功率、燃油消耗率等性能指标随转速而变化的关系称为调速特性。调速特性的表现形式随调速器的不同作用而有所差异。现以建筑机械柴油机普遍装用的全制式调速器作说明。

图2-65所示为装有全制式调速器6120型柴油机的调速特性，图中1为柴油机外特性曲线（又称全负荷的速度特性，这时调速器不起高速作用），曲线2～7相当于调速手柄处

于不同位置时的调速特性。当手柄固定在最高转速位置时（和曲线 7 相对应），如外界负荷为零，调速器将油量控制在使柴油机处于高速空载工况下工作。当负荷增加，转速略有下降时，调速器使供油量调节拉杆向加油方向移动，从而阻止转速下降。继续增加负荷，调速器供油量相应增加，从而使柴油机在高速下稳定运行，即在整个变载过程中，柴油机沿曲线 7 工作。当负荷增加到调速器已使供油量达最大值时，如外界负荷继续增加，因调速器不再起作用，从而使柴油机转速明显下降，此时柴油机沿外特性曲线 1 工作。

改变调速手柄位置，柴油机就在另一相应转速下稳定运行，对应于另一条调速特性。

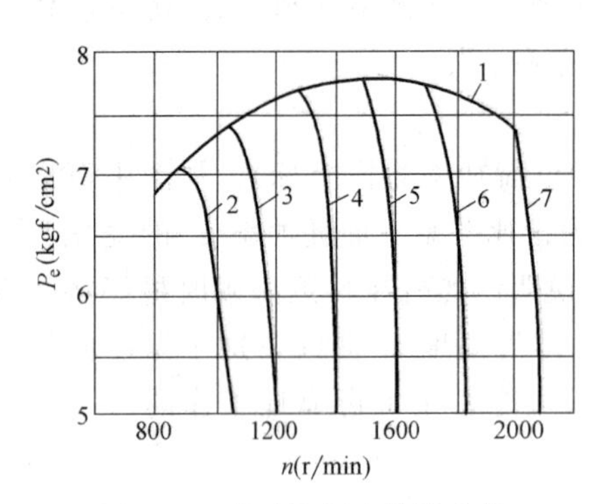

图 2-65　柴油机调速特性曲线

4. 柴油机的使用与维护

（1）使用要点

① 正确启动

ⅰ柴油机作业前重点检查曲轴箱内润滑油油面在标尺规定范围内；冷却系统水量充足、清洁、无渗漏，风扇三角胶带松紧合适；燃油箱油量充足，各油管及接头处无漏油现象；各总成连接件安装牢固，附件完整、无缺。

ⅱ柴油机启动前，离合器应处于分离位置，有减压装置的柴油机，应先打开减压阀。

ⅲ启动时，将调速手柄置于中间位置，按下启动按钮，柴油机随启动机运转。启动时启动机的啮合时间每次不得超过 10s，连续启动间隔时间须大于 2min。若连续 3 次不能启动，就应切断电路，查明原因。

ⅳ启动后，应低速运转 3～5min，此时，机油压力、排气管排烟应正常。各系统管路应无泄漏现象；待温度和机油压力均正常后，方可开始作业。

② 安全运行

ⅰ作业中柴油机温度过高时，不应立即停机，应继续怠速运转降温。当冷却水沸腾需开启水箱盖时，操作人员应戴手套，面部必须避开水箱盖口，严禁用冷水注入水箱或泼浇机体强制降温。

ⅱ柴油机运行中出现异响、异味、水温急剧上升及机油压力急剧下降等情况下，应立即停机检查并排除故障。

ⅲ防止柴油机发生突爆，应选用十六烷值较高的柴油，并适当提前供油角，使着火落后期缩短。保持柴油机在正常温度和适宜的转速、负荷下工作，可防止或减轻突爆。

ⅳ防止柴油机发生飞车，应经常检查柴油机的加油齿杆，防止卡住、咬死。如发生飞车，应迅速挂低速挡制动使柴油机憋熄火；或关闭柴油开关，同时打开排除空气开关，以停止供油。

③ 正确停机

ⅰ停机前应先逐渐减荷，降低转速，卸荷后怠速运转 3～5min，待水温降至 60～70℃以下时再停机。停机前，不允许突然加大油门等无益的操作。

ⅱ有减压装置的柴油机，不得使用减压杆进行熄火停机。

ⅲ排气管向上的柴油机，停机后应在排气管口上加盖。

ⅳ停机后，应进行检查、清洁。注意柴油箱燃油不得放尽，以免空气进入供油系统。

④ 在寒冷季节的正确使用：

ⅰ当室外温度低于5℃时，在室外运行的水冷式柴油机停止使用后，应及时放尽机体存水。放水时应待水温降到50～60℃时进行，柴油机应处于水平状态，拧开水箱盖并打开缸体、水泵、水箱等所有放水阀，确保放净存水。

ⅱ根据柴油机工作的环境温度选用正确牌号的柴油和机油，详见表2-11和表2-12。

环境温度条件选择适用的机油 **表2-11**

使用环境温度	>－10℃	<－10℃
应选用机油的牌号	15W/40	5W/30

环境温度条件选用不同品牌号轻柴油 **表2-12**

使用环境气温	>4℃	4～－5℃	－5～－14℃	－14～－29℃
应选用柴油牌号	0号	－10号	－20号	－30号

ⅲ冷却液按规定必须使用防冻液，防冻液应具有防冻、防止积水垢、防止冷却系统零件气蚀和防止冷却系统零件腐蚀等作用。

ⅳ在没有保温设施情况下启动柴油机，应将水加热到60～80℃时再加入柴油机冷却系统，并可用喷灯加热进气歧管。不允许用拖顶机械的方法启动柴油机。

ⅴ无预热装置的柴油机，可在工作完毕后，将曲轴箱内润滑油趁热放出存入清洁容器，启动时再将容器加温到70～80℃后将油加入曲轴箱。

ⅵ柴油机启动用的蓄电池，应保持电液相对密度不低于1.25，发电机电流应调整到15A以上。

⑤ 在夏季或热带地区工作时应注意：

ⅰ避免冷却系统的过热，要经常检查皮带的松紧程度，防止皮带松弛、打滑，影响冷却效果。

ⅱ如柴油机发生“开锅”切勿立即停车或加注冷却水，而应怠速运行几分钟，待冷却水降温至适当温度后方可停车，否则会因温度变化过快产生缸盖、机体变形、开裂等故障。检查开锅是否因气阻等原因造成。

（2）维护与保养

柴油机在使用过程中各个零部件必然会产生不同程度的磨损，这是正常现象；有时还会产生某些故障和机械损伤，这就要求定期给予维护和保养。如不按规定进行维护和保养，柴油机的性能会恶化，可靠性降低，甚至发生严重的事故。

在购买零配件时必须采用正规厂家鉴定认可的配套产品，以确保其功能可靠和使用寿命。柴油机磨合结束后必须进行一次全面认真的保养，保养的内容有：

1）检查和调整气门间隙，排除漏水、漏油、漏气等故障。

2）检查和调整供油提前角和喷油器开启压力。

3）检查冷却液容量并加足，检查和调整风扇和发电机皮带的松紧程度，紧固冷却管道管夹。

4）清洗输油泵进油滤网和滤杯内的滤网以及柴油滤清器滤芯等，如污染严重或损坏则必须更换。

5）更换机油和机油滤清器，若采用一次性机油滤清器则与机油同时更换。更换时应在柴油机热状态下放尽陈旧机油。在新机油滤清器的密封垫表面涂上清洁机油，安装到机油滤清器座上用专用工具拧紧。

5. 常见故障及排除

柴油机的常见故障主要有：①柴油机不能启动或启动困难；②工作不平衡，时有间断爆发；③发生敲击现象；④柴油机动力不足；⑤机油无压力或压力不足；⑥机油消耗过大；⑦柴油机温度过高；⑧排烟不正常；⑨飞车；⑩突然停车等。产生这些故障的原因及排除方法见表 2-13。

柴油机常见故障与处理方法 **表 2-13**

故障	原　因	排除方法
不能启动	(1)柴油机不能转动或旋转无力。蓄电池电力不足,接线柱与导线接触不良;启动电机电刷与整流子接触不良,电刷磨损弹簧压力不足;启动电动机轴承磨损过大;电枢与激磁线圈短路;启动按钮损坏、接触不良,继电器短路(断路)、接触不良	(1)更换电力充足的蓄电池或增加蓄电池并联使用,清理接线柱并涂凡士林．紧固接头;擦净整流子表面,修理或更换电刷,调节弹簧压力或更换弹簧;更换轴承;排除短路;修理或更换
	(2)启动电动机上的齿轮与飞轮齿圈咬合不上。启动电机离合片扭矩不够;启动电机齿轮钢套松脱;传动齿杆折断;与柴油机齿圈中心线不平行	(2)增加离合器垫片并调整好;检修钢套;更换齿杆;重新安装调整
	(3)排气管无烟或有时冒小股烟。无燃油;燃油管路有水分,油内有水;喷油嘴阻塞;喷油压力太低;滤清器阻塞;喷油时间过迟或过早;燃烧室内积油太多	(3)添加燃油或打开关闭的油箱阀门;检查并排出油箱底部杂质和水分;清洗喷油嘴、清洗滤清器;调好喷油提前角度;排尽积油
	(4)排白色浓烟,但不能启动。气温太低,预热不充分;供给系统管路中有空气;喷油嘴质量不好;进气量不足	(4)按低温环境下的电机启动要求操作;使用低温蓄电池;充分预热整机;预热进气等;检修漏气部位,排除系统内空气;检查清理或更换;检查、清洗或更换空气滤清器
工作不平衡,时有间断爆发	(1)各缸供油量不均匀,喷油间隔不一致、喷油泵体内零件损坏或卡住,各缸压缩力不一致	(1)检查各缸工作情况并调整;检修油泵、调整泵体内杆、弹簧等零件、更换密封件
	(2)燃油质量不好或油中有水	(2)检查,必要时更换
	(3)燃油供给系统漏气,冷却水漏入气缸	(3)检查裂纹或连接不紧密处;排除空气;更换已损坏的零件
	(4)调速器工作不正常	(4)调整修理
	(5)气门间隙不对	(5)检查调整
发生敲击现象	(1)喷油提前角过大	(1)调整喷油提前角
	(2)气门、连杆轴承、曲轴主轴承、齿轮轴、活塞销等处间隙过大	(2)调整间隙,更换已磨损的零件
功率不足	(1)供油量不足;燃油滤清器或输油管受阻;喷油泵、喷油嘴零件磨损严重,压力不够	(1)清洗;检修更换磨损件,调整喷油压力
	(2)空气滤清器堵塞	(2)清洗

续表

故障	原　因	排除方法
功率不足	(3)喷油提前角不正确	(3)检查调整
	(4)柴油机转速太低	(4)调整调速器弹簧弹力
	(5)气门弹簧坏	(5)更换调整
	(6)气缸压缩不良	(6)检修、调整气缸套、垫、盖、活塞环、气门及相关零件间隙,拧紧连接螺丝或更换已损坏的零件
机油无压力或压力不足	(1)油底壳中机油太少,机油太稀	(1)加注机油或更换
	(2)油压表等失灵	(2)清洗油管、检查电路、更换损坏的仪表等
	(3)油道进气、受阻,或机油压力调节器的油门阻塞、弹簧折断	(3)清洗油道、油门,更换清洁机油,更换损坏了的零件
	(4)机油泵齿轮、各轴瓦等间隔太大	(4)调整间隙,或更换机油泵
	(5)油管接头不紧,油道有裂纹	(5)检修油管、油道,紧固或更换
机油耗量太大	(1)活塞与气缸等处间隙增大	(1)更换活塞环等磨损件
	(2)活塞环胶结、装反或损坏	(2)清洗、调整、更换
	(3)机油压力过高	(3)调整压力调节器,检修有故障的压力表,更换黏度太高的机油
	(4)柴油机温度过高	(4)检查、加注冷却水,提高散热效率
	(5)油管漏油	(5)紧固接头,更换油管
柴油机温度过高	(1)冷却水量不足或存在漏水	(1)加冷却水,清洗冷却系统或检修
	(2)散热功能差	(2)排除积水,清除散热器上的污物
	(3)长期超负荷运行	(3)降低负荷
	(4)积温器等失灵	(4)更换
	(5)机油黏度太高,润滑不良	(5)更换机油
排烟不正常	(1)排黑烟(燃烧不良);负载过大;柴油质量差;各缸供油量不同;喷油器滴油或雾化不良;喷油时间过晚;空气滤清器阻塞	(1)减轻负载,适当调整减速器;更换;调整;更换喷油器磨损件;调整喷油提前角;清洗
	(2)冒白烟(燃烧室温度太低);柴油机预热不够;燃油内有水,气缸垫密封不严等;喷油时间太早;气缸压缩不良	(2)预热,并逐渐增加负载;更换燃油、更换气缸垫、改善密封性能;调整喷油提前角;见“功率不足”部分的相应处理方法
	(3)冒蓝烟(气缸内有机油燃烧);空气滤清器等处加机油太多;活塞、活塞环磨损过多;零件配合间隙过大	(3)放出多余机油;检修、更换活塞、活塞环;调整有关零件的配合间隙
飞车	(1)调速器工作不正常,齿杆卡死在最高速位置	(1)检修调速器,检修、清洗齿杆
	(2)调速弹簧折断,供油量过大	(2)检修更换,减少供油量
	(3)柴油中混入汽油	(3)更换燃油
突然停车	(1)断油	(1)加燃油,或疏通油路
	(2)连杆轴瓦与曲轴咬死	(2)检修或更换

2.5 常用机械传动

建筑机械传动的方式主要有机械的、液压的、气压的及电力的等，其中机械传动是一种最基本的传动。机械传动有如下三方面的作用：①传递运动和动力（将动力装置发出的运动和动力传给工作装置和行走装置的各执行机构）；②改变运动形式（如将电动机的回转运动变成直线往复运动）；③调节运动速度和方向（将动力部分的运动速度和方向改变为执行机构所需要的运动速度和方向。通常，传动系统根据执行机构的需要可有增速、减速、变速、反向、离合等作用）。

传动系统是机械的一个很重要的组成部分，它对机械工作质量的好坏，劳动生产率的高低，使用和维修都有很大影响。本节将简介机械上常用的带传动、链传动、齿轮传动、蜗轮蜗杆传动、铰链四杆机构传动和液压传动。

2.5.1 带传动

1. 带传动的组成与原理

带传动由机架、两个皮带轮（主动轮和从动轮）和紧套在两个轮缘上的传动皮带组成（图 2-66）。由于传动皮带张紧在带轮上，当主动轮转动时，皮带与主动轮、从动轮之间的摩擦力就驱使带运动，因此，带传动是依靠皮带与皮带轮之间的摩擦力来传递功和运动。

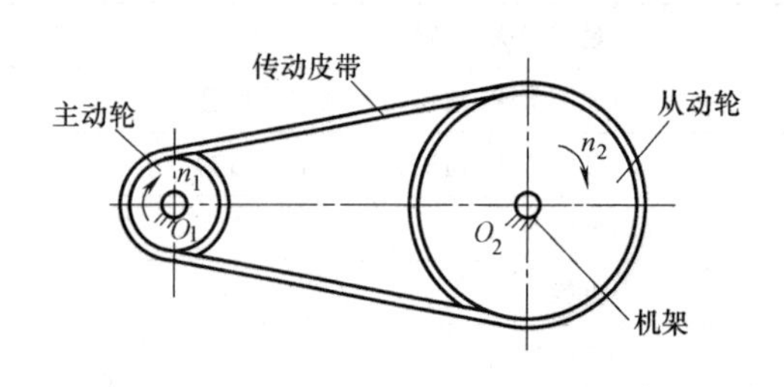

图 2-66　皮带传动简图

2. 传动的类型及使用特点

传动带按带的截面形状的不同分平带、三角带、圆带和同步齿形带的带传动三种形式。由于三角带与带槽的楔紧作用，在皮带预紧力相同的条件下，能产生较平带更大的（约三倍）摩擦力，故在建筑机械的动力传递上，三角皮带传动要比平带传动得到更为广泛的应用；由于平带具有更好的挠曲性能和好的扭转性，故平带传动多用于增速传；圆带传动常用于传递较小功率的地方；同步齿形带传动一般用于要求传动比准确的地方。

与其他传动形式相比，皮带传动具有以下特点：

1）适用于中心距较大的两轴间的传动；

2）当过载时，带与带轮间出现打滑，从而可防止机器中其他零件损坏，起过载保护作用；

3）带传动结构简单，制造、安装精度要求低，成本低；

4）带是弹性体，所以能缓和冲击和吸收振动；

5）由于带与带轮之间存在弹性滑动，所以不能保证准确的传动比；

6）带的寿命较短，传动效率较低；

7）带与带轮间需要较大的压力，并且需要张紧，因此对轴的压力较大；

8）由于皮带有摩擦起电的可能性，因而不能用于容易发生燃烧或爆炸的地方。

皮带传动所能传递的功率范围通常在 40kW 内。其工作速度一般在 25m/s 以下，少数达到 30m/s。因为速度过高，皮带会产生离心力，不但会使皮带伸长，而且降低了皮带与皮带轮之间的摩擦力，从而降低传递功率。

3. 带传动的传动比

传动比是主传动轴的转速 n_1 与从动轴的转速 n_2 之比（图 2-66），用 i 表示，即：

$$i=\frac{n_1}{n_2}$$

在皮带传动中，当不考虑皮带和皮带轮之间的弹性滑动时，传动比也等于从动带轮的直径 D_2 与主动带轮的直径 D_1 之比，

$$i=\frac{n_1}{n_2}=\frac{D_2}{D_1}$$

皮带传动的传动比一般为：三角皮带传动的最大传动比为 $i=7$，机械效率为 $\eta=0.95\sim0.96$；平皮带传动的最大传动比为 $i=3$。机械效率 $\eta=0.92\sim0.98$。

4. 带传动的张紧装置

带传动是依靠摩擦力来传递动力的，因此带传动应设有带张紧的装置，以张紧皮带，保持皮带与皮带轮之间适当的压紧力。常用的张紧装置有以下几种型式：

(1) 定期张紧装置

它是用定期改变中心距（图 2-66 中的 O_1O_2 距离）的方法来调整带的张紧初拉力的。如图 2-67 (*a*) 所示的定期张紧装置，电动机固定在滑轨 1 上，要调节张紧初拉力时，先松开地脚螺栓 2，旋转调节螺钉 3，推动电动机在滑轨上移动，使带达到所需的张紧程度后，再拧紧螺栓 2；图 2-67 (*b*) 所示的张紧装置，则是把电动机 2 放在可摆动的平板 1 上，只要拧动调螺钉，即可调节带的张紧程度。

(2) 自动张紧装置

如图 2-68 所示，将装有带轮的电动机安装在浮动的摆架上，利用电机的自重，使带轮随同电动机绕固定轴摆动，以自动保持张紧力。

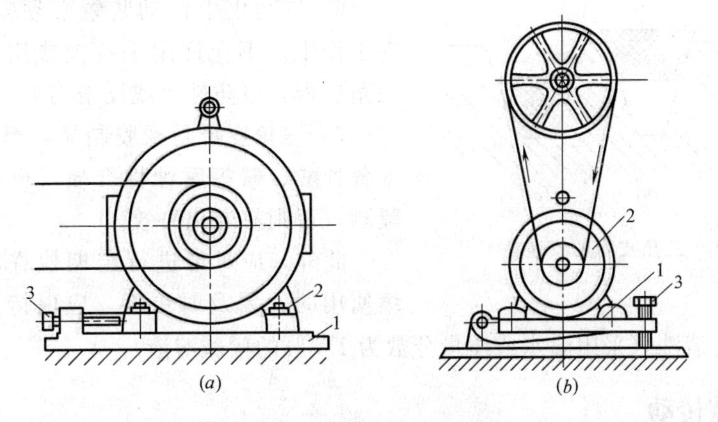

图 2-67 带的定期张紧装置

(3) 采用张紧轮的张紧装置

当中心距不能调节时，可采用张紧轮将带张紧。张紧轮可放在带的松边外侧接近小带轮处，见图 2-69 (*a*)，这样可增大小带轮的包角，以增加摩擦力。如果考虑到带的寿命，也可将张紧轮放在带的松边内侧接近大带轮处，见图 2-69 (*b*)，这样使带只受单向弯曲。

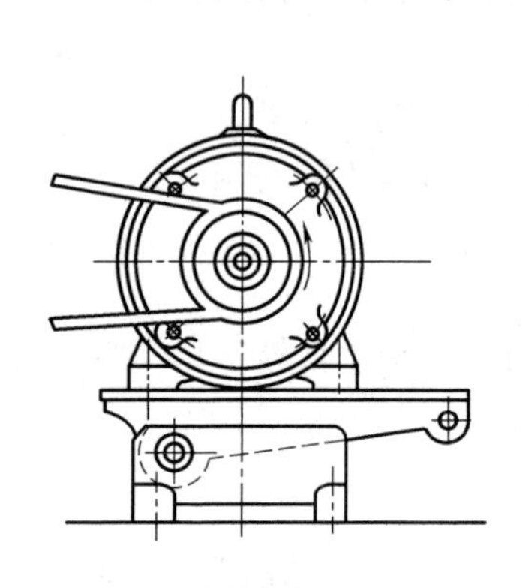
图 2-68　带的自动张紧装置

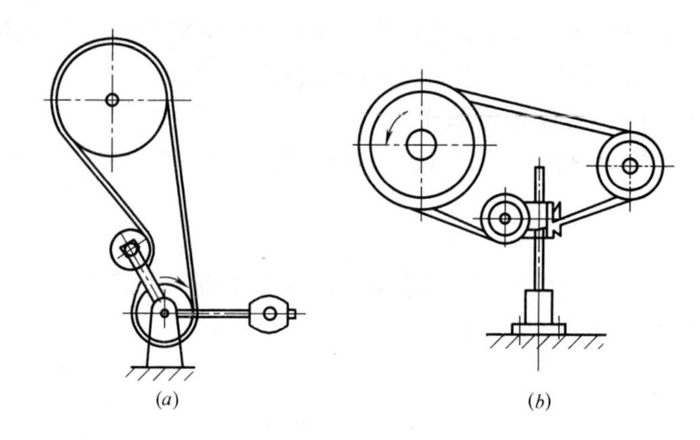

图 2-69　应用张紧轮的方法

5. 带传动的使用和维护

1）使用三角皮带传动时，两轮的轴线必须平行，端面与中心线应垂直，且两轮对应的轮槽须在同一平面内，否则会加剧三角皮带的磨损，造成三角皮带扭转和使轴承受附加载荷。

2）三角皮带的型号必须与轮槽的型号一致，使三角皮带在槽内处于正确位置，如图 2-70（*a*）所示；否则会减少接触面而降低传动能力，失去三角皮带传动摩擦力大的优点，如图 2-70（*b*）和（*c*）所示的三角皮带型号选择有错。

3）三角皮带装上后，应予以张紧。一般在中心位置，用大拇指能压下 15mm 左右为宜。同时各皮带的张紧程度应一致，否则载荷分布不均，会降低其传动能力。

4）皮带传动装置应配备自动张紧装置或做成中心距可调整的形式。

5）成组使用的三角皮带长度应一致。如果其中一根或几根皮带损坏，要成组更换，不可只换损坏的，否则会使新带加快损坏。

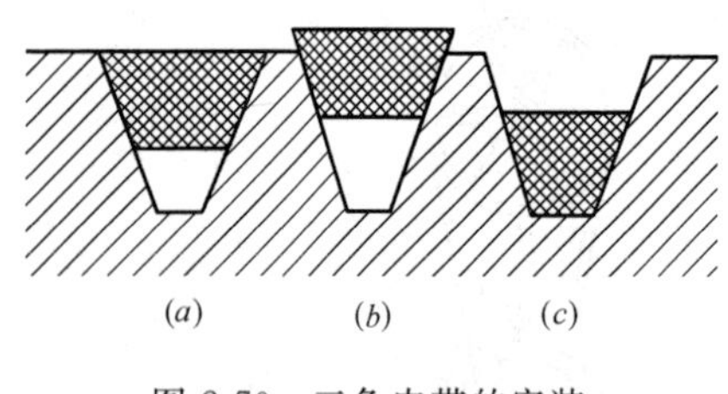

图 2-70　三角皮带的安装

6）三角皮带传动装置必须安装防护罩壳。在工作中，不允许用手抚摸或用其他物体敲击三角皮带，以防轧手或反击伤人。

7）三角皮带是橡胶制品，严禁接触矿物油或各种酸、碱等腐蚀性介质，也不宜在日光下曝晒，否则易老化失效。

此外，应对带进行定期检查，发现不能继续使用时，要及时更换。应保持皮带清洁，发现油污．要及时清洗（采用温水或质量分数为 1.5％的稀碱溶液）。

2.5.2　链传动

1. 链传动组成与工作原理

链传动是一种应用较广的机械传动。它由机架、装在平行轴上的主、从动链轮和绕在链轮上的环形链条所组成，如图 2-71 所示。链轮上具有轮齿，依靠链轮轮齿与链条的啮合来传递运动和动力，所以链传动是一种以链条作为中间挠性件的啮合传动。

2. 链传动的传动比

在某链传动中，设主动链轮的转速为 n_1，齿数为 z_1，从动链轮的转速为 n_2，齿数为 z_1，则链传动的传动比 i 为：

$$i=\frac{n_1}{n_2}=\frac{z_2}{z_1}$$

从上式可见，链传动的传动比，等于主动链轮的转速 n_1 与从动链轮的转速 n_2 之比，与其两链轮齿数 z_1、z_2 成反比。

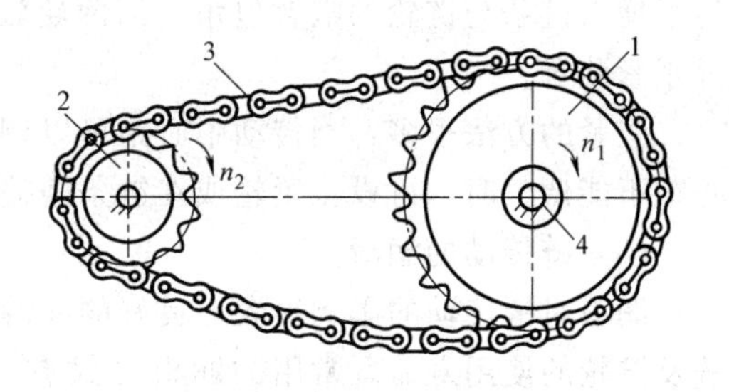

图 2-71 链传动

1—从动链轮；2—主动链轮；3—链条；4—机架

3. 链传动的类型与应用特点

链传动按用途不同可分为传动链、起重链、曳引链三种。传动链主要用来传递动力，通常在中等速度（$v\leqslant 20$m/s）下工作；起重链主要用于在起重机械中提升重物，其工作速度不大，一般小于 0.25m/s；曳引链主要用在运输机械中移动重物，其工作速度不大于 2.4m/s。

按传动链的结构不同，传动链分套筒滚子链和齿形链两种。齿形链传动比较平稳，承受冲击载荷的性能好，多用于高速或运动精度要求较高的传动装置中。但齿形链结构复杂，重量较大，价格较贵。而套筒滚子链结构简单，成本低，是目前应用最广泛的一种传动链。

与带传动相比，链传动具有以下特点：

1）由于是啮合传动，能传递较大的圆周力，而且两链轮的平均传动比恒定；

2）链条张紧力小，作用于轴上的压力也较小，故链传动能够在低速重载条件下使用；

3）传动效率较高，通常为 0.92～0.98；

4）可在工作条件恶劣，温度变化很大的场合下工作；

5）只能用于平行轴间传递运动和动力；

6）链传动瞬时传动比的变化会引起传动不平稳，高速运转时工作噪声大；

7）制造和安装精度高；

8）无过载保护作用。

链传动的多用于两轴平行，中心距较远，传动功率较大且平均传动比要求较准确，不宜采用带传动和齿轮传动的场合。例如矿山机械、农业机械、石油化工机械、运输起重机械和机床、摩托车及自行车机械传动上都有链传动的使用。

目前，链传动一般控制在功率为 $P\leqslant 100$kW；链速为 $v\leqslant 15$m/s；传动比为 $i\leqslant 8$；中心距为 $a\leqslant 5$～6m。

4. 链传动的布置、张紧及润滑

（1）链传动的布置

在链传动中，两链轮的转动平面应在同一平面上，两轴线必须平行，最好成水平布置。如需倾斜布置时，两链轮中心连线与水平线的夹角 α 应小于 45°。另外，链传动应使紧边在上，松边在下，这样可以避免由于松边的下垂使链条与链轮发生干涉或卡死。

（2）链传动的张紧

链传动的张紧目的，主要是避免链条的垂度过大造成啮合不良及链条的振动，同时也为了增大链条与链轮的啮合包角。当两轮轴心连线与水平面的倾斜角大于60°时，通常需设张紧装置。

张紧的方法很多，当传动中心距可以调整时，可通过调整中心距控制张紧程度，当中心距不能调整时，可设张紧轮或在链条磨损伸长后从中取掉1～2个链节。

(3) 链传动的润滑

润滑对链传动的影响很大，良好的润滑将减少磨损，缓和冲击，提高承载能力，延长链及链轮的使用寿命。常用的润滑方式有：油壶或油刷供油，滴油润滑，油浴或飞溅润滑，油泵润滑。

一般推荐采用的润滑油为L-AN32、L-AN46和L-AN68全损耗系统用油。环境温度高或载荷大的宜取黏度高的润滑油，反之宜取黏度低的。

2.5.3 齿轮传动

1. 齿轮传动概述

(1) 齿轮传动的工作原理与应用特点

齿轮传动是利用齿轮与齿轮的轮齿啮合来进行两轴间的运动和动力传递的，如图2-72所示。

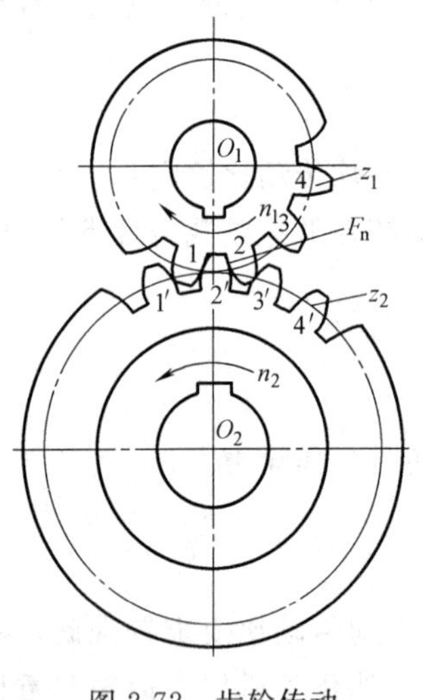

图2-72 齿轮传动

齿轮传动是机械传动中应用最广泛的一种传动形式，因为与其他机械传动相比，它具有如下应用特点：

① 能保证恒定的传动比，因此传递运动准确可靠，传动平稳；

② 传递功率和圆周速度范围广，功率可以从很小到几十万千瓦，圆周速度可由很低到100m/s以上；

③ 传动功率高，一般可达97%～99%；

④ 结构紧凑，工作可靠，使用寿命长；

⑤ 但齿轮制造工艺复杂，制造与安装精度要求高（制造与安装精度低时将产生较大的振动和噪声），因此成本较高；

⑥ 不宜用于轴间距离较远的传动；

⑦ 齿轮传动是属于刚性接触，工作时不能自行过载保护。

(2) 齿轮传动的类型

① 按照两齿轮轴的相对位置和齿向可分为如图2-73所示的若干类型。

② 按润滑方式可分为开式齿轮传动和闭式齿轮传动。开式齿轮传动为齿轮外露，容易受到尘土侵袭，润滑不良，齿轮表面磨损剧烈，一般多用于低速传动和要求不高的场合，如混凝土搅拌机拌筒上的大齿圈等；闭式齿轮传动是将齿轮、轴承等全部传动部件装在一密闭的、刚度较大的箱体内，并将齿轮浸入润滑油中一定深度，保证有较好的润滑和工作条件，多用于中、高速和重要的齿轮传动装置中，如卷扬机的减速箱等。

③ 按齿轮的齿廓曲线分，可分为渐开线、摆线和圆弧三种齿轮传动，其中以渐开线齿轮应用最广。

(3) 齿轮传动的传动比

如图 2-72 所示的一对齿轮传动中，设主动齿轮的转速为 n_1，齿数为 z_1，从动齿轮的转速为 n_2，齿数为 z_2，则齿轮的传动比为：

$$i=\frac{n_1}{n_2}=\frac{z_2}{z_1}$$

由上式说明一对齿轮的传动比是主动齿轮与从动齿轮的转速之比，与其齿数成反比。

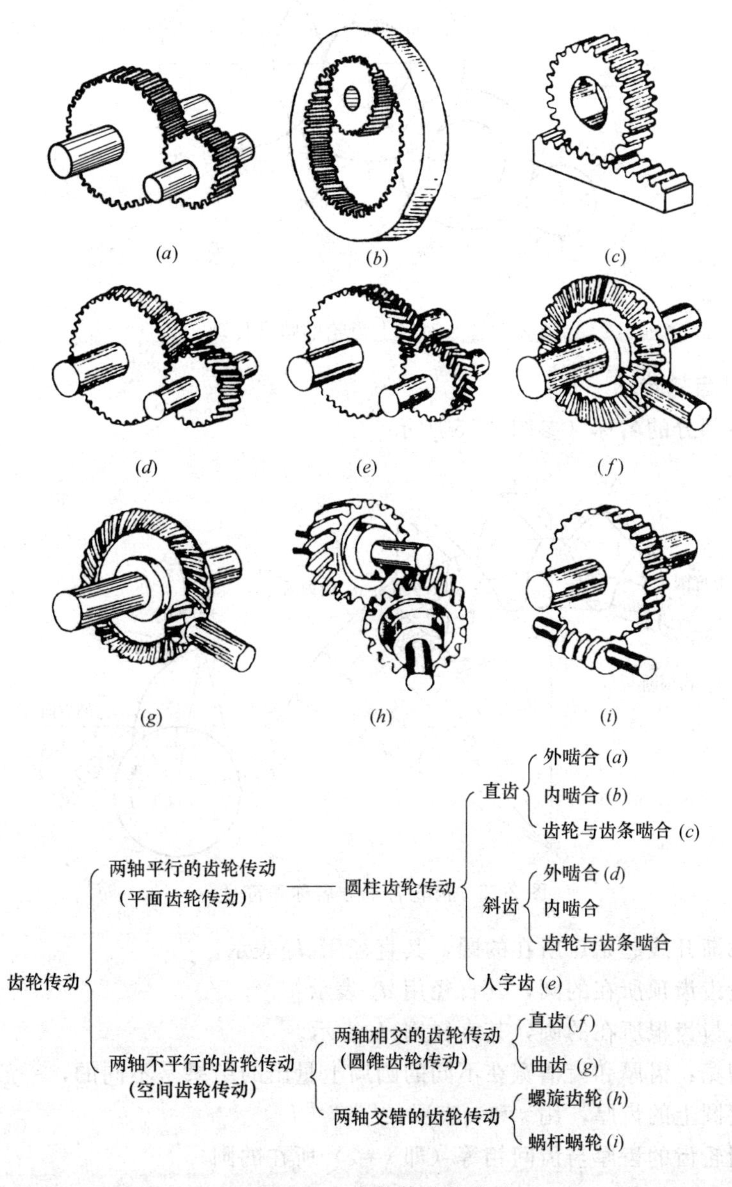

图 2-73　齿轮传动的分型

当有两对或两对以上齿轮啮合传动时，如图 2-74 所示，第一个主动轮转速与最后一个从动轮转速之比等于所有从动轮齿数的乘积除以所有主动轮齿数的乘积。即：

$$i=\frac{n_1}{n_f}=\frac{z_2 z_4 z_f}{z_1 z_3 z_5}$$

式中　i——总传动比；

n_1——第一个主动轮转速，单位为 r/min；

n_f——最后一个从动轮转速，单位为 r/min；

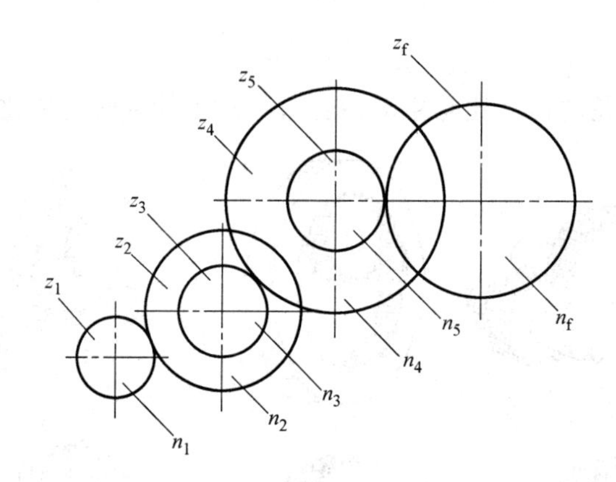

图 2-74　二对以上齿轮的啮合传动

2. 直齿圆柱齿轮传动

（1）齿轮各部分的名称（参图 2-75 所示）

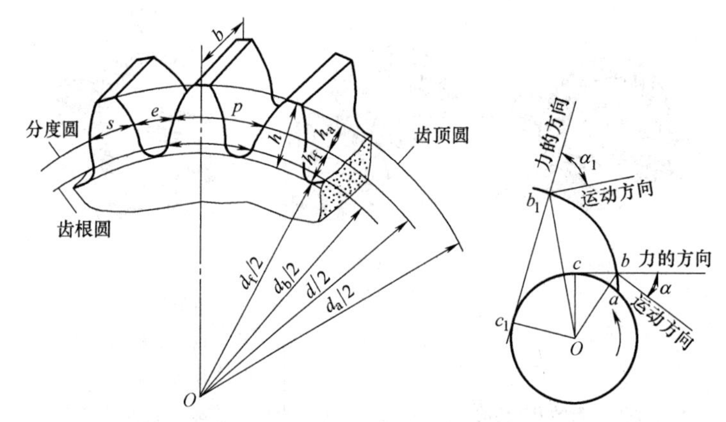

图 2-75　齿轮各部分名称和符号

基圆：齿廓渐开线起始点所在的圆，其直径用 d_b 表示。

齿顶圆：轮齿齿顶所在的圆，其直径用 d_a 表示。

齿根圆：轮齿齿根所在的圆，其直径用 d_f 表示。

齿厚和齿槽宽：齿厚和齿槽宽在不同的圆周上量出的结果是不同的，一般特指分度圆上的齿厚和分度圆上的齿厚，用 s 和 e 表示。

分度圆：指轮齿的齿厚与齿间相等（即 $s=e$）所在的圆。

齿间距：一般特指分度圆上的齿间，并以 e 表示。显然齿间距 $e=s+e$

齿顶高、齿根高和齿全高：轮齿上由分度圆到齿顶圆的径向距离称为齿顶高，用 h_a 表示；轮齿上由分度圆到齿根圆的径向距离称为齿根高，用 h_f 表示；齿根圆与齿顶圆之间的径向距离称为全齿高，用 h 表示。显然

$$h=h_a+h_f$$

(2) 直齿圆柱齿轮的主要参数及其对传动的影响

① 模数。是计算齿轮各部分尺寸的最基本参数，用 m 表示，单位是 mm。设分度圆直径为 d，齿距为 p，齿数为 z，则分度圆周长 $\pi d=zp$，可得

$$d=\frac{zp}{\pi}$$

由于 π 为无理数，为了计算和制造上的方便，令

$$m=\frac{p}{\pi}$$

并把它定为一个（一系列）有理数，作为计算齿轮各部分尺寸的基本参数，见表 2-14。如：$d=zm$；$p=\pi m$；等。

外啮合标准直齿圆柱齿轮几何尺寸计算公式 **表 2-14**

名　　称	代号	公式与说明
齿数	z	根据工作要求确定
模数	m	由齿轮的承载能力确定，并按表 2-14 取标准值
压力角	α	$\alpha=20°$
分度圆(节圆)直径	d	$d=mz$
齿距	p	$p=\pi m$
齿厚	p	$s=p/2=\pi m/2$
齿槽宽	e	$e=p/2=\pi m/2$
齿顶高	h_a	$h_a=h_a{}^* m$
齿根高	h_f	$h_f=(h_a{}^*+c^*)m$
全齿高	h	$h=h_a+h_f=(2h_a{}^*+c^*)m$
齿顶圆直径	d_a	$d_a=d+2h_a=(z+2h_a{}^*)m$
齿根圆直径	d_f	$d_f=d-2h_f=(z-2h_a{}^*-2c^*)m$
基圆直径	d_b	$d_b=d\cos\alpha=mz\cos\alpha$
中心距	a	$a=(d_1+d_2)/2=m(z_1+z_2)/2$

模数直接影响齿轮大小、轮齿齿形的大小和强度。对于相同齿数的齿轮，模数越大，齿轮的几何尺寸越大，齿形也越大，因此承载能力也越大。我国规定的标准模数系列，见表 2-15。

标准模数系列（单位：mm） **表 2-15**

第一系列	1	1.25	1.2	2	2.5	3	4	5	6
	8	10	12	16	20	25	32	40	50
第二系列	1.75	2.25	2.75	(3.25)	3.5	(3.25)	4.5	5.5	(6.5)
	7	9	(11)	14	18	22	28	36	45

注：1. 优先选用第一系列，括号内的值尽可能不用；

2. 此表适用于渐开线圆柱齿轮，对斜齿轮系指法向模数。

② 压力角。分度圆上的压力角称为齿轮的压力角，如图 2-75 所示，用 α 表示。我国规定标准压力角为 20°。压力角的大小与轮齿的形状有关，压力角小，轮齿根部较瘦，齿

顶较宽，轮齿的承载能力降低；压力角大，轮齿根部较厚，而齿顶变尖，承载能力较大，但传动较费力，所以规定 $\alpha=20°$较合适。

③ 齿顶高系数、顶隙系数。齿轮各部分尺寸一般都以模数作为计算基础，因此，齿顶高和齿根高可表示为

$$h_a = h_a^* m$$

$$h_f = (h_a^* + c^*) m$$

式中，h_a^* 和 c^* 分别称为齿顶高系数和顶隙系数，对于圆柱齿轮，其标准值为：

正常齿：$h_a^*=1$，$c^*=0.25$；

短齿：　$h_a^*=0.8$，$c^*=0.3$。

齿轮啮合传动时，齿顶的径向间隙为 $c^* m$，其作用是避免一齿轮的齿顶与另一齿轮的齿根槽底发生顶撞，并能贮存润滑油、冷却啮合面。

所谓标准齿轮就是齿轮的模数 m、压力角 α、齿顶高系数 h_a^* 和径向间隙系数 c^* 均取标准值，并且分度圆上的齿厚和齿槽宽相等的齿轮。

④ 齿数。齿轮整个圆周上轮齿的总数，用 z 表示。齿轮齿数由传动机构的传动比决定，齿数的多少会影响齿廓曲线的形状。在模数和压力角相同时，齿数越多，齿廓曲线越平直。对于标准齿轮，如果齿数太少，在加工时齿根处的渐开线部分会被刀具切掉，即产生根切现象。有根切的齿轮，工作时会影响齿轮的承载能力和传动的平稳性。因此规定，标准齿轮的最少齿数必须大于 17。

（3）齿轮正确啮合、连续传动的条件及正确安装的中心距

① 正确啮合的条件。一对标准齿轮能够正确啮合的条件是它们的模数必须相等，压力角相等，即

$$m_1 = m_2 = m;\alpha_1 = \alpha_2 = \alpha$$

不符合此条件，相啮合的齿轮轮齿将相互卡住而无法传动。

② 连续传动的条件。在齿轮传动中，当一对轮齿即将脱离啮合时，后一对轮齿必须进入啮合。否则，传动就会出现中断，发生冲击，无法保持传动的平稳性。为了保证传动连续平稳地进行，就要求一对齿轮在任何瞬时必须有一对或一对以上的轮齿处于啮合状态。而且，相啮合轮的齿数越多，传动的连续平稳性就越高，传载的能力也会增强。对于标准齿轮，一般都能满足在任何瞬时都有一对以上的齿啮合这一连续传动的条件。

③正确安装的中心距。一对模数相等的标准齿轮，由于其分度圆上的齿厚与齿槽宽相等，故正确安装时，两轮的分度圆相切，如图 2-76 所示。此时两齿轮的中心距 a 为

$$a = (d_1 + d_2)/2 = m(z_1 + z_2)/2$$

因此，一对标准齿轮正确安装的中心距应等于 a。如果安装中心距大于 a，会出现大的齿侧间隙，并使啮合轮廓线减少，造成传动平稳性下降，换向传动打齿、受冲击；中心距$<a$，则因两轮齿厚相卡而无法安装。

3. 斜齿圆柱齿轮传动

（1）斜齿圆柱齿轮传动的特点

斜齿圆柱齿轮实际上是将一个直齿圆柱齿轮沿轴线扭转了一个角度，其轮齿形状见图 2-77。它上面的轮齿可看成是按螺旋线的形式分布在圆柱体上。我们将分度圆圆柱上的螺

旋线和齿轮轴线方向的夹角称为斜齿圆柱齿轮的螺旋角。图 2-78 为斜齿轮沿分度圆圆柱面上的展开图，角 β 为齿轮的螺旋角。螺旋角 β 是斜齿轮的一个重要参数，β 角越大，则轮齿倾斜越大；当 $\beta=0$ 时，齿轮即为直齿圆柱齿轮。

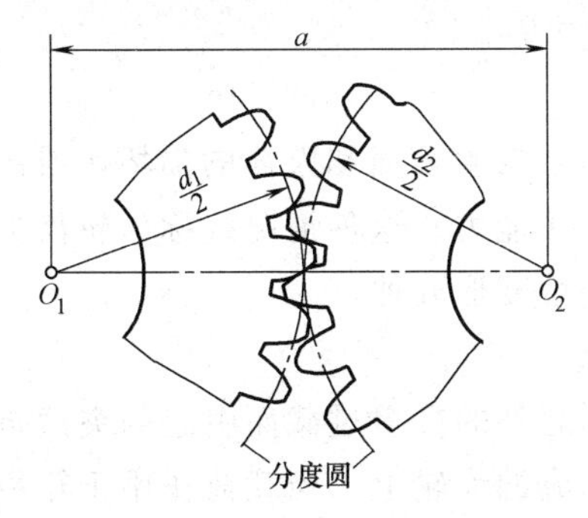

图 2-76　标准齿轮的中心距

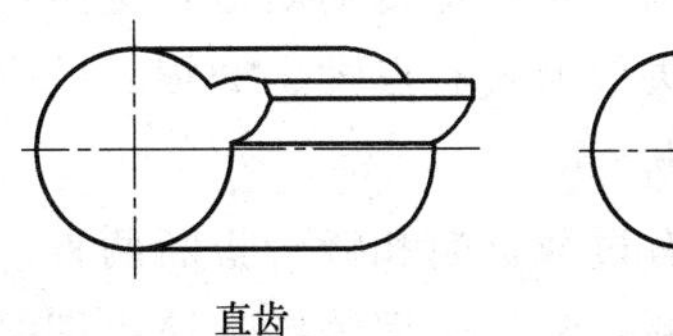
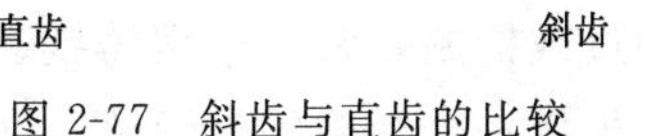

图 2-77　斜齿与直齿的比较

如图 2-79 所示，将一对斜齿圆柱齿轮齿面啮合的接触线与一对直齿圆柱齿轮齿面啮合的接触线进行比较，可以发现斜齿圆柱齿轮传动时，其接触线都是与轴线不平行的斜线(依次为 1、2、3、4、…)。且接触线的长短不一，从啮合开始到终了，接触线由零逐渐增大，到某一位置后又逐渐减小，直至脱离。因此，斜齿轮传动具有参加啮合的齿数较多，传动平稳，承载力高及轮齿受力由小到大、由大到小逐渐加载减载的特点。但斜齿圆柱齿轮传载时会发生附加的轴向分力，需要使用推力轴承，结构复杂，增加摩擦损失，使传递效率降低。为克服此缺点，可改用人字齿轮［见图 2-73 (*e*)］传动，见图 2-80 所示，使两边产生的轴向分力 F_a 相互抵消。但人字齿轮加工制造困难、精度较低，主要用于重型机构中。

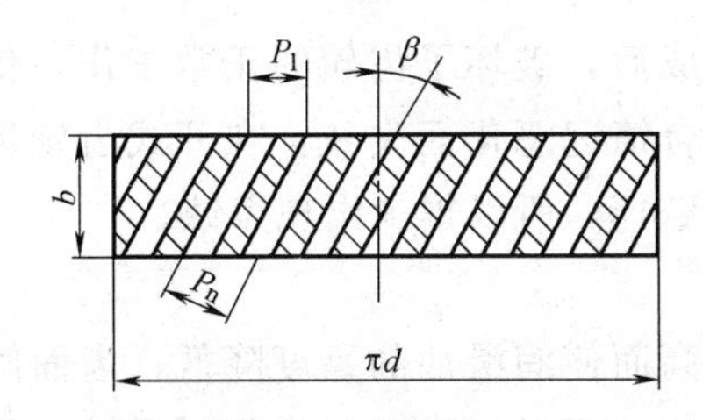

图 2-78　斜齿轮沿分度圆柱面展开图

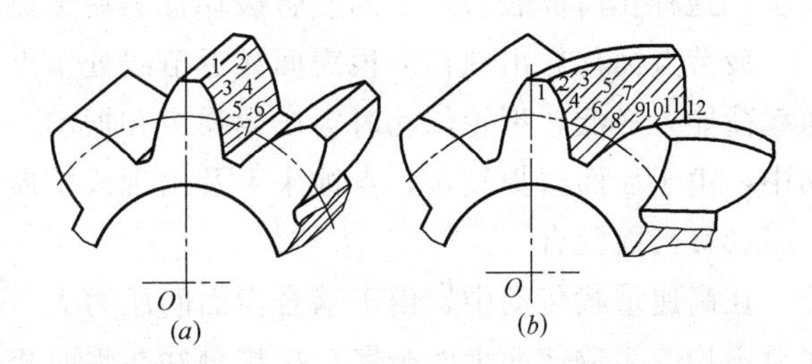

图 2-79　直齿圆柱齿轮与斜齿圆柱齿轮接触线的比较

(2) 斜齿圆柱齿轮的主要参数及啮合条件

① 螺旋角 β。前面已讲螺旋角 β 表示了斜齿圆柱齿轮轮齿的倾斜程度。β 越大，轮齿倾斜越大，传动平稳性越好，但轴向力也越大。一般斜齿轮的螺旋角 β 取 8°～15°。对于人字齿轮，因附加的轴向力可以抵消，β 可取 25°～45°。

② 模数 m。它有法面模数 m_n 和端面模数 m_t 之分，从加工的角度考虑，通常规定斜齿轮的法面模数 m_n 为标准值。

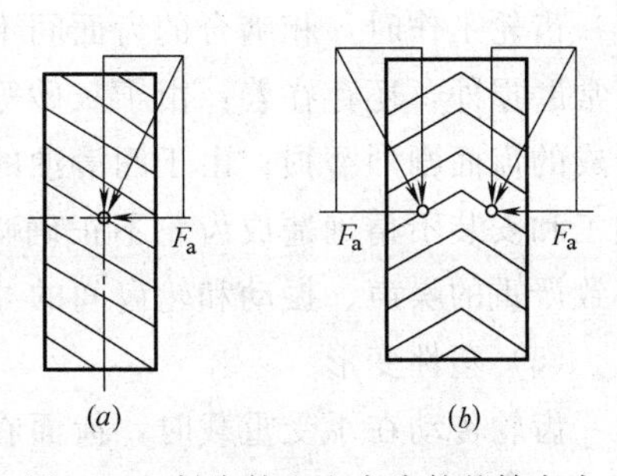

图 2-80　斜齿轮和人字齿轮的轴向力
(*a*) 斜齿轮；(*b*) 人字齿轮

③ 压力角 α。它也有法面压力角 α_n 和端面压力

角 α_t 之分。制造上规定法面压力角 α_n 为标准值。

④ 标准渐开线斜齿圆柱齿轮正确啮合的条件。条件为两轮的法面模数和法面压力角分别相等，两轮分度圆上的螺旋角大小相等，方向相反，即

$$m_{n1}=m_{n2}=m,\alpha_{n1}=\alpha_{n2}=\alpha,\beta_1=\beta_2$$

4. 常见轮齿失效形式

齿轮在工作中受到载荷的作用，其轮齿由于各种原因会发生表面和整体的损坏，或产生永久变形，以致严重降低传动质量，甚至使齿轮丧失工作能力。这种情况统称为轮齿失效。常见的轮齿失效形式有点蚀、磨损、胶合、折断和塑性变形五种。

(1) 轮齿折断

轮齿的折断有过载折断和疲劳折断两种。轮齿因受到意外的严重过载而引起的突然折断，称为过载折断，常见于用铸铁、淬火钢等脆性材料制成的齿轮上。当载荷作用于轮齿上时，轮齿像一个受载的悬臂梁，在齿根处受到较大的集中弯曲应力作用，当轮齿在多次重复受载后，齿根处将产生疲劳裂纹，随着裂纹的不断扩展，将导致齿轮折断，这种折断称为疲劳折断。

(2) 齿面疲劳点蚀

齿面疲劳点蚀是闭式齿轮传动中软齿面（硬度≤350HBS）齿轮传动的主要失效形式。齿轮在啮合传动时，由于齿轮材料在载荷作用下产生弹性变形，在啮合处形成的一条很窄的接触带上，将产生很大的接触应力。在齿轮啮合过程中，接触应力呈周期性变化。若齿面接触应力超过材料的接触疲劳极限时，在载荷多次重复作用下，齿面表层就会产生细微的疲劳裂纹，随着裂纹逐渐扩展，使表面金属产生麻点状的剥落，轮齿工作面出现细小的凹坑，这种在齿面表层产生的疲劳破坏称为疲劳点蚀。

疲劳点蚀首先出现在齿根表面靠近节线处。点蚀形成后，破坏了齿轮的正常工作，传递载荷能力降低，齿轮传动时会产生噪声和振动，使啮合情况恶化而失效。在开式齿轮传动中，由于齿面磨损较快，点蚀来不及出现或扩展而被磨掉，所以很少出现点蚀。

(3) 齿面胶合

在高速重载传动中，由于啮合齿面间压力大、温度高而使润滑油的黏度降低，齿面间润滑不均匀，致使两齿面金属直接接触并在瞬时相互粘连，同时两齿面又作相对滑动，较软的齿面沿滑动方向被撕下而形成沟纹痕迹，这种现象称为胶合。

(4) 齿面磨损

齿轮工作时，相啮合的齿面间不可避免地存在着相对滑动，因而产生磨损。除了这种正常磨损外，还存在着：由于灰砂等坚硬微粒进入啮合面所造成的磨料磨损；由于过载荷造成的齿面剧烈磨损；由于润滑油的酸度过高或化学不稳定的杂志引起的腐蚀磨损；由于加工和安装不精确造成齿轮不正确啮合的干涉磨损。齿面过渡磨损后，齿廓形状被破坏，导致严重的噪声、振动和轮齿间的冲击，以致折断，使传动失效。

(5) 塑性变形

齿轮传动在承受重载时，齿面在高压和很大摩擦力作用下工作，如果齿面的硬度较低，将会导致齿面局部的塑性变形，使齿面失去正确的齿形。当轮齿受到过大冲击载荷作用时，还会使整个轮齿产生塑性变形。

2.5.4 蜗杆传动

1. 蜗杆传动组成与工作原理

如图 2-81 所示，蜗杆传动是由蜗杆 1 和与它啮合的蜗轮 2 等组成，其传动实质上是在螺旋传动与齿轮传动的基础上发展起来的。常用的普通蜗杆是一个具有梯形螺纹的螺杆，蜗轮是一个在齿宽方向具有弧形轮缘的斜齿轮。

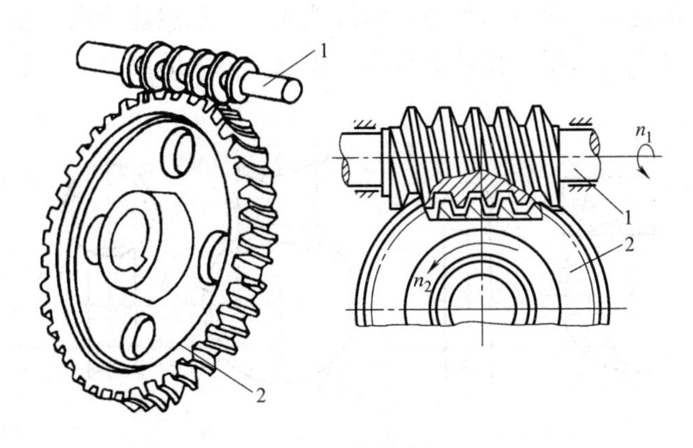

图 2-81　蜗杆传动

1—蜗杆；2—蜗轮

2. 蜗杆传动的传动比与传动的特点

在蜗杆传动中，是用蜗杆带动蜗轮传递运动和动力的。设蜗杆的头数为 z_1，转速为 n_1，蜗轮的齿数为 z_2，转速为 n_2。啮合时，蜗杆转一圈，蜗轮转动 z_1 个齿，故其传动比为：

$$i=\frac{n_1}{n_2}=\frac{z_2}{z_1}$$

蜗杆有如下传动的特点：

(1) 传动比大，结构紧凑。由于一般传动时，蜗杆的头数 $z_1=1$，所以蜗杆传动可获得很大的传动比，使机构的降速增扭作用大。反过来说，与圆柱齿轮传动相比，在相同的传动比条件下，蜗杆传动的结构要紧凑得多。

(2) 传动平稳、噪声小。由于蜗杆是连续的螺旋，齿的啮合是连续的，故传动甚为平稳，噪声也小，并可得到精微的传动位移。

(3) 具有自锁性能。当蜗杆的螺旋角小于啮合面的当量摩擦角时，蜗杆传动即有自锁性。此时只能由蜗杆带动蜗轮转动，而蜗轮上无论加多大的力，都不能带动蜗杆转动。在起重装置中，利用蜗杆传动的自锁特性，可使重物可靠地停止在空间的任一高度而不会因自重自动反转下落。

(4) 传动效率低，发热量大。当蜗杆头数 $z_1=1$ 时，蜗杆传动的传动效率约为 0.65～0.75；$z_2=2$ 时，效率约为 0.75～0.82；$z_1=3$～4 时，效率约为 0.82～0.92；具有自锁性能时，效率≤0.5。由于传动效率低，将引起发热量大，因此蜗杆传动要求有良好的润滑冷却，并不能传递太大的功率。

(5) 蜗轮制造要求高、价格贵。为了减少由于蜗杆传动时相对滑动引起的大磨损，蜗杆材料通常采用减摩性能好的贵重金属（青铜）制造；蜗轮、蜗杆的热处理要求高，制造费用较高。

3. 蜗杆传动的类型及使用情况

根据蜗杆形状的不同，蜗杆传动可分为圆柱蜗杆传动、圆弧面蜗杆传动和锥蜗杆传动三类，见图 2-82 所示。它们相比，圆柱蜗杆传动制造方便；圆弧面蜗杆传动具有接触齿数多、承载能力大、磨损小的优点；锥蜗杆传动，蜗杆偏置于蜗轮的侧面，具有同时啮合齿数多、接触线长的优点，使传动平稳、润滑性能好、承载能力高。由于圆弧面蜗杆和锥蜗杆制造困难、价格贵，只用于传动要求高，传载功率大的场合。一般情况都采用圆柱蜗杆传动。

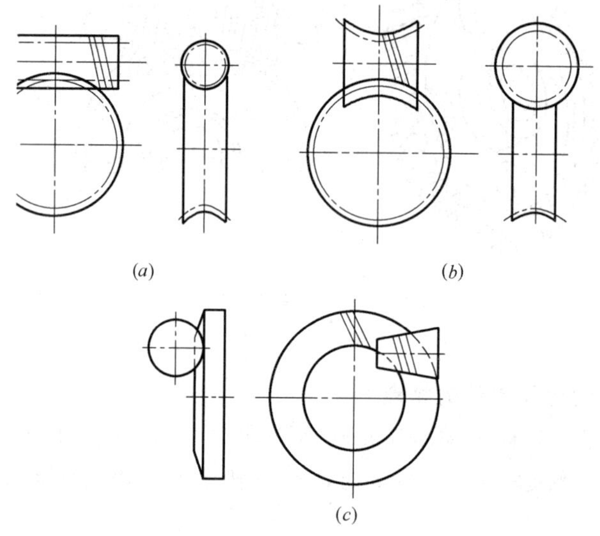

图 2-82　蜗杆传动的类型

(*a*) 圆柱蜗杆传动；(*b*) 圆弧面蜗杆传动；(*c*) 锥蜗杆传动

根据蜗杆齿在蜗杆上的旋向，可分为右旋蜗杆传动和左旋蜗杆传动，一般用右旋蜗杆传动。

4. 蜗杆传动的主要参数及对传动的影响

(1) 模数 m 和压力角 α。通过蜗杆轴线并与蜗杆轴线垂直的平面称为主平面。如图 2-83所示，在主平面内蜗轮与蜗杆的啮合就相当于渐开线齿轮与齿条的啮合。它们正确啮合的条件为蜗杆轴向模数 m_{a1} 和轴向压力角 α_{t1} 应分别等于蜗杆端面模数 m_{a2} 和端面压力角 α_{t2}，即

$$m_{a1}=m_{a2}=m;\ \alpha_{t1}=\alpha_{t2}=\alpha$$

(2) 蜗杆特性系数 q 和螺旋升角 φ。将蜗杆分度圆圆柱面展开，其螺旋线形成一直角三角形。图 2-84 为蜗杆的头数为 z_1 的展开图。图中 φ 为蜗杆分度圆圆柱上的螺旋升角，d_1 为蜗杆分度圆直径。显然螺旋升角 φ 与导程 z_1p_a 的关系为

$$\mathrm{tg}\varphi=\frac{z_1p_a}{\pi d_1}=\frac{z_1m}{d_1}\text{或 } d_1=\frac{z_1}{\mathrm{tg}\varphi}m=qm$$

式中 $q=\frac{z_1}{\mathrm{tg}\varphi}$，即是蜗杆特性系数。在规定标准模数的同时，规定 q 为标准值，可使蜗杆的

分度圆直径 d_1 系列化，从而减少了蜗轮滚刀的数目，便于将蜗轮滚刀标准化。

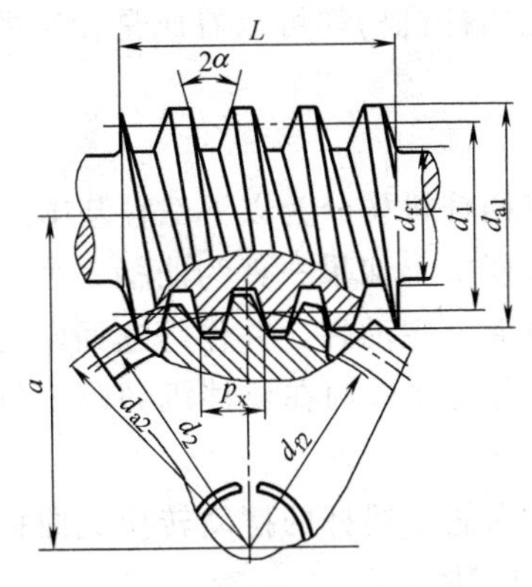

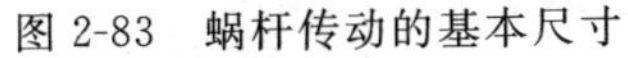
图 2-83　蜗杆传动的基本尺寸

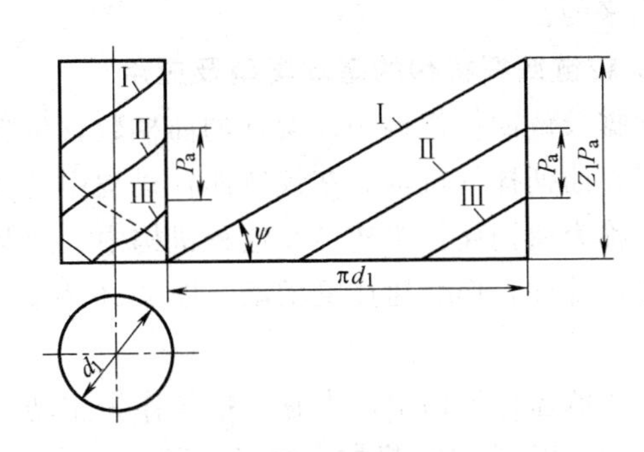

图 2-84　蜗杆的螺旋升角

由此可知，当 m 确定后，螺杆特性系数 q 越大，蜗杆分度圆直径 d_1 越大，蜗杆越粗，刚性越好，传载能力越强。但当蜗杆头数确定后，q 越大，蜗杆的螺旋升角越小，传热效率降低。因此，q 的选择应综合兼顾地考虑。

(3) 蜗杆的头数 z_1 和蜗轮齿数 z_2。螺杆头数 z_1 通常为 1～4。头数小，传动效率低，为提高效率，可采用多头蜗杆（z_1 取 2～3）。但蜗杆头数越大，制造越困难。在动力传动中，蜗轮齿数不宜太多，否则造成结构不紧凑。

已知传动比 i 后，推荐的 z_1 和 z_2 值可按表 2-16 选取

蜗轮蜗杆 z_1 和 z_2 的推荐值　　　　**表 2-16**

i	7～8	9～13	14～24	25～27	28～40	>40
z_1	4	3～4	2～3	2～3	1～2	1
z_2	28～32	27～52	28～72	50～81	28～80	>40

2.5.5　铰链四杆机构传动

1. 铰链四杆机构的组成

构件以四个转动副相连的平面四杆机构，称为平面铰链四连杆机构，简称铰链四连杆机构，见图 2-85 所示。

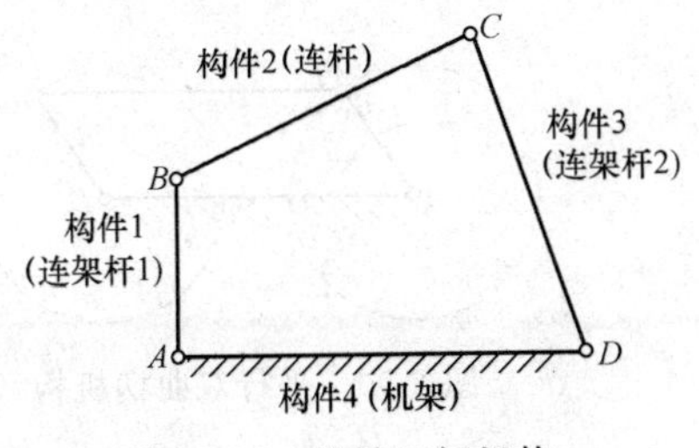

图 2-85　铰链四杆机构

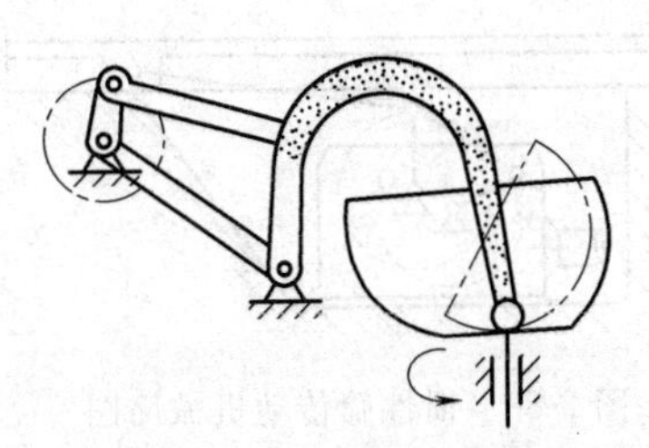

图 2-86　搅拌机的搅拌机构

在铰链四杆机构中，固定不动的构件 4 称为机架，不与机架直接相连的构件 2 称为连杆，与机架相连的构件 1、3 称为连架杆。在连架杆中，能做整周转动的连架杆称为曲柄；

只能在一定角度内（＜360°）作摆动的连架杆称为摇杆。

铰链四连杆机构是四杆杆机构的基本形式，其他四杆机构都可以看成是在它的基础上演化而来的。

2. 铰链四杆机构的基本类型及应用

根据铰链四杆机构中连架杆的曲柄数，可将铰链四杆机构分为以下三种基本形式：

（1）曲柄摇杆机构。在铰链四杆机构中的两连架杆中，如果一杆为曲柄，另一杆为摇杆，就称为曲柄摇杆机构。在这种机构中，通常以曲柄为主动件，并作等速回转运动，而摇杆作从动件，作变速往复摆动。图 2-86 和图 2-87 为这种机构在搅拌机和碎石机中的应用实例。

在曲柄摇杆机构中，也有将摇杆作为主动件的。它能将摇杆的摆动转换成曲柄的回转运动。图 2-88 为这种机构在缝纫机踏板系统中应用的实例。

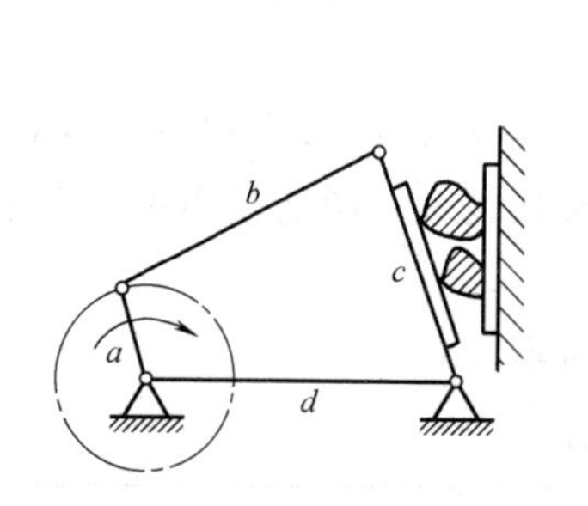

图 2-87　碎石机工作简图

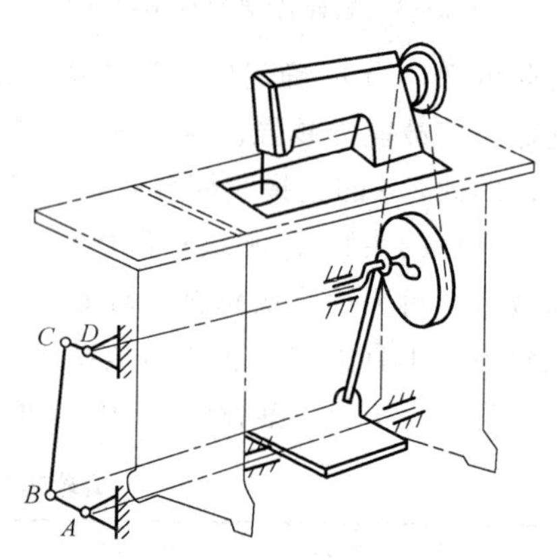

图 2-88　缝纫机踏板系统简图

（2）双曲柄机构。双曲柄机构是指两连架杆均为曲柄的铰链四杆机构。这种机构运动的特点是：若两曲柄长度不相等，一曲柄作等速旋转运动输入时，则另一曲柄将作变速的旋转运动输出。图 2-89 为其在惯性筛传动机构中的应用。若两曲柄长度相等，且连杆与机架的长度也相等，见图 2-90 所示（称为平行双曲柄机构），则可使相同方向转动的两曲柄的角速度（输入与输出角速度）始终保持相等，且连杆在运动中始终作平行移动。图 2-91所示的机车主动轮联动装就应用了平行双曲柄机构。

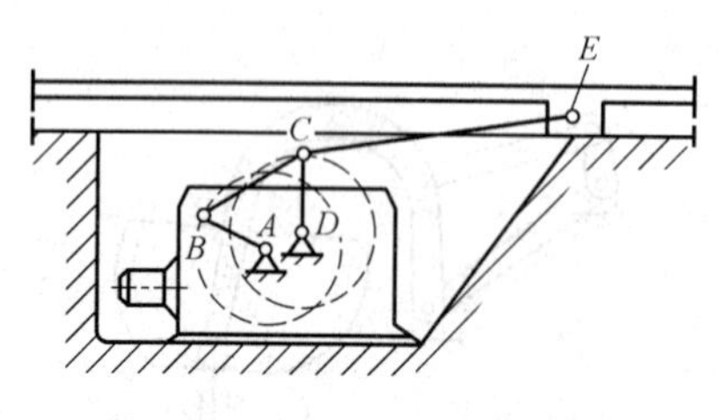

图 2-89　惯性筛传动机械简图

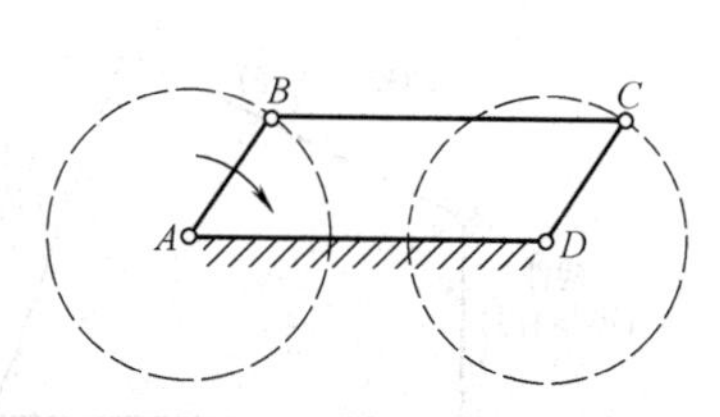

图 2-90　平行双曲柄机构

（3）双摇杆机构

双摇杆机构是指两连架杆均为摇杆的铰链四杆机构。图 2-92 所示的自卸载重汽车的翻斗机构就是双摇杆机构的应用。图中 AD 为机架，当液压油缸大腔进入压力油时，活塞杆伸出，推动连架杆 AB 向右摆动，并通过连杆 BC 作用使车身 CD 翻转，卸下货物。

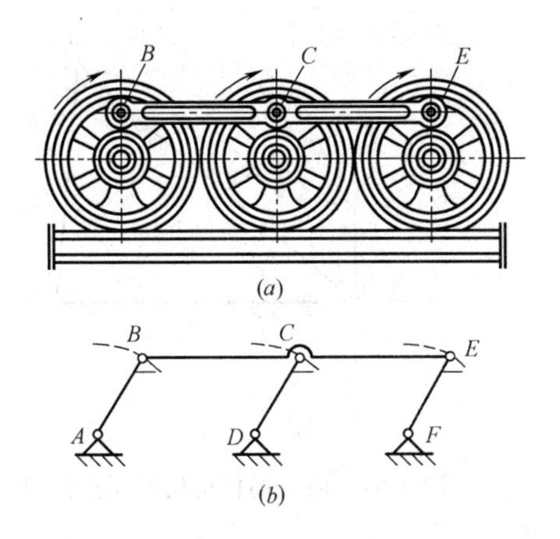

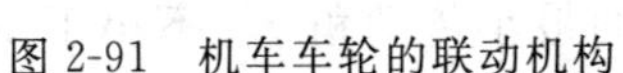

图 2-91　机车车轮的联动机构

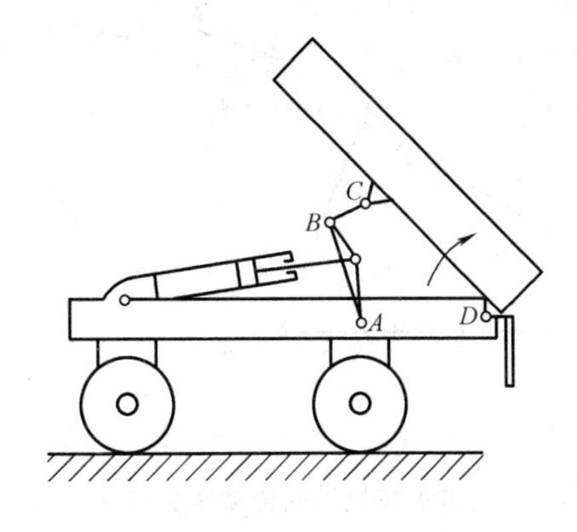

图 2-92　自卸载重汽车的翻斗机构

3. 铰链四杆机构中曲柄存在的条件

前面我们说到铰链四杆机构有曲柄摇杆机构、双曲柄机构和双摇杆机构三种不同的基本型式，怎样才能得到所需的类型呢？只要按照下列所述规律来选择机架杆件和选取各杆件的相对长度即可。

在铰链四杆机构中，当最短杆与最长杆长度之和大于其余两杆长度之和时，无论选择哪一个杆件作机架，都得不到曲柄，即都只能获得双摇杆机构；当最短杆与最长杆长度之和小于和等于其余两杆长度之和时，有下面三种情况：

（1）取与最短杆相邻的任一杆件为机架，则最短杆将成为曲柄，能得到曲柄摇杆机构；

（2）取最短杆为机架时，将得到双曲柄机构；

（3）取最短杆不相邻的杆件为机架时，得到的机构为双摇杆机构。

4. 铰链四杆机构的基本性质

（1）急回特性

当曲柄等角速度回转时，摇杆来回摆动的平均角速度不同，这种现象叫做急回特性。机构急回的程度可用急回特性系数 K 来反映，它是指摇杆来回摆动的行程速比。在生产中，利用急回特性，将慢行程作为工作行程，快行程作为空回程，则既能增大工作力，保证加工质量，又能提高生产效率。

（2）传动角

在机构传动时，不仅要保证实现预定的运动，还要求传动轻便，效率要高。这就与机构的传动角有关。

如图 2-93 所示的曲柄摇杆机构中，若忽略各构件的质量及运动副中的摩擦力的影响，则曲柄 AB 通过连杆 BC 作用在从动摇杆 DC 上的力 F 与连杆共线。作用力 F 与 C 点速度 v_C 之间的夹角 α 称为压力角。所夹的余角 $\gamma=90°-\alpha$（即连杆和从动摇杆间的夹锐角）称为传动角。将力 F 分解成沿 v_C 方向的分力 $F_t=F\sin\gamma$ 和垂直于 v_C 方向的分力 $F_n=F\cos\gamma$，显然 γ 越大，推动摇杆摆动的有效分力 F_t 越大。对于分力 F_n 不但对摇杆无推动作用，反而会引起铰链处的摩擦而消耗动力。因此 F_n 是有害分力，越小越好，这就希望传动角 γ

增大。

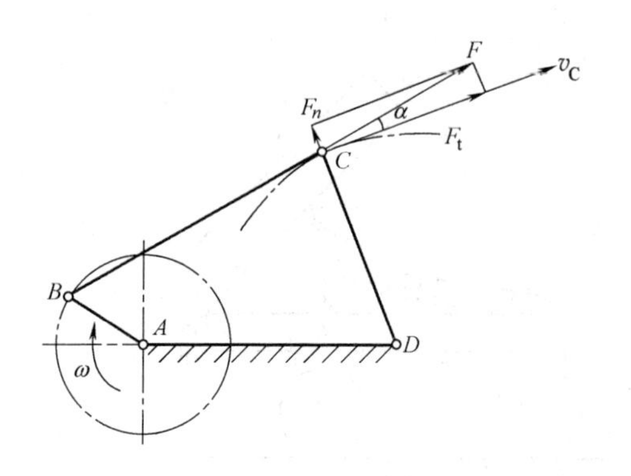

图 2-93　曲柄摇杆机构的传动角分析

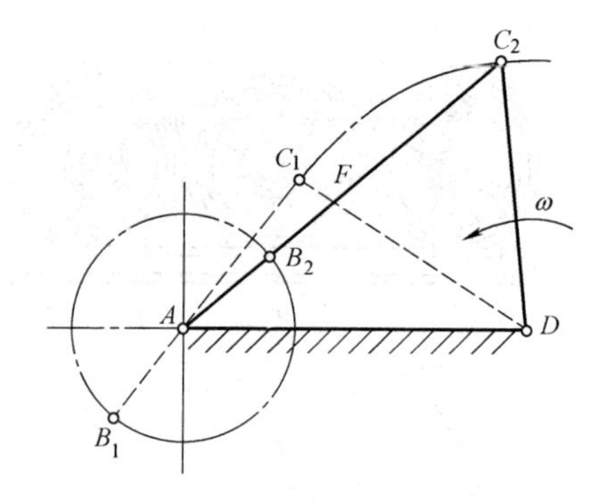

图 2-94　曲柄摇杆机构的死点位置

为了使机构有较好的传动性能，通常应使从动件的最小传动角 γ_{min} 不小于 40°～50°的许用传动角 [γ]。轻载时取较小值，重载时取较大值。

(3) 死点位置

图 2-94 所示的曲柄摇杆机构中，若取摇杆为主动件，当摇杆处于两个极限位置 DC_1 和 DC_2 时，连杆传给曲柄的力 F 将通过曲柄的转动中心 A，传动角等于 0°，连杆将不能推动曲柄转动，同时曲柄 AB 的转向也不能确定。机构的这种位置叫做死点位置。

机构出现死点位置对工作是不利用。为了顺利地通过死点位置，继续正常地运转，可利用机构的惯性力，或安装飞轮，加大惯性来闯过死点，如缝纫机踏板驱动机构中就是依靠带轮的惯性通过死点位置的。也可采用机构错位排列，使两级机构的死点相互错开（图 2-95）

在工程实践中，也有利用机构的死点位置来实现一定的工作要求。图 2-96 所示的夹具，就是利用机构的死点位置来夹紧工件的。

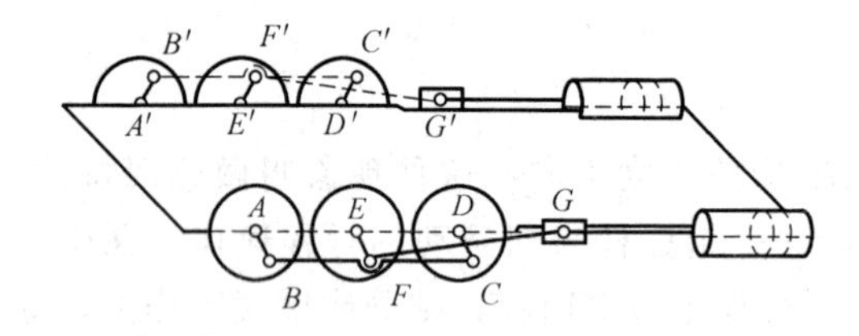

图 2-95　蒸汽机车车轮连动机构的错位排列

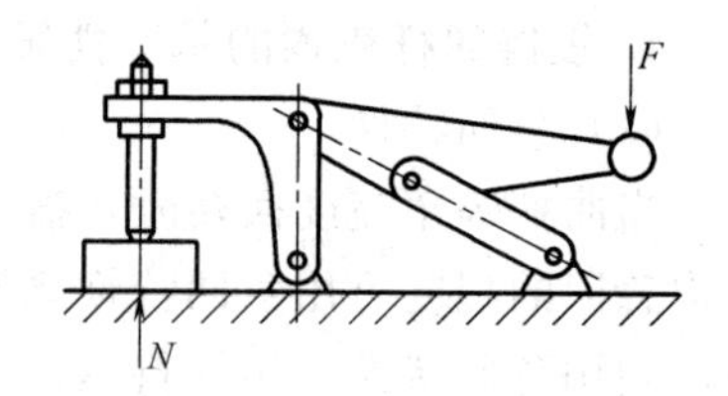

图 2-96　夹具的死点利用

2.5.6　液压传动

1. 液压传动的基本原理

液压传动是以液体（通常是油液）为工作介质，通过密闭工作容积的变化来传递运动，而通过液体内部的压力来传递动力。液压传动装置实质上是一种能量转换装置，它先将机械能转化为便于输送的液压能，随后再将液压能转化为机械能做功。

一个液压传动装置要能够正常工作，必须具备两个条件：

(1) 传动过程必须通过两次能量转换，即：机械能→液体的压力能→机械能。

(2) 油液必须在密封的容器内进行运动，而且其工作容积要发生变化。若容器密封不良，就不能产生所需要的油液压力，若工作容积不发生变化，就不能进行能量交换。

2. 液压传动系统的组成

一个能完成能量传递的液压传动系统由四部分组成：

动力装置——液压泵，其职能是将发动机或电动机的机械能转换为工作液体的压力能。

执行元件——液压缸及液压马达，其职能是将工作液体的压力能转换为具有一定运动形式的机械能。如液压缸带动负荷做直线往复运动，液压马达带动负荷做旋转运动。

控制调节装置——各种液压阀（包括方向阀、压力阀、流量阀等），它们的职能是控制和调节各部分工作液体的压力、流量和方向，以满足机械按所要求的速度、方向和作用力工作。

辅助装置——包括油箱、滤油器、油管及管接头、密封件、冷却器、蓄能器和各种压力继电器等。它们在液压传动系统中的职能是输送、储存油液，并对油液进行过滤和冷却，实现液压系统的密封和能量储存。

(1) 液压泵

液压泵是靠密封的工作空间的容积变化进行工作的，故称为容积式液压泵。按其结构的不同可分为齿轮式、叶片式和柱塞式等几种类型。液压泵的主要性能参数是压力和输出流量。

① 压力 p。容积式液压泵的一个主要特点是其输出压力随负载变化而变化。当负载增加时，泵的压力升高，当负载减少时，泵的压力降低。如果当负载无限制地增加，泵的压力也无限制地升高，直至密封或零件强度或管路被破坏。因此，在液压系统中必须设置安全阀，来限制泵的最大压力，起过载保护作用。

在液压泵说明书中，一般有额定压力和最大压力的规定。额定压力是指泵在连续运转情况下所允许使用的工作压力，并能保证本身的容积效率和使用寿命；最大压力是指泵在短时间内超载所允许的极限压力，由液压系统的安全阀规定。安全阀的调定值不能超过泵的最大压力值。

② 流量 Q。流量是指泵在单位时间内输出液体的体积，有理论流量和实际流量之分。

泵的理论流量 Q_0（升/分）等于排量 q（升/转）和转数 n（转/分）的乘积。排量不可变的成为定量泵，排量可变的成为变量泵。

泵的实际流量 Q 要小于理论流量 Q_0，因为泵的各密封间隙有泄漏。泵的泄漏量与泵的输出压力有关，压力升高，泄漏量增加，所以泵的实际流量是随泵的输出压力变化而变化的。

施工机械上广泛采用的齿轮泵，具有结构简单、体积小、重量轻、工作可靠、成本低以及对液压油污染不太敏感、便于维修等优点，特别适用于工作条件比较恶劣的工程机械。若工作压力要求大于 16MPa 时，多采用轴向柱塞泵。轴向柱塞泵工作压力可达 35MPa，转速可达 3000r/min，容积率（实际流量 Q 与理论流量 Q_0 的比值）可达 98%，并且在结构上容易实现无级变量等优点，所以也得到广泛采用。

国产液压泵的技术性能见表 2-17。

国产液压泵技术性能　　表 2-17

结构形式	工作压力(MPa)	最高转速(r/min)	容积效率(%)
齿轮泵	2.5～16	1500～4000	85
液压泵	6～14	950～2000	85
轴向柱塞泵	16～32	1500～2500	98
竖向柱塞泵	8～30	400～1200	90

(2) 液压马达

液压马达也是靠密封的工作空间的容积变化进行工作的，也称为容积式液压马达。它在结构上与液压泵基本相同，但作用相反，是将液体的压力能转换为旋转形式的机械能，所以液压泵是动力元件，而液压马达是执行元件，在理论上可以互逆使用。

液压马达按其结构形式也分为齿轮式、叶片式和柱塞式等类型，其中柱塞式按其柱塞与驱动轴的位置又可分为轴向柱塞马达和径向柱塞马达。由于径向柱塞马达具有扭矩大、变速低的特点，在液压起重机的回转机构和起升机构应用较为普遍。

(3) 液压缸

液压缸是液压系统中将压力能转变为机械能，实现直线往复运动的执行元件。按结构形式不同，液压缸可分为活塞缸、柱塞缸、伸缩套筒缸等。

① 活塞式液压缸。活塞式液压缸有单作用和双作用两种。单作用活塞缸为单向液压驱动，回程需借助自重、弹簧或其他外力来实现；双作用活塞缸是施工机械应用最多的一种液压缸，由于它是双向液压驱动，且两腔有效作用面积不等，无杆腔进油时牵引力大而速度慢，有杆腔进油时牵引力小而速度快，这一特点符合一般机械作业的需要。

② 柱塞式液压缸。柱塞式属于受力驱动，柱塞粗而受力较好。由于是单作用的需借助工作机构的重力作用回位，适用于自卸汽车的举升缸和起重机的变幅缸和伸缩缸等。

③ 伸缩套筒缸。它是多级液压缸，有单作用和双作用两种结构形式。由于各级套筒的有效面积不等，当压力油进入套筒缸的下腔时，各级套筒按直径大小，先大后小依次伸出，回程时则相反。这种液压缸常用于汽车式起重机的伸缩臂。

此外还有摆动式液压缸等，在施工机械上极少采用。

(4) 控制阀

在液压系统中，控制阀用来操控工作油液的流向、压力和流量的。控制阀按其工作特性可分为三类：

压力控制阀——根据液流压力而动作，主要有溢流阀、减压阀和平衡阀等。

流量控制阀——使液流流量维持一定数值。主要有节流阀、调速阀、分流阀等。

方向控制阀——用于控制液流方向，有单向阀和换向阀。还有根据不同需要，将换向阀（二联以上）和其他阀组合在一起的多路换向阀。

① 溢流阀。有球形和锥形两种，它的作用主要是限制最高压力以防系统过载，维持系统压力近似恒定。

② 减压阀。它的作用是降低高压主油路的压力，满足较低支油路工作压力的需要。它有出口压力恒定的定值减压阀和进、出口压差恒定的定差减压阀二种。

③ 平衡阀。主要用来限制负载下降速度，防止工作机构在负载作用下产生超速下降，

使之保持平稳下降和微动下降，又称限速阀。

④ 节流阀。其作用是通过节流的方式调节液压系统中的油液流量，控制执行元件的工作速度。节流阀只限于小功率或短暂的高速系统使用。

⑤ 调速阀。用于保持执行元件的稳定工作速度，不受外负载变化影响。

⑥ 分流阀。又称支路稳流阀，它能保证单路输出流量的稳定，而不管泵输出流量如何变化。

⑦ 单向阀。又称止回阀，其作用是保证油液只能朝一个方向流动，逆向关闭流通。

⑧ 换向阀。又称分配阀，其作用是控制油液的流动方向，通过改变滑阀在阀体中的位置来接通不同的油路，使油液改变流向，从而变换执行元件的运动方向。

3. 液压传动的特点与应用

与机械传动形式相比，液压传动有如下特点：

(1) 易于大幅度减速增扭，并实现较大范围的无级变速，使整个传动简化。

(2) 易于实现直线往复运动，以直接驱动工作装置。各液压元件间可用管路连接，故安装位置自由度多，便于机械的总体布置。

(3) 能容量大，即较小重量和尺寸的液压件可传递较大的功率。例如，液压泵与同功率的电机相比外形尺寸为后者的12%～13%，重量为后者的10%～20%。这样，再加上前述优点就可以使整个机械的重量大大减轻。由于液压元件的结构紧凑、重量轻，而且液压油具有一定的吸振能力，所以液压系统的惯量小、启动快、工作平稳，易于实现快速而无冲击地变速与换向，应用于机械车辆上，可减少变速时的功率损失。

(4) 液压系统易于实现安全保护，同时液压传动比机械传动操作简便、省力，因而可提高机械生产率和作业质量。

(5) 液压传动的工作介质本身就是润滑油，可使各液压元件自行润滑，因而简化了机械的维护保养，并利于延长元件的使用寿命。

(6) 液压元件易于实现标准化、系列化、通用化，便于组织专业性大批量生产，从而可提高生产率、提高产品质量、降低成本。

(7) 液压油的泄漏难以避免，外漏会污染环境并造成液压油的浪费，内漏会降低传动效率，并影响传动的平稳性和准确性，因而液压传动不适用于要求定比传动的场合。当前液压传动比机械传动的效率低，这是许多机械传动还不能被液压传动取代的主要原因。

(8) 液压油的黏度随温度变化而变化，从而影响传动机构的工作性能，因此在低温及高温条件下，均不宜采用液压传动。

(9) 由于液体流动中压力损失大，故不适用于远距离传动。

(10) 零件加工质量要求高，因而目前液压元件成本较高。

由于液压传动有其突出的优点，在建筑施工生产中，液压传动的应用十分广泛，如液压千斤顶、挖掘机、液压静力压桩机、塔式起重机顶升机构的等均采用液压系统。

建筑工程机械采用液压传动后，普遍比原来同规格机械传动的产品减小了外形尺寸、减轻了重量，提高了产品性能。例如起重机采用液压伸缩臂后增加了运输状态的机动性和作业时的灵活性及对作业环境的适应性；挖掘机工作装置采用液压传动，使铲斗可以转动，增加了作业的自由度，提高了作业质量；挖掘机、起重机这些固定作业位置的机械采用液压支腿大大缩短了作业准备时间，又由于支腿能很灵便地外伸，从而提高了作业时机械的稳定性；轮胎装载机采用液压传动后使铰接车架的结构形式得到广泛应用等等，所有这些都大大提高了机械的作业率及各种性能指标。

建筑工程机械由于采用了各种液压助力装置，可使操纵大大简化、轻巧、灵便。目前有的液压挖掘机的操纵手柄减少为两个，不再像机械传动的那样必须有多个手柄，而且须手脚并用的操作。操纵的改善大大减轻了操作手的劳动强度，从而利于提高作业率。

下面就图 2-97 所示的塔式起重机的液压顶升装置作一应用介绍。

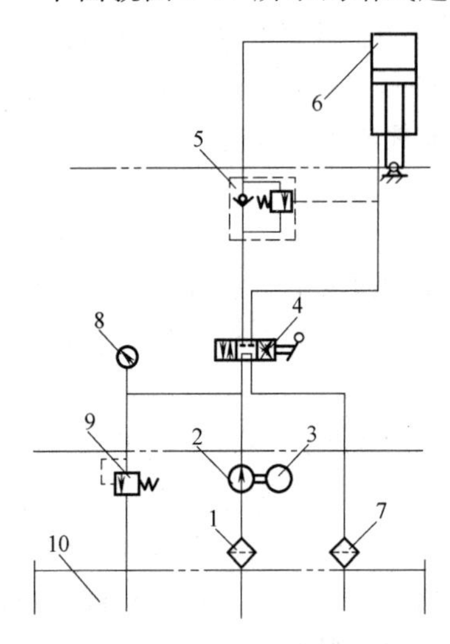

图 2-97 塔式起重机液压顶升系统示意图

1—滤油器；2—液压油泵；3—电动机；4—手动换向阀；5—平衡阀；6—顶升油缸；7—精滤油器；8—压力表；9—溢流阀；10—油箱

塔式起重机的液压顶升装置是自升式塔式起重机升降塔机作业的重要作业系统，其主要作用是将塔机的上部顶起，使塔机的标准节能顺利的加入到被顶空的顶升套架内，以便于塔身的加节升高；同理可以进行塔身标准节的拆降。其工作过程大致如下：

当塔式起重机作塔身的升节或降节时，就采用安装在塔式起重机爬升架内侧面的一套液压顶升装置来完成这项工作。顶升时，电动机 3 通电转动带动液压油泵 2 工作，液压油泵输出压力油；油泵输出的高压油进入手动三位四通换向阀 4，手动换向阀是控制油液进油和回油的方向调整控制阀；若要顶升加节时，通过操纵换向阀，使液压油通过平衡阀 5 流向顶升油缸的上腔（即高压腔），进行油缸的顶升作业（平衡阀安装在高压油腔的油路上，可防止起重机在自升过程中由于油路系统故障而引起油管破裂而造成负载下降的作用，同时还可以防止负载下降速度过快）；若要将顶升油缸缩回，可操纵换向阀，使液压油直接流向顶升油缸的下腔，在压力达到一定时，平衡阀内的单向阀被开启，油液从高压腔流回油箱，完成缩缸过程。在液压系统中间装有压力表 8，以便操作者观察油压读数，溢流阀 9 安装在油箱中高压油路内，调整和维持系统内的压力，同时还起到防止系统过载的作用。

2.6 常用机械连接及支承零部件

机器是由部件和零件组成的，为把这些部件和零件组合起来，就要进行连接。零件或部件的连接可分为两类：一类是可拆连接，一类是不可拆连接。可拆连接可以进行多次装拆或离合，而不破坏连接的零件或部件，如螺纹连接，键、销连接，离合器和制动器等；不可拆连接是指拆开这类连接时，要损坏连接零件或被连接件，如铆钉连接，焊接，过盈连接，咬缝连接等。

本节主要介绍常用可拆连接和常用支承零部件轴、轴承的一些基本知识。

2.6.1 螺纹连接

螺纹连接是一种应用很广的可拆连接。这种连接具有构造简单、连接可靠、连接强度高、紧密性好、装拆方便、价格低廉等优点。由于螺纹连接的零件：螺母、螺钉、螺栓和垫圈已标准化，品种规格齐全，选用十分方便。螺纹连接已是机械连接中最重要的一种连接。

1. 常用螺纹的类型、主要参数及应用

（1）螺纹的类型

螺纹零件由于应用广、数量多，要求互换性强，故较早就有了标准系列。国际上早期普遍用的标准是英美创用的英制螺纹，后来绝大多数国家都采用公制（米制）螺纹。现在国际标准化协会（ISO）规定的螺纹标准是公制螺纹，这与我国的标准相同。在我国，目前英制螺纹只用于管螺纹的连接和原英制螺纹的配件。

根据螺纹的牙形，机械中常用的螺纹有三角形螺纹、矩形螺纹、梯形螺纹和锯齿形螺纹四种，见图 2-98 所示；根据螺纹绕行的方向，螺纹可分右旋螺纹［图 2-99（*a*）］和左旋螺纹［图 2-99（*b*）］两种。一般情况下用的是右旋螺纹；根据螺纹的条数，螺纹可分为单线螺纹［图 2-99（*a*）］和双线螺纹［图 2-99（*b*）］及三线螺纹［图 2-99（*c*）］等。连接用的螺纹都是单线螺纹，传动用的螺纹可以是单线螺纹，也可是多线螺纹。

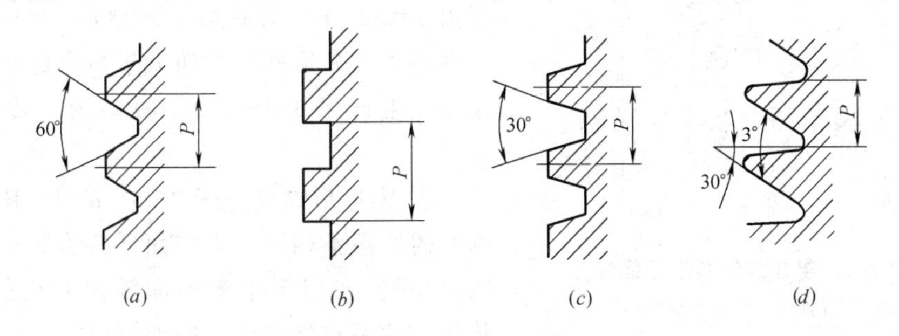

图 2-98　螺纹的种类

（*a*）三角形螺纹；（*b*）矩形螺纹；（*c*）梯形螺纹；（*d*）锯齿形螺纹

（2）螺纹的主要参数（参图 2-99）

① 外（内）径 d（D）。外（内）螺纹的最大外（内）直径，在标准中规定为公称直径。

② 小径 d_1（D_1）。外（内）螺纹的最小内（外）直径。

③ 中径 d_2（D_2）。在这个直径上螺纹的牙厚和牙间宽相等。

④ 螺距 p。相邻两牙在中径线上对应点之间的轴向距离。在标准中，对于不同公称直径的螺纹，都规定了相应的螺距值。

⑤ 导程 s。同一条螺纹相邻两牙在中径线上对应两点间的轴向距离。

⑥ 牙型角 α。螺纹轴线平面内螺纹牙两侧边所夹角，见图 2-100。

（3）螺纹的螺纹应用

① 三角形螺纹［图 2-98（*a*）］　三角形螺纹自锁性能好，螺纹牙强度高，多用于连接。三角形螺纹（公制普通螺纹）按其螺距 p 情况又分粗牙螺纹和细牙螺纹两大类，图 2-101所示为公称直径相同的粗牙螺纹和细牙螺纹的比较。其中粗牙螺纹是基本螺纹，具有螺纹强度高的特点，公称直径 d 的范围是 1～68mm；而细牙螺纹具有螺杆强度高，连接的密封性好的优点。但细牙螺纹不耐磨，易滑扣，常用于不经常装拆的薄壁零件、轴类

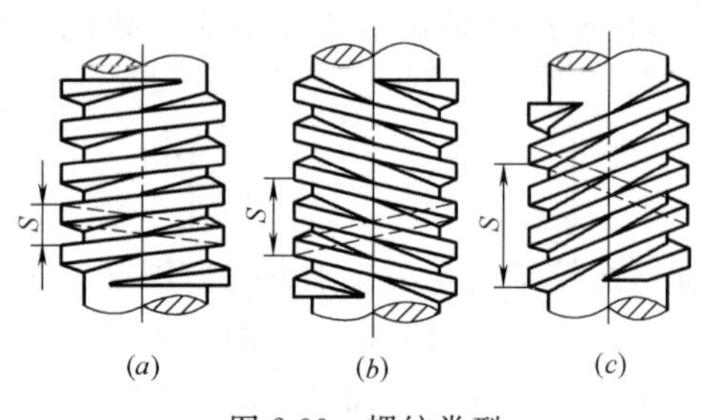

图 2-99　螺纹类型

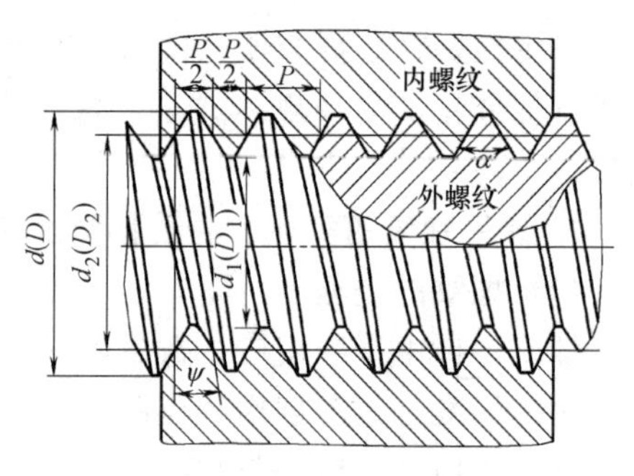

图 2-100　圆柱螺纹的主要参数

零件及精密机构的调整件上。当螺纹公称直径 $d \geqslant 70$mm 时，只用细牙螺纹。细牙螺纹的公称直径范围为 1～1000mm。

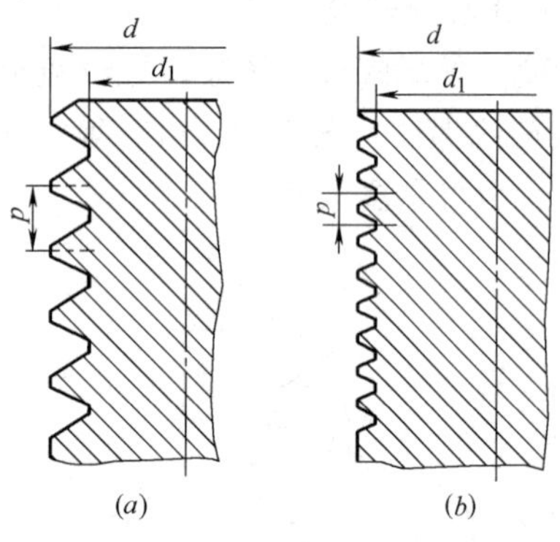

图 2-101　粗牙螺纹和细牙螺纹

（a）粗牙螺纹；（b）细牙螺纹

② 矩形螺纹［图 2-98（*b*）］ 矩形螺纹的传动效率高，但牙根强度低，多用于传动。

③ 梯形螺纹［图 2-98（*c*）］ 梯形螺纹的牙型角 $\alpha=30°$（三角形螺纹牙型角 $\alpha=60°$），传动效率高于三角形螺纹，而低于矩形螺纹。但其螺纹牙强度好于矩形螺纹，故多用于传动动力和运动。

④ 锯齿形螺纹［图 2-98（*d*）］ 其螺纹牙两侧面的斜角不相同，工作面牙斜角为 3°，非工作面为 30°。在用于承受单向轴向载荷的传动时，其传动效率及强度都比梯形螺纹高。

2. 螺纹连接的基本类型

螺纹连接的基本类型有螺栓连接、双头螺柱连接及螺杆连接及紧定螺钉连接等，见图 2-102 所示。

（1）螺栓连接

螺栓连接是利用一端带有头部（螺栓头），另一端有螺纹的螺杆穿过被连接件的孔，拧上螺母，将被连接件连接起来的，如图 2-102（*a*）、（*b*）所示。

螺栓连接的被连接件不需要加工螺纹，使用方便，广泛用于被连接不太厚，并能从连接件两边进行装配的场合。一般螺栓连接采用图 2-94（*a*）的结构型式。螺母与被连接件之间放置垫圈，拧紧螺母后，螺栓受拉承受轴向载荷，并依靠螺栓连接对连接件的压紧力，使其产生能承受横向载荷的摩擦力。由于是依靠摩擦力来承载横向载荷，因此其连接螺栓与被连接件的通孔允许有间隙存在，制造、安装精度要求不高而方便。

当连接需要承受较大横向载荷或需固定两被连接件的相对位置时，则应采用图 2-102（*b*）所示的铰制孔螺栓连接。它是依靠螺栓光杆部分承受剪切和挤压来传递横向载荷的。这种连接要求的螺孔和螺栓加工精度较高。

（2）双头螺柱连接［图 2-102（*c*）］

这种连接是将两头都有螺纹的螺栓一端旋紧在被连接件的螺纹孔内，另一端穿过另一被连接件的孔，放上垫片，旋上螺母，使被连接件连成一体的。双头螺柱连接常用于需多

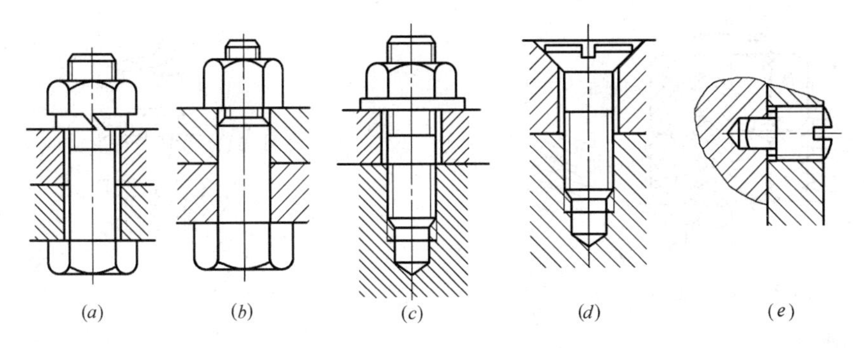

图 2-102　螺旋连接的基本类型

次装拆，取走上面被连接件，而下面被连接件又较厚或因结构需要采用盲孔的连接。

(3) 螺钉连接［图 2-102 (*d*)］

它是将螺钉直接拧入下面被连接件的螺纹孔内实现连接的。螺钉连接具有不需螺母，连接表面光整的特点。常用于被连接件之一较厚，且不经常装拆的场合（经常装拆易使螺纹孔损坏）。

(4) 紧定螺钉连接［图 2-102 (*e*)］

它是利用紧定螺钉旋入上面被连接件的螺纹孔中，用其末端顶住另一被连接件的表面或顶入相应的凹坑中以固定两零件的相对位置。这种连接可传递不大的力及转矩，多用于轴和轴上零件的连接。

3. 螺纹连接的防松

从理论设计上讲，所有标准连接螺栓都是自锁的，在静载荷的作用下不会发生松脱现象。但是在交变、连续冲击和振动载荷作用下，连接仍可能失去自锁作用而发生松脱，甚至会因此而造成严重事故。所以，为了保证螺纹连接的可靠，必须考虑其防松问题。

按原理，常用的螺纹连接防松方法有摩擦防松、机械防松等。

(1) 摩擦防松装置

摩擦防松是利用加大螺纹连接间摩擦力的方法，使摩擦力不受外加载荷影响而始终有摩擦阻力来防止连接松脱的。常用的摩擦防松方式有：

① 双螺母（对顶螺母）防松。如图 2-103 所示，其防松方法是在螺栓上旋合两个螺母。当第二个螺母（副螺母）拧紧后，处于这对螺母间的一段螺栓受到拉伸，因而在螺纹接触面间产生了一定的附加摩擦力。不管外载荷情况如何，此附加摩擦力总是存在，从而达到防止松动的目的。这种防松方法结构简单，工作较可靠。但它由于多用了一个螺母，不仅使螺栓加长，重量、成本增加，而且使螺栓外露太长。因此，它不适宜用于高速机器上和要求螺栓外露不能太长的连接上。

② 弹簧垫圈防松。见图 2-104 所示，弹簧垫圈是用 65Mn 钢制成（经淬火处理），并开有 70°的翘开斜口。当螺母拧紧后，垫圈被压平而产生很大的弹簧反力，使螺母和螺栓的螺纹间始终保持很大的摩擦力，从而达到防松的目的。因弹簧垫圈结构简单，防松比较可靠，且由于弹簧垫圈是标准零件，选用方便，所以应用较广泛。

(2) 机械防松装置

机械防松是利用机械的方法把螺母和螺栓连成一体来解决螺母与螺杆间的相对转动。

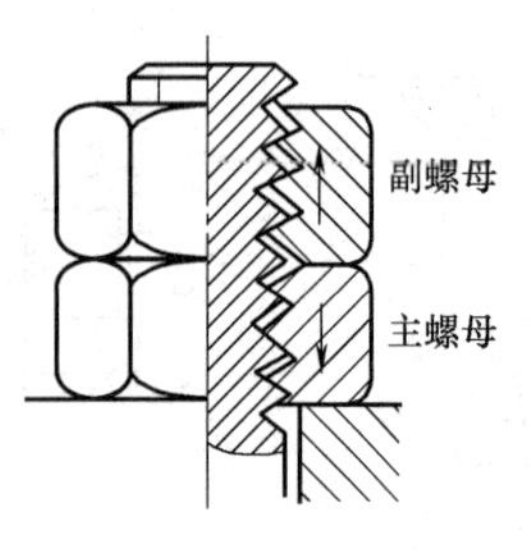

图 2-103　双螺母防松

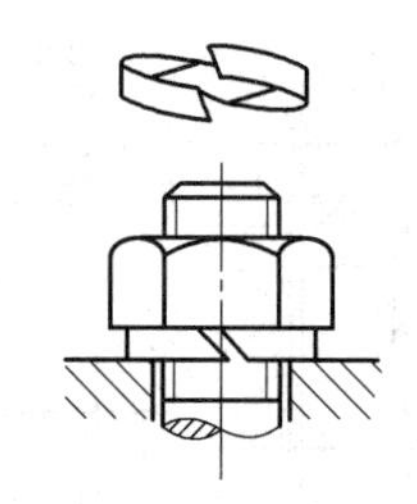

图 2-104　弹簧垫圈防松

常用的机械防松方式有：

① 开口销和开槽螺母防松。如图 2-105 所示，它是采用开槽螺母，在螺母拧紧后，在螺栓末端钻孔，把开口销钉插入孔和槽后，将销的末端分开，来使螺母和螺栓连成一体而不能相对转动的。这种防松装置工作可靠，装拆方便，常用于有振动的高速机器上。

② 止动垫圈防松。如图 2-106 所示，这种垫圈具有几个外翅和一个内翅，将内翅放入螺栓（或轴）的纵向槽内，拧紧螺母后将垫圈的一个外翅弯入到螺母的一个缺口中，即可防松。

③ 串连钢丝防松。如图 2-107 所示，它是用钢丝连续穿过一组螺栓头的小孔，使各螺栓通过钢丝的相互制约来防松的。这种防松方法适用于较紧凑的成组螺栓的连接。

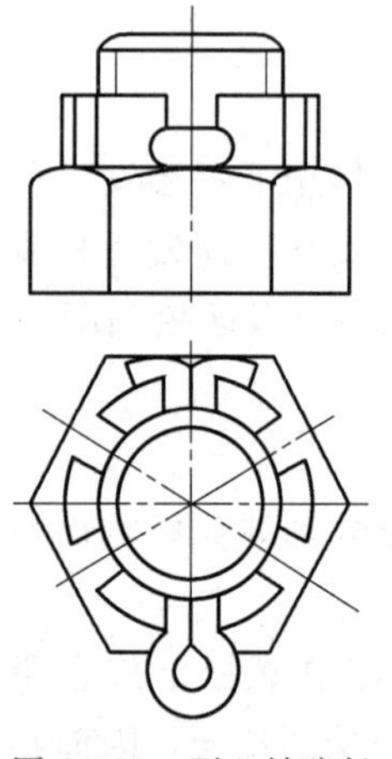

图 2-105　开口销防松

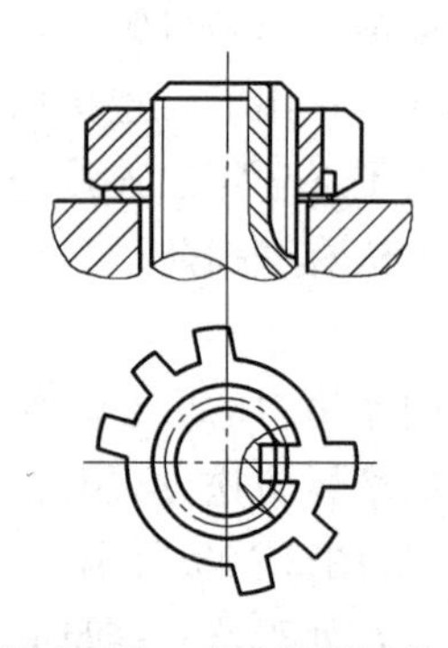

图 2-106　止动垫圈防松

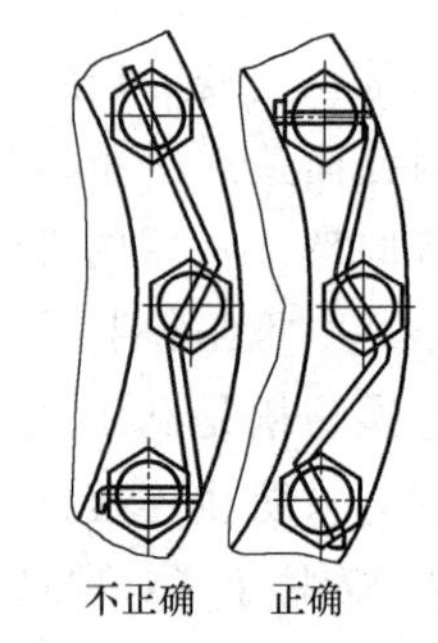

图 2-107　串联钢丝防松

2.6.2　键、销连接

键和销主要用于轴和轴上转动零件，如轮毂、带轮等的连接，并传递运动和扭转。

1. 键连接的类型和应用特点

常用的键连接有平键、楔键和花键连接，其结构形状和尺寸都已标准化。

(1) 平键连接

如图 2-108 所示，平键连接键的顶面与键槽间留有间隙，键的侧面是工作面。工作时，是靠键与键槽的互相挤压来传递扭矩，但键不传递轴向的力。由于平键连接具有结构简单，对中性能好，装拆方便的优点，所以应用广泛。

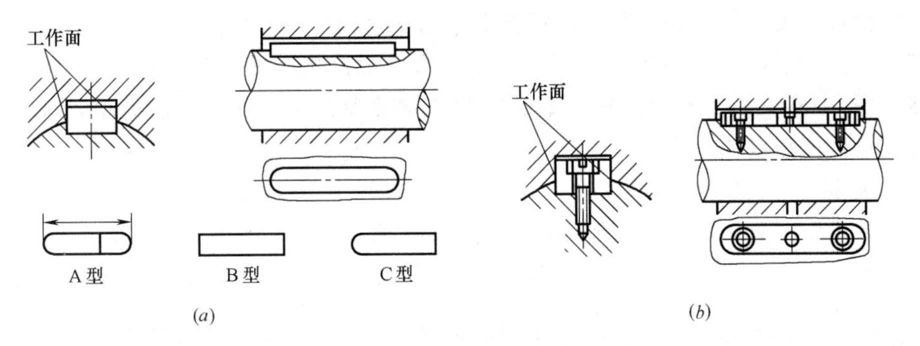

图 2-108　平键连接

（a）普通平键连接；（b）导向平键连接

平键连接分普通平键连接［图 2-108（a）］和异向平键连接［图 2-108（b）］两类。

普通平键连接根据端部形状不同，有 A 型（圆头）、B 型（方头）和 C 型（半圆头）三种，其中 A 型适用于端铣刀加工的键槽，B 型适用于盘铣刀加工的键槽，C 型适用于轴端键槽。由于 A 型键在键槽中不会发生轴向移动，故应用最广。

导向平键连接的键是加长的普通平键。键的两侧与键槽间为间隙配合，以便轴上零件可以沿轴向移动。为使键工作可靠，键是用螺钉固定在轴上。使了便于拆卸，在键的中部有起键螺孔。导向平键连接用于轴上零件需作轴向移动（但移动量不大）的场合。

（2）楔键连接

如图 2-109 所示，楔键连接的楔键，其上面有 1∶100 的斜度，与轮毂键槽底面制有的 1∶100 斜度对应装配。装配时，沿轴向将楔键打入键槽。工作时主要依靠键的上、下表面与键槽挤紧产生的摩擦力来传递扭矩，并能轴向固定零件和承受单向的轴向力。由于键楔紧在轴毂之间，使轴和轮毂产生偏心，故多用于对中要求不高的场合。并由于其对中性差，在承受冲击振动和变载荷时楔键易松动，故要求所传载荷是平稳、低速的。

常用的楔键有普通楔键和钩头楔键两种，如图 2-109（b）所示。钩头楔键的特点是拆卸比较方便。

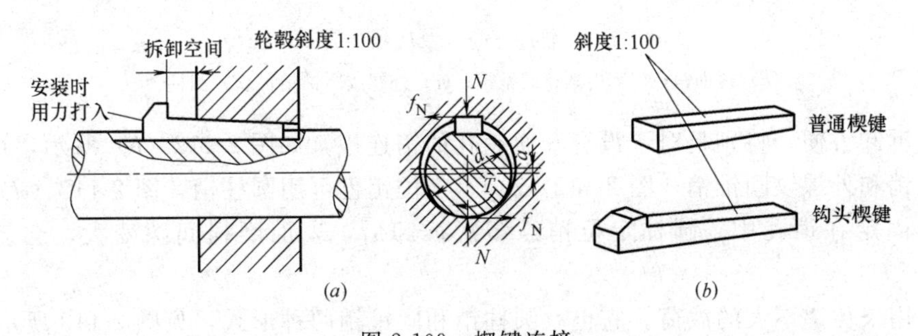

图 2-109　楔键连接

（3）花键连接

如图 2-110 所示，花键连接是由轴上具有键齿的花键轴和具有键齿的花毂组成。工作时，依靠键齿侧面挤压来传递扭矩。同普通平键连接相比，花键连接具有连接的齿数多，接触面大，传载能力大，对中性好，具有良好的导向性，且对轴的削弱较轻等优点。但花键轴和花键孔都需用专门设备和刀具来加工，工艺复杂，成本较高，一般用于连接传载力大，对中性好和要在轴上轴向移动的机器上，如变速箱中。

花键连接的键齿按齿的形状不同，有矩形齿花键连接［图 2-102（a）］和渐开线齿花键连接［图 2-110（b）］两种。其中矩形齿的花键轴和花键孔加工方法简单，并可获得较高的加工精度所以应用较广。

2. 销连接

销的基本形式有圆柱销和圆锥销，如图 2-111 所示，它们具有如下用途。

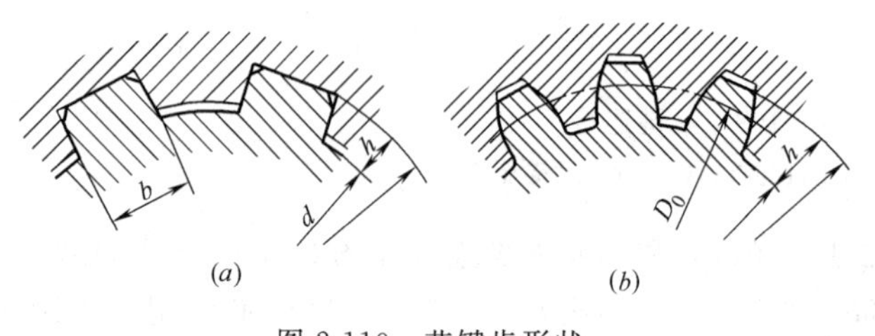

图 2-110　花键齿形状

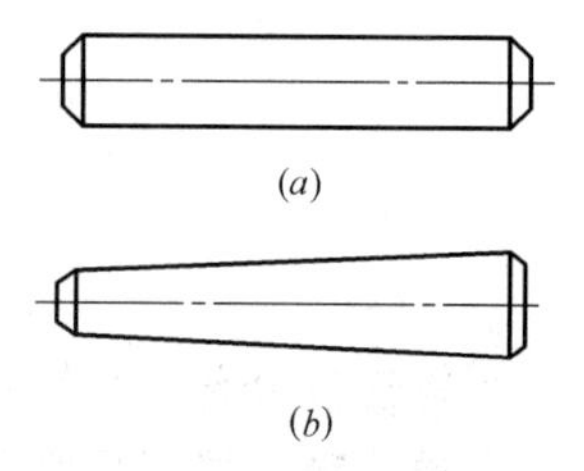

图 2-111　常用销的类型

（a）圆柱销；（b）圆锥销

（1）用来固定零件的相对位置。这种连接用的销通常称为定位销（图 2-112）。定位销一般不变载荷或受很小载荷作用，形状可制成具有 1∶50 锥度的圆锥销。安装时锥销挤压在销孔中，并具有可靠的自锁性，如图 2-112（a）所示。圆锥销连接可多次装拆，不会影响被连件的定位精度。

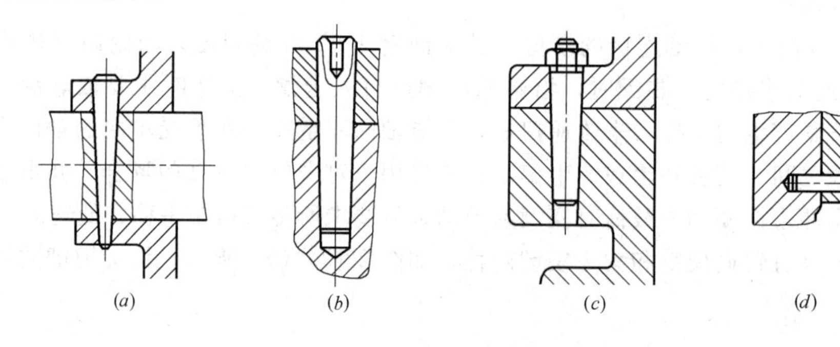

图 2-112　定位销

（a）圆锥销；（b）内螺纹圆锥销；（c）外螺纹圆锥销；（d）圆柱销

为了拆卸方便，特别是对于没有开通销孔的销连接，如图 2-112（b）所示，可使用内螺纹圆锥销和外螺纹圆锥销［图 2-112（c）］。定位销也可用圆柱销［图 2-112（d）］，它是靠紧配合固定在销孔中。圆柱定位销经多次拆卸后，表面磨损间隙变大，会影响定位精度。

（2）用来传递不大的载荷。它也有圆柱销和圆锥销两种形式，见图 2-113 所示。

（3）用来作为安全装置。如图 2-114 所示的圆柱销，当传递的扭矩超过额定载荷时，销就会被剪断，从而保护了机器中其他零件不受损坏。这种起过载保护作用的销叫安全销。

2.6.3　轴

机器中各种转动零件，如齿轮、带轮等都要安装在轴上，依靠轴和轴承的支承作用，传递运动和动力。轴是组成机器的重要零件之一。

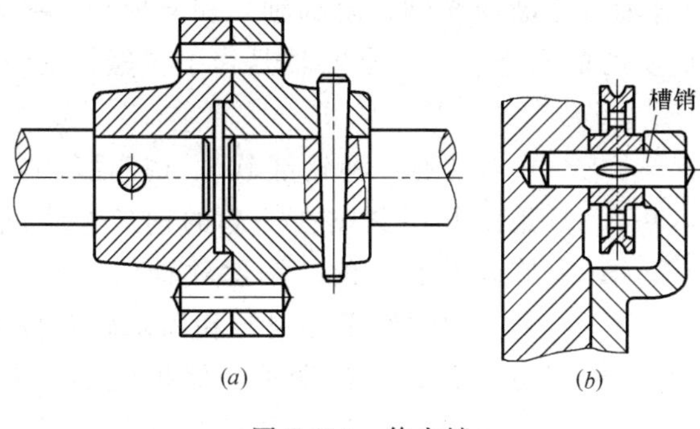

图 2-113　传力销

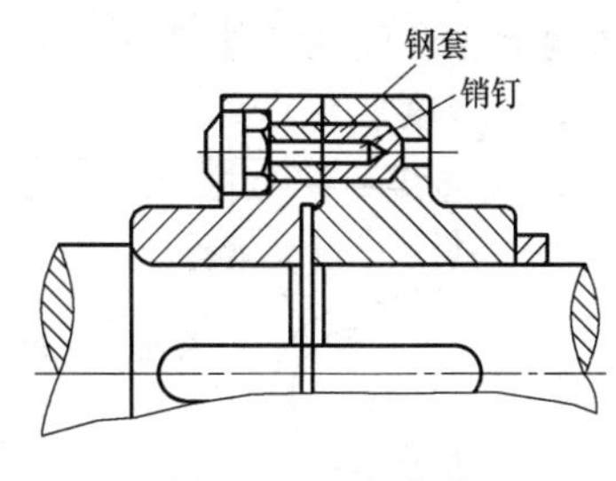

图 2-114　安全销

1. 轴的分类

按轴的不同用途和受力特点分为以下三类：

（1）转轴。转轴在工作时，用来支承转动零件、传递转矩，既受弯矩作用，又受扭矩作用。如齿轮轴（图 2-115）、带轮轴、链轮轴等，是机械中最常用的轴。

（2）心轴。这类轴只起支承旋转零件的作用，工作时，只承受弯矩作用，不承受扭矩。心轴又分为转动心轴和固定心轴两种，前者工作时，随转动零件一同转动，图 2-116 的车轴；后者不随转动零件转动，如图 2-117 所示的支承滑轮的轴。从受力来看，转动的心轴，工作时弯曲应力是对称循环变化的，而不转动的心轴，工作时弯曲应力的方向一般是不变。因此，不转动的心轴比转动的心轴受力要好。

（3）传动轴。传动轴主要用来传递转矩，而不承受或承受很小的弯矩，如图 2-118 所示为汽车中连接变速箱和差速器的传动轴。

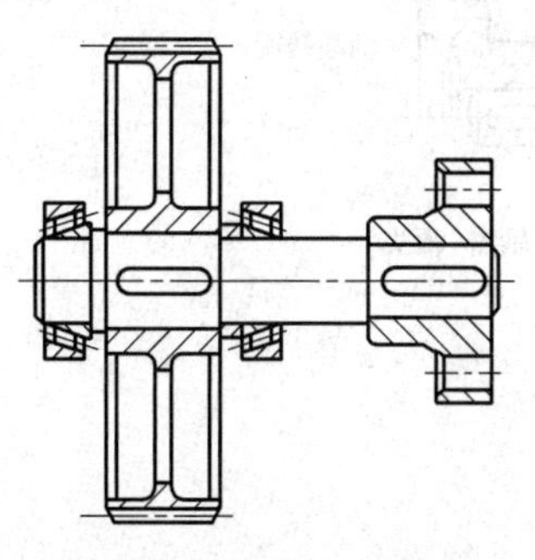

图 2-115　齿轮轴（转轴）

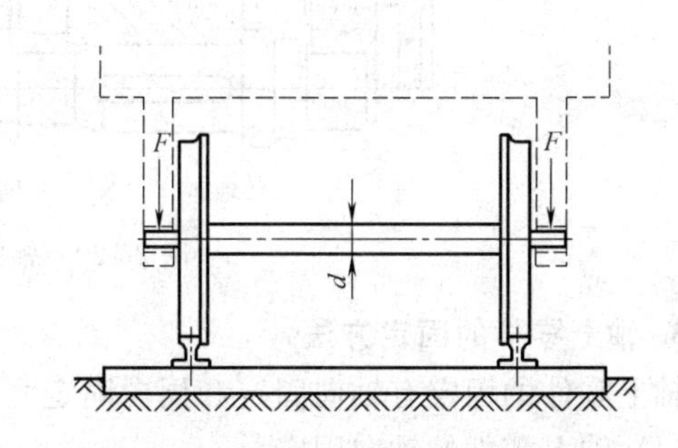

图 2-116　车轴（转动心轴）

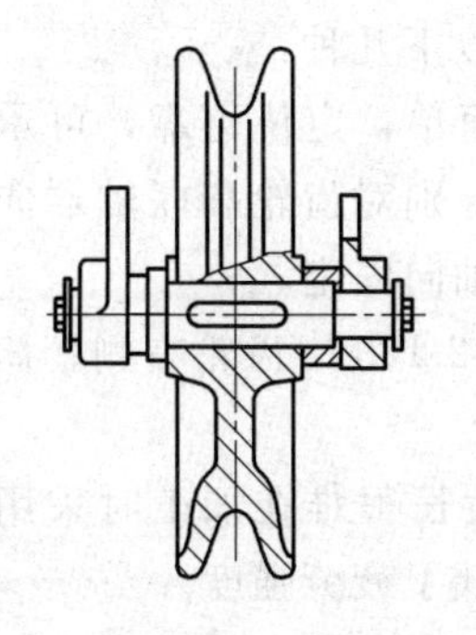

图 2-117　固定心轴（滑轮轴）

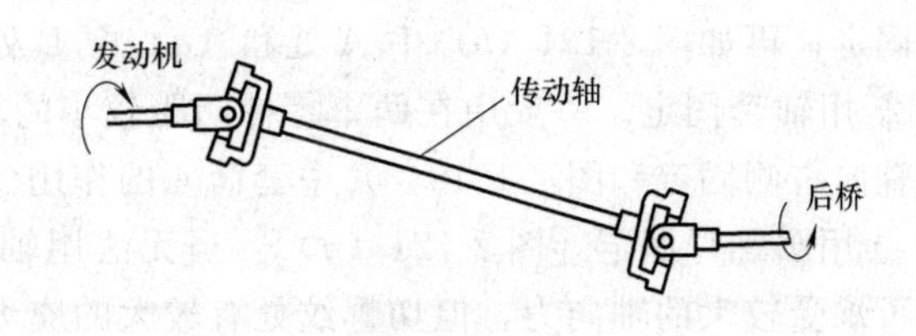

图 2-118　传动轴

如若按轴的轴线形状来分，轴可分为直轴（等断面光轴、阶梯轴）和异形轴（曲轴、偏心轴、凸轮轴等）。此外，轴还可以制成实心的和空心的。空心轴是为了减轻轴的重量或结构上要求放入其他零件。

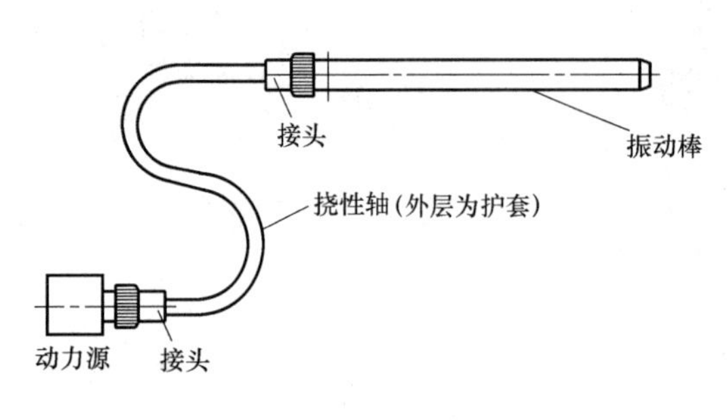

图 2-119　振动器挠性轴

还有一种钢线软轴（挠性轴），它是由几层紧贴在一起的钢丝卷绕成螺旋线而制成的。钢丝软轴的外层有软管，它的作用是引导和固定软轴位置，防尘和贮存润滑油，保护软轴。由于它柔软，能在一定范围内弯曲地传递运动和动力。如图2-119所示为建筑施工用的插入式振动器传动轴，它就是钢丝软轴，操作时振动棒头可以灵活地插入到任意位置。

2. 轴的结构

通常轴可看成是由轴颈、轴头和轴身三部分组成。如图 2-120 所示，轴和轴承配合的部分称轴颈，轴上安装轮毂的部分称轴头，连接轴颈和轴头的部分称轴身。各轴段的交界处称轴肩或轴环，它们一般起轴上零件的轴向定位和传递轴向力的作用，或是轴段直径变化的自然过渡作用。

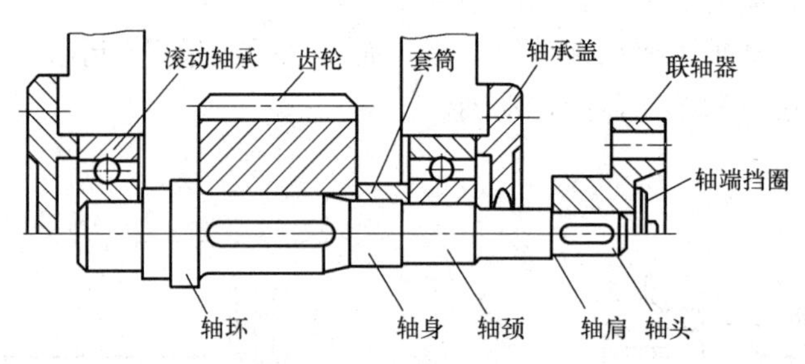

图 2-120　轴的组成示例

3. 轴上零件的固定方法

轴上零件的固定有轴向固定和周向固定两种方法。

（1）轴上零件的轴向固定

零件在轴上的轴向固定是为了保证零件有确定的相对位置，并将作用在零件上的轴向力通过轴传给轴承再传给支架或机架。常用的轴向固定方法有以下几种：

① 用轴肩和轴环固定。这是一种常用的方法，具有结构简单，定位可靠，可承受较大的轴向力。如图 2-121 中齿轮左侧轴环和联轴器左侧轴肩，分别对齿轮和联轴器向左的轴向固定；再如图 2-121（*b*）中 *A* 处和（*a*）中 *B* 处对零件的轴向固定。

② 用轴套固定。一般用在两个零件间距较小的场合。如图 2-120 中齿轮右侧套筒对齿轮的轴向右侧固定和图 2-121（*b*）中套筒 4 的作用。

③ 用圆螺母固定［图 2-121（*a*）］。当无法用轴套或轴套太长很难在加工时采用此方法。可承受较大的轴向力，但切螺纹处有较大的应力集中，降低了疲劳强度。

④ 轴端挡圈固定。图 2-120 中联轴器右端的固定。只适用于轴端零件的固定，一般不

能承受很大的轴向力。

⑤ 用弹性挡圈固定。如图 2-121（c）中的 2 和 7 两个弹性挡圈对轴上滑动支承 3、6 的固定。

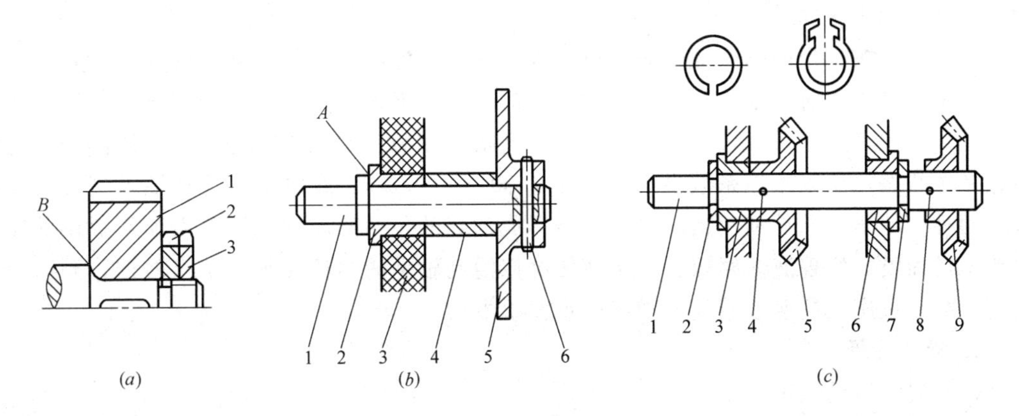

图 2-121 零件的轴向固定

（a）1—齿轮；2—N 紧螺栓；3—并紧螺母；（b）1—轴；2—轴套；3—齿轮；4—套筒；5—轮；6—定位销；（c）1—轴；2、7—卡盘；3、6—套筒；4、8—定位销；5、9—圆锥齿轮

⑥ 用紧定螺钉和销固定。图 2-121（b）中的定位销 6 对轮 5 的固定和（c）中的定位销 4、8 对齿轮 5、9 的固定。这种固定方法不仅可实现轴上零件的轴向固定，同时还实现了零件的周向固定。为了保证轴的强度，轴上销孔直径 d 和轴头直径 D 的比值最好不超过 0.25～0.3。

（2）轴上零件的周向固定

零件在轴上作周向固定是为了传递扭矩和防止零件与轴产生相对转动。轴上零件常用的周向固定方法有以下几种。

① 过盈配合固定。利用过盈配合使零件与轴固定，其过盈量的大小，由载荷大小而定。

② 用键固定。如图 2-120 中的齿轮和联轴器的周向固定就是用平键来实现的。工作时，扭矩通过平键的侧面传递。

③ 紧定螺钉和销固定。可用于传递动力不大的场合。

2.6.4 轴承

1. 轴承的作用、分类及其使用特点

轴承的主要作用是用来支承轴和其他转动件，以保持轴及轴上零件的旋转，减少转轴与支承接触面间的摩擦和磨损。

按照承受载荷的方向不同，轴承可分为向心轴承、推力轴承和向心推力轴承。向心轴承主要用于承受径向载荷；推力轴承用于承受轴向载荷；向心推力轴承可用于同时承受较大的径向载荷和轴向载荷。

根据摩擦性质的不同，轴承可分为滑动摩擦轴承（简称滑动轴承）和滚动摩擦轴承（简称滚动轴承）两大类。滑动轴承的工作面为滑动摩擦，具有工作平稳、可靠、无噪声

的优点，常用于高速、重载、高精度以及振动和冲击力都较大的场合。滑动轴承的缺点是摩擦损耗大，维修较复杂。滚动轴的工作面为滚动摩擦，具有摩擦阻力小，传动效率高，使用、维护、保养方便，互换性好的优点。一般机器都用到它。但滚动轴承径向尺寸较大，抗冲击能力较弱。

滑动轴承按工作面的摩擦状态又可分为非液体摩擦滑动轴承和液体摩擦滑动轴承。前者是指轴承在工作时，轴承与轴颈表面间的润滑油不能把两个表面完全隔开，仍有直接接触之处。因此其摩擦系数较大，工作面容易磨损。而后者的工作面完全被油膜隔开，处于理想摩擦状态，所以摩擦系数很小（仅为 0.001～0.008）。液体摩擦滑动轴承又分动压和静压两种，动压轴承是利用轴的高速旋转形成油膜的，而静压轴承则是由油泵提供的压力油来形成油膜，实现液体摩擦。由于液体摩擦滑动轴承的结构和加工要求较严，制造成本较高，故其只用在高速或精度要求高的重要机器中。

2. 滑动轴承

（1）向心滑动轴承

① 整体式向心滑动轴承。图 2-122，整体式向心滑动轴承是由轴承座 1、轴瓦 2 和紧定螺钉 3 组成。轴瓦由两个紧定螺钉固定在轴承座上而不能转动和轴向移动。这种轴承结构简单、成本低。但轴颈只能从轴端装入，装拆不方便，而且磨损后径向间隙无法调整。只用于轻载、低速和间歇工作的一般机械中。

② 剖分式正滑动轴承。图 2-123，剖分式正滑动轴承是由轴承座 1、轴承盖 2、剖分的上、下轴瓦 3 和 4 及螺栓 5 等组成。对开剖分面呈阶梯形的榫口，以便对中和承受径向力。剖面间放有少量垫片，以便在轴瓦磨损后借助减少垫片来调整轴颈和轴瓦之间的间隙。当轴承承受的径向力方向超过对开剖分面垂直线左、右 35°范围时，则必须采用图 2-124所示的剖分式斜滑动轴承。剖分式滑动轴承便于装拆和调整间隙，故得到广泛应用。

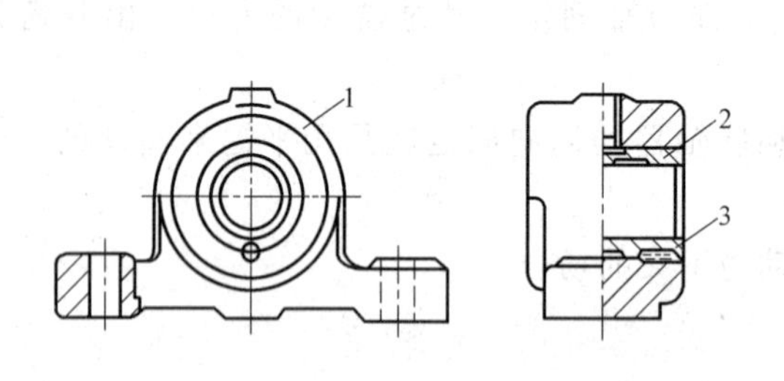

图 2-122　整体式滑动轴承

1—轴承座；2—轴瓦；3—紧定螺钉

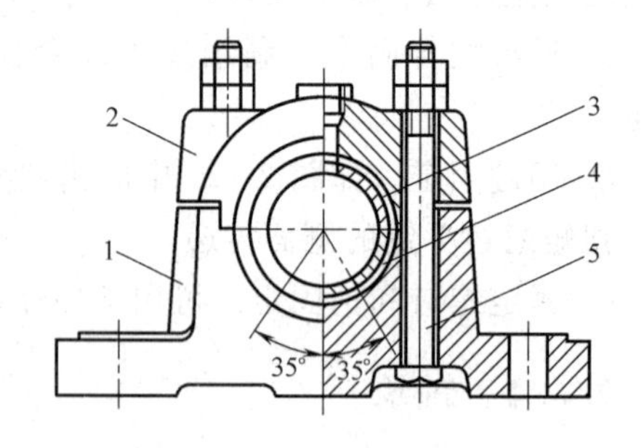

图 2-123　剖分式正滑动轴承

1—轴承座；2—轴承盖；

3、4—上下轴瓦；5—螺栓

③ 自动调位滑动轴承。图 2-125，当轴颈较长（轴承宽度 B 与轴颈直径 d 的比值大于 1.5 的轴承）或轴的刚度较差，或两轴承孔的同心度较差时，会造成轴颈与轴瓦的局部接触，使轴瓦局部磨损严重。采用自动调心轴承可避免这种磨损的发生。这种轴瓦的中部外表面做成球面形态的轴承 1 与轴承座 2 的凹球面相配合，随着轴在支承处的倾角变化，轴瓦也相应地发生倾角变化，从而保证轴颈与轴瓦的良好接触，使轴承能正常使用。

（2）推力滑动轴承

推力滑动轴承承受轴向载荷，可装在水平轴或垂直轴上。图 2-126 所示的推力滑动轴承是由轴承座 1、衬套 2、向心轴瓦 3 和推力轴瓦 4 等零件组成。为了对中，推力轴瓦底部做成球面，并通过销钉 5 来防止推力轴瓦随轴转动。向心轴瓦 3 可以使轴承承受一定的径向载荷。为了减少轴承的磨损，轴承下部可通入润滑油。

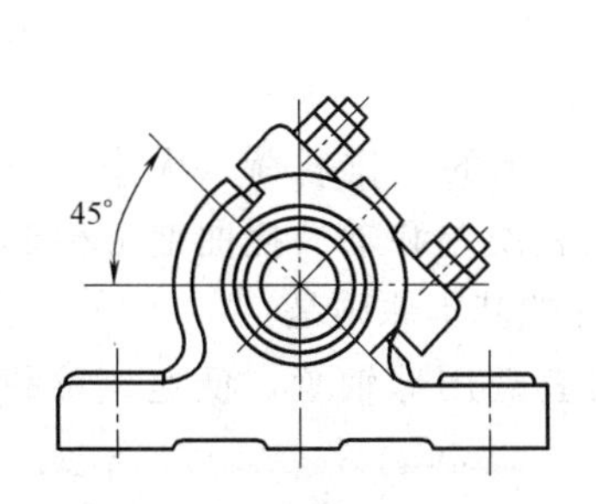

图 2-124　剖分式斜滑动轴承

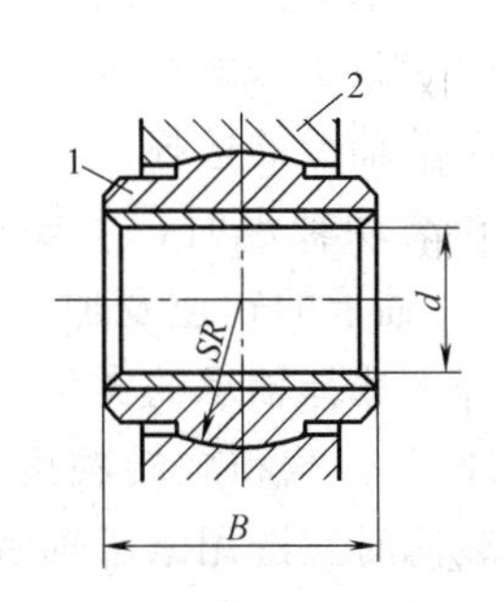

图 2-125　自动调位滑动轴承

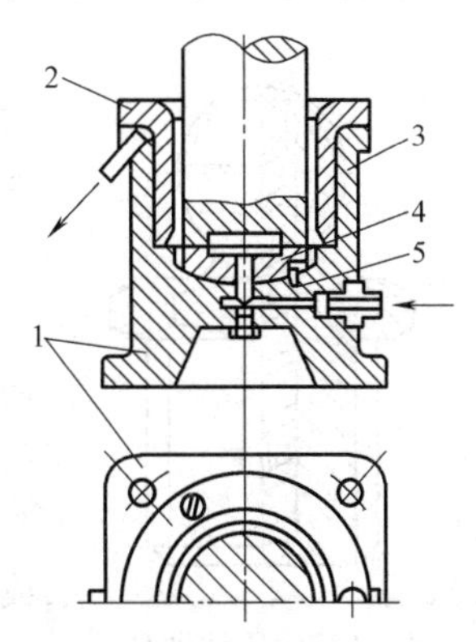

图 2-126　推力滑动轴承

3. 滚动轴承

（1）滚动轴承的构造

如图 2-127 所示，滚动轴承由内圈 2、外圈 1、滚动体 3 和保持架 4 等组成。结构上内圈与轴颈静连接，外圈和机架轴承孔是静连接。滚动体装在内、外圈加工有凹槽的滚道上，并有保护架把滚动体均匀隔开，以避免它们相互摩擦和聚集到一起。如果没有保持架，当两滚动体相互接触时，其接触点的相对滑动速度将是滚动体自转速度的两倍，滚动体的磨损将很大。工作时，通常内圈随轴一起转动，而外圈固定不动。也有外圈随工作零件转动，而内圈固定不动。

滚动体是滚动轴承的主体，它的大小、数量和形状与轴承的承载能力密切相关。图 2-128列出了常见滚动体的形状。一般球形是点接触、转动灵活，适用于高速的轴承；滚子是线接触，承载能力强，适用于低速、重载的轴承。

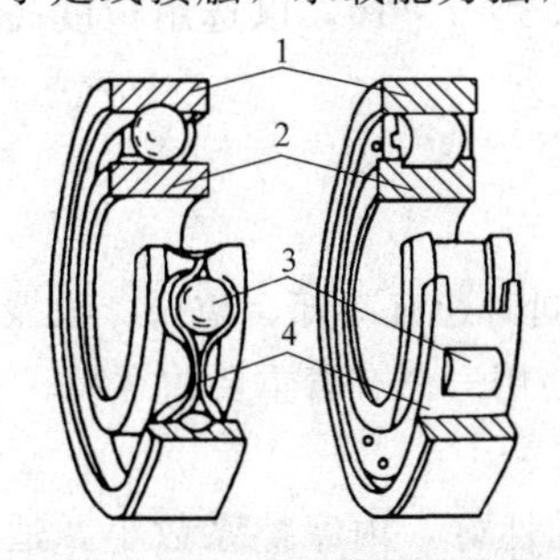

图 2-127　滚动轴承的结构

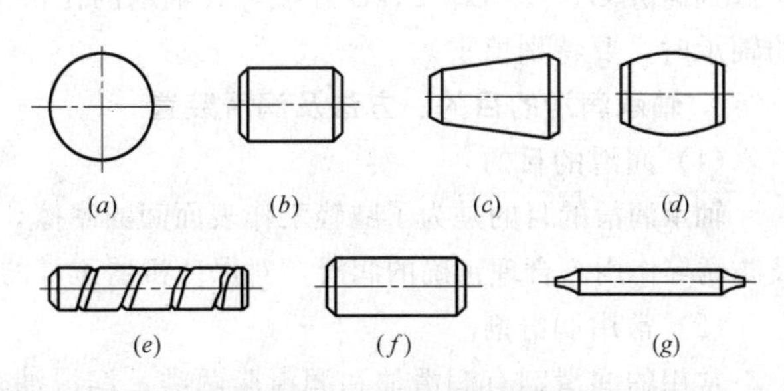

图 2-128　滚动体的形态

（*a*）球；（*b*）短圆柱滚子；（*c*）圆锥滚子；（*d*）球面滚子；（*e*）螺旋滚子；（*f*）长圆柱滚子；（*g*）滚针

（2）滚动轴承的主要类型和使用特点

滚动轴承按所能承受载荷的方向分有：

向心轴承——主要承受径向载荷。某些类型的轴承（如向心球轴承）在承受径向载荷的同时，还能承受较小的轴向载荷。

推力轴承——仅能承受轴向载荷。

向心推力轴承——能承受径向和轴向同时作用的联合载荷。

推力向心轴承——主要承受轴向载荷，同时还能承受一定量的径向载荷。

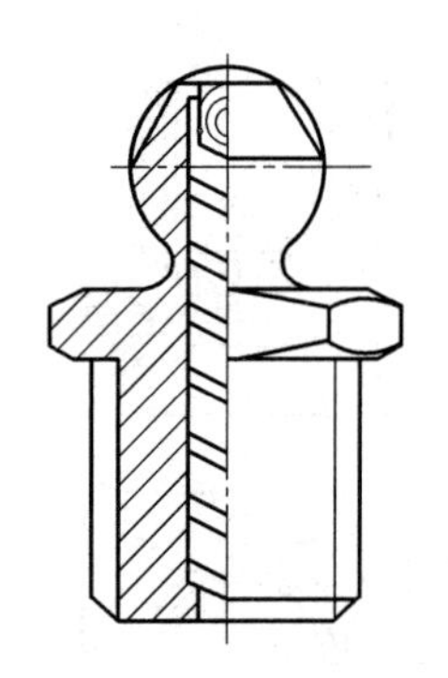
图 2-129　压注油杯

按滚动体的形状（图 2-129）又可分为球轴承和滚子轴承两大类。滚子轴承又分为短圆柱滚子、长圆柱滚子、圆锥滚子、球面滚子、螺旋滚子和滚针等。

(3) 滚动轴承的选择

在选择滚动轴承时，主要根据轴承的工作载荷（大小、方向、性质），轴承的转速及加工、安装误差和轴的挠曲变形引起的倾斜角等来选择轴承的类型。选择的基本原则是：

① 高速、轻载和旋转精度高时宜选用球轴承，低速、重载或有冲击载荷时宜选用滚子轴承。

② 以径向力为主时，可选用向心球轴承；轴向力和径向力都较大时，可选用向心推力轴承，如采用圆锥滚子轴承等；当只承受轴向力时，则可选用推力轴承；轴向力比径向力大许多或要求轴变形较小时，可选用推力轴承和向心轴承的组合结构；当冲击负荷较大时，可选用螺旋滚子轴承。

③ 单列向心推力轴承应当成对使用。两只轴承可装在同一个支点上，也可以分别安装在两个支点上，但方向应相反。

④ 调心轴承应成对地安装在两个支点上，否则轴承将失去调心作用。

⑤ 当轴对机架有较大的偏斜和挠曲，或安装偏心较大时，应选用调心轴承；当轴的刚性较大，且要求严格对中时，应选用非调心的滚子轴承。

⑥ 为便于装拆和调整间隙，常选用外圈可以分离的圆锥轴承，或带有内锥孔和紧定套的轴承。

⑦ 从经济上讲，球轴承要比滚子轴承便宜；同型号的轴承，精度等级高的贵（精度从低到高分 G、E、D、C、B 五级，其轴承的比价为 1∶1.8∶2.3∶7∶10，以选用精度高的轴承时，要特别慎重）。

4. 轴承润滑的目的、方法及润滑装置

(1) 润滑的目的

轴承润滑的目的是为了减轻工作表面间的摩擦，降低磨损，同时还有冷却、防振、吸振及防锈等作用。合理正确的润滑，对保证机器正常的运转，延长使用寿命有着重要的意义。

(2) 常用润滑剂

常用的润滑剂有润滑油和润滑脂两类。润滑油是液体，流动性好，内摩擦系数小，适用于高速轴承；润滑脂俗称“黄油”，在常温下是油膏状的半固体，其内摩擦阻力大，流动性差，散热性也差。但其吸振性能好，不易流失。多用于低速、重载或摆动的轴承中。

常用的润滑油有机械油、汽轮机油、齿轮油等。润滑油的主要指标是黏度，是选择润滑油牌号的主要依据。黏度越小，内摩擦阻力越小，流动性好，润滑的润湿性，冷却性就好。但黏度太小，润滑油易被挤走，油膜不容易建立，易造成干的摩擦，并使吸振性能下降。同时由于润滑不良引起温度上升，使油液黏度值下降，润滑将恶性循环，直至引起抱轴或烧毁轴承轴瓦。

选择润滑油的原则是：轻载、高速、低温时，为减少内摩擦阻力应选黏度低的润滑油；而重载、慢速、高温时，为了易形成油膜应选黏度高的润滑油。

润滑脂是用矿物油加金属皂（如钙皂、钠皂、锂皂等）为稠化剂调制而成。它分钙基润滑脂、钠基润滑脂和锂基润滑脂。润滑脂的物理性能不如润滑油稳定，不宜在温度变化大或高速条件下使用。

（3）润滑方法及润滑装置

在生产中，润滑的要求不同，采用的润滑方法和润滑装置也就不同。常用的润滑方法和润滑装置如下：

① 油孔或油杯润滑。其润滑方法是人工定期地用油壶向轴承孔或油杯加油。图 2-129 所示为压注油杯，润滑时可用油壶顶开油孔油珠，压入润滑油来润滑轴承；图 2-130 所示的旋盖式油杯，在杯内充满润滑脂，隔一定时间旋紧一次油杯盖，把相滑脂挤到轴承内。这种润滑方式简单，只能间歇供油，一般用于低速、轻载或不重要的轴承中。

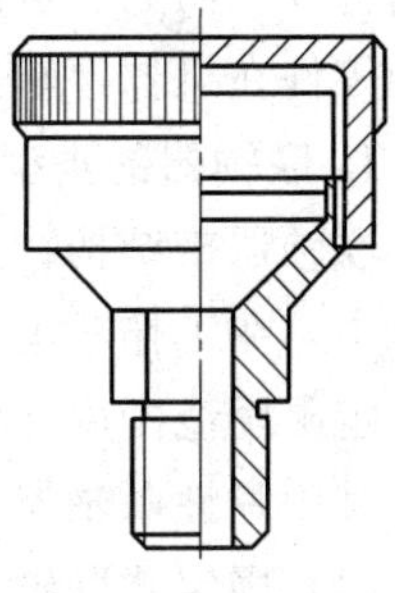

② 芯捻滴油润滑。如图 2-131 所示，它是利用棉毛线的毛细管作用把油引入到轴颈处。这种润滑能连续均匀地供油，但供油量不大，且不易调节，不适用于高速的轴承。在使用时，应注意芯捻不能与轴颈接触，防止纱头夹入轴中。

③ 针阀式油杯润滑。如图 2-132 所示，当供油时，将手柄直立，阀杆提起，下端油孔敞开，使润滑油流入轴承中去；当手柄放平，阀杆在弹簧的推压下堵住油孔，停止供油。螺母用以调节供油量大小。这种装置工作可靠，可观察油的供应情况。

图 2-130 旋盖式油杯

④ 油环润滑。如图 2-133 所示，在轴颈上套一个油环，油环下部浸在油池中。在轴旋

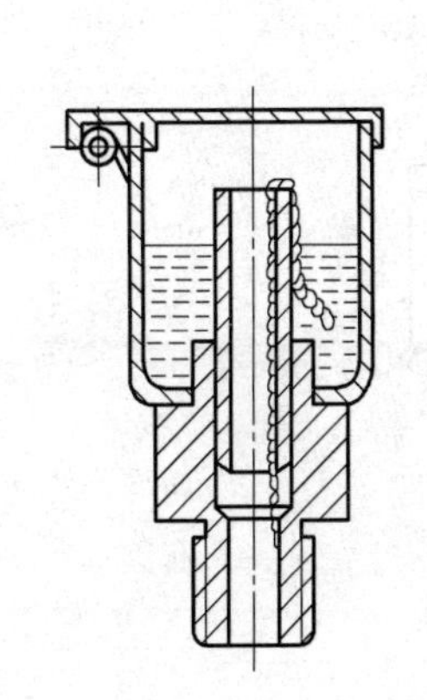

图 2-131 芯捻滴油油杯

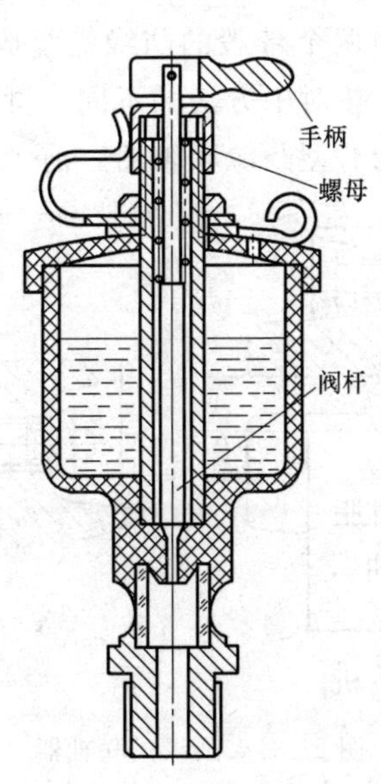

图 2-132 针阀式油杯

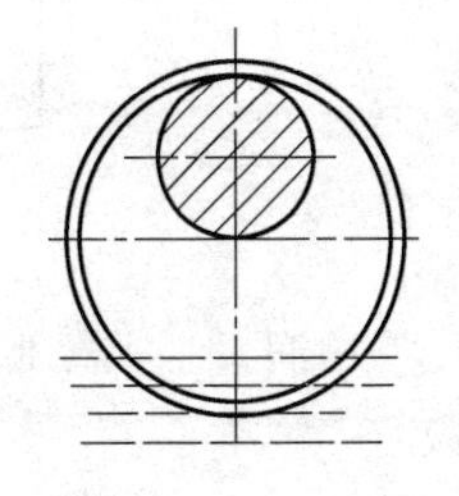

图 2-133 油环润滑

转时，利用摩擦力带动环旋转，从而将油带到轴颈中去。油环润滑只能用于连续运转，水平轴的轴承。这种装置结构简单，供油充分，维护方便。但轴的转速不能太高和太低，一般在 100～2000r/min 范围内。

⑤ 飞溅润滑。它是利用回转件（如齿轮）将油池中的油溅成细滴或雾状直接飞入或汇集到油沟内，流入轴承中进行润滑，润滑简单可靠。它用于闭式的传动中，适用于中速机器的润滑。

⑥ 压力循环润滑。它是利用油泵并通过油管将润滑油送到各润滑点。这种润滑方法供油连续，供油量可调，工作安全可靠。但设备较复杂，适用于高速、精密或重载的重要机器设备的润滑。

2.6.5 联轴器、离合器和制动器

联轴器和离合器是用来连接不同机器（或部件）的两根轴，使它们一起回转并传递运动和扭矩。联轴器与离合器的区别在于前者连接的两根轴只有在机器停车后经拆卸才能使它们分开，而后者可以在机器运转中将两根轴接合或分离。制动器主要是用来使机器上的转动零件在机器停车（动力源切断）后能立即停止转动，即所谓的刹车。

1. 联轴器的类型及应用特点

联轴器按结构特点可分为固定式和可移式两大类。固定式联轴器要求被连接的两轴严格对中，在工作时不能发生相对位移；而可移式联轴器容许两轴有一定的安装误差，并能在一定限度范围内补偿工作时可能产生的相对位移。可移式联轴器又可分为刚性和弹性两种，其中弹性联轴器具有缓冲、吸振的能力。

（1）固定式联轴器

固定式联轴器可以把两轴牢固地连接起来，构成刚性整体，故又称固定式刚性连轴一器。

① 凸缘式联轴器。图 2-134 为凸缘式联轴器的结构图，它是固定式刚性连接中应用最广泛的一种。凸缘式联轴器主要由两个带毂的凸缘盘组成。两个凸缘盘用键固定在轴上，并通过螺栓将它们相互连接起来。按对中方法的不同，可分为用凸肩和凹槽相配合的Ⅰ型凸缘联轴器和用铰孔用螺栓对心的Ⅱ型凸缘联轴器。前者装拆时轴需有轴向的移动，多用

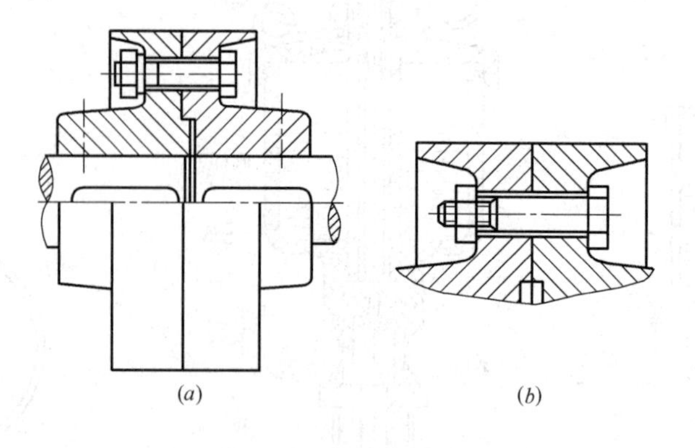

图 2-134　凸缘式联轴器

(a) Ⅰ型；(b) Ⅱ型

于不常拆卸的场合；后者装拆时不需移动轴，但制造加工精度要求高，用于经常装拆的场合。

凸缘式联轴器具有结构简单，对中性好，能传递较大的转矩的优点，但安装时要求两轴必须严格对中，不能缓冲减振，只能用于刚性好、速度低的连接。

② 套筒式联轴器。如图 2-135 所示，套筒式联轴器是由连接两轴端的套筒和连接件（键或销）组成。具有结构简单，径向尺寸小的优点。但其装拆时需作轴向的移动，不能缓冲吸振。通常用于传递较小转矩（被连接轴的直径一般不大于 70mm）的场合。

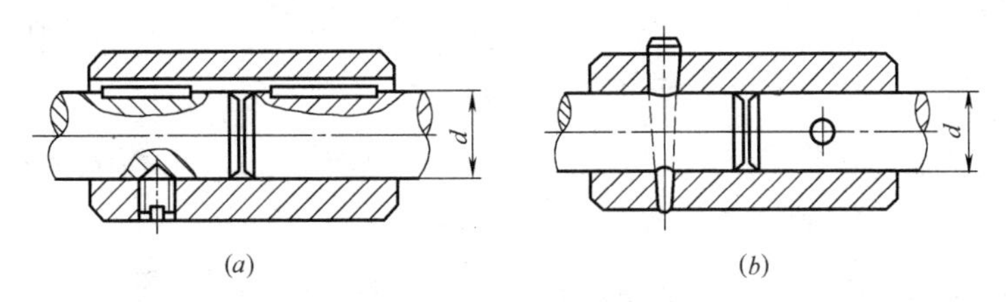

图 2-135　套筒式联轴器

（2）可移式联轴器

可移式联轴器允许两被连接的轴间有相对的轴向位移，径向位移和角位移或综合位移。它又分刚性和弹性的两种，前者利用联轴器中刚性零件间的相对运动来补偿两轴的相对位移；后者则是利用联轴器中弹性零件的弹性变形来补偿两轴的相对位移。

① 可移式刚性联轴器。常用的有以下几种型式：

ⅰ 齿式联轴器（图 2-136），它是由两个外齿的套筒 1、4 和两个内齿套筒 2、3 组成。安装时，两个外齿套筒用键装于主、从动轴的端部，两个内齿套筒用螺栓 5 相互连接成一体。工作时，转矩由啮合的内、外齿传递，并允许轮齿有轴向的相对滑移。由于外齿的齿顶制成圆弧状，允许有较大的角位移和径向位移。齿式联轴器的优点是能够传递很大的转矩和补偿较大的综合位移（轴向的、径向的和角的位移）。它常用于重型机械中。但这种联轴器制造困难、成本较高。

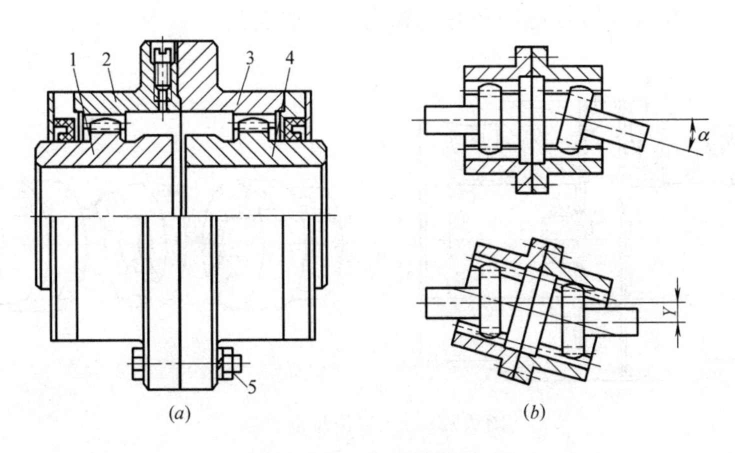

图 2-136　齿式联轴器

ⅱ 万向联轴器万向联轴器又称铰链联轴器，其构造示意如图 2-137 所示。它是由两个固定于轴端的叉形接头 1、3 和一个十字元件 2 等组成。结构上十字元件的四端都用铰链与叉形接头相连，构成一个可动的联动。当一轴位置固定时，另一轴可向任意方向偏转 α 角，夹角 α 最大可达 35°～45°。

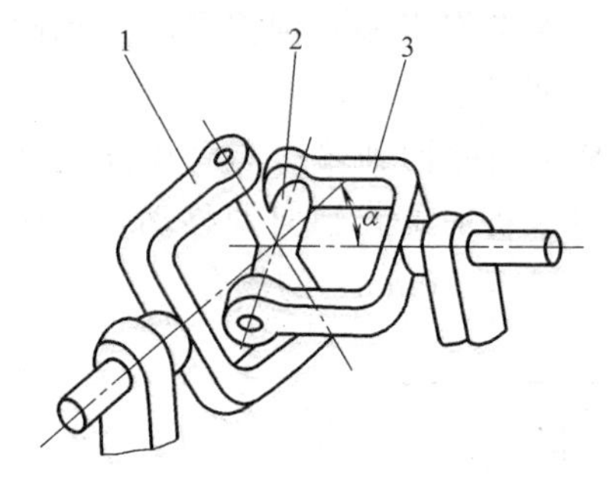

图 2-137　万向联轴器

1—叉形接头；2—十字头；3—叉形接头

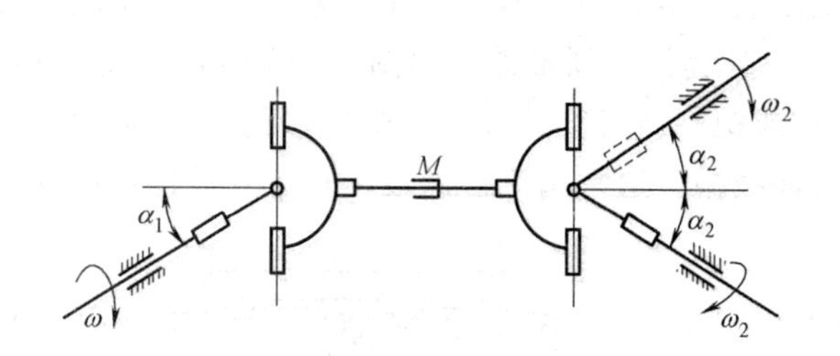

图 2-138　双万向联轴器

单个方向联轴器工作时，两轴的瞬时角速度并不是时时相等，即当主动轴以等角速度回转时，从动轴作变角速度转动，这将引起传动过程中附加的动载荷。且 α 越大，所产生的动载荷也越大。为了消除这一缺点，常将万向联轴器成对使用，如图 2-138 所示。这就是所说的双万向联轴器。使用双万向联轴器时，必须保证主、从动轴与中间轴夹角相等，即 $\alpha_1=\alpha_2$，且中间轴两端叉面必须位于同一平面。否则就保证不了主、从动轴角速度相等的要求。

万向联轴器结构简单、工作可靠、效率高、维修方便，在汽车工程、车辆等设备上有广泛的应用。

ⅲ 十字滑块联轴器如图 2-139 所示，十字滑块联轴器是有两个端面开有凹槽的半联轴器 1、3 和一个两面都有凸肩的圆盘 2 组成。两个半联轴器用键和销钉分别固装在主、从动轴上，圆盘两侧的十字凸块分别嵌在两个半联轴器的凹槽中，构成移动副。旋转时，中间圆盘的凸块可在凹槽中滑动，以补偿两轴的位移。这种联轴器，两轴有位移时，圆盘的质心作偏心圆运动，从而产生较大的离心力，给轴、轴承附加载荷，所以只适用于低速冲击载荷小的场合，如减速器低速轴和卷扬机卷筒轴的连接。

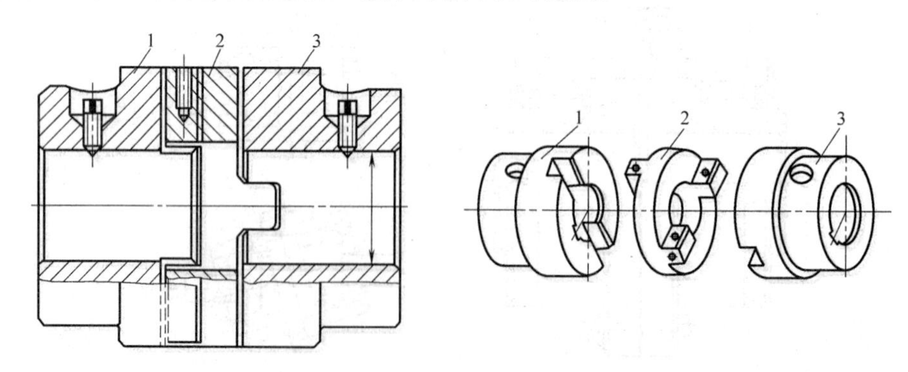

图 2-139　十字滑块联轴器

② 弹性可移式联轴器。在弹性可移式联轴器中因装有弹性零件，所以不仅可以补偿两轴位移外，而且还有传动缓冲吸振的作用。

ⅰ 弹性套柱销联轴器（图 2-140），它的结构与凸缘联轴器相似，只是两个凸圆盘 1、

2不是用螺栓连接，而是用装有橡胶弹性圈4的柱销3连接。利用弹性圈的弹性可以补偿轴的少量轴向位移和偏斜。并且有结构简单、更换方便、易于制造、缓冲吸振的特点。弹性套柱销联轴器多用于高速、小转矩双向运转、起动频繁和变载荷下工作的轴，如电动机和减速箱连接的轴。

ⅱ尼龙柱销联轴器（图2-141），它和弹性套柱销联轴器相似，只是用尼龙柱销代替了橡胶圈和钢制柱销。使用上弥补了弹性套易损坏的缺陷，并使结构更为简单，安装、制造方便，传递转矩能力更大。为了防止柱销滑出，在柱销两端配置挡板。常用于起动频繁，经常双向运转，转速较高，需补偿两轴有一定轴向位移，少量径向位移和角位移的场合。现在已常用尼龙柱销联轴器来代替弹性套柱销联轴器。

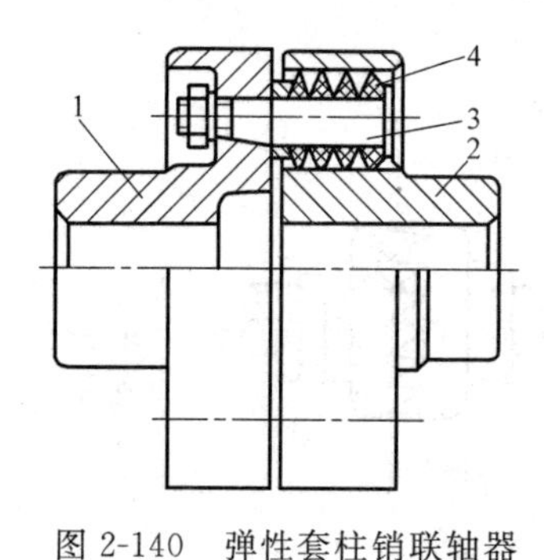

图2-140　弹性套柱销联轴器

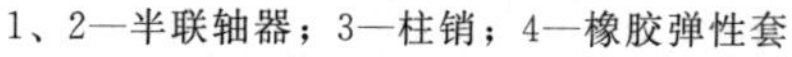
1、2—半联轴器；3—柱销；4—橡胶弹性套

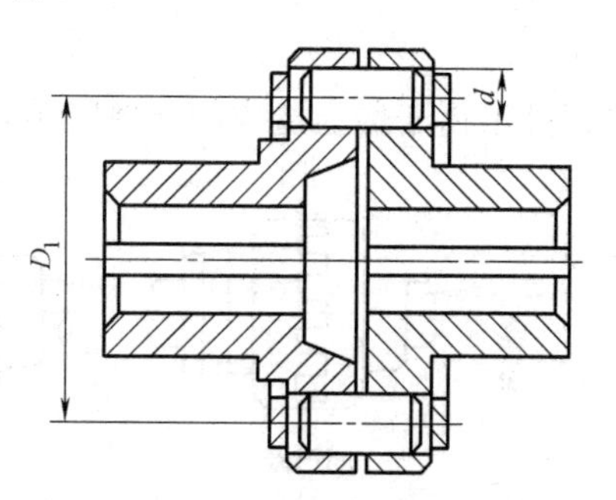

图2-141　尼龙柱销联轴器

弹性可移式联轴器能够补偿较大的轴向位移，也能依靠弹性柱销的变形来补偿微量的径向位移和角位移。但是，若径向位移或角位移过大时，将会引起弹性柱销的迅速磨损。另外，尼龙对温度较敏感，安装使用时除尽量使连接的两轴对中外，还应注意使用的温度（一般限制在0～70℃）。

2. 离合器

由于用离合器连接的两轴在机器运转时要随时地接合和分离，离合器应满足这样的基本要求：接合和分离方便，且迅速可靠；接合时冲击振动要小；耐磨性好，并且有足够的散热能力等。

离合器的类型很多，常用的有嵌入离合器和摩擦式离合器两大类。根据工作需要，尚有安全离合器。离合器的操纵方式可以是机械的、电磁的、液压的及根据一定条件自动分离、接合的等。

（1）嵌入式离合器

嵌入离合器是依靠齿的嵌合来传递转矩的。常用的嵌入式离合器有牙嵌离合器和齿轮离合器。

① 牙嵌离合器。如图2-142所示，牙嵌离合器是由两个端面上有牙的套筒组成。其中，一个套筒1固定在主动轴上，另一个套筒3则用异向键或花键与从动轴相连接，并可通过有关操作使其沿轴向移动来实现接合与分离。为了保证两轴能很好对中，在主动轴的套筒内装有对中环2，从动轴端可在对中环内自由转动。

牙嵌离合器的齿形有矩形、梯形和锯齿形三种，如图2-143所示。前两种齿形能传递双向转矩，锯齿形则只能传递单向转矩。其中梯形齿不仅齿牙强度高，传递转矩大，而且

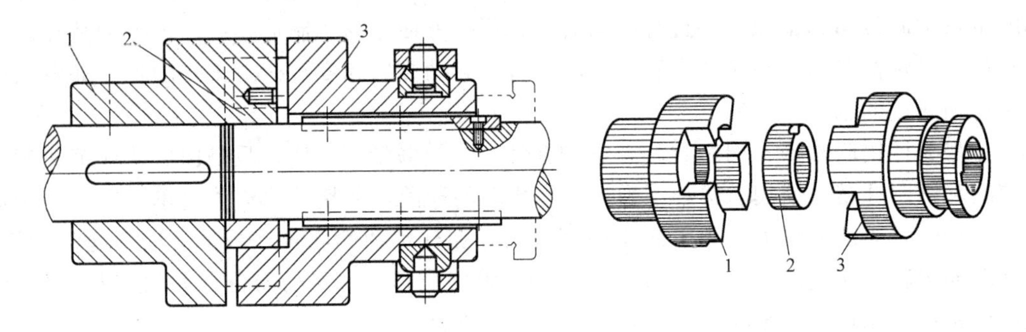

图 2-142　牙嵌式离合器

又能自行补偿由于磨损造成的牙侧间隙，故应用较为广泛。

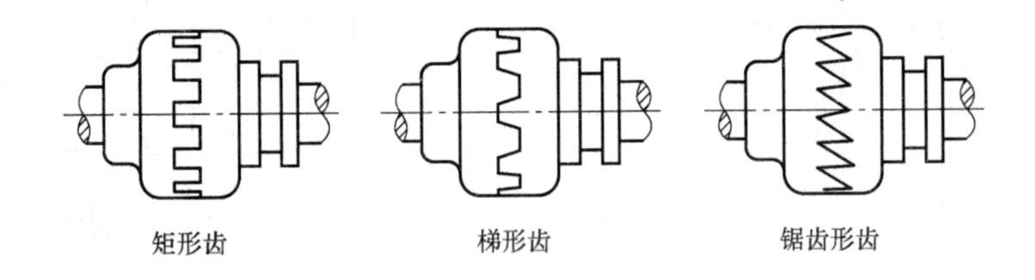

图 2-143　牙嵌离合器的齿形

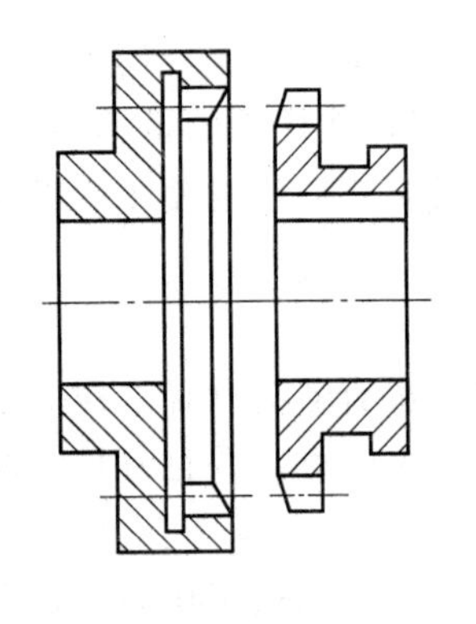

图 2-144　齿轮离合器

牙嵌离合器结构简单，连接后两轴同速转动而没有滑动，但离合器接合动作，应在主动轴停止转动或转速较低时进行。否则牙齿受到冲击．并会打坏。

② 齿轮离合器。如图 2-144 所示，齿轮离合器是由一个内齿套和一个外齿套组成，它通过外齿套的轴向移动（与内齿套的啮合与不啮合）实现离合器的接合与分离。齿轮离合器除具有牙嵌离合器的特点外，其传递转矩的能力更大。

（2）摩擦式离合器

摩擦式离合器是依靠接触面的摩擦力来传递转矩的。与嵌入式离合器比较，它有如下几个主要特点：①可以在不停机的任何速度下进行接合；②可以用改变摩擦面间的压力方法来调节从动轴的加速时间，保证起动的平稳而无冲击；③过载时，摩擦片将发生打滑，可防止其他零件的过载损坏。

摩擦离合器的类型很多，常用的是圆盘摩擦离合器，它又有单和多片之分。

图 2-145 所示为单片圆盘摩擦离合器，其主动盘 3 固定在主动轴上，从动盘 2 可以通过滑环的拨动在从动轴上的轴向移动。当向右移动并压紧主动盘 3 时，主、从动盘间产生摩擦力，从而实现动力、转扭的传动，实现离合器的接合，而传力的大小，完全由施加在从动盘上的轴向力决定。当从动盘向左移动时，主、从动盘间的摩擦力消失，实现离合器的分离。

图 2-146 所示为一种多片圆盘摩擦离合器。多片圆盘摩擦离合器所需传递的转矩大

小，可以通过摩擦片的尺寸、数目和接合所用的轴向压力来确定。在传递一定转矩的条件下，摩擦片数目增加（一般要求内外摩擦总数不超过 25～30 片，以免各片间压力分布不均匀），可以减少其结构尺寸和所需的轴向压力，使离合器结构紧凑。由于多片圆盘摩擦离合器工作灵活、调节简单，而且适用的载荷范围大，所以广泛地应用于汽车、起重机和飞机等设备中。

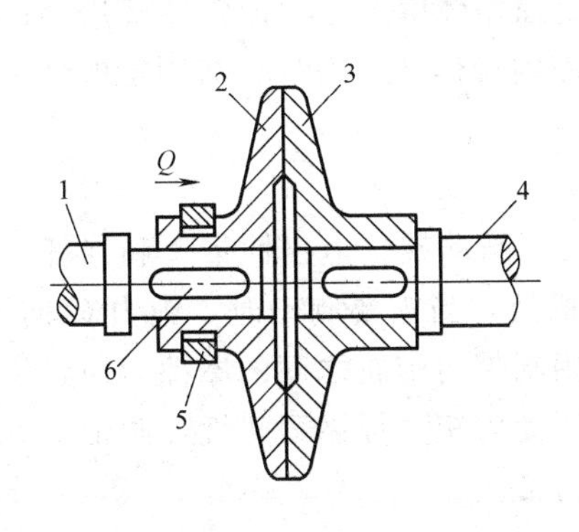

图 2-145 单片圆盘摩擦离合器

1—从动轴；2—从动盘；3—主动盘；4—主动轴；5—滑环；6—导向平键

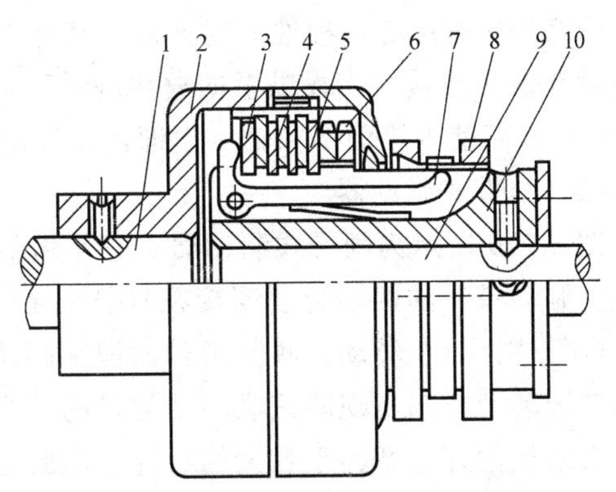

图 2-146 多片圆盘摩擦离合器

1—主动轮；2—外鼓轮；3—压板；4—外摩擦片；5—内摩擦片；6—调节螺母；7—曲臂压杆；8—滑环；9—从动轴；10—内套筒

（3）安全式离合器

安全式离合器是当传递的转矩超过设计值时，便能自动分离的装置，用于防止过载的安全保护。

图 2-147 所示为一种牙嵌式安全离合器，其结构同牙嵌离合器基本相同，只是牙形倾角 α 较大，并由弹簧压紧使牙嵌合。当传递的转矩超过设计值时（过载），牙间的轴向分力将克服弹簧压力使离合器分离，产生跳跃式的滑动。当转矩恢复正常时，离合器又自动地重新接合。调节弹簧的压紧螺母，即可使离合器在不同的转矩下滑动分离。

图 2-148 所示为滚珠式安全离合器。它是由主动齿轮 1、从动盘 2、外套筒 3、弹簧 4、调节螺母 5 等组成。在主动齿轮 1 和从动盘 2 的端面上，沿一定直径的圆周上各装有数量相等的滚珠窝（通常为 4～8 个），窝中装入滚珠大半后，进行敛口，以免滚珠脱出。当转矩超过许用值时，弹簧被过大的轴向力压缩使从动盘向右移动，原来交错压紧的滚珠因放

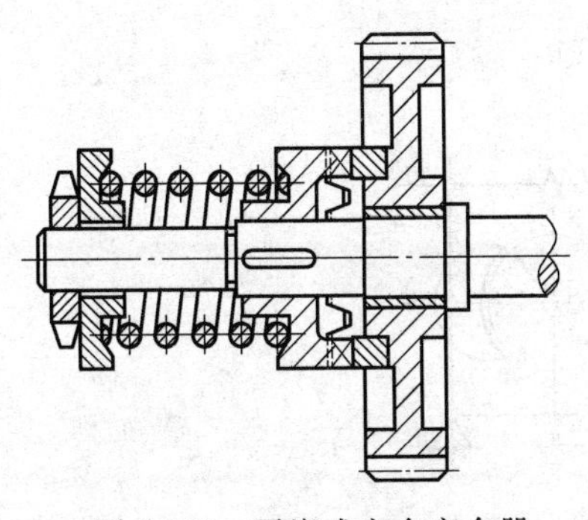
图 2-147 牙嵌式安全离合器

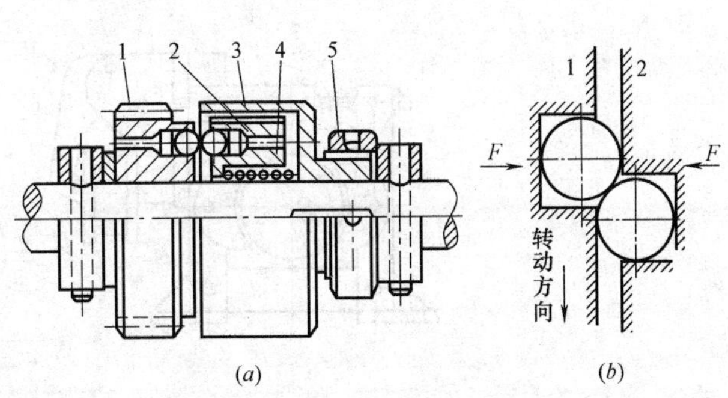

图 2-148 滚珠式安全离合器

松而相互滑过，此时主动齿轮空转，从动轴即停止转动；当载荷恢复正常时，滚珠间的轴向压紧力恢复正常，两盘的滚珠相互压紧又可传递转矩。离合器所能传递的转矩大小可通过调节螺母的旋转，改变弹簧对两盘滚珠的交错压紧力 F 来调整。

3. 制动器

（1）锥形制动器

图 2-149 所示为一种锥形制动器，其外锥体 1 固定在箱体壁 3 上，内锥体 2 用导向键或花键与轴 4 连接。当操纵手柄放在制动位置时，将使内锥体 2 向右推，与固定的外锥面 1 贴紧，从而使内锥面 2 和轴 4 立即停止转动实现制动。

（2）闸带式制动器

图 2-150 所示为闸带式制动器。它是由制动带轮 2、制动带轮上挠性带 1 和杠杆 3 等组成。制动带 1 的两端分别铰接在杠杆的 O_1、O_2 位置处，当需要制动时，施力 Q 向下，O_1、O_2 分别绕 O_3 转动，收紧闸带而抱紧制动轮，利用闸带与带轮之间的摩擦力矩，消耗机器的转动动能来实现降速或制动的目的。为了增加制动力矩，提高耐热性，闸带上一般铆接有耐热性好、摩擦系数大的石棉、橡胶等制成的衬带。

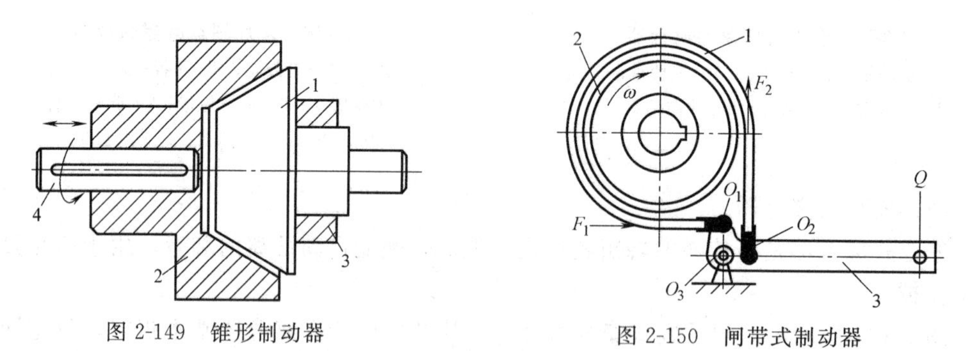

图 2-149　锥形制动器

图 2-150　闸带式制动器

闸带式制动器具有结构简单的优点，但其制动时会产生对轴的附加弯矩和径向力，使制动轮轴支承易损失。为了减小附加弯矩和径向力的影响，这种制动器一般只用于制动力矩不大的场合。

（3）电磁闸瓦制动器

如图 2-151 所示，电磁闸瓦制动器是由制动轮 5、双闸瓦 4 和电磁铁操纵系统等组成。机器工作时，电源接通，电磁铁线圈 1 通电，产生电磁铁的吸合力，通过杠杆机构 2，克

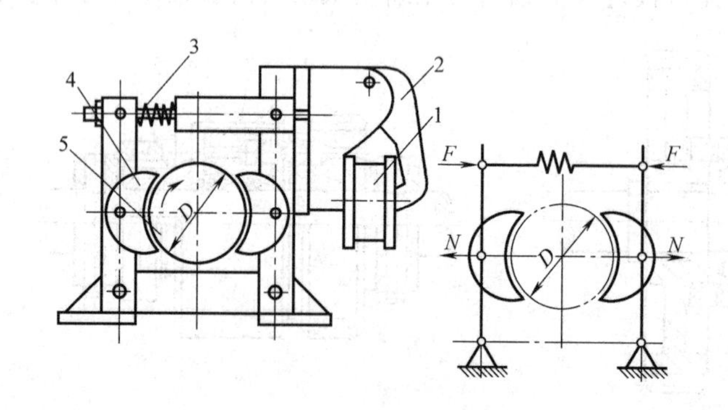

图 2-151　电磁闸瓦制动器

服弹簧 3 的压力作用，使闸瓦松开，制动器的制动轮自由回转，不产生制动力矩。当机器需要制动时，电磁线圈断电，电磁铁无吸合力，这时在弹簧 3 的作用下，使两个闸瓦紧紧抱住制动轮，产生摩擦制动力矩，将轮制动住。

双闸瓦制动器由于制动时，对轴的压紧力对称分布，相互抵消，不产生附加弯矩和径向力，因而在建筑施工机械、电梯中有广泛的应用。

制动器应尽量安排在高速轴上，因为高速轴的扭矩较小，所需要的制动力矩也小，这可使制动轮尺寸减小，结构紧凑。

(4) 液压盘式制动器

盘式制动器又称为碟式制动器，顾名思义是取其形状而得名，图 2-152 所示。它由液压控制，主要零部件有制动盘、分泵、制动钳、油管等。制动盘用合金钢制造并固定在车轮上，随车轮转动。分泵固定在制动器的底板上固定不动，制动钳上的两个摩擦片分别装在制动盘的两侧，分泵的活塞受油管输送来的液压作用，推动摩擦片压向制动盘发生摩擦制动，动作起来就好像用钳子钳住旋转中的盘子，迫使它停下来一样。

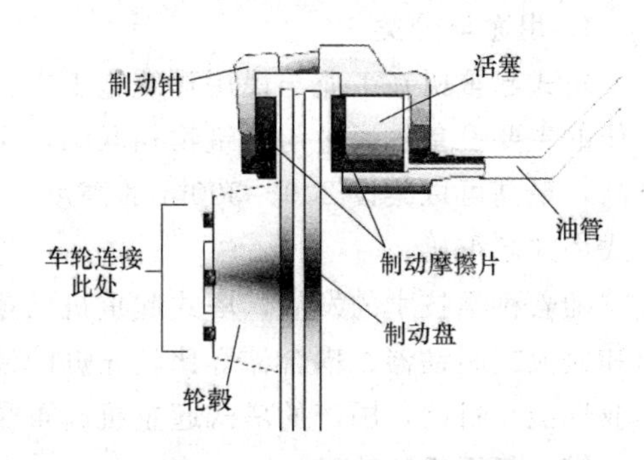

图 2-152　液压盘式制动器

盘式制动器散热快、重量轻、构造简单、调整方便。特别是高负载时耐高温性能好，制动效果稳定，而且不怕泥水侵袭，在冬季和恶劣路况下行车，盘式制动比鼓式制动更容易在较短的时间内令车停下。有些盘式制动器的制动盘上还开了许多小孔，以加速通风散热和提高制动效率。

第3章　常用和新型建筑施工机械应用

3.1　起重运输机械

3.1.1　塔式起重机

1. 用途与分类

塔式起重机在工业与民用建筑施工中，是完成建筑构件及各种建筑材料与机具等吊装工作的主要设备。通过与建筑物相联结，可以增加塔机的稳定性，可随着建筑物的升高而升高，最高可以架设200～300m的高度。为适应高层建筑施工需要，发展了爬升式和附着式塔式起重机。

随着科学技术的发展，塔式起重机已逐步大型化，要求采用直流电机调速，可控硅调速和涡流式制动器、耦合器等比较先进的装置，并正在向变频调速技术迈进。以便改善其作业性能。目前，国产的塔式起重机起重量已达到2400kN。

塔式起重机的分类

（1）按起重量的大小分

① 轻型塔式起重机：起重量为5～30kN，适用于多层民用建筑的施工。

② 中型塔式起重机：起重量30～150kN，适用于较大规模的工业建筑的综合吊装和多层框架、高层建筑的施工。

③ 重型塔式起重机：起重量可达到200～400kN，适用于构件较重、高度较大的多层工业厂房及大型构筑物和设备的吊装。

（2）根据塔式起重机的构造特点分

① 按装置特性分：有附墙式、内爬式和轨道式三种。

② 按工作方法分：有固定式和行走式两种。

③ 按变幅方式分：有动臂变幅式和小车运行式两种。

④ 按回转方式分：有上回转和下回转两种。

⑤ 按安装形式分：有自升式、整体快速拆装式和拼装式三种。

2. 塔式起重机的特点

（1）有较大的有效安装空间

① 工作高度高。一般的起重机独立高度为40～60m，附墙后的高度可达到100～200m。

② 工作半径（幅度）大。塔式起重机可进行回转作业，活动范围大，一般可在40～70m的回转半径内吊运重物。

③ 应用范围广。塔式起重机能吊装框架结构的所有构件，还能吊装和运输其他建筑

材料。

（2）安全平稳、吊装效率高

① 塔式起重机多为电力操纵，具有多种工作速度，不仅能使繁重的吊、运、装、卸工作实现机械化，而且动作平稳，较为安全可靠。

② 可减少多种机械绕同一建筑物作进、退行驶、穿插吊装，运输等配合的频次。

③ 具有多种作业性能，特别有利于采用分层分段安装作业施工方法。

④ 吊装构件时，一般不会与已安装好的构件或砌筑物相碰。

⑤ 现场能充分利用，构件堆放易有条理且比较灵活，还可兼卸进场运送的货物。

（3）塔式起重机在一个施工地点的使用时间一般较长，在某一工程结束后需要拆除、转移、搬运，再在新的施工地点安装，比一般施工机械麻烦，要求也严格，还需要浇注混凝土基础或敷设行走轨道。

（4）塔吊起重机在建筑工地多为露天作业，工作条件较差，必须经常对机械进行润滑、清洁和保养工作。

3. 塔式起重机的性能指标

（1）塔式起重机的主要技术参数

① 起重力矩。它是衡量塔吊起重能力的主要参数。它是指工作幅度与相应起重量的乘积。选用塔式起重机时，不仅考虑起重量，而且还应考虑工作幅度。

起重力矩＝起重量×工作幅度　（kN·m或t·m）

② 起重量。它是指起重吊钩上所悬挂的索具与重物的重量之和（单位：kN或t）。

③ 工作幅度。也称回转半径，指起重吊钩中心到塔式起重机回转中心线之间的水平距离（单位：m）。

④ 起升高度。它是指吊钩提升到塔式起重机顶部高度时，吊钩中心线至轨顶面或地面间的垂直距离（单位：m）。

⑤ 轨距。它是指两条行走轨道之间的距离。轨距值的确定是从塔式起重机的整体稳定和经济效果而定的，一般行走式塔式起重机在使用说明书中规定了轨道的距离（单位：m）。

⑥ 最大起升速度。指塔式起重机在空载时，吊钩上升过程中稳定状态下的最大平均上升速度（单位：m/min）。

⑦ 回转速度。是指塔式起重机空载，且风速小于3m/s时，吊钩位于基本臂及最大幅度时的稳定回转速度（单位：r/min）。

⑧ 小车变幅速度。是指塔式起重机空载，且风速小于13m/s时，行走小车在起重臂上稳定运行的速度（单位m/min）。

（2）下回转快拆装塔式起重机主要技术性能见表3-1。

下回转快速拆装塔式起重机主要技术性能　　**表3-1**

型号		QT25	QTG40	QT60	QTK60	QT70
起重特性	起重力矩(kN·m)	250	400	600	600	700
	最大幅度/起重载荷(m/kN)	20/12.5	20/20	20/30	25/22.7	20/35
	最小幅度/起重载荷(m/kN)	10/25	10/46.6	10/60	11.6/60	10/70
	最大幅度吊钩高度(m)	23	30.3	25.5	32	23
	最小幅度吊钩高度(m)	36	40.8	37	43	36.3

续表

型号		QT25	QTG40	QT60	QTK60	QT70
工作速度	起升(m/min) 变幅(m/min) 回转(r/min) 行走(m/min)	25 — 0.8 20	14.5/29 14 0.82 20.14	30/2 13.3 0.8 25	35.8/5 30/15 0.8 25	16/24 2.46 0.46 21
电动机功率(kW)	起升 变幅 回转 行走	7.5×2 — — 2.2×2	11 10 3 3×2	22 5 4 5×2	22 2/3 4 4×2	22 7.5 5 5×2
质量(t)	平衡重 压重 自重 总重	3 12 16.5 31.5	14 — 29.37 43.37	17 — 25 42	23 — 23 46	12 — 26 38
轴距(m)×轴距(m) 转台尾部回转半径(m)		3.8×3.2	4.5×4	4.5×4.5 3.5	4.6×4.5 3.57	4×4.4

(3) 上回转自升塔式起重机技术性能见表3-2。

上回转自升塔式起重机技术性能 **表3-2**

型号		QTZ50	QTZ60	QTZ63	QT80A	QTZ100
起重力矩(kN·m) 最大幅度/起重载荷(m/kN) 最小幅度/起重载荷(m/kN)		490 45/10 12/50	600 45/11.2 12.25/60	630 48/11.9 12.25/60	1000 50/15 12.5/80	1000 60/12 15/80
起升高度(m)	附着式 轨道行走式 固定式 内爬升式	90 36 36 —	100 — 39.5 160	101 — 41 —	120 45.5 45.5 140	180 — 50 —
工作速度(m/min)	起升(2绳) (4绳) 变幅 行走	10～80 5～40 24～36 —	32.7～100 16.3～50 30～60 —	12～80 6～40 22～44 —	29.5～106 14.5～50 22.5 18	10～100 5～50 34～52 —
电动机功率(kW)	起升 变幅(小车) 回转 行走 顶升	24 4 4 — 4	22 4.4 4.4 — 5.5	30 4.5 5.5 — 4	30 3.5 3.7×2 7.5×2 7.5	30 5.5 4×2 — 7.5
质量(t)	平衡重 压重 自重 总重	2.9～5.04 12 23.5～24.5 —	12.9 52 33 97.9	4～7 14 31～32 —	10.4 56 49.5 115.9	7.4～11.1 26 48～50 —
起重臂长(m) 平衡臂长(m) 轴距×轨距(m×m)		45 13.5 —	35/40/45 9.5 —	48 14 —	50 11.9 5×5	60 17.01 —

4. 塔式起重机的构成

塔式起重机是一种具有直立塔身的全回转臂式起重机；起重臂安装在塔身顶部，具有较高的有效高度和较大的工作半径。适用多层和高层的工业与民用建筑的结构及材料等的吊装。

塔式起重机由金属结构、工作机构、液压顶升机构、电气设备及控制部分等组成。

金属结构由塔身、起重臂、平衡臂、塔帽支架（或塔顶)、转台、顶升套架、底座等组成。

工作机构包括：起升机构、变幅机构、回转机构、行走机构。

(1) QTZ63 塔式起重机

QTZ63 塔式起重机是按最新颁布的塔机标准《塔式起重机型式基本参数》设计的新型起重机械，主要由金属结构、工作机构、液压顶升系统、电气设备及控制部分等组成，它是一种上回转自升式塔式起重机，如图 3-1 所示。

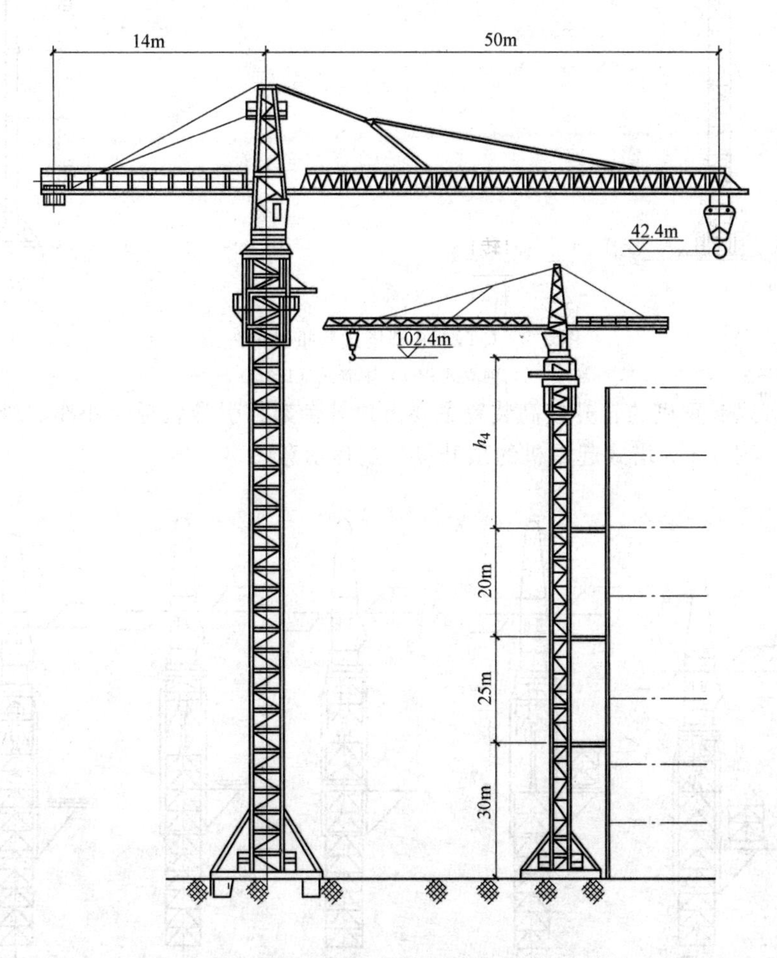

图 3-1　QTZ63 塔式起重机外形图

(2) 附着式塔式起重机

附着式塔式起重机是固定在建筑物近旁的钢筋混凝土基础上，借助于锚固支杆附着在建筑物结构上的起重机。采用这种形式可减少塔身的计算长度，增大起升高度，一般规定每隔 20m 将塔身与建筑物用锚固装置连接，塔身随着建筑施工进度而自行向上接高。回转自升塔式起重机都可改成附着式塔式起重机。如 QTZ100 型塔式起重机，该机具有固附着、内爬等多种使用形式，独立式起升高度为 50m，附着式起升高度为 120m。该塔机基本臂长为 54m，额定起重力矩为 1000kN · m，最大额定起重量为 80kN，加长臂为 60m，可吊 12kN，如图 3-2 所示。

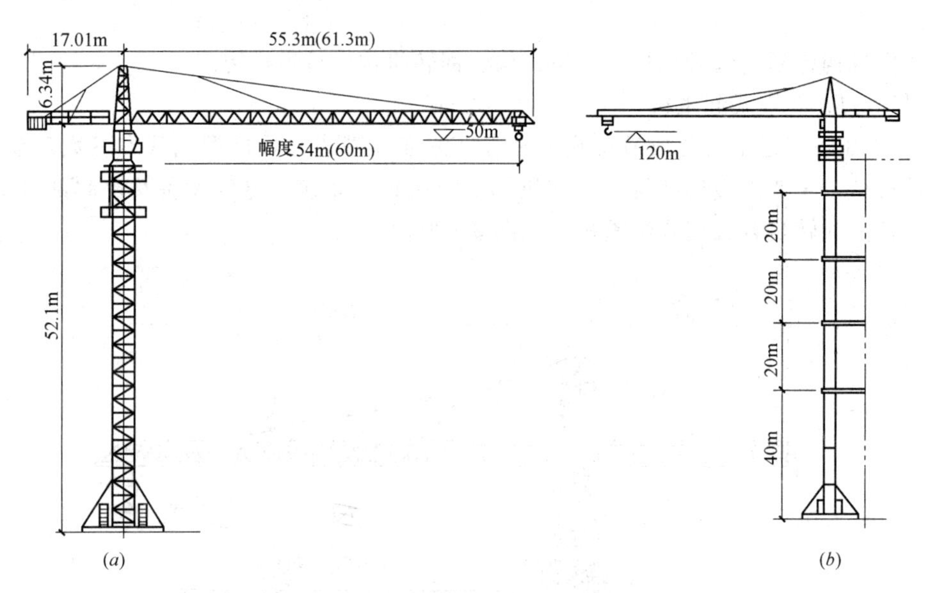

图 3-2 QTZ100 型塔式起重机的外形

(a) 独立式；(b) 附着式（120m）

附着式塔式起重机的自升接高装置主要由顶升套架、引导轨道及小车、液压顶升机构等部分组成。图 3-3 为塔式起重机的顶升接高过程示意图。

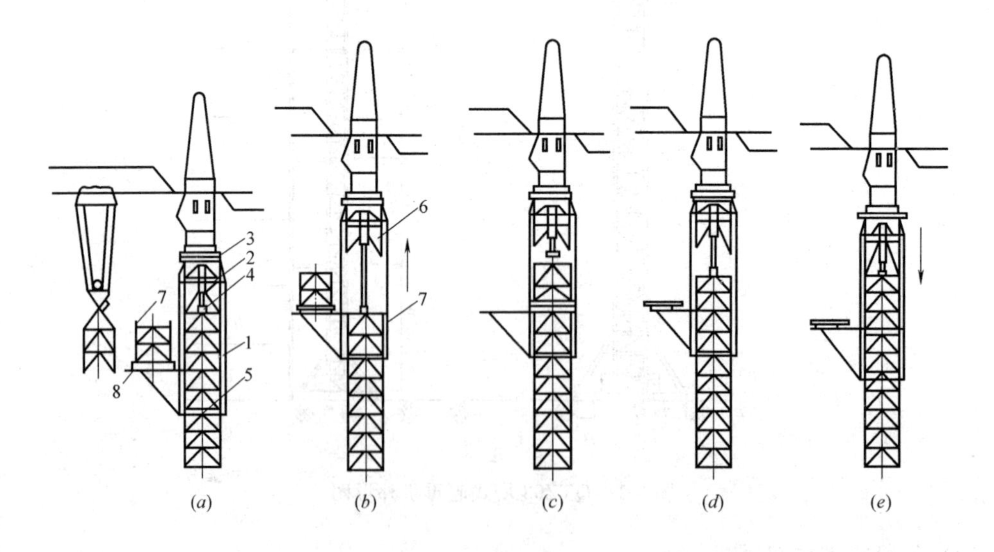

图 3-3 自升式塔式起重机的顶升接高过程

(a) 准备状态；(b) 顶升塔顶；(c) 推入塔身标准节；(d) 安装塔身标准节；(e) 塔顶与塔身连成整体

1—顶升套架；2—液压千斤顶；3—承座；4—顶升横梁；

5—定位销；6—过渡节；7—标准节；8—摆渡小车

(3) 轨行式塔式超重机

轨行塔式起重机是应用广泛的一种起重机械。

TQ60/80 型是轨道行走式上回转、可变塔高塔式起重机，外形结构和起重特性见图 3-4。

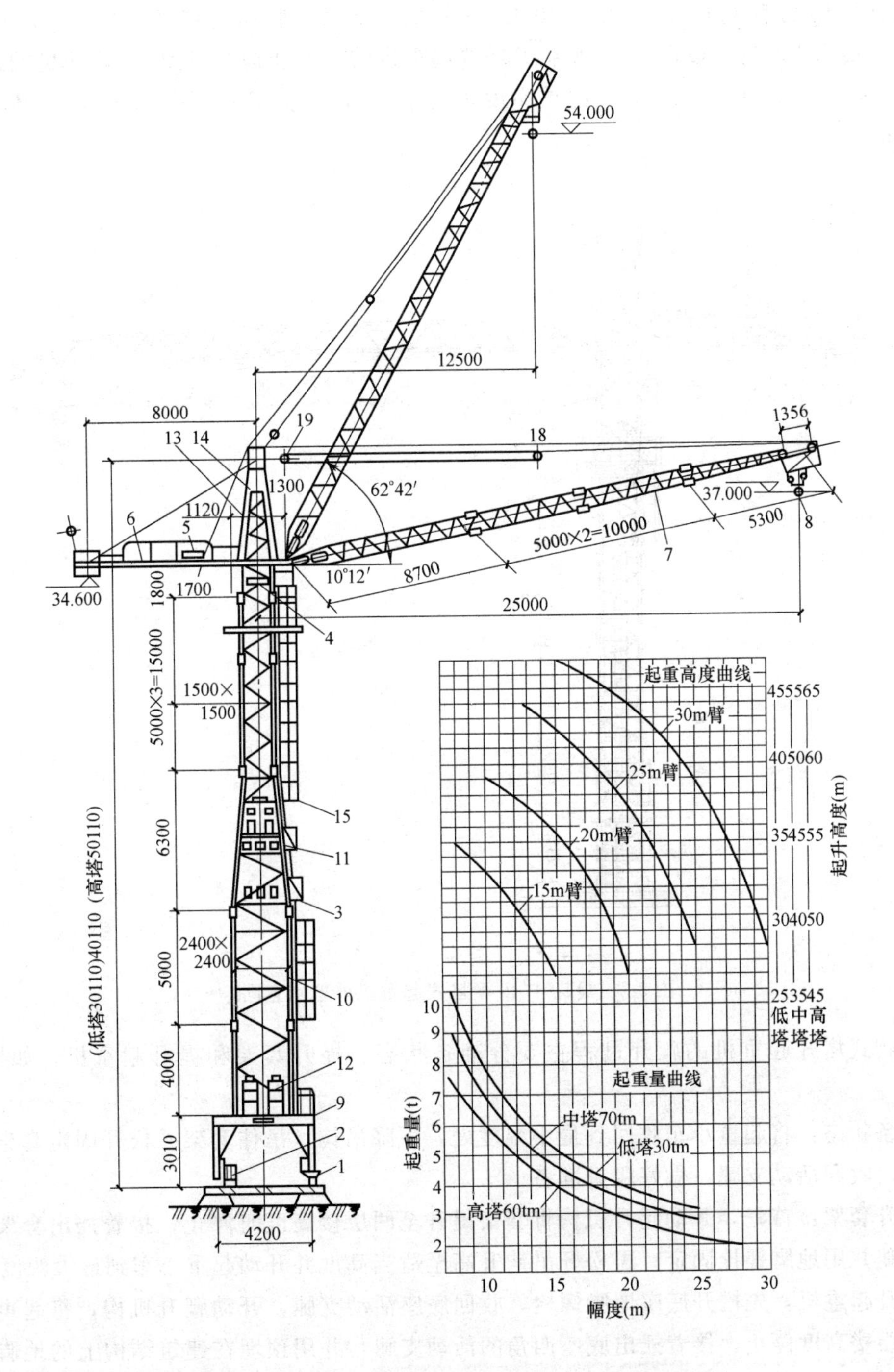

图 3-4 TQ60/80 型塔式起重机的外形结构和起重特性

（4）内爬式塔式起重机

内爬式塔式起重机是一种安装在建筑物内部（电梯井或特设空间）结构上，借助套架托梁和爬升系统或上、下爬升框架和爬升系统自身爬升的起重机械，一般每隔 16～20m 爬升一次。这种起重机主要用于高层建筑施工中。

目前使用的有 QT_5-4/40 型（400kN · m）、ZT-120 型和进口的 80HC，120HC 及 QTZ63，QTZ100 等。QT_5-4/40 型爬升塔式起重机的外形和构造见图 3-5，该机的最大起重量为 4kN，幅度为 11～20m，起重高度可达 110m，一次爬升高度 8.6m，爬升速度为 1m/min。

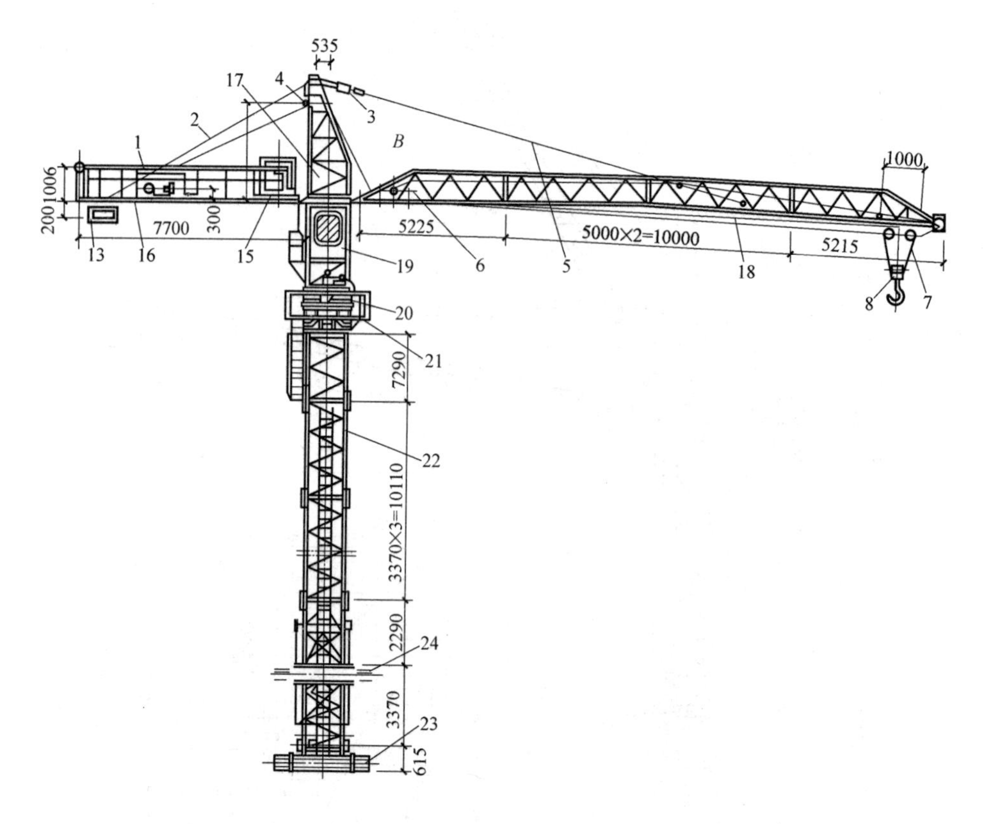

图 3-5 QT_5-4/40 型塔式起重机外形示意图

内爬式塔式起重机的爬升过程主要分准备状态、提升套架和提升起重机，如图 3-6 所示。

准备状态：将起重小车收回到最小幅度处，下降吊钩，吊住套架并松开固定套架的地脚螺栓，收回活动支腿，做好爬升准备。

提升套架：首先，开动起升机构将套架提升至两层楼高度时停止；接着摇出套架四角活动支腿并用地脚螺栓固定；再松开吊钩升高至适当高度并开动起重小车到最大幅度处。

提升起重机，先松开底座地脚螺栓，收回底座活动支腿，开动爬升机构，将起重机提升至两层楼高度停止，接着摇出底座四角的活动支腿，并用预埋在建筑结构上的地脚螺栓固定，至此，结束爬升过程。

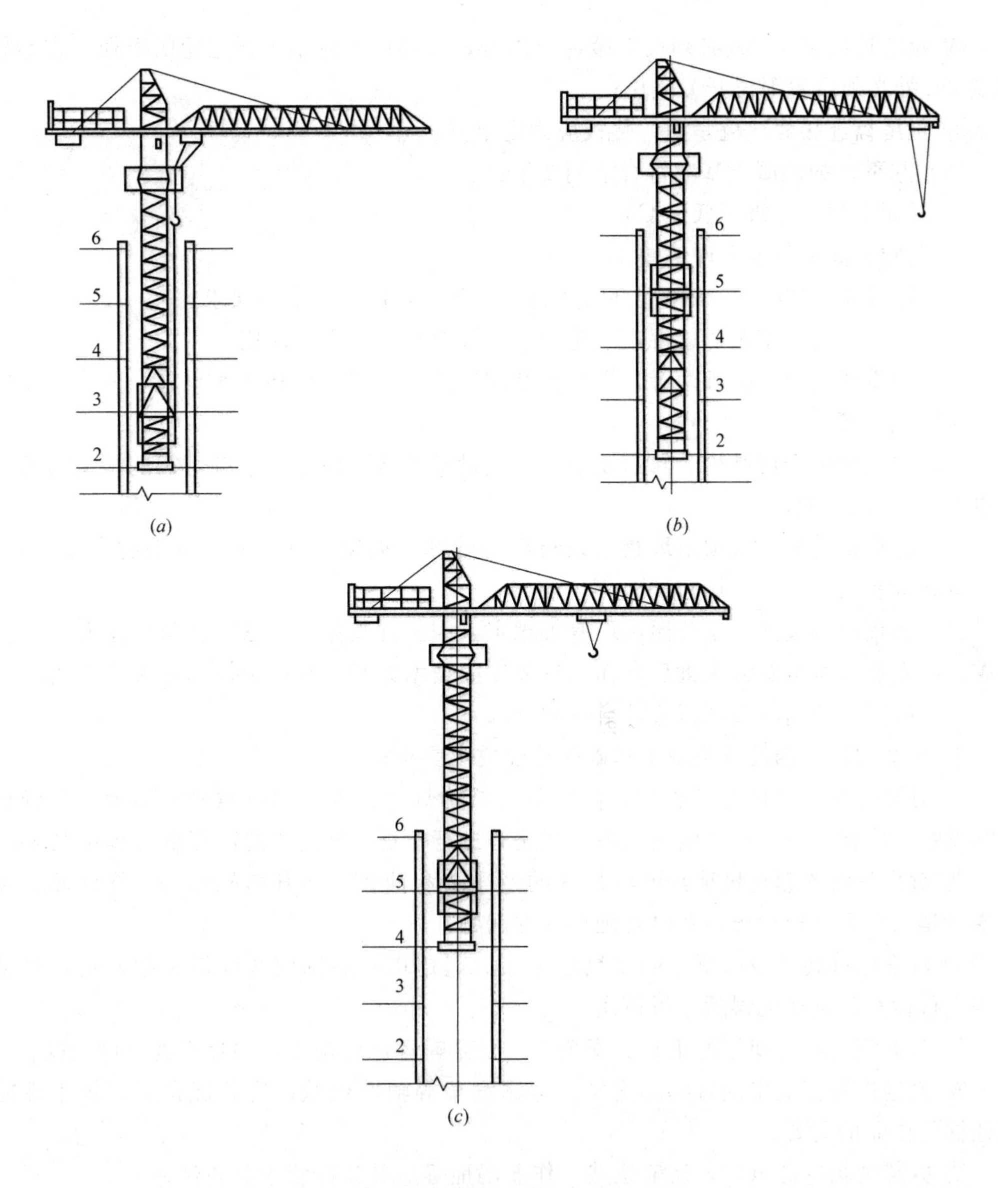

图 3-6 内爬式塔式起重机的爬升过程

（a）准备状态；（b）提升套架；（c）提升起重机

5. 塔式起重机安全操作

（1）起重机的轨道基础应符合下列要求：

① 路基承载能力：轻型（起重量 30kN 以下）应为 60～100kPa；中型（起重量 31～150kN）应为 101～200kPa；重型（起重量 150kN 以上）应为 200kPa 以上；

② 每间隔 6m 应设轨距拉杆一个，轨距允许偏差为公称值的 1/1000，且不超过 ±3mm；

③ 在纵横方向上，钢轨顶面的倾斜度不得大于 1/1000；

④ 钢轨接头间隙不得大于 4mm，并应与另一侧轨道接头错开，错开距离不得小于 1.5m，接头处应架在轨枕上，两轨顶高度差不得大于 2mm；

⑤ 距轨道终端1m处必须设置缓冲止挡器，其高度不应小于行走轮的半径。在距轨道终端2m处必须设置限位开关碰块；

⑥ 鱼尾板连接螺栓应紧固，垫板应固定牢靠。

(2) 起重机的混凝土基应符合下列要求：

① 混凝土强度等级不低于C35；

② 基础表面平整度允许偏差1/1000；

③ 埋设件的位置、标高和垂直以及施工工艺符合出厂说明书要求。

(3) 起重机的轨道基础或混凝土基础应验收合格后，方可使用。

(4) 起重机的轨道基础两旁，混凝土基础周围应修筑边坡和排水设施，并应与基坑保持一定安全距离。

(5) 起重机的金属结构、轨道及所有电气设备的金属外壳，应有可靠的接地装置，接地电阻不应大于4Ω。

(6) 起重机的拆装必须由取得建设行政主管部门颁发的拆装资质证书的专业队进行，并应有技术和安全人员在场监护。

(7) 起重机拆装前，应按照出厂有关规定，编制拆装作业方法、质量要求和安全技术措施，经企业技术负责人审批后，作为拆装作业技术方案，并向全体作业人员交底。

(8) 拆装作业前检查项目应符合下列要求：

① 路基和轨道铺设或混凝土基础应符合技术要求；

② 对所拆装起重机的各机构、各部位、结构焊缝、重要部位螺栓、销轴、卷扬机构和钢丝蝇、吊钩、吊具以及电气设备、线路等进行检查，使隐患排除于拆装作业之前；

③ 对自升塔式起重机顶升液压系统的液压缸和油管、顶升套架结构、导向轮、顶升撑脚（爬爪）等进行检查，及时处理存在的问题；

④ 对采用旋转塔身法所用的主副地锚架、起落塔身卷扬钢丝绳以及起升机构制动系统等进行检查，确认无误后方可使用；

⑤ 对拆装人员所使用的工具、安全带、安全帽等进行检查，不合格者立即更换；

⑥ 检查拆装作业中配备的起重机、运输汽车等辅助机械，应状况良好，技术性能应保证拆装作业的需要；

⑦ 拆装现场电源电压，运输道路、作业场地等应具备拆装作业条件；

⑧ 安全监督岗的设置及安全技术措施的贯彻落实已达要求。

(9) 起重机的拆装作业应在白天进行。当遇大风、浓雾和雨雪等恶劣大气时，应停止作业。

(10) 指挥人员应熟悉拆装作业方案，遵守拆装工艺和操作规程，使用明确的指挥信号进行指挥。

所有参与拆装作业的人员，都应听从指挥，如发现指挥信号不清或有错误时，应停止作业，待联系清楚后再进行。

(11) 拆装人员进入现场时，应穿戴安全保护用品，高处作业时应系好安全带，熟悉并认真执行拆装工艺和操作规程，当发现异常情况或疑难问题时，应及时向技术负责人反映，不得自行其是，应防止处理不当而造成事故。

(12) 在拆装上回转、小车变幅的起重臂时，应根据出厂说明书的拆装要求进行，并应保持起重机的平衡。

(13) 采用高强度螺栓连接的结构，应使用原厂制造的连接螺栓，自制螺栓应有质量合格的试验证明，否则不得使用。连接螺栓时，应采用扭矩扳手或专用扳手，并应按装配技术要求拧紧。

(14) 在拆装作业过程中，当遇天气剧变、突然停电、机械故障等意外情况，短时间不能继续作业时，必须使已拆装的部位达到稳定状态并固定牢靠，经检查确认无隐患后，方可停止作业。

(15) 安装起重机时，必须将大车行走缓冲止挡器和限位开关碰块安装牢固可靠，并应将各部位的栏杆、平台、扶杆、护圈等安全防护装置装齐。

(16) 在拆除因损坏或其他原因而不能用正常方法拆卸的起重机时，必须按照技术部门批准的安全拆卸方案进行。

(17) 起重机安装过程中，必须分阶段进行技术检验。

整机安装完毕后，应进行整机技术检验和调整，各机构动作应正确、平稳、无异响，制动可靠，各安全装置应灵敏有效；在无载荷情况下，塔身和基础平面的垂直度允许偏差为4/1000，经分阶段及整机检验合格后，应填写检验记录，经技术负责人审查签证后，方可交付使用。

(18) 起重机塔身升降时，应符合下列要求：

① 升降作业过程，必须有专人指挥，专人照看电源，专人操作液压系统，专人拆装螺栓。非作业人员不得登上顶升套架的操作平台。操纵室内应只准一人操作，必须服从指挥信号；

② 升降应在白天进行，特殊情况需在夜间作业时，应有充分的照明；

③ 风力在四级及以上时，不得进行升降作业。在作业中风力突然增大达到四级时，必须立即停止，并应紧固上、下塔身各连接螺栓；

④ 顶升前应预先放松电缆，其长度宜大于顶升总高度，并应紧固好电缆卷筒，下降时应适时收紧电缆；

⑤ 升降时，必须调整好顶升套架滚轮与塔身标准节的间隙，并应按规定使起重臂和平衡臂处于平衡状态，并将回转机构制动住，当回转台与塔身标准节之间的最后一处连接螺栓（销子）拆卸困难时，应将其对角方向的螺栓重新插入，再采取其他措施。不得以旋转起重臂动作来松动螺栓（销子）；

⑥ 升降时，顶升撑脚（爬爪）就位后，应插上安全销，方可继续下一动作；

⑦ 升降完毕后，各连接螺栓应按规定扭力紧固，液压操纵杆回到中间位置，并切断液压升降机构电源。

(19) 起重机的附着锚固应符合下列要求：

① 起重机附着的建筑物，其锚固点的受力强度应满足起重机的设计要求。附着杆的布置方式、相互间距和附着距离等，应按出厂使用说明书规定执行。有变动时，应另行设计；

② 装设附着框架和附着杆件，应采用经纬仪测量塔身垂直度，并应采用附着杆进行调整，在最高锚固点以下垂直度允许偏差为2/1000；

③ 在附着框架和附着支座布设时，附着杆倾斜角不得超过10°；

④附着框架宜设置在塔身标准节连接处，箍紧塔身。塔架对角处在无斜撑时应加固；

⑤ 塔身顶升接高到规定锚固间距时，应及时增设与建筑物的锚固装置。塔身高出锚固装置的自由端高度，应符合出厂规定；

⑥ 起重机作业过程中，应经常检查锚固装置，发现松动或异常情况时，应立即停止作业，故障未排除，不得继续作业；

⑦ 拆卸起重机时，应随着降落塔身的进程拆卸相应的锚固装置；严禁在落塔之前先拆锚固装置；

⑧ 遇有六级及以上大风时，严禁安装或拆卸锚固装置；

⑨ 锚固装置的安装、拆卸、检查和调整，均应有专人负责，工作时应系安全带和戴安全帽，并应遵守高处作业有关安全操作的规定；

⑩ 轨道式起重机作附着式使用时，应提高轨道基础的承载能力和切断行走机构的电源，并应设置阻挡行走轮移动的支座。

（20）起重机内爬升时应符合下列要求：

① 内爬升作业应在白天进行。风力在五级及以上时，应停止作业；

② 内爬升时，应加强机上与机下之间的联系以及上部楼层与下部楼层之间的联系，遇有故障及异常情况，应立即停机检查，故障未排除，不得继续爬行；

③ 内爬升过程中，严禁进行起重机的起升、回转、变幅等各项动作；

④ 起重机爬升到指定楼层后，应立即拔出塔身底座的支承梁或支腿，通过内爬升框架固定在楼板上，并应顶紧导向装置或用楔块塞紧；

⑤ 内爬升塔式起重机的固定间隔不宜小于 3 个楼层；

⑥ 对固定内爬升框架的楼层楼板，在楼板下面应增设支柱作临时加固。搁置起重机底座支承梁的楼层下方两层楼板，也应设置支柱作临时加固；

⑦ 每次内爬升完毕后，楼板上遗留下来的开孔，应立即采用钢筋混凝土封闭；

⑧ 起重机完成内爬升作业后，应检查内爬升框架的固定、底座支承梁的紧固以及楼板临时支撑的稳固等，确认可靠后，方可进行吊装作业。

（21）每月或连续大雨后，应及时对轨道基础进行全面检查，检查内容包括：轨距偏差，钢轨顶面的倾斜度，轨道基础的弹性沉陷，钢轨的不直度及轨道的通过性能等。对混凝土基础，应检查其是否有不均匀的沉降。

（22）应保持起重机上所有安全装置灵敏有效，如发现失灵的安全装置，应及时修复或更换。所有安全装置调整后，应加封（火漆或铅封）固定，严禁擅自调整。

（23）配电箱应设置在轨道中部，电源电路中应装设错相及断相保护装置及紧急断电开关，电缆卷筒应灵活有效，不得拖缆。

（24）起重机在无线电台、电视台或其他强电磁波发射天线附近施工时，与吊钩接触的作业人员，应戴绝缘手套和穿绝缘鞋，并应在吊钩上挂接临时放电装置。

（25）当同一施工地点有两台以上起重机时，应保持两机间任何接近部位（包括吊重物）距离不得小于 2m。

（26）起重机作业前，应检查轨道基础平直无沉陷，鱼尾板连接螺栓及道钉无松动，并应清除轨道上的障碍物，松开夹轨器并向上固定好。

（27）启动前重点检查项目应符合下列要求：

① 金属结构和工作机构的外观情况正常；

② 各安全装置和各指示仪表齐全完好；

③ 各齿轮箱、液压油箱的油位符合规定；

④ 主要部位连接螺栓无松动；

⑤ 钢丝绳磨损情况及各滑轮穿绕符合规定；

⑥ 供电电缆无破损。

（28）送电前，各控制器手柄应在零位。当接通电源时，应采用试电笔检查金属结构部分，确认无漏电后，方可上机。

（29）作业前，应进行空载运转，试验各工作机构是否运转正常，有无噪音及异响，各机构的制动器及安全防护装置是否有效，确认正常后方可作业。

（30）起吊重物时，重物和吊具的总重量不得超过起重机相应幅度下规定的起重量。

（31）应根据起吊重物和现场情况，选择适当的工作速度，操纵各控制器时应从停止点（零点）开始，依次逐级增加速度，严禁越挡操作。在变换运转方向时，应将控制器手柄扳到零位，待电动机停转后再转向另一方向，不得直接变换运转方向、突然变速或制动。

（32）在吊钩提升起重小车或行走大车运行到限位装置前，均应减速缓行到停止位置，并应与限位装置保持一定距离（吊钩不得小于1m，行走轮不得小于2m）。

严禁采用限位装置作为停止运行的控制开关。

（33）动臂式起重机的起升、回转、行走可同时进行，变幅应单独进行。每次变幅后应对变幅部位进行检查。允许带载变幅的，当载荷达到额定起重量的90%及以上时，严禁变幅。

（34）提升重物，严禁自由下降。重物就位时，可采用慢就位机构或利用制动器使之缓慢下降。

（35）提升重物作水平移动时，应高出其跨越的障碍物0.5m以上。

（36）对于无中央集电环及起升机构不安装在回转部分的起重机，在作业时，不得顺一个方向连续回转。

（37）装有上、下两套操纵系统的起重物，不得上、下同时使用。

（38）作业中，当停电或电压下降时，应立即将控制器扳到零位，并切断电源。如吊钩上挂有重物，应稍松稍紧反复使用制动器，使重物缓慢地下降到安全地带。

（39）采用涡流制动调整系统的起重机，不得长时间使用低速挡或慢就位速度作业。

（40）作业中如遇六级及以上大风或阵风，应立即停止作业，锁紧夹轨器，将回转机构的制动器完全松开，起重臂应能随风转动。对轻型俯仰变幅起重机，应将起重臂落下并与塔身结构锁紧在一起。

（41）作业中，操作人员临时离开操纵室时，必须切断电源，锁紧夹轨器。

（42）起重机载人专用电梯严禁超员，其断绳保护装置必须可靠。当起重机作业时，严禁开动电梯。电梯停用时，应降至塔身底部位置，不得长时间悬在空中。

（43）作业完毕后，起重机应停放在轨道中间位置，起重臂应转到顺风方向，并松开回转制动器，小车及平衡重应置于非工作状态，吊钩宜升到离起重臂顶端2～3m处。

（44）停机时，应将每个控制器拨回零位，依次断开各开关，关闭操纵室门窗，下机后，应锁紧夹轨器，使起重机与轨道固定，断开电源总开关，打开高空指示灯。

(45) 检修人员上塔身、起重臂、平衡臂等高空部位检查或修理时，必须系好安全带。

(46) 在寒冷季节，对停用起重机的电动机、电器柜、变阻器箱、制动器等，应严密遮盖。

(47) 动臂式和尚未附着的自升式塔式起重机，塔身上不得悬挂标语牌。

3.1.2 流动式起重机

1. 流动式起重机的分类、使用特点

流动式起重机是广泛应用于各领域的一种起重设备，按照行驶方式划分，可分为履带起重机、汽车起重机和轮胎起重机三类；按起重能力可划分为特大、大、中、小四型，特大型起重量在100t以上，大型起重量大于40t，中型起重量为16～40t，小型起重量在12t以下。流动式起重机具有以下运用特点：

(1) 具有高度灵活性、机动性。

不仅能有效地服务于整个工地的各种对象的吊装工作，而且可灵活转场，服务于多个施工现场。

(2) 流动式起重机机身小巧，起重高度大，作业范围广。

起重臂可接长或伸缩，从数十米至二百米以上，部分机型起重臂主臂与附臂间可有一夹角，甚至主臂垂直，主臂与附臂间夹角接近90°，大大增强了起重机的服务范围，可从一个停放点服务于很大的工作区域。

(3) 工作速度快、效率高。

在其作业范围内空间的任何方向，能将重物快速地从一个位置转移到另一个位置。

(4) 起重机组装方便，可省去大量准备作业。

一般流动式起重机所有附件全部装配到机身上。特大型起重机在运输时也只是将部分配重、起重臂拆除，到现场后进行组装。现场不需要制作地锚、设备基础等。

(5) 稳定性较差，重物在不同的位置时，起重机具有不同的稳定性。

为了增加稳定性，一般流动式起重机使用自身携带（随机装置）的支腿上、加宽履带间的轮距等方法，增强它的横向稳定性。

(6) 起重机自身重量较大，行走时对路面要求较高。

在吊装作业时，汽车起重机、轮胎起重机使用支腿，自身重量加上载荷重量均作用于支腿上，支腿承压巨大，对支腿处地基基础的处理要求较高。

(7) 起重机价格较高，购置费用巨大，构造较复杂，操作技能要求较高，需要经常维修保养，使用成本相对较高。

2. 履带起重机的主要使用特点与主要技术性能

履带起重机区别于其他起重机的最大特点是其底盘采用履带式行走机构，如图3-7所示。普通履带起重机与推土机、装载机大部分机构通用，作为履带起重机可以进行吊装作业，完成各类构件架设、设备装卸就位工作；换装部分配件后，能方便地改装成推土机、装载机等。国产W型的万能挖掘起重机配有：反铲、正铲、拉铲挖掘、抓斗及起重装置。

(1) 履带起重机的优势

① 由于采用了履带式行走机构，接地比小，对地面的承载要求较低，可在土质施工

现场、甚至农田内使用。

② 履带起重机吊装作业时由履带直接承载，甚至可带载行走，使用方便。

（2）履带起重机的劣势

① 为增大附着力，履带起重机的履带板上设计了一些突出点。履带起重机行走时，会对地面造成一定的破坏，不能在公路上直接行驶。

② 行驶速度较低，不适于自己长距离转场作业。长距离转场作业时，需使用平板载重车运输。

③ 机身重量、体积较大，长距离转场作业时必须进行拆卸、组装工作。

（3）QUY150 履带起重机主要技术性能

图 3-7　QUY150 履带起重机

该起重机最大起重量 50 吨，主臂长 13～52m、副臂长 9.15～12.25m。能够带载行驶，并可在 360°范围内全方位吊装。其起重性能图、额定起重量如图 3-8、表 3-3 所示。

QUY-50 吨液压履带起重机额定总起重量表（单位：t）　　表 3-3

起重臂长(m) 工作半径(m)	13	16	19	22	25	28	31	34	37	40	43	46	49	52
3.7	50.00													
4	43.00	44.95												
4.5	35.00	36.40	37.30											
5	29.00	30.60	31.00	31.10										
5.5	25.00	26.40	26.70	26.77	26.55									
6	22.00	23.00	23.40	23.45	23.23	23.15								
7	18.00	18.50	18.70	18.71	18.48	18.42	18.30							
8	15.00	15.30	15.50	15.49	15.25	15.21	15.11	15.00	14.90					
9	12.60	13.10	13.20	13.16	12.92	12.89	12.79	12.65	12.57	12.50	12.45			
10	11.00	11.30	11.50	11.40	11.15	11.13	11.03	10.89	10.81	10.73	10.68	10.55	10.45	
12	8.60	8.90	9.00	8.91	8.66	8.64	8.55	8.40	8.32	8.22	8.16	8.06	7.93	8.00
14		7.30	7.34	7.23	6.98	6.97	6.88	6.73	6.64	6.53	6.47	6.35	6.24	6.20
16			6.14	6.03	5.77	5.77	5.68	5.53	5.44	5.32	5.25	5.13	5.02	4.90
18				5.12	4.86	4.86	4.77	4.62	4.53	4.41	4.34	4.21	4.10	4.02
20				4.41	4.15	4.16	4.06	3.91	3.83	3.70	3.62	3.49	3.38	3.29
22					3.58	3.59	3.50	3.34	3.26	3.12	3.05	2.91	2.80	2.70

续表

起重臂长(m) 工作半径(m)	13	16	19	22	25	28	31	34	37	40	43	46	49	52
24						3.12	3.03	2.88	2.79	2.65	2.57	2.43	2.33	2.20
26							2.64	2.49	2.40	2.26	2.18	2.04	1.79	1.82
28								2.16	2.07	1.93	1.85	1.70	1.60	1.46
30								1.88	1.79	1.65	1.56	1.41	1.32	1.18
32									1.54	1.40	1.31	1.16	1.07	0.93
34										1.18	1.10	0.95	0.85	0.71

注：1. 上表所示的额定总起重量，是在水平硬土、固定的装载工作的值，而额定总起重量为倾倒载重的 0.64～0.7；

2. 实际可以吊升的起重量，是由上表额定总起重量扣除吊钩等吊具的一切重量的值；

3. 平衡重为 15.5t，在工作时一定要扩张履带；

4. 工作半径为吊重时的实际工作半径。

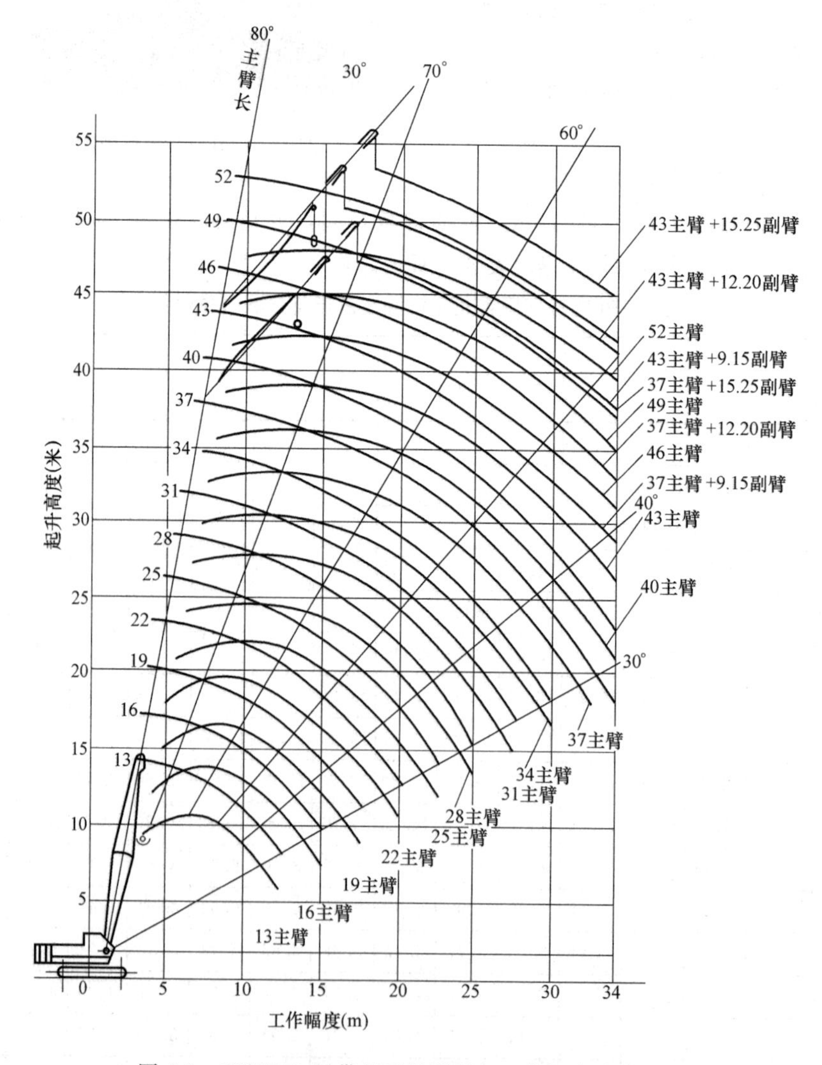

图 3-8　QUY150 履带起重机臂长与工作幅度关系图

3. 汽车起重机的主要使用特点与主要技术性能

(1) 汽车起重机的分类与使用特点

按照起重机底盘的不同，汽车起重机可细分为汽车起重机、全地面起重机、随车起重机。一般情况下统称为汽车起重机、汽车吊。

通常把装在通用或专用载重汽车底盘上的起重机称为汽车起重机。汽车起重机的行驶操作在下车的驾驶室里，起重操作在上车的操纵室里。汽车起重机由于利用汽车底盘，所以具有汽车的行驶通过性能，机动灵活，行驶速度高，可快速转移，转移到作业场地后能迅速投入工作，特别适用于流动性大、不固定的作业场所。汽车起重机由于具有这些优点，其品种和数量在我国得到了很大发展，是目前我国流动式起重机中的主力机型。汽车起重机也有其弱点，总体布置受汽车底盘的限制，车身较长，转弯半径大，大多数只能在左右两侧和后方作业，另外，对地面的要求较高，越野性能差。

全地面起重机是集汽车起重机和越野轮胎起重机的优点于一体的高性能起重机。全地面起重机的操作和汽车起重机一样，行驶操作在下车的驾驶室里，起重操作在上车的操纵室里。全地面起重机底盘为越野型底盘，在不同路面行驶时，悬挂系统均可自动调平车架，并可根据需要升高和降低车架高度，以提高行驶性能和通过能力。底盘还采用多桥驱动和全桥转向，转弯半径小，可蟹形行走，能适应不同工作环境的要求。全地面起重机具有越野性能好、行驶速度高、可360°回转作业等优点。

随车起重机是将起重作业部分装在载重货车上的一种起重机。随车起重机行驶操作在下车的驾驶室里，起重操作则为露天，站在地面上操作。随车起重机的优点是既可起重，又可载货，货物可实现自装卸。其缺点是起重量小，起升高度低，作业幅度小，不能满足大型的起重作业要求，但因其具有既可起重、又可载货的优点，在起重运输行业也占据了一定的市场。

关于全地面起重机、随车起重机的分类归属问题，现争议较多，尚无定论。由于全地面起重机、随车起重机均具有汽车的行驶通过性能，能在公路上自行行驶，其各项性能均与汽车起重机相似，因此在本书中不单独讨论，可参看汽车起重机部分。

根据传动方式的不同，汽车起重机可分为机械传动、液压传动和混合传动等类型：

① 机械传动式：它是由发动机通过各种机械机构直接驱动卷扬机、回转齿轮，完成起升、变幅和回转作业。支腿的收放、起重臂的装拆由人工手动完成。机械传动式只见于小型起重机中，并逐步被淘汰。

② 液压传动式：发动机驱动高压油泵，产生高压液压油；由高压液压油驱动液压马达和油缸，完成起升、回转、变幅及起重臂伸缩、支腿伸缩收放等动作。液压传动方式的优点是：动作灵活迅速、操作轻便、起升平稳，伸缩臂可以任意调节长短、扩大了起重范围、节省了操作时间。液压传动方式是国内外一致公认的发展方向。

③ 液压机械混合传动式：支腿伸缩、收放采用液压传动形式；起升、变幅由电动机驱动的卷扬机完成；回转采用由液压马达（或电动机）驱动的减速机完成。此类结构常见于大型汽车起重机。

汽车起重机，需放下支腿，在固定点进行吊装作业。严禁带负荷行驶。

大型汽车起重机在放好支腿，配重等组装完毕后，才能进行吊装作业，转场时，必须将配重等拆除后，方可进行。

(2) QY25 型液压汽车起重机及其主要技术性能

QY25 型液压汽车起重机采用液压传动，下车选用 6×4 驱动形式的自制专用底盘，其底盘完全满足行驶车辆设计标准，可直接在公路上行驶，整机性能较好。本起重机有四节主臂，一节副臂，工作幅度 3.0～32m，最大起升高度约 38m，最大起重量 25t。表 3-4、图 3-9、图 3-10。

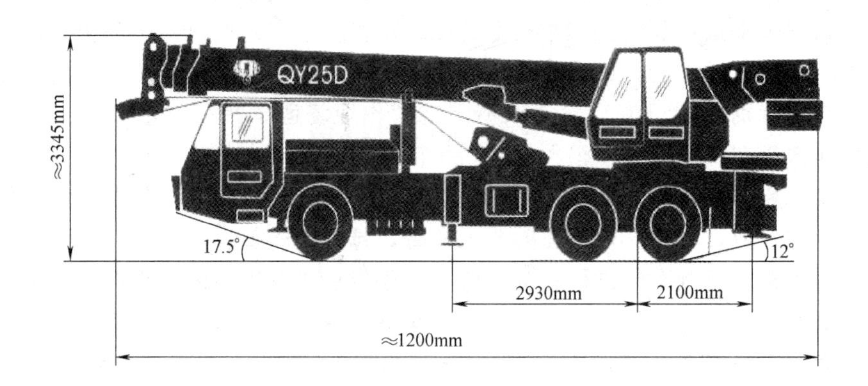

图 3-9　QY25 型液压汽车起重机

QY25 型液压汽车起重机性能表（单位：t）　　　**表 3-4**

支腿全伸：后方和侧方作业；支腿全伸＋第五支腿：360°作业						
工作幅度(m)	主臂(m)					主＋副臂(m)
	10.0	15.25	20.5	25.75	31.0	31.0＋8.0
3.0	25					
4.0	18.9	14.5				
6.0	13.5	12.5	9.5	7.5		
8.0	8.8	8.5	7.85	7.1	5.8	
10.0		5.6	6.0	5.6	4.85	2.5
14.0			3.2	3.2	3.2	2.05
18.0			1.6	1.85	2.05	1.7
20.0				1.3	1.6	1.5
24.0					0.85	1.0
28.0					0.4	0.5
32.0						0.3

4. 轮胎起重机

(1) 轮胎起重机的分类和特点

将起重作业部分装在专门设计的自行底盘上所组成的起重机称为轮胎起重机。轮胎起重机下车没有驾驶室，行驶操作和起重操作集中在上车操纵室内。与汽车起重机不同，轮胎起重机底盘设计不受行驶车辆设计标准约束，其设计原则是最大限度地满足现场施工的需要，而不是行驶的需要。因此，其整体结构完全按照起重机受力、施工现场要求合理布置。轮胎起重机一般轮距较宽，稳定性好；轴距小，车身短，转弯半径小，适用于狭窄的作业场所。轮胎起重机可 360°回转作业，在平坦坚实的地面可不用支腿进行起重作业以及带负荷行驶。

轮胎起重机的行驶速度较慢，机动性不如汽车起重机，但与履带起重机相比，又具有便于转移和在城市道路上通过的性能。近年来，轮胎起重机的行驶速度有显著提高，并且

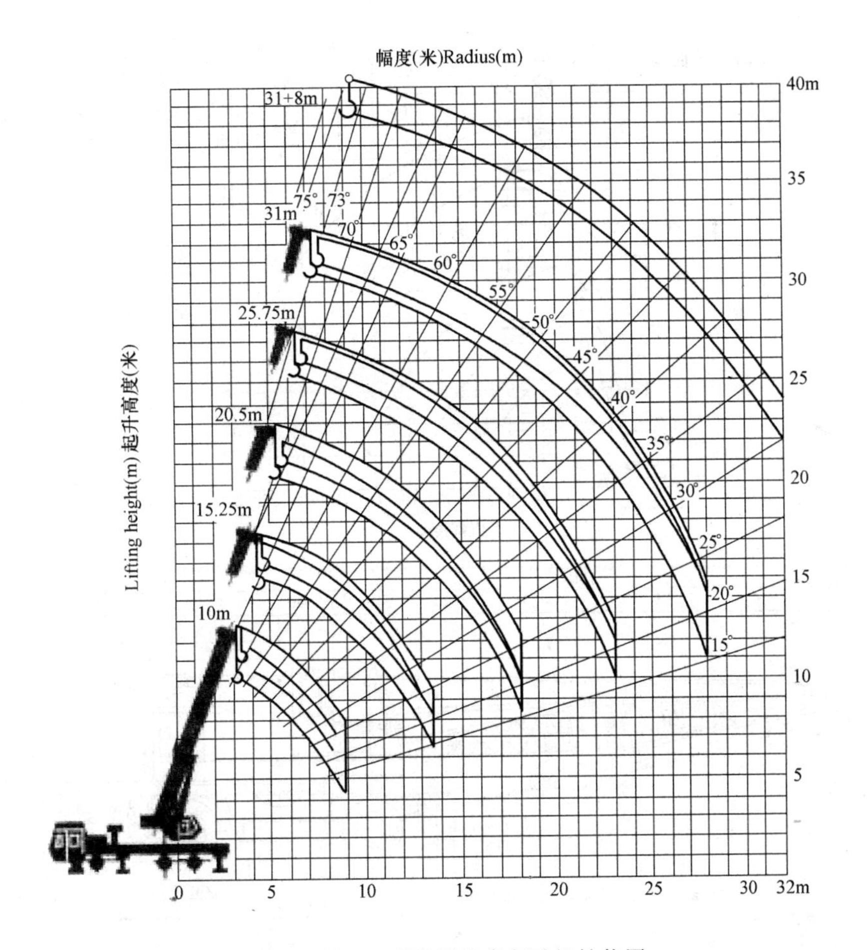

图 3-10 QY25 型液压汽车起重机性能图

出现了越野型，最高行驶速度可达 40km/h 以上，可全轮转向，特别适用于狭窄场地。

现阶段轮胎起重机按其传动方式的不同，可分为两种类型，即：液压电动混合传动式和液压式轮胎起重机。随着液压技术的迅速发展，液压式轮胎起重机得到了长足发展。

轮胎起重机除了在固定支腿时进行起重作业外，部分型号的轮胎起重机还可在使用短臂状态、承载额定起重量 75%的条件下带负荷行驶，扩大了起重机的活动范围，对设备、构件的吊装就位非常有利。轮胎起重机可广泛应用于港口、机场、码头、施工现场。

(2) QLY25 型全液压轮胎起重机及其主要技术性能

QLY25 型全液压轮胎起重机（其性能如图 3-11、表 3-5）所示为自行式、桁架臂、全回转 25t 全液压轮胎起重机。底盘的驱动形式为 4×2，前轮转向，后轮驱动。起升、变幅、回转、行走均采用液压马达通过独立的减速机驱动各机构。支腿可同时或单独收放调整，以保证在任何情况下均能使起重机保持水平状态。本机起重工作状态有三种：支腿全伸出、不用支腿、正前方吊重行驶。

(3) TR-250 越野轮胎起重机及其主要技术性能

TR-250 越野轮胎起重机（其性能如图 3-12、表 3-6 所示），驱动形式 4×2、4×4，可全轮转向、蟹行，越野性能良好。发动机后置，左侧驾驶有四节主臂，配有臂端单滑轮，

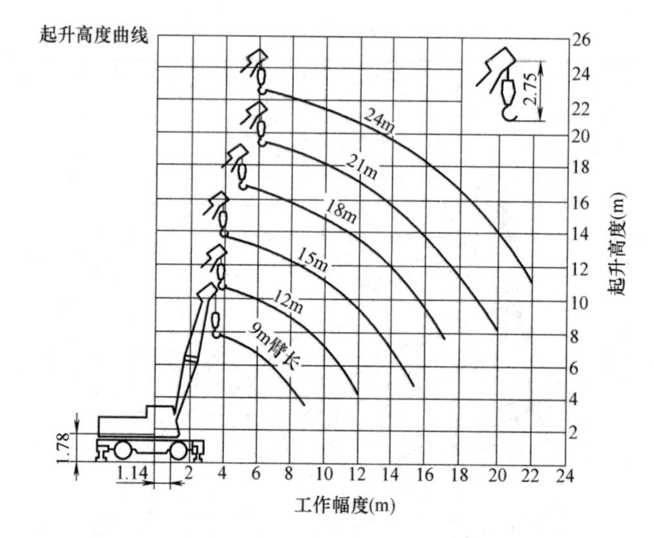

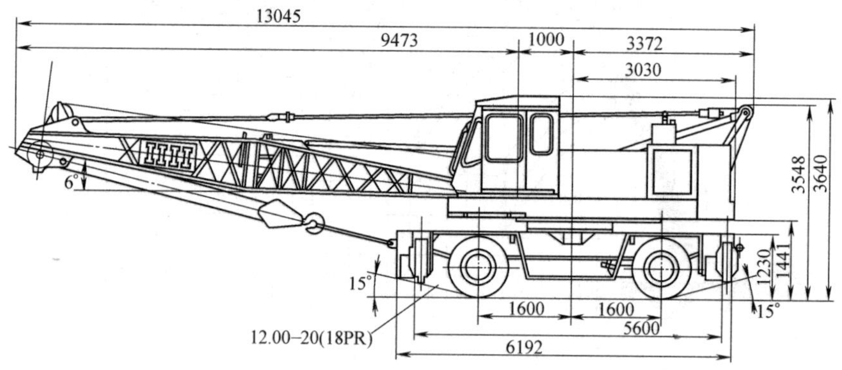

图 3-11　QLY25 型全液压轮胎起重机性能图

QLY25 型全液压轮胎起重性能表（单位：t）　　**表 3-5**

支腿全伸出的起重性能表（全回转）

L / R	9.0	12.0	15.0	18.0	21.0	24.0
3.6	25.0					
4.0	22.5	22.3	22.0			
5.0	18.0	17.8	17.6	17.5		
6.0	15.0	14.8	14.8	14.5	14.4	14.3
7.0	12.8	12.7	12.6	12.6	12.6	12.5
8.0	11.0	10.9	10.8	10.7	10.6	10.5
9.0	9.2	9.2	9.2	9.0	8.8	8.7
10.0		7.9	7.9	7.7	7.6	7.4
12.0		6.0	6.0	5.8	5.7	5.6
14.0				4.6	4.5	4.4
16.0				3.8	3.7	3.6
18.0					3.1	3.0
20.0					2.6	2.5
22.0						2.1

不用支腿的起重性能表（全回转）

L / R	9.0	12.0	15.0	18.0	21.0	24.0
3.6	12.2					
4.0	10.4	10.3	10.2			
5.0	7.6	7.5	7.4	7.3		
6.0	5.9	5.8	5.7	5.6	5.5	
7.0	4.8	4.7	4.7	4.6	4.5	4.3
8.0	4.0	3.9	3.9	3.8	3.7	3.5
9.0	3.4	3.3	3.3	3.2	3.1	2.9
10.0		2.9	2.8	2.7	2.6	2.4
12.0		2.3	2.2	2.1	2.0	1.7
14.0			1.7	1.6	1.5	1.0
16.0				1.3	1.2	0.7

正前方吊重行驶起重性能表

L / R	9.0	12.0	15.0	18.0
3.6	9.0			
4.0	8.3	8.1	8.0	
5.0	6.8	6.7	6.6	6.5
6.0	5.3	5.2	5.1	5.0
7.0	4.3	4.2	4.2	4.1
8.0	3.6	3.5	3.5	3.4
9.0	3.1	3.0	2.9	2.8
10.0		2.6	2.5	2.4
12.0		2.0	1.9	1.8
14.0			1.5	1.4
16.0				1.1

其中：R 代表回转半径，单位 m；L 代表起重臂长度，单位 m。

单变幅缸前支，全液压驱动。本车采用双 H 形支腿，装备前升降液压缸，可 360°范围作业，并配有先进的液压取力型力矩限制器等安全装置。本机设计最大额定起重量为

25000kg。本车可广泛应用于仓库、工地、料场、火车站等需要频繁进行安装、装卸作业的场所，可满足各行业用户的需要。

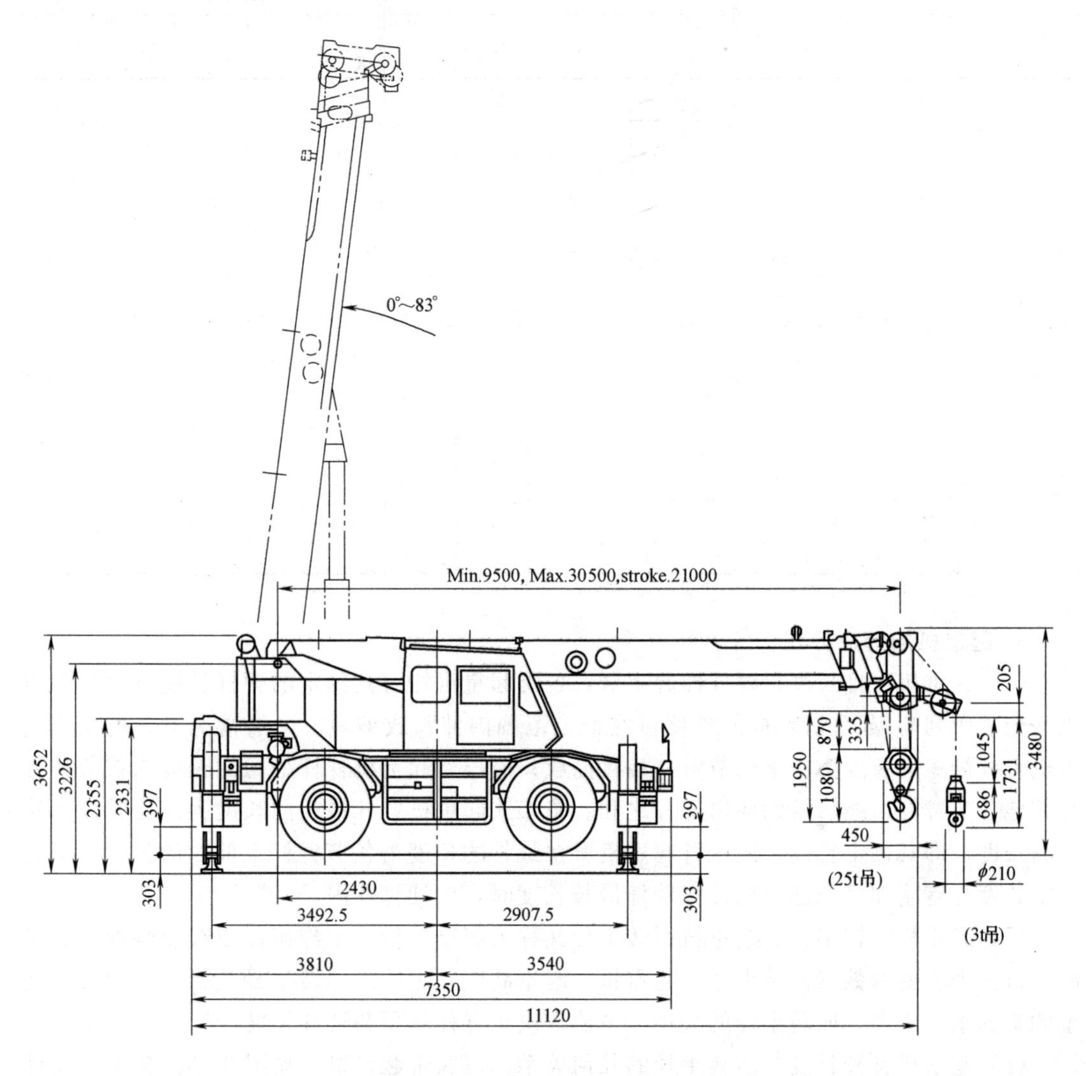

图 3-12　TR-250 越野轮胎起重机外形尺寸

TR-250 越野轮胎起重性能表（单位：t）　　　　**表 3-6**

支腿最大伸出 6.3					支腿中间伸出 5.0					支腿最小伸出 3.6				
R \ L	9.5	16.5	23.5	30.5	R \ L	9.5	16.5	23.5	30.5	R \ L	9.5	16.5	23.5	30.5
2.5	25.0	19.0	12.5		2.5	25.0	19.0	12.5		2.5	25.0	19.0	12.5	
3.0	25.0	19.0	12.5	7.0	3.0	25.0	19.0	12.5		3.0	25.0	19.0	12.5	
4.0	23.0	19.0	12.5	7.0	4.0	23.0	19.0	12.5	7.0	4.0	16.0	15.7	12.5	7.0
5.0	19.4	16.7	12.5	7.0	5.0	18.4	16.7	12.5	7.0	5.0	10.7	10.5	11.0	7.0
6.0	16.3	14.6	11.1	7.0	6.0	13.0	12.6	11.1	7.0	6.0	7.7	7.6	8.2	7.0
7.0	13.7	13.0	10.0	7.0	7.0	9.5	9.4	10.0	7.0	7.0	5.8	5.6	6.4	6.5
8.0		10.9	9.0	7.0	8.0		7.3	8.0	7.0	8.0		4.4	5.05	5.3
9.0		8.65	8.2	6.3	9.0		5.85	6.5	6.3	9.0		3.4	4.05	4.35

续表

支腿最大伸出 6.3					支腿中间伸出 5.0					支腿最小伸出 3.6				
L / R	9.5	16.5	23.5	30.5	L / R	9.5	16.5	23.5	30.5	L / R	9.5	16.5	23.5	30.5
10.0		7.05	7.3	5.8	10.0		4.75	5.4	5.6	10.0		2.7	3.3	3.65
12.0		4.95	5.5	4.9	12.0		3.3	3.85	4.15	12.0		1.7	2.3	2.6
14.0		3.6	4.1	4.15	14.0		2.3	2.85	3.1	14.0		1.0	1.6	1.85
16.0			3.15	3.45	16.0			2.1	2.35	16.0			1.1	1.3
18.0			2.45	2.7	18.0			1.55	1.8	18.0			0.7	0.9
20.0			1.9	2.2	20.0			1.15	1.4	20.0				0.55
22.0				1.75	22.0				1.05					
24.0				1.4	24.0				0.75					
26.0				1.15	26.0				0.5					
28.0				0.95										

其中：R 代表回转半径，单位 m；L 代表起重臂长度，单位 m。

5. 起重机的选择方法

（1）起重机臂杆长度。臂杆即起重臂，各类起重机均有其额定的臂杆长度（可见起重机性能表所列），起重机臂杆的长度可在额定范围内伸长或缩短。一般情况下，桁架式起重机臂杆最短的长度为首末两节臂杆相接而成；液压臂起重机臂杆最短的长度为首节臂杆与其他各节臂杆回缩后露的伸出部分之和。桁架式起重机臂杆最长的长度为所有臂杆相接后的长度，即其额定长度；液压臂起重机臂杆最长的长度为各节臂杆全伸时的长度，即其额定长度。有附加臂的起重机计算臂杆最长长度时，应计算在内。

（2）起重机回转半径。起重机回转半径又称为起重半径、工作半径或起重幅度，它是起重机三个主要参数（回转半径、起重量、起重高度）之一。回转半径是指回转中心与起重钩头的水平距离。回转半径的大小，主要取决于臂杆倾角和臂杆长度。

（3）起重机臂杆长度与回转半径的几何关系。以履带起重机（见图 3-13）为例（其他起重机亦同）：

$$R=F+L\cos\alpha$$

式中 R——回转半径，m；

L——臂杆长度，m；

α——臂杆倾角；

F——臂杆下铰点回转半径，m。

例 3-1：采用 QUY150 液压履带起重机，臂杆长 L 为 13m，臂杆倾角 α 为 77°，试求其回转半径 R 值。

解：由性能表（图 3-8）查得：$F=1.3$m，$\cos77°=0.225$ 代入公式：

$$R=F+L\cos\alpha=1.3+13*0.225=4.23\text{m}$$

答：回转半径 R 为 4.23m。

(4) 起重机的选择和使用

① 起重机的选择。在实际工作中，应根据施工现场道路状况、使用频次，合理选择起重机类型。

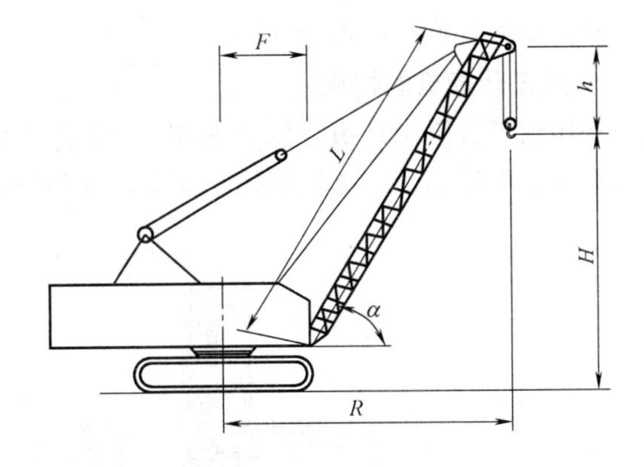

图 3-13　回转半径几何关系图

现场为沙土地，且当地雨水较多时，优先选择履带起重机；施工场地较好、需经常进行短距离转场，且工期较长时，优先选择轮胎起重机；施工场地较好，需经常进行长距离转场，且工期较短时，优先选择汽车起重机。

如考虑费用问题，同吨位起重机中，履带起重机台班费最低，轮胎起重机较高，汽车起重机最高。

如考虑起重性能问题，一般情况下，同吨位起重机中，履带起重机最好，轮胎起重机较好，汽车起重机较差，其中同吨位、同类型起重机中，桁架臂起重机起重性能优于箱形臂起重机。

考虑行驶性能，转场的灵活性，汽车起重机独具优势。其具有可自行行使、行驶速度快等优势。全液压汽车起重机吊臂不需组装，大吨位全液压汽车起重机也只需装配配重，更具有可自行行使、行驶速度快、组装时间短、操作灵活、性能可靠等特点。在起重机使用市场上，推广迅速。

② 起重机的使用。在起重机进场前，首先查看现场情况，确定需吊装设备构件的重量、外形尺寸、位置，计算需吊装设备构件的总重量：

$$G=K(G_0+g)$$

式中　K——动载荷系数，$K=1.1\sim1.2$；

G_0——设备构件的重量，kN；

g——千斤绳、卸克等起重机具重量，kN。

综合考虑起重机支腿外形尺寸、支腿的接地比压、行使通道、起重机回转范围内的障碍物等因素，初步确定起重机回转中心位置。

测量回转中心位置与需吊装设备构件之间的水平距离（即回转半径）、垂直距离（即起升高度），估算起重机臂长。

选择起重机臂长，计算在此回转半径、臂长情况下的起升高度，查起重性能表，求出此回转半径、臂长情况下的起重量。

将两组数据进行对比。当起重机回转半径、起升高度能满足实际要求，且对应额定起重量大于设备构件总重量时，说明起重机选择正确，否则应从新选择。

起重机严禁超负荷使用。中型以上起重机均装有力矩限制装置、报警装置。使用时应密切注意超载报警装置的工作情况，如有异常，立即停止操作。

3.1.3　施工升降机

施工升降机又称建筑施工电梯，它是高层建筑施工中主要的垂直运输设备，属于人货两用电梯，它附着在外墙或其他结构上，随建筑物升高，架设高度可达 200m 以上。国外施工升降机的提升高度可达645m。

1. 施工升降机的构成

外用施工升降机是由导轨（井架）、底笼（外笼）、梯笼、平衡重、天轮架和钢丝绳、传动系统、电缆加设、电气系统、安全装置和附墙装置等构成（图3-14）。

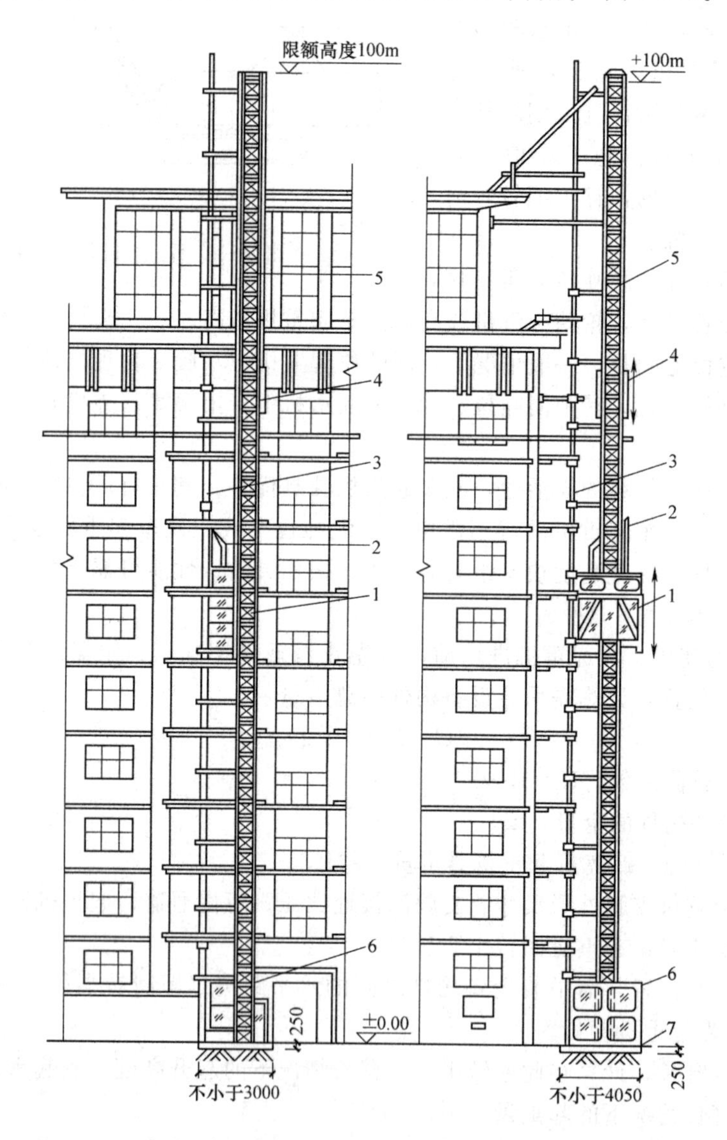

图3-14 建筑施工电梯

1—吊笼；2—小吊杆；3—架设安装杆；4—平衡箱；
5—导轨架；6—底笼；7—混凝土基础

2. 施工升降机的技术参数

国产的施工升降机厂家以生产SC系列居多，其技术性能见表3-7，SS系列大多为货运升降机，而SH系列较少，技术性能见表3-8及表3-9。目前施工升降机的多数产品架设高度都在150m以内。

SC 系列施工升降机的型号、规格和性能 表 3-7

升降机型号	额定值				最大提升高度(m)	吊笼			导轨架标准节			电动机功率(kW)	小吊杆吊重(kg)	对重(kg/台)
	载重量(kg)	乘员人数	提升速度(m/min)	安装载重量(kg)		数量	尺寸(m)长×宽×高	单重(kg)	断面尺寸(m×m)	长度(m)	重量(kg)			
SCD100	1000	12	34.2	500	100	1	3×1.3×2.8	1730		1.508	117	5	200	1700
SCD100/100	1000	12	34.2	500	100	2	3×1.3×2.8	1730		1.508	161	5	200	1700
SC120 Ⅰ型	1200	12	26	500	80	1	2.5×1.6×2	700		1.508	80	7.5	100	
SC120 Ⅱ型	1200	12	32	500	80	1	2.5×1.6×2	950		1.508	80	5.5	100	
SCD200 型	2000	24	40	500	100	1	3×1.3×2.7	1800		1.508	117	7.5	200	1700
SCD200/200 Ⅰ型	2000	24	40	500	100	2	3×1.3×2.7	1800		1.508	161	7.5	200	1700
SCD200/200 Ⅱ型	2000	24	40	500	150	2	3×1.3×3.0	1950		1.508	220	7.5	250	1700
SC80	800	8	24		60	1	2×1.3×2.0		△0.45×0.45	1.508	83	7.5	100	
SCD100/100A	1000	12	37		100	2	3×1.3×2.5		□0.8×0.8	1.508	163	11		1800
SCD200/200	2000	15	36.5		150	2	3×1.3×2.5		□0.8×0.8	1.508	163	7.5		1300
SCD200/200A	2000	15	31.6		220	2	3×1.3×2.6	2100	□0.8×0.8	1.508	190	11	240	2000
SC120 型	1200	12	32		80	1	2.5×1.6×2.0		△0.45×0.45	1.508	83	7.5		
SF12A	1200		35		100	1	3×1.3×2.6	1971		1.508		7.5		1765
SC100	1000	12	35		100	1	3×1.3×2.8		□0.65×0.65	1.508	150	7.5		
SC100/100	1000	12	35		100	2	3×1.3×2.8		□0.65×0.65	1.508	175	7.5		
SC200-D	2000	24	37		100	1	3×1.3×2.8		□0.65×0.65	1.508	150	7.5		1200
SC200/200D	2000	24	37		100	2	3×1.3×2.8		□0.65×0.65	1.508	180	7.5		1200

SS 型施工升降机技术性能参数 **表 3-8**

参数 \ 型号		RHS-1	SFD100	SS100
额定载重量(kg)		1000	1000	1000
乘员人数(人/笼)		7	11	
最大提升高度(m)		80	100	40
额定提升速度(m/min)		30	30～36	38
吊笼	数　目	1	1	1
	尺寸(长×宽×高)(m)	2.5×1.3×2.1	2.5×1.3×1.90	3.0×1.5×2.1
导轨架电动机	断面尺寸(m)	△0.6×0.6	△0.6×0.6	△0.65×0.65
	标准节长度(m)	1.5	1.5	2
	标准节重量(kg)	63	65	100
	型号		YZR200L-8	
	功率(kW)	16	15	16
	转速(r/min)		712	
传动型式		钢丝绳	钢丝绳	钢丝绳
小吊杆吊重(kg)			120	
额定装载重量(kg)			500	
标准节中心距建筑物距离(m)		3	3	
整机重量(kg)		4500	8000(高 100m)	4000

JTN-1 型施工电梯主要技术参数 **表 3-9**

序号	项目	数据	序号	项目	数据
1	架设高度(m)	100	9	最大附着间距(m)	9
2	梯笼额定载重量(kg)	1000	10	自重(kg)	2500
3	梯笼额定乘员(人)	12	11	外形尺寸(长×宽×高)(m)	3×1.3×2.6
4	货笼额定载重量(kg)	1000		梯笼	5.13×3.55×2
5	梯笼升降速度(m/min)	3～37		底笼	0.8×0.8×1.508
6	限速器准定速度(m/min)	45		导轨架(每节)	
7	货笼升降速度(m/min)	32	12	功率(kW)	26.5
8	自由高度(m)	7.5			

3. 施工升降机的使用

(1) 施工升降机司机必须身体健康（无心脏病和高血压病等），经训练合格，并持有建筑施工特种作业操作资格证书，不得无证操作。

(2) 司机必须熟悉升降机的结构、原理、性能、运行特点和操作规程。

(3) 严禁超载，防止偏重。

(4) 班前、满载和架设时均应作电动机制动效果的检查（点动 1m 高度，停 2min，里笼无下滑现象）。

(5) 坚持执行定期进行技术检查和润滑的制度。

(6) 司机开车时应思想集中，随时注意信号，遇事故和危险时立即停车。

(7) 在下述情况下严禁使用：

① 电机制动系统不灵活可靠；

② 控制元件失灵和控制系统不全；

③ 导轨架和管架的连接松动；

④ 视野很差（大雾及雷雨天气）、滑杆结冰以及其他恶劣作业条件；

⑤ 齿轮与齿条的啮合不正常；

⑥ 站台和安全栏杆不合格；

⑦ 钢丝绳卡得不牢或有锈蚀断裂现象；

⑧ 限速或手动刹车器不灵；

⑨ 润滑不良；

⑩ 司机身体不正常；

⑪ 风速超过 13m/s（六级风）；

⑫ 导轨架垂直度不合要求；

⑬ 减速器声音不正常；

⑭ 齿条与齿轮齿厚磨损量大于 1.0mm；

⑮ 刹车楔块齿尖变钝，其平台宽大于 0.2mm；

⑯ 限速器未按时检查与重新标定；

⑰ 导轨架管壁厚度磨损过大（100m 梯超过 10mm；75m 梯超过 1.2mm；50m 梯超过 1.4mm）。

(8) 记好当班记录，发现问题及时报告并查明解决。

(9) 按规定及时进行维修和保养。

4. 施工升降机的安全操作

(1) 施工升降机应为人货两用电梯，其安装和拆卸工作必须由取得建设行政主管部门颁发的拆装资质证书的专业队负责，并必须由经过专业培训，取得操作证的专业人员进行安装、拆卸作业。

(2) 地基应浇制混凝土基础，其承载能力应大于 150kPa，地基上表面平整度允许偏差为 10mm，并应有排水设施。

(3) 应保证升降机的整体稳定性，升降机导轨架的纵向中心线至建筑物外墙面的距离宜选用较小的安装尺寸。

(4) 导轨架安装时，应用经纬仪对升降机在两个方向进行测量校准，其垂直度允许偏差为其高度的 5/10000。

(5) 导轨架顶端自由高度、导轨架与附壁距离、导轨架的两附壁连接点间距离和最低附壁点高度均不得超过出厂规定。

(6) 升降机的专用开关箱应设在底架附近便于操作的位置，馈电容量应满足升降机直接启动的要求，箱内必须设短路、过载、相序、断相及零位保护等装置。

(7) 升降机梯笼周围 2.5m 范围内应设置稳固的防护栏杆，各楼层平台通道应平整牢固，出入口应设防护栏杆和防护门。全行程四周不得有危害安全运行的障碍物。

(8) 升降机安装在建筑物内部井道中间时，应在全行程范围井壁四周搭设封闭屏障。装设在阴暗处或夜班作业的升降机，应在全行程上装设足够的照明和明亮的楼层编号标志灯。

(9) 升降机安装后，应经企业相关技术人员会同有关部门对基础和附壁支架以及升降机架设安装的质量、精度等进行全面检查，并应按规定程序进行技术试验（包括坠落试验），经试验合格签证后，方可投入运行。

(10) 升降机的防坠安全器，在使用中不得任意拆检调整，需要拆检调整时或每用满1年后，均应由生产厂或指定的认可单位进行调整、检修或鉴定。

(11) 新安装或转移工地重新安装以及经过大修后的升降机，在投入使用前，必须经过坠落试验。升降机在使用中每隔3个月，应进行一次坠落试验。试验程序应按说明书规定进行，当试验中梯笼坠落超过1.2m制动距离时，应查明原因，并应调整防坠安全器，切实保证不超过1.2m制动距离。试验后以及正常操作中每发生一次防坠动作，均必须对防坠安全器进行复位。

(12) 作业前重点检查项目应符合下列要求：

① 各部结构无变形，连接螺栓无松动；

② 齿条与齿轮、导向轮与导轨均接合正常；

③ 各部钢丝绳固定良好，无异常磨损；

④ 运行范围内无障碍。

(13) 启动前，应检查并确认电缆、接地线完整无损，控制开关在零位。电源接通后，应检查并确认电压正常，应测试无漏电现象。应试验并确认各限位装置、梯笼、围护门等处的电器联锁装置良好可靠，电器仪表灵敏有效。启动后，应进行空载升降试验，测定各传动机构制动器的效能，确认正常后，方可开始作业。

(14) 升降机在每班首次载重运行时，当梯笼升离地面1～2m时，应停机试验制动器的可靠性；当发现制动效果不良时，应调整或修复后方可运行。

(15) 梯笼内乘人或载物时，应使载荷均匀分布，不得偏重。严禁超载运行。

(16) 操作人员应根据指挥信号操作。作业前应鸣声示意。在升降机未切断总电源开关前，操作人员不得离开操作岗位。

(17) 当升降机运行中发现有异常情况时，应立即停机并采取有效措施将梯笼降到底层，排除故障后方可继续运行。在运行中发现电气失控时，应立即按下急停按钮；在未排除故障前，不得打开急停按钮。

(18) 升降机在大雨、大雾、六级及以上大风以及导轨架、电缆等结冰时，必须停止运行，并将梯笼降到底层，切断电源。暴风雨后，应对升降机各有关安全装置进行一次检查，确认正常后，方可运行。

(19) 升降机运行到最上层或最下层时，严禁用行程限位开关作为停止运行的控制开关。

(20) 当升降机在运行中由于断电或其他原因而中途停止时，可进行手动下降，将电动机尾端制动电磁铁手动释放拉手缓缓向外拉出，使梯笼缓慢地向下滑行。梯笼下滑时，不得超过额定运行速度，手动下降必须由专业维修人员进行操纵。

(21) 作业后，应将梯笼降到底层，各控制开关拨到零位，切断电源，锁好开关箱，闭锁梯笼门和围护门。

3.1.4 起重机具

1. 起重机具的类型

起重机具是起重吊装作业的重要组成部分，它也是提高工作效率、减轻体力劳动和保证安全生产的重要手段之一。起重机具种类很多，常用起重机具类型如图 3-15 所示。

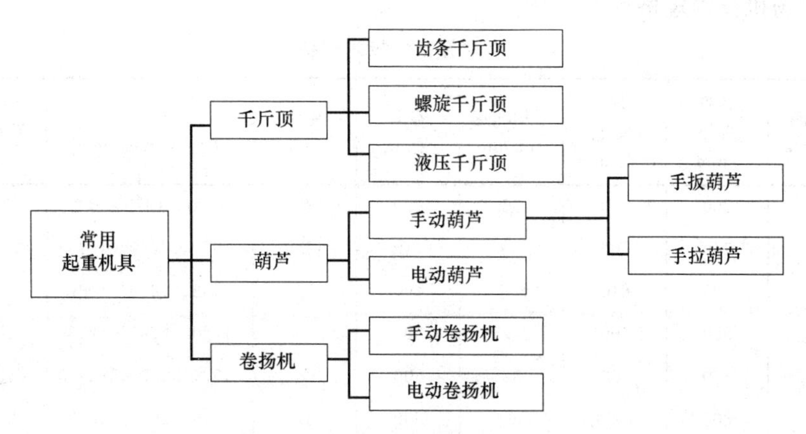

图 3-15 常用起重机具分类

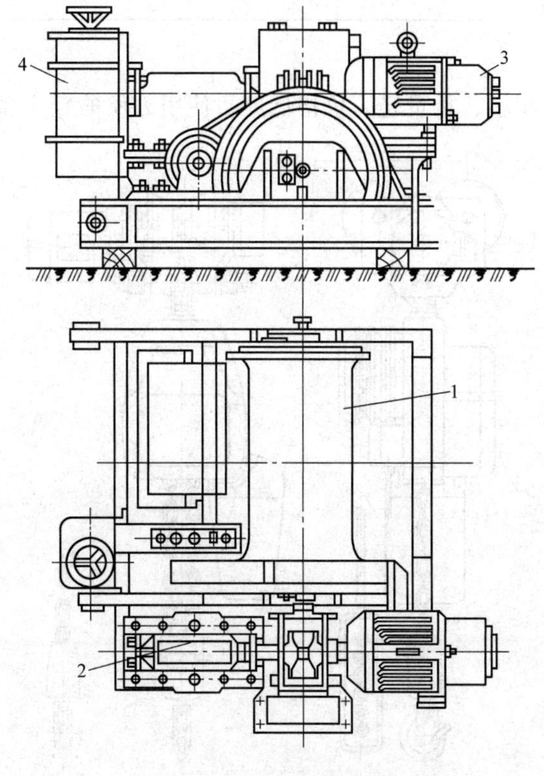

图 3-16 电动卷扬机

1—卷筒；2—减速器；3—电动机；4—控制器

2. 电动卷扬机

（1）电动卷扬机是用电力来驱动的一种常用起重机具，它具有起重能力大、速度快、结构紧凑、体积小、操作方便安全等优点，是起重作业中广泛使用的一种牵引设备。

（2）电动卷扬机主要由卷筒、减速器、电动机和控制器等组成，如图 3-16 所示。

（3）按工作原理可分为摩擦卷扬机、可逆齿轮式卷扬机；按卷筒分为单筒和双筒两种；按起重量分有 0.5t、1t、2t、5t、10t、20t 等。在工作中最常用的是齿轮式卷扬机。

电动卷扬机技术规格见表 3-10。

电动卷扬机技术规格 **表 3-10**

类型	起重能力/t	卷筒直径/mm	卷筒长度/mm	平均绳速/m/min	容绳量/m	绳径/mm	外形尺寸长×宽×高/mm	电机功率/kW	总重/t
单筒	1	200	350	36	200	12.5	1390×1375×800	7	1
单筒	3	340	500	7	110	12.5	1570×1460×1020	7.5	1.1
单筒	5	400	840	8.7	190	21	2033×1800×1037	11	1.9
双筒	3	350	500	27.5	300	16	1880×2795×1258	28	4.5
双筒	5	220	600	32	500	22	2497×3096×1389.5	40	5.4
单筒	7	800	1050	6	600	31	3190×2553×1690	20	6.0
单筒	10	750	1312	6.5	1000	31	3839×2305×1793	22	9.5
单筒	0	850	1321	10	600	42	3820×3360×2085	55	14.6

3. 电动葫芦

电动葫芦是一种体积小、重量轻、价格低廉、使用方便的轻小型起重设备。重物的起

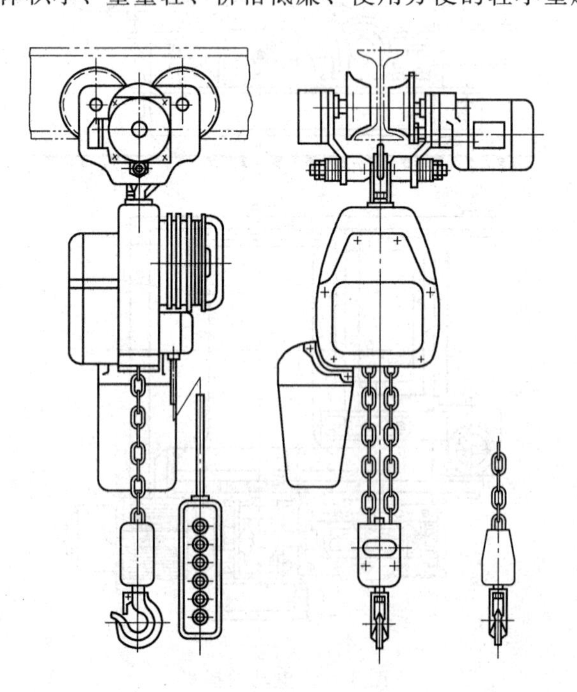

图 3-17 电动小车式环链电动葫芦安装形式

升是由电力驱动，比手动葫芦更省力、省时，它可安装在起重机上或平直的、带曲线运动的单轨悬挂工字梁或 H 型钢上吊运重物，也可直接将葫芦安装在固定支架上，作垂直的卷扬起吊用。

电动葫芦按其结构不同，可以分为环链式电动葫芦和钢丝绳式电动葫芦。

(1) 环链电动葫芦的结构和工作原理

环链式电动葫芦是用环状焊接链与吊钩连接作起吊索具之用；环链式电动葫芦重物的起升高度较低，它广泛应用于低矮厂房或露天环境。图 3-17 为环链电动葫芦在工字梁上的安装形式。环链式电动葫芦由起升机构，运行机构和电气控制装置等几部分组成。

① 起升机构。葫芦的起升机构是由起升电动机、减速机构、链条提升机构、上下吊钩装置和集链箱等组成。起升电动机采用电动机与制动器组成一体的锥形转子制动电动机，体积小，制动可靠。

② 运行机构。环链电动葫芦在悬空工字梁上的运行方法有三种：手推小车式、手拉链式和电动运行式。手推小车式环链葫芦结构简单，使用简便，应用较普遍；手拉链式是由链条、链轮、齿轮等组成，拽动链条，葫芦即可在工字梁上移动；电动运行式是由电动机驱动葫芦运行，运行平稳、速度快，使用效率高。

(2) 钢丝绳式电动葫芦的结构原理

钢丝绳式电动葫芦有 CD 型、MD 型、AS 型、QH 型等，目前常用的是 CD 型（图 3-18）、MD 型，它在工字梁上的安装方式可以是固定的，也可以悬空挂在工字梁上作水平移动。固定方式可根据各种不同的使用场合进行合理的选择。

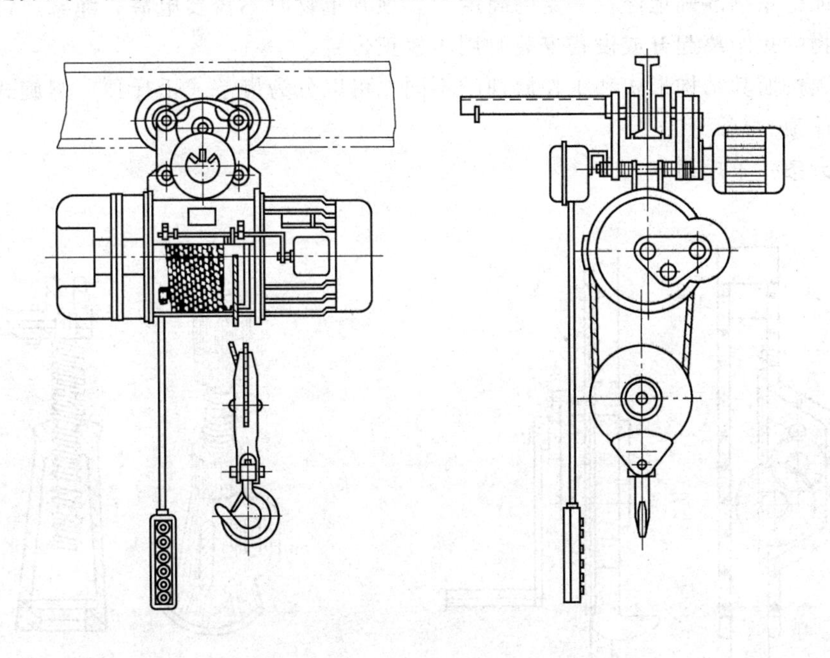

图 3-18　CD 型钢丝绳式电动葫芦

CD 型钢丝绳式电动葫芦的结构主要由锥形转子起升电动机 1（图 3-19），通过联轴器 4、经减速器 11 的齿轮传动到空心轴 10，驱动卷筒 9 旋转，使绕在卷筒上钢丝绳带动吊钩装置上升或下降。

当断开电源后，电磁力消失，在弹簧压力的作用下，风扇制动轮刹紧后盖而制动。压装在风扇制动轮上锥形制动环是用石棉树脂制成，制动可靠，耐磨性好。风扇制动轮装有风扇叶片，起到扇风散热作用。

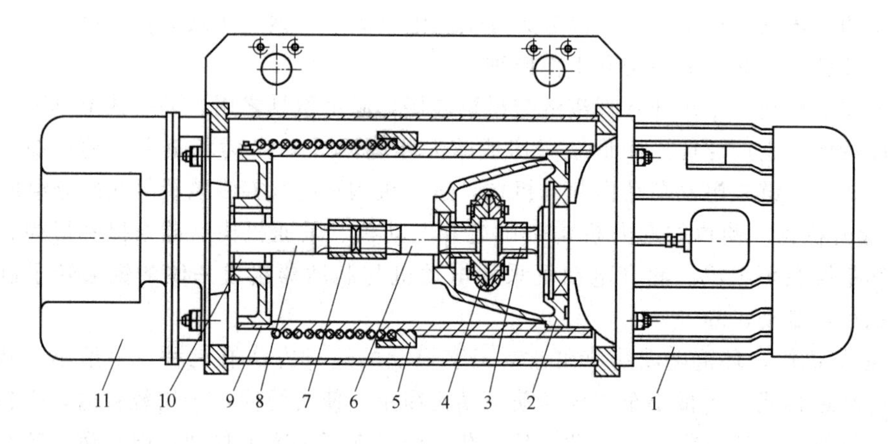

图 3-19　起升机构

1—起升电动机；2—右端盖；3—电动机轴；4—弹性联轴器；5—导绳器装置；6—中间轴；7—刚性联轴器；8—减速器输入轴；9—卷筒；10—空心轴；11—减速器

4. 千斤顶

千斤顶是起重作业中常用的起重设备，它构造简单，使用轻便，工作时无振动与冲击，能保证把重物准确地停在一定的高度上。顶升重物时不需要电源、绳索、链条等，常用它作重物的短距离起升或设备安装时用于校正位置。

千斤顶按照其结构形式和工作原理的不同，可以分为齿条式千斤顶、螺旋式千斤顶和油压式千斤顶。

（1）齿条式千斤顶

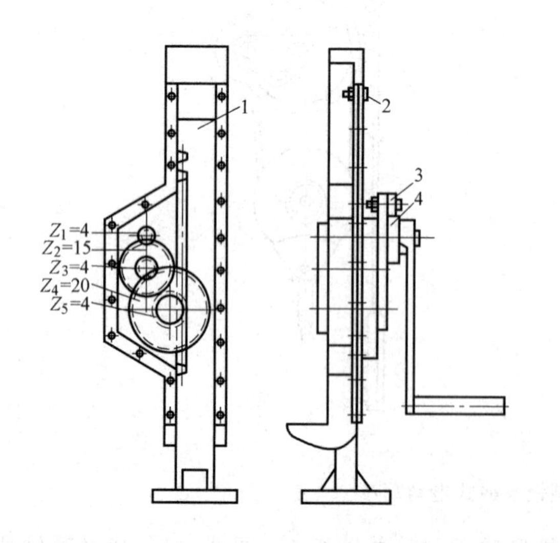

图 3-20　齿条式千斤顶

1—齿轮；2—齿条；3—棘爪；4—棘轮

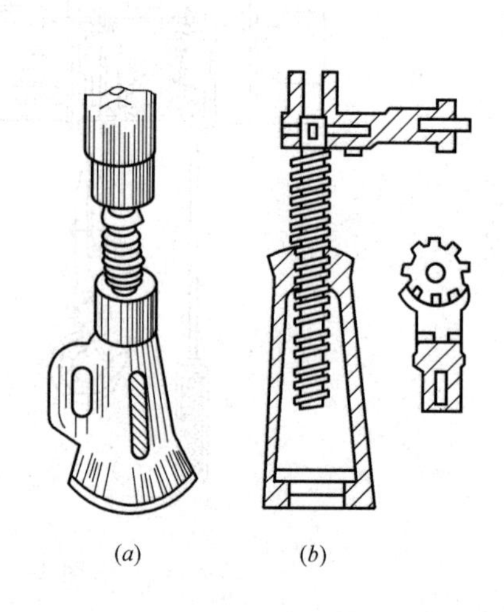

图 3-21　固定式螺旋千斤顶

（a）普通式；（b）棘轮式

齿条式千斤顶是利用齿条的顶端顶起高处的重物，也可以利用齿条的下脚顶起下处的重物。它由金属外壳和装在外壳内的齿轮、齿条、棘爪及棘轮等组成，其结构见图 3-20。齿条式千斤顶用于设备修理或机件的装配。

（2）螺旋千斤顶

螺旋千斤顶有固定式螺旋千斤顶、LQ 型固定式螺旋千斤顶、移动式螺旋千斤顶几种。

① 固定式螺旋千斤顶。固定式螺旋千斤顶是一种简单千斤顶。它由带有螺母的底座、起重螺杆、顶托重物的顶头和转动起重螺杆的手柄等几个部分组成，如图 3-21 所示。

固定式螺旋千斤顶的螺母用螺钉固定在底座上端。当手柄转动时，螺杆即在螺母中上下移动，起到顶起或降下重物的作用。固定式螺旋千斤顶的螺纹由于其导角小于螺杆与螺母间的摩擦角，具有自锁作用，所以在重物的作用下，螺杆不会转动而使重物下降。这种千斤顶在作业时，未卸载前不能作平面移动。

② LQ 型固定式螺旋千斤顶。LQ 型固定式螺旋千斤顶即锥齿轮式螺旋千斤顶，其结构见图 3-22。

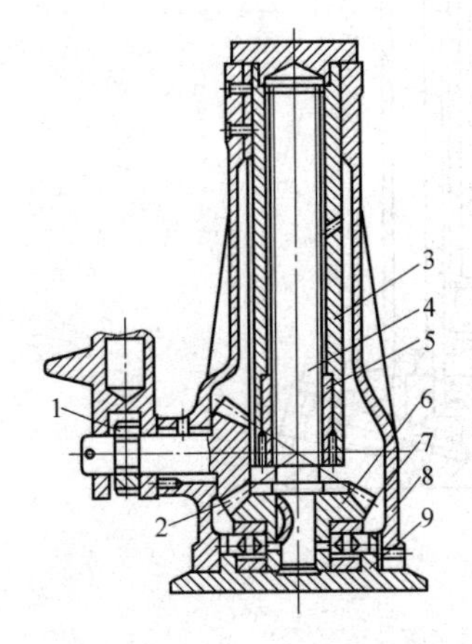

图 3-22　LQ 型固定式螺旋千斤顶

1—棘轮组；2—小锥齿轮；3—套筒；4—螺杆；5—螺母；6—大锥齿轮；7—轴承；8—主架；9—底座

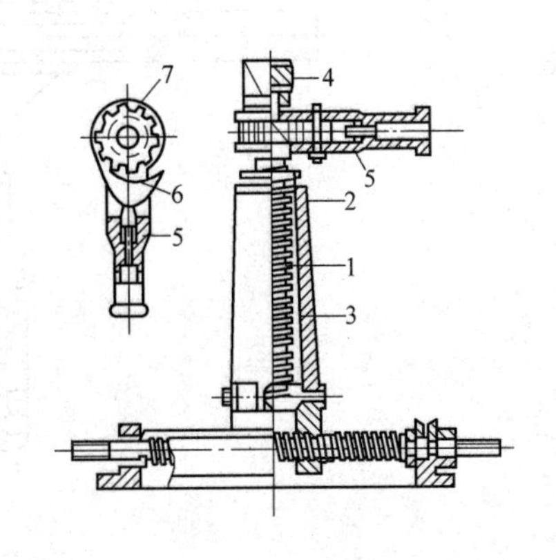

图 3-23　移动式螺旋千斤顶

1—螺杆；2—轴套；3—壳体；4—千斤顶头；5—棘轮手柄；6—制动爪；7—棘轮

这种螺旋千斤顶的起重量约为 3～50t，顶升高度可达 250～400mm。固定式螺旋式千斤顶与齿条千斤顶相比，具有使用方便，操作省力和上升速度快等优点。

③移动式螺旋千斤顶。移动式螺旋千斤顶是一种在顶升过程中可以移动的一种螺旋千斤顶。移动主要是依靠千斤顶底部的水平螺杆转动，使顶起的重物连同千斤顶一起作水平移动，适用于设备的移动就位。其结构图见图 3-23。

（3）液压千斤顶

液压千斤顶是起重工作中用得较多的一种小型起重设备，常用来顶升较重的重物，它的起重高度为 10～25cm，起重量较大，大的液压千斤顶其起重能力可达 300t 以上。液压千斤顶工作平稳、安全可靠、操作简单省力。

液压千斤顶的结构及工作原理：液压千斤顶的结构（图 3-24），主要由工作液压缸、起重活塞、柱塞泵、手柄等几个部分组成。

使用时，先将手柄开槽的一端套入开关，并按顺时针方向将开关拧紧，然后将手柄插入揿手孔内作上、下揿动，随着手柄的上、下揿动，液压泵芯也随之上、下运动，当液压泵芯向上运动时，工作液（机械油）通过单向阀门被吸入液压泵体，当液压泵芯向下运动时，被吸入液压泵体内的工作液即被压出，通过另一个单向阀进入活塞胶碗的底部，活塞杆即被顶起。当活塞上升到额定高度时，由于限位装置的作用，活塞杆不再上升。在需要降落时，仍用手柄开槽的一端套入开关，作逆时针转动，单向阀即被松开，此时活塞缸内的工作液就通过单向阀流回外壳内，活塞杆即渐渐下降。

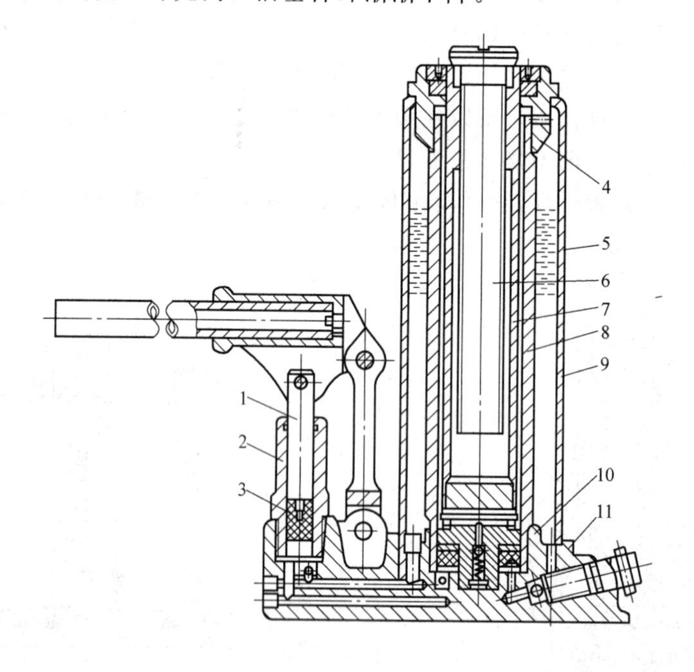

图 3-24　液压千斤顶

1—液压泵芯；2—液压泵缸；3—液压泵胶碗；
4—顶帽；5—工作油；6—调整螺杆；7—活塞杆；
8—活塞缸；9—外套；10—活塞胶碗；11—底盘

3.2　土方工程机械

3.2.1　挖掘机

1. 挖掘机的分类

挖掘机是以开挖土石方为主的工程机械，广泛用于各类建设工程的土、石方施工中，挖掘机械的种类繁多，按其作业方式可分为周期作业式和连续作业式。周期作业式有单斗挖掘机和挖掘装载机等；连续作业式有多斗挖掘机、多斗挖沟机和掘进机等。单斗挖掘机是挖掘机械中使用最普遍的机械，本节将着重介绍单斗挖掘机。

挖掘机按传动的类型不同可分为机械式（图 3-25）和液压式（图 3-26）；按行走装置

的不同可分为履带式、轮胎式和步履式，如图 3-27 所示。

2. 单斗挖掘机构成、性能指标

单斗挖掘机主要由工作装置、回转机构、回转平台、行走装置、动力装置、液压系统、电气系统和辅助系统等组成。工作装置是可更换的，可以根据作业对象和施工的要求进行选用。图 3-28 所示为 EX200V 型单斗液压挖掘机构造简图。

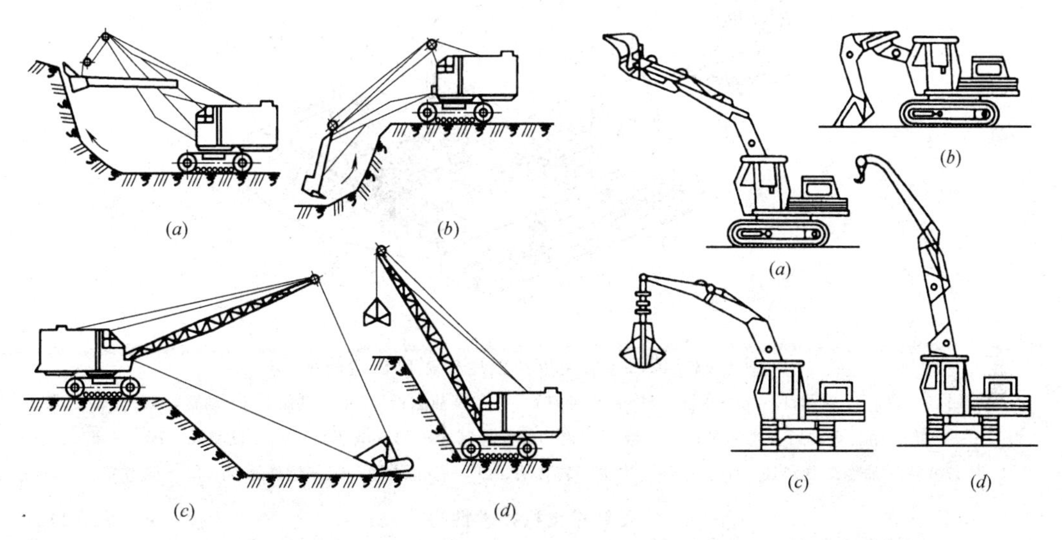

图 3-25 机械式单斗挖掘机

(*a*) 正铲；(*b*) 反铲；(*c*) 拉铲；(*d*) 抓斗

图 3-26 单斗液压挖掘机

(*a*) 反铲；(*b*) 正铲或装载；(*c*) 抓斗；(*d*) 起重

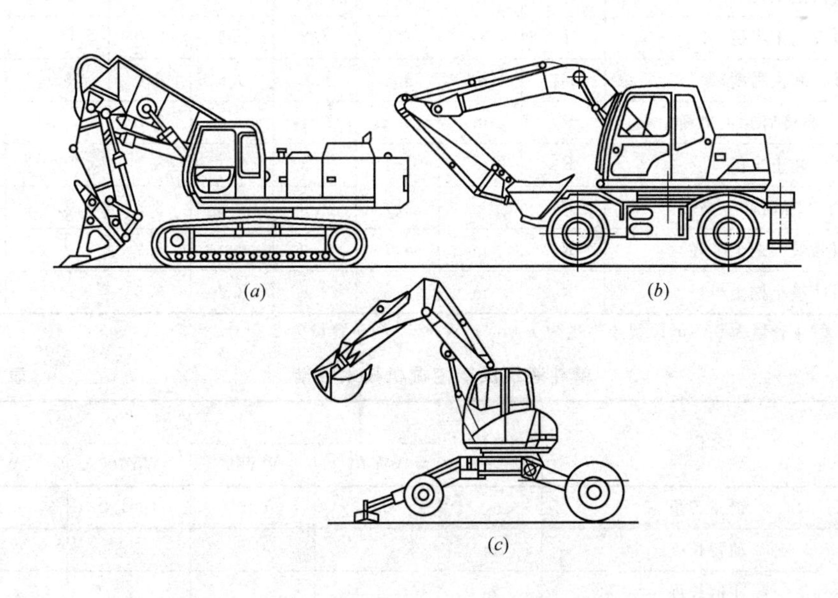

图 3-27 挖掘机行走装置的结构型式

(*a*) 履带式；(*b*) 轮胎式；(*c*) 步履式

挖掘机的主要技术性能参数见表 3-11 至表 3-12。

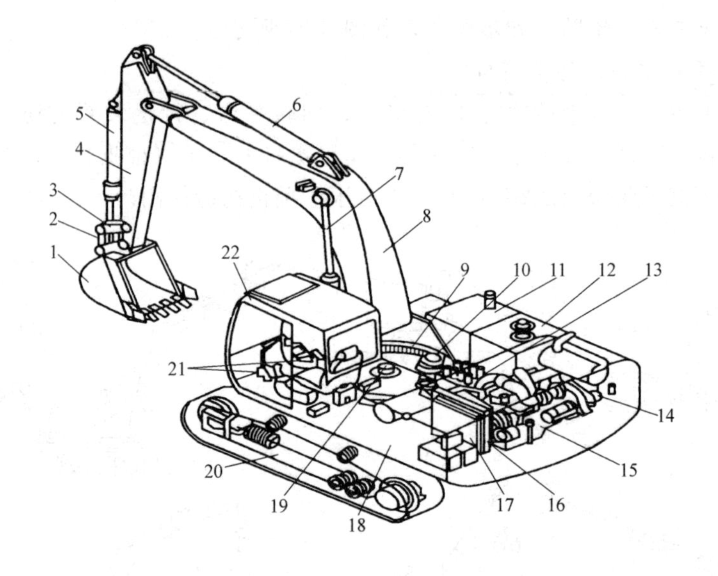

图 3-28 EX200V 型单斗液压挖掘机构造简图

1—铲斗；2—连杆；3—摇杆；4—斗杆；5—铲头油缸；6—斗杆油缸；7—动臂油缸；8—动臂；9—回转支承；10—回转驱动装置；11—燃油箱；12—液压油箱；13—控制阀；14—液压泵；15—发动机；16—水箱；17—液压油冷却器；18—平台；19—中央回转接头；20—行走装置；21—操作系统；22—驾驶室

正铲挖土机技术性能 **表 3-11**

工作项目	符号	单位	W_1-50		W_1-100		W_1-200	
动臂倾角	α		45°	60°	45°	60°	45°	60°
最大挖土高度	H_1	m	6.5	7.9	8.0	9.0	9.0	10.0
最大挖土半径	R	m	7.8	7.2	9.8	9.0	11.5	10.8
最大卸土高度	H_2	m	4.5	5.6	5.6	6.0	6.0	7.0
最大卸土高度时卸土半径	R_2	m	6.5	5.4	8.0	7.0	10.2	8.5
最大卸土半径	R_3	m	7.1	6.5	8.7	8.0	10.0	9.6
最大卸土半径时卸土高度	H_3	m	2.7	3.0	3.3	3.9	3.5	4.7
停机面处最大挖土半径	R_1	m	4.7	4.35	6.4	5.7	7.4	6.25
停机面处最小挖土半径	R_1'	m	2.5	2.8	3.3	3.6		

注：W_1-50 型斗容量为 0.5m^3；型斗容量为 1.0m^3；W_1-200 型斗容量为 2.0m^3。

单斗液压反铲挖掘机技术性能 **表 3-12**

符号	名称	单位	机型			
			WY40	WY60	WY100	WY160
	铲斗容量	m^3	0.4	0.6	1～1.2	1.6
	动臂长度	m			5.3	
	斗柄长度	m			2	2
A	停机面上最大挖掘半径	m	6.9	8.2	8.7	9.8
B	最大挖掘深度时挖掘半径	m	3.0	4.7	4.0	4.5
C	最大挖掘深度	m	4.0	5.3	5.7	6.1

续表

符号	名称	单位	机型			
			WY40	WY60	WY100	WY160
D	停机面上最小挖掘半径	m		3.2		3.3
E	最大挖掘半径	m	7.18	8.63	9.0	10.6
F	最大挖掘半径时挖掘高度	m	1.97	1.3	1.8	2
G	最大卸载高度时卸载半径	m	5.27	5.1	4.7	5.4
H	最大卸载高度	m	3.8	4.48	5.4	5.83
I	最大挖掘高度时挖掘半径	m	6.37	7.35	6.7	7.8
J	最大挖掘高度	m	5.1	6.0	7.6	8.1

抓铲挖掘机型号及技术性能 **表 3-13**

项　目	型　号							
	W-501				W-1001			
抓斗容量(m^3)	0.5				1.0			
伸臂长度(m)	10				13		16	
回转半径(m)	4.0	6.0	8.0	9.0	12.5	4.5	14.5	5.0
最大卸载高度(m)	7.6	7.5	5.8	4.6	1.6	10.8	4.8	13.2
抓斗开度(m)	—				2.4			
对地面的压力(MPa)	0.062				0.093			
重量(t)	20.5				42.2			

3. 单斗挖掘机的安全操作

(1) 单斗挖掘机的作业和行走场地应平整坚实，对松软地面应垫以枕木或垫板，沼泽地区应先作路基处理，或更换湿地专用的履带板。

(2) 轮胎式挖掘机使用前应支好支腿并保持水平位置，支腿应置于作业面的方向，转向驱动桥应置于作业面的后方。采用液压悬挂装置的挖掘机，应锁住两个悬挂液压缸。履带式挖掘机的驱动轮应置于作业面的后方。

(3) 平整作业场地时，不得用铲斗进行横扫或用铲斗对地面进行夯实。

(4) 挖掘岩石时，应先进行爆破。挖掘冻土时，应采用破冰锤或爆破法使冻土层破碎。

(5) 挖掘机正铲作业时，除松散土壤外，其最大开挖高度和深度，不应超过机械本身性能规定。在拉铲或反铲作业时，履带距工作面边缘距离应大于 1.0m，轮胎距工作面边缘距离应大于 1.5m。

(6) 作业前重点检查项目应符合下列要求：

① 照明、信号及报警装置等齐全有效；

② 燃油、润滑油、液压油符合规定；

③ 各铰接部分连接可靠；

④ 液压系统无泄漏现象；

⑤ 轮胎气压符合规定。

(7) 启动后，接合动力输出，应先使液压系统从低速到高速空载循环10～20min，无吸空等不正常噪声，工作有效，并检查各仪表指示值，待运转正常再接合主离合器，进行空载运转，顺序操纵各工作机构并测试各制动器，确认正常后，方可作业。

(8) 作业时，挖掘机应保持水平位置，将行走机构制动住，并将履带或轮胎楔紧。

(9) 遇较大的坚硬石块或障碍物时，应待清除后方可开挖，不得用铲斗破碎石块、冻土，或用单边斗齿硬啃。

(10) 挖掘悬崖时，应采取防护措施。作业面不得留有伞沿及松动的大块石，当发现有塌方危险时，应立即处理或将挖掘机撤至安全地带。

(11) 作业时，应待机身停稳后再挖土，当铲斗未离开工作面时，不得作回转、行走等动作。回转制动时，应使用回转制动器，不得用转向离合器反转制动。

(12) 作业时，各操纵过程应平稳，不宜紧急制动。铲斗升降不得过猛，下降时，不得撞碰车架或履带。

(13) 斗臂在抬高及回转时，不得碰到洞壁、沟槽侧面或其他物体。

(14) 向运土车辆装车时，宜降低挖铲斗，减少卸落高度，不得偏装或砸坏车厢。在汽车未停稳或铲斗需越过驾驶室而司机未离开前不得装车。

(15) 作业中，当液压缸伸缩将达到极限位时，应动作平稳，不得冲撞极限块。

(16) 作业中，当需制动时，应将变速阀置于低速位置。

(17) 作业中，当发现挖掘力突然变化，应停机检查，严禁在未查明原因前擅自调整分配阀压力。

(18) 作业中不得打开压力表开关，且不得将工况选择阀的操纵手柄放在高速挡位置。

(19) 反铲作业时，斗臂应停稳后再挖土。挖土时，斗柄伸出不宜过长，提斗不得过猛。

(20) 作业中，履带式挖掘机作短距离行走时，主动轮应在后面，斗臂应在正前方与履带平行，制动柱回转机构，铲斗应离地面1m。上、下坡道不得超过机械本身允许最大坡度，下坡应慢速行驶。不得在坡道上变速和空挡滑行。

(21) 轮胎式挖掘机行驶前，应收回支腿并固定好，监控仪表和报警信号灯应处于正常显示状态、气压表压力应符合规定，工作装置应处于行驶方向的正前方，铲斗应离地面1m。长距离行驶时，应采用固定销将回转平台锁定，并将回转制动板踩下后锁定。

(22) 当在坡道上行走且内燃机熄火时，应立即制动并揳住履带或轮胎，待重新发动后，方可继续行走。

(23) 作业后，挖掘机不得停放在高边坡附近和填方区，应停放在坚实、平坦、安全的地带，将铲斗收回平放在地面上，所有操纵杆置于中位，关闭操纵室和机棚。

(24) 履带式挖掘机转移工地应采用平板拖车装运。短距离自行转移时，应低速缓行，每行走500～1000m应对行走机构进行检查和润滑。

(25) 保养或检修挖掘机时，除检查内燃机运行状态外，必须将内燃机熄火，并将液压系统卸荷，铲斗落地。

(26) 利用铲斗将底盘顶起进行检修时，应使用垫木将抬起的轮胎垫稳，并用木楔将落地轮胎楔牢，然后将液压系统卸荷，否则严禁进入底盘下工作。

4. 单斗挖掘机的维护保养和常见故障排除

液压挖掘机的技术维护，以 WY100 型液压挖掘机为例，见表 3-14。润滑周期及油料型号见表 3-15。

WY100 型液压挖掘机的技术保养 表 3-14

时间间隔	序号	技术保养内容
每班或累计 10h 工作以后	1	柴油机:参看柴油机说明书的规定
	2	检查液压油箱油面(新机器在 300h 工作期间每班检查并清洗过滤器)
	3	工作装置的各加油点进行加油
	4	对回转齿圈齿面加油
	5	检查并清理空气过滤器
	6	检查各部分零件的连接,并及时紧固(新车在 60h 内,对回转液压马达,回转支承、行走液压马达、行走减速液压马达、液压泵驱动装置、履带板等处的螺栓应检查并紧固一次)
	7	进行清洗工作,特别是底盘部分的积土及电气部分
	8	检查油门控制器及连杆操纵系统的灵活性,及时对关节处加油,并及时进行调整
每周或累计工作 100h 以后	9	按柴油机说明书规定检查柴油机
	10	对回转支承及液压泵驱动部分的十字联轴器进行加油
	11	检查蓄电池,并进行保养
	12	检查管路系统的密封性及紧同情况
	13	检查液压泵吸油管路的密封性
	14	检查电气系统并进行清洗保养工作
	15	检查行走减速器的油面
	16	检查液压油箱(对新车 100h 内清洗油箱,并更换液压油及纸质滤芯)
	17	检查并调整履带张紧度
每季或累计 500h 工作以后	18	按柴油机说明书规定,进行维护保养
	19	检查并紧固液压泵的进油阀及出油阀(用专用工具)(新车应在 100h 工作后检查并紧固一次)
	20	清洗柴油箱及管路
	21	新车进行第一次更换行走减速器内机油(以后每半年或 1000h 换一次)
	22	更换油底壳机油(在热车停车时立即放出)及喷油泵与调速器内润滑油(新车应在 60～100h 内进行一次)
	23	新车对行车及回转补油阀进行紧固一次,清洗液压油冷却器

WY100 型液压挖掘机润滑表 表 3-15

	润滑部位	润滑剂型号	润滑周期/h(工作时间)	备注
动力装置	油底壳	夏季:柴油机油 T14 号 冬季:柴油机油 T8 或 T11 号	新车 60 正常 300～500	
	喷油泵及调速器		500	

续表

	润滑部位	润滑剂型号	润滑周期/h（工作时间）	备注
操纵系统	手柄轴套	ZG-2	20	
液压系统	工作油箱	低凝液压油（－35℃）	1000	
		（原上稠40～Ⅱ液压油）		
	系统灌充量			
传动系统	十字联轴器	夏季:ZG-2	50	
		冬季:ZG-1		
	液压泵轴		50	
	回转滚盘滚道		50	
	多路回路接头		50	
	齿圈	ZG-S	50	
作业装置	各连接点	ZG-2	20	
底盘	走行减速箱	HJ-40	1000	或换季节换油
	张紧装置液压缸	ZG-2	调整履带时	
	张紧装置导轨面	同上	50	
	上下支承轮		2000	

油压系统工作中常见故障，见表3-16。

油压系统工作中常见故障 **表3-16**

故障	原因	排除方法
油泵不出油	（1）系统中进入空气； （2）轴承磨损严重； （3）油液过黏	（1）各部连接处如有松动处加以紧固，管路中的密封垫和油管如有损坏破裂，进行更换修复； （2）换新轴承； （3）换规定的油料
油压不能增加到正常工作压力	（1）皮碗老化不封油或活塞卡死在过压阀打开的位置； （2）过滤器太脏； （3）过压阀与阀座不密合； （4）油质不良； （5）油箱中的油位低	（1）拆洗更换； （2）清洗或更换； （3）修磨或更换； （4）换油； （5）加油
蓄压器到操纵台的油路中油压迅速降低并恢复缓慢	（1）过滤器太脏； （2）管路损坏或渗油	（1）清洗或更换； （2）紧固、焊修或更换
压力表指示不正确	表有毛病	检修、更换（压力表座上有开关查看油路压力时，可将开关打开，平时工作应将开关关死，可避免表过早损坏）
工作缸漏油	皮碗磨损，封油不良	换新皮碗
旋转接头漏油	密封圈磨损	拧紧螺帽，若仍漏油。可加密封圈或加1mm厚垫圈
油管接头处漏油	螺母松动，喇叭头裂缝	拧紧螺帽，若仍漏油，则须修理或更换喇叭头部分

续表

故障	原因	排除方法
踏板制动器油缸活塞行程太小	刹车油少,有空气进入缸内	添加刹车油,拧松缸体上的排气塞,踩几次踏板,将缸中空气挤出
操纵阀打开后阀杆被卡住	阀杆与阀体间有污物进入	可来往扳动手柄,必要时更换该操纵阀
	注:此故障可能引起事故,因手柄已扳到断开位置被操纵机构仍未脱开。如提升动臂,动臂就可能被翻到挖掘机身后去。倘若遇此情况,应立即分离主离合器,切断动力,并使用制动器	
操纵阀工作不平稳	(1)导杯或阀杆移动不灵活; (2)弹簧或其他零件损坏	清洗,阀杆与阀体最大配合间隙为 0.015mm 换新,装配前用汽油洗涤并加润滑

3.2.2 推土机

1. 用途与分类

推土机是在履带式拖拉机或轮胎式拖拉机的前端装置了推土刀的一种土方工程机械。在推土机向前开行时，利用放下的推土刀切削土壤，进行浅挖，并在经济运距（50～100m）以内，推运推土刀内的积土、碎石，当到达指定地点后，提刀卸土，然后调头或倒车返回铲挖地点。由于推土机牵引力大、生产率高、工作装置简单牢固、操纵灵便，广泛应用于浅挖基坑、回填管沟、碎土集料、清除现场杂物、平整场地和铲运助推等作业。

推土机的分类方法较多，一般常用的分类方法有：

（1）按行走装置形式分为履带式和轮胎式推土机

履带式推土机（图 3-29）具有附着力大、通过性好、适应性强、爬坡能力大等优点，是目前推土机采用的主要机型；轮胎式推土机（图 3-30）具有行驶速度快、运距长、行走装置轻巧等优点，近年来发展也较快。

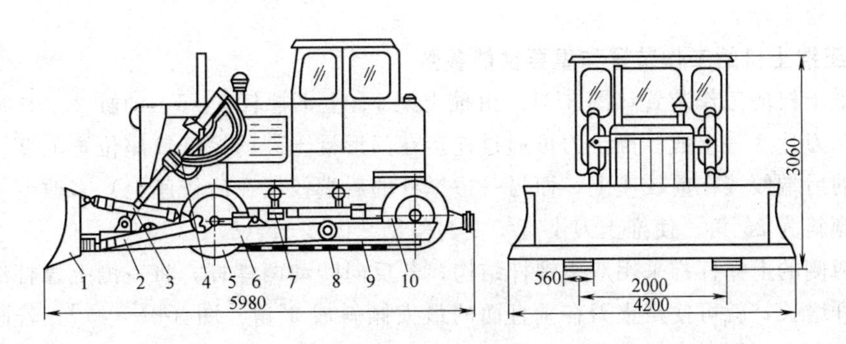

图 3-29　T-180 型推土机

1—推土刀；2—下撑杆；3—上撑杆；4—液压油缸；5—引导轮；6—顶推架；7—托带轮；8—支重轮；9—支重轮护板；10—驱动轮

（2）按传动方式不同分为机械传动、液力机械传动、全液压传动和电传动的推土机

液力机械传动推土机在推土阻力变化时，能自动地调整牵引力和速度，改善了推土机的牵引性能，提高了生产效率，同时这种推土机能防止发动机过载，起到保护作用，操纵

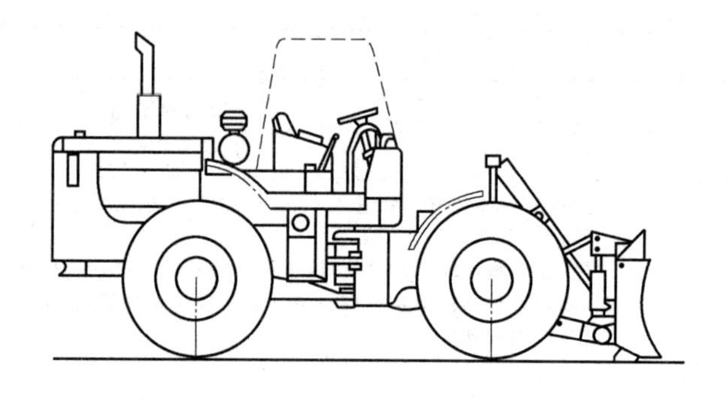

图 3-30　轮胎式推土机

也较简便。最常用的机械传动，液压操纵的推土机。

（3）按推土刀安装形式，分为固定式和回转式两种推土刀的推土机

固定式的推土刀装成垂直于推土机纵轴线，只能作上下升降动作和进行向前推土的作业（装有此类推土刀的也称为直铲式推土机），一般适用于小型及经常重载工作的推土机；回转式的推土刀可在水平面内倾斜25°角，还可在垂直面内倾斜一定角度（0°～9°）（装有此类可调倾斜角度的推土刀的也称为斜铲式推土机），用于直线行驶时一侧排土的作业，从而使铲挖、推运、卸载三个过程能同时进行。

（4）按推土刀操纵方式不同，分为液压操纵式和机械操纵式两种推土机

液压操纵式推土刀是利用油缸操纵推土刀的升降，能强制推土刀切土，可铲推较硬的土壤，操纵方便，广泛应用于中小型推土机上；机械操纵式推土刀是利用滑轮绳组操纵推土刀的升降，动作迅速可靠，但因靠推土刀自重切土，铲土效果差，一般用于大型或特大型推土机上。

推土机适用于铲Ⅳ级以下的土壤及Ⅳ级以上经过预松后的土壤，因此在大中型推土机后部多装有松土器。

2. 液压推土机的工作装置和重要性能参数

液压推土机的工作装置（图3-31）由推土架1、上下撑杆5、6、油缸2、中部球铰4、推土刀3和刀片7等组成。推土刀可通过连接在门形推土架的撑杆铰座位置的变换（如将一边撑杆的后端铰接在前铰座上，而另一边撑杆的后端铰接在后铰座上）来改变推土刀在水平面的倾斜为25°角，使推土刀由直铲变为斜铲［图3-31（*b*）］。

由于两侧的上撑杆都采用双头螺杆结构，若反向转动两螺杆，将一侧上撑杆缩短，另一侧上撑杆增长，就可使推土刀在垂直面的最大倾斜成9°角［图3-31（*c*）］。若同向转动两螺杆，将左右两侧上撑杆同时缩短或增长，就可改变推土刀的切削角［图3-31（*d*）］。

推土机对土壤可进行铲、运、卸三种作业。在铲土作业时，将铲刀切入地面，行进中铲挖土壤；在运土作业时，将铲刀提至地平面，把土壤推运到卸土地点；在卸土作业时，根据卸土要求，一般有两种卸土方法：一种为随意弃土法，是将土壤推至卸土处，略提铲刀卸土，然后退回到铲土地点；另一种叫分层铺卸土壤法，是将土壤推动到卸土位置，将铲刀提升一定高度，机械继续前进，土壤从铲刀下方逐步卸掉。

推土机的主要技术性能参数为发动机额定功率（kW）、最大牵引力（kN）、推土刀宽

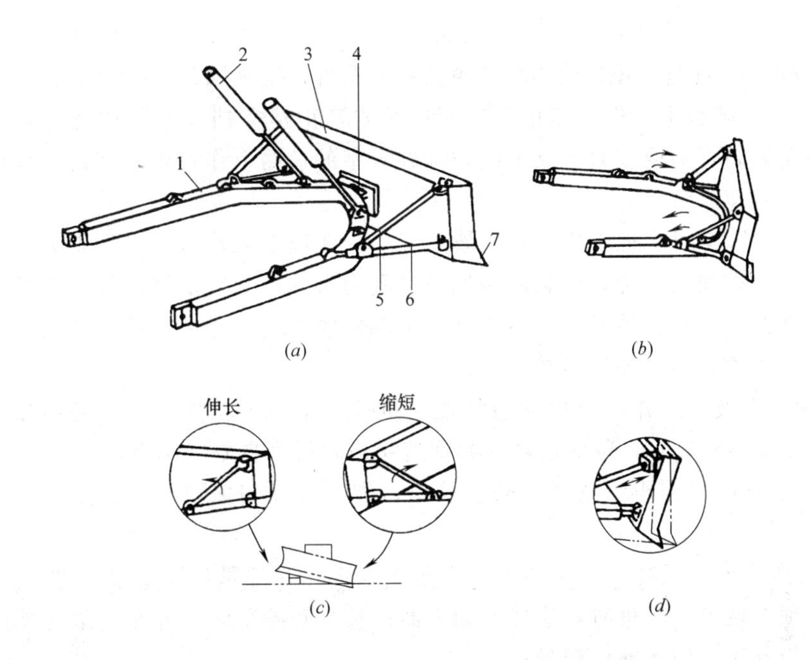

图 3-31 推土机的工作装置

1—顶推器；2—升降油缸；3—推土刀；4—中部球铰；5、6—上、下撑杆；7—刀片

度（m)、整机质量（t）等。

3. 推土机的正确使用和安全操作规程

(1) 加强机械的维护保养，(检查、清洗、调整，润滑）使推土机经常保持良好状态。

(2) 减少辅助时间，加快作业循环，提高时间利用率，其办法有：

① 充分利用推土机功率，正确选择运行路线，尽量以快速满负荷进行工作。一般情况下，铲土用第一档，推土用第二挡，后退时用最高档，以缩短循环时间；

② 遇硬土时，用松土机预先松土，或在铲刀后面加装钢齿，在倒退回空时，进行松土，以减少铲土时间；

③ 铲刀的刀片经常保持锋利。

(3) 提高铲刀前的堆土量。在地形选择上尽量利用下坡推土。土质松软时，可将铲刀两端的挡土板加长，减少溜土获得满载。遇到硬土，进行预松也是获得满载的一个办法。

(4) 减少运土损失。采用波浪式铲土，深槽式或深槽式与分段式相结合的推土方法，减少运土损失，条件允许的大面积土方作业，可采用并进式推土法。

(5) 运距和地形土质选择：推土机的运距应控制在 100m 以内，否则极不经济，生产率很低，如遇沼泽，软土地段，应考虑用其他方法施工，防止推土机陷入泥坑，影响正常作业。

(6) 要使推土机安全运转，必须认真遵守如下规程：

① 非推土机驾驶员不得驾驶推土机；

② 接合主离合器时，应缓慢而平稳，不得过猛。无论在什么情况下都不许离合器处于半接合状态，以免摩擦片发热和迅速磨损。推土机不转弯，切勿将脚踏在制动踏板上，以免制动带磨损和制动鼓烧坏；

③ 推土工作时，应用低速挡，严禁超负荷，转弯时必须先拉方向杆，再踏下制动踏板，转弯完毕，必须先松开制动踏板，再放回方向杆；变换挡位，必须先分开主离合器；

④ 推土机在陡坡上工作，禁止急转弯；下坡禁止挂空挡或分开主离合器，拖带牵引机械时不得急转弯，只有在真正必要时，如在狭窄的道路上作直角转弯时，才能进行急转弯，并须降低速度；

⑤ 坡度超过 30°时，推土机不可在坡上工作。在坡上工作时，其行走方向，不能和斜坡方向交叉，以防横向打滑，吊轨和两侧底盘受力不均；上坡下坡应尽量少换档位，必须换档时，应在脱开主离合器同时，将制动踏板踩到底。刹车过迟，变速杆会搬不动，此时应再次接合 1 主离合器，而后换档；

⑥ 长时间在坡上工作，应周期地将推土机停放平地上，挂上一、五档和空档，接合主离合器，空走 2～5min，以保证轴承和变速箱齿轮得到良好的润滑；

⑦ 施工作业应加强组织指挥，防止撞车；推土机互相拖拉时，应注意及时刹车，防止相撞；

⑧ 司机离开推土机时，必须将铲刀降落至地面。一般情况下禁止在坡道上停机。特殊情况下必须在坡道上停机时，应挂上锁定器；长时间停车时，停车场地应能渗水，或在履带下垫木板并用三角木塞住履带；

⑨ 清洗、加油、检查或调整推土机各部机构时，必须在放下铲刀或停止发动机运转后进行。必须在铲刀下面工作时，应用方木或其他可靠物体垫起铲刀；

⑩ 推土机行驶应靠右，列队行进时，前后车应保持 20m 距离，对方来车应主动停车让车，没有特殊防护装置、没有取得公路管理部门的同意，不能在正式公路上行驶，过桥时应注意该桥所能承受的载重量，不能强行通过；越过铁路应小心火车，超越障碍时应减速，推除树木或其他障碍，不得用铲刀冲击。

3.2.3 装载机

1. 装载机用途与类型

装载机是行进中利用铲斗装置铲削土壤或其他散粒物料，同时将碎土或物料装入铲斗内，然后运送一段距离，再翻斗卸土，将土卸入运载车辆或堆土处的一种通用性很强的机械。它主要应用于建筑工地的土石方、散状物料的铲装、搬运、卸料和场地的平整。倘若换装其他的工作装置，它就可以进行推土、起重、装卸木料或钢管等作业。装载机的重量轻，造价低，工作可靠，运行速度快，机动灵活，因此它的用途很广。通常，装载机与自卸汽车配合作业，具有较高的工作效率；当运距不大，或运距和道路坡度经常变化的场合时，它又可单独进行自铲、自运，仍能达到合理的经济性。

按行走装置的结构不同，可分为履带式装载机和轮胎式装载机。

履带式装载机（图 3-32）是以专用履带底盘或拖拉机为基础，并配置相应的工作装置及操纵机构。它的履带接地比压小，通过性好；重心低，稳定性好；牵引力大，附着性好。由于它的机动性差，作业效率低，故应用不广，仅限于某些工程量大、作业点集中、路面条件差的场合。

轮胎式装载机（图 3-33）的重量轻、行驶速度快、机动灵活、工作效率高、维修方便，同时行走时不破坏路面，可在较短距离内兼作运输工具。它的主要缺点是轮胎接地比

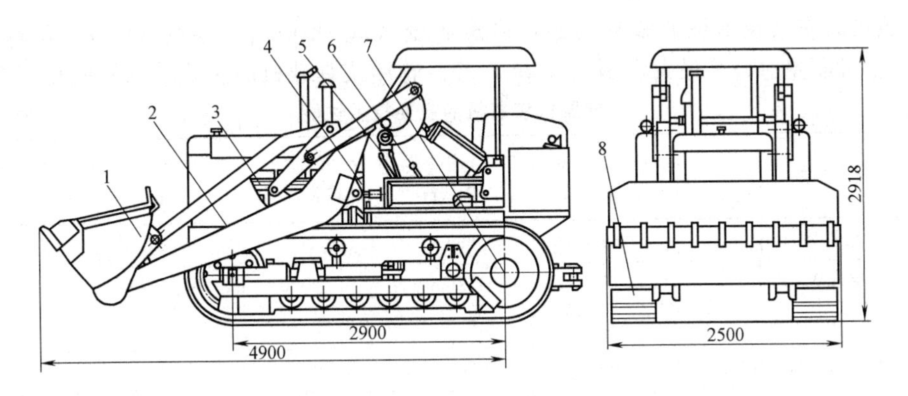

图 3-32　Z_2-3.5 型履带式装载机

1—工作装置；2—机架；3—发动机；4—主离合器；
5—操纵机构；6—变速箱；7—终传动装置；8—履带装置

压大，通过性差；重心高，稳定性也较差。由于这种装载机的优点比较突出，成为目前广泛应用的产品。

按轮胎式装载机的车架结构型式及转向方式，可分为铰接车架折腰转向和整体车架偏转车轮转向两种装载机。

铰接车架装载机的车架由前、后两部分组成，中间用垂直铰销连接。通过一对连接前、后车架的油缸，推动前、后车架绕垂直铰销相对转动，进行折腰转向。前、后车架可以相对摆动 40°角，它的优点是转弯半径小，行驶灵活，纵向稳定性好，操纵比较简单；缺点是在转向和高速行驶时的稳定性较差。这种装载机近年来发展很快，ZL 系列装载机车架都是铰接式的。

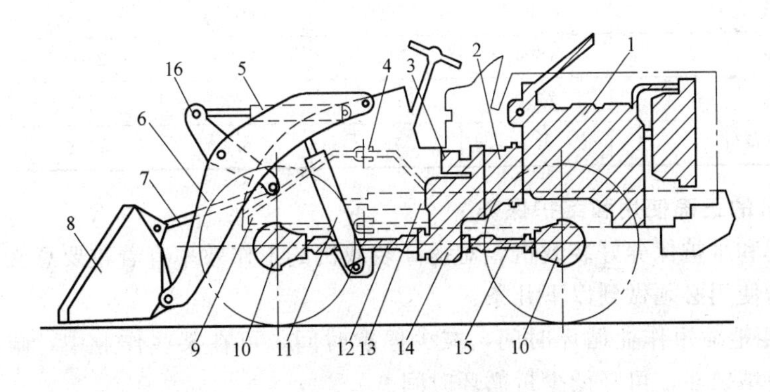

图 3-33　轮胎式装载机

1—发动机；2—变矩器；3—作业油泵；4—前后车架铰接点；5—转斗油缸；
6—动臂；7—拉杆；8—铲斗；9—车架；10—驱动桥；11—动臂油缸；
12—前传动轴；13—转向油缸；14—变速箱；15—后传动轴；16—摇杆

整体车架装载机的车架是一个整体，其转向方式有后轮转向、前轮转向、全轮转向和差速转向四种类型，其中采用后轮转向的较多。它的缺点是转弯半径较大，不够灵活。

2. 轮胎式装载机的主要技术性能

装载机的主要技术性能参数为额定载重质量（kg 或 t）、斗容量（m^3）、发动机功率（kW）、整机质量（t）、最大牵引力（kN）等。轮胎式装载机的主要技术性能见表 3-17。

轮胎式装载机的主要技术性能　　表 3-17

技术参数	ZL10 型铰接式装载机	ZL20 型铰接式装载机	ZL30 型铰接式装载机	ZL40 型铰接式装载机	ZL50 型铰接式装载机
发动机型号	495	695	6100	6120	6135Q-1
最大功率(kW/r/min)	40/2400	54/2000	75/2000	100/2000	160/2000
最大牵引力(t)	3.2	5.5	7.2	10.5	16
最大行驶速度(km/h)	28	30	32	35	35
爬坡能力	30°	30°	30°	30°	30°
铲斗容量(m^3)	0.5	1	1.5	2	3(堆尖)
装载质量(t)	1	2	3	3.6	5
最小转弯半径(mm)		4850	5065	5230	5700
传动方式	液力机械式	液力机械式	液力机械式	液力机械式	液力机械式
变矩器型式	单涡轮式	双涡轮式	双涡轮式	双涡轮式	双涡轮式
前进档效	2	2	2	2	2
倒退档效	1	1	1	1	1
工装操纵型式	液压	液压	液压	液压	液压
轮胎型式		12.5～20	14	16	24.5～25
轮胎气压(MPa)	0.3			前 0.36;后 0.28	0.28
外型尺寸(rnm)					
长	4454	5660	6000	6444	6760
宽	1800	2150	2350	2500	2850
高	2610	2700	2800	3170	2700
整机质量(t)	4.2	7.2	9.2	11.5	15.5

3. 装载机的正确使用和维护保养

正确使用和维护保养好装载机，对提高装载机的工作效率有着重要意义。

（1）正确使用必须做到以下几条：

① 尽可能地缩短作业循环时间，减少停歇时间。可在某些作业中，疏松的物料，用推土机协助装填铲斗，可降低少量循环时间。

② 运输车辆不足时，装载机应尽可能进行一些辅助工作，如清理现场，疏松物料等。

③ 若运输车辆的停车位置距离装载机在 25m 的合理范围内，装载机到运输车辆的运行距离对循环时间影响不大。运距为 100～150m 时，生产率降低十分显著；100～150m 以上时，生产能力降低也不太明显（图 3-34）。

④ 装载机与运输车辆的容量应尽量选配适当。

⑤ 作业循环速度不宜太快，否则不能装满斗。每个作业现场的装载作业应平稳而有节奏。

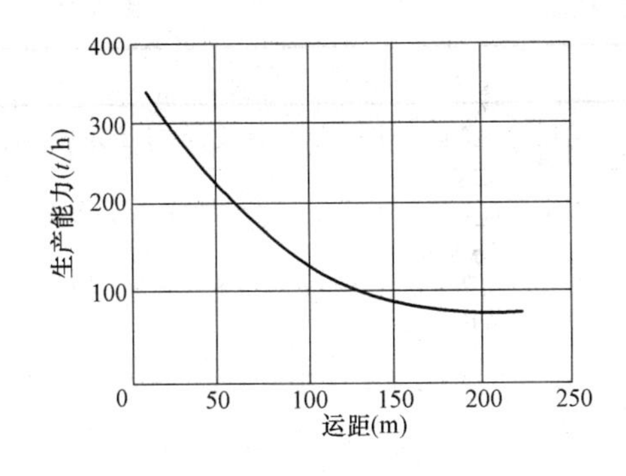

图 3-34　装载机生产能力与运距的关系

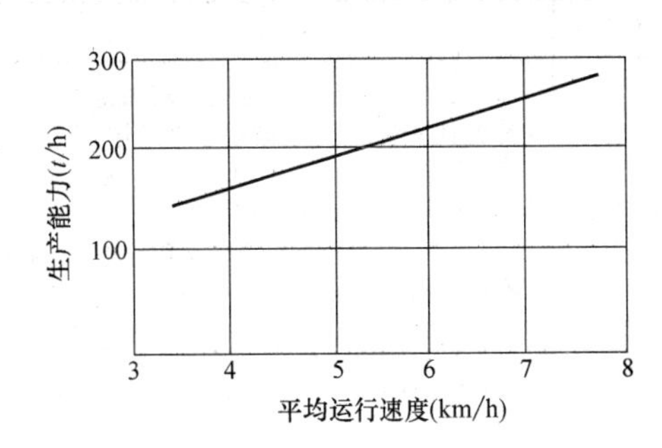

图 3-35　装载机生产能力与行走速度的关系

⑥ 大功率装载机宜装运岩石之用，小功率装载机宜作装运松散物料。

⑦ 根据实际情况估算的生产率，大约平均等于理论值的 60%。

⑧ 行驶速度要合理选择。装有物料的装载机从作业地点到汽车停车处，运距 16 和 25～30m 时，行驶速度约为 2.3～6.56km/h，空行程时，可为 2.5～6.85km/h。长距离运送物料时，工作行程为 11～14.8km/h，空行程为 12.7～17.2km/h。一般说来，装载机行走速度增加 1km/h，其生产能力就会提高 12%～21%（图 3-35）。

（2）装载机的保养

装载机的整机保养，是指出车前后的检查、调整与维护。目的在于保证机器经常处于良好的技术状态，预防机器过早损坏。应做到：

出车前须检查发动机及传动部分的连接情况。油，水，电气系统，仪表，起、制动系统，操纵系统，轮胎气压等工作是否正常，并符合要求。出车后要进行例保。例保的内容包括：清洗、检查、调整、加油、加水、对润滑、燃油、冷却、电气系统进行一般性的维护；必要时更换某些外部零件（如螺钉、垫片、密封固、滤芯等）。

定期保养是指装载机每工作一段时间之后所进行的停工维修工作。其主要内容是，排除发现的故障；更换易损件，调整个别零部件。定期保养根据工作量和复杂程度的不同，分为：一级保养、二级保养、三级保养和四级保养，级数愈高，工作量愈大。每级保养的内容可按机械使用说明书规定进行。

3.2.4　铲运机

1. 铲运机的分类及其特点

铲运机是利用带刀片的铲斗进行铲装、运输、卸土和铺土，并能在行走中进行平整和压实的土方机械。由于铲运机的运距比推土机长（一般拖式铲运机运距为 70～800m，自行式可达 5000m），铲挖的条状薄片土壤（如重黏土）有利于压实，生产率较高，因此在大型土方工程中得到广泛的应用。

目前铲运机产品的类型较多，按运行方式可分为拖式、半拖式和自行式 3 种；按卸土方式可分为自由式、强制式和半强制式 3 种；按操纵机构可分为液压式和机械式（钢丝绳操纵）2 种；按铲斗容量有 2、5、6、7、9、10、12m^3 等。铲运机的类型及其特点见表 3-18。

铲运机的类型及其特点 **表 3-18**

分类方法	类型	特点
按运行方式分	(1)拖式:牵引车有履带式和双轴轮胎拖车2种;铲斗有单轴和双轴2种(能独立作运输车) (2)半拖式:双轴轮胎拖车;铲斗为单轴,有带驱动轮和不带驱动轮2种(不能独立) (3)自行式:单轴轮胎拖车;单轴铲斗,有带驱动轮和不带驱动轮2种(拖车和铲斗都不能独立)	(1)履带式的附着牵引力大,速度低,轮胎式的速度高,转弯半径大 (2)半拖式的转弯半径比拖式小,附着牵引力大(增加驱动的附着重量) (3)通过性和灵活性比拖式和半拖式都好,结构也比较简单,但适应性较差
按卸土方式分	(1)自由卸载式:铲斗向前翻转而卸土 (2)强制卸载式:铲斗内的推板向前移动而将土强制卸出 (3)半强制卸载式:铲斗可以转动,使土壤在自重与推力双重作用下卸出	(1)卸土功率大,卸土不彻底,对黏土和潮湿的卸土效果不佳 (2)卸土干净,消耗功率大,结构强度要求高,适合于铲运黏湿土壤 (3)卸土功率小,自重轻,对黏湿土卸不干净
按斗容量分	(1)$2.5m^3$ (2)$6m^3$ (3)$6\sim7m^3$	(1)容量小,配40kW～50kW拖拉机 (2)容量较大,配59kW～74kW拖拉机 (3)为自行式铲运机的常用斗容量
按操纵机构分	(1)液压操纵 (2)钢丝绳操纵	(1)可强制切土,能切较硬的土壤,缩短装土距离;能强制关斗门,减少漏土 (2)要求操作技术较高,钢丝绳磨损较大

2. 铲运机的工作过程和主要技术性能

铲运机可以进行铲土、运土和卸土作业。铲土过程中铲斗放下，开启一部分斗门，铲运机一边前进一边将土铲入斗内。当装满一斗土后，提升铲斗，斗门关闭进行运输，到卸车点后，斗门开启，边行边走卸料。

铲运机在工作过程中，可独立地完成铲、运、卸三个工序，如图 3-36 所示。工作时铲运机工作装置的斗门打开，斗体落地，斗体前部的刀片即切入土壤，借助牵引力在行驶中将土铲入斗内，如图中（*a*）所示。装满后，关闭斗门抬起斗体，使铲运机进入运输状态，如图中（*b*）所示。到达卸土地点后，一边行驶一边开启斗门，在卸土板的强制作用下边行边走卸料，如图中（*c*）所示。与此同时，斗体前面的刀片将土拉平，完成铲、运、卸三个工序。

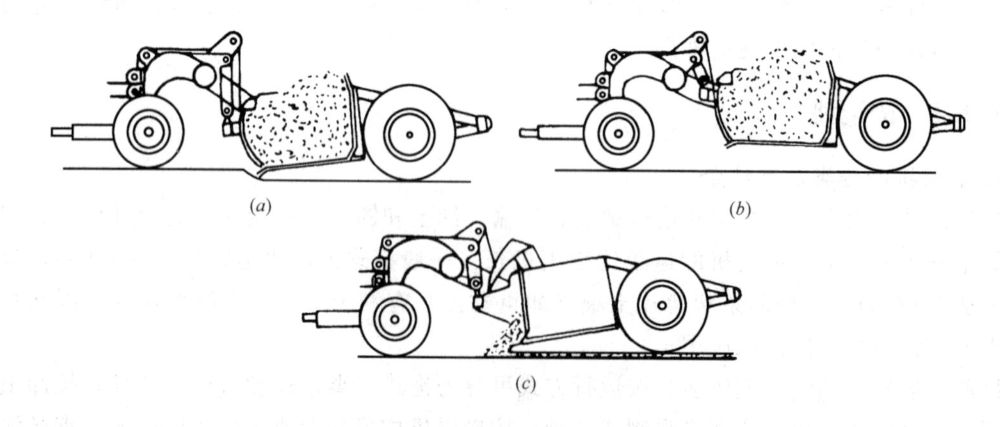

图 3-36 铲运机的工作情况

（*a*）铲土；（*b*）运土；（*c*）卸土

铲运机的生产率 Q（m^3/h）可按下式计算：

$$Q=\frac{3600VK_2K_3}{TK_1}$$

式中 V——铲斗的几何容量，m^3；

K_1——土的松散系数，$K_1=1.1\sim1.4$；

K_2——铲斗的充盈系数，$K_2=0.6\sim1.25$；

K_3——工作循环时间利用系数，$K_3=0.85\sim0.90$；

T——每一工作循环所延续的总时间，s。

铲运机的主要技术性能见表 3-19。

铲运机主要技术性能 表 3-19

铲运机型号		C-6	CL-7	CT-6A	CT-6	CTY-2.5
行走方式		自行式	自行式	拖式	拖式	拖式
铲斗	铲刀宽度(mm)	2600	2700	2600	2600	1900
	切土深度(mm)	300	300	300	300	150
	铺土厚度(mm)	380	400	380	380	—
	几何容量(m^3)	6	7	6	6	2.5
	堆尖容量(m^3)	8	9	8	8	2.75
	操纵方式	机械式	机械式	机械式	机械式	液压式
	卸土方式	强制式	强制式	强制式	强制式	自由式
发动机	型号	6135	6135K-12b	履带式拖拉机	履带式拖拉机	履带式拖拉机
	功率(kW)	88(120马力)	132(180马力)	59-74	59-74	40-55
	转速(r/min)	1500	2100	(双筒后绞盘)	(双筒后绞盘)	(液压操作)
行驶性能	一档前进(后退)(km/h)	4.2(4.8)	7(6)	—	—	—
	二档前进(后退)(km/h)	7.4	14(9)	—	—	—
	三档前进(km/h)	15.0	28	—	—	—
	四档前进(km/h)	28.0	39	—	—	—
	最大爬坡能力(°)	—	20	—	—	—
	最小转弯半径(m)	—	14	3.75	3.75	2.7
	最小离地间隙(mm)	—	420	380	380	230
外形尺寸	长(mm)	10392	10025	8770	8770	5600
	宽(mm)	3076	3222	3120	3120	2440
	高(mm)	2950	3000	2540	2540	2400
	机重(t)	14	16	7.3	7.3	1.979

3. 合理选择机型

铲运机的使用是否合理，主要是以机械效能是否充分发挥为标志。根据使用经验，影响铲运机生产效能的工程因素主要有：土壤性质（如密实度、坚硬性、松散程度及湿软情况等）、运距长短、土方量大小以及气候条件（如冬天、雨季）等，因此，可按上述工程因素选择合理的机型（表 3-20）。

（1）按土壤性质选择

① 当土方工程为Ⅰ、Ⅱ级土壤时，选用各种铲运机施工都合适；如为Ⅲ级土壤，则应选择大功率的履带式的液压操纵式铲运机，否则，应考虑助铲或预松施工；如为Ⅳ级土壤，则必须预先进行翻松。采用助铲或预松的施工方法，铲运机的类型选择就相当广泛。

② 当土壤含水量在25%以下时，采用铲运机施工最适宜；如果土壤湿度较大或雨季施工，应选择强制式或半强制式卸土的铲运机；如施工地段为软泥或砂地，则必须选择履带式铲运机。由于土壤的性质和状况可因气候等自然条件而变化，也可因人为的措施而改善。因此，选择铲运机时应综合考虑施工条件和施工方法，以充分发挥机械效能，提高生产率。

铲运机类型选择参考表　　**表 3-20**

序	工程条件	可以选择的铲运机
1	土壤密实、坚硬	液压操纵式铲运机
2	软土、淤泥、潮湿土	履带式铲运机
3	冬季施工(气温0℃以下)	重型机械，最大运距400m(－10℃)或200m(－20℃)
4	运距500m以上	快速自行式铲运机(经济运距为800～1500m)，大容量铲运机(斗容10m³以上)
5	运距70～800m	可选6～9m³的拖式铲运机(经济运 距为200～350m)
6	运距50～300m	小容量(2～4ms)的拖式铲运机(经济远距为50～150m)
7	土方量较大	中、大容量铲运机
8	零星土方工程	小容量铲运机，轮胎式铲运机
9	潮湿黏土、雨季施工、分层卸土	强制式或半强制式卸土的铲运机

（2）按运土距离选择

运距是影响铲运机生产率的主要因素，当运距较大时，运土时间占整个工作循环时间80%以上，因此在选择机型时，应十分重视。

① 当运距小于70m时，铲运机的性能不能充分发挥，可选择推土机施工。

② 当运距在50～300m时，可选择小型（斗容$4m^3$以下）拖式铲运机，其经济运距为100m左右。

③ 当运距在70～800m时，可选择中型（斗容$6\sim9m^3$）拖式铲运机，其经济运距为200～350m。

④ 当运距在500m以上，可选择轮胎式的和大型（斗容$10m^3$以上）自行式铲运机，其经济运距为800～1500m，最大运距可达5000m；当然，也可以选择挖装机械和自卸汽车运输配合施工，但应进行经济分析和比较，选择机械施工成本最低的。

（3）按土方数量选择

一般来说，土方量较大的应选择大中型铲运机，因为大中型机械的生产效能较高，施工速度较快，能充分发挥机械化施工特长，保证质量，缩短工期，降低成本；对于零星土方，可选用小容量铲运机或多功能铲运机，以节省机械使用费。

4. 铲运机常见故障及排除方法

铲运机常见故障及排除方法见表3-21。

铲运机常见故障及排除方法 **表 3-21**

部别	故障	原　因	排 除 方 法
工作装置液压操纵系统	铲斗各部动作缓慢	1. 油箱油液少；2. 多路换向阀调压螺钉松动，回路压力低；3. 上作油条压力低，有内漏现象；4. 油缸、多路横向阀有内漏；5. 油路或滤网等有堵塞现象	1. 检查添加；2. 重新调整；3. 检修或更换；4. 检修或更换零部件；5. 清洗、疏通
	铲斗下沉快	1. 提斗油缸内漏；2. 多路横向阀内漏	1. 检修或更换零部件；2. 检修或更换零部件
	操纵不灵活	1. 多路换向阀连接螺栓压力不均；2. 操纵杆不灵	1. 重新按要求紧定；2. 注油、保养
液力机械传动	挂档后车子不走或有蠕动现象	1. 变速箱档位不对；2. 直液少；3. 档位杆各固定点有松动	1. 正确挂档；2. 检查加添；3. 检查并紧固
	油温高，且升温快	1. 有机械摩擦；2. 油量过多或过少；3. 滤油器阻塞；4. 离合器打滑；5. 变速器档位不对；6. 变矩器出口压力低	1. 检查并排除；2. 检查；3. 清洗滤油器；4. 调整离合器；5. 正确挂档；6. 检查原因并排除
	主油压表上升缓慢，供油泵有响声	1. 滤网阻塞；2. 油液少；3. 各密封不良，漏损多；4. 油起泡	1. 清洗；2. 加添；3. 更换密封；4. 排空气
	牵引力不足	1. 发动机负荷下的转速不够；2. 油液少，密封不良；3. 液力机械传动装置有故障；4. 导轮不能单向固定	1. 检查发动机故障；2. 加添；3. 查找原因并排除；4. 排除故障
	车速低、油温高	1. 高档低速运行；2. 制动蹄未解脱；3. 档位不正确；4. 工作装置手柄及气动转向阀手柄不在中间位置；5. 系统有损坏	1. 正确驾驶机械；2. 检查原因并消除；3. 正确使用档位；4. 放在中间位置；5. 查找原因并排除
	各档位主油压低	1. 油少；2. 油泵磨损；3. 离合器密封漏油；4. 滤网阻塞；5. 主调压阀失灵	1. 加添；2. 修复；3. 更换；4. 清洗；5. 调整
	主油压表摆动频繁	1. 油少；2. 油路进空气；3. 油液泡沫多	1. 加添；2. 排空气；3. 消除
转向系统	转向无力	1. 阀调压螺栓松动；2. 油压低	1. 紧固；2. 查找原因并排除
	转向不灵	1. 油少；2. 系统有漏油现象；3. 滤油箱阻塞	1. 加添；2. 查找部位并排除；3. 清洗
	转向有死点	1. 换向机构调整不当；2. 转向阀节流滤网阻塞	1. 重新调整；2. 清洗
	转向失灵，油温高	1. 转向阀或双作用安全阀的调压阀或单向阀失灵；2. 油路有阻塞；3. 油少	1. 调整或更换；2. 查找部位并排除；3. 加添
	方向盘空行程大（>30度）	1. 转向机轴承间隙大；2. 拉杆刚性不足；3. 接合处间隙大	1. 调整或更换；2. 更换；3. 消除间隙
压力控制器	贮气筒的气压已降至0.68兆帕以下，但空气仍继续从控制器口排出	1. 控制器放气孔被堵塞；2. 控制器止回阀漏气	用细铁丝通开放气孔，检查止回阀密封情况，如橡胶阀体损坏应更换新件

续表

部别	故障	原　因	排 除 方 法
压力控制器	空气不断从控制器口或放气管漏出	控制器鼓膜漏气，盖不住阀门座	检查鼓膜和阀门座，密封件如损坏应更换新件
	放气压力低于0.68兆帕	控制器调整螺钉过松，阀门的开放压力低	把控制器调整螺钉拧入少许
	空气压缩机停止供气后，贮气筒压力下降很快	控制器止回阀漏气	检查止回阀及其密封情况，如损坏应更换新件
	空气压力高于0.7兆帕	控制器调整螺钉过紧，阀门开放压力过高	将调整螺钉拧出少许
主制动阀	发动机熄灭以后，贮气筒气压迅速下降	1. 阀门密封不良，阀门损坏；2. 阀门回位弹簧压力小	连续几次踏下制动踏板，并猛然放松，使空气吹掉阀门上的脏物；如阀门损坏，更换新件；检查回位弹簧，如压力不足，可在弹簧下加一垫片，增加弹簧压力或更换新件
	发动机熄火后，踏下制动踏板时压力迅速下降	活塞鼓膜损坏	更换新件
	放松制动踏板后，前、后制动气室排气缓慢，制动放松迟缓，制动鼓发热	可能是活塞被脏物卡住运动不灵活	拆开检查，清除脏物

3.2.5　平地机

平地机主要用于土面积场地平整，还可以进行轻度铲掘、路基成形、边坡修整、铺路材料的摊平及浅沟的开挖成形等。平地机的刮土刀可以旋转、提升、侧移，位置可以在较大范围内进行调整，平地机在行进中可以同时顺序完成切削（或铲土）、侧面移土、刮削地面平整或斜坡整形。在工程中被称为“万能”机械。拖式平地机已被淘汰，目前所指的平地机是自行式平地机。平地机的车轮还可以在垂直平面内摆动，前后车架也可相对摆动并配合转向系保持机械直线行驶，以适应修整边坡和开挖浅沟的需要。

1. 平地机的构造与类型

图3-37是天津工程机械厂生产的P-160自行式平地机构造图。其工作装置是一块长铲刀，在机械行走时，切削，推运土壤，铲刀的位置是可调整改变的，不仅能升降，而且还能相对机器纵向轴线侧向引出、倾斜和在水平面内回转，因而不仅可用于平整场地，同时可进行挖沟、刮坡和移土等作业，常用于修建机场、道路工程。

P-160国产自行式平地机主要以中桥和后桥驱动的轮式底盘配置平地作业装置而成。大多数平地机刮土刀的前方或尾部还配装松土耙，可以进行轻度松土。

平地机主要以发动机功率进行分类：75马力以下的为轻型平地机；75～120马力的为中型平地机；120～200马力的为重型平地机；200马力以上的为超重型平地机。

平地机平地生产率的计算与推土机平地生产率的计算公式相同。

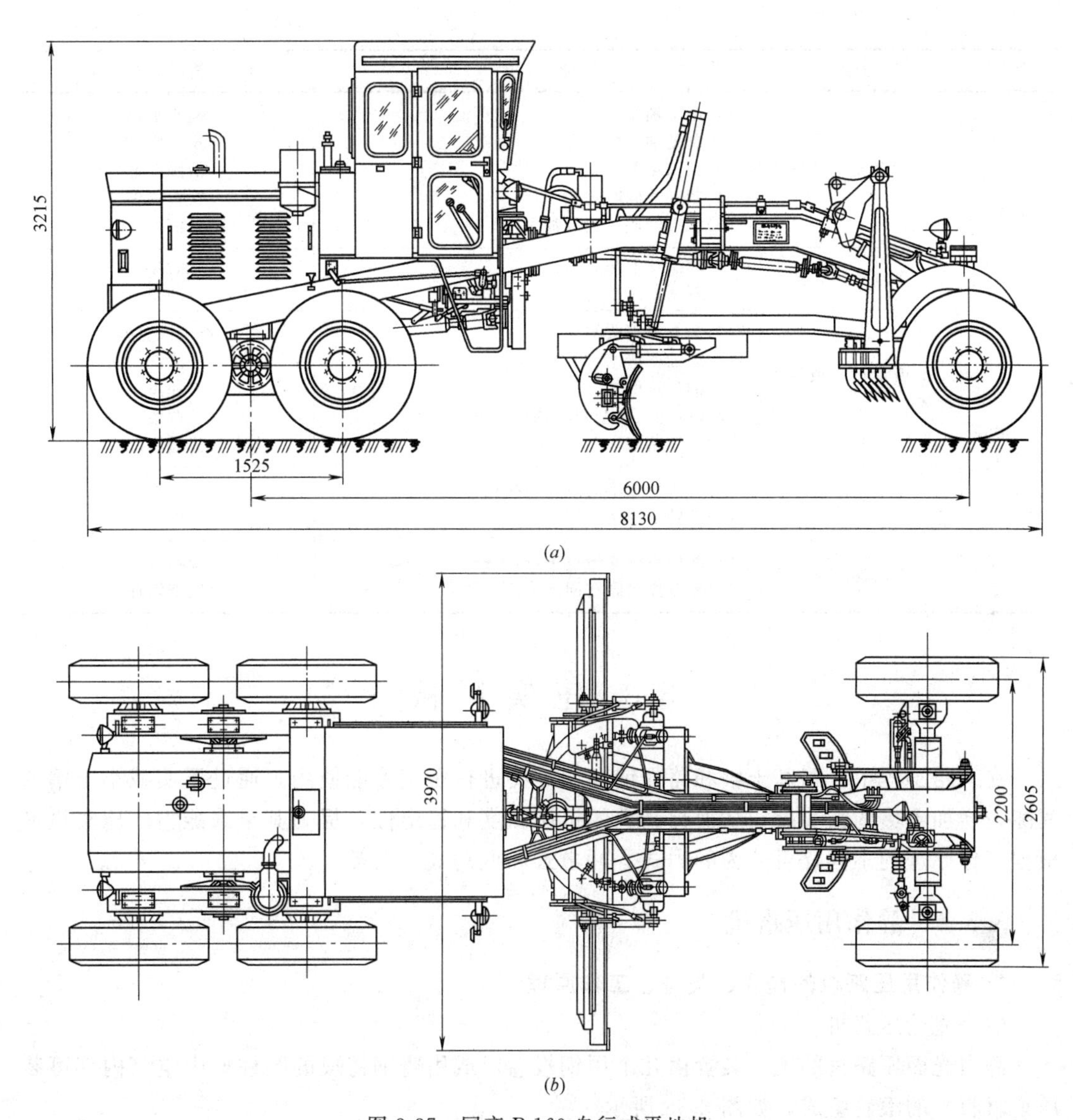

图 3-37 国产 P-160 自行式平地机

2. 平地机的常见故障及排除方法

PY-160 型平地机常见故障及排除方法见表 3-22。

PY-160 型平地机常见故障及排除方法 **表 3-22**

部别	故障	原 因	排除方法
(一)传动系	1. 变矩器出口压力过低	(1)油位过低 (2)出口压力阀控制压力低 (3)油泵或其他液压件漏油或堵塞	加添 检查调整 修理或清洗
	2. 变矩器闭锁操纵压力过低	(1)油位过低 (2)操纵压力阀控制压力低 (3)油泵或其他液压元件漏油或堵塞	加添 检查调整 修理或清洗
	3. 停车换档困难	变速箱小制动器间隙过大制动失效	调整
	4. 行进中换档困难	变速箱小制动器间隙过小制动太死	调整

续表

部别	故障	原　因	排除方法
(二)制动系	5. 制动无力或失灵	(1)制动油量不足 (2)制动油路中有空气 (3)油路堵塞 (4)制动器间隙过大 (5)制动摩擦片沾有油污	检查加添 排放空气 清洗疏通 检查调整 清除
	6. 手制动器失灵	(1)摩擦片上沾有油污 (2)制动器空行程过大	清除 调整
(三)液压操纵系统	7. 流量过小或压力失常	(1)油泵磨损或损坏 (2)滤油器堵塞 (3)油位过低 (4)流量润、安全阀等调整不正确 (5)油路堵塞	修理或更换 清洗 加添 调整 疏通清洗
	8. 环轮回转不灵	(1)转阀位置不对或管路接错 (2)回转油缸密封圈损坏	调整 更换
	9. 方向盘操纵沉重	(1)液压系统流量过小,压力低 (2)流量控制阀在回油位置卡住	见故障 7 检查修理

3.3 压实机械

在筑路工程中，路基土壤和路面铺砌层需要进行压实才能使用。通过压实减小土壤的间隙，增加土壤的密实度，从而提高它的抗压强度和稳定性，提高其承载能力。压实机械根据工作原理的不同，可分为静力式、冲击式和振动式三大类。

3.3.1 静作用压路机

1. 静作用压路机的构成、类型、工作原理

(1) 光轮压路机

静力光面压路机的工作装置由几个用钢板卷成或用铸钢铸成的圆柱形中空（内部可装压重材料）的滚轮组成，如图 3-38 所示。

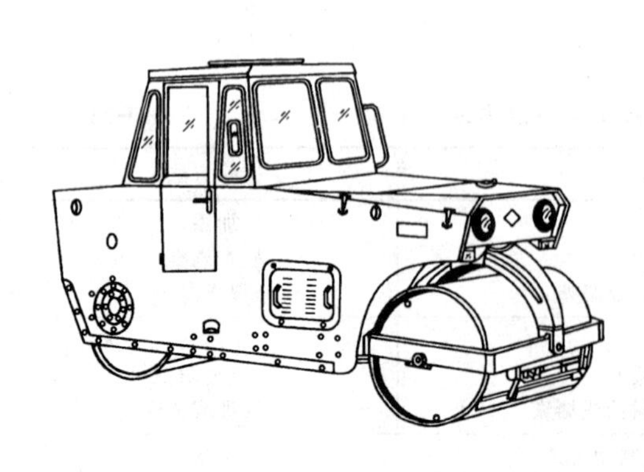

图 3-38　光轮压路机

图 3-39　轮胎压路机

静力光面压路机按碾压轮和轮轴的数目可分为二轮一轴式、三轮二轴式和二轮三轴式三种，按机械自重的大小可分为轻型（2～6t）、中型（6～10t）和重型（10～15t）三种。

光轮压路机的工作原理为：当柴油发动机启动后，挂上某一挡位，结合主离合器和换向离合器，压路机即可按该挡速度行驶。行驶中滚压轮对土壤施加静压力，由于滚轮和土壤呈线性接触或线性扩展形态接触，滚轮对地面的最大静压力均匀分布在滚轮瞬时回转轴线之前横贯滚轮圆柱表面的一条直线上，壤颗粒在此直线压力作用下，被挤密呈压实状态。随着机械的运动，整片面积的土层即得到了压实。

（2）轮胎压路机

如图 3-39 所示，轮胎式压路机的轮胎前后错开排列，一般前轮为转向轮，后轮为驱动轮，前、后轮胎的轨迹有重叠部分，使之不致漏压。

（3）羊脚碾

羊脚碾可分为拖式和自行式两种，常用的羊脚碾多为拖式单滚羊脚碾（图 3-40），尺寸和形状对土的压实质量和压实效果有直接影响，羊脚的高度和碾轮的直径之比应控制在 1∶8～1∶5 之间。为使羊脚经久耐用，在羊脚的尖端部位常堆焊一层耐磨锰钢。各种羊脚的外形如图 3-41 所示。

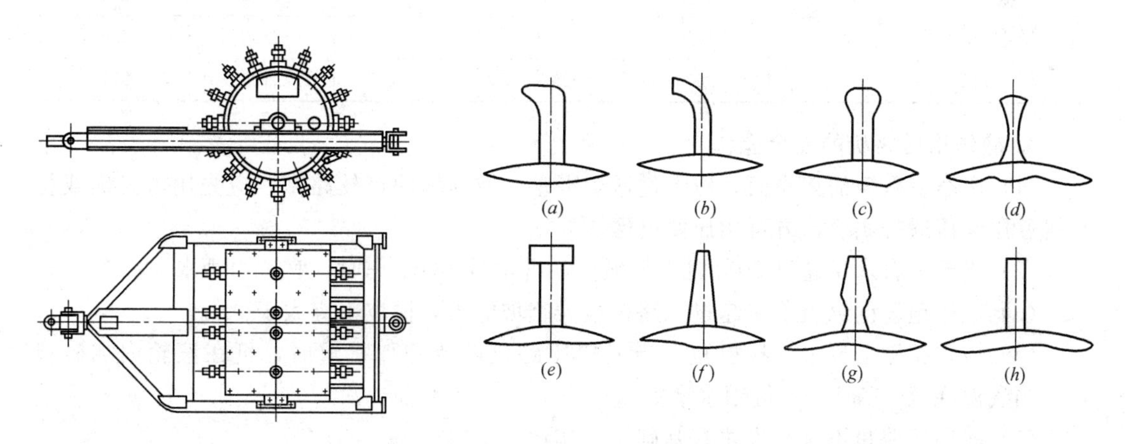

图 3-40　拖式单滚羊脚碾

图 3-41　各种羊脚的外形

2. 静作用压路机的性能指标

常用静作用压路机技术性能见表 3-23。

常用静作用压路机技术性与规格　　**表 3-23**

项目		型号				
		两轮压路机 2Y-6/8	两轮压路机 2Y-8/10	三轮压路机 3Y-10/12	三轮压路机 3Y-12/15	三轮压路机 3Y-15/18
重量(t)	不加载	6	8	10	12	15
	加载后	8	10	12	15	18
压轮直径(mm)	前轮	1020	1020	1020	1120	1170
	后轮	1320	1320	1500	1750	1800
压轮宽度(mm)		1270	1270	530×2	530×2	530×2

续表

项目		型号				
		两轮压路机 2Y-6/8	两轮压路机 2Y-8/10	三轮压路机 3Y-10/12	三轮压路机 3Y-12/15	三轮压路机 3Y-15/18
单位压力(kN/cm²)						
前轮	不加载	0.192	0.259	0.332	0.346	0.402
	加载后	0.259	0.393	0.445	0.470	0.481
后轮	不加载	0.290	0.385	0.632	0.801	0.503
	加载后	0.385	0.481	0.724	0.930	1.150
行走速度(km/h)		2～4	2～4	1.6～5.4	2.2～7.5	2.3～7.7
最小转弯半径(m)		6.2～6.5	6.2～6.5	7.3	7.5	7.5
爬坡能力(%)		14	14	20	20	20
牵引功率(kW)		29.4	29.4	58.9	58.9	73.6
转速(r/min)		1500	1500	1500	1500	1500
外形尺寸(mm)	长	4440	4440	4920	5275	5300
	宽	1610	1610	2260	2260	2260
	高	2620	2620	2115	2115	2140

3. 静作用压路机的安全操作

(1) 压路机碾压的工作面，应经过适当平整，对新填的松软路基，应先用羊足碾或打夯机逐层碾压或夯实后，方可用压路机碾压。

(2) 当土的含水量超过30%时不得碾压，含水量小于5%时，宜适当洒水。

(3) 工作地段的纵坡不应超过压路机最大爬坡能力，横坡不应大于20°。

(4) 应根据碾压要求选择机重。当光轮压路机需要增加机重时，可在滚轮内加砂或水。当气温降至0℃时，不得用水增重。

(5) 轮胎压路机不宜在大块石基础层上作业。

(6) 作业前，各系统管路及接头部分应无裂纹、松动和泄漏现象，渡轮的刮泥板应平整良好，各紧固件不得松动，轮胎压路机还应检查胎气压，确认正常后方可启动。

(7) 不得用牵引法强制启动内燃机，也不得用压路机拖拉任何机械或物件。

(8) 启动后，应进行试运转，确认运转正常，制动及转向功能灵敏可靠方可作业，压路机周围应无障碍物或人员。

(9) 碾压时应低速行驶，变速时必须停机。速度宜控制在3～4km/h范围内，在一个碾压行程中不得变速。碾压过程应保持正确的行驶方向，碾压第二行时必须与第一行重叠半个滚轮压痕。

(10) 变换压路机前进、后退方向，应待滚轮停止后进行，不得将换向离合器作制动用。

(11) 在新建道路上进行碾压时，应从中间向两侧碾压。碾压时，距路基边缘不应少于0.5m。

(12) 碾压傍山道路时，应由里侧向外侧碾压，距路基边缘不应少于1m。

(13) 上、下坡时，应事先选好挡位，不得在坡上换挡，下坡时不得空挡滑行。

(14) 两台以上压路机同时作业时，前后间距不得小于3m，在坡道上不得纵队行驶。

(15) 在运行中，不得进行修理或加油。需要在机械底部进行修理时，应将内燃机熄火，用制动器制动住，并楔住滚轮。

(16) 对有差速器锁住装置的三轮压路机，当只有一只轮子打滑时，方可使用差速器锁住装置，但不得转弯。

(17) 作业后，应将压路机停放在平坦坚实的地方，并制动住，不得停放在土路边缘及斜坡上，也不得停放在妨碍交通的地方。

(18) 严寒季节停机时，应将滚轮用木板垫离地面。

(19) 压路机转移工地距离较远时，应采用汽车或平板拖车装运，不得用其他车辆拖拉牵运。

3.3.2 振动压路机

1. 振动压路机的类型与工作原理

振动式压实机械可分为手扶式振动压路机、拖式振动压路机和自行式振动压路机三种。

图3-42所示为YZ-4.5型振动压路机，由于驱动轮可产生每分钟2800～3600次的振动作用，加强了压实效果，因此，压实效果相当于特重型静压压路机。

图3-43所示为YZ-2型振动压路机，其机重为2t，压实效果相当于6～8t的静压压路机。

图3-42　YZ-4.5型振动压路机

图3-43　YZ-2型振动压路机

图3-44所示为YZF（YZS）-0.6型手扶式振动压路机。这是一种双轮双振的小型压路机，可压实砂土、灰土、混合土和碎石等各种黏性或非黏性土壤，亦可压实沥青路面，适于在狭小场地和室内使用，替代打夯机作管道沟槽和房屋基础的压实工作。

振动压路机的工作原理是：光面碾轮兼作振动轮，利用与振动轮轴心偏心的振动装置所产生的频率为1000～3000次/min的振动，使之接近被压实材料的自振频率而引起压实材料的共振，使土颗粒间的摩擦力大大下降，并填满颗粒间的空隙，增加土的密实度而达到压实的目的。

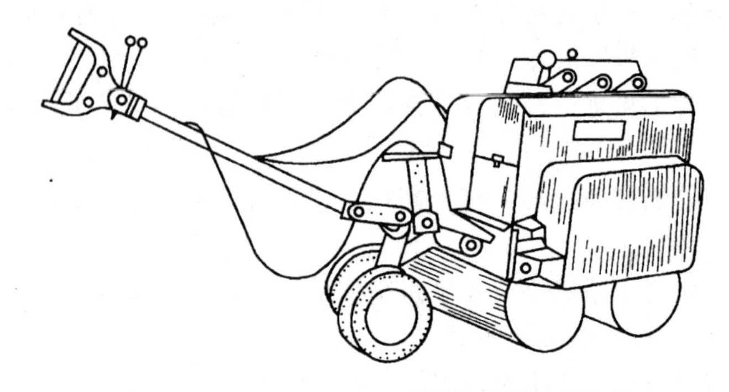

图 3-44 YZF（YZS)-0.6 型手扶式振动压路机

2. 振动压路机的性能指标

常用振动压路机的型号及技术性能见表 3-24。

常用振动压路机技术性能与规格 表 3-24

项 目	型 号				
	YZS0.5B 手扶式	YZ2	Y2J7	YZ10P	YZJ14 拖式
重量(t)	0.75	2.0	6.53	10.8	13.0
振动轮直径(mm)	405	750	1220	1524	1800
振动轮宽度(mm)	600	895	1680	2100	2000
振动频率(Hz)	48	50	30	28/32	30
激振力(kN)	12	19	19	197/137	290
单位线压力(kg/cm)					
静线压力	62.5	134	—	257	650
动线压力	100	212	—	938/652	1450
总线压力	162.5	346	—	1195/909	2100
行走速度(km/h)	2.5	2.43～5.77	9.7	4.4～22.6	—
牵引功率(kW)	3.7	13.2	50	73.5	73.5
转速(r/min)	2200	2000	2200	1500/2150	1500
最小转弯半径(m)	2.2	5.0	5.13	5.2	—
爬坡能力(%)	40	20	—	30	—
外形尺寸(mm) 长×宽×高	2400×790 ×1060	2635×1063 ×1630	4750×1850 ×2290	5370×2356 ×2410	5535×2490 ×1975

3. 振动压路机的安全操作

（1）作业时，压路机应先起步后才能起振，内燃机应先置于中速，然后再调至高速。

（2）变速与换向时应先停机，变速时应降低内燃机转速。

（3）严禁压路机在坚实的地面上进行振动。

（4）碾压松软路基时，应先在不振动情况下碾压 1～2 遍，然后再振动碾压。

（5）碾压时，振动频率应保持一致。对可调振频的振动压路机，应先调好振动频率后再作业，不得在没有起振情况下调整振动频率。

（6）换向离合器、起振离合器和制动器的调整，应在主离合器脱开后进行。

（7）上、下坡时，不得使用快速挡。在急转弯时，包括铰接式振动压路机在小转弯绕圈碾压时，严禁使用快速挡。

(8) 压路机在高速行驶时不得接合振动。

(9) 停机时应先停振，然后将换向机构置于中间位置，变速器置于空档，最后拉起手制动操纵杆，内燃机怠速运转数分钟后熄火。

3.3.3 冲击式压实机械

这类压实机械的工作原理是：把重物提升到一定高度，然后利用重物的自重落下冲击土壤，使土壤在动载荷作用下产生永久形变而被压实。冲击式压实机械压实土的厚度大，冲击时间短，对土壤的作用力大，适用于压（夯）实黏性较低的土壤。但其有工作噪声大、产生噪声公害的缺点。

1. 蛙式打夯机

蛙式打夯机是冲击式小型夯实机械，其结构简单，体积小，重量轻，操作和维护简单，夯实效果好。其工作过程犹如蛙行，故名为蛙式打夯机。这种小型夯实机械适用于沟槽、基坑地基夯实，以及素土、灰土回填夯实和室外场地平整等建筑场地密实的夯实工作。虽然目前已有多种蛙式打夯机，但它们的工作原理基本都相一致，即利用偏心块在回转中所产生的冲击能量，使夯头作上下夯击，并使整机向前跃进。图 3-45 是蛙式打夯机的工作原理示意图。蛙式打夯机工作过程是：当电动机 1 启动后，通过二级减速皮带 2、3 带动夯板上的大带轮 4 旋转，与带轮相连接的偏心块 5 亦随着一同转动，产生离心力，带动夯板 6 上、下跳动，实现夯实。

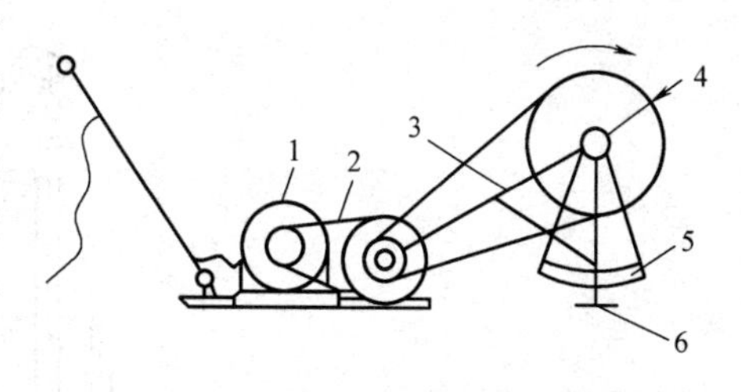

图 3-45 蛙式打夯机工作原理图

虽然蛙式打夯机有前面前述的优点，但由于连续冲击，机体金属结构部分易断裂，且夯头架上连接螺栓也易松动，应注意经常检查以防造成偏心块飞出，发生伤人事故。目前虽施工工地使用较多，但因其效率低，只用于边角场地和沟槽的夯实。

2. 内燃式打夯机

内燃机打夯机也是一种冲击式打夯机，由于其冲击频率很高，因此实际上具有振动作用。它适用于各种土壤，尤其适用于砂质土壤。

内燃式打夯机的原动机是二冲程的单缸汽油机，其工作原理与一般二冲程内燃机相同。工作时，缸内混合气体被火花塞点燃，燃烧所产生的爆发力将整个夯机抬升到最高点，然后以自由落体的形式下落，夯击地面，形成振动冲击，将土压实。

振动冲击夯适应于窄小场地和沟槽压实作业，可用于屋内地面的压实，特别适应于柱角、屋角和墙边的夯实。

3.4 桩工机械

3.4.1 静力压桩机

新型桩工机械液压静力压桩机，是一种大型的建筑基础施工机械设备。预制桩的静压施工完全依靠液压静压力将桩平稳、安静地压入地基。是一种非常独特的无公害桩基础施工法，正逐步取代锤击桩、振动桩施工。它随着科学技术的发展和人们环保意识的增强而全面推广应用。尤其适合在城市内部施工，是理想的环保型桩基础施工设备。

液压静力压桩机适合在湿陷性黄土、粉质黏土、沙层，沉积地质层、填土层等地质状况的地方使用。下列场地不宜采用或需慎用：a）现场地表土层松软且又未经处理因而容易发生陷机的场地；b）土层中含有难清除的孤石或其他障碍物的场地；c）桩端持力层为中密-密实砂土层且其上覆土层几乎全是精密-中密砂土的场地；d）土层中含有不适宜作桩端持力层且又难贯穿的硬夹层的场地；e）岩溶地区基岩上面；f）岩面埋藏较浅且岩面倾斜较大的场地。

1. 静力压桩机的构成

图 3-46 为武汉建筑工程机械厂生产的 YZY-500 型静压桩机的示意图。它由支腿平台结构、走行机构、压桩架、配重、起重机、操作室等部分组成，具有吊桩，压桩，行走，转向等功能。

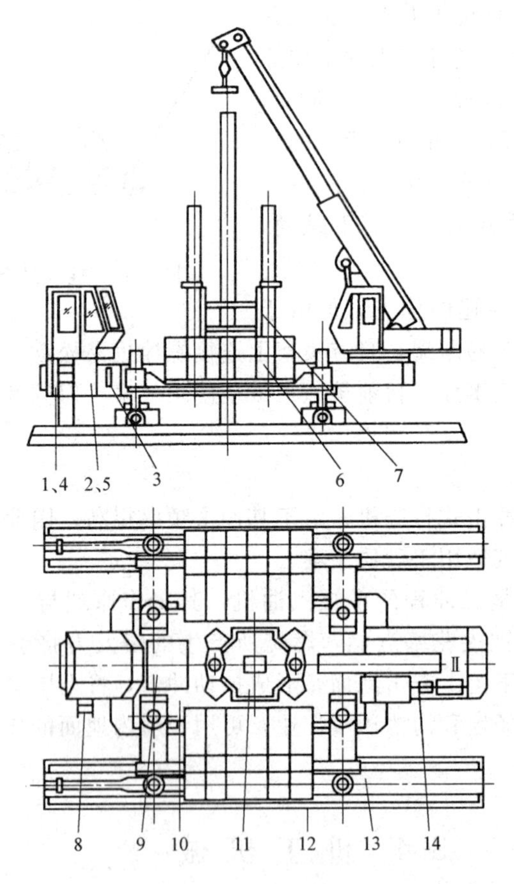

图 3-46　YZY-500 静力压桩机构造

1—操作室；2—液压总装室；3—油箱系统；4—电器系统；5—液压系统；6—配重铁；7—导向压桩架；8—楼梯；9—踏板；10—支腿平台结构；11—夹持机构；12—长船行走机构；13—短船行走及向转机构；14—液压起重机

图 3-47 为 YZY-400 型静压桩机的示意图，它与 YZY-500 型静压桩机构造上的主要区别在于长船与短船相对平台的方向转动了 90°。

图 3-48 为江南造船厂技研制的 6000kN 压桩机的示意图，它是目前国内级别最大的静压桩机，与前面介绍的 YZY-500 型压桩机的主要区别有以下四点：

（1）6000kN 压桩机压桩油缸有四个，比 YZY-500 型压桩机多两个。

（2）6000kN 静压桩机在小船上增加了四个支撑液压缸。

压桩时，不但大船落地，小船也可以由四个支撑液压缸升降使之着地，增加了压桩机的支承面，大大改善了压桩条件。

（3）6000kN 压桩机增加了侧向车轮。

横向力依靠滚动轮来克服，就像 L 形门式起重机的天车行走轮那样。

（4）图 3-49 为该压桩机的夹持机构。

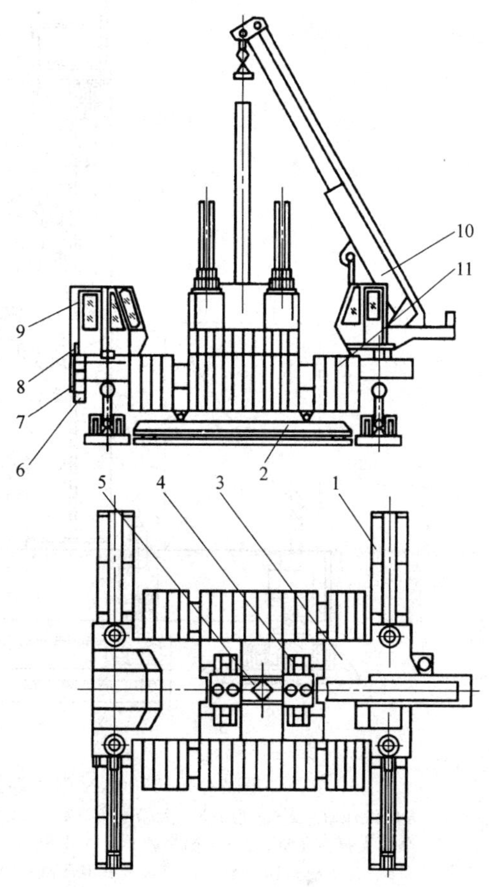

图 3-47　YZY-400 型静压桩机的构造

1—长船；2—短船回转机构；3—平台；4—导向机构；5—夹持机构；6—梯子；7—液压系统；8—电器系统；9—操作室；10—吊车；11—配重梁

当液压油进入液压缸 1，通过套筒 6 推动滑块 7 向下运动，由于滑块的楔形斜面作用，斜槽中的滑块套筒 12 带动推动轴 11 向右移动。由于推动轴 11 与活动夹头箱体 4 连为一体，故带动箱体 4 向右移动。和固定箱体一起将桩夹紧。这种楔形增力机构的增力大小取决于楔块的倾角与滑槽的倾角。根据机械功守恒原理，活动杆做的功等于夹卡做的功，而活塞杆的行程远大于夹持器夹头的行程，所以夹持器夹头的力量将大幅增加。这种夹持机机构是 6000kN 压桩机的特殊设计。

2. 静力压桩机的性能指标

YZY 系列静力压桩机主要技术参数见表 3-25。

3. 静力压桩机的使用

（1）压桩过程中，当桩尖碰到夹砂层时，压桩阻力可能突然增大，甚至超过压桩能力，使压机上抬。此时可以最大的压桩力作用在桩顶后，采用停车，使桩有可能缓慢穿过砂层。若有少量桩确实不能下沉达到设计标高（但相差不多），可截除桩头，继续施工。

（2）接近设计标高时，应注意严格掌握停压时间，停止过早，补压阻力加大；停压过迟则沉桩超过要求深度。

（3）压桩时，特别是压桩初期，应注意桩的下沉有无走位或偏斜，是否符合桩位中心位置，以便及时进行校正；无法纠正时，应拔出后再行下沉，如遇有障碍应予清除重新插桩施压。

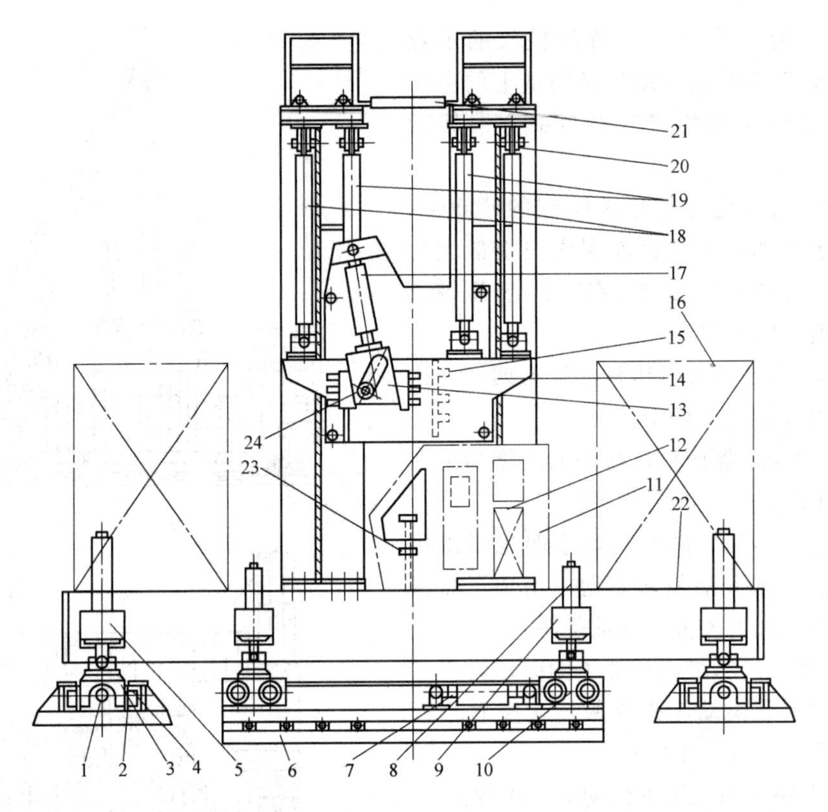

图 3-48　6000KN 门式四缸三速静力压桩机结构示意图

1—大船液压缸；2—大船；3—大船小车；4—大船支撑液压缸；5—大船牛腿；6—小船；7—小船液压缸；8—小船支撑液压缸；9—小船牛腿；10—小船小车；11—操纵室；12—电控箱；13—滑块；14—夹桩器；15—夹头板；16—配重；17—夹紧液压缸；18—压桩小液压缸；19—压桩大液压缸；20—立桩；21—上连接板；22—大身；23—操纵阀；24—推力轴

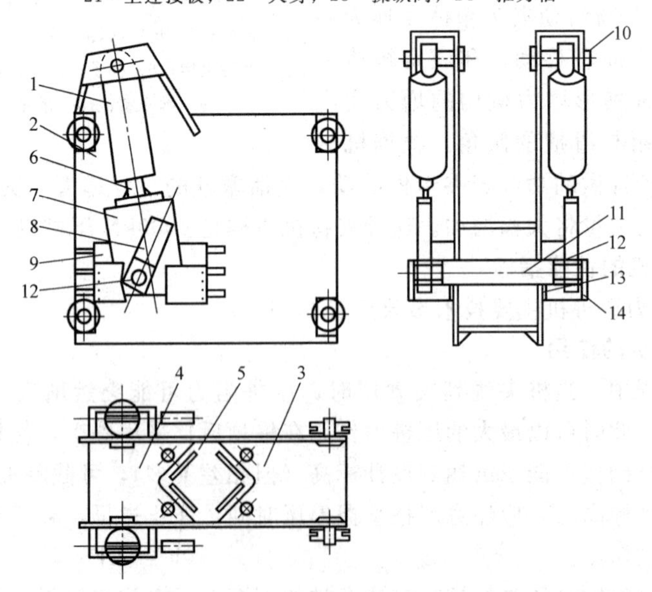

图 3-49　6000KN 静压桩机夹持机构示意图

1—液压缸；2—箱体；3—固定夹头箱体；4—活动夹头箱体；5—夹头板；6—套筒；7—滑块；8—斜槽；9—垫板；10—销轴；11—推动轴；12—滑块套筒；13—支承导板；14—垫板连接板

YZY 系列静力压桩机主要技术参数　　表 3-25

参数 \ 型号		200	280	400	500
最大压入力(kN)		2000	28000	4000	5000
单桩承载能力(参考值)(kN)		1300～1500	1800～2100	2600～3000	3200～3700
边桩距离(m)		3.9	3.5	3.5	4.5
接地压力(MPa)长船/短船		0.08/0.09	0.094/0.12	0.097/0.125	0.09/0.137
压桩桩段截面尺寸(长×宽)(m)	最小	0.35×0.35	0.35×0.35	0.35×0.35	0.4×0.4
	最大	0.5×0.5	0.5×0.5	0.5×0.5	0.55×0.55
行走速度(长船)(m/s)	伸程	0.09	0.088	0.069	0.083
压桩速度(m/s)慢(2 缸)/快(4 缸)		0.033	0.038	0.025/0.079	0.023/0.07
一次最大转角(rad)		0.46	0.45	0.4	0.21
液压系统额定工作压力(MPa)		20	26.5	24.3	22
配电功率(kW)		96	112	112	132
工作吊机	起重力矩(kN·m)	460	460	480	720
	用桩长度(m)	13	13	13	13
整机质量	自质量(t)	80	90	130	150
	配质量(t)	130	210	290	350
拖运尺寸(宽×高)(m)		3.38×4.2	3.38×4.3	3.39×4.4	3.38×4.4

(4) 多节桩施工时，接桩面应距地面 1m 以上便于操作。

(5) 尽量避免压桩中途停歇，停歇时间较长，压机启动阻力增大。

(6) 压桩中，桩身倾斜或下沉速度突然加快时，多为桩接头失效或桩身破裂。一般可在原桩位附近补压新桩。

(7) 当压桩阻力超过压桩能力，或者由于配重不及时调整，而使桩机发生较大倾斜时，应立即采取停压措施，以免造成断桩或压桩架倾倒事故。

(8) 必须做好每根桩的压桩记录。

4. 静力压桩机的安全操作

(1) 压桩机安装地点应按施工要求进行先期处理，应平整场地，地面应达到 35kPa 的平均地基载力。

(2) 安装时，应控制好两个纵向行走机构的安装间距，使底盘平台能正确对位。

(3) 电源在导通时，应检查电源电压并使其保持在额定电压范围内。

(4) 各液压管路连接时，不得将管路强行弯曲。安装过程中，应防止液压油过多流损。

(5) 安装配重前，应对各紧固件进行检查，在紧固件未拧紧前不得进行配重安装。

(6) 安装完毕后，应对整机进行试运转，对吊桩用的起重机，应进行满载试吊。

(7) 作业前应检查并确认各传动机构、齿轮箱、防护罩等良好，各部件连接牢固。

(8) 作业前应检查并确认起重机起升、变幅机构正常，吊具、钢丝绳、制动器等良好。

(9) 应检查并确认电缆表面工损伤，保护接地电阻符合规定，电源电压正常，旋转方向正确。

(10) 应检查并确认润滑油、液压油的油位符合规定，液压系统无泄漏，液压缸动作灵活。

(11) 冬季应清除机上积雪，工作平台应有防滑措施。

(12) 压桩作业时，应有统一指挥，压桩人员和吊桩人员应密切联系，相互配合。

(13) 当压桩机的电动机尚未正常运行前，不得进行压桩。

(14) 起重机吊桩进入夹持机构进行接桩或插桩作业中，应确认在压桩开始前吊钩安全脱离桩体。

(15) 接桩时，上一节应提升 350～400mm，此时，不得松开夹持板。

(16) 压桩时，应按桩机技术性能表作业，不得超载运行。操作时动作不应过猛，避免冲击。

(17) 顶升压桩机时．四个顶升缸应两个一组交替动作，每次行程不得超过 100mm。当单个顶升缸动作时，行程不得超过 50mm。

(18) 压桩时，非工作人员应离机 10m 以外。起重机的起重臂下，严禁站人。

(19) 压桩过程中，应保持桩的垂直度，如遇地下障碍物使桩产生倾斜时，不得采用压桩机行走的方法强行纠正，应先将桩拔起，待地下障碍物清除后，重新插桩。

(20) 当桩在压入过程中，夹持机构与桩侧出现打滑时，不得任意提高液压缸压力，强行操作，而应找出打滑原因，排除故障后方可继续进行。

(21) 当桩的贯入阻力太大，使桩不能压至标高时，不得任意增加配重。应保护液压元件和构件不受损坏。

(22) 当桩顶不能最后压到设计标高时，应将桩顶部分凿去，不得用桩机行走的方式，将桩强行推断。

(23) 当压桩引起周围土体隆起，影响桩机行走时，应将桩机前进方向隆起的土铲平，不得强行通过。

(24) 压桩机行走时，长、短船与水平坡度不得超过 5°；纵向行走时，不得单向操作一个手柄，应两个手柄一启动作。

(25) 压桩机在顶升过程中，船形轨道不应压在已入土的单一桩顶上。

(26) 作业完毕，应将短船运行至中间位置，停放在平整地面上，其余液压缸应全部回程缩进，起重机吊钩应升至最上部，并应使各部制动生效，最后应将外露活塞杆擦干净。

(27) 作业后，应将控制器放在“零位”，并依次切断各部电源，锁闭门窗，冬季应放尽各部积水。

(28) 转移工地时，应按规定程序拆卸后，用汽车装运。所有油管接头处应加闷头螺栓，不得让尘土进入。液压软管不得强行弯曲。

5. 静力压桩机的常见故障及排除

静力压桩机常见故障及排除方法见表 3-26。

静力压桩机常见故障及排除方法　　表 3-26

故　　障	原　　因	排除方法
油路漏油	(1)管接头松动； (2)密封件损坏； (3)溢流阀卸载压力不稳定	(1)重新拧紧或更换； (2)更换漏油处密封件； (3)修理或更换
液压系统噪声太大	(1)油内混入空气； (2)油管或其他元件松动； (3)溢流阀卸载压力不稳定	(1)检查并排出空气； (2)重新紧固或装橡胶垫； (3)修理或更换
液压缸活塞动作缓	(1)油压太低； (2)液压缸内吸入空气； (3)滤油器或吸油管堵塞； (4)液压泵或操纵阀内泄漏	(1)提高溢流阀卸载压力； (2)检查油箱油位，不足时添加；检查吸油管，消除漏气； (3)拆下清洗，疏通； (4) 检修或更换

3.4.2　灌注桩成孔机

按成孔方法的不同，灌注桩钻孔机械分为冲击式钻孔机、冲抓锥成孔机、螺旋钻孔机、转盘式（回转式）钻机、潜水钻机等。

1. 转盘钻孔机

(1) 转盘钻孔机构造组成

图 3-50 为 KPG-3000A 型全液压钻机的外观图，由包括钻架、转盘、水龙头、主卷扬机、钻具、液压泵站、封口平车等主要部件组成，用于铁路、桥梁、港口码头、高大建筑等大型基础工程钻孔施工作业。可钻孔直径 $\phi1.5\sim\phi3.0$m，岩石单层抗压强度 $\sigma\leqslant80$MPa 的基岩中，任选孔径下钻进，钻孔深度可达 130m。

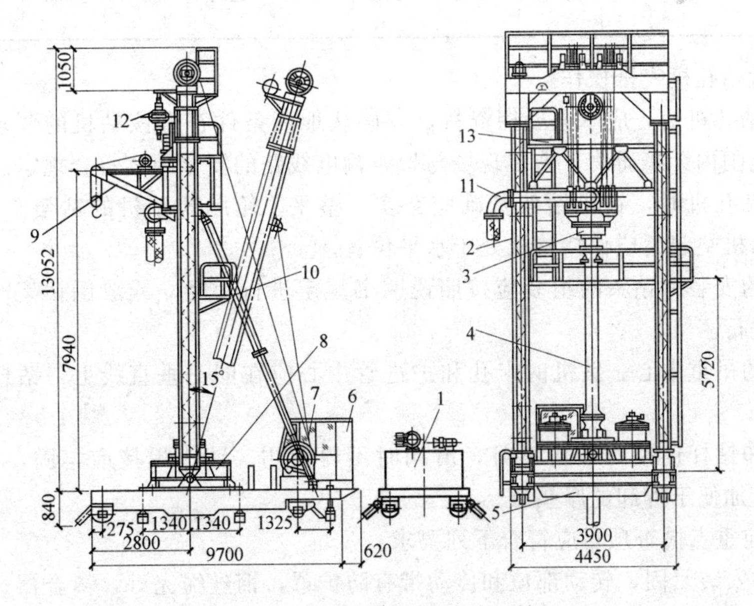

图 3-50　KPG-3000A 型全液压钻机

1—液压泵站；2—钻架；3—水龙头；4—钻具；5—封口平车；6—司机室；7—主卷扬机；8—转盘；9—钻杆起吊装置；10—二层平台；11—排渣管；12—电动葫芦；13—水平台

（2）转盘钻孔机性能指标

常用国产转盘式循环钻机的主要技术性能见表 3-27。

常用国产转盘式循环钻机技术性能 **表 3-27**

型号 技术性能	GPS -15	SPJT -300	SPC -500	QJ -250	ZJ150-1	G-4	BRM -1	BRM -1	GJD -1500	红星 -400XF	GJC -400HF
钻孔直径 （mm）	800～ 150	500	500～ 350	2500	1500	1000	1250	3000	1500～ 2000	1500	1000～ 1500
钻孔深度 （m）	50	300	600	100	70～100	50	40～60	40～100	50	50	40
转盘扭矩 （kN·m）	17.7	17.7	—	68.6	3.5～ 19.5	20	3.3～ 12.1	15～80	39.2	40.0	14.0
转盘转速 （r/min）	13～ 42	40～128	42～ 203	12～ 40	22～ 120	10～ 80	9～52	6～35	6.3～ 30.6	12	20～47
钻孔方式	泵吸 反循环	正反 循环	正循环	正反 循环	正反 循环	正反 循环	正反 循环	正反 循环	正反循 环冲击 钻进	正反 循环	正反 循环
加压进 给方式	—	—	—	自重	自重	—	配重	配重	—	自重	—
驱动功 率(kW)	30	40	75	95	55	20	22	75	63	40	116
重量 （kg）	15000	11000	25000	13000	1000	—	9200	32000	20500	7000	15000

（3）转盘钻孔机安全操作

① 安装钻孔机前，应掌握勘探资料，并确认地质条件符合该钻机的要求，地下无埋设物，作业范围内无障碍物，施工现场与架空输电线路的安全距离符合规定。

② 安装钻孔机时，钻机钻架基础应夯实、整平。轮胎式钻机的钻架下应铺设枕木，垫起轮胎，钻机垫起后应保持整机处于水平位置。

③ 钻机的安装和钻头的组装应按照说明书规定进行，竖立或放倒钻架时，应有熟练的专业人员进行。

④ 钻架的吊重中心、钻机的卡孔和护进管中心应在同一垂直线上，钻杆中心允许偏差为 20mm。

⑤ 钻头和钻杆连接螺纹应良好，滑扣时不得使用。钻头焊接应牢固，不得有裂纹。钻杆连接处应加便于拆卸的厚垫圈。

⑥ 作业前重点检查项目应符合下列要求：

ⅰ各部件安装紧固，转动部位和传动带有防护罩，钢丝绳完好，离合器、制动带功能良好；

ⅱ润滑油符合规定，各管路接头密封良好，无漏油、漏气、漏水现象；

ⅲ电气设备齐全、电路配置完好；

ⅳ钻机作业范围内无障碍物。

⑦ 作业前，应将各部操纵手柄先置于空挡位置，用人力盘动无卡阻，再启动电动机空载运转，确认一切正常后，方可作业。

⑧ 开机时，应先送浆后开钻；停机时，应先停钻后停浆。泥浆泵应有专人看管，对泥浆质量和浆面高度应随时测量和调整，保证浓度合适。停钻时，出现漏浆应及时补充。并应随时清除沉淀池中的杂物，保持泥浆纯净和循环不中断，防止塌孔和埋钻。

⑨ 开钻时，钻压应轻，转速应慢。在钻进过程中，应根据地质情况和钻进深度，选择合适的钻压和钻速，均匀给进。

⑩ 变速箱换挡时，应先停机，挂上挡后再开机。

⑪ 加接钻杆时，应使用特制的连接螺栓均匀紧固，保证连接处的密封性，并做好连接处的清洁工作。

⑫ 钻进中，应随时观察钻机的运转情况，当发生异响、吊索具破损、漏气、漏渣以及其他不正常情况时，应立即停机检查，排除故障后，方可继续开钻。

⑬ 提钻、下钻时，应轻提轻放。钻机下和井孔周围 2m 以内及高压胶管下，不得站人。严禁钻杆在旋转时提升。

⑭ 发生提钻受阻时，应先设法使钻具活动后再慢慢提升，不得强行提升。如钻进受阻时，应采用缓冲击法解除，并查明原因，采取措施后，方可钻进。

⑮ 钻架、钻台平车、封口平车等的承载部位不得超载。

⑯ 使用空气反循环时，其喷浆口应遮拦，并应固定管端。

⑰ 钻进进尺达到要求时，应根据钻杆长度换算孔底标高，确认无误后，再把钻头略微提起，降低转速，空转 5～20min 后再停钻。停钻时，应先停钻后提升。

⑱ 钻机的移位和拆卸，应按照说明书规定进行，在转移和拆运过程中，应防止碰撞机架。

⑲ 作业后，应对钻机进行清洗和润滑，并应将主要部位遮盖妥当。

2. 螺旋钻孔机

螺旋钻孔机分为长螺旋钻孔机、短螺旋钻孔机两种，用于干作业螺旋钻孔桩的施工。长螺旋钻孔机的钻杆全部被连续的螺旋叶片所覆盖，切削土壤时，被切土屑沿叶片斜面向上滑行，或沿叶片斜面成球状向上滚动，逐渐从螺旋钻机出土槽中排出。长螺旋钻孔机成孔迅速，直径 ϕ400 的桩，一般不到 10min 即可成孔。

短螺旋钻孔机的钻头只有几个叶片，但螺旋叶片的直径较大，国产短螺旋叶片的最大直径为 1800。短螺旋钻切土时，被切土块沿螺旋叶片上升，逐渐堆满整个螺旋钻头，形成一个“土柱”。提钻甩土后，继续钻孔。

螺旋钻孔机按底盘行走方式可分为履带式、步履式和汽车式；按驱动方式分为电动与液压传动。电动主要用于步履式桩架，液压传动用于履带式桩架。

（1）螺旋钻孔机的构造组成

① 长螺旋钻孔机。图 3-51 为装在履带底盘上的长螺旋钻孔机外形，其钻具由电动机、减速器、钻杆、钻头等组成，整套钻具悬挂在钻架上，钻具的就位、起落均由履带底盘控制。

② 短螺旋钻孔机。图 3-52 为短螺旋钻孔机外形。

（2）螺旋钻孔机的性能指标

螺旋钻孔机主要技术性能见表 3-28。

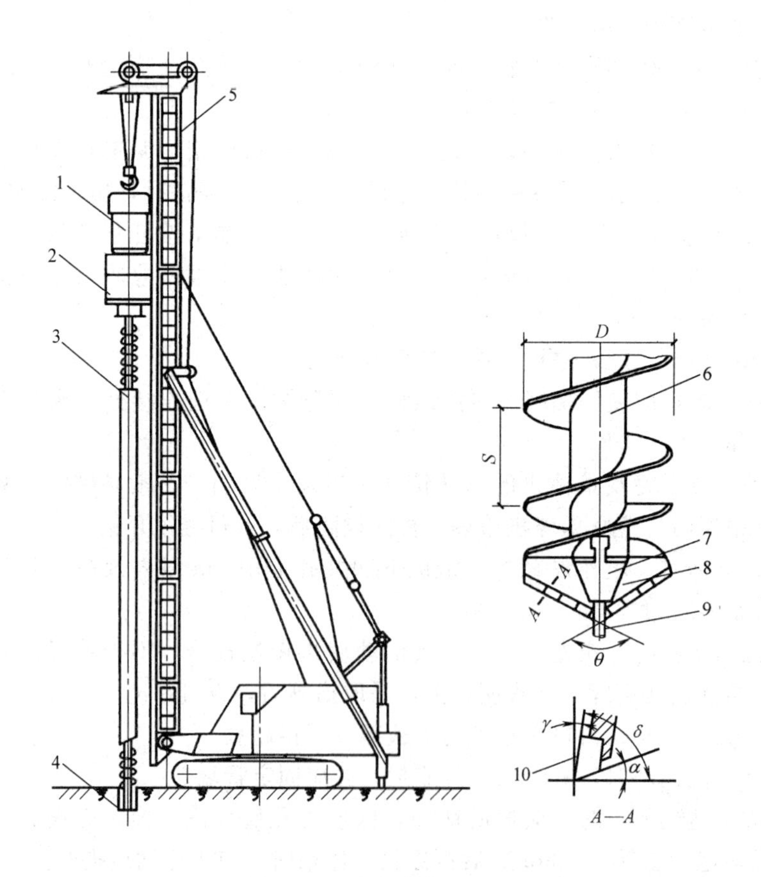

图 3-51　长螺旋钻孔机

1—电动机；2—减速器；3—钻杆；4—钻头；5—钻架；6—无缝钢管；7—钻头接头；8—刀板；9—定心尖；10—切削刃

(3) 螺旋钻孔机的安全操作

① 使用钻机的现场，应按钻机说明书的要求清除孔位及周围的石块等障碍物。

② 作业场地距电源变压器或供电主干线距离应在 200m 以内，启动时电压降不得超过额定电压的 10％。

③ 电动机和控制箱应有良好的接地装置。

④ 安装前，应检查并确认钻杆及各部件无变形；安装后，钻杆与动力头的中心线允许偏斜为全长的 1％。

⑤ 安装钻杆时，应从动力头开始，逐节往下安装。不得将所需钻杆长度在地面上全部接好后一次起吊安装。

⑥ 动力头安装前，应先拆下滑轮组，将钢丝绳穿绕好。钢丝绳的选用，应按说明书规定的要求配备。

⑦ 安装后，电源的频率与控制箱内频率转换开关上的指针应相同，不同时，应采用频率转换开关予以转换。

⑧ 钻机应放置平稳、坚实，汽车式钻孔机应架好支腿，将轮胎支起，并应用自动微调或线锤调整挺杆，使之保持垂直。

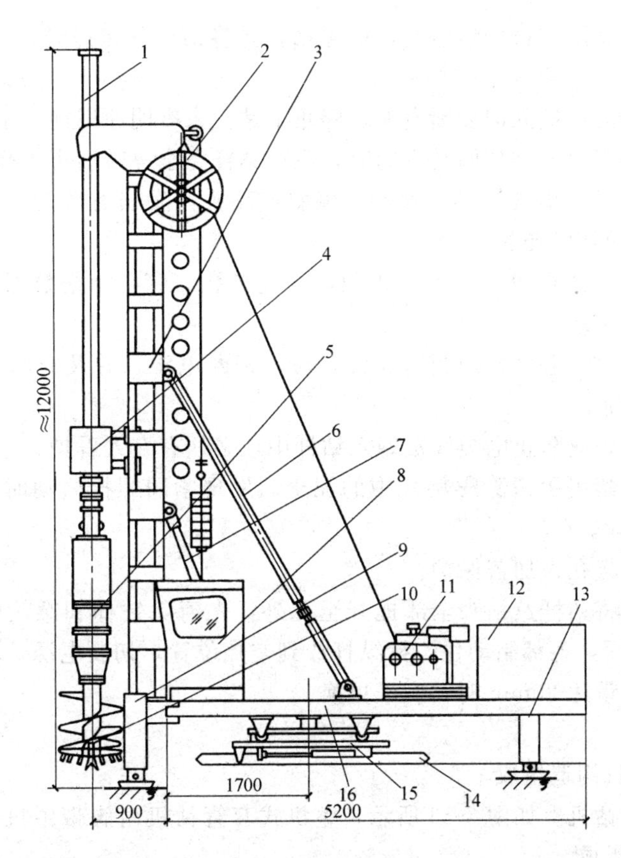

图 3-52　短螺旋钻孔机

1—钻杆；2—电缆卷筒；3—立杆；4—导向架；5—钻孔主机；6—斜撑；7—起架油缸；8—操纵室；9—前支腿；10—钻头；11—卷扬机；12—液压系统；13—后支腿；14—履靴；15—底架；16—平台

螺旋钻孔机规格与技术性能　　**表 3-28**

项目	LZ 型长螺旋钻孔机	KL600 型螺旋钻孔机	BZ-1 型短螺旋钻孔机	ZKL400(ZKL600)钻孔机	BQZ 型步履式钻孔机	DZ 型步履式钻孔机
钻孔最大直径(mm)	300、600	400、500	300～800	400(600)	400	1000～1500
钻孔最大深度(m)	15	15、15	8、11、8	12～16	8	30
钻杆长度(m)	—	18.3、18.8	—	22	9	—
钻头转速(r/min)	63～116	50	45	80	85	38.5
钻进速度(m/min)	1.0	—	3.1	—	1	0.2
电机功率(kW)	40	50、55	40	30～55	22	22
外形尺寸(m)(长×宽×高)	— —	— —	— —	— —	8×4×12	6×4.1×16

⑨ 启动前应检查并确认钻机各部件连接牢固，传动带的松紧度适当，减速箱内油位符合规定，钻深限位报警装置有效。

⑩ 启动前，应将操纵杆放在空挡位置；启动后，应作空运转试验，检查仪表、温度、音响、制动等各项工作正常，方可作业。

⑪ 施钻时，应先将钻杆缓慢放下，使钻头对准孔位，当电流表指针偏向无负荷状态时即可下钻；在钻孔过程中，当电流表超过额定电流时，应放慢下钻速度。

⑫ 钻机发出下钻限位报警信号时，应停钻，并将钻杆稍稍提升，待解除报警信号后，方可继续下钻。

⑬ 钻孔中卡钻时，应立即切断电源，停止下钻。未查明原因前，不得强行启动。

⑭ 作业中，当需改变钻杆回转方向时，应待钻杆完全停转后再进行。

⑮ 钻孔时，当机架出现摇晃、移动、偏斜或钻头内发出有节奏的响声时，应立即停钻，经处理后，方可继续施钻。

⑯ 扩孔达到要求孔径时，应停止扩削，并拢扩孔刀管，稍松数圈，使管内存土全部输送到地面，即可停钻。

⑰ 作业中停电时，应将各控制器放置零位，切断电源，并及时将钻杆全部从孔内拔出，使钻头接触地面。

⑱ 钻机运转时，应防止电缆线被缠入钻杆中，必须有专人看护。

⑲ 钻孔时，严禁用手清除螺旋片中的泥土。发现紧固螺栓松动时，应立即停机，在紧固后方可继续作业。

⑳ 成孔后，应将孔口加盖保护。

㉑ 作业后，应将钻杆及钻头全部提升至孔外，先清除钻杆和螺旋叶片上的泥土，再将钻头按下接触地面，各部制动住，操纵杆放到空挡位置，切断电源。

㉒ 当钻头磨损量达 20mm 时，应予更换。

3. 全套管钻机

(1) 全套管钻机构造组成

① 整机式套管钻机。如图 3-53 所示，整机式套管钻机由履带主机、落锤式抓斗、钻架和套管作业装置组成。

② 分体式套管钻机。如图 3-54 所示，分体式套管钻机由履带起重机、锤式冲抓斗、套管和摇动式钻机等组成。

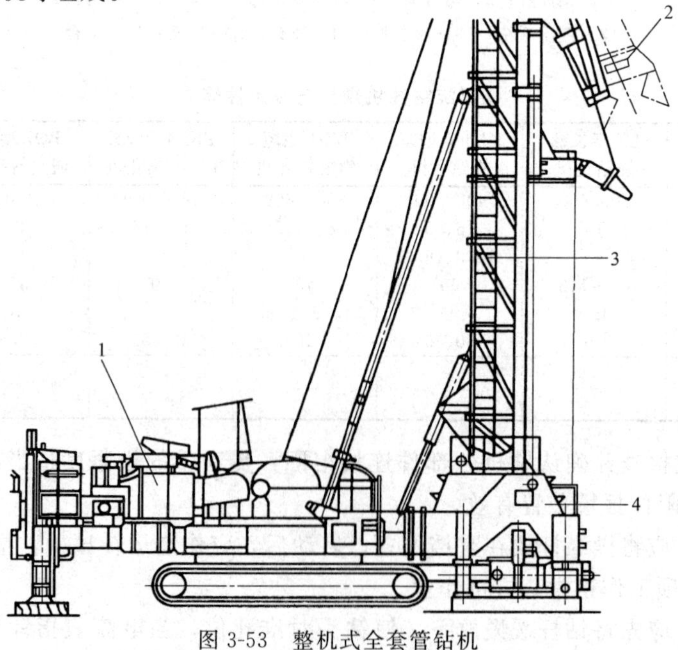

图 3-53　整机式全套管钻机

1—履带主机；2—落锤式抓斗；3—钻架；4—套管作业装置

③ 独立摇动式钻机。独立摇动式钻机结构如图 3-55 所示，由导向及纠偏机构、摆动（或旋转）装置、夹击机构、夹紧油缸、压拔管油缸和底架等组成。

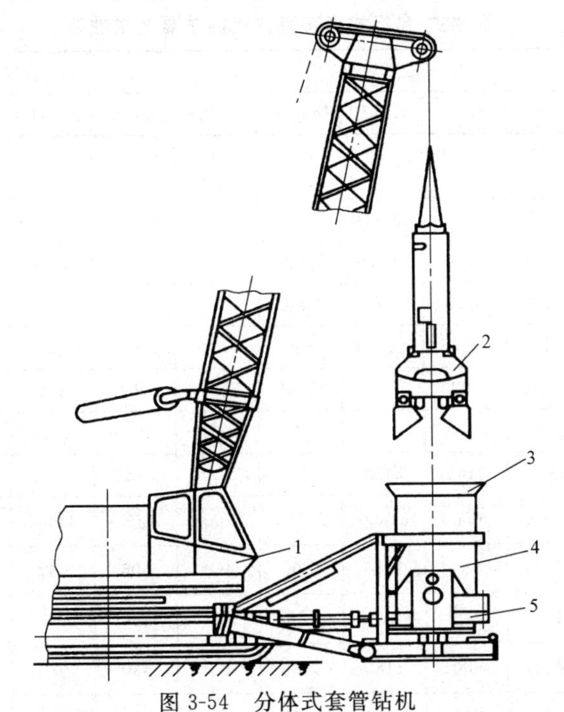

图 3-54　分体式套管钻机

1—履带起重机；2—落锤式抓斗；3—导向口；4—套管；5—独立摇动式钻机

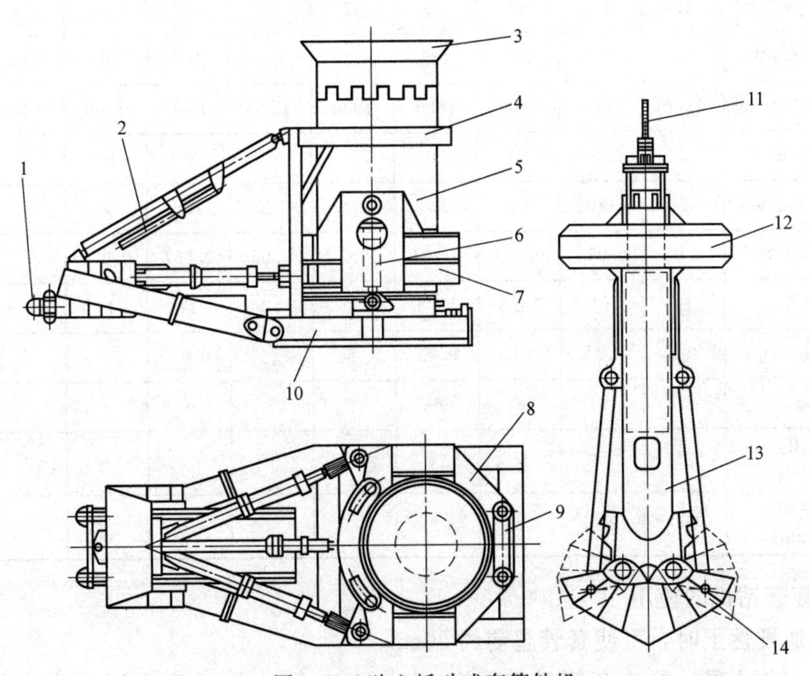

图 3-55　独立摇动式套管钻机

1—连接座；2—纠偏油缸；3—导向口；4—导向及纠偏机构；5—套管；
6—压拔管油缸；7—摆动（或旋转）装置；8—夹击机构；9—夹紧油缸；
10—底架；11—专用钢丝绳；12—导向器；13—连接圆杆；14—抓斗

（2）全套管钻机性能指标

表 3-29 列出了 MT 系列套管钻机的主要技术性能。

摇动式-自行式全套管钻机的主要技术性能 **表 3-29**

性能指标		日本三菱重工				日本加藤					
		MT120	MT130	MT150	MT200	20TH	20THC	20THD	30THC	30THCS	50TH
钻孔直径(m)		1.0～1.2	1.0～1.3	1.0～1.5	1.0～2.0	0.6～1.2	0.6～1.2	0.6～1.3	1.0～1.5	1.0～1.5	1.0～2.0
钻孔深度(m)		35～50	35～60	40～60	35～60	27	35～40	35～40	35～40	35～45	35～40
作业时外形尺寸(mm)	长度	7580	8700	10570	11020	7815	7810	8060	9450	9710	10745
	宽度	3300	3100	3180	3490	3700	2820	2820	3200	3200	4574
	高度	11180	14965	16060	16060	15300	10460	11960	13300	13300	16774
运输时外形尺寸(mm)	长度	12250	14080	15510	15920	15160	10625	12420	9550	9710	10745
	宽度	3000	3100	3180	3490	2820	2820	2820	3200	3200	3200
	高度	3315	4465	5180	5700	3135	3165	3165	3170	3170	3170
质量(kg)		24000	30000	51000	54000	27000	23000	24000	37500	37900	50000
摇动扭矩(kNm)		510	680	1480	1600	460	506	632	1350	1350	1810
最大压管力(kN)		150	200	300	350		150	150	260		
最大拔管力(kN)		440	600	1180	1180	420	420	520	920	920	920
千斤顶提升能力(kN)		640	800	1000	1000		560	700	1350		
摇动角度(°)		15	13	12	12	17	12	12	13	13	17
发动机额定功率(kW)		125	114	125	125	72	106	106	162	162	96×2
发动机额定转速(r/min)		1600	1500	1600	1600	1800	1800	1800	1800	1800	1400
卷扬机起重力(kN)		35	35	50	50		30	30	60		
卷扬机提升速度(m/min)		120	120	85	85		120	120	90		
接地压力(MPa)		0.08	0.072	0.094	0.104		0.06	0.067	0.079		
爬坡能力(°)		19	16	15.3	13.3		12	12	17		
行走速度(km/h)		1.0	0.92	0.73	0.73						
适用套管(m)		4	6	6	6		6	6	6		
液压泵常用输出压力(MPa)		21	14	14	14						
液压泵常用输出流量(L/min)		100	200	120	120						

（3）全套管钻机的使用

① 对普通硬性土时，可使套管超前约 30cm。

② 如果在软土层，要使套管超前下沉 1.0～1.2m，在有地下水压力从孔底翻砂时，可加大泥浆的比重，制止翻砂。

③ 为避免泥沙涌入，在一般情况下也不宜超挖（即超过套管预挖）。十分坚硬的土层

中，超挖极限 1.5m，并注意土壤裂缝的存在，即便是土壤较硬，也会出现孔壁坍塌。

④ 大直径卵石或探头石的挖掘，可采取下列方法：

ⅰ冲击锤冲碎，落锤抓斗取出，也可用砂石泵或捞渣筒；

ⅱ采用预挖，卵石落入孔底，落锤抓斗取出；

ⅲ套管内部无水时，与套管接触的卵石部分可用岩石钻机除去；

ⅳ使用凿岩机。

⑤ 在灌注混凝土作业时，除按规定要求清孔外，须保证钢筋笼的最大外径应满足主筋外面与套管内面有 2～3 倍以上混凝土最大粗骨料尺寸间隙。

⑥ 规定在完成挖掘、灌注混凝土、拔出套管之前不应该停止摇动，但当土壤压力很小时，不需要这种连续性运动，如果砂层过深，特别是粉细砂含水率大，连续摇晃会使砂层致密（排水固结作用），导致套管拔不动，在此情况下要小心操作。

⑦ 挖掘、拔管时，应密切注意套管周围的土壤，每隔几小时摇动 10min，并在到达一定深度（5m 左右）后，每下压 50cm，上拔下压 10cm，并观察压拔管及晃管压力表。

⑧ 采用全套管施工法要求各工序紧密配合，动作紧凑并特别注意防止拔出套管过程钢筋笼被带起或套管拔不出等情况。因此，灌注混凝土和钢筋笼的绑扎、尺寸以及对周围土壤压力等都应随时观察，以保证顺利施工。

（4）全套管钻机安全操作

① 钻机安装场地应平整、夯实，能承载该机的工作压力；当地基不良时，钻机下应加铺钢板防护。

② 安装钻机时，应在专业技术人员指挥下进行。安装人员必须经过培训，熟悉安装工艺及指挥信号，并有保证安全的技术措施。

③ 与钻机相匹配的起重机，应根据成桩时所需的高度和起重量进行选择。当钻机与起重机连接时，各个部位的连接均应牢固可靠。钻机与动力装置的液压油管和电缆线应按出厂说明书规定连接。

④ 引入机组的照明电源，应安装低压变压器，电压不应超过 36V。

⑤ 作业前应进行外观检查并应符合下列要求：

ⅰ钻机各部外观良好，各连接螺栓无松动；

ⅱ燃油、润滑油、液压油、冷却水等符合规定，无渗漏现象；

ⅲ各部钢丝绳无损坏和锈蚀，连接正确；

ⅳ各卷扬机的离合器、制动器无异常现象，液压装置工作有效；

ⅴ套管和浇注管内侧无明显的变形和损伤，未被混凝土粘结。

⑥ 应通过检查确认无误后，方可启动内燃机，并怠速运转逐步加速至额定转速，按照指定的桩位对位，通过试调，使钻机纵横向达到水平、位正，再进行作业。

⑦ 机组人员应监视各仪表指示数据，倾听运转声响，发现异状或异响，应立即停机处理。

⑧ 第一节套管入土后，应随时调整套管的垂直度。当套管入土 5m 以下时，不得强行纠偏。

⑨在作业过程中，当发现主机在地面及液压支撑处下沉时，应立即停机。在采用 30mm 厚钢板或路基箱扩大托承面、减小接地应力等措施后，方可继续作业。

⑩ 在套管内挖掘土层中，碰到坚硬土岩和风化岩硬层时，不得用锤式抓斗冲击硬层，应采用十字凿锤将硬层有效地破碎后，方可继续挖掘。

⑪ 用锤式抓斗挖掘管内土层时，应在套管上加装保护套管接头的喇叭口。

⑫ 套管在对接时，接头螺栓应按出厂说明书规定的扭矩，对称拧紧。接头螺栓拆下时，应立即洗净后浸入油中。

⑬ 起吊套管时，应使用专用工具吊装，不得用卡环直接吊在螺纹孔内，亦不得使用其他损坏套管螺纹的起吊方法。

⑭ 挖掘过程中，应保持套管的摆动。当发现套管不能摆动时，应采用拔出液压缸将套管上提，再用起重机助拔，直至拔起部分套管能摆动为止。

⑮ 浇注混凝土时，钻机操作应和灌注作业密切配合，应根据孔深、桩长适当配管，套管与浇注管保持同心，在浇注管埋入混凝土 2～4m 之间时，应同步拔管和拆管，并应确保浇注成桩质量。

⑯ 作业后，应就地清除机体、锤式抓斗及套管等外表的混凝土和泥沙，将机架放回行走的原位，将机组转移至安全场所。

4. 其他型式钻孔机械

(1) 回转斗钻孔机

图 3-56 为回转斗成孔机外形，由履带桩架、伸缩钻杆、回转斗和回转斗驱动装置组成。

回转斗成孔机钻斗的直径，现在已可达 3000mm，钻孔深度因受伸缩钻杆的限制，一般只能达到 50m。回转斗成孔机可适用于碎石、砂土、黏性土等地层的施工，地下水位较高的地区也能使用。回转斗成孔因为要频繁进行提起、落下、切土、卸土等动作，而且每次钻出的土量又不大，所以钻进速度低，工效不高是其主要缺点，尤其在孔深度较大时，钻进效率更低。

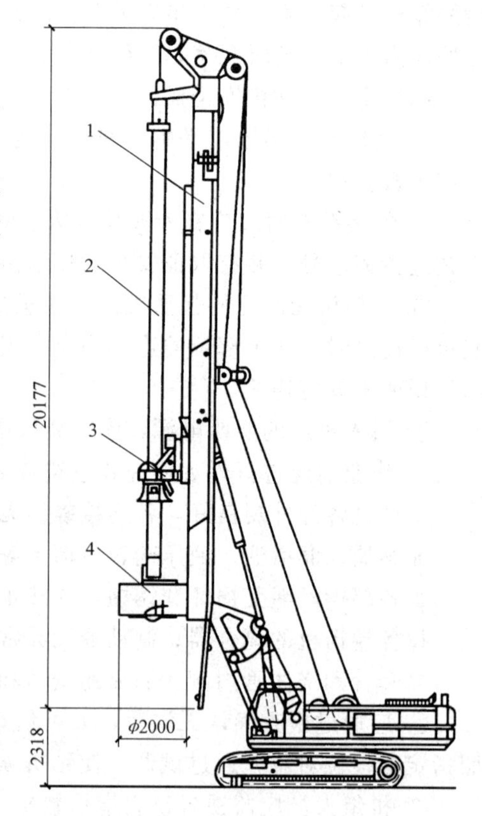

图 3-56 回转斗成孔机
1—履带桩架；2—伸缩钻杆；3—回转斗；4—回转斗驱动装置

(2) 冲击钻孔机

冲击钻成孔是把带钻刃的重钻头（又称冲锤）提高，靠自由下落的冲击力来破碎岩层或冲挤上层，排出碎碴成孔。它适用于碎石土、砂土、黏性土及风化岩层等。桩径可达 600～1500mm。大直径桩孔可分级成孔，第一级成孔直径为设计桩径的 0.6～0.8 倍。

冲孔设备除选用定型冲击钻机外，也可自行制作简易冲击钻孔（图 3-57）。冲击钻头的型式有十字形、工字形、人字形等，一般宜用十字形冲击钻头（图 3-58）。在钻头锥顶和提升钢丝绳之间设有自动转向装置，从而能保证冲钻成圆孔。国内常用冲击钻机技术性能见表 3-30。

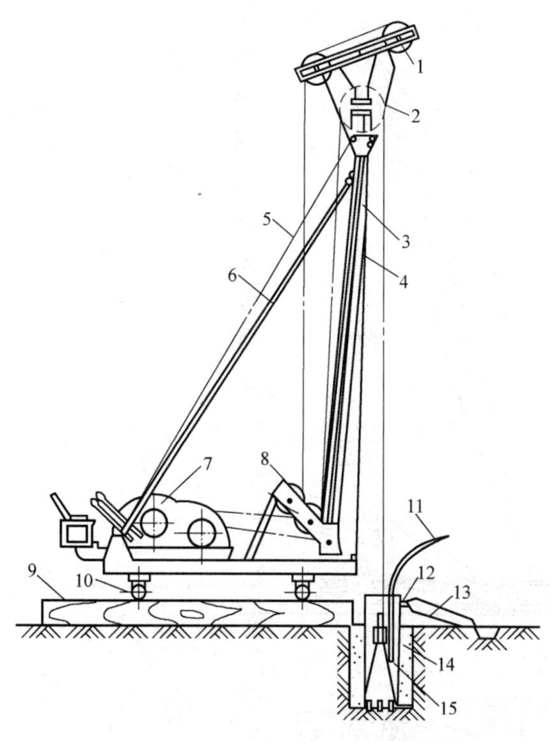

图 3-57　简易冲击钻孔机示意图

1—副滑轮；2—主滑轮；3—主杆；4—前拉索；5—后拉索；
6—斜撑；7—双滚筒卷扬机；8—导向轮；9—垫木；10—钢管；
11—供浆管；12—溢流口；13—泥浆渡槽；14—护筒回填土；15—钻头

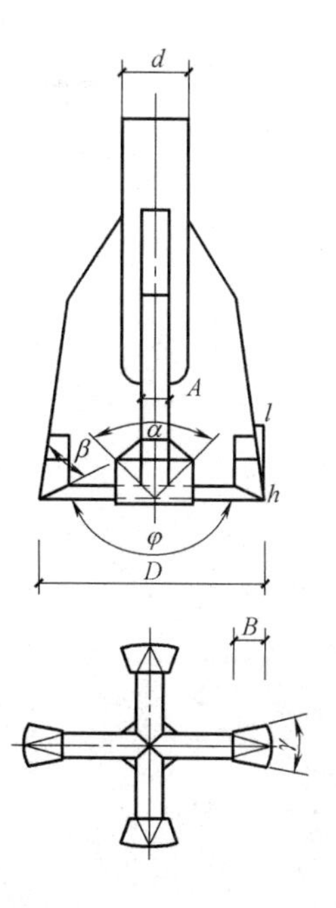

图 3-58　十字形冲头示意图

常用国产冲击钻孔机技术性能　　**表 3-30**

性能指标＼型号	SPS300H	GJC-40H	GJD-1500	YKC-31	CZ-22	CZ-30	KCL-100
钻孔最大直径(mm)	700	700	2000(土层) 1500(岩层)	1500	800	1200	1000
钻孔最大深度(m)	80	80	50	120	150	180	150
冲击行程(mm)	500,650	500,650	100～1000	600～1000	350～1000	500～1000	350～1000
冲击频率(次/min)	25,50,72	20～72	0～30	29,30,31	40,45,50	40,45,50	40,45,50
冲击钻重量(kg)			2940		1500	2500	1500
卷筒提升力(kN)	30	30	39.2	55	20	30	20
驱动动力功率(kW)	118	118	63	60	22	40	30
钻机重量(kg)	15000	15000	20500		6850	13670	6100

(3) 冲抓斗成孔机

图 3-59 为冲抓斗成孔机外形，由桩架、冲抓斗、套管摆动（或旋转）装置、套架四个主要部件组成。

套管摆动装置与桩架底盘固定。它包括上导向架、倾斜油缸、摆动油缸、夹紧油缸和加压油缸。套管摆动装置也可以用套管旋转装置来代替，即用旋转来代替摆动。这两种装

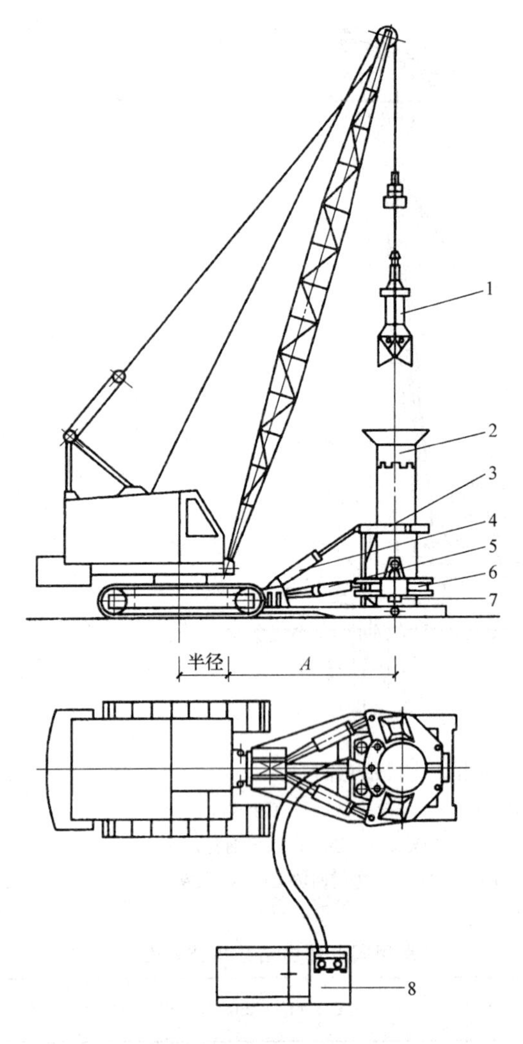

图 3-59 冲抓斗成孔机

1—单绳冲抓斗；2—套管；3—上导向架；4—倾斜油缸；
5—摆动油缸；6—夹紧油缸；7—加压油缸；8—液压动力源

置除了使套管摆动或旋转外，还具有夹紧套管、调节套管的垂直度、向下压管或向上拔管的基本功能。套管一般分 1、2、3、4、5、6m 等不同长度。套管之间采用径向内六角螺母连接。冲抓斗有二瓣式和三瓣式，二瓣式适于土质松软的场所，抓土较多；三瓣式适用于硬土层，抓土较少。冲抓斗成孔机的主要技术性能见表 3-31。

冲抓斗成孔机的规格与技术性能 **表 3-31**

性能指标	型号	
	A-3 型	A-5 型
成孔直径(mm)	480～600	450～600
最大成孔深度(m)	10	10
抓锥长度(m)	2256	2365

续表

性能指标	型　号	
	A-3 型	A-5 型
抓片张开直径(mm)	450	430
抓片数(个)	4	4
提升速度(m/min)	15	18
卷扬机起重量(t)	2.0	2.5
平均工效(孔/台班)	5～6(深 5～8)	5～6(深 5～8)

(4) 潜水钻机

潜水电钻的动力装置沉入钻孔内（图 3-60、图 3-61），防水密封式的电动机和变速箱及钻头组装在一起潜入泥浆之下钻进。电动机在泥浆中通过变速箱带动钻头旋转切土钻进。潜水钻机的空心钻杆从钻头组装体系的中间穿过，它只作为泥浆的通道而不传递扭矩。潜水钻机的主要技术性能见表 3-32。

潜水钻机的规格、型号及技术性能　　**表 3-32**

技术性能指标		型　号						
		KQ-800	GZQ-800	KQ-1250A	GZQ-1250A	KQ-1500	GZQ-1500	KQ-2000
钻孔深度(m)		80	50	80	50	80	50	80
钻孔直径(mm)		450～800	800	450～1250	1250	800～1250	1500	800～2000
主轴转速(r/min)		200	200	45	45	38.5	38.5	21.3
最大扭矩(kN·m)		1.90	1.07	4.60	4.76	6.87	5.57	13.72
潜水电机功率(kW)		22	22	22	22	37	22	44
潜水电机转速(r/min)		960	960	960	960	960	960	960
钻进深度(m/min)		0.3～1.0	0.3～1.0	0.3～1.0	0.16～0.20	0.06～0.16	0.02	0.03～0.10
整机外形尺寸	长度(mm)	4306	4300	5600	5350	6850	5300	7500
	宽度(mm)	3206	2230	3100	2220	3200	3000	4000
	高度(mm)	7020	6450	8742	8742	10500	8350	11000
主机重量(t)		0.55	0.55	0.70	0.70	1.00	1.00	1.90
整机重量(t)		7.28	4.60	10.46	7.50	15.43	15.40	20.18

潜水电钻同样使用泥浆护壁，泥浆的功能和组成与回转钻机相同，其出渣方式同样有正循环与反循环两种。

潜水电钻正循环是利用泥浆泵将泥浆压入空心钻杆并通过中空的电动机和钻头等射入孔底，然后挟带着钻头切削的钻渣在钻孔中上浮，溢出孔外而导入泥浆沉淀池，泥浆的净化与循环方式与正循环回转钻相同。

潜水钻的反循环有泵举法、气举法和泵吸法三种。若为气举法出渣，开孔时同样不能使用气举法，而只能用正循环或泵吸式开孔，钻孔约有 6～7m 深时才可改为反循环的气举法出渣。反循环泵吸式用吸泥泵出渣时，吸泥泵同样可潜入泥浆下工作，因而出渣效率高。

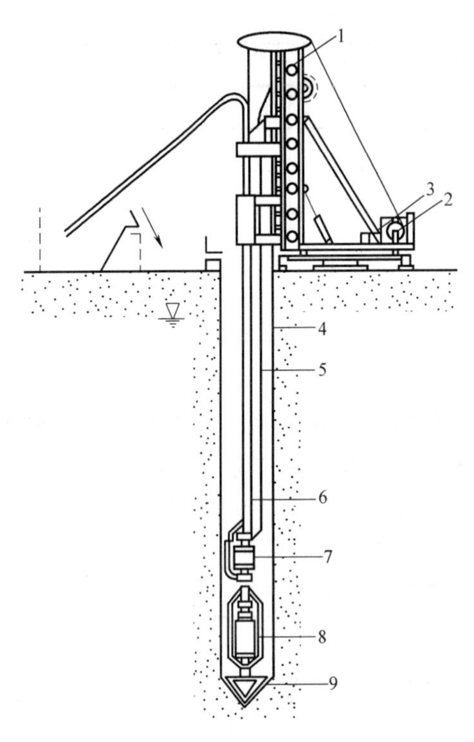

图 3-60　KQ系列潜水钻机

1—桩架；2—卷扬机；3—配电箱；4—护筒；5—防水电缆；6—钻杆；7—潜水砂泵；8—潜水动力头装置；9—钻头

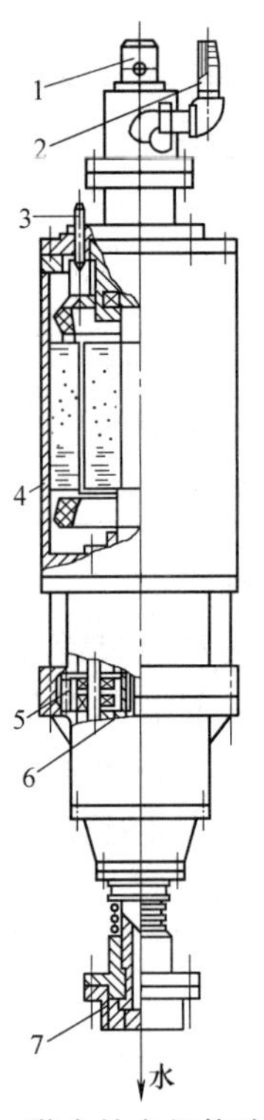

图 3-61　潜水钻主机构造示意图

1—提升盖；2—进水管；3—电缆；4—潜水钻机；5—行星减速箱；6—中间进水管；7—钻头接箍

潜水电钻体积小、质量轻、机动灵活、成孔速度较快，适用于地下水位高的淤泥质土、黏性土、砂质土等，换用合适的钻头亦可钻入岩层。钻孔直径约为 800～1500mm，深度可达 50m。它常用笼式钻头（图 3-62）。

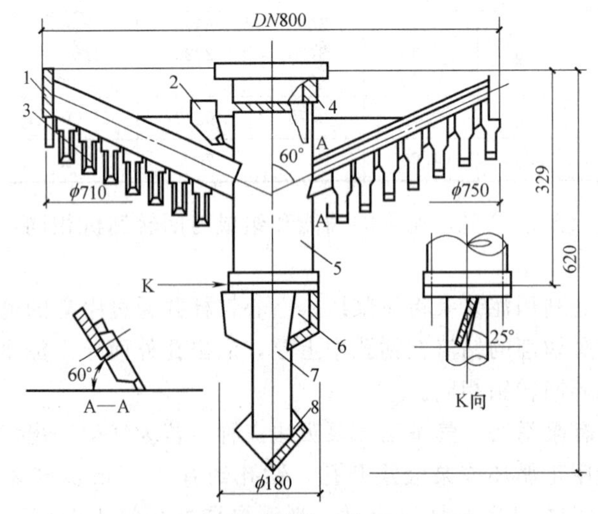

图 3-62　笼式钻头（孔径 800mm）

1—护圈；2—钩抓；3—腋抓；4—钻头接箍；5—岩心管；6—小爪；7—钻尖；8—翼片

3.5 钢筋混凝土机械

3.5.1 钢筋机械

在现代建筑工程中，广泛采用钢筋混凝土结构及预应力钢筋混凝土结构。而钢筋的预制加工情况直接影响着工程的质量、速度和经济效益，因此对钢筋的加工，这一施工中不可缺少的重要环节，实现生产过程机械化是极其重要的。

钢筋原材料多为盘条（直径＜14mm，称为细钢筋）和直条（直径≥14mm，称为粗钢筋）。混凝土结构或构件中的骨架——钢筋，对其进行加工和处理有的是出于结构的需要，如剪切、弯曲、焊接；有的是出于节约钢材的需要，如通过冷拉、冷拔等方法使钢筋强化；有的是出于工艺方面的要求，如除锈、调直等。具体加工生产工序为：

盘圆钢筋→开盘→冷拉、冷拔→调直→切断→弯曲→点焊成型（或绑扎成型）。

直条钢筋→除锈→对接（焊）→冷拉→切断→弯曲→焊接成型。

直条粗钢筋（以8～9m长的线材出厂）→矫直→除锈→对接（焊）→切断→弯曲→焊接成型。

钢筋的处理和加工机械主要有：钢筋强化机械（如钢筋冷拉设备、钢筋拔丝机）；钢筋加工机械（如钢筋剪切、弯曲、调直及除锈等机械）；钢筋焊接机械（如钢筋点焊机、对焊机等）。

1. 钢筋冷拉机

钢筋冷拉机用于冷拉各级热轧钢筋。所谓冷拉，就是常温下对钢筋进行拉伸，使其产生一定的塑性变形，从而可使冷拉后的钢筋的屈服强度提高20%～25%，长度增长3%～8%，因此对于节约钢材是一种相当有效的措施。并且还可以起到拉直钢筋及除掉钢筋表面氧化铁皮的作用。粗钢筋也可以冷拉，但粗钢筋拉直所需的拉力甚大，一般冷拉多用于冷拉细钢筋。

一般冷拉设备有卷扬机式、液压缸式及螺旋式的等数种。卷扬机式的机构简单、维护方便，是最常用的冷拉设备。

图3-63所示，是卷扬机式冷拉机的一种型式。它靠卷扬机和增力滑轮组拉伸钢筋。两套滑轮组的引出钢丝绳以相反的绕向绕入卷筒，其中两组动滑轮组靠绕过导向轮的定长钢丝绳连接，当卷筒正、反转动时，两组动滑轮组便作相反的往复运动而交替冷拉钢筋。冷拉力靠测力器测出，拉伸长度靠行程开关控制或用标尺测量，以便控制冷拉应力和冷拉率。

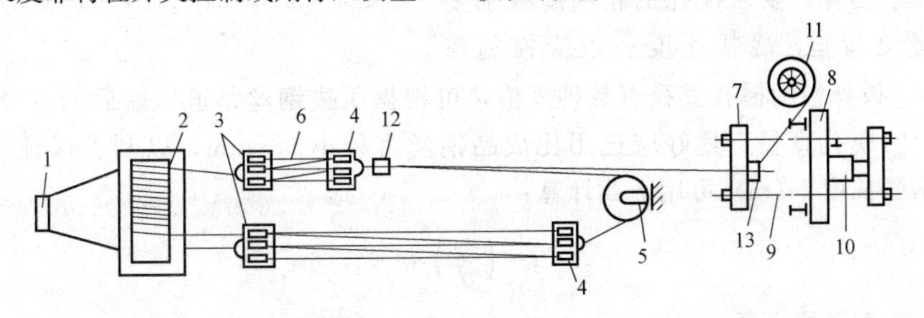

图3-63 卷扬机式冷拉机

1—地锚；2—卷扬机；3—定滑轮组；4—动滑轮组；5—导向滑轮；6—钢丝绳；7—活动横梁；8—固定横梁；9—传力杆；10—测力器；11—放盘；12、13—夹具

卷扬机式冷拉机一般采用电动慢速卷扬机驱动。牵引力为30～50kN，卷筒直径为350～450mm，卷筒转速为6～8r/min。卷扬机式冷拉机的拉力Q（kN）可按下式进行计算：

$$Q=T\cdot m\cdot \eta_{组}-F$$

式中　T——卷扬机的牵引力，kN；

m——滑轮组的倍率；

$\eta_{组}$——滑轮组的总效率；

F——设备阻力，由冷拉小车与地面摩擦阻力及回程装置阻力组成，一般可取5～10kN。

钢筋的冷拉速度v（m/min），可按下式计算：

$$v=\frac{\pi Dn}{m}$$

式中　D——卷扬机卷筒直径，m；

π——卷扬机卷筒转速，r/min；

m——滑轮组的倍率。

钢筋的冷拉速度不宜过快，使钢筋在常温下塑性变形均匀，一般控制在0.5～1.0m/min为宜。当冷拉达到控制指标时，应稍加停顿再放松，以稳定变形。

2. 钢筋冷拔机

钢筋冷拔是在常温下，强制拉拔钢筋通过一个比钢筋直径小0.5～1mm的模孔（即拔丝模，多为钨合金制成），使钢筋产生较大塑性变形拉伸和径向压缩，从而提高钢筋抗拉强度。进行这种冷拔的机械称为冷拔机。被冷拔的钢筋一般是ϕ6～8mm的Ⅰ级光面圆钢筋，经过数次冷拔后的钢筋称之为低碳冷拔钢丝，其强度将提高40%～90%，同时塑性降低，没有明显的屈服阶段。经过冷拔后，钢丝长度大幅度增加，而且还进行了除锈。

拔丝模是冷拔的重要部件。它分四个工作区，如图3-64所示。进口区导口为喇叭形，起送进钢筋的作用。锥形挤压工作区的锥度为：14°～18°，该区能使钢筋截面受挤压后缩小，每通过一次拔丝模，直径缩小0.5～1mm。定径区使钢筋受挤压后直径趋于稳定。为了减少拔丝力和模子损耗，要求模孔的粗糙度级别要高。为了避免断丝，冷拔速度一般应控制在0.2～3m/s。拔丝模的模孔直径有数种规格，可根据所拔钢丝每道压缩后的直径选用。冷拔最后一道的模孔直径，最好应选用比成品钢丝直径小0.1mm，以利于保证钢丝规格。冷拔后的钢筋长度l（m）可用下式计算：

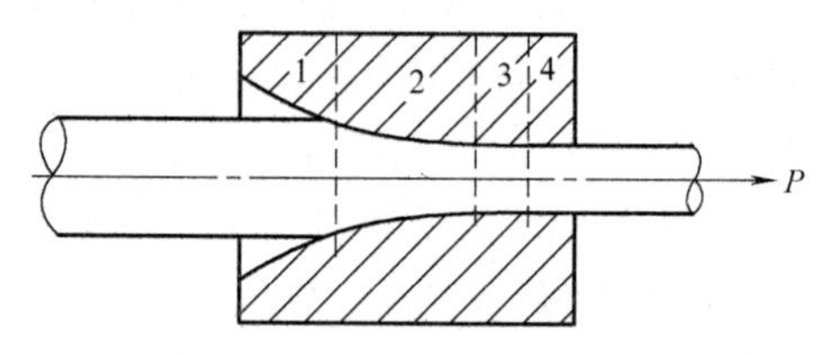

图3-64　拔丝模拔丝示意图

1—进口导孔；2—挤压区；3—定径区；4—出口区

$$l=\left(\frac{d_0}{d}\right)^2 l_0$$

式中　d_0——钢筋原直径，mm；

l_0——钢筋原长度，m；

d——冷拔后的钢筋直径，mm。

影响钢丝质量的关键是冷拔的总压缩率 β。钢筋由原直径拔至成品钢丝的截面总缩减率，一般用下式计算：

$$\beta=\frac{d_0^2-d^2}{d_0^2}\times100\%$$

冷拔次数越多，冷拔总压缩率 β 就越大，钢丝的抗拉强度提高就越多，但其塑性降低越多，屈强比下降。因此，为了保证冷拔钢丝的强度和塑性的稳定性，总压缩率必须控制。按目前的经验，一般 $\phi5$ 钢丝宜用≯8 的盘条拔制而成，$\phi3$ 和 $\phi4$ 的钢丝宜用 $\phi6.5$ 的盘条来拔制而成。

钢筋冷拔机有立式和卧式两种。每种又有单卷筒和双卷筒之分，也有把几台联合在一起的三联、四联拔丝机。图 3-65 是蜗轮蜗杆传动立式单卷筒拔丝机的工作示意图。

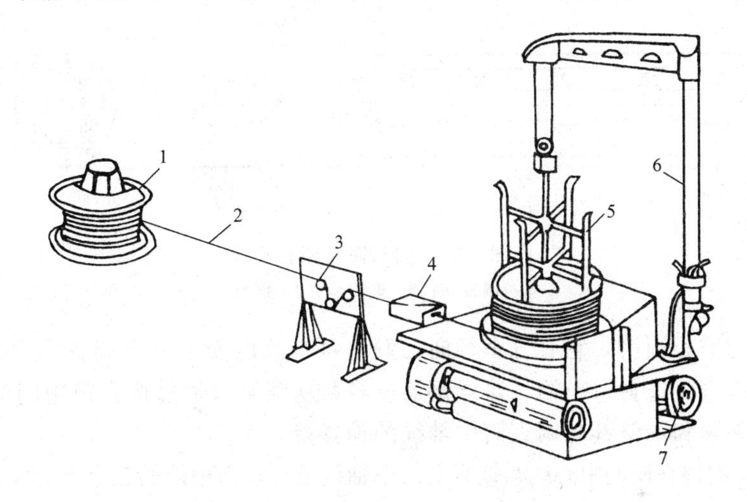

图 3-65　立式单卷筒拔丝机工作示意图

1—盘料架；2—钢筋；3—槽轮；4—拔丝模；5—卷丝筒；6—支架；7—电动机

电动机通过变速箱和一对锥形齿轮带动卷筒旋转。当盘圈钢筋 2 的端头经轧细后穿过润滑剂盒及拔丝模 4 而被固结在卷筒上，开动电动机即可进行拔丝。冷拔丝卷筒绕到一定圈数后，由附设的小吊车卸丝，然后再继续拔制。

3. 钢筋调直机

钢筋调直机是用于调直和切断直径不大于 14mm 钢筋的机器。对于直径大于 14mm 的粗钢筋，一般是靠冷拉机来矫直。

图 3-66 是 GT4-14 型钢筋调直机的机构简图，它可以调直直径为 4～14mm 的盘圈钢筋并能自动地把其切成 0.3～7m 的长度。

在调直机开动前，先把盘圈钢筋 1 穿过调直滚筒 2 到牵引滚 4 之间，随即旋转手轮 5，靠压紧螺旋将钢筋夹紧。然后，开动电动机 3 及 7，于是调直滚筒 2 将钢筋调直并除锈，而钢筋在牵引滚 4 的拉曳下穿过中间有缺口的齿轮 6 进入导槽 8。当钢筋前端触到定长开关 9 时，即接通控制电路，通过电磁铁使剪切齿轮 6 的离合器接合，剪切齿轮旋转 120°便把这预定长度（自定长开关至齿轮剪刀之间）的钢筋剪断。被切断的钢筋 11 落入托架 10 上暂存。

定长开关可以按所需剪切的长度在导槽 8 上移动、固定。牵引滚和剪切齿轮都由电动机 7 来驱动。钢筋调直机的主要部件是调直筒和调直模，调直筒和调直模的构造如图 3-67 所示。

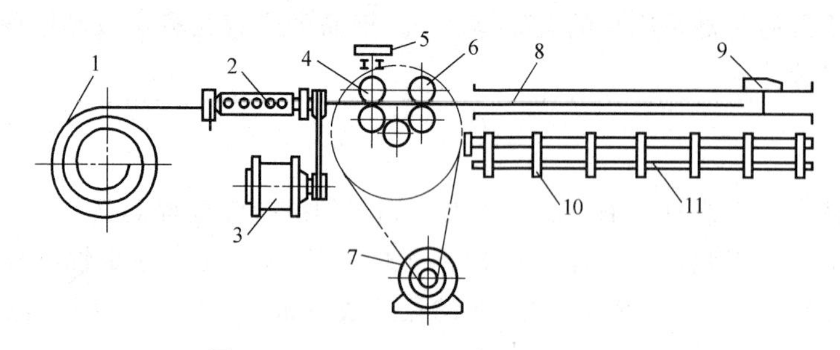

图 3-66　GT4-14 型调直机的机构图

1—盘圈钢筋；2—调直滚筒；3—驱动调直滚筒的电动机；4—牵引滚；5—压紧螺旋手轮；6—剪切齿轮；7—主电动机；8—钢筋导槽；9—定长开关；10—剪断钢筋收集架；11—剪断的钢筋

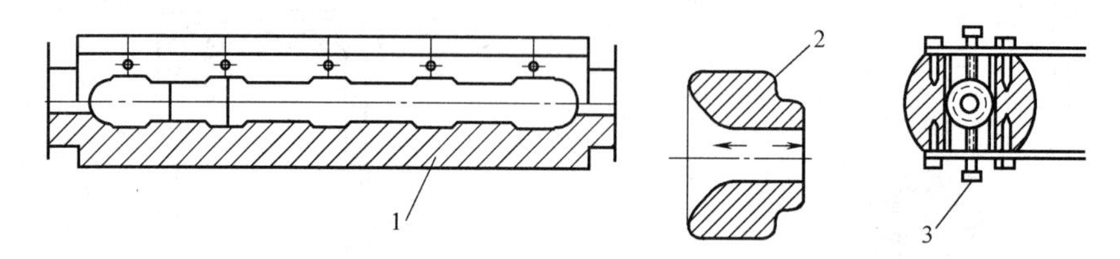

图 3-67　调直筒与调直模

1—调直筒；2—调直模；3—螺钉

调直筒 1 为空心圆筒，它有五个径向孔洞，每个孔内安放一个调直模 2。调直模的喇叭口全部朝向调直筒进料口一端，这样钢筋就容易从喇叭口通过调直模中间的小圆孔。调直模靠螺钉 3 夹紧和调整其与调直筒中轴线的偏置量。

调直筒两端的调直模的中心线与调直筒的中轴线重合，而中间的三个调直模的中心线按一定偏置量偏离调直筒的中轴线，如图 3-68 所示。这样当钢筋被牵引从筒中五个调直模通过时，钢筋在调直筒的高速转动下，不但被调直模反复逼直，而且还磨掉了表面的锈皮。

4. 钢筋切断机

钢筋切断机是把钢筋原材或已矫直的钢筋切断成所需长度的专用机械。切断机有机械传动和液压传动两种。

（1）机械钢筋切断机

图 3-69 所示为应用最为普遍的 GQ40 型卧式钢筋切断机。其传动如图 3-70 所示，电动机 1 经过带传动 2 使齿轮 3 转动，齿轮 3 又带动齿轮 4，齿轮 5 再带动齿轮 6，与齿轮 6 相联的曲轴 7，通过连杆 8 带动活动切刀 9 作水平往复直线运动，当活动切刀向右移动，与固定切刀 10 相错而剪断钢筋。

由于切断钢筋时的载荷是间歇冲击载荷，所以为了防止电动机受冲击和过载，以及提高机械的平稳性，往往在第一级传动采用三角带传动，并且使大带轮的转动惯量做得较大。工作时，可利用大带轮的飞轮（惯性轮）来达到稳定工作速度的目的。

（2）液压钢筋切断机

与机械式钢筋切断机相比，液压钢筋切断机具有体积小，重量轻，价格低等优点。但生产率较低，可靠性较差。

使用钢筋切断机时，必须注意：

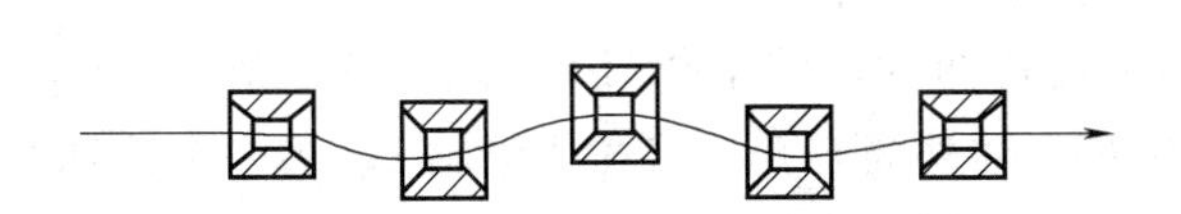

图 3-68 调直模在筒中的分布

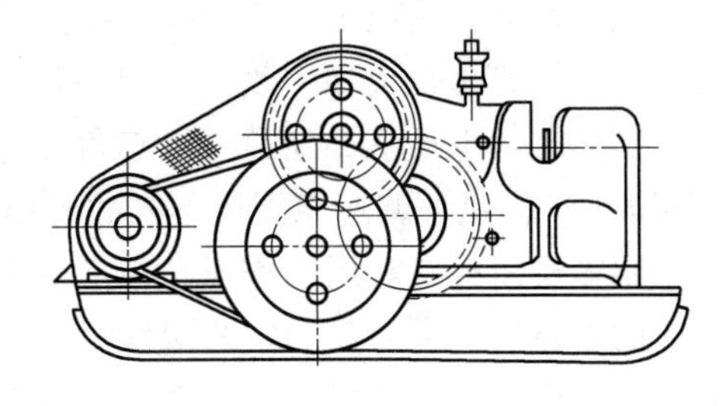

图 3-69 GQ40 型钢筋切断机

图 3-71 是 GQY32 型液压钢筋切断机的简图。它主要由电动机、油箱、油泵、油缸、切刀和可移动的机座等组成。其工作原理是靠电动机带动液压泵产生高压油（最高压力可达 45.5MPa），高压油推动装有活动刀片的活塞杆外伸，使活动刀片与固定刀片相错而剪断钢筋。

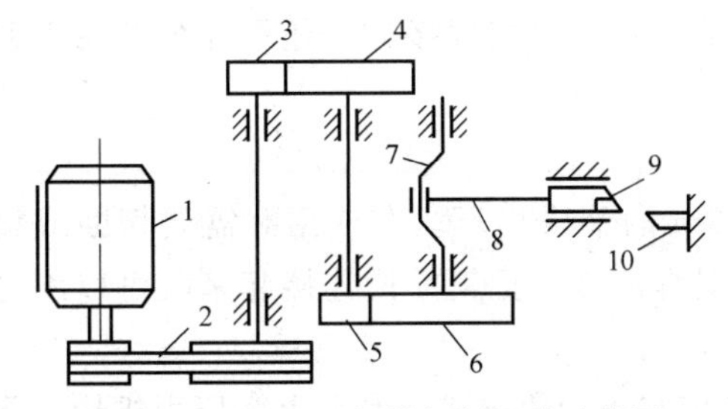

图 3-70 GQ40 型钢筋切断机传动简图

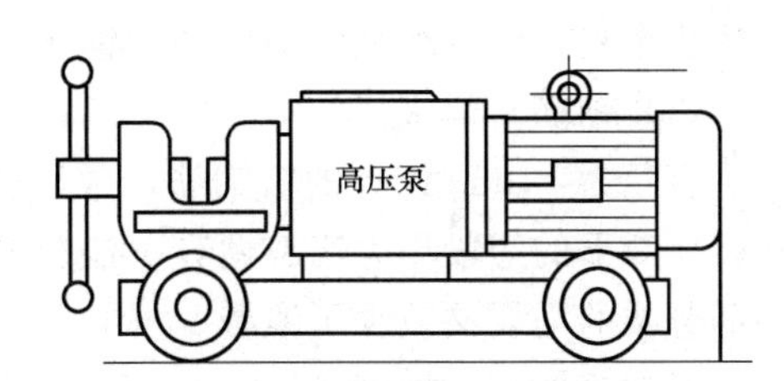

图 3-71 液压钢筋切断机

工作前，要将切断刀片安装正确、牢固，在运转零件处加足润滑剂，待试车正常后才允许进行切断钢筋工作。固定刀片与活动刀片之间应有 0.5～1mm 的水平间隙。间隙过大，钢筋切断端头容易产生马蹄形。

工作时，钢筋要放平、握紧，切不可摆动，以防刀刃崩裂，钢筋蹦出伤人。

5. 钢筋弯曲机

钢筋弯曲机是将调直、切断后的钢筋弯曲成设计所要求的各种形状的专用机械。有些地区使用的弯箍机、螺旋挠制机以及一机多用的弯曲机械，也都是在钢筋弯曲机的基础上改进而成的。

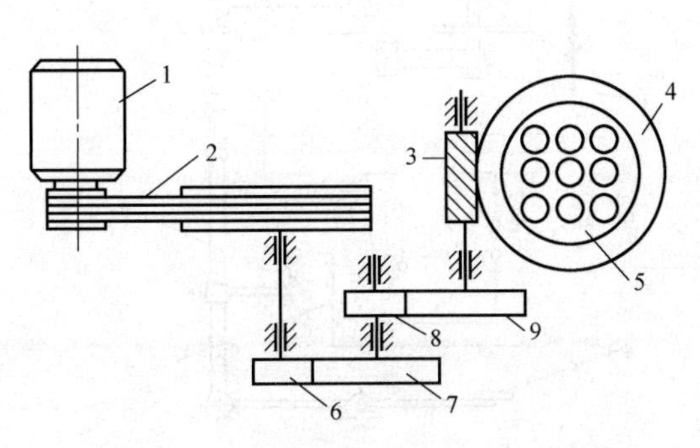

图 3-72 GW-40 型钢筋弯曲机传动系统

1—电动机；2—三角带传动；3—蜗杆；4—蜗轮；5—工作盘；6、7—配换齿轮；8、9—齿轮

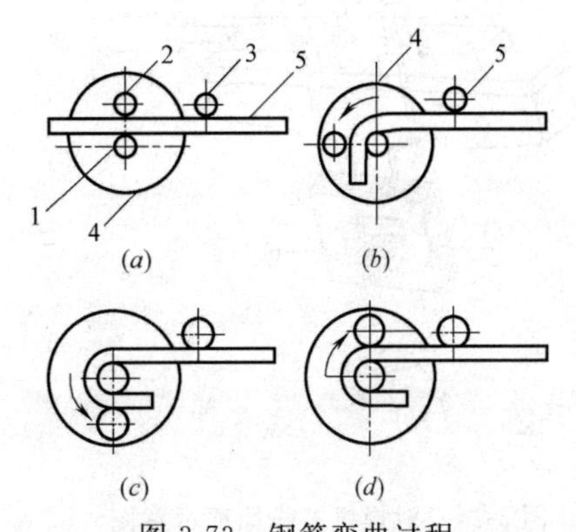

图 3-73 钢筋弯曲过程

(*a*) 装入钢筋；(*b*) 弯 90°；(*c*) 弯 180°；(*d*) 回位

1—心轴；2—成型滚轴；3—固定滚轴；4—工作盘；5—钢筋

虽然钢筋弯曲机的外形各有不同，但都是由电动机、传动部分、机架和工作台等组成，其传动原理也大相一致，如图 3-72 所示。

工作时，电动机 1 经过一级三角带传动、两级齿轮传动、一级蜗杆传动，带动工作盘 5 转动。工作盘的调速靠更换不同的配换齿轮 6、7 实现。

钢筋弯曲机是利用工作盘的旋转来使钢筋弯曲的，其工作过程如图 3-73 所示。工作盘 4 的中心有一个与盘固定的滚轴 1，工作盘上的外周有孔，可插入滚轴 2，另一个滚轴 3 固定在工作台上，这样当工作盘以低速回转时，就可把放在滚轴 2、3 与 1 之间的钢筋 5 弯曲，其内侧的曲率也就是心轴 1 的曲率，而弯曲角度可以依照需要而停止工作盘；另外，如要改变钢筋弯曲的曲率，可以更换不同直径的中心滚轴来实现。

6. 钢筋焊接机械

在钢筋工程中，现已广泛采用焊接方法来对接、搭接和交叉连接钢筋。用焊接方法所制成的钢筋网和骨架，具有刚度好、接头质量高等特点。采用焊接方法还可充分利用钢筋的短头余料，节省绑扎钢筋用的细钢丝。

(1) 钢筋对焊机

直径为 14mm 以上的粗钢筋，常以长为 8～9m 的节段出厂。在使用时需要切断或接长；切断下的短段作为废料抛弃，浪费很大，用对焊的方法把钢筋段连接起来既可以满足钢筋骨架的需要又减少了浪费。

对焊机的工作原理如图 3-74 所示。钢筋被夹持在正、负电极 4 和 5 上，压力机构 9 能使安有活动电极 5 的滑动平板 3 沿机身 1 上的导轨左右移动。合上开关 8 后，向左移动滑动平板，使两根钢筋的端头接触。由于接触处凸凹不平，接触面积小，电流密度和接触电阻很大，接触点迅速熔化，金属蒸气飞溅，形成闪光现象。闪光连续发生，杂质被闪掉，接头端面被加热烧平，白热熔化后随即断电，利用压力机构顶锻而形成焊头。良好的对焊接头，其强度可达到钢筋的本体强度。

对焊机的冷却系统能对变压器的次级线圈、夹具上的钳口等进行内部循环水冷却。

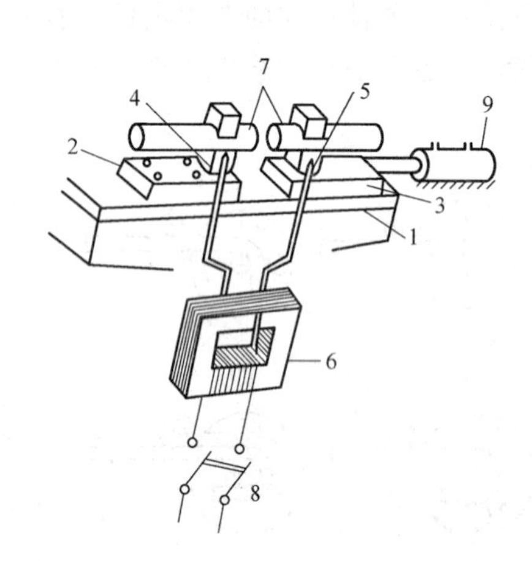

图 3-74　对焊机工作原理示意图

1—机身；2—定平板；3—滑动平板；4—固定电极；5—活动电极；6—变压器；7—钢筋；8—开关；9—压力机构

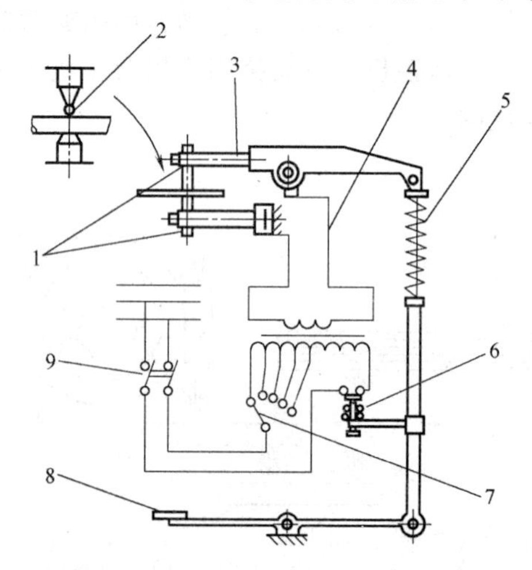

图 3-75　杠杆式点焊机的工作原理简图

1—电极；2—钢筋；3—电极臂；4—变压器次级线圈；5—弹簧；6—断路器；7—变压器调节次级开关；8—脚踏板；9—开关

（2）钢筋点焊机

钢筋点焊机适用于钢筋网片和骨架的制作。点焊是采用电阻焊的方法，使两根交叉放置的钢筋在接触处形成一个牢固的焊接点。

按照点焊头的数量，有单头式的及多头式的点焊机。按照活动电极加压方式不同，有脚踏式的、机械驱动式的及气动式等数种。

图 3-75 所示是脚踏式点焊机的工作原理简图。交叉的钢筋放入悬臂端两电极之间，当合上主电路开关，用脚踏下脚踏片 8 时，断路器 6 接通使次级线圈产生大电流，同时电极臂 3 端压向被焊接的钢筋进行点焊。放松踏板 8，电极臂 3 在弹簧 5 的作用下，端部抬起，断路器 6 断电，焊接完毕。

为了保证点焊机正常工作，与对焊机一样，工作前要先打开冷却水阀，使变压器次级线圈、悬臂、电极等都被水冷却。

（3）钢筋弧焊机

钢筋弧焊机是利用电弧的热量，熔化母材和填充金属而形成焊缝的一种电焊机。其工作原理如图 3-76 所示。

焊接时，先将焊条 4 与焊件 5 接触，造成瞬间短路后，将焊条提起 2～4mm，使空气电离而引起电弧 6。电弧焊变压器 1 的次级线圈与导线 2、焊钳 3、电弧及焊件形成强电流闭合回路，使电弧持续不断。平移焊条，形成焊缝。

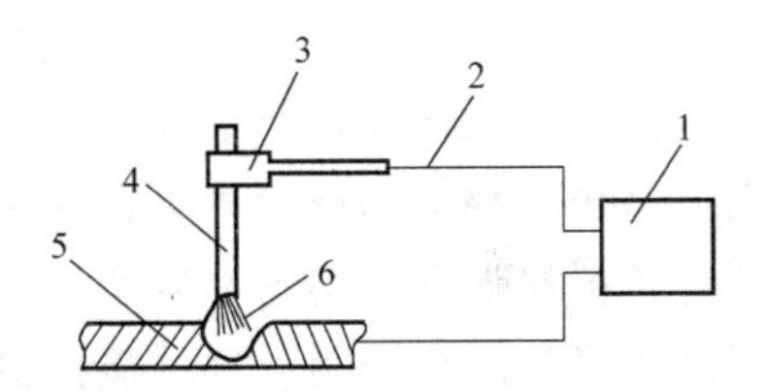

图 3-76　电弧焊原理示意图
1—交流弧焊变压器；2—变压器次级导线；3—焊钳；4—焊条；5—焊件；6—电弧

电弧焊可用于钢筋接长、钢筋骨架及预埋件等的焊接。

3.5.2　混凝土机械

混凝土是由水泥、砂、石子和水按一定比例（配合比）混合后，经搅拌、输送、浇注、密实成型和养护硬化而形成的一种用量极大的主要建筑材料。为了确保混凝土的工程质量，加速工程进展，降低生产成本和工人的劳动强度，就必须对混凝土的以上各道工序用机械来代替人工作业，混凝土工程所使用的机械即为混凝土机械。它包括称量、搅拌、输送和成型四类。

称量机械主要是各种重量和体积的称量设备。它的作用是使混凝土的各项原材料的量在允许偏差范围内，以保证混合料有准确的配合比。

搅拌机械是指各种类型的混凝土搅拌机，它使混凝土的混合料得到均匀的拌合。

输送机械，包括混凝土搅拌输送车、混凝土泵等，是将搅拌好的混凝土拌合料从制备地点输送到浇灌现场的机械。

成型机械主要是使混凝土拌合料密实地填充在模板中或构筑物表面，使之最后成型而制成建筑结构或构件的机械。主要包括各种混凝土振动器、空心楼板挤压机等。

1. 混凝土搅拌机

（1）混凝土搅拌机的类型和工作原理

混凝土搅拌机的作用是使水泥浆体均匀地分布在粗细骨料表面，并使粗细骨料搅拌均匀。按搅拌原理可把混凝土搅拌机分为自落式和强制式两大类，其工作原理如图 3-77

所示。

图 3-77（a）所示是自落式搅拌机的工作情况，它的主要工作装置为一个搅拌筒，筒壁内设置若干搅拌叶片。工作时，搅拌筒绕其轴线（轴线呈水平或倾斜）回转，从而叶片对物料进行分割、提升。当物料被提升到一定高处时，物料又在其重力的作用下洒落、受到冲击，而得到搅拌。自落式搅拌机结构简单，工作可靠，易损件少，维修方便，功率消耗小，但搅拌作用不够强烈，生产率较低。它主要用于搅拌较大粒径、重骨料、塑性混凝土。

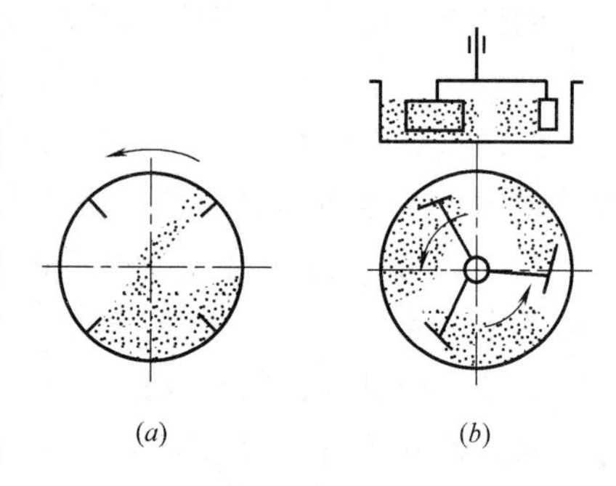

图 3-77 混凝土搅拌机的工作原理

（a）自落式；（b）强制式

图 3-77（b）所示是强制式搅拌机的工作情况，搅拌工作装置是由垂直设置在搅拌筒内的转轴及轴上安装的若干搅拌叶片所组成。工作时，转轴带动叶片转动。叶片对物料进行强制性的剪切、挤压、翻滚和抛出等组合作用，使物料在剧烈的相对运动中得到均匀的搅拌。强制式搅拌机搅拌强烈、均匀，生产率高；但其结构较复杂，叶片磨损大，功率消耗大，并对骨料的粒径有严格限制。这种搅拌机特别适合于搅拌干硬性、低流动性混凝土和轻质骨料混凝土。

强制式搅拌机的转轴也可水平设置，使搅拌机兼有自落式和强制式的优点。

（2）自落式搅拌机

根据构造原理不同，自落式搅拌机可分为：鼓筒式、锥形反转出料式和锥形倾翻出料式三种。鼓筒式搅拌机是一种最早使用的传统形式的搅拌机，由于其结构和搅拌性能均已落后，所以已被淘汰。而锥形倾翻出料式搅拌机的大容量机又多为固定式，安装在自动化混凝土搅拌站中，小型的则多在房建修缮和零星修补工作中应用。所以下面仅对锥形反转出料式的搅拌机作一些介绍。

① 锥形反转出料搅拌机

锥形反转出料搅拌机的搅拌筒呈双锥形，水平安装，筒内有交叉布置的搅拌叶片，出料端装有螺旋形卸料叶片。搅拌筒正转时作自落式搅拌，反转时，出料叶片将混凝土卸出，故此得名。它是自落式搅拌机的第二代产品。它的主要优点是：

ⅰ上料、搅拌和供水动作协调，搅拌筒内叶片布置比较合理、搅拌质量好，卸料干净、方便；

ⅱ与倾翻出料式搅拌机相比较，省去了倾翻装置，重量轻、结构简单。维护和检修、操作均方便。它的主要缺点是反转出料时是重载启动，消耗功率大。如做成大容量搅拌机，则容易出现启动困难和出料时间较长的现象。

这种搅拌机能搅拌普通流质混凝土：塑性混凝土和半干硬性混凝土，搅拌适应性较强，生产率亦高。

锥形反转出料搅拌机由上料系统、搅拌系统、供水系统、电气系统及底盘等组成。图 3-78 所示为移动式锥形反转出料搅拌机的示意图。

上料机构多采用翻转式箕形料斗，由料斗提升机构 2［图（a）为钢丝绳提升式，图（b）为液压缸顶升式］来控制料斗 1 的上升或下降。底盘由槽钢焊成，其下部装有轮胎 4，

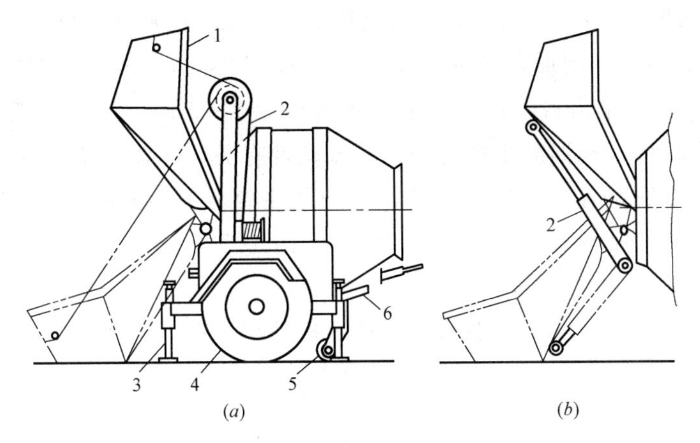

图 3-78　锥形反转出料混凝土搅拌机

前端装有牵引架 6。前支轮 5 可用于该机的短距离转移。底盘的四角均设有可调支腿 3，工作时由支腿承受整机的重量而使轮胎悬空。拖行时可将支腿和前支轮全部收起。

搅拌系统由搅拌筒、滚轮和传动机构等部分组成，如图 3-79 所示。图中 1 是电动机，2 是齿轮减速箱，3 是搅拌筒传动［图（*a*）为摩擦轮传动式，图（*b*）为齿轮传动式］，4 是搅拌筒，5、6 分别是主和副搅拌叶片（各一对），7 是出料叶片。

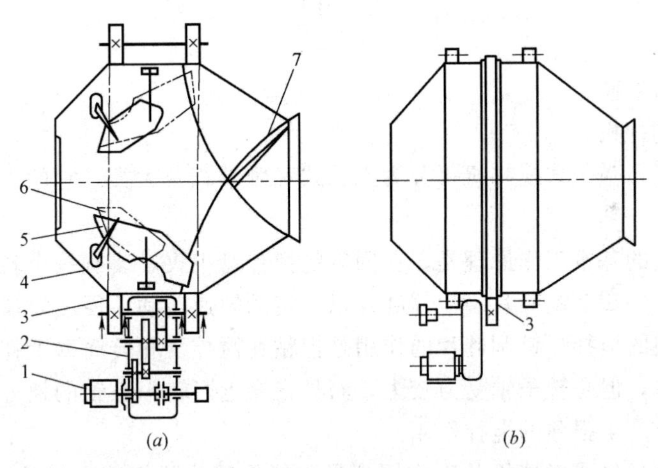

图 3-79　搅拌系统

② 自落式混凝土搅拌机的主要参数

ⅰ搅拌筒容量。搅拌筒容量是搅拌机的主要技术指标，通常以升为单位，有三种表示方法：进料容量 V_b，即装料体积，又称干料体积；出料容量 V_c，出口每次可以拌好的混凝土的最大体积；几何容量 V，即搅拌筒的实有几何体积。以上三种容量中，出料容量为额定的标定值。

为了保证混凝土得到充分的搅拌，几何容量 V 总要比进料容量 V_b 大。根据经验一般是：$V/V_b=2\sim4$。由于混合料在搅拌时，大粒料的空隙为小粒料所填塞，所以制备好的混凝土的体积总要比装入搅拌筒的混合料的总体积小，一般用出料系数表示它们的比值，即：$f=V_c/V_b$。对于混凝土 $f=0.65\sim0.7$；对砂浆厂 $f=0.85\sim0.95$。

ⅱ 搅拌循环时间 t。搅拌循环时间 t 是搅拌一罐混凝土所需的时间，即 $t=t_1+t_2+t_3$。式中 t_1 是装料时间（s），用提升料斗装料时 $t_1=1s\sim20s$，固定料斗装料则 $t_1=10s\sim15s$；t_2 是搅拌时间（s）；t_3 是出料时间，非倾翻式出料为 $t_3=25s\sim35s$，倾翻式为 $t_3=10s\sim25s$。上面的搅拌时间 t_2 与混凝土的配合比及流动性有关，实践证明：对塑性混凝土一般搅拌筒旋转 20 转以后就有足够的均匀性；对干硬性混凝土一般需旋转 40 转；水灰比为 0.4 的混凝土，搅拌时 $t_2=60\sim150s$；水灰比为 0.32～0.35 的干硬性混凝土 $t_2=120\sim200s$。

ⅲ 生产率 Q。生产率指每小时搅拌好混凝土的体积，按下式计算：

$$Q=\frac{V_c \cdot N}{1000}K_t$$

式中 V_c——出料量，L；

N——1 小时内出料次数，$N=3600/t$；

K_t——时间利用系数，与工作条件有关，一般取 $K_t=0.9\sim0.95$。

ⅳ 搅拌筒转速。搅拌筒转速对搅拌质量影响很大。转速太快，物料受离心力作用而附着在搅拌筒内壁不能落下，不能得到搅拌；转速太低又降低了生产率。对于锥形搅拌机，搅拌筒的转速应满足：

$$n\leqslant\frac{18}{\sqrt{r}}$$

式中 r 是搅拌筒的半径。

（3）强制式搅拌机

根据构造特征，强制式搅拌机可分为立轴式和卧轴式两大类，它的主要类型和工作原理如图 3-80 所示。

涡浆式搅拌机的基本工作原理是，在固定的搅拌盘中央，装有一个转子臂架，其上装有搅拌叶片和内、外壁铲刮叶片。搅拌叶片以一定的转速转动，便能对搅拌盘和转筒壁之间的物料进行强烈的搅拌。铲刮叶片的作用是把粘在搅拌盘和转筒壁上拌和料刮下来。这种搅拌机构造简单，但是转子轴受力较大，而且在靠近回转中心轴的地方，圆周线速度很小，不能对混凝土产生强烈的搅拌作用。

搅拌盘固定的行星式搅拌机的工作原理是：搅拌叶片除绕着自身的轴线转动（自转）外，其自身的轴线还围绕着搅拌盘的中心轴转动（公转），它的搅拌盘是固定的，如图（b）所示。搅拌盘旋转的行星式搅拌机转盘的转向可与搅拌叶片的转轴转向相反和相同如图（c）和（d）所示，安装搅拌叶片的轴只自转而不公转，它是靠搅拌盘的旋转来达到行星强制搅拌作用。行星式搅拌效果好，能对处于搅拌盘内所有物料进行有效地搅拌而没有“低效区”。但结构复杂，特别是转盘式，物料随盘一起转动，消耗功率大，骨料受离心力的影响会向外滑动，使混凝土离析，所以转盘式应用并不普遍。

卧轴式强制搅拌机是最近几十年发展起来的新型搅拌机。它又可分为单轴式和双轴式两种，见图（e）和（f）。这种搅拌机最主要的特点是兼有自落式和强制式两种搅拌机的性能，搅拌叶片的线速度比立轴式小，所以耐磨性比立轴式好，功率消耗也少；在额定工作容量下可满载启动，这是立轴式所不能的；此外，卧轴式的体积小，高度布置紧凑。

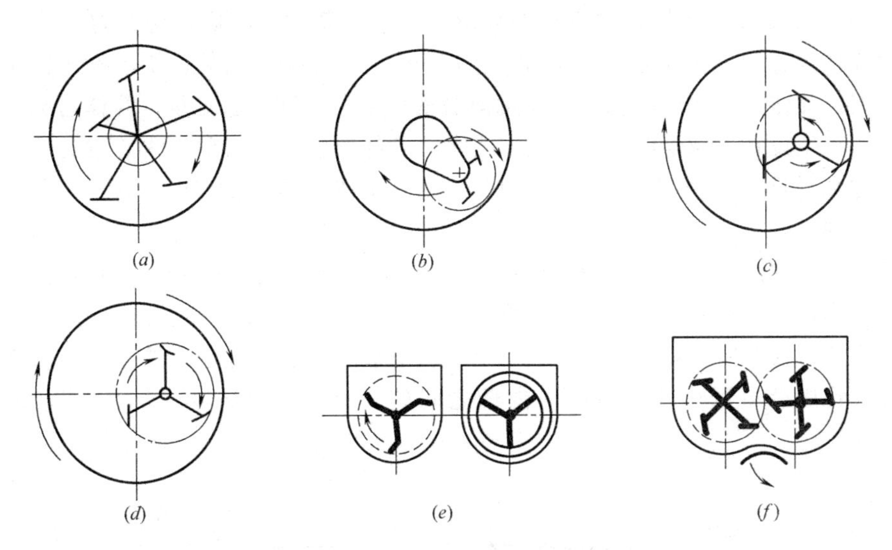

图 3-80　强制式搅拌机的工作原理

(a) 涡桨式；(b) 搅拌盘固定的行星式；(c) 搅拌盘反向旋转的行星式；
(d) 搅拌盘顺向旋转的行星式；(e) 单水平卧轴式；(f) 双水平卧轴式

2. 混凝土搅拌输送车和输送泵

随着建筑工程规模的扩大和施工技术的发展，为了严格控制混凝土生产的质量和降低生产成本，混凝土生产也从使用单一搅拌机在施工现场分散自制，发展到采用成套的混凝土生产装置在工厂或大型工地集中生产。在这种集中搅拌或使用商品混凝土的情况下，从生产厂到施工现场的混凝土输送，因运距较远，运量较大，宜采用混凝土搅拌输送车输送，以防止混凝土在运输中产生初凝和离析；在施工现场宜采用混凝土输送泵，以提高输送、浇灌的效率，并减少混凝土的损耗。

(1) 混凝土搅拌输送车

混凝土搅拌输送车是在普通的载重汽车或专用运载底盘上安装着一种独特的混凝土搅拌装置而得到。它兼有搅拌和运载的双重功能，可以在运送的同时进行搅拌，以防止混凝土离析或初凝等现象的发生，从而有效地保证混凝土的质量。

根据混凝土搅拌站至施工工地的距离或材料站的情况不同，搅拌输送车有三种使用方式：

① 预拌混凝土的搅动输送这是最常用的一种工作方式。即输送车从混凝土搅拌站(工厂)装入已拌好的混凝土，在行驶中，拌筒以 1～3r/min 的转速作缓慢的搅动，以防止混凝土分层、离析，到达浇灌现场卸料。预拌混凝土的搅动输送的运距一般在 10km 以内。

② 湿料搅拌输送指输送车在配料站按比例装入水泥、砂石和水，在行驶中，搅拌筒以 8～12r/min 的转速进行搅拌，一直到浇灌现场，卸出混凝土的作业方式。这种作业方式可延长运距，但混凝土的搅拌质量不如前一种方式。

③ 干料注水搅拌输送搅拌筒内只装干拌合料(即按比例装入砂、石子和水泥)，而搅拌所用的水加在车内水箱中。行驶中，在适当的时候(距浇灌地点 15～20min 路程时)向搅拌筒内喷水进行搅拌，到达浇灌现场时即可卸料。此方式的运距更长。

图 3-81 所示是混凝土搅拌输送车的外形图，它由载重汽车底盘与搅拌装置两部分组成。图中搅拌装置的工作部分为搅拌筒，它是一个单口的梨形筒体，支承在不同水平面的三个支点上，筒体前端的中心轴安装在机架的轴承座内，呈单点支承；筒体后端外表面焊有环形滚道，架设在一对滚轮上，呈两点支承。搅拌筒的动力由前端中心轴处输入。搅拌筒纵轴线与水平具有 16°～20°前低后高的倾斜角。筒体前端封闭，后端开口，兼作进、出料口。筒内焊有两条相隔 180°相位的带状螺旋叶片 6，筒体转动时可使物料在不断提升和向下翻落的过程中沿叶片的螺旋方向运动，受到搅拌。当搅拌筒正转时，物料向里运动并受到搅拌。当搅拌筒反转时，拌合好的混凝土则顺着螺旋叶片向外旋出。为了引导进料，防止物料进入时损坏叶片，在筒口处设置有一段导管 2。进料时物料沿导管内壁进入；出料时，拌合物则沿导管外表面与筒口内壁之间的环槽形通道卸出。筒的结构如图 3-82 所示。

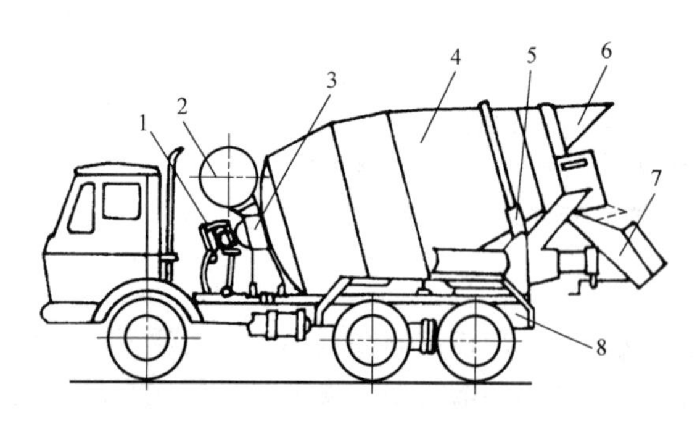

图 3-81　混凝土搅拌输送车

1—液压马达；2—水箱；3—支承轴承；4—搅拌筒；5—滚轮；6—进料斗；7—卸料槽；8—汽车底盘

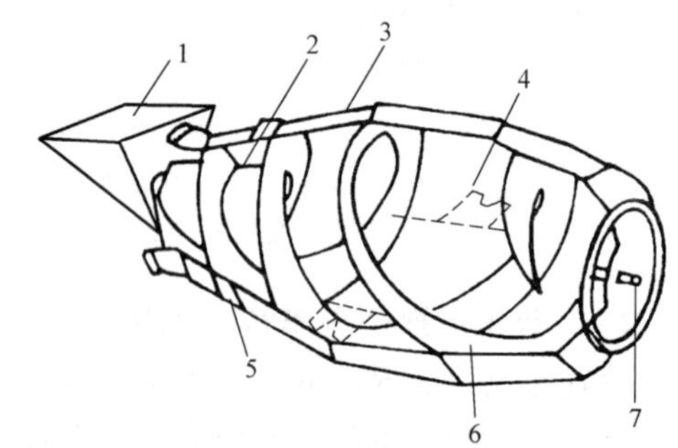

图 3-82　搅拌输送车的搅拌筒

1—进料斗；2—进料导管；3—筒体；4—辅助搅拌叶片；5—环形滚道；6—带状螺旋叶片；7—中心轴

(2) 混凝土输送泵

混凝土输送泵是将机械能转换成流动混凝土的压力能，使混凝土拌合料沿水平、垂直的输送管道连续输送到浇灌地点的设备。混凝土泵车就是自行式的混凝土泵，它能以载重汽车的速度行驶到浇灌混凝土的地点，利用车上的布料装置，在混凝土工程中进行直接浇灌作业。混凝土泵的类型较多，其中的双缸液压活塞泵应用较为普遍。

① 双缸液压活塞式混凝土泵

双缸液压活塞式混凝土泵的工作原理和结构示意图如图 3-83 所示，它主要由料斗、两个液压缸、两个混凝土缸、分配阀、Y 形管和水箱等组成。

混凝土工作缸 1 与液压驱动的油缸 3 串联，两个混凝土工作活塞 2 分别由两个油压活塞 4 驱动，交替地进行吸入和排出混凝土。在混凝土缸的前端设有进料口和排料口，分别与料斗 6 和 Y 形输送管 9 相通，并由闸板式进料阀 7 和排料阀 8 控制其“接通”和“切断”两种状态。两个闸板阀也分别由两个液压缸驱动，与混凝土缸的行程相配合，交替更换位置。液压驱动系统的控制油路使混凝土缸和分配阀协调配合工作，当某一个混凝土缸进入吸料行程（另一个缸为排料行程）时，闸板阀必定打开该缸的进料口，封闭排料口，使后退的活塞从集料斗中吸入混凝土，与此同时，另一混凝土缸的进料口被封闭，而排料口打开，使正处于排料行程的混凝土缸由于活塞前推而把混凝土压送到输送管路中去。当

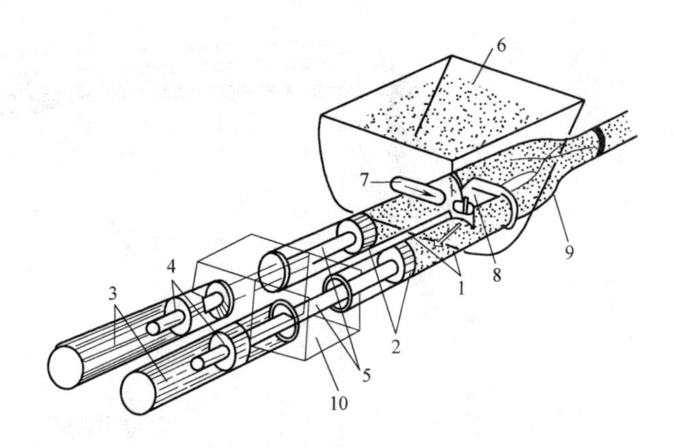

图 3-83　双缸活塞泵的工作原理

1—混凝土缸；2—混凝土活塞；3—液压缸；4—液压缸活塞；
5—活塞杆；6—料斗；7—吸入阀；8—排出阀；9—Y 形管；10—水箱

两个混凝土缸的活塞同时到达各自的行程终点时，控制油路立即使两个闸板阀换位，使混凝土缸进、出料口的接通和切断状态与刚才相反。如此反复交替，循环工作，就不断地从料斗中把混凝土吸入，并通过 Y 形管道和输送管道压送至浇灌点。

② 混凝土泵车

混凝土泵车是一种汽车臂架式混凝土泵，它不但移动方便，到达施工点后无需大量的准备工作即可进行作业，而且能将混凝土直接输送至浇灌点，大大提高了布料和浇灌作业的效率。

混凝土泵车主要由汽车底盘、双缸液压活塞式混凝土输送泵和液压折叠式臂架管道系统三部分组成。其外形结构如图 3-84 所示。

在车架前部的旋转台 8 上，装有三段式可折叠的液压臂架系统 11，它在工作时可进行变幅、曲折和回转三个动作。输送管道 7 从装在泵车后部的混凝土泵出发，向泵车前方延伸，穿过转台中心的活动套环向上进入臂架底座，然后穿过各段臂架的铰接轴管，到达第三段臂架的顶端，在其上再接一段约 5m 长的橡胶软管 17。混凝土可沿管道一直输送到浇灌部位。由于旋转台和臂架系统可回转 360°，臂架变幅仰角为 $-20°\sim+90°$，因而泵车有较大的工作范围。

泵车的动力全由发动机提供。发动机除可驱动机械传动的行驶系统外，还可驱动两个油泵。主油泵为叶片泵，供应混凝土液压缸和搅拌器的马达用压力油；另一为轴向柱塞泵，供给三个折叠臂变幅油缸用压力油。

泵车上设有四个液压外伸支腿，作业时用以将车身抬起，增加稳定性。此外，还有带压缩空气的水箱，可任选压缩空气或压力水以清洗泵身和输送管道。

(3) 混凝土输送泵和泵车的使用

为了使混凝土泵和泵车正常工作、防止堵塞，使用混凝土泵和泵车时应注意以下问题：

① 骨料中碎石最大粒径与输送管道内径之比不超过 1∶3，卵石不超过 1∶2.5，以防止骨料在输送管道内形成稳定性堵塞；泵送混凝土的含砂率应比非泵送混凝土的含砂率高

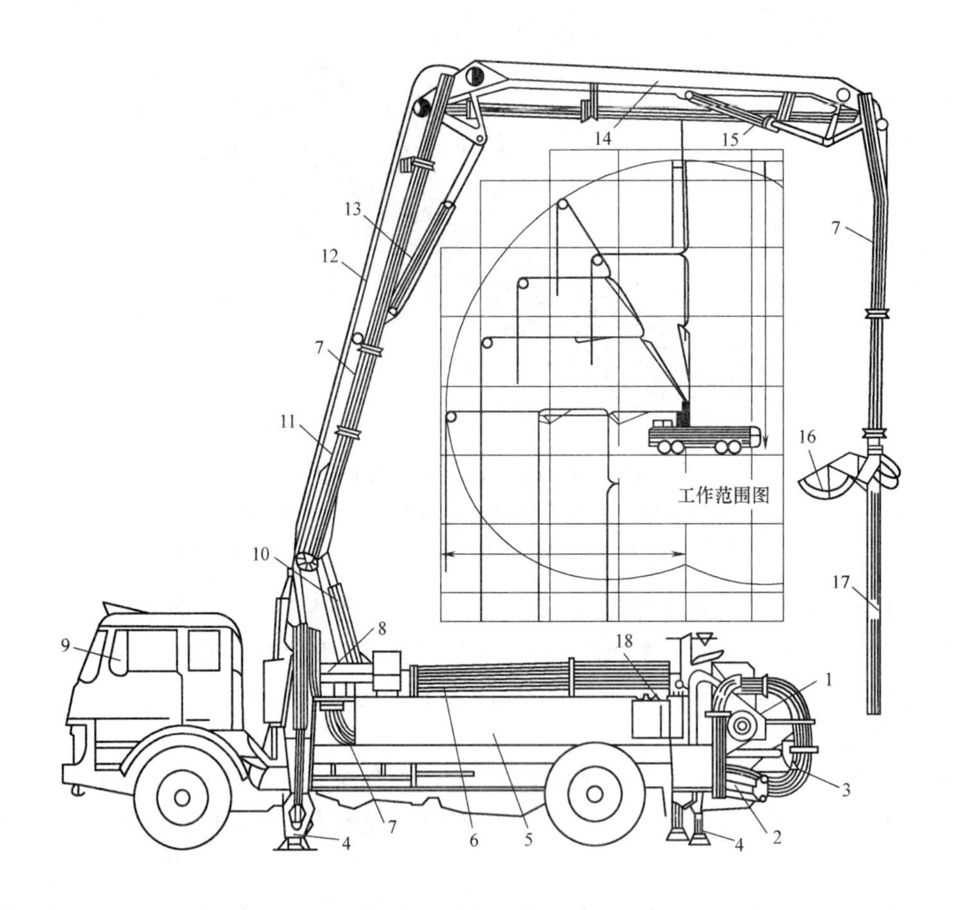

图 3-84　带布料臂杆的混凝土泵车

1—料斗和搅拌器；2—混凝土泵；3—Y形出料管；4—液压外伸支腿；5—水箱；6—备用管段；7—进入旋转台的导管；8—支承旋转台；9—驾驶室；10、13、15—折叠臂油缸；11、14—臂杆；12—油管；16—软管支架；17—软管；18—操纵柜

2%～5%，以提高可泵性；水泥用量除应满足混凝土质量要求以外，还要满足泵送管道的要求（即水泥浆润滑管壁，减小管道的摩擦力），一般不小于 300kg/m^3，并且为了利于泵送最好不用矿渣水泥，一般使用普通硅酸盐水泥。

② 增大混凝土的坍落度，或在混凝土中加泵送剂，以利于泵送。

③ 在一次作业完毕后，或者因故停止作业时间较长，都必须在规定时间内对混凝土泵、泵车及管道尽快进行清洗。以防止残留的混凝土在泵体和管道内凝结。

④ 一旦发现泵送管路系统被堵塞，应及时进行反泵运转处理，使初期形成的骨料集结松散后，再恢复正常泵送。切勿强行压送，以免造成骨料集结更严重。若泵送系统已被堵塞，应及时检查堵塞原因，判明堵塞部位，尽快加以排除。

⑤ 由于泵送管路中各段输送管道的形状、直径大小、铺设方向不同，所以各段管道对输送混凝土的阻力不一样。于是计算混凝土泵的输送距离时，要把各种管道折算成水平管道，并计算出水平输送距离。

表 3-33 是水平运送距离折算表，本表适用于坍落度大于 18cm 的混凝土。如果坍落度小于 18cm，则水平折算长度还要增大。

水平运送距离折算表 表 3-33

项目	管径(mm)	水平折算长度(mm)
每米垂直管	100 125 150	6 5 4
每个锥形管	175　150 150　125 125　100	4 10 20
90°弯管	弯曲半径:0.5m 弯曲半径:1m	7 5
橡胶软管	长度 5m～8m	18

3. 混凝土振动器

混凝土振动器是一种通过高频微幅振动对浇灌后的混凝土进行振动密实的机械。对浇灌后的混凝土施行振捣不仅可以使混凝土内部均匀和密实、增加浇灌层之间的粘结力、提高混凝土结构的强度，还可以缩短凝固成型时间、加快工程进度、降低工程成本。

(1) 混凝土振动器的工作原理和类型

混凝土振动器的工作原理是，通过一定传递方式把振动器的高频振动传递给混凝土拌合料，迫使拌合料颗粒之间的粘着力松弛，摩擦力减小，呈现出重质液体状态，粗细骨料在重力作用下向新的稳定位置沉落，存在的间隙完全被水泥浆充满，并排出气泡，使混凝土迅速密实地填充于模板之中，最终达到密实混凝土的目的。

按振动方式不同，振动器分为内部振动器、外部振动器、表面振动器和振动台四种，如图 3-85 所示；按产生振动的原理分为行星式和偏心轴式；按振动频率分为低频(33Hz～83Hz)、中频 (83Hz～133Hz)、高频 (133Hz～200Hz) 等。

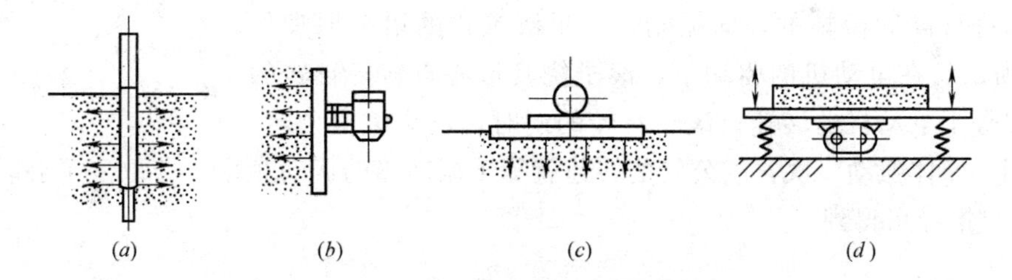

图 3-85 振动器示意图

(a) 内部振动器；(b) 外部振动器；(c) 表面振动器；(d) 振动台

例如，ZX50 表示电动软轴行星插入式振动器，棒头直径为 50mm。

(2) 内部振动器

内部振动器，又叫插入式振动器。它是插入到浇灌后的混凝土内部进行振动的，主要用来振实各种深度或厚度尺寸较大的混凝土结构和构件，如梁、柱、墙、桩、基础等。其工作部分由一个棒状空心圆柱体及棒内的振动子组成，称为振动棒。在动力驱动下，振动棒产生振动，在 20～30s 的时间内，就能将棒体四周约 10 倍于棒径范围的混凝土振动密实，效率较高。

按电动机与振动子之间传动形式的不同，电动式内部振动器可分为软轴式和直联式两种。软轴式是通过一根传动软轴把电动机与振动棒连接起来，振动棒小巧灵活，在建筑工程中应用广泛，但软轴对传动转矩和转速都有一定的限制。直联式是电动机直接安置在振动棒内部的上端，电动机的转子与棒内的振动子组成一个构件。直联式简化了传动，但棒径较大、棒体较重，不便于手持作业，多采用机械悬吊作业。在大型混凝土工程，如地铁和桥墩等施工中，要求较大的振动功率和较大的振动棒棒径，以提高振动生产率，这种场合尤为适于采用直联式的大型插入式振动器。

电动软轴式振动器按振动子的激振原理不同，可分为偏心轴式和行星滚锥式。它们的结构如图 3-86 所示。在偏心轴式的转轴上分布有偏心质量。工作时，高频电动机驱动偏心轴在振动棒体内旋转。由于偏心质量产生的不平衡离心惯性力的作用，于是振动棒就进行高频微幅振动，其振动的频率就等于电动机的转速。因提高转速受到软轴传动的限制，故其振动频率较低，而逐渐被行星滚锥式所取代。

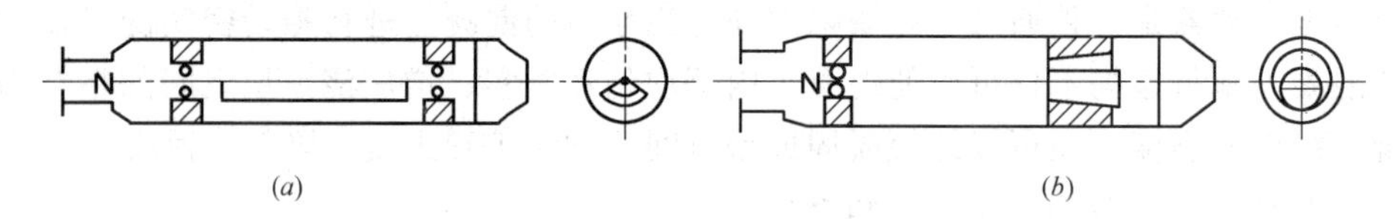

图 3-86　振动棒结构示意图
（a）偏心轴式；（b）行星滚锥式

行星滚锥式振动器的结构如图 3-86（b）所示，一根一端为圆锥体的滚锥轴取代了偏心轴式振动器中的偏心轴。该滚锥轴后端支承在轴承上，前端（有圆锥体的一端）悬置，在振动棒壳体与滚锥轴圆锥体相应部位是一个稍大的圆锥滚道。工作时，圆锥体沿滚道作行星运动，产生不平衡的离心惯性力，此力推动振动棒进行高频微幅的环向振动。行星滚锥式的增频原理如图 3-87 所示。在电动机的驱动下，滚子绕其形心自转，自转的转速可以等于电动机的转速；滚子自转的同时，还绕滚道公转。公转一周，棒体振动一次，故公转的转速就等于振动棒的振动频率。若取滚子公转的转速为 n，通过推导可得到：

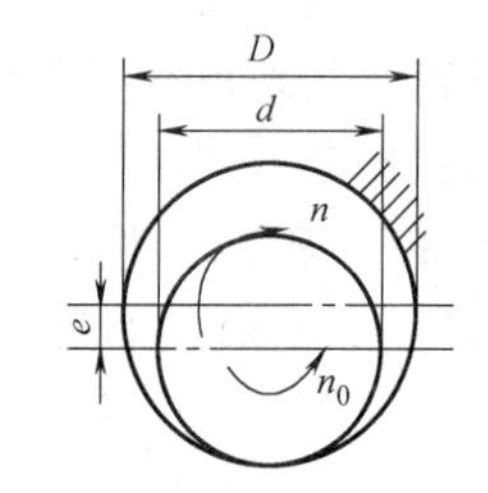

图 3-87　行星增频原理图

$$n=\frac{n_0}{D/d-1}$$

式中　D 和 d 分别是滚道的直径和滚锥的直径，如图 3-87 所示。若滚子与滚道的直径越接近，公转转速 n 就越大。适当选择滚子与滚道的直径，即可使振动棒在普通转速的电动机驱动下，获得较高的振动频率。目前行星式振动器的振动频率一般为 183Hz～250Hz，有关型号与规格见表 3-34。

电动软轴行星插入式混凝土振动器型号与规格　　**表 3-34**

型号 基本参数	ZX35	ZX50	ZX85	ZX100
振动棒直径(mm)	35	50	85	100
空载振动频率不小于(Hz)	217	183	150	133
空载最大半振幅不小于(mm)	0.8	1.0	1.2	1.2
电动机功率(kW)	1.1	1.1	1.5	1.5

续表

基本参数 \ 型号	ZX35	ZX50	ZX85	ZX100
混凝土坍落度为3～4cm时生产率不小于(m^3/h)	3	6	18	24
振动棒质量不大于(kg)	3.5	6	10	12
软轴直径(mm)	10	13	13	13
软管外径(mm)	30	36	36	36

(3) 外部振动器

外部振动器是通过混凝土外表面，将振动传入混凝土内部进行振实的机械。它由电动机振子与模板或平板组成为附着式或平板式两种振动器。

外部振动器的电动机振子主要由电动机定子1、转轴2、轴承3、偏心块4、护罩5、机座6等组成，如图3-88所示。偏心块固定在转轴上组成偏心振子。电动机转动时，偏心振子产生周期变化的惯性离心力，形成电动机振子的高频微幅机械振动。

附着式振动器是靠螺栓或其他锁紧装置把电动机振子固定在模板、滑槽、料斗或振动导管上而形成。电动机振子的振动是通过固定装置传递给混凝土的，使混凝土间接地得到振实。附着式振动器宜用于形状复杂的薄壁构件和钢筋密集的特殊构件的振动，对无法使用内部振动器的地方尤其适用。

平板式振动器是将电动机振子底部安装一块振动平板而形成。电动机振子的振动经过平板传入混凝土，使混凝土得到振实。平板式振动器适用于振动面积大、厚度小的混凝土构件板、地坪、路面等，振实深度一般为150～250mm。

(4) 振动台

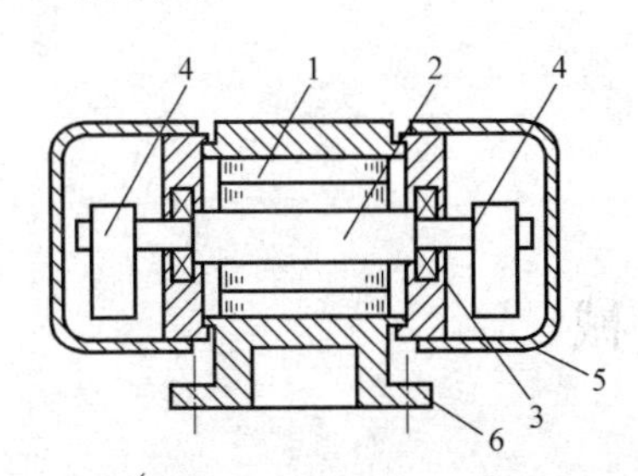

图3-88 外部振动器的电动机振子

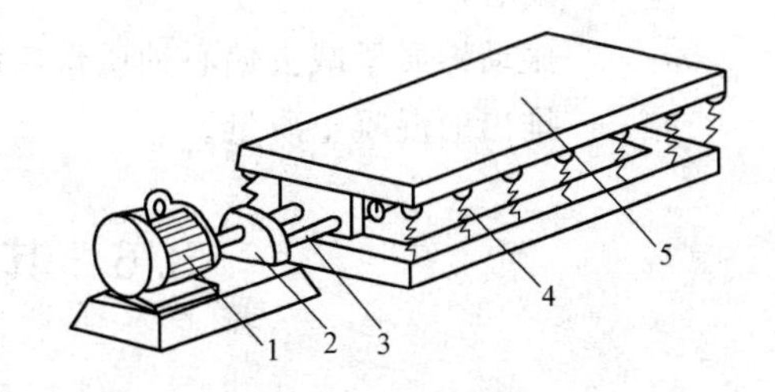

图3-89 振动台

振动台是混凝土的振动成型机器。其组成如图3-89所示，电动机1将动力传到齿轮箱2，齿轮箱通过一对转轴3带动两行对称偏心振子旋转，产生振动力，使支承在弹簧4上的台面5作上下振动。

作业时，先在台面上安置模板、浇灌混凝土，然后开动振动台。振动台主要用于预制构件厂大批生产混凝土构件。

(5) 混凝土振动器的应用参数选择与计算

① 振动频率的选择

振动器的振动频率是影响捣实效果的最重要因素，只有振动器的振动频率与混凝土颗粒的自振频率相同或相近，方能达到最佳捣实效果，由于颗粒的共振频率取决于颗粒的尺寸，尺寸大的自振频率较低，尺寸小的自振频率较高。故对于骨料颗粒大而光滑的混凝土，应选用低频、振幅大的振动器，对于骨料颗粒小的混凝土，则宜用高频、小振幅的振动器。振动器的振动频率与混凝土骨料粒径的关系如表 3-35 所示。

振动频率与骨料粒径的关系 **表 3-35**

碎石粒径(mm)	10	20	40
优选频率(Hz)	100	50	33

干硬性混凝土则应选用高频振动器，高频振捣可改善振实效果，增加混凝土拌合料的液化作用，扩大振实范围，缩短振捣时间。但高频振捣不适用于塑性混凝土，否则混凝土将会产生离析现象。

② 振动棒的振幅

实验表明，当混凝土采用三级配（最大骨料粒径为 80mm)、坍落度为 3～6cm 时，可选用振幅为 1.0～1.5mm，频率为 100～167Hz，直径 100～200mm 的振动棒为宜。

③ 振动加速度

混凝土的振动加速度 a 是促使混凝土液化的决定性因素，它与振动器的频率 f 和振幅 A 的关系为：

$$a=Af^2$$

在实际应用中，如采用振动棒来振动，棒的振动加速度可按下式计算：

$$a=\frac{4\pi f m_e r}{m_v+m_e+m_b}$$

式中 m_e——偏心轴质量；

r——偏心距；

m_v——振动棒质量减去偏心轴质量后的剩余质量；

m_b——排出的混凝土质量。

3.6 其他机械

3.6.1 弧焊机

1. 交流弧焊机

交流弧焊机结构简单、易造易修、成本低、磁偏吹小、噪声小。与直流焊机相比电弧稳定性能差，功力因数低。交流弧焊机外形结构见图 3-90 和图 3-91。

(1) 交流弧焊机的使用

① 交流弧焊机使用前，应检查变压器外壳是否有可靠接地，接线螺栓是否可靠，内部是否清洁。

② 焊接时，变压器铁芯如发生振动，应及时修理。应随时检查变压器温升是否超过规定，发现变压器过热，应暂时停止工作，检查故障时，应切断电源。

(2) 交流弧焊机（焊接变压器）常见故障及排除方法见表 3-36。

图 3-90　BX1 型交流弧焊机

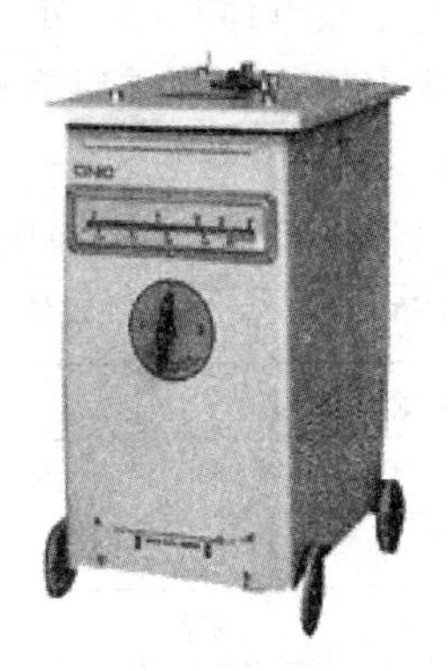

图 3-91　BX3 型交流弧焊机

弧焊变压器的常见故障及排除方法　　**表 3-36**

故障特征	产生原因	消除方法
变压器发热	(1)焊机过载 (2)线圈匝间短路 (3)铁心螺杆绝缘损坏	减少使用的焊接电流 用摇表检查，消除短路 恢复绝缘材料
变压器响声过大	(1)电抗线圈紊乱 (2)可动铁心的制动螺丝或弹簧过松 (3)铁心活动部分的移动机构损坏	整理固定线圈 旋紧螺丝，调整弹簧的拉力 检查修理移动机构
焊接过程中电流忽大忽小	(1)焊接电缆与焊件接触不良 (2)可动铁心随焊机的振动而移动	使焊接电缆与焊件接触良好 设法消除可动铁心的移动
变压器外壳带电	(1)初级线圈或次级线圈碰壳 (2)电源线误碰罩壳	检查并消除碰壳处 消除碰壳现象 接妥地线
焊接电流过小	(1)焊接电缆过长，压降太大 (2)电缆盘成圈形，电感太大 (3)电缆接线柱与焊件接触不良	减少电缆长度或加大直径 将电缆放开 使接头处接触良好

2. 逆变式直流脉冲氩弧焊机

WSM 系列逆变式直流脉冲氩弧焊机（图 3-92）是集手工焊、直流氩弧焊、脉冲氩弧

图 3-92　逆变式直流脉冲氩弧焊机

焊为一体的新一代焊机。它具有体积小、重量轻、省电等特点，广泛应用于不锈钢薄板制品的焊接。最小电流为 3 安培，焊缝成型美观，采用高频引弧，引弧成功率极高，手工焊时飞溅小，暂载率高。

（1）主要技术参数（以 WSM-160A 为例，见表 3-37）

WSM-160A 型逆变式直流脉冲氩弧焊机主要技术参数　　表 3-37

型号规格		WSM-160A
输入	电网电压	220V±10%
	相数	单相
	频率	50Hz
输出	额定输出电流	160A
	电流调节	3～160A
	暂载率	60%
氩弧焊	脉冲电流范围	3～160A
	脉冲占空比范围	10～90%
	脉冲频率范围	0.5～25Hz
	滞后关气时间调节	0～10s
	引弧方式	高频引弧(非接触式引弧)
效率		90%
参考质量		12.5kg
外型尺寸(mm)		320×210×260

（2）焊机严禁在下列环境中使用

① 环境温度大于 40℃或小于－10℃的场合。

② 可能受到雨淋或高湿度的场合。

③ 有危害腐蚀性气体的场合。

④ 充满灰尘的场合。

⑤ 有振动、易被碰撞的场合。

（3）焊机接线

逆变式直流脉冲氩弧焊机的接线方式见下图 3-93。

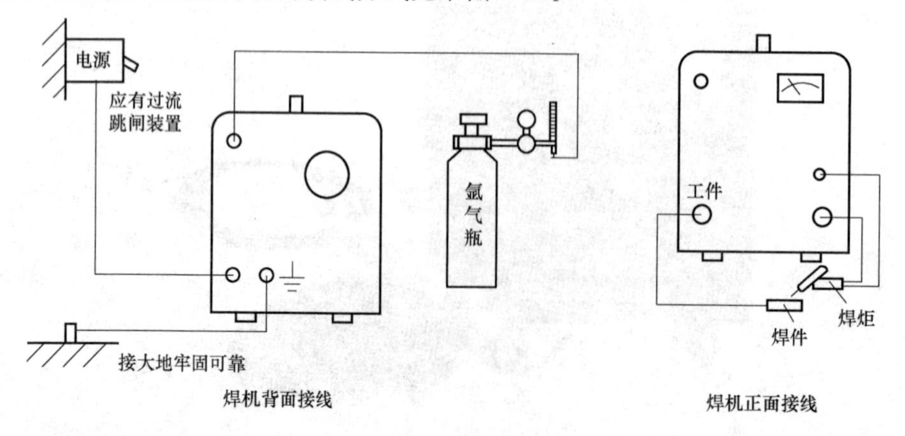

图 3-93　焊机接线图

(4) 使用方法

① 手弧焊。将“氩弧焊/手弧焊”转换开关置于“手工焊”位置，把“直流/脉冲”开关置于直流，此时可根据您的要求任意调节“焊接电流”旋钮，选用规范电流进行手工电弧焊接。

WS-160A 适用 ϕ4mm 以下焊条，可焊 0.5～6mm 板厚。

② 直流氩弧焊。将“氩弧焊/手工焊”转换开关置于“氩弧焊”位置，把“直流/脉冲”开关置于直流，打开氩气瓶开关，调节气体流量计至合适流量，按下焊枪开关，调节“电流调节”旋钮至合适的电流值焊接，引弧方式为高频引弧，钨极勿需与工件接触，焊接结束，松开焊枪开关，电弧熄灭，气体经“滞后关气时间调节”旋钮选择 0～10s 延时关闭。

③ 脉冲氩弧焊（将“直流/脉冲”转换开关置于脉冲位置）

脉冲氩弧焊可以精确控制工件的熔池尺寸，每个焊点加热和冷却迅速，适合焊接导热性能和厚度差别大的工件，特别适合薄板、超薄板的全位置焊以及单面焊双面成形等，并且会减少产生裂纹的倾向。

使用时，只要保持“脉冲电流”小于“电流调节”（也是峰值电流）即可以产生脉冲焊的效果。脉冲宽度的选取取决于热输入量，反映在焊缝的宽而深或窄而浅，脉冲频率根据焊接速度及板材的厚度来选取。所有操作应以焊缝牢固美观为原则，应在操作中调节。其他方法同直流氩弧焊。

(5) 常见故障处理（表 3-38）

逆变式直流脉冲氩弧焊机常见故障处理　　表 3-38

故障现象	故障原因	处理方法
电源开关无法合上	输入整流桥或滤波电容坏(多因接入380V引起)	更换
电流不可调节	1. 电流调节电位器坏 2. 基值电流调到最小 3. 主控线路板有故障	1. 更换 2. 调到最大 3. 修理
输出电流调不到额定值	1. 输入电压过低 2. 输入电源线过细 3. 配电容量过小 4. 输出电缆太细太长 5. 基值电流调在最小	1. 检查电网电压 2. 加粗 3. 确保配电容量 4. 加粗 5. 调到最大
按下焊枪开关焊机不工作	1. 焊枪开关断线 2. 控制插头座线断	1. 修理 2. 修理
可以接触引弧,不可以高频引弧	1. 引弧板坏 2. 放电间隙不正确 3. 控制继电器坏 4. 高压包坏	1. 修理 2. 调整到 1～1.5mm 3. 更换 4. 更换

3. 硅整流弧焊机

可控硅整流弧焊机是用于取代旋转直流焊机的理想设备。该焊机可使用所有牌号直径 2.5～8mm 的各种焊条，对低碳钢、中碳钢、低合金钢及不锈钢等进行全位置焊接，利用可控硅元件快速控制的特点，焊机动特性优良，性能柔和，电弧稳定，熔池平静，飞溅小，焊缝成型好，有利于克服碱性焊条在焊接中产生气孔的倾向。焊机具有引弧及推力电流装置，引弧容易，焊条不易粘住，焊机对电网电压波动进行补偿并在焊机冷热时，都能保持焊接电流的稳定，焊机操作方便，可远距离调节焊接电流。

焊机由三相变压器，平衡电抗器，滤波电抗器，控制变压器，交流接触器，排风扇，控制线路板，可控硅元件等组成，主变压器及平衡电抗器绕组均采用盘式结构，绕制方便，风道畅通，有利于通风散热，滤波电抗器采用中间插入铁芯的条形结构，制作方便，振动极小。以 ZX5-630 可控硅整流弧焊机为例进行说明。外形图如图 3-94 所示。

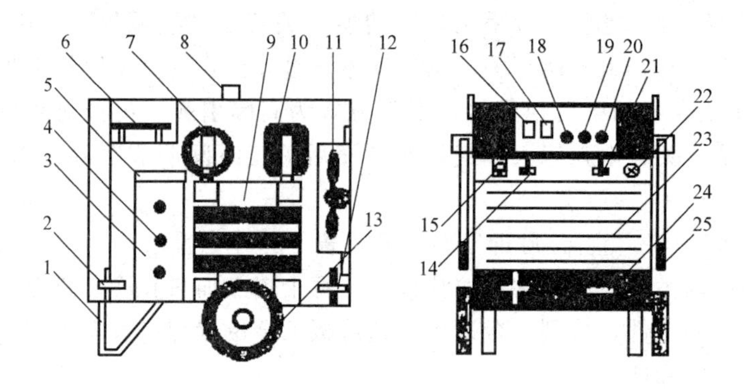

图 3-94　可控硅整流弧焊机

1—支脚；2—输出接线端；3—散热器；4—可控硅元件；5—阻容保护板；6—控制电路板；7—滤波电抗器；8—吊环；9—主变压器；10—平衡电抗器；11—冷却风机；12—输入接线端；13—滚轮；14—远近控选择开关；15—远控盒插座；16—电流表；17—电压表；18—焊接电流调节旋钮；19—引弧电流调节旋钮；20—推力电流调节旋钮；21—电源开关；22—电源指示灯；23—前百叶板；24—输出盖板；25—推把

注：焊机附远控盒一只，将远控盒插头插入机器的远控盒插座内即可远距离调节焊接电流。

（1）结构及工作原理（图 3-95）

该系列焊机采用带平衡的双反星性可控整流电路。输入电源电压经三相电源变压器降压后，通过晶闸管元件整流，再经滤波电感滤波后输出，利用改变晶闸管的导通角来控制输出直流电流的大小，从直流输出分流器上取出电流负反馈信号，与给定信号相比较，随着输出电流的增加，负反馈亦增加，晶闸管导通角减小，输出直流电压下降，从而获得了下降的外特性。

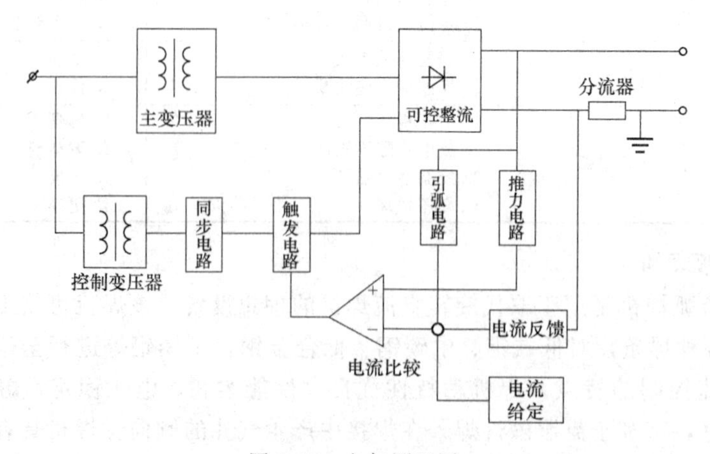

图 3-95　电气原理图

推力电流是当输入端电压低于15伏时，使输出电流增加，特别是短路时，形成外拖的外特性，使焊条不易粘住。

引弧电流是每次起弧时短时间增加给定电压，使引弧电流较大，易于起弧。

（2）技术数据（表3-39）

ZX5-630可控硅整流弧焊机 **表3-39**

电源电压V	380	额定工作电压V		44
相数	3	额定工作电流A		630
频率Hz	50	额定负载持续率		60%
输入容量kV·A	48	电流调节范围A		130～630
初级电流A	74	电网波动补偿度	电网波动	±10%
空载电压V	70		输出电流	≤4%
频率	75%	冷热态电流稳定度		≤2%
功率因数	0.75	冷却方式		强迫风冷
绝缘等级	B级	外形尺寸mm		900×660×770
质量kg	230			

（3）安装方法

① 本焊机不允许在高湿度（相对湿度超过90%），高温度（周围环境湿度超过40℃）以及有害工业气体，易燃、易爆、粉尘严重的场合下工作。

② 本焊机的电源为三相380V，50Hz用户应自备容量为100A的自动保险式空气开关，并要求用于不大于8mm^{2}的铜导线可靠接地。

③ 输出端设在焊机内，接线时，先折下盖板，将电缆牢固接地在输出螺杆上，然后上好盖板。

（4）使用方法

① 近控使用时，将面板上近控开关置于“近控”位置，取下遥控操作盒，（盖上插座盖），合上三相电源，向焊机供电，电源指示灯亮，按下“ON”按钮，绿色指示灯亮，焊机开始工作，风扇转动，焊机有电压输出，根据需要调节好电流刻度（仅供参考、应以电流指示为准），推力电流及引弧电流，即可进行焊接。

② 远控使用时，将面板上远控开关置于“远控”位置，将远控操作盒焊接上，将引弧，推力电流调至所需位置，合上三相电源向焊机供电，按下“ON”按钮，焊机即投入运行，在操作盒上调节好焊接电流，即可进行焊接。

（5）注意事项

① 焊机三相进线连接必须牢靠，如有一相断开，焊机就不能正常运行。

② 焊机与电缆的接头处必须拧紧，否则接触不良，可将接线板烧坏。

③ 调节旋钮轻轻旋动即可，两端限位处，切勿使劲再旋。

④ 如焊机在使用过程中，突然有过大的电流冲击或性能显著变劣时，应停机检查。

⑤ 起动焊机后，风扇不转动或风扇虽转动，但风力很小时，首先应进行风机的检查和修理，方可使用，本焊机严禁在无规定通风下进行焊接工作。

⑥ 控制箱内各电位器在出厂时已调试完毕，用户非特殊需要切勿随意旋转。

（6）故障及消除方法（表 3-40）

硅整流弧焊机的故障及消除方法　表 3-40

故障现象	原因	消除方法
1. 箱壳漏电	1. 电源线不慎碰箱壳 2. 变压器、电抗器、电源开关及其他电器元件或接线碰箱壳 3. 未接地线或接触不良	1. 消除碰处 2. 检查、并消除碰壳处 3. 接好接地线
2. 接触器不动作焊机不能工作	1. 电源缺相 2. 电源开关接触不良 3. 接触器损坏	1. 检查电源 2. 更换开关 3. 更换接触器
3. 空载电压调节失灵	1. 电源电压过低 2. 变压器次级线圈匝间短路 3. 可控硅整流器 SCR1-6 其中一个或几个不触发 4. 输入电压一相开路	1. 调整电压至额定值 2. 消除短路处 3. 检查控制箱内触发线路部分及引线并修复它 4. 检查并修复
4. 焊接电流调节失灵	1. 控制线开路或短路 2. 近、远控选择与电位器不相对应 3. 可控硅整流器 SCR1-6 不触发 4. 控制盒插座 20、24 号无输出电压 5. 同步线路有故障	1. 检查并修复之 2. 使其对应 3. 检查并修复 4. 检查控制箱给定电压部分及引出线 5. 修复
5. 焊接时焊接电弧不稳定性能明显变差	1. 线路中某处接触不良 2. 滤波电抗器匝间短路 3. 分流器到控制箱的引线断开	1. 使接触良好 2. 消除短路处 3. 应重新接好
6. 风扇不转或风力很小	1. 保险管 RD1-3 熔断 2. 风扇电动机绕组断线 3. 风扇电动机起动电容接触不良或损坏	1. 更换保险丝 2. 修复电动机 3. 使接触良好或更换电容器
7. 噪声变大	1. 风扇风叶碰风圈 2. 风扇轴承松动或损坏 3. 风扇风叶松动 4. 固定箱壳或内部的某紧固件松动	1. 整理风扇支架、使其不碰 2. 修理或更换 3. 拧紧风叶 4. 拧紧紧固件
8. 焊机内有异味或主电源保险丝熔断	1. 主线路部分或全部短路 2. 可控硅整流器击穿短路 3. 风扇不转或风力小	1. 修复线路 2. 检查保护电路电容，接触是否良好、更换同型号同规格元件 3. 修理风扇
9. 焊机无输出电流	1. 保险丝 RD1-3 熔断 2. 风扇不转或长期超载使焊机内温升太高、从而使温度继电器 kW 动作	1. 更换保险管 2. 修复风扇或控制焊机不要超负荷运行
10. 焊条容易粘工件	1. 焊接电流太小 2. 短路电流太小 3. 温度继电器烧坏	1. 适当调大焊接电流 2. 适当调大推力电流 3. 更换温度继电器

4. 埋弧自动焊机

逆变式 MZ 系列直流埋弧焊机（图 3-96）分为普通型，包括 630、800、1000、1250 四种，可焊接对接、搭接和角接焊缝，适用的板材包括：碳素结构钢、不锈钢、耐热钢及复合钢材等。广泛应用于造船、压力容器、机械制造等行业。该系列焊机兼备其他功能，一机可实现埋弧焊、手弧焊、碳弧气刨功能，极大地提高了设备利用率。

每种类型焊机分为降特性和双特性两种。降特性焊机主要实现粗丝单丝焊接；双特性焊机输出特性兼容降特性和平特性，可以实现细丝单丝埋弧焊接、细丝双丝埋弧焊接和粗丝单丝埋弧焊接，实现对薄板的埋弧焊接。

（1）埋弧自动焊机使用前应作下列例行检查：

① 控制线路的保险丝规格是否符合要求，有无烧断现象；

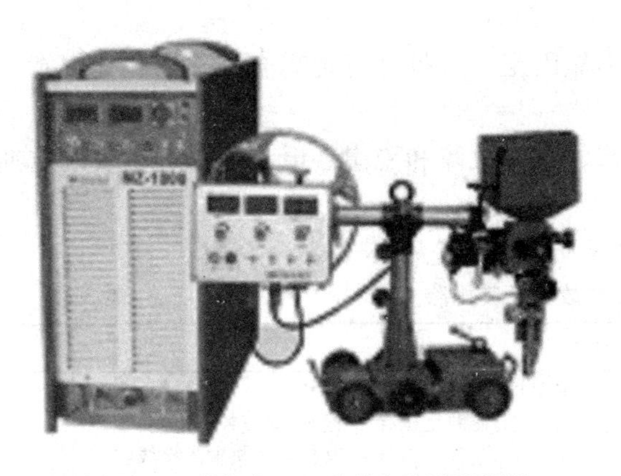

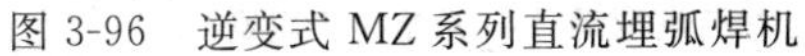
图 3-96　逆变式 MZ 系列直流埋弧焊机

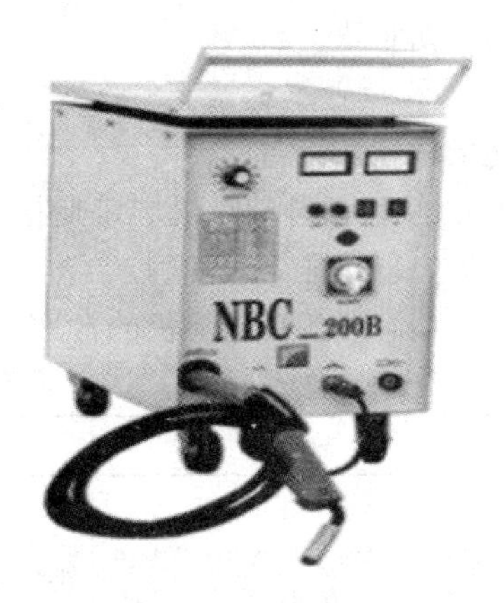

图 3-97　CO_2 气体保护焊机

② 控制电路三相网路电压是否与铭牌要求相符，各部接线有无接错，绝缘是否良好；

③ 对于设有电动机-发电机系统的控制线路，应检查电动机的转向是否符合要求，如反向，应将引入控制线路的三相线调相；

④ 导电部分的螺栓及接触面是否牢固和清洁，接线板防护罩应盖好，以免发生触电危险；

⑤ 自动焊机的转动部分是否灵活，有无润滑油，否则应修理或加润滑油；

⑥ 机头的焊丝传动轮，压紧轮和导电嘴，是否磨损，应调整焊丝压紧轮及导电装置中的夹紧力，保证焊丝正常输送，焊丝从导电嘴伸出 20m 时，其末端在垂直方向的允许偏差为 1mm。导电嘴伸出长度是否合适；

⑦ 送丝速度和小车行走是否正常，配合是否协调，是否与选用的规范一致，对设有焊剂自动输送和回收装置的机头，应检查输送和回收回路有无堵塞现象；

⑧ 对软管式自动焊机应检查软管有无堵塞现象，每月必须清理软管槽孔一次，然后用干净的压缩空气进行清扫；

⑨ 检查控制板上控制按钮工作情况，并通过控制按钮，检查各电气控制部件是否工作正常灵敏。如有问题应及时排除。

（2）焊接时应注意下列事项：

① 变压器门和控制箱门除检查需要外，不应打开，以免灰尘进入箱内，影响机件的工作性能和安全；

② 应经常检查弧焊设备的风扇、控制系统的电动机-发电机组及焊机送丝、行走机械是否过热，如果温升超过规定要求，应及时检查原因，并排除故障；

③ 应经常检查导电嘴和焊丝接触情况，如果发现导电嘴送丝孔径太大，或焊丝发红、接触不良，应及时停机更换导电嘴；

④ 焊丝送丝机构应定期检查，如发现焊丝打滑，应调整夹紧机构。送丝轮和夹紧轮磨损严重应予更换。应及时排除焊丝紊乱，注意焊剂的输送和回收是否正常；

⑤应注意保护好两端多芯插头，并固定牢靠，严禁工件碾压控制导线。

（3）焊接工作停止后，应做到：

① 将电源开关和控制箱闸刀拉下、切断电源，将自动焊机放在干燥通风安全的地方，

盖上防护罩。

② 放置于容器上和容器里的焊机应予牢靠固定，并打开行走离合器，以免托辊意外转动，摔坏设备。

③ 埋弧自动焊机应定期检查、保养维修、排除故障和隐患。电流表、电压表应定期校对，以保证灵敏准确。

（4）埋弧自动焊机的常见故障、产生原因及排除方法见表3-41。

埋弧自动焊机常见的故障及其排除方法　　表3-41

故障	产生原因	排除方法
按焊丝"向上"、"向下"按钮时，焊丝送进方向不对或不送进	（1）控制电路的故障，如按钮接触不良，电动机供电回路中触点断路或损坏、辅助变压器故障、整流器损坏等 （2）电动机旋转方向接反，发电机或电动机电刷接触不良	检查、修复控制电路 改换电动机输入接线 调整电机电刷
按"起动"按钮时，线路工作正常，但引不起电弧	焊接电源未接通，焊丝与工件接触不良	检修接触器，接通弧焊电流，清理焊丝与工件接触点
按"起动"按钮后，焊丝一直向上反抽	MZ-1000型：电弧反馈线未接或断开 MZ_1-1000型：起动按钮故障，当按钮回复原位时，一个常闭触点不闭合	接好反馈线 修理或更换起动按钮
线路工作正常而焊丝送进不均匀，电弧不稳	焊丝送进压紧滚轮松动 焊丝被卡住 焊丝送进机构故障 网路电压波动过大	调整或更换送丝滚轮 清理焊丝 检修送丝机构 焊机使用运用电源
按"起动"按钮后，焊接过程正常，但小车突然停止行走	小车离合器已脱开 小车有阻挡物	旋紧离合器 排除阻挡物
焊丝没有与焊件接触，但焊接回路有电流	小车与工件间绝缘损坏	检查绝缘部分，并修理
焊接过程中，焊丝周期性与工件粘住或常常断弧	电弧电压太低或焊接电流过小造成焊丝与工件周期性地粘住 电弧电压太高或焊接电流太大，造成断弧	合理控制焊接参数

（5）埋弧自动焊机常用型号及主要技术数据（表3-42）

埋弧自动焊机常用型号及主要技术数据　　表3-42

型号 技术数据	MZ-1000	MZ1-1000	MZ2-1500	MZ3-500	MZA-1000
焊接电流（A）	40～1200	200～1000	400～1500	180～600	200～1200
焊丝直径（mm）	3～6	1.6～5	3～6	1.6～2	3～5
焊接速度（m/min）	15～70	16～126	13～5112	10～65	2.1～48
送丝速度（m/min）	30～120 （弧压35V）	52～403	28.5～225	108～420	30～360
送丝速度的调节方法	电位器调节	调换齿轮	调换齿轮	自耦变压器调节	电位器调节 （可控硅调压）
焊丝盘可容纳的焊丝重量（kg）	12	8	12	8	
焊剂漏斗容量（L）	12	6.5	22	35	

5. 二氧化碳气体保护焊机

CO_2系列气体保护焊机（图3-97）适用的焊丝有：铁焊丝、不锈钢焊丝、药芯焊丝、铝焊丝，可以焊接的金属材料有：低碳钢、低合金钢、不锈钢铝及铝合金等，是一种应用广泛、节能、高效、优质的焊接设备。常见的焊机型号及技术参数如表 3-43。

常见的焊机型号及技术参数 **表 3-43**

型号	NBC-160	NBC-200	NBC-250	NBC-315	NB-500
额定焊接电流(A)	160	200	250	350	500
空载电压(V)	60	60	60	51	53
负载电压(V)	22	30	27	32	29
电流调节范围(A)	32～160	40～200	50～250	50～350	50～500
电压调节范围(V)	16～22	19.5～30	17～27	27～32	17～39
使用焊接直径(mm)	ϕ0.6～1.0	ϕ0.8～1.0	ϕ1.0～1.2	ϕ1.0～1.6	ϕ1.2～2.0
额定负载持续率(%)	60	60	60	60	60

(1) CO_2 气体保护焊机的使用和保养应符合下列要求：

① 焊机应按外部接线图正确安装，焊机外壳必须可靠接地；

② 经常检查电源和控制部分的接触器及继电器具等触点的工作情况，发现损坏，应及时修理和更换；

③ 必须定期检查半自动送丝软管及弹簧管的工作情况；

④ 经常检查送丝滚轮压紧情况和磨损程度。导电嘴焊丝的接触情况，导电嘴孔径磨损严重时要及时更换；

⑤ 送丝电机和小车电机要定期检查碳刷磨损情况，严重磨损时要及时更换；

⑥ 经常检查焊枪喷嘴与导电杆之间的绝缘情况，防止焊枪喷嘴带电，检查预热器工作情况，保证预热器正常工作；

⑦ 工作完毕必须切断焊机电源，关闭气源。

(2) CO_2 焊接设备的常见故障及排除方法见表 3-44

CO_2 焊接设备的常见故障及排除方法 **表 3-44**

故障种类	产生原因	排除方法
气体没有进入焊接手把	1. 气瓶中没有气体 2. 气体管道有故障	1. 换上装有气体的钢瓶 2. 检查气体管道，并排除故障
气路结合处漏气	1. 气瓶与减压器连接螺母过松 2. 减压器与干燥器连接螺母过松 3. 气体管道结合处不严密	1. 拧紧螺母 2. 拧紧螺母 3. 消除管道结合处的严密性
焊接手把喷口受到强烈加热	冷却水没进入焊炬	检查焊接手把供水系统并消除毛病
减压器冻结	1. 气体消耗量大 2. 脱水剂吸足水分	1. 把流量调到所需数量 2. 用新焙烤过的干脱水剂换去湿脱水剂
和焊件接触时，焊接设备壳体短路	1. 绝缘垫圈已坏 2. 喷嘴和管道嘴上受到熔化金属强烈的飞溅	1. 换上新的垫圈 2. 把喷嘴上和管道嘴上的飞溅物除去

6. 等离子切割机

等离子切割机是一种新型的热切割设备，它的工作原理是以压缩空气为工作气体，以高温高速的等离子弧为热源，将被切割的金属局部熔化，并同时用高速气流将已熔化的金属吹走，形成狭窄切缝。该设备可用于不锈钢、铝、铜、铸铁、碳钢等各种金属材料切割。不仅切割速度快、切缝狭窄、切口平整、热影响区小、工件变形度低、操作简单，而且具有显著的节能效果。该设备适用于中、薄板材的切断、开孔、挖补、开坡口等切割加工。外形如图 3-98。

图 3-98　等离子切割机

(1) 工作原理与切割特点

① 工作原理。切割用等离子电弧温度一般在10000～14000℃之间，远远超过所有金属以及非金属的熔点。切割时，用高速的离子气流熔化母材并吹掉熔融金属而形成切口。切割用离子气焰流速度及强度取决于离子气种类、气体压力、电流、喷嘴孔道比及喷嘴至工件的距离等参数。等离子弧割枪基本结构及术语如图 3-99 所示。

等离子弧切割时采用正接极性电流，即电极接电源负极。切割金属时采用转移弧，引燃转移弧的方法与割枪有关。割枪分有维弧割枪及无维弧割枪两种，有维弧割枪的电路接线见图 3-100，无维弧割枪电路接线无电阻 R 支路，其余与有维弧割枪的电路接线相同。

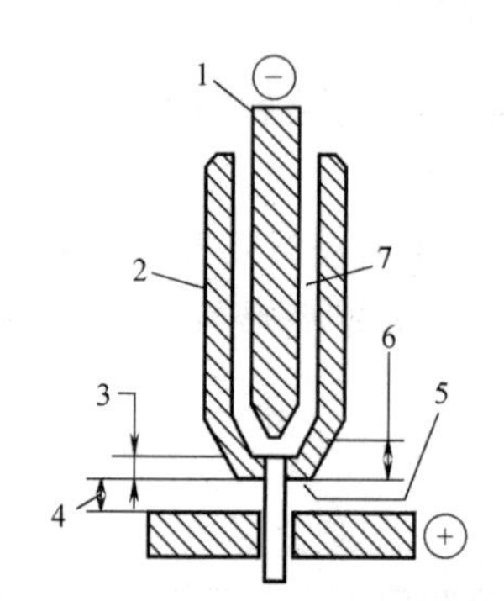

图 3-99　等离子割枪的结构

1—电极；2—压缩喷嘴；3—压缩喷嘴子孔道长；4—等离子弧枪与工件距离；5—压缩喷嘴孔径；6—电极内缩距离；7—离子气

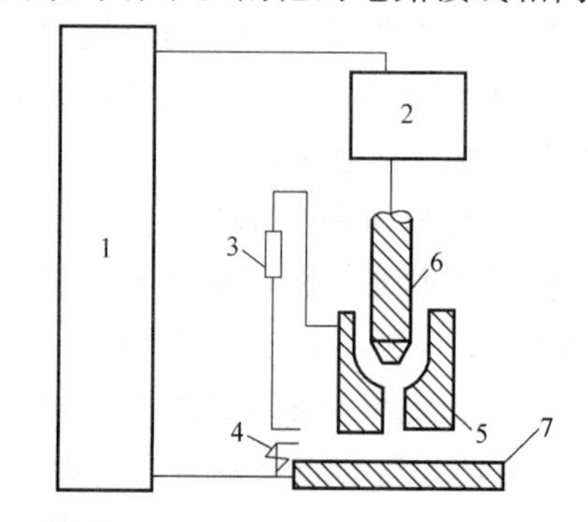

图 3-100　等离子弧切割的基本电路

1—电源；2—高频引弧器；3—电阻；4—接触器触点；5—压缩喷嘴；6—电极；7—工件

图 3-100 中电阻 3 的作用是限制维弧电流，将维弧电流限制在能够顺利引燃转移弧的最低值。高频引弧器用来引燃维弧。引弧时，接触器触点闭合，高频引弧器产生高频高压引燃维弧。维弧引燃后，当割枪接近工件时，从喷嘴喷出的高速等离子焰流接触到工件便形成电极至工件间的通路，使电弧转移至电极与工件之间，一旦建立起转移弧，维弧自动燃灭，接触器触点经一段时间延时后自动断开。

无维弧割枪引弧时，将喷嘴与工件接触，高频引燃电极与喷嘴之间的非转移弧。非转移弧引燃后，就迅速将割枪提起距工件 3～5mm，使喷嘴脱离导电通路，电弧将转移至电极与工件之间。自动割枪均需采用有维弧结构。60A 以下手工切割常采用无维弧结构割枪，60A 以上手工割枪常采用有维弧结构割枪。

② 切割特点。与机械切割相比，等离子弧切割具有切割厚度大，切割灵活，装夹工件简单及可以切割曲线等优点。与氧乙炔焰切割相比，等离子弧具有能量集中，切割变形

小及起始切割时不用预热等优点。

等离子弧切割的缺点是：与机械切割相比，等离子弧切割公差大，切割过程中产生弧光辐射，烟尘及噪声等公害。与氧乙炔焰相比，等离子切割设备费贵；切割用电源空载电压高，不仅耗电量大而且在割枪绝缘不好的情况下，易对操作人员造成电击。

（2）常见等离子切割机技术参数见下表3-45。

离子切割机技术参数 **表3-45**

项目	型号				
	LGK8-40	LGK8-63	LGK8-100	LGK8-200	LGK8-300
电源电压(V)	380V,50Hz				
相数	3				
额定输入容量(kV·A)	11.2	14.1	24	43	50
额定输入电流(A)	17	22	37	65	76
额定负载持续率(%)	60%				
额定电压(V)	200	250	270	280	300
额定切割电流(A)	40	63	100	200	300
最大切割厚度(不锈钢)(mm)	12	18	30	60	80
空气压力(MPa)	0.4～0.6	0.6～0.65	0.6～0.7	0.6～0.7	0.6～0.7
气流流量(L/min)	100	130	130	130	130
外形尺寸(mm)	760×460×440	580×450×870	630×500×900	700×600×500	700×600×500
重量(kg)	100	110	160	230	300

（3）等离子切割机常见故障与排除方法见表3-46。

等离子切割机常见故障与排除 **表3-46**

故障	产生原因	排除方法
没有高频火花	中间继电器QC2故障 高频变压器T2故障 高频电容器断路或损坏 火花发生器HF短路或损坏 输入的三相电源缺相 割矩控制开关损坏或开关控制线断	更换中间继电器 更换高频变压器 更换高频电容器 调整其钨棒间距为2～3mm 检查三相电源 更换割矩控制开关，重新接线
产生“双弧”	电极对中不良 割矩气室的压缩角太小或压缩孔道过长 切割时等离子焰流上翻或是熔渣飞溅至喷嘴 钨极的内伸长度较长，气体流量太小 喷嘴离工件太近	调整电极和喷嘴孔的同心度 改进割矩结构尺寸 改变割矩角度或先在工件上钻好孔 减小钨极内伸长度，增大气体流量 把割矩稍加抬高
切割过程中自动熄弧	空气压缩机的容量太小 空气压缩机的下限调得太低 设备中空气压力开关的控制压力太高 切割时速度太慢 非接触切割过程 切割过程中的喷嘴、电极耗尽	在使用时应选用＞0.3m³/min的空气压缩机 应调整在0.4MPa以上 调整压力控制器的控制压力大于0.2MPa 应正确平稳掌握切割速度 喷嘴与工件间的弧拉得过长 应更换新的喷嘴、电极

续表

故障	产生原因	排除方法
喷嘴容易烧损	切割电流过大 压缩空气流量不足，喷嘴冷却不好 工件接触喷嘴的侧面时容易烧损 电极与喷嘴的同心度不好 板材太厚，超过了设备使用范围 选用的喷嘴与设备要求不相符	切割电流>100A时，应采用非接触切割方式 增大压缩空气流量 控制喷嘴与工件接触的距离 切割前调好电极与喷嘴的同心度 选择相匹配的切割设备 选用与设备要求相符的喷嘴
切口熔瘤	等离子弧功率不够 气体流量过小或过大 切割速度过小 电极偏心或割矩在割缝两侧的倾斜角时，易在切口一侧造成熔瘤 切割薄板边缘时，在窄边易产生熔瘤	适当加大功率 把气体流量调节合适 适当提高切割速度 调整电极同心，割矩应保持在割缝所在平面内 加强窄边的散热
切口太宽	电流太大 气体流量不够，电弧压缩不好 喷嘴孔径太大 喷嘴至工件的距离过大	适当减小电流 适当增大气体流量 适当减小喷嘴孔径 把割矩低些
切口面不光洁	工件表面有油锈、污垢 气体流量过小 操作时移动速度，以及割矩高度掌握不均匀	切割前将工件清理干净 适当加大气体流量 熟练操作技术
切不透	等离子弧功率不够 切割速度太快 气体流量太大 喷嘴离工件距离太大	增大功率 降低切割速度 适当减小气体流量 把喷嘴压低

3.6.2 水泵

1. 水泵的用途、类型和主要性能参数

水泵是指能把原动机的机械能转换为所抽送水获得动能或势能，以输送和提升水位的机械。在建筑施工中，水泵是一种不可缺少的机械，主要用来保证施工现场的给水和排水工程的需要。如在低洼地区施工，必须将大量积水排除后，才能进行基础工程的施工；在地下施工、雨季施工，都需把水抽走才能保证正常施工；此外，在新建工地的供水等也需使用水泵。

水泵的类型及品种规格繁多，但按工作原理分和结构的不同分有动力泵（亦叫叶轮式泵）、活塞式泵、轴流泵（亦称螺旋桨式泵）等，在建筑工程中大多采用动力泵，包括离心式水泵、潜水泵和管道泵。

泵的性能参数主要有：

（1）流量

流量是指泵在单位时间内输送的流体体积，即体积流量，以符号 Q 表示，单位为 m^3/h。

（2）扬程（全压或压头）

扬程是单位重量流体通过泵与风机后获得的能量增量。对于水泵，此能量增量叫作扬程，单位是 mH_2O（米水柱高）或 kPa。

（3）功率

功率主要有有效功率和轴功率两种，有效功率是指在单位时间内通过泵的全部流体获得的能量，以符号 Ne 表示，常用的单位是 kW；轴功率是指原动机加在泵转轴上的功率，以符号 N 表示，常用的单位是 kW。泵不可能将原动机输入的功率完全传递给流体，还有一部分功率被损耗掉了，这些损耗包括：

① 转动时，由于摩擦产生的机械损失；

② 克服流动阻力产生的水力损失；

③ 由于泄漏产生的能量损失等。

（4）效率

效率反映了泵将轴功率 N 转化为有效功率 Ne 的程度，有效功率 Ne 与轴功率 N 的比值称为效率 η，即

$$\eta=\frac{Ne}{N}\times 100\%$$

（5）转速

转速是指泵叶轮每分钟转动的次数，以符号 n 表示，单位是 r/min。

（6）允许吸上真空度

允许吸上真空度以符号 Hs 表示，是确定水泵安装高度的主要参数。

2. 离心式水泵

离心式水泵的工作原理可用图 3-101 所示的最简单的一种单级离心泵来说明。它是依靠旋转的叶轮对液体的作用把原动机（一般为电动机）的机械能转化为液体流动的能。

离心泵工作时，需先将水泵和吸入管道中灌水，然后起动。由于旋转的叶轮对水的作用，使水运动产生离心力，液体被甩向叶轮周围，并因此在进口流向出口的过程中，速度和压力都得到增加。水由于压力的作用以及水的动能（速度能）又可转换成水的压力能，所以水能沿排出管输送到较高处。另外，在离心力的作用下，使与进口相通的叶轮中心及附近区域形成局部真空，使此处水压小于进水口周围的大气压力，所以水便经吸入管道进入叶轮。因此旋转着的叶轮就能连续不断地吸入并排出液体。

离心泵有多种型式，根据叶轮数目的多少，它有单级水泵（泵内只有一个叶轮）和多级水泵（泵内有多个叶轮），一个叶轮称为一级，级数越多扬程越高。根据叶轮吸入液体的方式，水泵有单吸式和双吸式两种。在建筑工地上普遍使用的单级单吸式（BA 型）离心泵，它具有扬程较高，流量较小，结构简单，使用方便，水泵出水口可以根据需要上下、左右的调整等特点。

3. 潜水泵

潜水泵是一种将泵和电动机制成一体，可沉入水中进行吸水和输水的泵。其特点是体积和质量小，安装方便，移动灵活，工作适应性强。它不但可免除泵在起动前的灌水，而且泵的安装高度不受吸程限制，因此它特别适用于建筑施工中需频繁移动和起动的地下积水排除或缺少用水工地的深井供水。

目前，我国已有的系列潜水泵口径一般为 100～500mm，流量为 5～1200m^3/h，扬程为 10～180mHO_2（米水柱高）左右。

潜水泵型式较多，但基本构造相似。它由电动机、水泵和密封装置等组成，见图 3-102 所示。

4. 管道泵

管道泵也称管道离心泵，其结构参见图 3-103。该泵的基本构造与离心泵十分相似，主要由泵体、泵盖、叶轮、轴、泵体密封环等部件组成，泵与电机同轴，叶轮直接装在电机轴上。

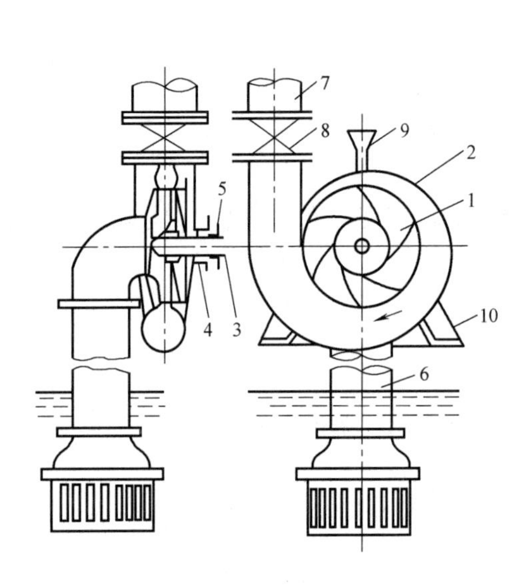

图 3-101　单级单吸式（BA 型）离心泵构造示意图

1—叶轮；2—泵壳；3—泵轴；4—轴承；5—轴封；6—吸水管；7—压水管；8—闸阀；9—灌水漏斗；10—泵座

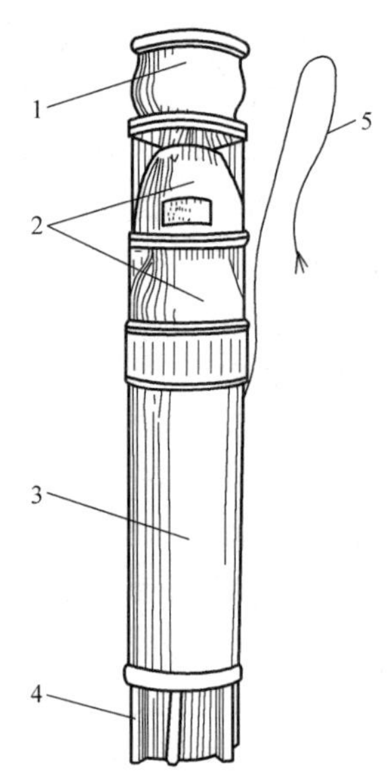

图 3-102　深井潜水泵外形

1—扬水管接头；2—水泵工作部分；3—水泵电机部分；4—泵座；5—防水电缆

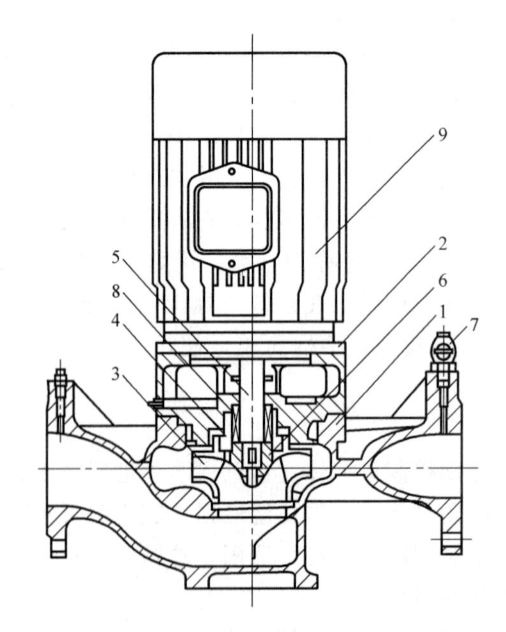

图 3-103　G 型管道离心泵结构图

1—泵体；2—泵盖；3—叶轮；4—泵体密封环；5—轴；6—叶轮螺母；7—空气阀；8—机械密封；9—电机

管道泵是一种比较适合于供暖系统使用的水泵，与离心泵相比具有以下特点：

（1）泵的体积小、重量轻，进出水口均在同一直线上，可以直接安装在管道上，不需设置混凝土基础，安装方便，占地少。

（2）采用机械密封，密封性能好，泵运行时不会漏水。

（3）泵的效率高、耗电小、噪声低。

常用的管道泵有 G 型和 BG 型两种，均为立式单级单吸离心泵。

G 型管道泵，适宜于输送温度低于 80℃、无腐蚀性的清水或其物理、化学性质类似清水的液体。该泵可以单独安装在管道中，也可以多台串联或并联运行，宜作循环水泵或高楼供水用。

BG 型管道泵适用于温度不超过 80℃的清水、石油产品及其他无腐蚀性液体，可供城市给水、供暖管道中途加压之用。流量范围为 2.5～25m^3/h；扬程为 4～20m。

5. 离心水泵的运行故障及处理

离心水泵在运行中常出现打不出水、流量不足、汽化、电机过载、轴向推力不平衡、振动噪音等故障，对于出现以上事故的现象、产生的原因以及排除方法见表 3-47。

离心式水泵常见故障，原因及排除参考表 **表 3-47**

故障现象	原因分析	排除方法
泵起动后不出水或出水不多	没有灌水或没有灌满水 安装总扬程或吸水扬程超过规定 转向反或转速不够 底阀堵塞或锈死 叶轮堵塞或磨损 吸水管或填料处漏气 吸水管内或泵壳上部有空气 底阀露出水面、没水深不够	放净空气、灌满水 换高扬程泵或降低水泵位置 调换转向，加大转速 消除堵塞物或修理底阀 消除堵塞物或更修叶轮 密封吸水管，压紧填料 正确安装吸水管、放净空气 降低水泵位置
原动机带不动泵	转速超过额定转速 机小泵大或出水量超过定额扬程低于定额 填料压得过紧 轴承损坏，叶轮和泵磨损严重 泵轴弯曲或两轴不同心	检查电机 更换大功率原动机、降低水泵出水量 拧松填料压盖 更换轴承、检查叶轮和密封环磨损情况 调直泵轴，调整联轴器
机器振动大、声音不正常	吸水扬程超过规定，发生气蚀 泵轴弯曲或两轴不同心 水泵和管道固定不良 轴承磨损，叶轮碰擦泵壳 叶轮局部堵塞	降低水泵位置 调直泵轴，调整联轴器重新固定 更换轴承，调整叶轮，清除堵塞物
轴承发热	轴承损坏，缺油或油不干净 皮带拉得过紧 泵轴弯曲或两轴不同心	更换轴承，加油或更换干净油脂 调松皮带 调直泵轴，调整联轴器

3.6.3 冷作加工机械

1. 联合冲剪机

联合冲剪机由剪板、冲孔和剪切型材等部分独立工作机构联合组成，被广泛用于钢板剪切、型钢的剪断以及板材（型材）的冲孔等，用于制作通风部件和支、吊架。按照传动方式的不同，联合冲剪机有液压联合冲剪机和机械式型材冲剪机两种类型，见图 3-104、

图 3-105。联合冲剪机有多种型号，以 Q35-16 机械联合冲剪机为例进行说明。技术性能见表 3-48。使用联合冲剪机应注意：

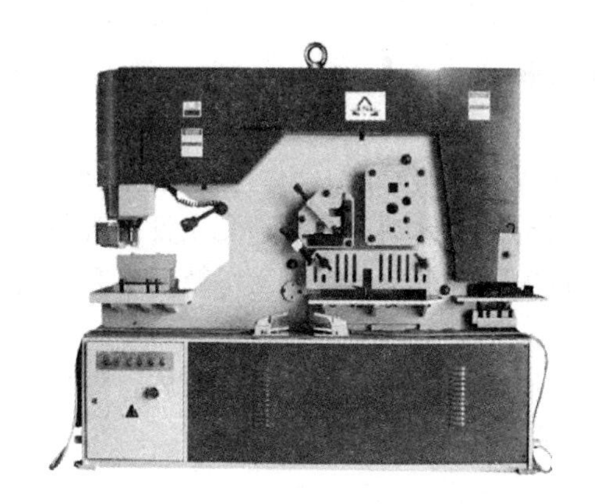

图 3-104　Q35Y-30 液压联合冲剪机

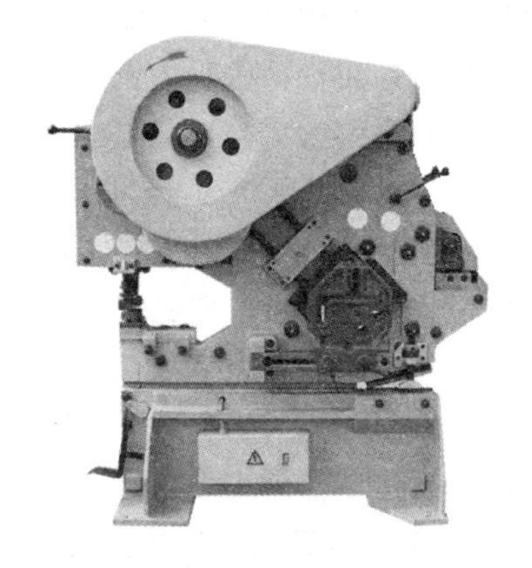

图 3-105　Q35-16 机械联合冲剪机

Q35-16 机械联合冲剪机技术性能表　　**表 3-48**

指标	数据	指标	数据
(1)切割型材的最大尺寸/mm		(3)技术参数	
钢板(厚)	16	冲压力/t	63
等边角钢	120×120×12	冲程/mm	26
圆钢	45	行程次数/次/分	36
方钢	40×40	主电机功率/kW	4
槽钢	126×53×5.5	外形尺寸(长×宽×高)/mm	1877×1945×725
(2)冲孔的最大直径/mm	28(板厚 16)	机器重量/t	2.83

(1) 使用前检查剪切刀具及冲孔模具，应保证其完好无崩裂，固定刃具的螺栓应紧固牢靠，刃口角度应合适。

(2) 空运行正常后，应带动冲刃或剪刃空冲或空剪 1～2 次，检查压紧装置、定位装置正常后，方可进行剪冲作业。

(3) 刀板间隙要适当，对厚度为 2～12mm 的板料，刀板间隙以 0.15～0.5mm 为合适，具体执行设备说明书。

(4) 合理使用模具，冲剪材料应与模具相适应，如方、圆不得互用等。

(5) 剪切钢板、圆钢、方钢、型钢时必须压紧，不准在没有压紧的状态下进行剪切。

(6) 冲孔时，检查冲头和模孔壁间间隙应均匀，冲头最低位置应略超过模孔平面。

(7) 在一般情况下，不准同时进行两项剪切作业。如设备允许，同时进行两项剪切作业时，要相互配合好。

图 3-106　Q11-6×2500 剪板机

2. 龙门剪板机

图 3-106 是 Q11-6×2500 剪板机。它主要由床身、电动机、带轮、压料器、刀片等部件组成。剪切操作时，由电动机带动带轮、飞轮传动轴再通过齿轮使偏心轮转动，从而使床身上的上刀片上下运动，从而进行剪切作业。

Q11-6X2500 剪板机技术性能参数见表 3-49。

Q11-6X2500 剪板机技术性能表 **表 3-49**

型号	可剪板厚(mm)	可剪板宽(mm)	行程次数(次/min)	剪切角	后搂料距离(mm)	主电机功率(kW)	重量(kg)	外形尺寸 $L\times W\times H$(mm)
6×2500	6	2500	24	2°	500	7.5	5400	3680×2200×2020

常见的剪板机还有液压剪板机、液压摆式剪板机、振动剪板机等形式，可根据使用场地、加工范围、加工形式等进行合理选择。

使用剪板机应注意：

(1) 使用前应检查刀口的角度和完整状态，剪刀刃必须保持锋利，其长度不直度不得超过 0.1mm。

(2) 空运行正常后，应带动上刀刃空剪 2～3 次，检查刀具、离合器、压板等部件正常后，方可进行剪切作业。

更换剪刀或调整剪刀间隙时，上下剪刀的间隙一般为剪切钢板厚度的 5%为宜。调整剪刀间隙后，应手动盘车，检查剪刀有无碰擦和间隙情况。

(3) 压板的各个压脚与平台的间隙应一致。

(4) 钢板如有焊疤、氧化皮等易损伤刀具的杂物时，必须清理干净后，方可进行剪切。

(5) 严禁将薄钢板重叠剪切，也不得同时进行两项剪切作业。

(6) 成批剪料时，应先将挡板调整到所需要的位置，做出样品，检验合格后，方可成批剪料。送料时不要用力过猛，避免挡板移动。

(7) 压脚压不住的板料，如窄板、不平板等，不得剪切。剪切长料时，应用台架架平。

(8) 剪板操作应迅速，避免连续剪切。

(9) 铅、铝、合金钢板或过硬的钢板，不得进行剪切。

(10) 应对机械定期进行保养，保持机械完好状态。

3. 卷板机

卷板机用于将金属板加工成圆管、圆锥管或圆弧形部件。卷板机一般为三辊对称式结构（图 3-107）。上辊在两下辊中央对称位置，通过锥齿轮传动或液压传动作垂直升降运动；由电动机带动主减速机，通过主减速机的末级齿轮带动两下辊齿轮啮合做旋转运动，为卷制板材提供扭矩。规格平整的塑性金属板通过卷板机的三根工作辊（二根下辊、一根上辊）之间，借助上辊的下压及下辊的旋转运动，使金属板经过多道次连续弯曲，产生永久性的塑性变形，卷制成所需要的圆筒、锥筒或它们的一部分。卷圆完成后，上辊端部打开，将加工件取出。常见三辊对称卷板机的性能表见表 3-50。

常见三辊对称卷板机的性能表　　表 3-50

规格型号	卷板厚度	卷板宽度	上辊直径	下辊直径	下辊中心距	主电机功率(kW)	液压电机功率(kW)	卷板速度(m/min)
W11120×3000	120	3000	950	860	1160	132	55	3.5
W1150×3000	50	3000	580	480	750	55	15	3.5
W1130×3200	30	3200	500	400	620	45	11	4.5
W1120×2000	20	2000	280	220	420	15	5.5	5
W1116×2000	16	2000	220	200	420	11	5.5	5

用三辊卷板机卷板时，其板的两端需要进行预弯，预弯长度为 $0.5L+(30\sim50)$mm（L 为下辊中心距）。预弯可采用压力机模压预弯或用托板在滚圆机内预弯。

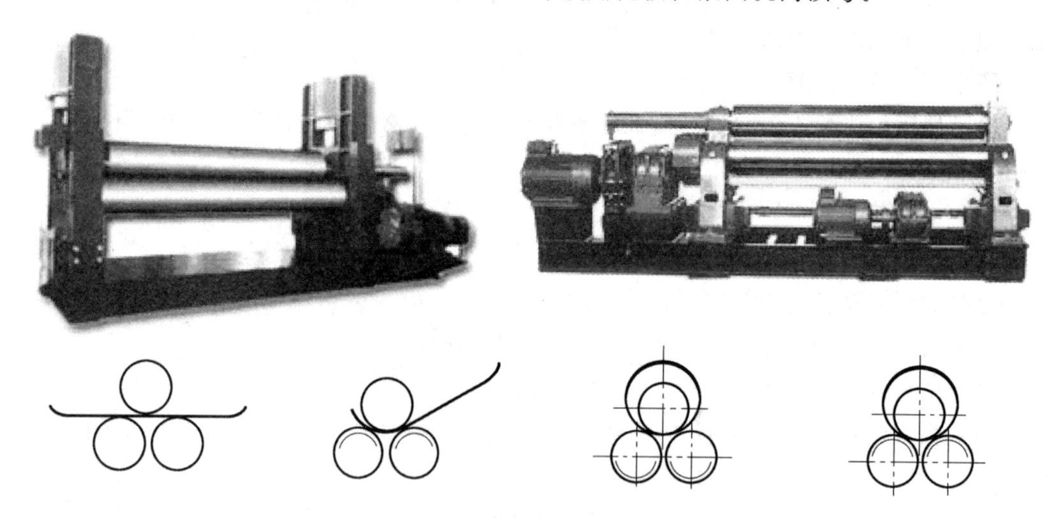

图 3-107　三辊对称卷板机及其工作原理

卷板机使用时，应注意下面几点：

(1) 使用前，应检查各部位有无异常，紧固螺钉（帽）不得有松动。制动器、离合器应工作可靠。

(2) 严格按板材厚度调整卷筒距离，不得超负荷作业。不能卷压超出机械性能规定范围的工件。

(3) 卷板前，其板的两端需要进行预弯。

(4) 滚卷较厚、直径较大的筒体或材料强度较大的工件时，应少量下降动轧辊并经多次滚卷成型。

(5) 卷压不够，整圆工件时，滚卷到钢板末端时，要预留一定余量，以防工件掉下伤人。

(6) 在卷制过程中，手不得放在被卷压的钢板上，并不准用样板进行检查，停机后方准用样板检查圆度。

4. 螺旋风管机

螺旋式风管的制作是采用带钢等带状卷料，通过风管成型机一次咬出咬口骨形，并沿螺旋渐开线轨迹卷成圆形管状，同时将咬口缝压紧，最后按需要的长度切割而成。圆形风管与矩形风管相比在严密性、强度、面积周长比等方面具有较大的优势，近年来应用日趋广泛。

螺旋风管机又称为螺旋风管成型机（图 3-108），主要由卷板料架、电机、咬口合缝总成、卷圆成型机构、定尺切割平台及控制传动润滑系统等部分组成。按照卷圆成型机构有无管模划分，螺旋风管机分为管模型螺旋风管机、钢带型螺旋风管机（图 3-109）。使用管模型螺旋风管机时，每加工一种管径的螺旋风管必须使用对应尺寸的管模，具有管径切换和调整速度快，成型效果好等特点。使用钢带型螺旋风管机时，无需使用管模，可在给定的范围内加工所需各种管径的螺旋风管。

表 3-51 为管模型螺旋风管机的性能表。

管模型螺旋风管机 **表 3-51**

参数 型号	加工管道直径(mm)	加工板厚(mm)	钢带宽度(mm)	进料速度(mm)	主机功率(kW)	切割功率(kW)	外形尺寸(mm)	重量(kg)
LXA-200/1250	ϕ200～1250	0.5～1.2	124	0～13	5.5	4	1900×1000×1200	1200
LXA-100/1250	ϕ100～1250	0.5～1.2	124	0～13	5.5	4	2940×1530×1900	1280
LXA-100/1600	ϕ100～1600	0.5～1.2	124	0～13	5.5	4	2940×1530×1900	1350
LXA-85/1200	ϕ85～1200	0.4～1.0	137	0～20	5.5	4	2620×1920×2100	1350

图 3-108 管模型螺旋风管机

图 3-109 钢带型螺旋风管机

5. 折方机

折方机又称为折边机。按照传动方式的不同，可分为手动折边机、液压折边机、电动折边机等类型。主要用于矩形风管的折边。手动折边机效率较低，工人体力消耗大，只适合于小批量加工和施工现场使用。

数控液压折弯机由电动机、液压泵、机架、立柱、工作台等组成，如图 3-110。其工作原理是电动机带动液压泵，产生高压液压油，利用液压油操纵液压油缸升降，从而带动折弯梁、压梁抬起或放下，完成折方工艺。表 3-52 为数控液压折弯机技术参数。

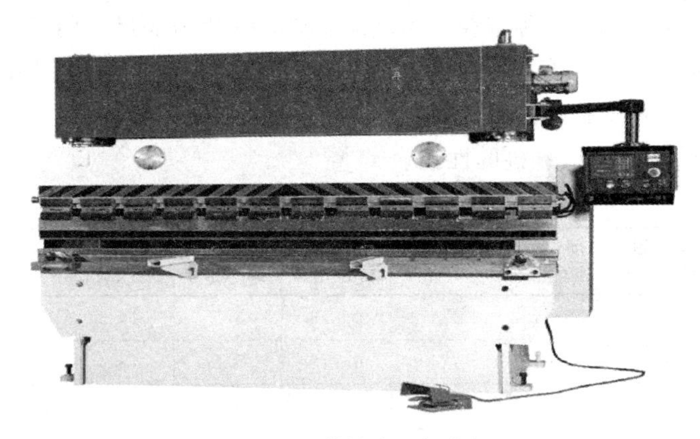

图 3-110　数控液压折弯机

数控液压折弯机技术参数　　表 3-52

产品型号		W_{62}Y-3×2500	W_{62}Y-2×3100	W_{62}Y-5×2500	W_{62}Y-5×2000	W_{62}Y-4×3100
折片长度(mm)		2500	3100	2500	2000	3100
折片厚度(mm)		3	2	5	6	4
折边梁回转角度		110°	110°	110°	110°	110°
上梁最大上升量(mm)		200	200	200	200	200
机械外形	L(mm)	3300	3900	3300	2800	4800
	W(mm)	1000	1000	1000	1000	1000
	H(mm)	1800	1800	1800	1800	1800
重量(kg)		3000	5000	4500	4000	5500
主电机(kW)		4.5	4.5	5.5	5.5	5.5
重 量(kg)		3000	5000	4500	4000	5500

折方机（折边机）使用时，应注意：

（1）使用前，应进行空负荷试运行，各部位符合使用要求后方可使用。

（2）折方时，作业人员要紧密配合，并与设备保持安全距离，防止钢板伤人。

（3）不得超规格使用本机床。

（4）不允许材料上有焊疤和较大毛刺，防止模具损坏。

（5）工作完毕后，应切断电源，做好机床保养和环境打扫工作，使设备保持正常的工作状态。

6. 咬口机

金属矩形风管由金属薄板制作，通常采用咬口连接。常见的咬口型式包括：单平口咬口、联合角咬口、按扣式咬口等。咬口形式、适用范围、相应的咬口机名称的对应关系如

表 3-53。

常用咬口及其适用范围　　　　表 3-53

咬口型式	名称	适用范围	咬口机名称
	单咬口	用于板材的拼接和圆形风管的闭合咬口	单平口咬口机
	联合角咬口	用于矩形风管、变径管、三通管及四通管的咬接	联合角咬口机
	接扣式咬口	现在矩形风管大多采用此咬口，有时也用于弯管、三通管或四通管	按扣式咬口机

按扣式咬口机（图 3-111）是使用最广泛的咬口机，主要由机身部分（型钢和钢板焊接成型）、上横梁部分（由横梁板、滚托轴、滚轮和齿轮等组成）、下横梁部分（由横梁板、滚轮轴、滚轮和齿轮等组成）、传动部分（带轮、减速机构等组成）等四大部件组合而成。这种按扣式咬口机可对 0.5～1.0mm 板厚的矩形风管及管件进行制作加工。

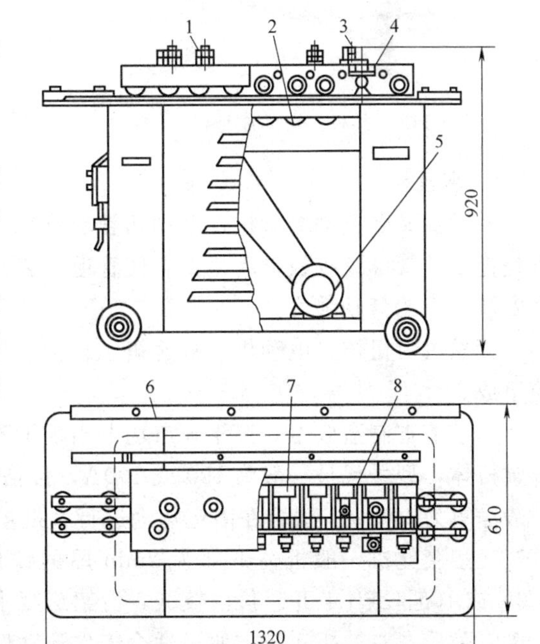

图 3-111　按扣式咬口机

1—中辊调整螺栓；2—下辊；3—调整螺栓；4—外辅助轮；5—电动机；6—进料导规；7—中滚；8—外滚

按扣式咬口机使用时，应注意：

（1）咬口前，应根据板材的厚度和咬口折边宽度，按照使用说明书对相关部件进行适当调整。

（2）使用按扣式咬口机时，应经常检查各个部件的运行状况和磨损状况，出现异常响声时，应及时停车检查，不得带病运行。

（3）及时清理滚轮上的加工碎屑，保持按扣式咬口机的清洁。

（4）开车前要对滚轮表面加油，传动齿轮部分定时加注润滑油，轴承内定期加注润滑脂。

常见的咬口机还有：弯头按扣式咬口机、联合角咬口机、弯头联合角咬口机、单平口咬口机、插接式咬口机、多用联合角咬口机等，可加工多种咬口形式的矩形风管。各个机型的结构形式、操作方式基本相同，可根据实际需要进行选择。

7. 共板法兰成型机

通过共板式法兰成型机两组辊轮之间的相互滚压，将风管本身两面端咬口自成法兰，再通过法兰角角码和法兰夹即勾码将两段风管连接起来，完成风管的连接。该连接方式主要适用于风管边长在 300～2000mm 之间、板厚 0.5～1.5mm 之间的矩形风管，由于该机直接在风管上滚压加工自成法兰，使得风管强度大大提高，密封性强，外观美观整齐，它不仅代替了传统的角钢法兰连接，简化了加工工艺，同时提高了劳动效率，减轻了风管及法兰自身的重量，便于施工现场的制作加工及安装。

共板式法兰成型机（图 3-112）的构造与按扣式咬口机基本相同。使用时的注意事项参照按扣式咬口机执行。

图 3-112 共板式法兰成型机

图 3-113 电动切管套丝机

8. 套丝机

套丝机又名电动套丝机，电动切管套丝机（图 3-113），绞丝机，管螺纹套丝机。套丝机是把手动管螺纹绞板电动化，它使管道安装时的管螺纹加工变得轻松、快捷，降低了管道安装工人的劳动强度。

套丝机由机体、电动机、减速箱、管子卡盘、板牙头、割刀架、进刀装置、冷却系统等组成。

为了节省制造成本，近年来市场上出现了重型和轻型两种套丝机。重型套丝机为全铝合金机体，型号代号一般为 100 或 100A，价格较贵，滑架跨度大，稳定性好，经久耐用。一般净重为 175kg。适合在固定场地进行大批量管螺纹加工。

轻型套丝机一般机体下部为 2mm 厚的铁板制作，上部为铝合金，型号代号一般为 100C 或 100Ⅲ或 R4-Ⅱ。价格较低，滑架跨度小，稳定不太好。但机体重量轻，一般净重为 130 公斤左右，搬运较方便，适合工作流动性频繁者使用。

套丝机工作时，先把要加工螺纹的管子放进管子卡盘，撞击卡紧，按下启动开关，管子就随卡盘转动起来，调节好板牙头上的板牙开口大小，设定好丝口长短，然后顺时针扳动进刀手轮，使板牙头上的板牙刀以恒力贴紧转动的管子的端部，板牙刀就自动切削套丝，同时冷却系统自动为板牙刀喷油冷却。等丝口加工到预先设定的长度时，板牙刀就会自动张开，丝口加工结束。关闭电源，撞开卡盘，取出管子。

套丝机还具有管子切断功能：把管子放入管子卡盘，撞击卡紧，启动开关，放下进刀装置上的割刀架，扳动进刀手轮，使割刀架上的刀片移动至想要割断的长度点，渐渐旋转割刀上的手柄，使刀片挤压转动的管子，管子转动 4～5 圈后被刀片挤压切断。

套丝机的型号一般有：2 寸套丝机（50 型），加工范围为 1/2″～2″（英寸），另配板牙可扩大加工范围为 1/4″～2″（英寸）；3 寸套丝机（80 型），加工范围为 1/2″～3″（英寸）；

4 寸套丝机（100 型），加工范围为 1/2″～4″（英寸）；6 寸套丝机（150 型），加工范围为 $2\frac{1}{2}$″～6″（英寸）。

板牙是套丝机最常规的易损件，根据螺纹不同，有不同规格的板牙：

按螺距分类有英制板牙（BSPT）、美制板牙（NPT）、公制板牙（METRIC）；按尺寸（英寸）分类有：1/4″～3/8″（2 分～3 分板牙）、1/2″～3/4″（4 分～6 分板牙）、1″～2″（1 寸～2 寸板牙）、$2\frac{1}{2}$″～3″（2 寸半～3 寸板牙）、$2\frac{1}{2}$″～4″（2 寸半～4 寸板牙）、5″～6″（5 寸～6 寸板牙）。

9. 滚槽机（图 3-114）

沟槽管件连接技术也称卡箍连接技术、卡套式专用管件连接技术，由于其具有操作简单、无需特殊的专业技能、安全、经济等特点，近年来在国内得到了广泛应用。多项施工质量验收规范中，将其列为管道的主要连接方式。采用沟槽管件连接方式时，安装前应利用滚槽机将每根管段的两端加工出沟槽。滚槽机与沟槽管件配套使用，沟槽的宽度、深度、距离管口的距离，均应符合沟槽管件的要求。

图 3-114　滚槽机及支架

滚槽机由机架机构，动力机构，液压机构，压轮机构和定位盘机构等部件组成。

（1）滚槽机使用步骤

① 用切管机将钢管按需要的长度切割，用水平仪检查切口断面，确保切口断面与钢管中轴线垂直。切口如果有毛刺，应用砂轮机打磨光滑。

② 将需要加工沟槽的钢管架设在滚槽机和滚槽机支架上，用水平仪抄平，使钢管处于水平位置。

③ 将钢管加工端断面紧贴滚槽机，使钢管中轴线与滚轮面垂直。

④ 缓缓压下千斤顶，使上压轮贴紧钢管，开动滚槽机，使滚轮转动一周，此时注意观察钢管断面是否仍与滚槽机贴紧，如果未贴紧，应调整管子至水平。如果已贴紧，徐徐

压下千斤顶，使上压轮均匀滚压钢管至预定沟槽深度为止。如图 3-115 所示。

⑤ 停机，用游标卡尺检查沟槽深度和宽度，确认符合标准要求后，将千斤顶卸荷，取出钢管。

（2）滚槽机使用注意事项

① 检查工件：所要加工的钢管口应平整，无毛刺，焊管内的焊缝应磨平，其长度不少于 60mm。

② 将需要加工沟槽的钢管架设在滚槽机下压轮和支架上，支架位置放置在钢管中部略向外的位置。

③ 调整钢管，使其处于水平或支架处略高一点，将钢管端面与滚槽机主轴的定位盘贴紧。

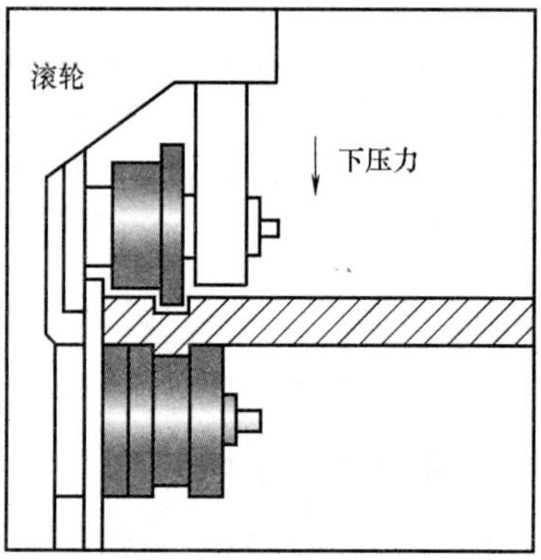

滚轮

下压力

图 3-115　滚槽机工作原理图

3.6.4　装修机械

1. 水磨石机

（1）水磨石机的构造组成

水磨石是用彩色石子做骨料与水泥混合铺抹在地面、墙壁、楼梯、窗台等处，用人造金刚石磨石将表面磨平、磨光后形成装饰表面。而用白水泥掺加黄色素与彩色石子混合，经仔细磨光后的水磨石表面酷似大理石，可以收到较好的装饰效果。

目前水磨石装饰面的磨光工作，均用水磨石机进行。水磨石机有单盘式、双盘式、侧式、立式和手提式。图 3-116 所示为单盘式水磨石机，主要用于磨地坪。磨石转盘上装有夹具，夹装三块三角形磨石，由电动机通过减速器带动旋转，在旋转时，磨石既有公转又有自转。

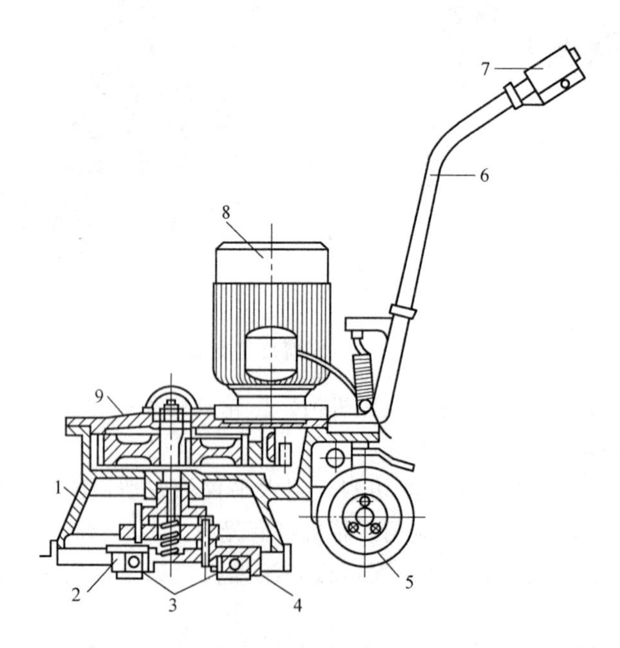

图 3-116　单盘水磨石机的构造

1—机壳；2—磨石夹具；3—三角形磨石；4—转盘；5—移动滚轮；6—操纵杆；7—电开关盒；8—电动机；9—减速器

手持式水磨石机是一种便于携带和操作的小型水磨石机，结构紧凑，工效较高，适用于大型水磨机磨不到和不宜施工的地方，如窗台、楼梯、墙角边等处。其结构如图 3-117 所示。根据不同的工作要求，可将磨石换去，装上钢刷盘或布条盘等，还可以进行金属的除锈、抛光工作。

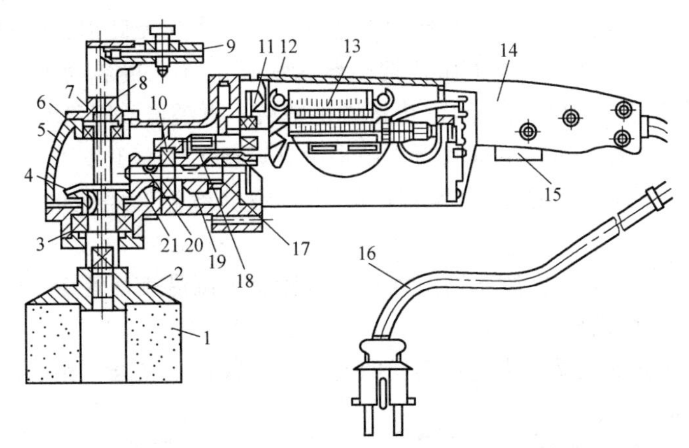

图 3-117　ZIM-100 型水磨石机的内部构造

1—圆形磨石；2—磨石接盘；3、7、10—滚动轴承；4—从动圆锥齿轮；5—头部机壳；6—空心主轴；8—进水管；9—水阀；11—叶轮；12—中部机壳；13—电枢；14—手柄；15—电开关；16—导管；17—滚针轴承；18—主动圆柱齿轮；19—从动圆柱齿轮；20—中间轴；21—主动圆锥齿轮

侧式水磨石机用于加工墙围、踢脚，磨石转盘立置，采用圆柱齿轮传动，磨石为圆筒形。立式水磨石机，磨石转盘立置，并可由链传动机构在立柱上垂直移动，从而可使水磨高度增大，主要用于磨光卫生间高墙围的水磨石墙体。

(2) 水磨石机的性能指标

水磨石机主要性能参数见表 3-54。

水磨石机的性能参数　　　　**表 3-54**

型式性能	单盘	双盘	手持式	立式	侧式
转盘转速 (r/min)	394;295; 340;297	392;340;280	1714;2500;2900	210;290; 415;500;205	500;415
磨削高度 (mm)				100～1600 200	200;1200
生产率 (m^2/h)	3.5～4.5; 6.5～7.5; 6～8	10;14;15		1.5～2;1.2～3; 7～8;4～5	1.5～2; 2～3
转盘直径 (mm)	350;360;300	300;360	砂轮 ϕ100×42; ϕ80×40	回转直径 180;360;306	回转直径 180
电动机功率(kW) 转速 (r/min)	2.2;3;4 1430; 1450; 1480	3;4 1430	0.56;0.57;0.28 13200; 19500	1.1;0.55;1.75; 0.25;5.5	0.55
外形尺寸 (cm) 长×宽×高	104×41×9; 116×40×9; 106×43×9	85∽120×56.3× 72;116×210×200	38.5×13×0.11; 41.5×10×20.5; 30×13×15; 31.5×11×13	69×90×151; 93×56×195; 40×27×35; 38×340×410;	40×22.5×35; 38×34×41
重量 (kg)	155;160;180	180;210;200	4.4;4;2.4	185;250; 25;36	25;36

（3）水磨石机的安全操作

① 水磨石机宜在混凝土达到设计强度70%～80%时进行磨削作业。

② 作业前，应检查并确认各连接件紧固，当用木槌轻击磨石发出无裂纹的清脆声音时，方可作业。

③ 电缆线应离地架设，不得放在地面上拖动。电缆线应无破损，保护接地良好。

④ 在接通电源、水源后，应手压扶把使磨盘离开地面，再启动电动机。并应检查确认磨盘旋转方向与箭头所示方向一致，待运转正常后，再缓慢放下磨盘，进行作业。

⑤ 作业中，使用的冷却水不得间断，用水量宜调至工作面不发干。

⑥ 作业中，当发现磨盘跳动或异响，应立即停机检修。停机时，应先提升磨盘后关机。

⑦ 更换新磨石后，应先在废水磨石地坪上或废水泥制品表面磨1～2h，待金刚石切削刃磨出后，再投入工作面作业。

⑧ 作业后，应切断电源，清洗各部位的泥浆，放置在干燥处，用防雨布遮盖。

2. 水泥抹光机

（1）水泥抹光机的构造组成

水泥抹光机是在水泥砂浆摊铺在地面上经刮平后，进行抹光用的机械，按动力形式分为内燃式与电动式；按结构形式可分为单转子与双转子；按操纵方式可分为立式及座式。图3-118所示为单转子内燃机立式水泥抹光机，图3-119所示为双转子电动式水泥抹光机。

图3-118 单转子内燃机立式水泥抹光机

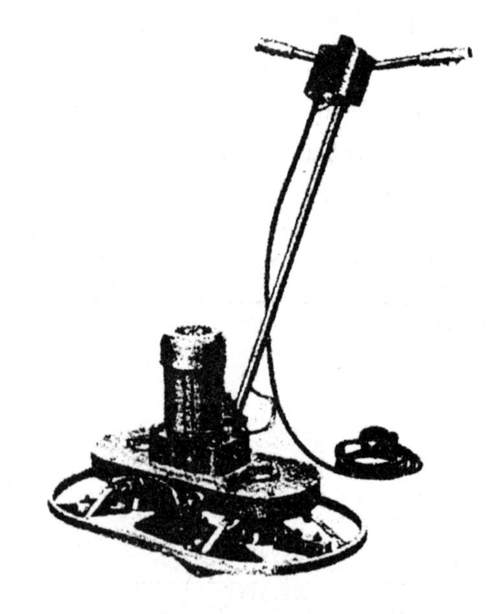

图3-119 双转子电动式水泥抹光机

水泥抹光机主要由电动机、V带传动装置、抹刀和机架等构成。机架中部的轴承座上，悬挂安装十字形的抹刀转子，转子上安装有倾斜10°～15°角的3～4片抹刀，转子外缘制有V带槽，由电动机通过机轴上的小带轮和V带驱动。当转子旋转时带动抹刀抹光地面，由操作者握住手柄进行工作和移动位置。

双转子式水泥抹光机是在机架上安装有两个带抹刀的转子，在工作时可以获得较大的抹光面积，工作效率大大提高。

（2）水泥抹光机的性能指标

水泥抹光机主要性能参数见表 3-55。

抹光机的性能参数 **表 3-55**

性能	单转子型	双转子型
抹刀数	3/4	2X3
抹刀回转直径(cm)	40～100	抹刀盘宽:68
抹刀转数 (r/min)	45～140	快:200/120 慢:100
抹可调角度(°)	0～15；	0～15；
小产串(m^2/h)	100～300	100～200/80～100
发动机功率(kW) 转速(r/mm)	2.2～3(汽油机) 3000	0.55;0.37
重量(kg)	40/80	30/40

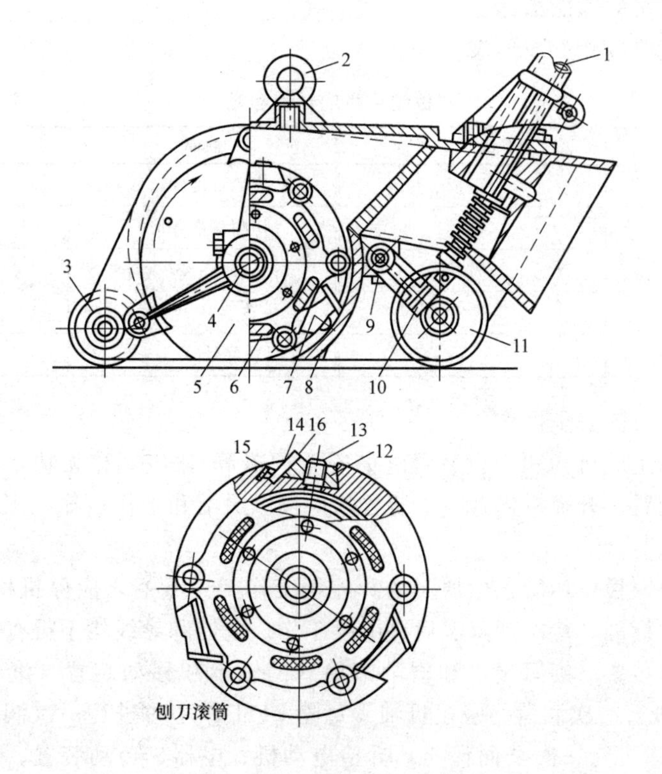

图 3-120　地板刨平机的构造

1—操纵杆；2—吊环；3—前滚轮；4—电动机轴；5—侧向盖板；6—电动机；7—刨刀滚筒；8—机架；9—轴销；10—摇臂；11—后滚轮；12—螺钉；14—滑块；15—螺钉；16—刨刀

（3）水泥抹光机的使用

电动抹光机在使用前须检查电动机的绝缘情况（使用中要保证机体不带电），同时在使用前须确定转子的旋转方向，如转向不对应更换接线相位。各部完好无损，空转正常，才可使用。

抹第一遍时要能基本抹平和使地面挤出水浆才行，然后视地面光整程度再抹第二遍和第三遍。

3. 地板刨平机

（1）地板刨平机的构造组成

木地板铺设后，首先进行大面积刨平，刨平工作一般采用刨平机。刨平机的构造如图3-120所示。电动机6与刨刀滚筒7在同一轴4上，电动机启动后滚筒旋转，在滚筒上装有三片刨刀16，随着滚筒的高速旋转，将地板表面刨削及平整。

（2）地板刨平机的工作原理

刨平机在工作中进行位置移动，移动装置由两个前轮3和两个后轮11组成；刨刀滚筒的上升或下降是靠后滚轮的上升与下降来控制的。操纵杆上有升降手柄，扳动手柄可使后滚轮升降，从而控制刨削地板的厚度。刨平机工作时，可分两次进行，即顺刨和横刨。顺刨厚度一般不超过2～3mm，横刨厚度不超过0.5～1mm，刨子厚度应根据木材的性质来决定。刨平机的生产率为12～20m²/h。

（3）地板刨平机的性能指标

地板刨平机主要性能参数见表3-56。

地板刨平机的性能参数 **表3-56**

性能	刨平机(0-1型)	性能	刨平机(0-1型)
生产率(m²/h)	12～15;17～20	滚筒长度(mm)	
刨刀数	4;3	切削深度(mm)	3
加工宽度(mm)	325;326	电动机功率(kW)	3;1.7
滚筒转速(r/min)	2880;2900	转速(r/min)	1400;2850
滚筒直径(mm)		重量(kg)	108;107

（4）地板刨平机的安全操作

地板刨平机各组成机构和附设装置（如安全护罩等），应完整无缺，各部连接不得有松动现象，工作装置、升降机构及吸尘装置均应操纵灵活和工作可靠。工作中要保证机械的充分润滑。

操作中应平缓，稳定，防止尘屑飞扬。连续工作2～6h后，应停机检查电动机温度，若超过铭牌标定的标准，待冷却降温后再继续工作。电器和导线均不得有漏电现象。

刨平机的工作装置（刨刀滚筒和磨削滚筒）的轴承和移动装置（滚轮）的轴承每隔48～50工作小时进行一次润滑。吸尘机轴承每隔24工作小时进行一次润滑。这两种机械在工作400h左右后进行一次全面保养，拆检电动机、电器、传动装置、工作装置和移动装置，清洗机件和更换润滑油（脂），并测试电动机的绝缘电阻，其绝缘标准与水磨石机相同。

4. 地板磨光机

（1）地板磨光机的构造组成

地板刨光后应进行磨光，地板磨光机如图3-121所示，主要由电动机、磨削滚筒、吸尘装置、行走装置等组成。

（2）地板磨光机的工作原理

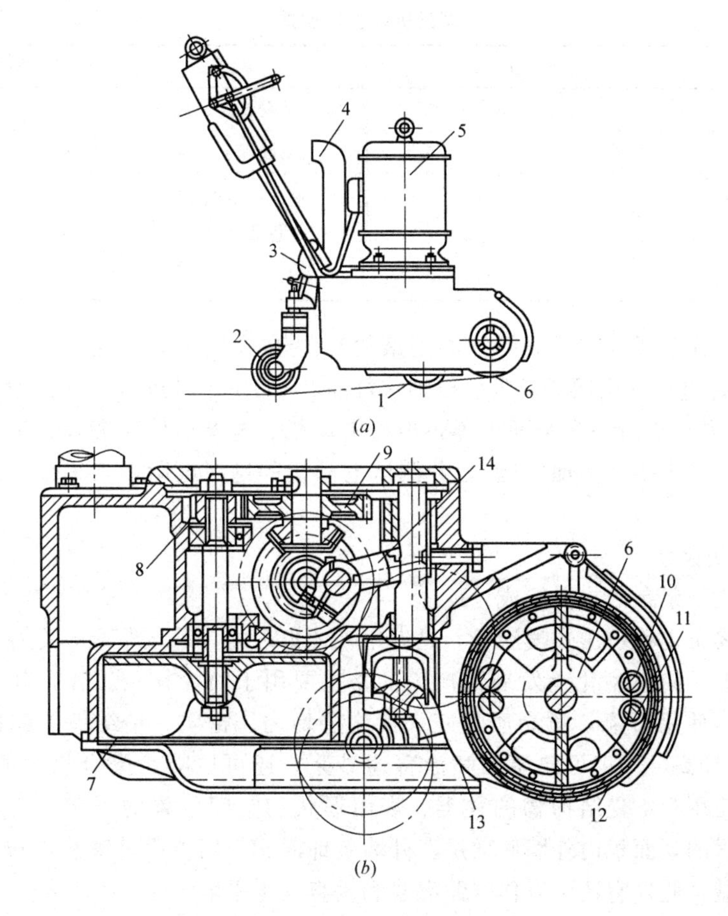

图 3-121　地板磨光机

(a) 外形；(b) 基本结构

1、2—前、后滚轮；3—托座；4—排屑管；5—电动机；6—磨削滚轮；7—吸尘机叶片；8、9—圆柱齿轮；10—偏心柱；11—砂纸；12—橡皮垫；13—托座叉架；14—扇形齿轮

电动机转动后，通过圆柱齿轮 8 和 9 带动吸尘机叶轮 7 转动，以便吸收磨屑。磨削滚筒 6 由圆锥齿轮带动，滚筒周围有一层橡皮垫层 12，砂纸 11 包在外面，砂纸一端挤在滚筒的缝隙中，另一端由偏心柱转动后压紧，滚筒触地旋转便可磨削地板。托座叉架 13 通过扇形齿轮 14 及齿轮操纵手柄控制前轮的升降，以便滚筒适应工作状态和移动状态。磨光机的生产率一般为 20～35m^2/h。

(3) 地板磨光机的性能指标

磨光机主要性能参数见表 3-57。

(4) 地板磨光机的安全操作

磨光机各组成机构和附设装置（如安全护罩等），应完整无缺，各部连接不得有松动现象，工作装置、升降机构及吸尘装置均应操纵灵活和工作可靠。工作中要保证机械的充分润滑。

操作中应平缓、稳定，防止尘屑飞扬。连续工作 2～6h 后，应停机检查电动机温度，若超过铭牌标定的标准，待冷却降温后再继续工作。电器和导线均不得有漏电现象。

磨光机的性能参数 **表 3-57**

性能	磨光机(0-8 型)	性能	磨光机(0-8 型)
生产率(m^2/h)	20～30;30～35	滚筒长度(mm)	305;200
刨刀数		切削深度(mm)	
加工宽度(mm)	200	电动机功率(kW)	1.7
滚筒转数(r/min)	720;1100	转速(r/min)	1440;1420
滚筒直径(mm)	205;175	重量(kg)	80

磨光机的工作装置（刨刀滚筒和磨削滚筒）的轴承和移动装置（滚轮）的轴承每隔48～50工作小时进行一次润滑。吸尘机轴承每隔24工作小时进行一次润滑。这两种机械在工作400h左右后进行一次全面保养，拆检电动机、电器、传动装置、工作装置和移动装置，清洗机件和更换润滑油（脂），并测试电动机的绝缘电阻，其绝缘标准与水磨石机相同。

5. 挤压式灰浆泵

（1）挤压式灰浆泵的构造组成

挤压式灰浆泵也称挤压式喷涂机，是近年来才出现的一种灰浆泵，是在大型挤压式混凝土泵的基础上，向小型化上发展而产生的，主要用于喷涂抹灰工作，其特点是结构简单、操作方便、使用可靠，喷涂质量好（喷涂层均匀、密实、粘结性能和抗渗性能均较高），而且效率较高。不仅可向墙面喷涂普通砂浆，还可以喷涂聚合物水泥浆、纸筋浆、干粘石砂浆。使用时不受结构物的种类、表面形状和空间位置的限制。适用于建筑、矿山、隧道等工程的大面积内外墙底敷层、外墙装饰面、内墙罩面等喷涂工作，是一种较为理想的喷涂机械，此外它还可以作强制灌浆和垂直、水平输浆用。

挤压式灰浆泵主要由变极式电动机、变速箱、减速器、链传动装置、滚轮架和滚轮以及挤压胶管等构成。

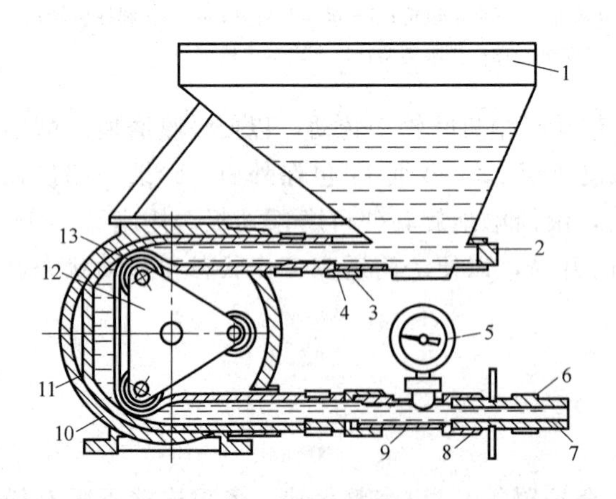

图 3-122 挤压式灰浆泵的工作原理示意图

1—料斗；2—放料室；3、8、9—连接管；4—橡胶垫圈；5—压力表；6、14—胶管卡箍；7—输送胶管；10—鼓轮形壳；11—挤压胶管；12—滚轮架；13—挤压滚轮

（2）挤压式灰浆泵的工作原理

当滚轮架旋转时，架上的三个滚轮便依次挤压胶管，使管中的砂浆产生压力，而沿胶管向前运动，滚轮压过后，胶管由自身的弹性复原，使筒内产生负压，砂浆即被吸入。滚轮架不停地旋转，胶管便连续地受到挤压，从而使砂浆源源不断地输送到喷嘴处，再借助压缩空气喷涂到工作面上。挤压式灰浆泵的启动、停机、回浆运转均由喷嘴处或机身处的按钮控制。其工作原理如图 3-122 所示。

（3）挤压式灰浆泵的性能指标

挤压式灰浆泵的性能参数见表3-58。

挤压式灰浆泵的性能参数 **表 3-58**

性能	UBJ0.8型	UBJ1.2型	UBJ1-8G1 UBJ1-8G2 (SJ1-8)型	UBJ2型
输送量(m^3/h)	0.2;0.4;0.8	0.3;0.6;1.2	0.3～1.8	2
挤压次数(s^{-1})	0.36;0.75;1.5	0.36;0.75;1.5	0.3～1.75	
电源:相×V×Hz	3×380×50	3×380×50	3×380×50	
挤压电机功率(kW) 转速(r/min)	2.2;3 1420;2880	3;4 1440;2880	1.5;2.2 930;1420	2.2 1430
功率(kW)	0.4;1.1;1.5	0.6;1.5;2.2	1.3;1.5;2	2.2
控制电路电压(V)	36	36	36	
挤压管内径(mm)	32	32	38	
输送管内径(mm)	25	25	25,32	38
最大水平输送距离(m)	80	60,80	100	80
最大垂直输送距离(m)	25	20,25	20	20
额定工作压力(MPa)	1	1,1.2	1.5	1.5
振动筛电动机功率(kW)	0.37	0.37	0.37	
振动筛规格	4目18# 5目18#	4目18# 5目18#	4目18# 5目18#	
外形尺寸(mm) (长×宽×高)	1220×662×960	1220×662×1035; 1400×560×900	1270×896×990; 500×550×800	1200×780×800
重量(kg)	170	185;200	300;340	270

(4) 挤压式灰浆泵的安全操作

① 使用前，应先接好输送管道，往料斗加注清水，启动灰浆泵，当输送胶管出水时，应折起胶管，待升到额定压力时停泵，观察各部位应无渗漏现象。

② 作业前，应先用水再用白灰膏润滑输送管道后方可加入灰浆，开始泵送。

③ 料斗加满灰浆后，应停止振动，待灰浆从料斗泵送完，再加新灰浆振动筛料。

④ 泵送过程应注意观察压力表。当压力迅速上升，有堵管现象时，应反转泵送2～3转，使灰浆返回料斗，经搅拌后再泵送。当多次正反泵仍不能畅通时，应停机检查，排除堵塞。

⑤ 工作间歇，应先停止送灰，后停止送气，并应防气嘴被灰堵塞。

⑥ 作业后，应对泵机和管路系统全部清洗干净。

6. 灰气联合泵

(1) 灰气联合泵的构造组成

灰气联合泵是一种既能压送砂浆又能压缩空气的双功能泵，体积小、重量轻、结构紧凑、使用方便、功效较高，作为喷涂砂浆使用时，可省去空压机。

灰气联合泵的基本结构如图3-123所示，主要由传动装置、双功能泵缸机构、阀门启闭机构等组成。

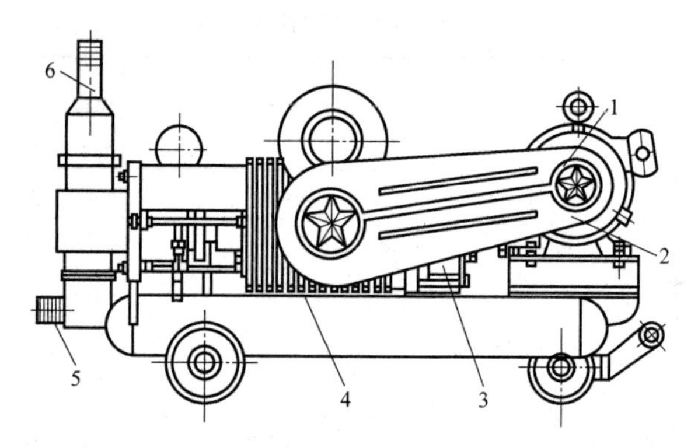

图 3-123　UB76-1 型灰气联合泵

1—电动机；2—传动装置；3—空气缸；4—曲轴室；5—排浆口；6—进浆口

(2) 灰气联合泵的工作原理

灰气联合泵的工作原理为：当曲轴旋转时，泵体内的活塞作往复运动，小端用于压送砂浆，大端可压缩空气。曲轴另一端的大齿轮外侧有凸轮，小滚轮在特制的凸轮滚道内运动，通过阀门连杆启闭进浆阀。

当活塞小端离开砂浆缸时（此时活塞大端压气）连杆开启进浆阀，砂浆即可进入缸内。当活塞小端移进砂浆缸内时，连杆关闭进浆阀，而排浆阀则被顶开，砂浆即排入输送管道中。

排浆阀为锥形单向阀，砂浆缸在进浆过程中，此阀在输送管的砂浆作用下，自动关闭。

活塞大端装有皮碗，具有密封作用。空气缸的缸盖上装有进、排气阀，两阀均为单向阀，当大端离开空气缸时（此时小端压送砂浆），进气阀将开启，空气可吸入缸内。当大端移进空气缸时，进气阀即关闭，使缸内空气被压缩，在气压达到一定程度时，排气阀可被挤开使压缩后的空气进入贮气罐。

(3) 灰气联合泵的性能指标

灰浆联合机主要技术性能见表 3-59，性能参数见表 3-60。

灰浆联合机主要技术性能　　表 3-59

名称	单位	基本参数				
灰浆输送量	m^3/h	2.0	3.0	4.5	6.0	9.0
泵送高度	m	50	60	70	80	90
工作压力	MPa	<4		4～6		>6
搅拌公称容量	L	120	130	150	200	250
出料斗容量	L	160	170	200	250	300
电动机功率	kW	≤7.5		≤11.0		≤22.0
整机质量	kg	≤1000	≤1100	≤1200	≤1400	≤1600

(4) 灰气联合泵的安全操作

① 机械启动前应检查各部构件是否有松动，零件是否完好，电器设备和安全装置是否可靠，电动机和开关盒是否有接地或接零措施。

灰气联合泵的性能参数　　表 3-60

性能 \ 型号	UB76-1(HB76-1)型	HK3.5～74 型
输送量(m^3/h)	3.5	3.5
排气量(m^3/min)	0.36	0.24
排浆最高压力(MPa)	2.5	2
排气压力(MPa)	最高 0.4,使用:0.15～0.2	0.3～0.4
活塞行程(mm)	70	70
活塞往复次数(1/s)	2.13	1.33
出浆口直径(m)	42	50
进浆口直径(mm)	51	62
电动机功率(kW) 转速(r/min)	5.5 1450	5.5 1450
外形尺寸(mm) 长×宽×高	500×600×1300	1500×720×550
重量(kg)	290	292

② 各部检查无误后可空载试运转。各部运转正常后方可加载工作。

③ 工作中要注意压力表的压力，超压时应及时停机，打开泄浆阀查明原因，排除故障后再启动机械。

④ 工作中经常检查轴承温度，注意观察和监听泵缸、电动机、传动装置的运转情况和声响，如有不正常情况应及时停机查找原因，排除故障后再工作。

⑤ 阀门关闭不严或启闭不利均应及时停机调整。

7. 喷浆机

(1) 喷浆机的构造组成与工作原理

① 电动喷浆机。电动喷浆机如图 3-124 所示，喷浆原理与手动的相同，不同的是柱塞往复运动由电动机经蜗轮减速器和曲柄连杆机构（或偏心轮连杆）来驱动。

这种喷浆机有自动停机电器控制装置，在压力表内安装电接点，当泵内压力超过最大工作压力时（通常为 1.5～1.8MPa），表内的停机接点啮合，控制线路使电动机停止。压力恢复常压后，表内的启动接点接合，电动机又恢复运转。

图 3-125 所示为另一种电动喷浆机即电动离心式喷浆泵，依靠转轮的旋转离心力，将进入转轮孔道中心的色浆液甩出，产生压力后，由喷雾头喷出。

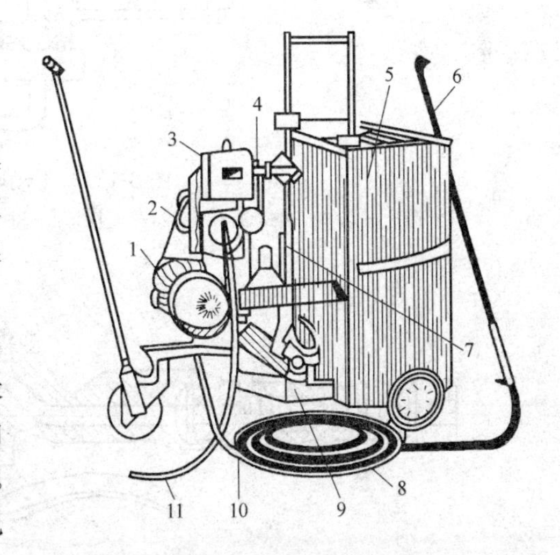

图 3-124　自动喷浆机

1—电动机；2—V 型带传动装置；3—电控箱和开关盒；4—偏心轮—连杆机构；5—料筒；6—喷杆；7—摇杆；8—输浆胶管；9—泵体；10—稳压罐；11—电力导线

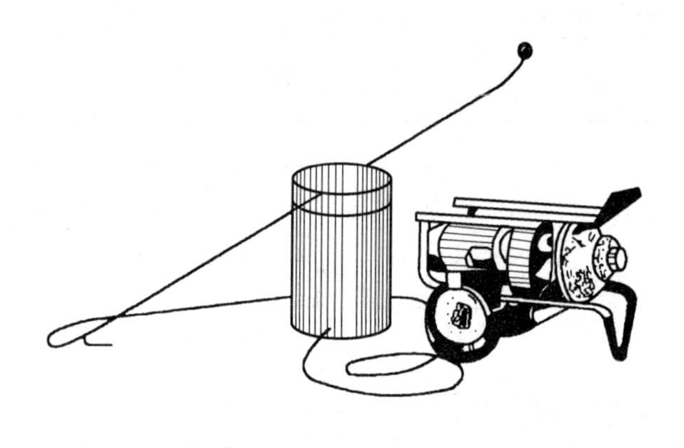

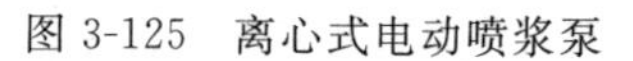

图 3-125　离心式电动喷浆泵

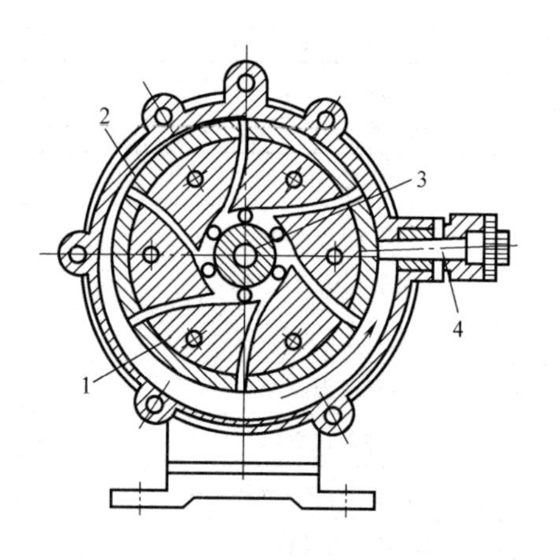

图 3-126　离心喷浆泵的工作原理

1—转轮；2—出浆孔道；3—进浆孔道；4—出浆接管

这种喷浆机的工作原理与离心喷浆泵相似，可参见图 3-126 所示，不同的是简化了结构，提高了转速。

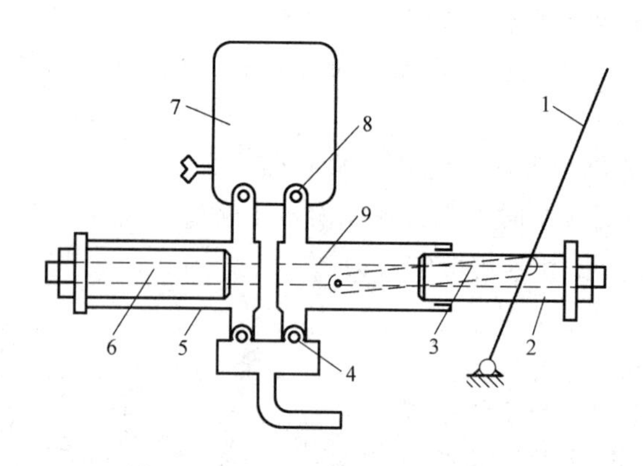

图 3-127　手动喷浆泵的工作原理

1—摇杆；2、6—左、右柱塞；3—连杆；4—进浆阀；5—泵体；7—稳压罐；8—出浆阀；9—框架

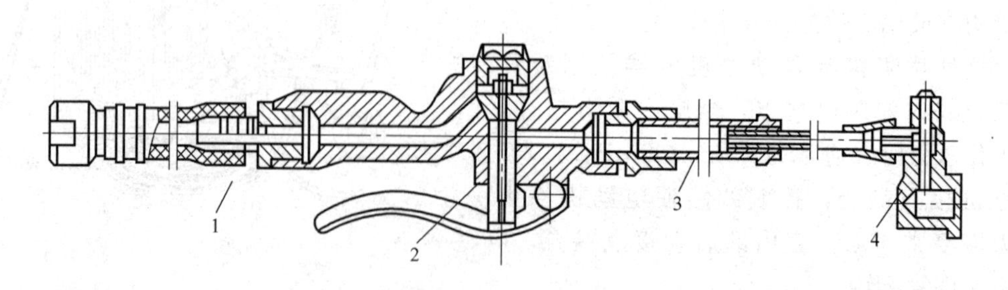

图 3-128　喷杆

1—气阀；2—输浆胶管；3—中间管；4—喷雾头

② 手动喷浆机。手动喷浆机体积小，可一人搬移位置，使用时一人反复推压摇杆，一人手持喷杆来喷浆，因不需动力装置，具有较大的机动性。其工作原理如图 3-127

所示。

当推拉摇杆时，连杆推动框架使左、右两个柱塞交替在各自的泵缸中往复运动，连续将料筒中的浆液逐次吸入左、右泵缸和逐次压人稳定罐中。稳压罐使浆液获得 8～12 个大气压（1MPa 左右）的压力，在压力作用下，浆液从出浆口经输浆管和喷雾头呈散状喷出。

③ 喷杆。喷杆如图 3-128 所示，是由气阀、输浆胶管、中间管、喷雾头等组成，其中喷雾头的结构如图3-129所示，由喷头体、喷头芯、喷头片等组成。

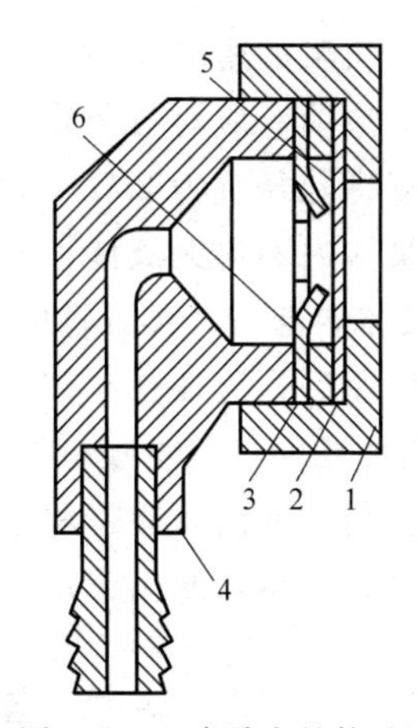

图 3-129 喷雾头的构造

1—喷头盖；2—喷头片；3—喷头芯；4—喷头体；5—漩涡室；6—橡胶垫

(2) 喷浆机的性能指标

喷浆机性能参数见表 3-61。

喷浆机的性能参数 **表 3-61**

型式型号 性 能	双联手动喷浆机 (PB-C 型)	自动喷浆机			内燃式喷雾机 (WFB-18A 型)
		高压式 (GP400 型)	PB1 型 (ZP-1)	回转式 (HPB 型)	
生产率(m³/h)	0.2～0.45		0.58		
工作压力(MPa)	1.2～1.5		1.2～1.5	6～8	
最大压力(MPa)		18	1.8		
最大工作高度(m)	30		3e	20	7 左右
最大工作半径(m)	200		200		10 左右
活塞直径(mm)	32		32		
活塞往复次数(1/min)	30～50		75		
动力型式 功率(kW)/ 转速(r/min)	人力	电动 0.4	电动 1.0 2890	电动 0.55	1F4OFP 型汽油机 1.18 5000
外形尺寸(mm) 长×宽×高	1100×400×1080		816×498×890	530×350×350	360×555×680
重量(kg)	18.6	30	67	28～29	14.5

(3) 喷浆机的使用

喷射的浆液须经过滤，以免污物堵塞管路或喷嘴，吸浆滤网不得有破损，必要时可清理网面上的积存污物，吸浆管口不得露出液面以免吸入空气，造成喷浆束流不稳定或不喷浆。

手动喷浆机在操作时，摇杆不得猛拉猛推，应均匀推动摇杆，不得两人同时推动摇杆，以免造成超载，致使输浆管破裂或损坏机件。

喷浆机的各部连接不得有松旷现象，紧固件不应松动。各润滑部位应及时加注润滑油(脂)。

(4) 喷浆机的安全操作

① 石灰浆的密度应为 1.06～1.10g/cm³。

② 喷涂前，应对石灰浆采用 60 目筛网过滤两遍。

③ 喷嘴孔径宜为 2.0～2.8mm；当孔径大于 2.8mm 时，应及时更换。

④ 泵体内不得无液体干转。在检查电动机旋转方向时，应先打开料桶开关，让石灰浆流入泵体内部后，再开动电动机带泵旋转。

⑤ 作业后，应往料斗注入清水，开泵清洗直到水清为止，再倒出泵内积水，清洗疏通喷头座及滤网，并将喷枪擦洗干净。

⑥ 长期存放前，应清除前、后轴承座内的石灰浆积料，堵塞进浆口，从出浆口注入机油约 50ml，再堵塞出浆口，开机运转约 30s，使泵体内润滑防锈。

3.7 新型建筑施工机械的应用简介

3.7.1 盾构机

盾构机问世至今已有近 180 年的历史，其始于英国，发展于日本、德国。近 30 年来，通过对土压平衡式、泥水式盾构机中的关键技术，如盾构机的有效密封，确保开挖面的稳定、控制地表隆起及塌陷在规定范围之内，刀具的使用寿命以及在密封条件下的刀具更换，对一些恶劣地质如高水压条件的处理技术等方面的探索和研究解决，使盾构机有了很快的发展。盾构机尤其是土压平衡式和泥水式盾构机在日本由于经济的快速发展及实际工程的需要发展很快。德国的盾构机技术也有独到之处，尤其是在地下施工过程中，保证密封的前提以及高达 0.3MPa 气压的情况下更换刀盘上的刀具，从而提高盾构机的一次掘进长度。德国还开发了在密封条件下，从大直径刀盘内侧常压空间内更换被磨损的刀具。

盾构机，全名叫盾构隧道掘进机，是一种隧道掘进的专用工程机械，现代盾构掘进机集光、机、电、液、传感、信息技术于一体，具有开挖切削土体、输送土碴、拼装隧道衬砌、测量导向纠偏等功能，涉及地质、土木、机械、力学、液压、电气、控制、测量等多门学科技术，而且要按照不同的地质进行“量体裁衣”式的设计制造，可靠性要求极高。盾构掘进机已广泛用于地铁、铁路、公路、市政、水电等隧道工程。

用盾构机进行隧洞施工具有自动化程度高、节省人力、施工速度快、一次成洞、不受气候影响、开挖时可控制地面沉降、减少对地面建筑物的影响和在水下开挖时不影响水面交通等特点，在隧洞洞线较长、埋深较大的情况下，用盾构机施工更为经济合理。

据了解，采用盾构法施工的掘进量占京城地铁施工总量的 45%，目前共有 17 台盾构机为地铁建设效力。虽然盾构机成本高昂，但可将地铁暗挖功效提高 8 到 10 倍，而且在施工过程中，地面上不用大面积拆迁，不阻断交通，施工无噪声，地面不沉降，不影响居民的正常生活。不过，大型盾构机技术附加值高、制造工艺复杂，国际上只有欧美和日本的几家企业能够研制生产。

盾构机的选型原则是因地制宜，尽量提高机械化程度，减少对环境的影响。参与沈阳地铁工作的盾构机名为开拓者号，总长为 64.7m，盾构部分 9.08m，重量为 420t，其工作误差不超过几毫米。

1. 基本工作原理

盾构机的基本工作原理就是一个圆柱体的钢组件沿隧洞轴线边向前推进边对土壤进行挖掘。该圆柱体组件的壳体即护盾，它对挖掘出的还未衬砌的隧洞段起着临时支撑的作用，承受周围土层的压力，有时还承受地下水压以及将地下水挡在外面。挖掘、排土、衬砌等作业在护盾的掩护下进行。图 3-130 为盾构机实物图。

图 3-130 盾构机实物图

2. 类型

盾构机根据工作原理一般分为手掘式盾构，挤压式盾构，半机械式盾构（局部气压、全局气压），机械式盾构（开胸式切削盾构，气压式盾构，泥水加压盾构，土压平衡盾构，混合型盾构，异型盾构）。

泥水式盾构机是通过加压泥水或泥浆（通常为膨润土悬浮液）来稳定开挖面，其刀盘后面有一个密封隔板，与开挖面之间形成泥水室，里面充满了泥浆，开挖土料与泥浆混合由泥浆泵输送到洞外分离厂，经分离后泥浆重复使用。土压平衡式盾构机是把土料（必要时添加泡沫等对土壤进行改良）作为稳定开挖面的介质，刀盘后隔板与开挖面之间形成泥土室，刀盘旋转开挖使泥土料增加，再由螺旋输料器旋转将土料运出，泥土室内土压可由刀盘旋转开挖速度和螺旋输出料器出土量（旋转速度）进行调节。

3. 盾构开挖方法

根据盾构机不同的分类，盾构开挖方法可分为：敞开式、机械切削式、网格式和挤压式等。为了减少盾构施工对地层的扰动，可先借助千斤顶驱动盾构使其切口贯入土层，然后在切口内进行土体开挖与运输。

（1）敞开式开挖

手掘式及半机械式盾构均为半敞开式开挖，这种方法适于地质条件较好，开挖面在掘进中能维持稳定或在有辅助措施能维持稳定的情况，其开挖一般是从顶部开始逐层向下挖掘。若土层较差，还可借用千斤顶加撑板对开挖面进行临时支撑。采用敞开式开挖，处理孤立障碍物、纠偏、超挖均比其他方式容易。为尽量减少对地层的扰动，要适当控制超挖量与暴露时间。

（2）机械切削式开挖

指与盾构直径相仿的全断面旋转切削刀盘开挖方式。根据地质条件的好坏，大刀盘可分为刀架间无封板及有封板两种。刀架间无封板适用于土质较好的条件。大刀盘开挖方式，在弯道施工或纠偏是不如敞开式开挖便于超挖。此外，清除障碍物也不如敞开式开挖。使用大刀盘的盾构，机械构造复杂，消耗动力较大。目前国内外较先进的泥水加压盾构、土压平衡盾构，均采用这种开挖方式。

（3）网格式开挖

采用网格式开挖，开挖面由网格梁与格板分成许多格子。开挖面的支撑作用是由土的粘聚力和网格厚度范围内的阻力而产生的。当盾构推进时，土体就从格子里挤出来。根据土的性质，调节网格的开孔面积。采用网格式开挖时，在所有千斤顶缩回后，会产生较大的盾构后退现象，导致地表沉降，因此，在施工务必采取有效措施，防止盾构后退。

（4）挤压式开挖

全挤压式和局部挤压式开挖，由于不出土或只部分出土，对地层有较大的扰动，在施工轴线时，应尽量避开地面建筑物。局部挤压或施工时，要精心控制出土量，以减少和控制地表变形。全挤压式施工时，盾构把四周一定范围内的土体挤密实。

3.7.2 顶管机

非开挖敷设管道技术在近年得到广泛的应用。由于它不需要开挖面层，能穿越地面构筑物和地下管线及公路、铁路、河道，节省大量投资和时间。这项技术的快速发展使市政工程在敷设大量上、下水道、煤气、电力、通信工程时，对城区的交通、噪声、粉尘的危害和影响大大降低。是真正的无污染、高效率的施工技术。图 3-131 为顶管机作业流程。

图 3-131 顶管作业流程

随着城市建设的大规模发展，人们对生活环境的质量提出更高的要求。各级政府都致力于新区开发和老城区改造。而城区水污染的治理和水资源的保护又是重中之重。大中型城市采取的几乎一样的方法截污治污。敷设大口径的截污管一般 $\phi2000 \sim \phi3500$ 引至污水厂治理这种方案，投资最低。但随之而来的困难是污染源到污水厂（或排放口）均需经过人口稠密区或大型建筑物、构筑物及支流小河等。所以非开挖技术成为首选。像上海合流污水；苏州河治理；北京清河污水干线；西安咸阳机场，广州、杭州、福州、武汉等地都有机械化顶管施工实例。中等规模城市，如嘉兴、海宁、桐乡等地都采用较小的管径 $\phi300 \sim \phi1500$，有的支流管线采用更小的管径。

除了上述的环境整治方面，在能源供应，如液化气、天然气输送管。各种油管在动力电缆、宽频网、光纤网等通讯电缆等都相继采用非开挖技术。因为，在中心城区已无法进行架线，开槽埋管来作业施工。这类管道则更小，一般是 $\phi80 \sim \phi600$ 之间。

综上所述，不管应用在任何领域，非开挖技术，因其优良的施工质量和低廉的施工成本及巨大的社会效益而受到建设方的广泛采用。

1. 顶管施工的优点

非开挖顶管施工采用油压驱动，施工时噪声远远小于开槽式敷设管道，几乎没有地盘沉降的现象，对周遭的影响降低到最小程度。而且在较深的埋深情况下施工成本要小于开槽式敷设管道。

（1）无需隔断交通

（2）噪声和震动都很小

（3）可以在很深的地下敷设管道

（4）可以安全的穿越铁路

（5）对施工周围的影响很小

（6）可以穿越障碍物

2. 工作原理

以 TCC 偏压破碎型泥水式顶管机为例。TCC 型顶管机，是刀盘后部设有应用锥形破碎原理的高效率，强力的砾石破碎装置的偏压破碎型环流式顶管机。刀盘和圆锥形转子，由轴承安装在曲轴的先端部，在由顶管机本体直接联接的内齿轮中，使直接连结于圆锥形转子后部的外齿轮作行星运动的原理，边进行偏心运动，边进行减速回转。刀盘从 TCC 型独特的行星减速机构得到强大的转矩和偏心力，从而可掘削直至软岩的土层。刀盘的开口部，可吞入顶管机公称直径约 40％大小的砾石，被吞入的砾石，在外圆锥和内圆锥之间经圆锥的转子的强大偏心力，被连续破碎成破碎机构后方土砂排出口能够通过的大小，然后随同其他的土砂由流体输送排出工作井外。TCC 型顶管机，依靠压密和切削面的土压反作用，将土砂直线状压出土砂排出口，可以有效地减少由土砂引起的摩擦转矩和土的搅拌上扬引起的阻力。一般的顶管机刀盘均为同心回转，掘削土砂在刀盘内部随刀盘一起回转，故需要比较大的转矩。

3. 顶管机的类型

（1）偏心破碎泥水顶管机

（2）岩盘破碎泥水顶管机

（3）砂砾石泥水顶管机

(4) 遥控型土压顶管机

(5) 超级水力切割顶管机

4. 顶管方法

顶管施工方法可分为开放型和密封型两类，其中刀口推进法是典型的开放型施工方法；密封型施工法又可分为：泥水式推进法、土压式推进法和泥浓式推进法三种。

(1) 刀口推进法（图 3-132）。

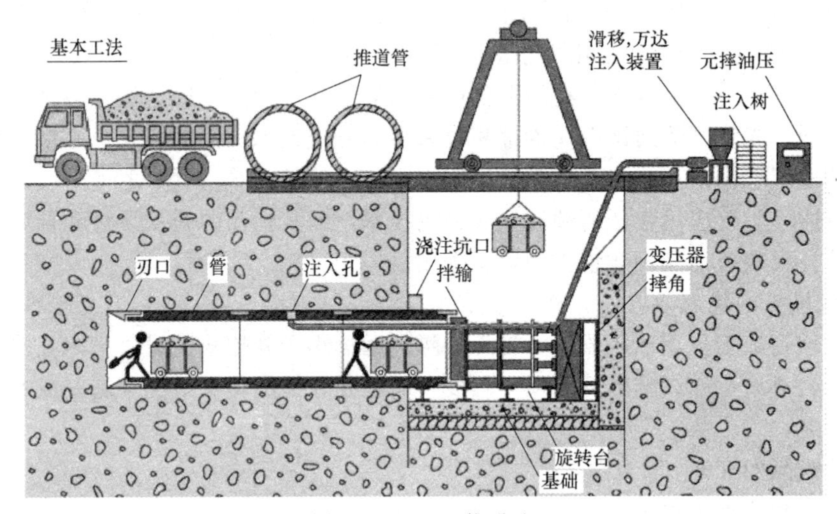

图 3-132 刀口推进法

(2) 泥水式推进法（图 3-133）

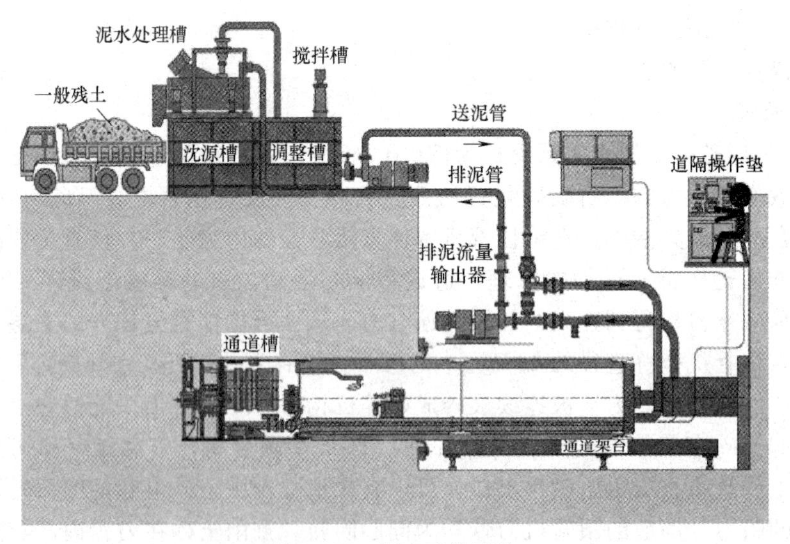

图 3-133 泥水式推进法

(3) 土压式推进法（图 3-134）

此方法通过向切削仓内注入一定比例的混合材料，使得充满泥仓的泥土混合体平衡正面土压以及地下水压力。无需泥浆泵等后部配套装置，整机造价低廉。无需泥浆处理，施工成本低。

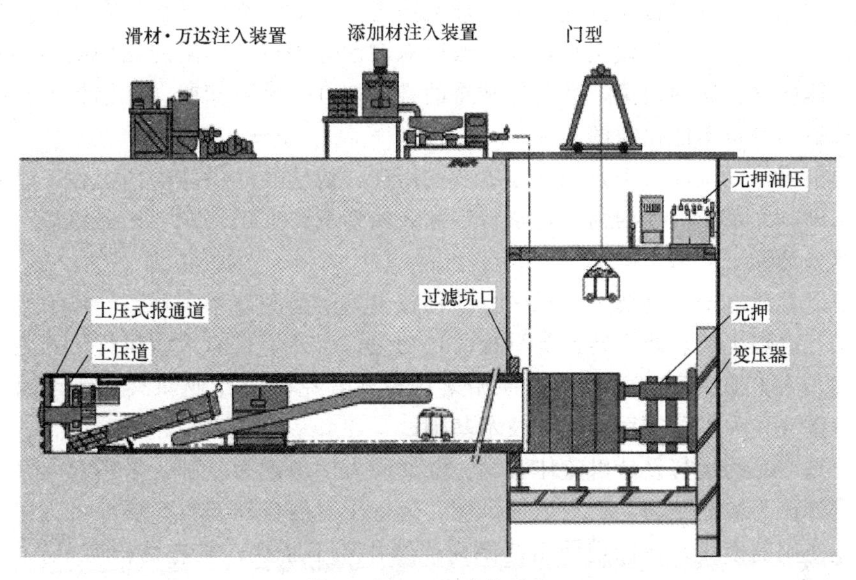

图 3-134　土压式推进法

（4）泥浓式推进法（图 3-135）

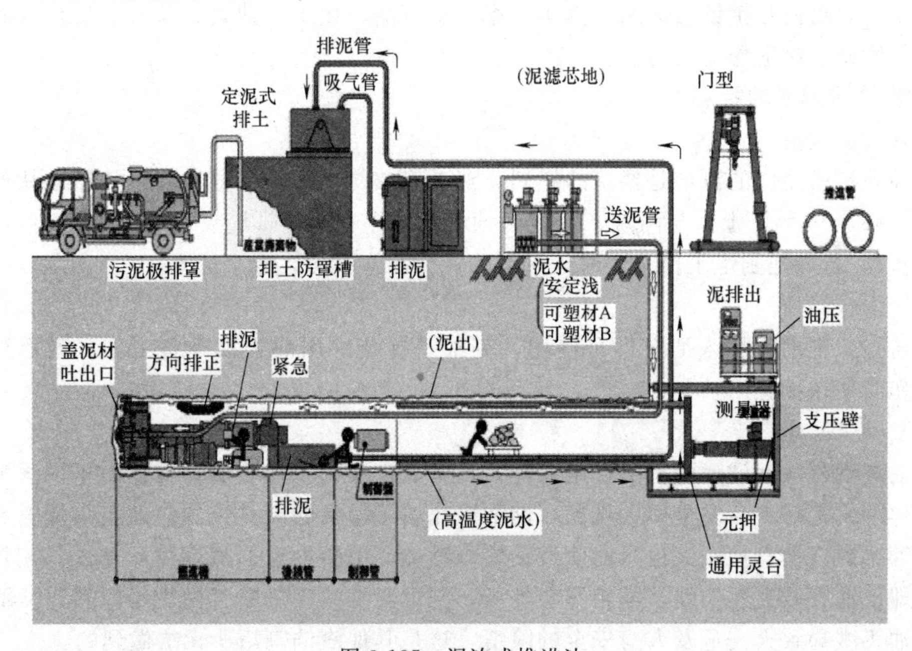

图 3-135　泥浓式推进法

此方法可以不加破碎的排出孔径约为顶管机直径 1/3 的砾石，采用了二次注浆方法，大大地减少了摩阻力，适合长距离顶进。

3.7.3　汽油焊割机

汽油焊割机是依据国家“八五”计划：“关于限制乙炔气发展，寻求新能源替代乙炔气”的整体要求进行开发，采用国内外最新技术、最新工艺，完全回避以往汽油焊割机对汽油加热、加压、震荡等传统方式，以汽油无压自吸、油氧高度雾化混合燃烧产生高温火焰对谨慎进行火焰加工的高效工具，并一改原有汽油焊割机在实际应用中的诸多缺陷，完全达到工作体验真正简便快捷，并与其神奇的叠层切割、水下切割、厚钢板上打孔等功能更是其他火焰切割所不能比拟的。

汽油焊割机是以汽油为工业燃气原料及通用性、清洁性、供应的广泛性、燃料使用的安全行为基础，立足于汽油的物理化学特性和金属切割作业的要求，产品对氧—汽油燃气的应用大体分为两个类型：

一类是以现代电子控制技术、机械自动化技术为产品基础，实现氧—汽油火焰燃料的配比、输配、火焰生成、能率转换等系统的自动化，摒弃了目前市面流行的其他产品必须由人工打气、人工加压后才能使用的原始落后模式，克服了作业断火、点火困难等等弊端，因而具备现代大工业应用对接的技术基础；

另一类是产品的运行设计以流体力学、空气动力学理论为基础，采用双向气源式结合间压技术设计作为输配驱动，实现燃气供应、运行压力的自动补偿，摒弃了人工打气、人工加压才能使用的模式，在标定使用范围内连续作业不断火，具有结构简单、性能优越、适用广泛的显著特点。

金属切割是金属结构生产、维修、加工的基础工艺，汽油焊割机作为替代乙炔的新技术、新工艺，可满足钢铁、造船、汽车、军工、石油、化工、建筑、桥梁、机械等各个行业加工、维修、制造作业的需要。

1. 汽油焊割机的特点

(1) 节能效益

汽油焊割机使用的汽油是经济的燃料，经验证 2L 汽油工作量相当于一瓶乙炔气，综合节能效果达 90%以上，与丙烷、液化石油气相比节约 60%以上（液化气有残液，低温无法工作），若一把割炬工作 8 小时，可节约资金 200 多元，数字惊人。

(2) 操作简便

无需人工辅助，加入油料即可使用，克服了传统的用前繁琐准备工作，割炬结构合理，操作简便快捷。

(3) 安全防爆

汽油焊割机从储油罐到割嘴都是液体，设备设计安装了逆止阀，液体是不回火的，所以汽油焊割机绝对不会发生回火现象，储油罐充填了昂贵的高科技国防航空抑爆材料，即使对储油罐内汽油直接点火也只能使汽油缓慢燃烧，不会发生剧烈燃烧和爆炸。割炬在工作中，即使油管被突然切断，油箱不会外溢，割炬会继续吸进断管内少量原料，从而不会发生汽油飞溅导致火灾危及人身安全的险情，这是其他汽油割炬所无法做到的。

(4) 切割质量好

利用汽油割炬切割钢材预热快、切割不中断，上檐无咬边、烧塌，下边无结瘤、挂渣，切割面光滑整洁易于清理，且表面不会发生增碳和硬化现象，极大降低加工过程中的材料费。

(5) 工作速度快

汽油割炬火焰温度高达 3200～3400℃，平均温度不低于 3150℃，且火焰均匀，切割时预热时间短，切割速度快，切割厚度达 0.5～400mm，而乙炔焰心和外焰差距较大，平均温度在2950℃，所以切割速度较低，液化气更低。汽油烤炬火力集中强劲，用于加热工件省40%～50%，节能90%以上。

(6) 材料易购、携带方便

汽油全国各地都有，无需专业罐装，无须大量储存；汽油焊割机主要由防爆储油罐、耐油胶管、焊割炬三部分组成，机体轻便，易于携带和高空作业。

(7) 适用性广泛

汽油焊割机独特设计"气液通用"，可用于各种厚度碳钢的切割、焊接、加热等，还可用于金银首饰、玻璃、石英、电子产品、石材的热溶加工及货运处理，广泛用于冶金、造船、锅炉、汽车、机械加工、化工工业、建筑、农业机械、农机维修领域等。

(8) 绿色环保

汽油焊割机的广泛应用，为国家节约大量的电能及矿产资源，直接减少了乙炔生产和使用对自然环境的污染；使用中不产生残油和黑烟等有害物质，对人体和环境不造成污染危害。

2. 工作原理

利用无压辐射的原理将雾化器从主机中吸取燃料并与氧按一定比例进行混合点燃。由于主机箱体设备的特殊构造，实现了汽油焊割中的恒压操作，从而最大限度地保障了切割中火焰的稳定性。

3. 类型

(1) 便携式汽油焊割机（根据割炬型号不同，切割厚度可达0.5～40mm，适用高空作业）。

(2) 手把式汽油焊割机。

(3) 半自动汽油焊割机。

(4) 仿型汽油焊割机。

(5) 全自动焊割机。

3.7.4 高空作业车

1. 设备优点及适用范围

高空作业车的作业结构简单，操作方便，安全可靠，外形美观，广泛适用于电气线路检修、高空作业清洗、树木剪枝、市政、电力、路灯、广告、摄影、通信、园林、交通、工矿、码头等多种系统的高空作业，见图3-136。

图3-136 高空作业车实例

2. 常见设备类型（见表 3-62）

常见设备类型高空作业车实例　　表 3-62

型号	作业高度/m	平台载重/kg	工作半径/m
皮卡 PKK110	10.50	215	4.50
皮卡 PKK130	13.00	215	4.50
PLT110	11	200	7
PLT120	12	200	6.5～7
PLT130	13	200	6.5～7
PLT140	14	200	6.5～7
PLT160	16	200	11
PLT190	19	200	14.5
PLT230	23	200	14.5
PLT260	26	200	14.5
PLV125	12.6	200	7.8
PLV130	13	200	
PLV140	13.8	200	12
PLG110	11	200	7
PLG150	15	200	11
铝钛合金 PLL160	16	200	
铝钛合金 PLL200	20	200	9.9
铝钛合金 PLL250	24.5	200	10.5
PLT310	30.9	200	17.9
PLT370	37	200	30
PLT435	43.7	350	21
PLT540	53.8	350/200	27.8
PLT610	60.3	360/200	34
PLT700	69.7	360/200	34
PLT840	83.5～84	500/320	31.5
PLT1000	99.5～100	500/320	40

3. 车载高空作业设备

特雷克斯 2005 年 9 月在 ICUEE 展览会上推出的 TM167NI 型大高度高空作业平台的作业高度达 50.9m，幅度达 25m。这一产品的结构件、液压元件以及折臂和伸缩臂的电控系统是由 Bizzocchi 设计的，而特雷克斯公司负责整机的总体设计。

该机的主臂是非绝缘的，上车由一台辅助发动机提供动力，配备了承载能力为 450kg 的作业平台。该机还可以在主臂上安装起升机构，使总的起重能力达到 730kg。

特雷克斯生产的第一台 TM167NI，试用的 6 个月中，被若干家电力公司租借，用于输电线路的建设。这台高空作业平台售价大约为 90 万美元（76 万欧元）。特雷克斯称，不久将推出绝缘版的 TM167 型产品。

3.7.5 新型建筑钢筋气压对焊机

我国目前建筑市场上使用的钢筋连接方法有：钢筋绑扎搭接，机械冷挤压连接，钢筋电阻电焊，钢筋闪光对焊，钢筋电弧焊，钢筋电渣压力焊，钢筋气压对焊，预埋件钢筋埋弧压力焊，螺纹套管连接等。现阶段最主要使用的方法有：搭接法，闪光焊，电渣焊，气压焊，以及螺纹连接等几种钢筋连接方法。

针对以上几种常用钢筋连接方法来说，搭接法属于淘汰法不予论述；闪光焊合格率最低，大约三分之一不合格；电渣焊次低，特别是电渣焊横向焊接后，合格率太低不能做检测试验，所以电渣焊只能用做钢筋的竖向焊接，不能用于其他方向焊接。合格率最高的是气压焊，完全能达到100%的合格率；几种焊接方法中，螺纹连接法成本最高，大约是气压焊成本的20多倍。若计算用电量，气压焊法成本最低约0.3元/头左右，若不计算用电量，闪光焊接法成本最低。如果从设备投入看：投入成本最小的是螺纹连接，有些螺纹套管设备厂家由于螺纹套管接头成本很高，所以免费租给用户钢筋套扣机械。其次是气压焊投入成本小。因为闪光焊和电渣焊都需要配备大电焊机，投入成本较大依次是闪光焊，电渣焊。

从以上几种设备的使用特性来说，闪光焊特点是焊接操作简单容易掌握，钢筋接头成本较低。缺点是只能用作钢筋的横向焊接，设备体积较大，移动不便，狭窄空间或无吊车不能施工，接头合格率低，耗电量较大；电渣焊的特点是焊接卡具轻巧，移动方便，焊接操作容易，接头成本也较低。缺点是只能用于钢筋的竖向焊接，需要配备大的电焊机，耗电量大；螺纹连接法的操作较简单，设备施工环保。缺点是接头成本太高。气压焊的特点是，能够焊接横向、竖向、任意方向的钢筋，钢筋接头合格率较高，卡具较小移动方便，接头成本低，设备投资小。气压焊的最大缺点是对操作工人的技术要求较高，操作中焊接质量受工人技术水平影响较大。但根据工地现场反复试验，这种熔态气压焊法新工艺确实比以前普遍使用的固态焊法要容易掌握的多，并且省去了磨削加工钢筋端部的工序，不仅有效简化了操作工序，还大幅提高焊接速度，彻底有效解决了操作工人的技术要求较高问题。

据有关资料表明，由于气压焊合格率最高，所以日本大约72%都是采用气压焊焊接法。在国内许多大公司用户，经过对比试验常用的钢筋对焊机械焊接方法，综合各种钢筋对焊方式的优缺点，结论还是气压焊焊接法的综合效益较优。综上所述，建筑钢筋的对焊方法中，气压焊焊接方法的综合特性较佳。

钢筋气压对焊机经过不断更新改进，目前最新一代的气压焊机型解决了早期存在的问题，成为非常成熟稳定的先进机型。建筑钢筋施工中采用气压焊能够轻松完成闪光焊和电渣焊两套设备的焊接工作，且质量和效益优于后者两套设备，而设备投入只是两套设备不到20%。

1. 设备特点

新型钢筋气压对焊机是适合建筑密集钢筋焊接的先进气压焊机型，广泛用在墙，柱，梁，桩，底板，护坡，桥梁，水坝、铁塔、隧道、地下工程等钢筋接头。焊接钢筋范围直径12～38mm。能进行横向，竖向等任意方向钢筋的对焊，可适用国产Ⅰ，Ⅱ，Ⅲ级及进口钢筋。对焊一个直径25mm钢筋接头仅需40s，焊接成本仅0.3元，比搭接节约4kg钢材。新型钢筋气压对焊机具有小巧灵活使用方便，工艺操作简单，接头合格率高，设备投资小等优点。

2. 基本原理及适用范围

采用氧乙炔（或氧液化气）火焰，对两钢筋接缝处进行加热，使其达到塑性（或基本熔态）状态后，施加适当压力，形成对接焊头的一种压焊方法。

适用于工业与民用建筑物、构筑物的钢筋混凝土结构中 ϕ12～40mm 的Ⅰ级、Ⅱ级、Ⅲ级以及部分进口钢筋，在垂直、水平和倾斜位置钢筋接头的对接焊接。

3. 设备构件与操作工艺

新型钢筋气压对焊机由供氧装置（氧气瓶）、乙炔气瓶、多嘴环管焊炬（或称多嘴环管加热器）、加压器（或称油泵，分为手动式或电动式两种）、焊接夹具（或称固定卡具，活动卡具）、辅助设备（无齿锯或切割机，磨光机，扳手）等组成。

建筑钢筋气压对焊机的操作工艺内容如下：

（1）固态焊法操作工艺流程图

钢筋切割备料→检查焊接设备→用角磨机处理待焊钢筋→安装卡具和钢筋→给钢筋施加初压力→用碳化焰加热钢筋缝隙→缝隙密合后用中性焰加热→加压压接钢筋→成型后拆卸卡具→检查焊接质量。

（2）熔态焊法操作工艺流程图（新工艺操作简单，推荐使用）

钢筋切割备料→检查焊接设备→安装卡具和接长钢筋（两待焊钢筋应留 3～5mm 缝隙）→加热钢筋缝隙→钢筋端头至融化状态，端部呈凸状时快速加压→成型后拆卸卡具→检查焊接质量。

3.7.6 自动打钎机

自动探钎仪打钎机打钎的动力来自重锤打钎电机，重锤打钎电机把重锤提升 50cm 后，重锤失去牵引，自由下落，下落冲击能量转移到探钎，完成一次打钎工作，而控制系统在此过程中要完成次数的增加纪录，在此过程中钎锤系统随探钎的下落向下移动，安装在钎锤上的传感器在探索深度信号，当深度信号出现时仪器控制系统会把当前累计的打钎次数记录下来，并使计数器进入下一个计数段开始累计次数。当深度信号再次出现时，仪器控制系统会把当前累计的打钎次数记录下来，并使计数器进入下一个计数段开始累计次数。如此系统共有 4 个深度计数，合计深度为 200cm，探钎达到深度时系统自动停止打钎工作，并将本次打钎的相关数据储存，系统进入停止状态，准备进行下一次打钎工作。

1. 自动打钎机的类型

根据工作原理不同，自动打钎机主要有两种类型：

一类是多功能电动打钎机，属建筑机械领域。由底平台，工作平台，传动操作部分三大部分组成。在底平台上设有立柱，立柱上套装有可滑动的套筒、工作平台与套筒相连接，并可由钢丝绳拉动沿着立柱作上、下运动。在工作平台上装有打钎装置，打钎装置由外套筒、内滑杆、锤头、永久磁铁、锤头限位套筒、传动齿轮、偏心摇杆、钎杆所组成。外套筒与立柱上的套筒相连，安装在传动齿轮上的偏心摇杆与内滑杆相连，带动内滑杆作上、下运动。钎杆安装在外套筒的下部。在底平台上还安装有传动操作部分，传动部分有电动机、减速装置，操作部分通过操作杆控制工作平台及打钎装置的内滑杆运动，完成打钎动作。采用电动打钎机探测数据可靠、减轻了工人劳动强度、提高了探测效率，人工打钎需要 3 人操作，使用本电动打钎机仅需 1 人操作，即可完成钎探的全部工作。其特征在于：是由电机、链条、滑动车、铁锤、触探钢纤组成，电机带动链条运转，链条上装有托钩，滑动车沿立柱升降，铁锤沿弯形轨道起落。图 3-137 为自动打钎机外形及箱体。

另一类是气动式电子计数打钎机是钎探地基工作的专用自动机具，由钎头、钎杆、钎卡、穿心锤、支架组成，其特征是，在支架中部设有可穿过钎杆的套管，支架一侧固定有双作用气缸，另一侧设置有电磁换向阀和电子计数器，其通过电磁换向阀控制双作用气缸的活塞杆作往复运动，带动穿心锤击打钎杆，同时将双作用气缸与电子计数器连通，实现电子计数，本实用新型具有结构简单，计数准确，体积小，重量轻，安装和移动方便的特点。

图 3-137　自动打钎机外形及箱体

2. DZQ-P-56 自动打钎机

DZQ-P-56 自动打钎机是针对建筑施工对探钎施工的要求而研制开发的新产品，它避免了人工操作时对夯击力的控制不统一性，通过计算机系统对夯击深度进行检测，同时记录夯击次数，自动完成相关数据的记录，避免了人工计数和测量的误差，保证了数据的客观性和准确度。为工程的进一步实施施工提供科学翔实的理论依据和经验参数，是保证建筑质量和施工质量的有效设备工具。

(1) 构造原理及操作

DZQ-P-56 自动打钎机是依靠冲击夯的冲击力完成打钎工作，通过计算机进行数据处理和控制，完成打钎过程的计数和行程控制。冲击夯的提升通过电机减速机、离合器、卷扬滚筒和钢丝绳牵引而达到提升目的。

DZQ-P-56 自动打钎机可以通过手动操作和自动操作实现对设备的控制使用。

(2) 运输和移动

该设备主要用于工地现场，运输和转移工地时可以把设备拆为三部分（底座、钎锤、控制箱），整体吊装时钎锤务必在下方。对于短距离的移动，可以通过推拉利用设备行走轮移动。

（3）使用注意事项

该设备具有机电仪一体化特点，自动控制和记录均为计算机系统，具有多种工作电压，非专业人员不得拆卸，实行专人操作。

3.7.7 大高度拆除挖掘机

1. 5110 拆除挖掘机

新臂架在 80m 的高度上可以安装 12t 的作业属具，全伸时可以安装 6t 的属具。令人感兴趣的是，130t 的卡特 5110B 采矿装载机底盘并不像人们想象的那样需要进行大量的改装。除了新增加了 30t 配重外（一些集成在车架里），5110 上能够看得出来的最大变化是臂架的铰点后移了 1.5m，并且专门制造了 2 根变幅液压油缸，替换了原来卡特的标准油缸。底盘本身虽然加长和加宽了，但保留了原回转支承和车架底板。

Rusch 公司和 Euro Demolition 公司开发的电液系统替换了原卡特的液压系统，能够更加精确、特别是能够更加安全地控制臂架和属具的运动。它减少了臂架上液压管路的数量，这与大多数大高度机型上沿臂架布满大把的液压软管形成了鲜明的对照。Rusch 设计的液压系统只有 4 条与臂架同长的液压管路，2 条压力油管和 2 条回路油管，而顶节臂和属具的动力则通过安装在主臂顶端的液压执行元件控制系统提供。机构运动表上的“矩阵图”设定了运动的先后顺序，一些机构的运动将会限制另外一些机构的运动。

另一个引起人们兴趣的设计是没有配备可以倾斜的驾驶室，这在其他大多数大高度机型上也是一个常见的配备。由于这台机器臂架上安装了摄像机，驾驶员们显然更加青睐于驾驶室内的显示屏。5110 安装了 6 台摄像机，臂架顶端 2 台用于观察属具的作业情况，臂架内部 2 台用于观察臂架的伸缩位置，而底盘上的 2 台则作为后视镜使用。

有人可能会觉得这么大的机型在转移工地时会需要一个车队的低台面平板挂车来运输，而实际上机器的运输最多只需要 4 台挂车。事实上，Rusch 的总经理 Ruud Schreijer 非常有信心地说，3 台挂车足矣，1 台运输整根臂架，另 1 台运输底盘和附加配重以及拆除属具，而第 3 台则用于运输 5110 上车及安装在上面的油缸。到达工地后，需要用 1 台起重机组装机器，据 Schreijer 先生估计，这需要大约 6h。

2. 卡特新型工作属具

卡特的新型 H180DS 液压破碎器已经在北美上市，该机是卡特液压破碎器产品系列的最新机型。H180DS 工作质量为 3900kg，该机型最适宜的挖掘机为卡特 345C 和 365C。H180DS 在设计上关键的特点是比旧机型配备了更大的活塞和钎杆，使得生产效率提高了约 15％。

H180DS 液压破碎器的另一个重要特点是自动关闭功能，重载型设计显著减少了振动载荷，重载型设计的连杆使得设备性能提高，并有效抑制了噪声。H180DS 液压破碎器在内部机构的四面安装的都是耐磨钢板，以增加动力系统的导向性和稳定性，同时，耐磨钢板也保证了机器的耐久性，可视的磨损指示器方便了对机器的维护。

卡特在北美市场还推出了 2 款新型工业用抓斗，安装在滑移转向装载机和全地面随车起重机上，用于碎屑清理和地面清理作业。这 2 款抓斗的宽度分别为 1.8m 和 2.1m，都可以提供高达 10220N 的夹紧力，颚口最大开度为 0.94m，专为重载工况设计。2 款抓斗均配备润滑油嘴、加强的铬合金铰链和油缸销轴，有效保证了设备的可靠性能。

3. 5110B 拆除挖掘机

Euro Demolition 公司又得到了 1 台改装的 5110B 拆除挖掘机，但这次是荷兰拆除专业公司 STC 改装的。这台机器配备了 3 节折臂式拆除臂架，作业高度为 30m，目前配备的作业属具是 12t 重的液压剪。机器的总重（包括附加配重和原机配重，不算属具重量）为 180t。

与 Rusch 公司全新专用拆除臂架不同的是，STC 改装了原机 7.6m 长的基本臂，增加了 1 根 10m 长的加长臂，但仍采用了标准的卡特油缸。原机 3.4m 长的挖掘臂被加长到了 7m。为了便于运输，降低了驾驶室的高度，驾驶室还可以向后倾斜 30°。

该机底盘的履带跨距可以调整，宽度最大达 6.6m，履带的接地长度增加了 1.4m，为整机提供了最大的作业稳定性。

第4章　工程管理基础知识

4.1　建筑工程施工工艺和方法

一栋建筑的施工是一个复杂的过程。为了便于组织施工和质量验收，我们常将建筑工程划分为单位（子单位）、工程分部（子分部）、工程分项工程和检验批。建筑工程可划分为：地基与基础、主体结构、建筑装饰装修、建筑屋面、建筑给排水及采暖、建筑电气、智能建筑、通风与空调、电梯等分部工程。每个分部工程又可分为若干分项工程，如主体结构分部工程可分为：混凝土结构、砌体结构、钢结构等分项工程；建筑屋面分部工程可分为：卷材防水屋面、涂膜防水吊面、刚性防水屋面等等分项工程。

按照施工工艺的不同，每一个分部分项工程的施工，都可以采用不同的施工方案、施工技术和机械设备以及不同的劳动组织和施工组织方法来完成。本节通过对建筑工程主要分部、分项工程施工工艺的介绍，使机械员了解相关的施工流程，组织合适的建筑机械，协助施工部门选择经济、合理的施工方案，保证工程任务的完成。

4.1.1　地基与基础工程

1. 岩土的工程分类

在土方施工中，根据岩土的坚硬程度和开挖方法将土分为八类（表4-1）

土的工程分类与现场鉴别方法　　表4-1

土的分类	土的名称	可松性系数		开挖方法及工具
		K_s	K_s'	
一类土（松软土）	砂；粉土；冲积砂土层；种植土；泥炭（淤泥）	1.08～1.17	1.01～1.03	能用锹、锄头挖掘
二类土（普通土）	粉质黏土；潮湿的黄土；夹有碎石、卵石的砂；种植土；填筑土及粉土混卵（碎）石	1.14～1.28	1.02～1.05	用锹、条锄挖掘，少许用镐翻松
三类土（坚土）	中等密实黏土；重粉质黏土；粗砾石；干黄土及含碎石、卵石的黄土、粉质黏土；压实的填筑土	1.24～1.30	1.04～1.07	主要用镐，少许用锹、条锄挖掘
四类土（砂砾坚土）	坚硬密实的黏性土及含碎石，卵石的黏土；粗卵石；密实的黄土；天然级配砂石；软泥灰岩及蛋白石	1.26～1.32	1.06～1.09	整个用镐、条锄挖掘，少许用撬棍挖掘
五类土（软石）	硬质黏土；中等密实的页岩、泥灰岩、白垩土；胶结不紧的砾岩；软的石灰岩	1.30～1.45	1.10～1.20	用镐或撬棍、大锤挖掘，部分用爆破方法
六类土（次坚石）	泥岩；砂岩；砾岩；坚实的页岩；泥灰岩；密实的石灰岩；风化花岗岩；片麻岩	1.30～1.45	1.10～1.20	用爆破方法开挖，部分用风镐

续表

土的分类	土的名称	可松性系数		开挖方法及工具
		K_s	$K_s{}'$	
七类土 （坚石）	大理岩；辉绿岩；玢岩；粗、中粒花岗岩；坚实的白云岩、砂岩、砾岩、片麻岩、石灰岩、微风化的安山岩、玄武岩	1.30～1.45	1.10～1.20	用爆破方法开挖
八类土 （特坚石）	安山岩；玄武岩；花岗片麻岩、坚实的细粒花岗岩，闪长岩、石英岩、辉长岩、辉绿岩、玢岩	1.45～1.50	1.20～1.30	用爆破方法开挖

注：K_s——最初可松性系数；K_s'——最后可松性系数。

2. 基坑（槽）开挖、支护及回填的主要方法

（1）基坑（槽）开挖

基坑（槽）的开挖就是按规定的尺寸合理确定开挖顺序和分层开挖深度，连续地进行施工，尽快地完成。深基坑一般采用“分层开挖，先撑后挖”的开挖原则。

如图 4-1 的某深基坑分层开挖为例，在基坑正式开挖之前，先将第①层地表土挖运出去，浇筑锁口圈梁，进行场地平整和基坑降水等准备工作，安设第一道支撑（角撑），并施加预顶轴力，然后开挖第②层土到－4.50m；再安设第二道支撑，待双向支撑全面形成并施加轴力后，挖土机和运土车下坑在第二道支撑上部（铺路基箱）开始挖第③层土，并采用台阶式“接力”方式挖土，一直挖到坑底；第三道支撑应随挖随撑，逐步形成。最后用抓斗式挖土机在坑外挖两侧土坡的第④层土。

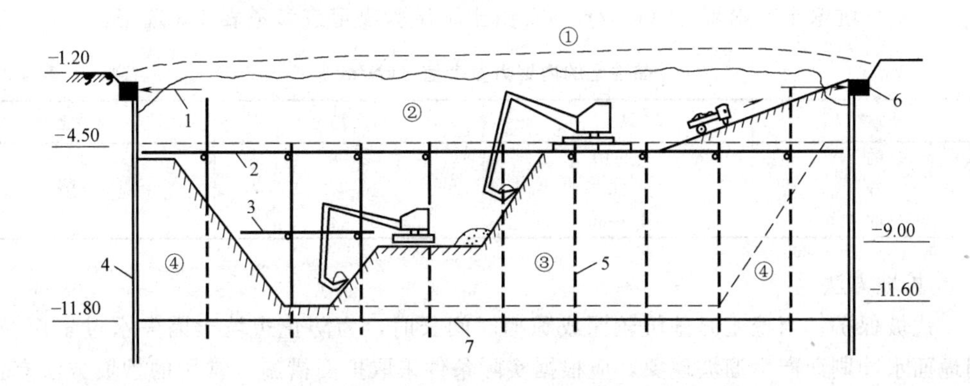

图 4-1 深基坑开挖示意

1—第一道支撑；2—第二道支撑；3—第三道支撑；4—支护桩；5—主柱；6—锁口圈梁；7—坑底

（2）基坑（槽）支护

① 不做护坡的条件

ⅰ当基础土质均匀且地下水位低于基坑（槽）底面标高时，挖方边坡可挖成直坡式而不加支护，但挖深不宜超过“密实、中密的碎石类和碎石类土（充填物为砂土）1.0m；硬塑、可塑的粉土及粉质黏土 1.25m；硬塑、可塑的黏土及碎石类土（充填物为黏性土）1.5m；坚硬的黏土 2.0m”的规定。

ⅱ如果天然冻结的速度和深度，能够保证挖方中的施工安全，则开挖深度在 4m 以内的基坑（槽）或管沟时，允许采用天然冻结法而不加支护。但在干燥的砂土中不得采用。

ⅲ当挖土深度超过可以不放坡的限值，而在 5m 以内，且地质条件良好，土质均匀，地下水位低于基坑（槽）底标高时，在不加支撑的情况下允许的最陡坡度，应符合表 4-2 规定。

深度在 5m 以内的基坑（槽）边坡的最陡坡度 表 4-2

土的类别	边坡坡度(高:宽)		
	坡顶无荷载	坡顶有静载	坡顶有动载
中密的砂土	1∶1.00	1∶1.25	1∶1.50
中密碎石土类(填充物是砂土)	1∶0.75	1∶1.00	1∶1.25
硬塑的轻亚黏土	1∶0.67	1∶0.75	1∶1.00
中密的碎石土类(填充物是黏性土)	1∶0.50	1∶0.67	1∶0.75
硬塑的亚黏土、黏土	1∶0.33	1∶0.50	1∶0.67
老黄土	1∶0.10	1∶0.25	1∶0.33
软土(经井点降水后)	1∶1.00	—	—

ⅳ黏性土的垂直坑（槽）壁最大高度值 h_{max} 可按下式计算：

$$h_{max}=\frac{2c}{K\gamma tg(45°-\varphi/2)}-\frac{g}{\gamma}$$

式中 K——安全系数，一般用 1.25；

γ——坑壁土的重度（kN/m^3）；

φ——坑壁土的内摩擦角（°）；

g——坑顶护道上的均布荷载（kN/m^2）；

c——坑壁土的内聚力（kN/rn^2）。由土工试验决定或参考表 4-3 选用。

黏性土的内聚力参考值（kN/m^2） 表 4-3

土质	黏土	粉质黏土	亚砂土
软的	5～10	2～8	2
中等	20	10～15	5～10
硬的	40～60	20～40	15

② 护坡方法

ⅰ边坡保护。当挖土时基坑较深或晾槽时间长时，为防止边坡土因失水过多而松散，或因地面水冲刷而产生溜坡现象，应根据实际条件采取护面措施，常用的护坡方法有：帆布或塑料膜覆盖法，坡面挂网法或挂网抹浆法，土袋压坡法等，如图 4-2。

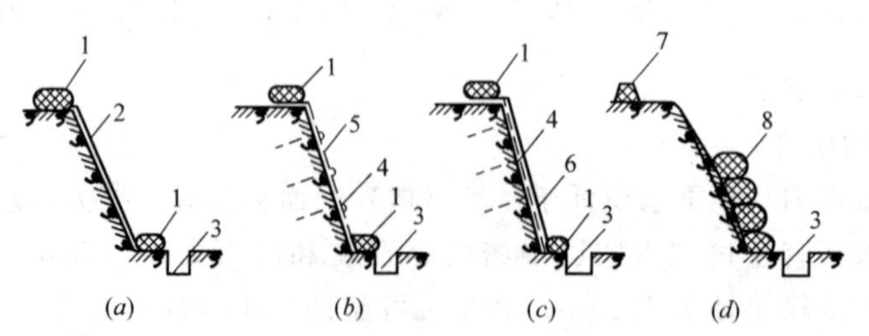

图 4-2 边坡护面措施

(*a*) 覆盖法；(*b*) 挂网法；(*c*) 挂网抹面法；(*d*) 土袋压坡法

1—压重（砌砖或土袋）；2—塑料膜；3—排水沟；4—插筋；

5—铅丝网；6—铅丝网抹水泥砂浆 2～3cm；7—挡水堤；8—装土草袋

ⅱ 坑壁支撑。基坑（槽）放坡开挖往往比较经济，但在场地狭小地段施工不允许放坡时，一般可采用支撑护坡，以保证施工顺利和安全，也可减少对邻近建筑或地下设施的不利影响。

坑壁支撑的形式，应根据开挖深度、土质条件、地下水位、开挖方法、相邻建筑物或构筑物等情况进行选择和设计。目前，常用的坑壁支撑形式有：衬板式、悬臂式、拉锚式、锚杆式、斜撑式等，如图 4-3。

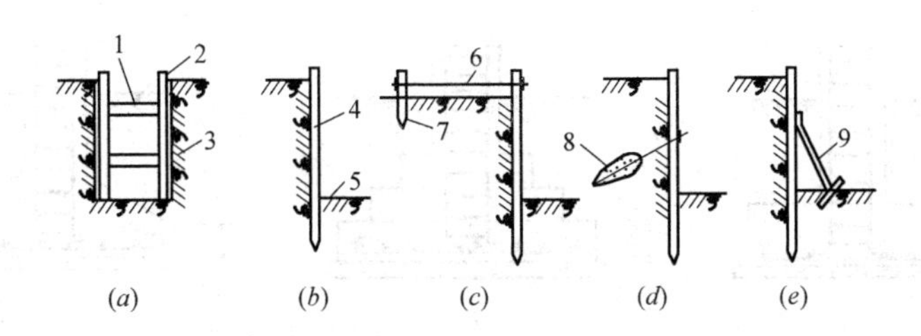

图 4-3 坑壁支撑形式

（a）衬板式；（b）悬臂式；（c）拉锚式；（d）锚杆式；（e）斜撑式

1—横撑；2—立木；3—衬板；4—桩；5—坑底；6—拉条；7—锚固桩；8—锚杆；9—斜撑

③ 支护施工要点

宽度不大的沟槽采用两侧壁用木材支撑相互顶紧时，宜选用松木或杉木，不宜采用杂木，且应随挖随撑，严禁挖好后一次支撑；采用混凝土护坡桩或地下连续墙时。应待混凝土强度达到设计强度后再开挖；锚杆应设于稳定性较好的土层或岩层中，并用水泥砂浆灌注密实，不得锚固在松软土层中，锚固长度应经计算或试验确定；施工中应经常检查支撑并观测土壁及邻近建筑物情况，如发现变形和位移，应及时采取加固措施；有必要拆除的支撑应按回填顺序进行拆除，拆除一层，经回填夯实后再拆上一层，防止造成塌方事故。

（3）基坑（槽）土方的回填与压实

① 土料的选择和填筑方法

建筑中的填土，主要是基础沟槽的回填土和房心土的回填。为了保证填土工程的质量，施工时必须根据填方要求，合理的选择土料和填筑方法。

填方土料为黏性土时，填土前应检验其含水量，含水量大的不宜做填土用；淤泥、冻土、膨胀性土及有机物质含量大于 8%的土，以及硫酸盐含量大于 5%的土都不能用来填土。

填方施工应按水平分层填土、分层压实。每层的厚度根据土的种类及选用的压实机械而定。应分层检查填土压实质量，符合设计要求后，才能填筑上层。

填方中采用两种透水性不同的填土时，应分层填筑，上层宜填筑透水性较小的填料，下层填筑透水性大的填料。各种土不得混杂使用。

② 填土压实方法

填土压实方法有碾压法、夯实法及振动压实法。碾压法多用于平整场地等大面积填土工程；夯实法或振动压实法多用于小面积的填土。

3. 浅埋式钢筋混凝土基础施工

一般工业与民用建筑在基础设计中多采用天然浅基础，它造价低、施工简便。常用的浅基础类型有板式基础、杯形基础、筏式基础和箱形基础等。

(1) 板式基础

① 板式基础的类型及特点。板式基础包括柱下钢筋混凝土独立基础（图 4-4）和墙下钢筋混凝土条形基础（图 4-5）。这种基础的抗弯和抗剪性能良好，可在竖向荷载较大、地基承载力不高以及承受水平力和力矩荷载等情况下使用。因高度不受台阶宽高比的限制，故适宜于需要“宽基浅埋”的场合下采用。

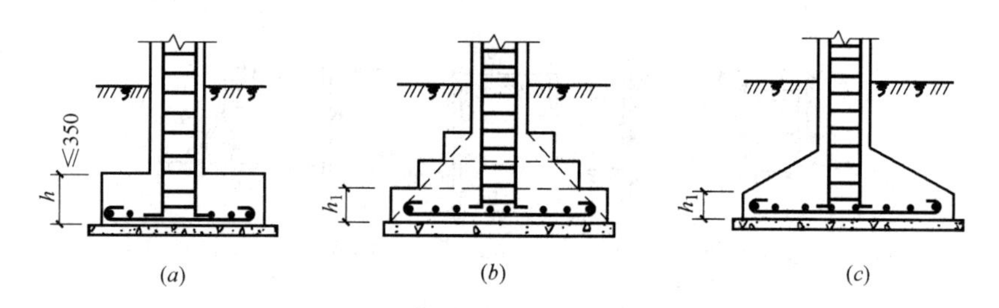

图 4-4　柱下钢筋混凝土独立基础

(a)、(b) 阶梯形；(c) 锥形

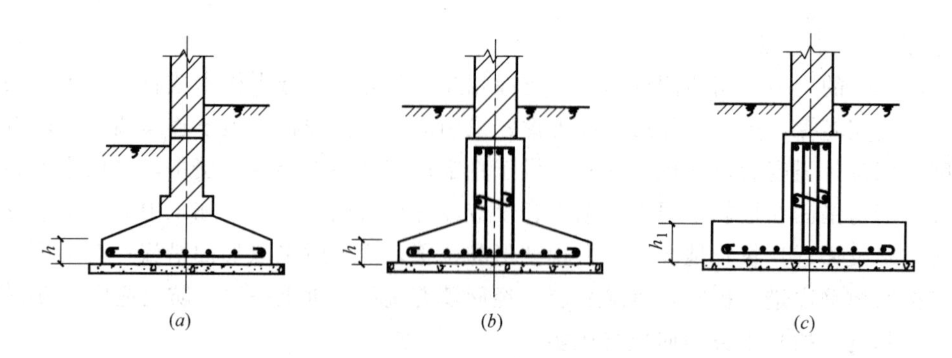

图 4-5　墙下钢筋混凝土条形基础

(a) 板式；(b)、(c) 梁、板结合式

② 施工要点

ⅰ基坑（槽）应进行验槽，局部软弱土层应挖去，用灰土或砂砾分层回填夯实至基底相平。基坑（槽）内浮土、积水、淤泥、垃圾、杂物应清除干净。验槽后垫层混凝土应立即浇筑，以免地基土被扰动。

ⅱ垫层达到一定强度后，在其上弹线、支模。铺放钢筋网片时底部用与混凝土保护层同厚度的水泥砂浆垫塞，以保证位置正确。

ⅲ在浇筑混凝土前，应清除模板上的垃圾、泥土和钢筋上的油污等杂物，模板应浇水加以湿润。

ⅳ基础混凝土宜分层连续浇筑完成。阶梯形基础的每一台阶高度内应整分浇捣层，每浇筑完一台阶应稍停 0.5～1.0h，待其初步获得沉实后，再浇筑上层，以防止下台阶混凝土溢出，在上台阶根部出现烂脖子，台阶表面应基本抹平。

ⅴ锥形基础的斜面部分模板应随混凝土浇捣分段支设并顶压紧，以防模板上浮变形，边角处的混凝土应注意捣实。严禁斜面部分不支模，用铁锹拍实。

ⅵ基础上有插筋时，要加以固定，保证插筋位置的正确，防止浇捣混凝土发生移位。混凝土浇筑完毕，外露表面应覆盖浇水养护。

（2）杯形基础

① 杯形基础的构造及形式。杯形基础常用作钢筋混凝土预制柱基础，基础中预留凹槽（即杯口），然后插入预制柱，临时固定后，即在四周空隙中灌细石混凝土。其形式有一般杯口基础、双杯口基础和高杯口基础等（图 4-6）。

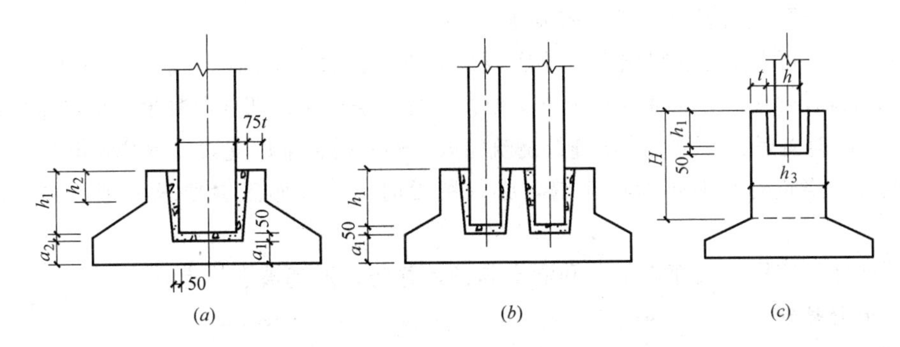

图 4-6 杯形基础形式、构造示意

（*a*）一般杯口基础；（*b*）双杯口基础；（*c*）高杯口基础

② 施工要点。杯形基础除参照板式基础的施工要点外，还应注意以下几点：

ⅰ混凝土应按台阶分层浇筑，对高杯口基础的高台阶部分按整段分层浇筑。

ⅱ杯口模板可做成两半式的定型模板，中间各加一块楔形板，拆模时，先取出楔形板，然后分别将两半杯口模板取出。为便于周转宜做成工具式的，支模时杯口模板要固定牢固并压浆。

ⅲ浇筑杯口混凝土时，应注意四侧要对称均匀进行，避免将杯口模板挤向一侧。

ⅳ施工时应先浇注杯底混凝土并振实，注意在杯底一般有 50mm 厚的细石混凝土找平层，应仔细留出。待杯底混凝土沉实后，再浇筑杯口四周混凝土。基础浇捣完毕，在混凝土初凝后终凝前将杯口模板取出，并将杯口内侧表面混凝土凿毛。

ⅴ施工高杯口基础时，可采用后安装杯口模板的方法施工，即当混凝土浇捣接近杯口底时，再安装固定杯口模板，继续浇筑杯口四周混凝土。

（3）筏式基础

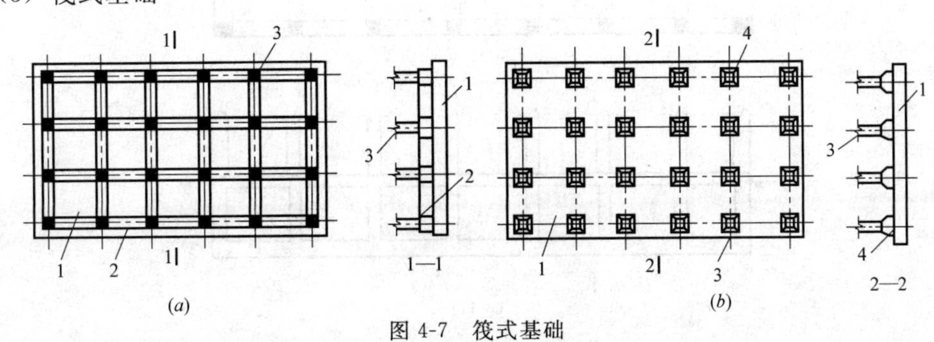

图 4-7 筏式基础

（*a*）梁板式；（*b*）平板式

1—底板；2—梁；3—柱；4—支墩

① 筏式基础的构造特点及类型。筏式基础由钢筋混凝土底板、梁等组成，适用于地基承载力较低而上部结构荷载很大的场合。其外形和构造上像倒置的钢筋混凝土楼盖，整体刚度较大，能有效地将各柱子的沉降调整得较为均匀。筏式基础有梁板式和平板式两类（图 4-7）。

② 施工要点

ⅰ施工前，如地下水位较高，可采用人工降低地下水位至基坑底不少于 500mm，以保证在无水情况下进行基坑开挖和基础施工。

ⅱ施工时，可采用先在垫层上绑扎底板、梁的钢筋和柱子锚固插筋，浇筑底板混凝土，待达到 25%设计强度后，再在底板上支梁模板，继续浇筑完梁部分混凝土；也可采用底板和梁模板一次同时支好，混凝土一次连续浇筑完成，梁侧模板采用支架支承并固定牢固。

ⅲ混凝土浇筑时一般不留施工缝，必须留设时，应按施工缝要求处理，并应设置止水带。

ⅳ基础浇筑完毕，表面应覆盖和洒水养护，并防止地基被水浸泡。

（4）箱形基础

① 箱形基础的构造与特点。箱形基础是由钢筋混凝土底板、顶板、外墙以及一定数量的内隔墙构成封闭的箱体（图 4-8），基础中部可在内隔墙开门洞作地下室。该基础具有整体性好，刚度大，调整不均匀沉降能力及抗震能力强，可消除因地基变形使建筑物开裂的可能性，减少基底处原有地基自重应力，降低总沉降量等特点。适用作软弱地基上的面积较小、平面形状简单、上部结构荷载大且分布不均匀的高层建筑物的基础和对沉降有严格要求的设备基础或特种构筑物基础。

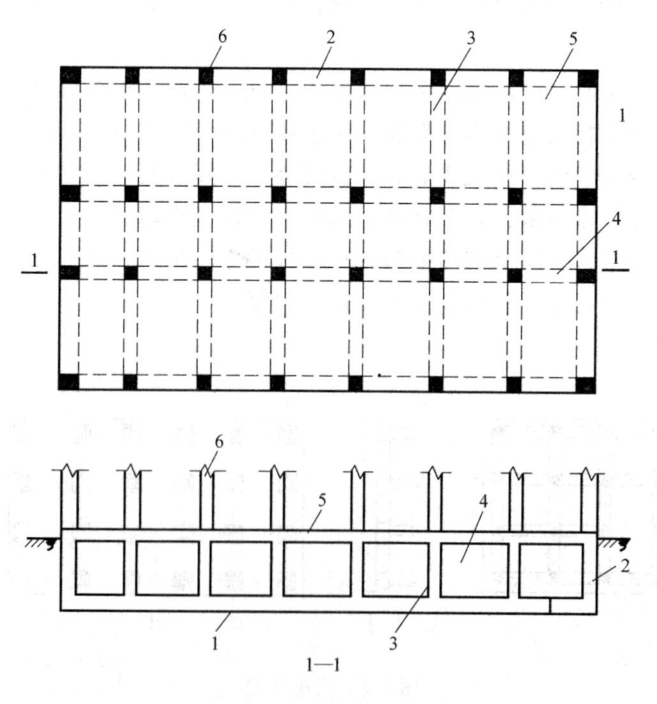

图 4-8 箱形基础

1—底板；2—外墙；3—内墙隔墙；4—内纵隔墙；5—顶板；6—柱

② 施工要点

ⅰ基坑开挖，如地下水位较高，应采取措施降低地下水位至基坑底以下 500mm 处，并尽量减少对基坑底土的扰动。当采用机械开挖基坑时，在基坑底面以上 200～400mm 厚的土层，应用人工挖除并清理，基坑验槽后，应立即进行基础施工。

ⅱ施工时，基础底板、内外墙和顶板的支模、钢筋绑扎和混凝土浇筑，可采取分块进行，其施工缝的留设位置和处理应符合钢筋混凝土工程施工及验收规范有关要求，外墙接缝应设止水带。

ⅲ基础的底板、内外墙和顶板宜连续浇筑完毕。为防止出现温度收缩裂缝，一般应设置贯通后浇带，带宽不宜小于 800mm，在后浇带处钢筋应贯通，顶板浇筑后，相隔 2～4 周，用比设计强度提高一级的细石混凝土将后浇带填灌密实，并加强养护。

ⅳ基础施工完毕，应立即进行回填土。停止降水时，应验算基础的抗浮稳定性，抗浮稳定系数不宜小于 1.2，如不能满足时，应采取有效措施，譬如继续抽水直至上部结构荷载加上后能满足抗浮稳定系数要求为止，或在基础内采取灌水或加重物等，防止基础上浮或倾斜。

4.1.2 砌体工程

砌体工程是指砖石块体和各种类型砌块的施工，它包括材料运输、脚手架搭设和墙体砌筑等。砌体工程中的材料运输主要是指大量砖（或砌块）、砂浆及脚手架、脚手板、各种预制构件的垂直运输，常用的运输设施有塔式起重机、施工电梯、井架、龙门架、灰浆泵等。

1. 砌体工程的种类

按砌体材料的不同，砌体工程分为砖砌体、石砌体、砌块砌体和配筋砌体。砖砌体主要有墙和柱；砌块砌体多用于定型设计的民用房屋及工业厂房的墙体；石材砌体多用于带形基础、挡土墙及某些墙体结构；配筋砌体则是在砌体的水平灰缝中配置钢筋网片，或是在砌体外部的预留槽沟内设置竖向粗钢筋的组合体。下面介绍常用的砖砌体墙和砌块砌体。

2. 砌体工程施工的主要工艺流程

（1）砖砌体墙

对于常用的砖砌体墙，其砌筑形式主要有三种：即一顺一丁、三顺一丁和梅花丁，见图 4-9、图 4-10。

一般，砖墙的砌筑工艺流程有：抄平、放线、摆砖、立皮数杆、盘角、挂线、砌筑、勾缝、清理等工序。

① 抄平放线。砌墙前先在基础防潮层或楼面上定出各层标高，并用水泥砂浆或 C10 细石混凝土找平，然后根据龙门板上标志的轴线，弹出墙身轴线、边线及门窗洞口位置。二楼以上墙的轴线可以用经纬仪或垂球将轴线引测上去。

② 摆砖。摆砖，又称摆脚。是指在放线的基面上按选定的组砌方式用干砖试摆。目的是为了校对所放出的墨线在门窗洞口、附墙垛等处是否符合砖的模数，以尽可能减少砍砖，并使砌体灰缝均匀，组砌得当。一般在房屋外纵墙方向摆顺砖，在山墙方向摆丁砖，摆砖由一个大角摆到另一个大角，砖与砖留 10mm 缝隙。

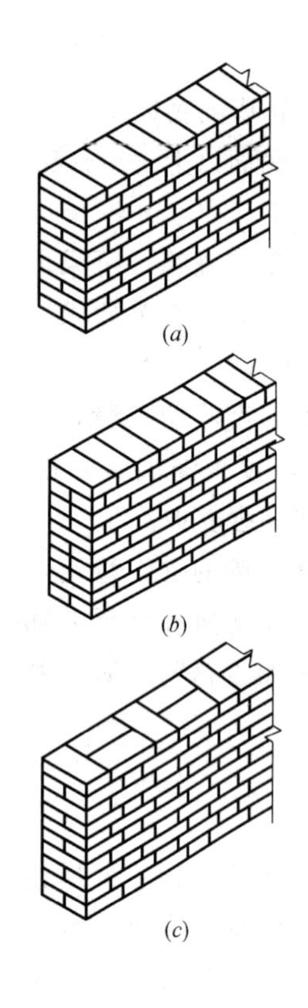

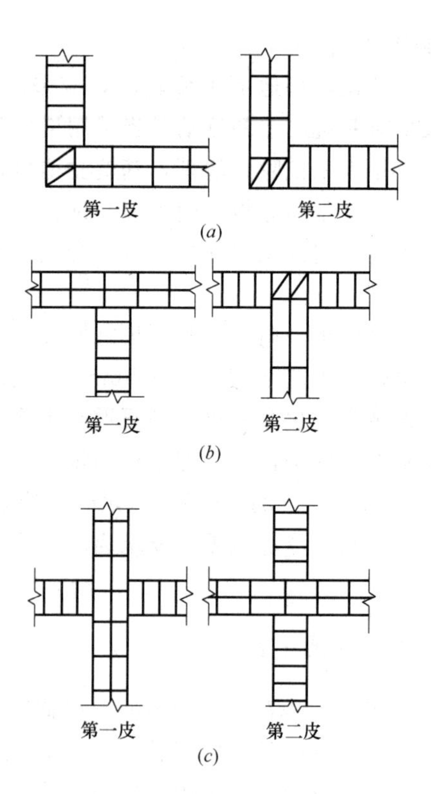

图 4-9 砖墙组砌形式

(a) 一顺一丁；(b) 三顺一丁；(c) 梅花丁

图 4-10 一顺一丁砖墙交接处组砌

(a) 一砖墙转角；(b) 一砖墙丁字交接处；(c) 一砖墙十字交接处

③ 立皮数杆。皮数杆是指在其上划有每皮砖和灰缝厚度，以及门窗洞口、过梁、楼板等高度位置的一种木制标杆。砌筑时用来控制墙体竖向尺寸及各部位构件的竖向标高，并保证灰缝厚度的均匀性。皮数杆一般设置在房屋的四大角以及纵横墙的交接处，如墙面过长时，应每隔 10～15m 立一根。皮数杆需用水平仪统一竖立，使皮数杆上的±0.00 与建筑物的±0.00 相吻合，以后就可以向上接皮数杆。

④ 盘角、挂线。墙角是控制墙面横平竖直的主要依据，所以，一般砌筑时应先砌墙角，墙角砖层高度必须与皮数杆相符合，做到"三皮一吊，五皮一靠"。墙角必须双向垂直。墙角砌好后，即可挂小线，作为砌筑中间墙体的依据，以保证墙面平整，一般一砖墙、一砖半墙可用单面挂线，一砖半墙以上则应用双面挂线。

⑤ 砌筑、勾缝。砌筑操作方法各地不一，但应保证砌筑质量要求。通常采用"三一砌砖法"，即一块砖、一铲灰、一揉压，并随手将挤出的砂浆刮去的砌筑方法。这种砌法的优点是灰缝容易饱满、粘结力好、墙面整洁。勾缝是砌清水墙的最后一道工序，可以用砂浆随砌随勾缝，叫做原浆勾缝；也可砌完墙后再用 1∶1.5 水泥砂浆或加色砂浆勾缝，称为加浆勾缝。勾缝具有保护墙面和增加墙面美观的作用，为了确保勾缝质量，勾缝前应清除墙面粘结的砂浆和杂物，并洒水润湿，在砌完墙后，应画出 1cm 的灰槽，灰缝可勾成凹、平、斜或凸形状，勾缝完后尚应清扫墙面。

(2) 砌块砌筑

用砌块代替烧结普通砖做墙体材料，是墙体改革的一个重要途径。近几年来，中小型砌块在我国得到了广泛应用。常用的砌块有粉煤灰硅酸盐砌块、普通混凝土空心砌块、煤矸石硅酸盐空心砌块等。砌块的规格不统一，一般高度为 380～940mm，长度为高度的 1.5～2.5 倍，厚度为 180～300mm，每块砌块重量 50～200kg。

由于中小型砌块体积较大、较重，不如砖块可以随意搬动，多用专门设备进行吊装砌筑，且砌筑时必须使用整块，不像普通砖可随意砍凿，因此，在施工前，须根据工程平面图、立面图及门窗洞口的大小、楼层标高、构造要求等条件，绘制各墙的砌块排列图，以指导吊装砌筑施工。

① 砌块排列

砌块排列图按每片纵横墙分别绘制（图 4-11）。其绘制方法是在立面上用 1∶50 或 1∶30 的比例绘出纵横墙，然后将过梁、平板、大梁、楼梯、孔洞等在墙面上标出，由纵墙和横墙高度计算皮数，画出水平灰缝线，并保证砌体平面尺寸和高度是块体加灰缝尺寸的倍数，再按砌块错缝搭接的构造要求和竖缝大小进行排列。对砌块进行排列时，注意尽量以主规格砌块为主，辅助规格砌块为辅，减少镶砖。错缝搭砌时，搭接长度不小于砌块高度的 1/3，且不小于 150mm。外墙转角处及纵横墙交接处应用砌块互相搭接，如不能互相搭接，则每两皮应设置一道拉结钢筋网片。砌块中水平灰缝厚度一般为 10～20mm，有配筋的水平灰缝厚度为 20～25mm；竖缝的宽度为 15～20mm，当竖缝宽度大于 30mm 时，应用强度等级不低于 C20 的细石混凝土填实，当竖缝宽度≥150mm 或楼层高不是砌块加灰缝的整数倍时，应用黏土砖镶砌。

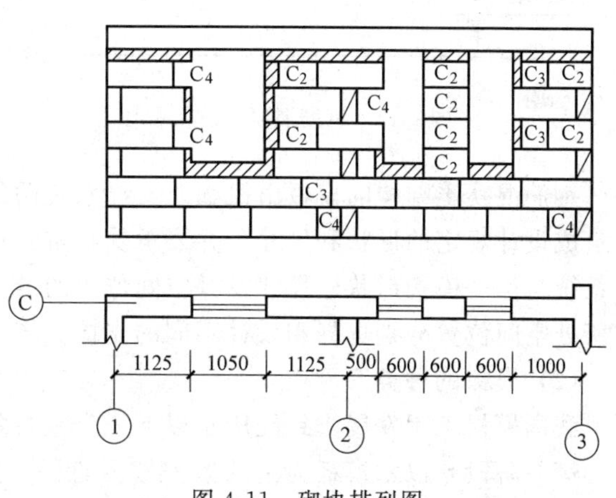

图 4-11 砌块排列图

② 砌块施工的工艺流程

砌块施工的主要工序是：铺灰、砌块吊装就位、校正、灌缝和镶砖。

ⅰ铺灰。砌块墙体所采用的砂浆，应具有良好的和易性，其稠度以 50～70mm 为宜，铺灰应平整饱满，每次铺灰长度一般不超过 5m，炎热天气及严寒季节应适当缩短。

ⅱ砌块吊装就位。砌块的吊装一般按施工段依次进行，其次序为先外后内，先远后近，先下后上，在相邻施工段之间留阶梯形斜槎。吊装时应从转角处或砌块定位处开始，采用摩擦式夹具，按砌块排列图将所需砌块吊装就位。

ⅲ校正。砌块吊装就位后，用托线板检查砌块的垂直度，拉准线检查水平度，并用撬棍、楔块调整偏差。

ⅳ灌缝。竖缝可用夹板在墙体内外夹住，然后灌砂浆，用竹片插或铁棒捣，使其密实。当砂浆吸水后用刮缝板把竖缝和水平缝刮齐。灌缝后，一般不应再撬动砌块，以防损坏砂浆粘结力。

ⅴ镶砖。当砌块间出现较大竖缝或过梁找平时，应镶砖。镶砖砌体的竖直缝和水平缝

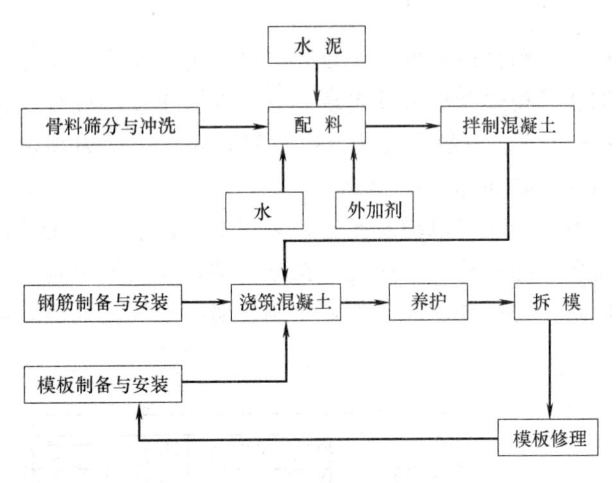

图 4-12 钢筋混凝土施工程序

应控制在 15～30mm 以内。镶砖工作应在砌块校正后即刻进行，镶砖时应注意使砖的竖缝灌密实。

4.1.3 钢筋混凝土工程

钢筋混凝土工程由模板工程、钢筋工程和混凝土工程组成，即钢筋混凝土工程包括模板的制备与组装、钢筋的制备与安装和混凝土的制备与浇捣三大施工过程。钢筋混凝土的一般施工程序如图 4-12 所示。

1. 模板工程

(1) 模板的作用、组成

钢筋混凝土结构的模板由模板及支撑系统两部分组成。模板直接接触混凝土，使混凝土筑成设计规定的形状和尺寸，并要承受自重和作用在它上面的结构重量及施工荷载；支撑系统是保证模板形状、尺寸及其空间位置的准确性之构造措施，根据不同的结构特征及其所处空间位置分别选择和设计不同的支撑系统。

(2) 模板的种类

我国模板工程发展大致经历了以下三个主要阶段：

第一阶段是以木模板为主的散支散拆阶段，主要是依靠工匠的经验，以木材为原料，适合经济发展初期的中小规模建筑需要。

第二阶段是以组合钢模板为代表的工具式模板阶段，提倡以钢代木，增加周转次数，适应了建筑模数制的推行和大规模建设的需要。

第三阶段可以称之为模板多样化阶段，在组合钢模板的基础上，产生了钢框木胶合板模板、钢框竹胶合板模板、铝模板、玻璃钢模板（模壳）、塑料模板（模壳）等新型模板，同时产生了大模板、滑升模板、台模、飞模、筒模、快拆模板体系等新工艺和新产品，大大丰富了模板工程的内涵，使“模板”不仅单单作为产品或工具而存在，而更多的是一种施工方法或施工工艺的体现。对于现浇混凝土结构，模板体系的选择在很多情况下已成为制约工程进度的重要一环，同时对于保证混凝土工程质量和降低施工成本有很大影响。

目前，模板的种类按所使用的材料分为木模板、钢模板、钢木混合模板、胶合板模板以及塑料模板等。木模板按服务的建筑构件对象，又分为基础模板、柱子模板、梁模板、楼板模板、楼梯模板等；钢模板由平模（六种长度规格和五种宽度规格组合）、角模（有阴角模、阳角模及联接角模之分）。

2. 钢筋工程

钢筋一般在钢筋车间加工，然后运至现场绑扎或安装。关于钢筋的冷拉、冷拔、调直、剪切、除锈、弯曲、绑扎、焊接等加工过程，除绑扎工艺外，其他已在“3.5.1 钢筋机械”中做过介绍。为此，本处只补充介绍钢筋的配料、代换和钢筋的绑扎、安装。

(1) 钢筋的配料

钢筋的配料是钢筋工程施工的主要一环，是在钢筋加工前，由识图能力强、熟悉钢筋加工工艺的人员，根据设计图纸和会审记录，按不同构件编制的配料单来进行配料，然后进行备料加工。

钢筋下料长度计算是钢筋准确配料的关键。设计图中注明的钢筋尺寸是钢筋的外轮廓尺寸（从钢筋外皮到外皮量得的尺寸），称为钢筋的外包尺寸。钢筋加工时，是按外包尺寸进行验收。由于钢筋弯曲后，在弯曲处内皮收缩、外皮延伸、轴线长度不变，因此直线钢筋的外包尺寸等于轴线长度；而钢筋弯曲段的外包尺寸大于轴线长度，如果下料长度按外包尺寸的总和来计算，则加工后钢筋尺寸将大于设计要求的尺寸，影响施工，也造成材料的浪费；只有按轴线长度下料加工，才能使钢筋形状尺寸符合设计要求。

(2) 钢筋代换

钢筋的级别、钢号和直径应按设计要求采用，若施工中缺乏设计图中所要求的钢筋，在征得设计单位的同意后，可按下述原则进行代换：

① 当构件按强度控制时，可按强度相等的原则代换，称“等强代换”。如设计中所用钢筋强度为 σ_1，钢筋总面积 A_1；代换后钢筋强度为 σ_2，钢筋总面积为 A_2，应使 $\sigma_2 A_2 \geqslant \sigma_1 A_1$，即：

$$A_2 \geqslant (\sigma_1/\sigma_2) A_1$$

② 当构件按最小配筋率配筋时，可按钢筋面积相等的原则进行代换，称为“等面积代换”。

③ 当构件受裂缝宽度或抗裂性要求控制时。代换后应进行裂缝或抗裂性验算。代换后，还应满足构造方面的要求（如钢筋间距、最小直径、最少根数、锚固长度、对称性等）及设计中提出的其他要求。

(3) 钢筋的绑扎

钢筋加工后，进行绑扎、安装。钢筋绑扎、安装前，应先熟悉图纸。核对钢筋配料单和钢筋加工牌，研究与有关工种的配合，确定施工方法。

钢筋的接长、钢筋骨架或钢筋网的成型应优先采用焊接或机械连接，如不能采用焊接（如缺乏电焊机或焊机功率不够）或骨架过大过重不便于运输安装时，可采用绑扎的方法。钢筋绑扎一般采用 20～22 号铁丝，铁丝过硬时，可经退火处理。绑扎时应注意钢筋位置是否准确，绑扎是否牢固，搭接长度及绑扎点位置是否符合规范要求。板和墙的钢筋网，除靠近外围两行钢筋的相交点全部扎牢外，中间部分的相交点可相隔交错扎牢，但必须保证受力钢筋不位移。双向受力的钢筋，须全部扎牢；梁和柱的箍筋，除设计有特殊要求时，应与受力钢筋垂直设置。在箍筋弯钩迭合处，应沿受力钢筋方向错开设置；柱中的竖向钢筋搭接时，角部钢筋的弯钩应与模板成 45°。（多边形柱为模板内角的平分角；圆形柱应与模板切线垂直）；弯钩与模板的角度最小不得小于 15°。

钢筋搭接处，应在中心和两端用铁丝扎牢，搭接长度的末端与钢筋弯曲处的距离，不得小于钢筋直径的 10 倍，接头不宜位于构件最大弯矩处；在受拉区域内，Ⅰ级钢筋绑扎接头的末端应做弯钩，Ⅱ、Ⅲ级钢筋可不做弯钩；直径等于或小于 12mm 的Ⅰ级受压钢筋的末端，以及轴心受压构件中任意直径的受力钢筋的末端，可不做弯钩。但搭接长度不应小于钢筋直径的 30 倍。受力钢筋的绑扎接头位置应相互错开，从任一绑扎接头中心至搭接长度的 1.3 倍区段范围内，有绑扎接头的受力钢筋截面面积占受力钢筋总截面面积的百分率，受拉区不得超过 25%，受压区不得超过 50%。

（4）钢筋的安装

钢筋安装或现场绑扎应与模板安装相配合。柱钢筋现场绑扎时，一般在模板安装前进行，柱钢筋采用预制安装时，可先安装钢筋骨架，然后安装柱模板，或先安装三面模板，待钢筋骨架安装后，再钉第四面模板。梁的钢筋一般在梁模板安装后，再安装或绑扎；断面高度较大（>600mm），或跨度较大、钢筋较密的大梁，可留一面侧模，待钢筋安装或绑孔完后再钉。楼板钢筋绑扎应在楼板模板安装后进行，并应按设计先划线，然后摆料、绑扎。

钢筋保护层应按设计或规范的要求正确确定。工地常用预制水泥垫块垫在钢筋与模板之间，以控制保护层厚度。垫块应布置成梅花形，其相互间距不大于1m。上下双层钢筋之间的尺寸，可绑扎短钢筋或设置撑脚来控制。

钢筋工程属于隐蔽工程，在浇筑混凝土前应对钢筋及预埋件进行验收，并按规定记好隐蔽工程记录，以便查验。验收检查下列几方面：根据设计图纸检查钢筋的钢号、直径、根数、间距是否正确，特别是要注意检查负筋的位置；检查钢筋接头的位置及搭接长度是否符合规定；检查混凝土保护层是否符合要求；检查钢筋绑扎是否牢固，有无变形、松脱和开焊；钢筋表面不允许有油渍、漆污和颗粒状（片状）铁锈；钢筋位置允许偏差，应符合有关的规定。

3. 混凝土工程

混凝土工程包括混凝土的拌制、运输、浇筑捣实和养护等施工过程。各个施工过程既相互联系又相互影响，在混凝土施工过程中除按有关规定控制混凝土原材料质量外，任一施工过程处理不当都会影响混凝土的最终质量。

（1）混凝土制备

混凝土制备应采用符合质量要求的原材料，按规定的配合比配料，混合料应拌和均匀，以保证结构设计所规定的混凝土强度等级，满足设计提出的特殊要求（如抗冻、抗渗等）和施工和易性要求，并应符合节约水泥，减轻劳动强度等原则。

（2）混凝土搅拌机选择

① 搅拌机的选择

混凝土搅拌是将各种组成材料拌制成质地均匀、颜色一致、具备一定流动性的混凝土拌合物。如混凝土搅拌得不均匀就不能获得密实的混凝土，影响混凝土的质量，所以搅拌是混凝土施工工艺中很重要的一道工序。

混凝土搅拌机按其搅拌原理分为自落式和强制式两类。自落式搅拌机宜于搅拌塑性混凝土和低流动性混凝土；强制式搅拌机宜于搅拌干硬性混凝土和轻骨料混凝土。

我国规定混凝土搅拌机以其出料容量（m^3）×1000标定规格，现行混凝土搅拌机的系列为：50、150、250、350、500、750、1000、1500和3000。

选择搅拌机时，要根据工程量大小、混凝土的坍落度、骨料尺寸等而定，既要满足技术上的要求，亦要考虑经济效果和节约能源。

② 搅拌制度的确定

为了获得质量优良的混凝土拌合物，除正确选择搅拌机外，还必须正确确定搅拌制度，即搅拌时间、投料顺序和进料容量等。

ⅰ 搅拌时间。搅拌时间是影响混凝土质量及搅拌机生产率的重要因素之一。时间过短，拌合不均匀，会降低混凝土的强度及和易性；时间过长，不仅会影响搅拌机的生产率，而且会使混凝土和易性降低或产生分层离析现象。搅拌时间与搅拌机的类型、鼓筒尺寸、骨料的品种和粒径以及混凝土的坍落度等有关，混凝土搅拌的最短时间（即自全部材料装入搅拌筒中起到卸料止）。可按表4-4采用。

混凝土搅拌的最短时间（s） **表4-4**

混凝土坍落度（mm）	搅拌机机型	搅拌机出料量(L)		
		＜250	250～500	＞500
≤30	自落式	90	120	150
	强制式	60	90	120
＞30	自落式	90	90	120
	强制式	60	60	90

注：掺有外加剂时，搅拌时间应适当延长。

ⅱ投料顺序。投料顺序应从提高搅拌质量，减少叶片、衬板的磨损，减少拌合物与搅拌筒的粘结，减少水泥飞扬改善工作条件等方面综合考虑确定。常用方法有：

1）一次投料法。即在上料斗中先装石子，再加水泥和砂，然后一次投入搅拌机。在鼓筒内先加水或在料斗提升进料的同时加水，这种上料顺序使水泥夹在石子和砂中间，上料时不致飞扬，又不致粘住斗底，且水泥和砂先进入搅拌筒形成水泥砂浆，可缩短包裹石子的时间。

2）二次投料法。它又分为预拌水泥砂浆法和预拌水泥净浆法。预拌水泥砂浆法是先将水泥、砂和水加入搅拌筒内进行充分搅拌，成为均匀的水泥砂浆，再投入石子搅拌成均匀的混凝土。预拌水泥净浆法是将水泥和水充分搅拌成均匀的水泥净浆后，再加入砂和石子搅拌成混凝土。二次投料法搅拌的混凝土与一次投料法相比较，混凝土强度提高约15%，在强度相同的情况下，可节约水泥约为15%～20%。

3）水泥裹砂法。采用这种方法拌制的混凝土称为造壳混凝土。其搅拌程序是先加一定量的水，将砂表面的含水量调节到某一规定的数值后，再将石子加入与湿砂拌匀，然后将全部水泥投入，与润湿后的砂、石拌和，使水泥在砂、石表面形成一层低水灰比的水泥浆壳（此过程称为“成壳”），最后将剩余的水和外加剂加入，搅拌成混凝土。采用水泥裹砂法制备的混凝土与一次投料法比较，强度可提高20%～30%，混凝土不易产生离析现象，泌水少，工作性能好。

ⅲ进料容量。又称干料容量，为搅拌前各种材料体积的累积。进料容量与搅拌机搅拌筒的几何容量以有一定的比例关系，一般情况下为0.22～0.4，鼓筒式搅拌机可用较小值。如任意超载（进料容量超过10%以上），就会使材料在搅拌筒内无充分的空间进行拌合，影响混凝土拌合物的均匀性；如装料过少，则又不能充分发挥搅拌机的效率。进料容量可根据搅拌机的出料容量按混凝土的施工配合比计算。

③ 混凝土搅拌站

混凝土拌合物在搅拌站集中拌制，可以做到自动上料、自动称量、自动出料和集中操作控制、机械化、自动化程度大大提高，劳动强度大大降低，使混凝土质量得到改善，可以取得较好的技术经济效果。施工现场可根据工程任务的大小、现场的具体条件、机具设备的情况，因地制宜的选用，如采用移动式混凝土搅拌站等。

目前，大城市混凝土集中搅拌站的供应半径约 15～20km。搅拌站的机械化及自动化水平较高，用混凝土运输车运输的混凝土可通过混凝土泵车直接浇注入模。这种供应“商品混凝土”的生产方式，在改进混凝土的供应，提高混凝土的质量以及节约水泥、骨料等方面有很多优点。

（3） 混凝土运输

混凝土工地范围内的运输有地面、楼面的水平运输和垂直运输。工地范围内的地面运输多用载重 1t 的小型机动翻斗车，较近距离亦可采用双轮手推车；混凝土的垂直运输，目前多用塔式起重机、施工升降机，也可采用混凝土泵；楼面的水平运输采用双轮手推车为多。

混凝土泵车是将混凝土泵装在车上，车上装有可以伸缩或屈折的“布料杆”，输送管道装在杆内，末端是一段软管。可将混凝土直接送到浇注地点。这种泵车布料范围广、机动性好、移动方便，适用于多层框架结构的施工。

（4） 混凝土的浇筑与密实成型

混凝土浇筑包括浇灌和振捣成型两个过程。保证混凝土浇灌的匀质性和振捣的密实性是确保工程质量的关键。混凝土浇筑应做好如下几项施工工作：

① 做好混凝土浇筑前的检查与准备

浇筑前应检查模板包括支搭的形状、尺寸、标高和模板缝隙、孔洞封闭的情况，支架的稳定性，预埋件的位置、数量和牢固程度等。必须保证模板在混凝土浇筑过程中不产生移动或松动。

由于混凝土工程属于隐蔽工程，因此对混凝土量大的工程、重要工程或重点部位的浇筑检查结果均应填写隐检记录。

清理模板内的杂物，木模应浇水润湿以防过多吸收水泥浆，造成混凝土保护层的浆，造成混凝土保护层的疏松。木模吸水后膨胀挤严拼缝，可避免漏浆。

准备好浇筑混凝土时必需的道路、脚手架等。做好技术与安全交底工作。

② 混凝土的浇灌

混凝土浇灌应保证混凝土的均匀性，不得产生骨料与水泥浆的分离；并应有利于混凝土的振捣，有利于混凝土结构的整体性。因此，浇灌混凝土时应控制投料高度和选择正确的投料方法，采用分层浇筑工艺，正确留设施工缝等，才能保证混凝土浇筑质量。

新拌混凝土混合物注入模板后，由于骨料和砂浆之间阻力与粘结力作用，混凝土流动性很低，不能自动充满模板内各角落，在疏松的混凝土内部存在较多空隙和空气，达不到混凝土密实度要求，必须进行适当的振捣。促使混合物克服阻力并逸出气泡消除空隙，使混凝土满足设计强度等级要求和足够的密实度。

混凝土的振捣方法分人工振捣和机械振捣两种，以机械振捣的效果最佳。人工振捣作为辅助。机械振捣常用表面振动器、内部振动器和附着式振动器。

ⅰ采用振动器捣实混凝土时，每一振点的振捣延续时间，应以使混凝土密实为准，即表面呈现浮浆和混凝土不再下沉。振捣时间过短或过长均不利，如果振捣时间过短，混凝土拌合物内的空气排出不净且空隙较多，将影响混凝土的密度；如果振捣时间过长，则混凝土容易离析，石子降至下部较多而上部砂浆较多，影响混凝土的匀质性，并容易产生漏浆和蜂窝麻面。

ⅱ采用内部振动器振捣普通混凝土，振动器插点的移动距离不宜大于其作用半径的1.5倍；振捣轻骨料混凝土时的插点间距则不大于其作用半径的1倍；振动器距离模板不应大于其作用半径的1/2。这样规定的目的是使振动器的作用半径全面覆盖整个混凝土，无振动的遗漏点。插点的布置方式分为行列式和交错式两种。

为使分层浇筑的上下层混凝土结合为整体，振捣时振动器应插入下面一层的混凝土中，深度一般不少于50mm。此外，振动器应尽量避免碰撞钢筋、模板、芯管和预埋件等，以防止影响模板的几何尺寸和混凝土与钢筋的牢靠结合。

ⅲ采用表面振动器的移动距离，应能保证振动器的平板压过已振实的混凝土边缘，一般压边30～50mm。在一个停放点连续振动时间约为25～40s，以混凝土表面均出现浮浆为准。表面振动器一般有效作用深度为200mm。表面振动器振实后应紧跟着抹平。

ⅳ采用振动台振实干硬性混凝土和轻骨料混凝土时，宜采用加压振动的方法，加压重1000～3000N/m^2，以加速混凝土的密实。

(5) 混凝土的养护

混凝土浇筑后，应提供良好的温度和湿度环境，保证混凝土能正常凝结和硬化。自然养护是在常温下（平均气温不低于5℃）选择适当的覆盖材料并洒适量的水，使混凝土在规定的时间内保持湿润环境。自然养护应符合下列规定：

① 混凝土浇筑完毕后，应在12h以内覆盖并开始洒水养护。

② 洒水养护的期限与水泥的品种有关。普通硅酸盐水泥和矿渣硅酸盐水泥拌制的混凝土不得少于7d，掺用缓凝型外加剂或有抗渗要求的混凝土不得少于14d。

③ 洒水次数以能保持混凝土湿润状态为准。水化初期水泥化学反应较快，水分应充分，故洒水次数多些，气温较高时也需多洒水。应避免因缺水造成混凝土表面硬化不良而松散粉化。

混凝土养护过程中，在混凝土强度达到1.2N/mm^{2}以前，不准许在上面安装模板及支架，以免振动和破坏正在硬化过程中混凝土的内部结构。

(6) 混凝土的拆模

模板拆除日期取决于混凝土强度、模板的用途、结构的性质及混凝土硬化时的气温。

不承重的侧模，在混凝土强度能保证其表面棱角不因拆除模板而受损坏时，即可拆除；承重模板，如梁、板等底模，应待混凝土达到规定强度后，方可拆除。

结构的类型跨度不同，其拆模强度不同。对于板和拱，跨度在2m以内时，不低于设计强度等级的50%；跨度大于2m，小于或等于8m时，不低于设计强度等级的75%；对于梁等承重结构，跨度在8m以内时，不低于设计强度等级的75%；跨度大于8m时，为设计强度等级的100%；对于悬臂梁板，悬挑长度在2m以内时，不低于设计强度等级的75%；悬挑长度大于2m时，为设计强度等级的100%。

已拆除承重模板的结构，应在混凝土达到规定的强度等级后，才允许承受全部设计荷载。拆模后如发现缺陷，应进行及时的修补。

4.1.4 钢结构工程

1. 钢结构的连接方式

钢结构是用轧制型钢、钢板、热轧型钢或冷加工成型的薄壁型钢制造的承重构件或承重结构。用于建筑工程的钢结构形式有薄壁型钢结构、悬索结构、悬挂结构、网架结构和预应力钢结构等。

按照连接方法的不同，钢结构有焊接连接和紧固件连接（普通螺栓连接、高强度螺栓连接等）等形式。

（1）手工电弧焊焊接

广泛运用于工业与民用建筑钢结构连接的手工电弧焊具有构造简单、加工方便、易于操作，且不削弱杆件截面，节约钢材的优点，但其对疲劳较敏感。

钢结构连接的手工电弧焊操作流程有：焊条和焊接工艺的选择，焊口清理与焊条的烘焙，施焊操作，焊后清渣与焊缝检查等。

① 焊条选择。焊条选择通常考虑以下几点：

ⅰ焊条的型号要按设计的要求选用。无设计规定时，应选用焊缝金属与母材机械性能、化学性能成分相接近的焊条。一般普低钢的焊接，通常选用钛钙型焊条；

ⅱ要求塑性、韧性、抗裂性较高的重要结构，普低钢宜采用低氢型焊条，并用直流电焊机施焊；

ⅲ焊缝表面要求光滑美观的某些薄钢板结构，最好选用钛型或钛钙型焊条；

ⅳ对施焊时无法清除的油污等脏物，及要求熔深较大的焊接结构，最好选用氧化铁型焊条；

ⅴ遇有两种不同等级强度的钢材焊接，并为受力连接时，一般选用适应于两种钢材中强度较高的焊条；

ⅵ严禁使用药皮粉化、脱落、焊芯生锈的焊条。重要结构施焊前，焊条应经过烘焙。

② 焊接工艺的选择。施工现场的手工电弧焊焊焊接工艺选择主要有焊条直径、焊接电流、焊接电弧长度、焊接层数等的选择。合理的焊接工艺对焊缝的质量有着重要的影响。施工时具体焊接工艺如下：

ⅰ焊条直径选择。焊件厚度是选择焊条直径的主要依据（参见表 4-5 选择），其次根据接头类型、焊接位置和焊接层次来适当调整焊条直径的大小。一般不存在焊不透问题的搭接接头和 T 形接头，可采用较大直径的焊条，提高生产率；在板厚相同的条件下，平焊时采用的焊条直径应大些，立焊时焊条最大直径不超过 5mm，而仰焊，横焊时焊条最大直径不超过 4mm，以形成较小的熔池，减少金属的流淌；多层焊时，为保证根部焊透，第一层焊道应选用直径较小的焊条，以后各层可根据焊件厚度选用直径较大的焊条。

根据焊件厚度选择焊条直径　　表 4-5

焊件厚度/mm	≤1.5	～2	3	4～5	6～12	≥13
焊条直径/mm	1.5	2	3.2	4	4～5	5～6

ⅱ焊接电流选择。焊接电流选择主要考虑因素：

1）焊条直径：见表 4-6；

焊接电流 I 与焊条直径 d 的大致关系　　表 4-6

焊条直径(d)/mm	1.6	2～2.5	3.2	4～6	$I=K\cdot d$ (A)
经验系数(K)/A·mm^{-1}	1.5	2	3.2	4	

2）焊条类型：其他条件相同时，碱性焊条的焊接电流要比酸性焊条小10%左右；碳钢焊条的焊接电流要比优质钢焊条小10%左右；

3）焊缝位置：平焊时可先选择较大的电流进行焊接，对于横焊和立焊要比平焊减小10%～15%，而仰焊要比平焊减小15%～20%，目的是减少熔化金属的外淌；

4）熟练焊工可选择稍大的焊接电流，以提高生产率。

ⅲ焊接电弧长度选择。电弧过长会引起电弧燃烧不稳定，热量分散，金属飞溅多；易出现咬边、未焊透及焊缝不平整等缺陷；熔池保护作用差，易产生气孔和夹渣。电弧长度一般控制在1～6mm为宜。焊接时，碱性焊条要比酸性焊条的弧长短一些；立焊、仰焊时要比平焊时短一些。短弧焊是指弧长为焊条直径的0.5～1.0倍。

ⅳ焊接层数选择。焊接层数少，焊层厚度大，将影响焊缝的塑性。要求焊缝每层厚度不大于4～5mm。

③ 焊口处理与检查。焊前应检查坡口组装间隙是否一致，点焊必须牢固，焊缝周围不得有油污、锈物。

④ 焊条的烘焙。烘焙焊条应符合规定的温度与时间，从烘箱中取出的焊条不宜太多，要及时放在焊条保温箱内。

⑤ 施焊操作。施焊过程中，要保证焊接速度均匀，焊接电弧长度稳定不变，保持正确的焊接角度，并注意引、收弧的部位。

⑥ 焊后清渣与焊缝检查。整条焊缝焊完后清除熔渣，经焊工自检，包括外观及焊缝尺寸确无问题后方可转移地点继续焊接。

（2）高强螺栓连接

① 高强螺栓连接原理及连接面的处理。高强螺栓连接是利用高强螺栓对构件连接的压紧力，使构件连接表面产生摩擦力来抵抗连接松动的。因此，为使高强螺栓连接达到好的连接效果，必须对构件连接头的表面进行摩擦面的加工处理。

摩擦面的处理方法主要有喷砂、喷丸、砂轮打磨和酸洗等。处理后的摩擦系数应符合设计要求，一般要求3号钢为0.45以上，16锰钢为0.55以上。摩擦面不允许有残留氧化铁皮，处理后的摩擦面待生成赤锈面后安装螺栓（一般处理后，露天存10d左右的状态）；用喷砂或喷丸处理的摩擦面不必生锈即可安装螺栓；采用砂轮打磨时，打磨的范围应不小于螺栓直径的4倍，打磨方向应与构件受力方向垂直，打磨后的摩擦面，应无明显不平。摩擦面防止被油、油漆等污染，如污染应彻底清理干净。

② 高强螺栓连接的操作工艺。工艺流程为：施工材料准备→选择螺栓并配套→构件组装→安装临时螺栓→安装高强螺栓→高强螺栓紧固→检查验收。

ⅰ施工材料准备与螺栓配套。同种规格、批号的螺栓、螺母、垫圈要配套装箱，分别堆放并保管在封闭较好的仓库内。严禁现场随意堆放，以防扭矩系数发生变化。电动扳手及手动扳手要经过核定，检验扭矩值是否准确。螺栓、螺母不配套及螺纹有损伤的禁止使用。

ⅱ构件组装与安装临时螺栓。高强螺栓安装前，应检查钢板或型钢是否平整，板边、孔边无毛刺，浮锈用钢丝刷除掉，油污、油漆必须清除干净，保证摩擦面处紧密接触；对翘曲、变形的要校正，并注意不损伤摩擦面；当构件接头间隙大于1mm时，要用两面与摩擦面作同样处理的钢垫板填塞，不得用其他材料代替。

安装临时螺栓的个数为高强螺栓个数的 1/3，且不少于两个。每个节点至少要用三个同孔径的冲子打入以确定孔位，不得使用高强螺栓代替临时螺栓。

ⅲ安装高强螺栓。安装高强螺栓时，先将余孔穿入高强螺栓再退下临时螺栓；换上高强螺栓，再将冲子退下换上高强螺栓。

高强螺栓应自由穿入孔内，不能自由穿入时不得强行敲打，不得随意用气割扩孔。经有关技术部门同意，可用纹刀扩孔，节点板间应无间隙以防铁屑进入板缝。螺栓的穿入方向要一致、美观，以操作方便为准。垫圈安在螺母一侧不得装反。垫圈孔有倒角一侧应和螺母接触。

ⅳ高强螺栓紧固。紧固顺序先初拧后终拧。扭剪型高强螺栓的紧固分两次进行，第一次为初拧，紧固到螺栓标准预拉力的 60%～80%。第二次为终拧，终拧紧固到螺栓标准预拉力，偏差不大于±10%，以拧掉尾部梅花卡头结束。

为使螺栓都均匀受力。初拧、终拧都应按一定顺序进行，一般由节点中心向边缘施拧。当天安装的螺栓应在当天终拧完毕。不得在雨天安装高强螺栓，且摩擦面应处于干燥状态。

终拧应采用专用电动扳手，如作业有困难可采用手动扭矩扳手，终拧扭矩值须按设计要求进行。

2. 钢结构施工吊装的主要工艺流程

（1）单层厂房吊装

① 编制施工组织设计。单层钢结构工业厂房的施工组织设计一般包括：工程概况、工程特点、机械选择、施工顺序、施工方法、质量保证措施，劳动计划，材料料具计划，安全措施，施工准备，构件明细表，构件平、立面位置图及吊装示意图等。

② 基础准备。基础准备包括轴线误差量测，基础支承面的准备，支承面和支座面标高与水平度的检验，地脚螺栓位置和伸出支承面长度的量测等。

③ 钢构件检验。主要内容有：

ⅰ仔细检验钢构件的外形和几何尺寸，如有超偏差，应在吊装前设法消除；

ⅱ根据吊装顺序检查构件的种类和数量是否符合构件进场的安排；

ⅲ为便于吊装后构件安装质量的检验和吊装顺序的确定，在主要构件上要标出两个方向的中心线、标高线、位置线等各种控制线和所有构件的吊装顺序编号。

④ 构件安装。单层工业厂房的构件安装，主要有柱、框架梁、吊车梁、桁架、天窗架、檩条、支撑等。根据不同构件的结构形式、尺寸、重量和安装位置，采用不同的起重设备和吊装方法。

（2）高层钢结构吊装

高层钢结构的结构型式主要有框架、框架剪力墙、框筒等体系，主要吊装构件是钢柱、钢梁，要求的施工精度很高。

① 基础施工。高层钢结构的基础施工直接影响上部钢结构的吊装质量。为保证施工精度，必须制订详细的钢结构基础施工方案，并在实际操作中严格控制。在正式吊装前要对基础进行严格的验收，主要内容有：

ⅰ每个柱基的标高；

ⅱ柱基支承面的平整度；

ⅲ每个柱基的轴线位移；

ⅳ每个地脚螺栓相对轴线的位置；

ⅴ地脚螺栓的长度。根据实测的数据，对照第一节钢柱构件的制作尺寸，对号入座消除误差。或在设计和规范允许范围内扩孔或加垫铁调整标高。

② 构件吊装。吊装前要做好以下技术准备工作：

ⅰ所有的测量用具必须经过检测合格方可使用；

ⅱ起重工、电焊工要持证上岗，必要时还需进行现场培训；

ⅲ所有钢构件吊装前，要进行预检，发现制作误差及时处理。复杂结构要做拼装台试拼，检验构件尺寸。

为吊装方便，在柱头加焊有吊耳，直接穿卡环吊装，完毕后割去。

为方便拆除吊索和登高施工，吊装柱子前要先把钢梯或棕绳软梯固定在钢柱上。钢柱就位后仔细进行轴线、垂直度、标高等的校正，无误后再摘钩做最后连接。

为精确控制安装精度，要设置控制柱网的基准钢柱，基准钢柱用激光仪或线锤精确量测，其他柱子根据基准柱子用钢尺量测。

（3）钢网架吊装

网架结构是一种新型结构，具有整体柱好、刚度大、结构高度小和用钢量省等优点，被广泛用于体育馆、厂房、剧院、车站等大跨度结构中。目前常用的有高空散拼法、高空滑移法和整体吊装法等。

① 高空散拼法。高空散拼法是指先在设计位置搭设拼装支架，然后用起重设备将网架块体或杆件吊至空中设计部位，利用支架将网架直接拼装在设计位置的安装方法。其主要施工流程为：

ⅰ根据结构的外形尺寸、构件重量、现场环境等综合因素考虑吊装机械的选择。高空散拼法由于吊装面积大、高空作业多、吊装构件不是很重的特点，一般宜选用机械操纵灵活，运行方便，作业面积大的吊装设备。

ⅱ构件准备。网架的各种构件进场后，要进行构件规格尺寸的检验，并编写构件代号单独堆放，以方便吊装；在现场加工的杆件要实行加工前正确放线，加工后复验，吊装前再复验的三检尺制度。

ⅲ搭设拼装台。拼装台是网架高空散拼的作业面，应满足以下要求：

1）根据结构的轴线位置和标高满堂红搭设；

2）保证足够的安全性，能满足支承网架和安装施工的需要；

3）下弦的支承节点处要设立柱，作为控制轴线和标高的基础；

4）整个拼装台的标高要以方便操作为宜。

ⅳ拼装工艺。在正式拼装前，仔细检验各下弦支承点的轴线和标高是否准确。为便于观测安装精度，还应设置轴线、标高控制线。确定网架杆件的安装顺序时要考虑：避免误差积累；方便安装。

ⅴ拆除拼装台。网架结构全部安装完毕并经过全面质量检查后，进行千斤顶和支顶方木的拆除工作。为避免因个别支点受力过大使网架杆件变形，应有组织地分几次下落千斤顶。考虑支承拆除后网架中央沉降最多，因此一般按中央、中间和周边三个阶段按比例依次下降支承高度。拆除过程中应设置多个标高，轴线观测点，发现异常情况，立即停止，查明原因后再做处理。

② 高空滑移法。高空滑移法是用起重机械将网架杆件吊装到屋盖一端的拼装平台上拼装成一个平移单元，再用牵引设备在轨道上将平移单元滑移到预定位置。再在拼装台上拼装第二单元，完成后与第一单元一同向前滑移，如此逐段拼装不断向前滑移直至整个网架全部拼装完毕并滑移至设计位置的施工方法。

ⅰ划分滑移单元。合理划分网架的滑移单元，是保证高空滑移正常进行的关键。划分时应考虑以下因素：①滑移单元要有足够的整体稳定性和刚度。尤其是第一滑移单元在初滑时，自身刚度小，重心高，容易失稳，划分时必须仔细验算。②滑移单元要对称布置，有利于滑移时牵引力的均匀分布。③每个滑移单元要基本相似，有利于在累积滑移时，网架结构均匀增加，便于流水施工安排作业。

ⅱ设置滑道。设置时，滑道要考虑承受网架结构的竖向重力和滑行时的水平力。一般选择在结构两侧的受力梁上设置。为保证滑道的刚度、平直度，常用铁轨铺设，准确控制轴线位移和标高误差。为防止网架滑偏还可设置导轨，与网架上设置的导轮共同保证网架沿直线平移。滑移单元在拼装和滑移过程中的挠度比较大，为减少挠度，网架跨度大于50m的，宜在跨中增设一条滑移轨道。

ⅲ脚手架搭设。为满足滑移施工的需要，脚手架常分三部分：①滑道承重架。搭设时要反复计算结构的累积重力、滑移时的水平摩阻力，确保承重架的安全性。可考虑用塔吊标准节或特制钢桁架代替。②拼装平台承重架：用于滑移单元拼装的在结构一侧搭设的拼装平台，依据网架下弦节点的标高分步搭设，为方便施工，宜用满堂红脚手架。其他技术要求类似散拼法的脚手架要求。③安装脚手架：用于施工人员进行杆件安装和节点连接。无特殊承重要求，应满足操作需要。滑移前应检查安装用脚手架，不需要的应拆除以减轻网架重量，需要的应与网架绑扎牢固，防止滑移时因振动下落。

ⅳ设置牵引设备。网架滑移用的主要牵引设备有：卷扬机、牵引滑车组和钩挂滑车组等。为保证网架能平稳、匀速地滑移，滑移速度以不超过1m/min为宜。因此应选用慢速卷扬机，并根据卷扬机的牵引能力和卷扬速度确定牵引滑车组的工作线数。卷扬机上设置拉力表以观测实际拉力与计算预拉力是否一致，观测滑移的运行状态。钩挂滑车组中的动滑车应根据实际需要采用不同数量的单门滑车，以便对网架进行多点钩挂。网架滑移时，要保证两侧同步前进，因此要选择同类型卷扬机，同规格钢丝绳和在卷筒上预留一定的钢丝绳圈数。同步差可用自整角机或指针标尺观测。当同步差超过预算数值时，即应停机调整。

全部网架滑移就位后，用千斤顶将网架支座抬起，撤去轨道和滑轮，换上节点支座，与预埋钢板就位焊接。

③ 整体吊装法。整体吊装法是在地面网架位置错位的地方，先将网架全部拼装完毕，然后用起重设备将网架整体提升到安装标高，在空中移位就位在设计位置上的施工方法。

ⅰ地面拼装。确定拼装位置时，要考虑网架提升过程中，为防止与柱子碰撞间隔的安全距离。一般不得小于10～15cm。还要便于网架拼装和起重机在空中移位时的操作。制定吊装方案时与设计协商将网架的边缘次要部分暂不拼装，待空中就位后再拼装，减少网架面积和吊装重量以利于起重设备操作。对影响吊装的混凝土结构部分可通过设计变更位置或改变施工顺序。

制作地面拼装台时，要牢固、稳定。一般在跨内网架错位位置地面上，浇筑混凝土平台，在下弦节点部位，用小钢柱或砖墩作支柱。严格控制拼装台的轴线和标高。必要时还要按规范或设计说明增加跨中起拱高度，为防止节点连接时产生应力发生变形，还可预埋挂钩、地锚加固网架。支柱的高度以 80cm～1m 为宜，便于节点连接。

网架拼装时，对于焊接球节点要考虑焊接收缩量，适当调整支座轴线尺寸和杆件长度。为避免误差积累和便利拼装，一般先拼下、上弦杆，后装腹杆。待单元间的杆件全部安装完毕并经校正后，即可施焊。施焊时要注意：用倒链等紧固装置拉紧节点杆件，防止因焊接收缩而产生翘曲变形；焊接部位要对称进行。相互抵消变形；节点焊接时要全方位施焊，不能分上、下面进行；焊接完成后，经验收合格方可进入下一节点。

ⅱ起重机械选择。对于网架高度和重量都不大的中、小型结构，可采用多台起重机抬吊，选择起重机时，宜选用功能型号相似的机械。有利于控制吊装网架时的匀速、同位提升。大型网架可用多根独脚拔杆提升。网架空中移位的原理是：当拔杆两侧滑轮组的水平分力不等时，网架将沿水平力较大的方向移动，直至两水平分力相等为止。

ⅲ吊装就位。吊装前，检查验收网架拼装质量，其他工序是否完成，以减少高空工作量；采用多机抬吊时，要统一指挥，保证各台机械起升速度一致，防止有的起重机会超负荷，使网架受扭变形；吊装时，密切观测起吊高度，使网架保持水平状态上升。

4.1.5 防水工程

1. 防水工程的主要种类

建筑工程防水按其部位可分成屋面防水、地下防水和卫生间防水等；按其构造做法又可分为结构构件的刚性自防水和各种防水卷材、防水涂料作为防水层的柔性防水。

(1) 屋面防水工程

屋面防水工程是房屋建筑的一项重要工程。根据建筑物的性质、重要程度、使用功能要求及防水层耐用年限等，将屋面防水分为四个等级，并按不同等级进行设防（表 4-7）。防水屋面的常用种类有卷材防水屋面、涂膜防水屋面和刚性防水屋面等。

屋面防水等级和设防要求 **表 4-7**

项目	屋面防水等级			
	Ⅰ	Ⅱ	Ⅲ	Ⅳ
建筑物类别	特别重要的民用建筑和对防水有特殊要求的工业建筑	重要的工业与民用建筑、高层建筑	一般的工业与民用建筑	非永久性的建筑
防水层耐用年限	25 年	15 年	10 年	5 年
设防要求	三道或三道以上防水设防，其中应有一道合成高分子防水卷材，且只能有一道合成高分子防水涂膜（厚度≥2mm）	二道防水设防，其中应有一道卷材，也可采用压型钢板进行一道设防	一道防水设防，或两种防水材料复合使用	一道防水设防

(2) 地下防水

地下防水应遵循“防排结合、刚柔并用、多道设防、综合治理”的原则，并根据使用要求、自然环境条件及结构形式等因素，常有结构自防水、设防水层和渗排水防水三类防水方案选择。

结构自防水是依靠防水混凝土本身的抗渗性和密实性来进行防水。由于结构本身既是承重围护结构，又是防水层，因此，结构自防水具有施工简便、工期较短、改善劳动条件、节省工程造价等优点，是解决地下防水的有效途径，从而被广泛采用。

设防水层是在结构物的外侧增加防水层，以达到防水的目的。常用的防水层有水泥砂浆、卷材、沥青胶结料和金属防水层，可根据不同的工程对象、防水要求及施工条件选用。

渗排水防水是利用盲沟、渗排水层等措施来排除附近的水源以达到防水目的。适用于形状复杂、受高温影响、地下水为上层滞水且防水要求较高的地下建筑。

（3）卫生间防水

卫生间是建筑物中不可忽视的防水工程部位。传统的卷材防水做法已不适应卫生间防水施工的特殊性，即施工面积小，穿墙管道多，设备多，阴阳转角复杂，房间长期处于潮湿受水状态等不利条件。为此，以涂膜防水代替各种卷材防水，尤其是选用高弹性的聚氨酯涂膜防水或选用弹塑性的氯丁胶乳沥青涂料防水等新材料、新工艺，可以使卫生间的地面和墙面形成一个没有接缝、封闭严密的整体防水层，从而提高卫生间的防水工程质量。

2. 防水工程的主要工艺流程

（1）屋面防水工程

① 卷材防水屋面

ⅰ卷材防水屋面的构造与特点。卷材防水屋面是用胶结材料粘贴卷材进行防水的屋面。这种屋面具有重量轻、防水性能好的优点，其防水层的柔韧性好，能适应一定程度的结构振动和胀缩变形。所用卷材有传统的沥青防水卷材、高聚物改性沥青防水卷材和合成高分子防水卷材等三大系列。适用于防水等级为Ⅰ～Ⅳ级的工业与民用建筑。卷材防水屋面的构造如图 4-13 所示。

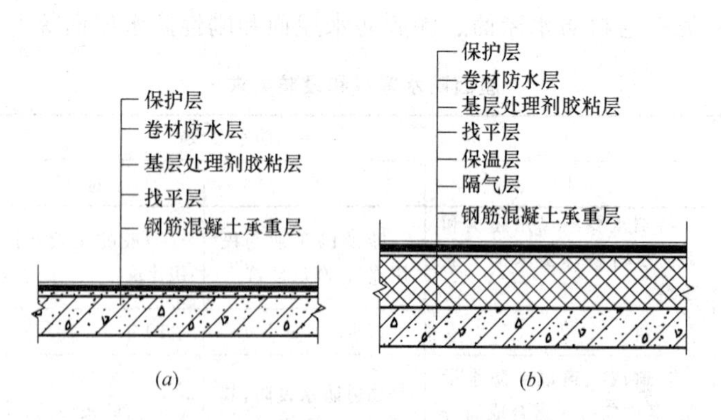

图 4-13　卷材屋面构造层次示意图

（*a*）不保温卷材屋面；（*b*）保温卷材屋面

ⅱ卷材防水施工工艺。卷材防水层施工的一般工艺流程为：基层表面清理、修补→喷涂基层处理剂→节点附加增强处理→定位、弹线、试铺→铺贴卷材→收头处理、节点密封→清理、检查、修整→保护层施工。

② 涂膜防水屋面

ⅰ涂膜防水屋面的构造与特点。涂膜防水屋面是在屋面基层上涂刷防水涂料，经固化后形成一层有一定厚度和弹性的整体涂膜从而达到防水目的的一种防水屋面形式。其典型的构造层次如图 4-14 所示。这种屋面具有施工操作简便，无污染，冷操作，无接缝，能适应复杂基层，防水性能好，温度适应性强，容易修补等特点。适用于防水等级为Ⅲ级、Ⅳ级的屋面防水；也可作为Ⅰ级、Ⅱ级屋面多道防水设防中的一道防水层。

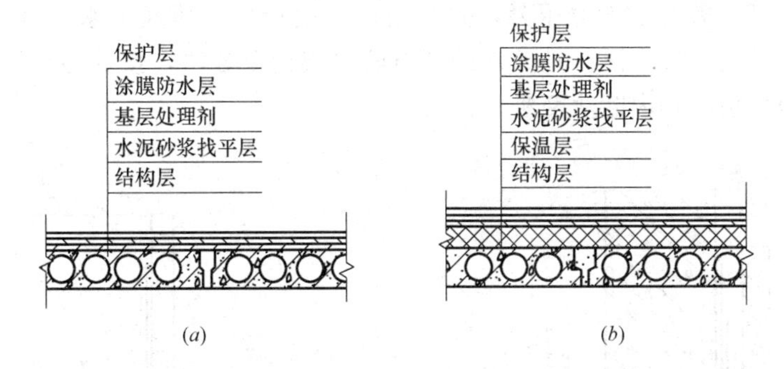

图 4-14　涂膜防水屋面构造图

(*a*) 无保温层涂膜屋面；(*b*) 有保温层涂膜屋面

ⅱ涂膜防水施工工艺。涂膜防水施工的一般工艺流程是：屋面基层表面清理、修理→喷涂基层处理剂→特殊部位附加增强处理→涂布防水涂料及铺贴胎体增强材料→清理与检查修理→保护层施工。

③ 刚性防水屋面

ⅰ刚性防水屋面的构造与特点。刚性防水屋面是指利用刚性防水材料作防水层的屋面。主要有普通细石混凝土防水屋面、补偿收缩混凝土防水屋面、块体刚性防水屋面、预应力混凝土防水屋面等。与卷材及涂膜防水屋面相比，刚性防水屋面所用材料易得，价格便宜，耐久性好，维修方便，但刚性防水层材料的表观密度大，抗拉强度低，极限拉应变小，易受混凝土或砂浆的干湿变形、温度变形和结构变位而产生裂缝。主要适用于防水等级为Ⅲ级的屋面防水，也可用作Ⅰ、Ⅱ级屋面多道防水设防中的一道防水层，不适用于设有松散材料保温层的屋面以及受较大振动或冲击的建筑屋面。刚性防水屋面的一般构造形式如图 4-15 所示。

ⅱ刚性防水施工工艺。刚性防水施工的一般工艺流程是：屋面基层表面清理→黏土砂浆（或石灰砂浆）隔离层铺抹→钢筋网片绑扎→细石（或钢纤维、补偿收缩、预应力等）混凝土防水层浇注（→钢纤维混凝土防水层的水泥砂浆保护层施工→分仓缝灌缝）。

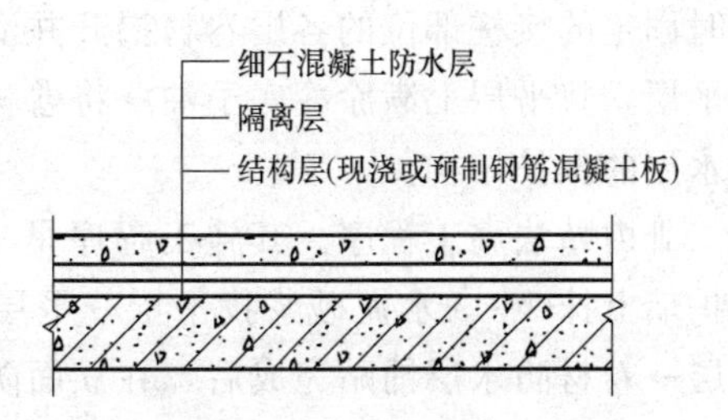

图 4-15　细石混凝土防水屋面构造

(2) 地下防水工程

① 卷材防水层施工

ⅰ地下卷材防水层的使用特点与分类。卷材防水层是用沥青胶结材料粘贴卷材而成的一种防水层，属于柔性防水层。其特点是具有良好的韧性和延伸性，能适应一定的结构振动和微小变形，对酸、碱、盐溶液具有良好的耐腐蚀性，但由于沥青卷材吸水率大、耐久性差、机械强度低，直接影响防水层质量，而且材料成本高、施工工序多、操作条件差、工期较长、发生渗漏后修补困难。

铺贴地下卷材防水层有铺贴在防水结构上（称外防外贴法）、铺贴在永久性保护墙上（称外防内贴法）以及外贴和内贴混合法三类。

地下防水工程一般把卷材防水层设置在建筑结构的外侧（迎水面）称为外防水，这种防水层的铺贴法可以借助土压力压紧，并与结构一起抵抗有压地下水的渗透和侵蚀作用，防水效果良好，采用比较广泛。外防水的卷材防水层铺贴方法，按其与地下防水结构施工的先后顺序分为外贴法和内贴法两种。

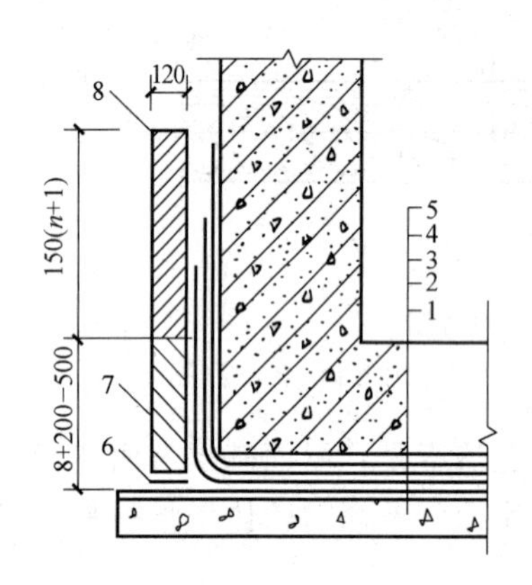

图 4-16 外贴法

1—垫层；2—找平层；3—卷材防水层；4—保护层；5—构筑物；6—油毡；7—永久保护墙；8—临时性保护墙

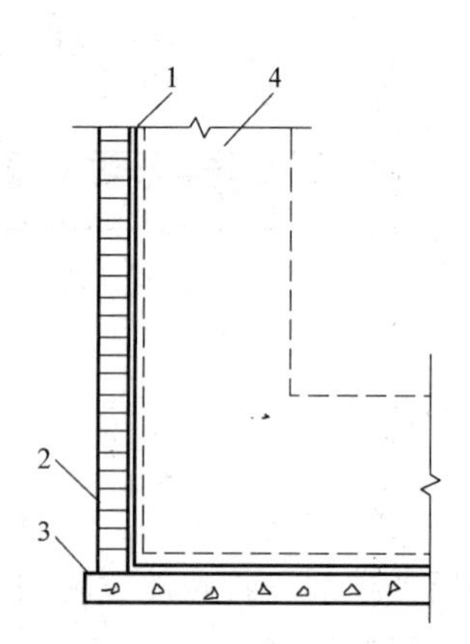

图 4-17 内贴法

1—卷材防水层；2—保护层；3—垫层；4—尚未施工的构筑物

ⅱ外贴法施工程序。其施工程序是（图 4-16）：浇筑防水结构底面的混凝土垫层→在垫层上砌筑永久性保护墙（高≥结构底板厚度＋200～500mm），墙下干铺油毡一层→在永久性保护墙上用石灰砂浆砌临时保护墙【高 150mm×（油毡层数＋1)】→在永久性保护墙上和垫层上抹 1∶3 水泥砂浆找平层，临时保护墙上用石灰砂浆找平→待找平层基本干燥后，在其上满涂冷底子油→分层铺贴立面和平面卷材防水层，并将顶端临时固定→在铺贴好的卷材表面做好保护层→进行需防水结构的底板和墙体施工→防水结构施工完成后，将临时固定的接槎部位的各层卷材揭开并清理干净→在此区段的外墙外表面上补抹水泥砂浆找平层，找平层上满涂冷底子油→将卷材分层错槎搭接向上铺贴在结构墙上，并及时做好防水层的保护结构。

ⅲ内贴法施工程序。其施工程序是（图 4-17）：在垫层上砌筑永久保护墙→在垫层及保护墙上抹 1∶3 水泥砂浆找平层→平层基本干燥后涂冷底子油→沿保护墙与垫层铺贴防水层→卷材防水层铺贴完成后，在立面防水层上涂刷最后一层沥青胶→趁热粘上干净的热砂或散麻丝→冷却后随即抹 10～20mm 厚、1∶3 水泥砂浆保护层→在平面上可铺设一层 30～50mm 厚 1∶3 水泥砂浆或细石混凝土保护层→进行需防水结构的施工。

② 刚性抹面防水技术

ⅰ刚性抹面防水的分类及使用。刚性抹面防水根据防水砂浆材料组成及防水层构造不同可分为两种：掺外加剂的水泥砂浆防水层与刚性多层抹面防水层。掺外加剂的水泥砂浆防水层，近年来已从掺用一般无机盐类防水剂发展至用聚合物外加剂改性水泥砂浆，从而提高水泥砂浆防水层的抗拉强度及韧性，有效地增强了防水层的抗渗性，可单独用于防水工程，获得较好的防水效果；刚性多层抹面防水层主要是依靠特定的施工工艺要求来提高水泥砂浆的密实性，从而达到防水抗渗的目的，适用于埋深不大，不会因结构沉降、温度和湿度变化及受振动等产生有害裂缝的地下防水工程。

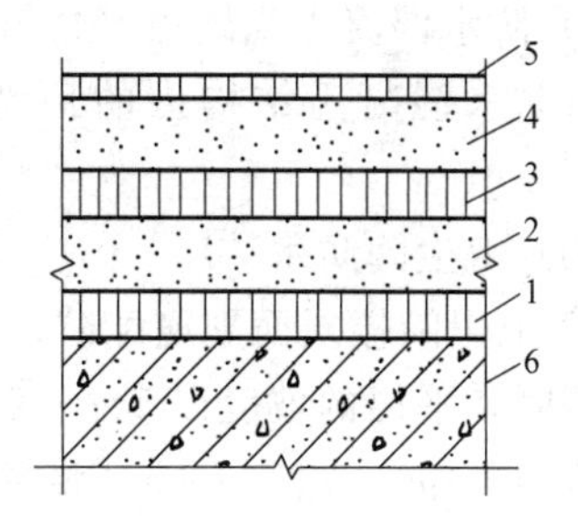

图 4-18　五层做法构造

1、3—2mm 素灰层；2、4—4～5mm 砂浆层；5—1mm 水泥浆；6—结构层

ⅱ刚性多层抹面防水层施工程序与要点（图4-18）：施工前要注意对基层的处理，使基层表面保持湿润、清洁、平整、坚实、粗糙，以保证防水层与基层表面结合牢固，不空鼓和密实不透水。施工时应注意素灰层与砂浆层应在同一天完成。施工应连续进行，尽可能不留施工缝。一般顺序为先平面后立面。分层做法如下：第一层，在浇水湿润的基层上先抹 1mm 厚素灰（用铁板用力刮抹 5～6 遍），再抹 1mm 找平。第二层，在素灰层初凝后终凝前进行，使砂浆压入素灰层 0.5mm 并扫出横纹。第三层，在第二层凝固后进行，做法同第一层。第四层，同第二层做法，抹后在表面用铁板抹压 5～6 遍，最后压光。第五层，在第四层抹压二遍后刷水泥浆一遍，随第四层压光。

③ 防水混凝土结构

ⅰ防水混凝土结构的特点与类型。防水混凝土结构是指以本身的密实性而具有一定防水能力的整体式混凝土或钢筋混凝土结构，它兼有承重、围护和抗渗的功能，还可满足一定的耐冻融及耐侵蚀要求。防水混凝土一般分为普通防水混凝土、外加剂防水混凝土和膨胀水泥防水混凝土三种。

ⅱ防水混凝土施工要点。

1）对施工中的各主要环节，如混凝土搅拌、运输、浇筑、振捣、养护等，均应严格遵循施工及验收规范和操作规程的各项规定进行施工。

2）防水混凝土所用模板，除满足一般要求外，应特别注意模板拼缝严密，支撑牢固。

3）钢筋不得用钢丝或铁钉固定在模板上，必须采用相同配合比的细石混凝土或砂浆块作垫块，并确保钢筋保护层厚度符合规定，不得有负误差。如结构内设置的钢筋确需用铁丝绑扎时，均不得接触模板。

4）防水混凝土应连续浇筑，尽量不留或少留施工缝。必须留设施工缝时，应采用企口式施工缝或止水片施工缝。继续浇筑时，施工缝处应凿毛、扫净、湿润，用相同标号减半石子混凝土或砂浆先铺 20～25mm 厚一层，捣压实后再继续浇筑混凝土。

5）防水混凝土初凝后（一般浇后 4～6h），即应开始覆盖浇水养护，养护时间应在 14d 以上；地下构筑物应及时回填分层夯实，以避免由于干缩和温差产生裂缝。防水混凝土结构须在混凝土强度达到设计强度 40％以上时方可在其上面继续施工，达到设计强度 70％以上时方可拆模。拆模时，混凝土表面温度与环境温度之差，不得超过 15℃，以防混凝土表面出现裂缝。

6）防水混凝土浇筑后严禁打洞，所有的预留孔和预埋件在混凝土浇筑前必须埋设准确。对防水混凝土结构内的预埋铁件、穿墙管道等防水薄弱之处，应采取措施，仔细施工。

（3）卫生间防水

① 卫生间楼地面聚氨酯防水施工工艺流程：基层处理（用1∶3的水泥砂浆找平的，有地漏时，平层的坡度以1%～2%左右指向地漏）→清理基层（基层表面的尘土杂物必须彻底清扫干净）→涂布底胶（将聚氨酯甲、乙两组分和二甲苯按1∶1.5∶2的重量比搅拌均匀，用小滚刷或油漆刷均匀涂布在基层表面上）→第一遍涂膜防水涂料（底胶干燥固化4h以上后，将聚氨酯甲、乙组分和二甲苯按1∶1.5∶0.3比例配合，用小滚刷或油漆刷将已配好的防水涂料均匀涂布在底胶已干固的基层表面上）→第二、三、四遍涂膜防水涂料（第一遍涂膜固化、不粘手时，约5h，涂布第二度涂膜，并使后一遍与前一度的涂布方向相垂直，在涂刷最后一遍涂膜固化前及时稀撒少许干净的粒径为2～3mm的小豆石，使其与涂膜防水层粘结牢固，作为与水泥砂浆保护层粘结的过渡层）→蓄水试验→做好保护层（蓄水试验合格后，即可铺设一层厚度为15～25mm的水泥砂浆保护层，然后按设计要求铺设饰面层）。

② 卫生间楼地面氯丁胶乳沥青防水涂料施工工艺流程：基层找平处理（与聚氨酯涂膜防水施工要求相同）→满刮一遍氯丁胶乳沥青水泥腻子→满刮第一遍涂料→做细部构造加强层→铺贴玻璃布（同时刷第二遍涂料）→刷第三遍涂料→刷第四遍涂料→蓄水试验→按设计要求做保护层和面层。

4.2 常用建筑工程机械的施工工艺与方法

4.2.1 建筑工程机械的施工工艺

1. 机械施工的概述

（1）施工机械化的意义

利用机械施工设备代替手工劳动，来完成建筑工程任务，这称之为建筑施工的机械化。建筑施工采用机械，对于减轻繁重的体力劳动、节约劳动力、提高劳动效率、加速工程进度、提高工作质量、降低工程造价，起着重大的作用。

建筑施工机械化是实现建筑工业化、现代化的一个重要环节。由于现代建筑大都是一些规模很大的建筑，从开工到交付使用的建设时间均短，建设的技术要求又很高，若没有机械设备在基础工程、结构工程、设备安装工程及装饰工程中的大量使用，不仅质量得不到保证，而且工期会很长。因此，机械施工的作用是人工施工无法比拟的，只有建筑施工机械化，才能使得建设任务的快速度、高质量、低消耗、高技术水平地完成。

（2）衡量施工机械化水平的主要指标

建筑机械化的程度是衡量一个国家（或建工企业）建筑工业水平的重要指标。我国现行建工企业施工机械化水平的主要衡量指标包括机械装备率、设备完好率、设备利用率、机械施工生产率和机械生产效率及机械化程度等。

① 机械装备率。一般以单位施工人员所占有的机械量（台数、功率数或投资额）来计算。

② 设备完好率。是指机械设备的完好台数与总台数的之比，又称台数完好率。根据时间情况，完好率又分为台时完好率、台班完好率、台日完好率。设备完好率是反映机械设备本身的可靠性、寿命和维修保养、管理与操作水平的一项指标。

③ 设备利用率。是指实际运转的台班数与全年应出勤的总台班数的比率，又称台班利用率。此外还有台时利用率和台日利用率。设备利用率与施工任务的饱满程度、组织调度水平及设备完好率等有着密切关系。

④ 机械施工生产率。是反映机械完成生产定额情况的指标，与施工条件、机械技术状况和机械操作人员的机械操作熟练程度等有着密切关系。机械施工生产率的计算式为：

机械施工生产率=(实际完成生产量/定额生产量)×100%

⑤ 机械生产效率。是反映机械生产能力的发挥程度，体现机械管理和使用水平的指标。其计算有以下两种方法：

ⅰ凡是用产量计算的机械：

机械生产效率=(实际完成总产量/报告期内规定的总能力)×100%

ⅱ不能用产量计算的机械：

机械生产效率=(实际台班数/报告期内规定的台班数)×100%

⑥ 机械化程度。其计算方法有工程量和货币二种。由于货币常有变值，故多以工程量计算比较真实。机械化程度统计，由于只能表明用机械完成的工程量在总工程量中的比重，说明不了机械化对工期、质量、效率的影响，也表现不出使用机械带来的经济效益，在具体的计算方法上也存在着问题，目前已很少使用。

实际上，施工机械化水平与施工条件、施工方法、机械性能、容量、可靠性、管理、维修保养、操作熟练程度等许多因素有关。一般只能从实际效果上来衡量机械化水平的高低，即要从节约劳动力或施工高峰人数、工期或年度竣工量、劳动生产率或工种工程的单位耗工量等方面去评价。

(3) 提高机械施工水平的基本措施

① 根据具体工程的自然条件、气候、地质、工程量、工程特点、工期等制订出最佳施工方案；

② 根据不同施工方案，选用先进的施工机械与辅助机械，力求在品种、容量、性能和数量上配套成龙，在作出技术经济分析后，采用最佳机械配套方案进行施工；

③ 设立专门的研究机构，专门对大规模工程和特殊工程的施工机械化进行调查研究，并与有关部门配合，对建筑机械化发展中可能出现的各种问题进行研究；

④ 简化施工工艺，合并工序，变单机作业为联合机械作业，进一步提高机械化程度和水平。如沥青混凝土摊铺机、空心板挤压机等都是合并工序，一次成型，效率高、质量好；

⑤ 广泛采用新技术，推广高效能的建筑机械。主导工序与相互衔接的工序都配备机械，对服务性的辅助机械也给予重视，实现全面机械化作业，不断提高机械化水平。在水下、高空以及有污染的地方，采用现代信息遥控技术操纵机械，并在生产管理上也采用无线电控制的电子计算机调度系统，以提高施工机械化水平；

⑥ 采用承包施工项目与租赁建筑机械相结合的办法，同时重视维修业务、实行严格的维修制度和电子计算机控制的通信系统，努力提高机械的完好率和利用率。

（4）施工机械化设计的基本原则

① 严格遵守施工合同规定的施工期限或验交时间，在可能条件下，争取提前竣工；

② 严格执行基本建设的施工程序。应保证各项施工活动互相促进，互创有利条件，紧密衔接；

③ 遵循机械使用原则、机械操作规程、施工验收规范及有关安全和卫生规定；

④ 统筹兼顾，全面安排。重点工程应尽量采用全盘机械化施工，一般工程应尽量利用现有机械设备，扩大机械化施工范围；

⑤ 恰当安排冬、雨季施工项目，增加全年的施工天数，提高机械出勤率；

⑥ 采用先进的施工技术，选用合理的施工方案和组织措施；

⑦ 尽量减少临时性的各种设施，可供施工期间使用的拟拆建筑物尽量缓拆，可供施工期使用的永久性建筑物尽量先建造，以节省临时设施费用；

⑧ 合理布置施工平面图，节约施工用地，节省基建投资。

（5）机械施工设计的主要内容

机械施工设计的主要内容有：工程概况，施工部署，施工方案，施工进度计划，机械、材料和人工需要量计划，临时生产、生活设施计划，施工平面图，施工准备计划，技术经济指标等部分。

① 熟悉工程概况与设计文件，进行调查研究。熟悉工程概况与设计文件的主要内容有：工程设计文件和施工合同（包括工程数量、施工期限、竣工时间等），工程特点和施工条件（包括自然条件、资源条件、交通条件等），以及施工单位的能力及管理情况等。在熟悉设计文件，明确工程各项技术标准和设计要求的基础上进行机械施工的调查。调查内容和要求如下：

ⅰ 机械施工单位生产能力调查。全面了解施工单位的机械设备、种类、型号、数量、状况及配套情况，机械化施工技术水平，以便充分发挥施工单位机械设备的作用。机械施工单位的生产能力情况调查内容见表4-8。

机械施工单位生产能力情况调查内容 **表4-8**

项目	调查内容
人员	(1)人员总数，其中司机、技工、管理人员各占比例； (2)各类机械司机人数和技术等级； (3)各类机修技术人数和技术等级； (4)历年生产定额完成情况
施工机械	(1)机械名称、型号、规格、数量、配套情况和新旧程度； (2)总装备程度(kW/全员)； (3)已订购或将订购的新机械的情况
修理设备	(1)设备及机具的名称、型号、数量和新旧程度； (2)新增加情况
施工经验	(1)以往采用机械化施工的主要工程项目； (2)采用的机械化施工方法和技术； (3)机械化施工科研成果及推广先进经验的情况
主要指标	(1)机械施工定额，油料和配件消耗的定额及作业指标等； (2)工程质量指标、安全指标； (3)机械设备的完好率和利用率； (4)经济核算指标； (5)降低成本指标

ⅱ自然条件调查。主要调查施工地区的气象（如平均、最高、最低温度，雨季时间及最大降雨量，主导风向及6级以上大风时间等）、水文（包括地面水和地下水情况）、地质、地形和地物情况，为考虑雨季施工、土方施工、基础施工、防洪防涝、高空作业、地基处理及施工给、排水等方案提供依据。

ⅲ资源调查。调查工地附近可供利用的水、电资源及设施（包括资源大小和质量、提供的可能性、与工地的距离及技术经济评价），可供开采利用的土、砂、石资源，以及当地有关的工厂、加工场的种类和规模，可供加工或订货情况，以便为施工用水、用电，工程材料准备和考虑临时工程设计方案提供依据。

ⅳ交通运输能力调查。调查工地附近可供利用的铁路、公路和航运情况；各施工点至公路的道路情况或地形、地物情况，为机械进场运输、工程材料供应及临时便道的设计方案提供依据。

ⅴ临时设施情况调查。调查工地附近住房可供利用的情况，考虑修建临时房屋方案；综合调查工程、交通、物资和其他情况，考虑运输单位、仓库、停机场等地址方案。

上述调查后应提出调查报告，全面分析调查所得资料，为施工设计提出参考意见。

② 确定施工部署，分配施工任务。分派任务是机械施工设计的主要内容之一。为使各施工单位以最快的速度，最低的成本完成最大的工作量，必须了解工程任务情况和熟悉机械施工单位的生产能力，掌握有关技术经济资料。然后按照分派原则，求得最佳方案。

ⅰ施工任务的分派原则。保质保量，按时竣工，任务均衡，收效最高。对于较大的工程任务，可按单项工程任务或按机械施工队伍进行分派，以保证总体工程按期竣工交付使用。

ⅱ施工任务的分派的要求：

1）按能力分配。对于主要工程、重点项目以及关键工序，必须分派施工能力强，技术水平高，作业经验丰富的机械施工队伍，以保证工程质量和按时竣工。

2）专业对口。施工任务应当与施工单位的专业和特长相适应，以充分发挥其效能，提高生产率，降低施工成本。

3）任务合理。任务的分派必须有利于提高机械生产效率，而不应当造成人为的困难。例如移挖作填的土方工程，应划归一个单位施工，以利于土方的合理调配。

4）责任明确。除了任务、质量、时间等明确规定外，还应特别明确施工地段分界线和工序结合地段的责任。这些地方最容易被疏忽，许多质量问题多出于此，矛盾也往往从这里产生。

③ 拟定施工方案，确定施工方法。施工方案和施工方法根据工期要求、施工单位能力、各种材料、油料的供应情况，以及协作单位的配合条件拟定。一般应在多个可行性方案中，选出一个最优方案。大型工程的施工方案，重点是确定总的施工程序和施工流向，使各分项工程或工序按时间先后和空间位置有条不紊地连续、均衡和协调地施工。

④ 编制施工进度计划。机械施工进度计划必须以保证工程质量、工期为前提，总工期决定于各工程的搭接关系和衔接时间。编制机械施工进度计划应根据施工方案，施工方法，投入的施工机械数量及其他有关因素，确定施工顺序、划分施工项目、划分流水作业段。然后，根据工程量计算作业时间，并编制时间进度图表。

编制施工进度计划时应注意的事项：

ⅰ应按基建程序施工，充分利用空间；

ⅱ施工项目应与劳动组织相适应，并尽量与预算项目对口，以利于承包与核算；

ⅲ流水作业机械的生产效率，应上、下工序匹配；

ⅳ受季节性影响的施工项目，应做好准备。如雨季施工应有可靠的技术措施，或备留一些项目为调剂；

ⅴ保证施工机械的作业率，应计划好机械的油料和配件等的供应。

⑤ 编制机械使用计划。机械使用计划必须遵循机械的使用原则，按施工方案、施工进度计划及有关定额指标进行计算和编制。计算公式如下：

所需机械台班数＝工程量/台班产量定额＝工程量×台班时间定额

式中，台班产量定额——每台班规定完成的工程量；

台班时间定额——单位工程量规定的台班数或作业时间。

所需机械数量＝所需机械台班数/单机计划工作台班数

根据计算数值，编制机械使用计划表，参考表 4-9。应注意需用机械、关键机械的合理选配，所需机械应以现有机械为主，不足部分应提出解决办法。计划还应提出对意外情况的预防措施和进、退场日期等。

⑥ 编制材料、配件、劳力、运输工具等需用量计划。根据工程量、施工进度计划和机械使用计划以及有关定额等资料进行计算和编制。材料配件需用量计划可分为总计划和进度计划。总计划的计算公式为：

材料配件需用量＝所需台班数量×台班消耗定额

机械使用计划表 **表 4-9**

项目 序号	施工单位	工程名称及地址	工作种类	工程数量			需用机械数量					现有机械台数	缺剩		附注
				计算单位	总数量	机械施工数量	名称	规格	需用台数	需用台班数	起止时间		缺(－)剩(＋)台数	处理意见	
1	2	3	4	5	6	7	8	9	10	11	12	13	14	15	16

在机械化施工中，还需要工程材料、运输工具以及劳动力等，可根据工程量（或工作量）和有关定额标准进行计算。

⑦ 确定临时生产、生活设施。临时生产、生活设施在工程竣工之后，就失去作用。因此，在满足施工需要的条件下，应尽量因陋就简，节省开支。

⑧ 绘制施工平面图。根据设计图纸，现场地形，现有水、电源，道路，建筑物，施工机械作业位置、运行路线，以及各项临时设施等资料进行绘制。

⑨ 编制施工准备计划。按照施工部署和施工方案的要求，施工进度和临时设施的安排进行编制。

⑩ 计算技术经济指标。根据工程特点对原有各项技术经济指标的影响及采取各项技术组织措施后的效果进行编制。

⑪ 审核。

2. 机械施工任务的分派

(1) 按施工总产值最高来分派。在一定的机械施工力量和一定的工程任务条件下，可以寻求施工任务分派的最优方案。

【案例 4-1】 某工程有 4 个不同的土方施工项目，要分派 4 台推土机去完成，每台承担各项任务的台班产值见表 4-10 所示，问怎样分派才能使总产值最高？

推土机的任务产值（元） **表 4-10**

任务 / 推土机	B1	B2	B3	B4
A1	60	70	80	60
A2	80	70	70	50
A3	100	60	50	80
A4	60	30	40	50

解： 本题可用表上作业法求出最优解。

从表 4-10 可知，A3 推土机对应的 B1 任务产值最大，为 100 元，为此先把 B1 任务分派给 A3 并列。这时，把表 4-10 中的 A3 推土机所对应的行和 B1 任务所对应的列划除，得表 4-11。

分配 B1 任务给 A3 推土机后剩下推土机的任务产值（元） **表 4-11**

任务 / 推土机		B2	B3	B4
A1		70	80	60
A2		70	70	50
A4		30	40	50

注：若当表中出现 2 个或 3 个并列最大产值时，则应进行并列推土机另项任务产值的比较，并把任务分派给另项任务产值小的推土机。

从表 4-11 可知，这时，A1 推土机对应的 B3 任务产值最大，为 80 元，为此可把 B3 任务分派给 A1 推土机。这时，再把表 4-11 中的 A1 推土机所对应的行和 B3 任务所对应的列划除，得表 4-12。

分配 B3 任务给 A1 推土机后剩下推土机的任务产值（元） **表 4-12**

任务 / 推土机		B2		B4
A2		70		50
A4		30		50

这时，从表 4-12 不难看出 A2 推土机对应的 B2 任务产值最大，为 70 元，为此可把 B2 任务分派给 A2 推土机；拿掉 B2 任务和 A2 推土机后，表 4-12 中只剩下的 B4 任务，分派给 A4 推土机。

可以证明 B1 任务分给 A3 后，B3 任务分给 A1，B2 应任务分给 A2，B4 应分给 A4。其台班总产值 S 最大，为：

$$S=100+80+70+50=300(\text{元})$$

(2) 按施工总进度最快来分派。

在既定的施工项目和施工力量条件下，可以求出施工速度最快的任务分配方案。

【案例 4-2】 设某新建公路线段有土方工程量 150 万 m^3，石方工程量为 30 万 m^3，计划由 3 个土石方机械队施工，已知各队的施工能力如表 4-13，求如何分配任务才能使施工速度最快，全线段施工期最短？

土、石方机械队的施工能力 **表 4-13**

机械单位	第 1 队	第 2 队	第 3 队
土方施工能力($10^4 m^3$/月)	12	10	8
石方施工能力($10^4 m^3$/月)	6	7	7

解： ① 计算各队土、石方施工能力比率，见表 4-14。其中“单项施工能力比率”为每队在全线段 3 个队中的比率；“综合施工能力比率”为每队的土方或石方施工能力比率与土、石方施工能力比率之和的比。

② 若以综合施工能力比率最高的（土方为第 1 队的 0.571，石方为第 3 队的 0.567）作为初步分配方案，其土、石方量和完成任务的时间见表 4-15。这样分配，第 3 队的石方任务需 4.3 个月，第 1 队需 12.5 个月，第 2 队没有安排工作任务，时间安排不合理，这在施工中是不允许的，必须进行调整。

土、石方机械队的施工能力的比率 **表 4-14**

施工单位		第 1 队	第 2 队	第 3 队
土方	单项施工能力比	$\frac{12}{12+10+8}=0.40$	$\frac{10}{12+10+8}=0.333$	$\frac{8}{12+10+8}=0.267$
	综合施工能力比	$\frac{0.4}{0.4+0.3}=0.571$	$\frac{0.333}{0.333+0.35}=0.488$	$\frac{0.267}{0.267+035}=0.433$
石方	单项施工能力比	$\frac{6}{6+7+7}=0.30$	$\frac{7}{6+7+7}=0.35$	$\frac{7}{6+7+7}=0.35$
	综合施工能力比	$\frac{0.3}{0.4+0.3}=0.429$	$\frac{0.35}{0.333+0.35}=0.512$	$\frac{0.35}{0.267+035}=0.567$

土、石方机械队施工初步分配方案 **表 4-15**

施工单位	第 1 队	第 2 队	第 3 队
土方量完成时间	150 万 m^3, 12.5 月		
石方量完成时间			30 万 m^3, 4.3 月

③ 最后计算调整，使施工任务平衡。设第 1 队减少施工时间 x_1 月，则减少土方量为 $12x_1$ 万 m^3；第 2 队增加施工时间 x_2 月，增加土方量为 $10x_2$ 万 m^3；第 3 队增加施工时间 x_3 月，增加土方量为 $8x_3$ 万 m^3。由于第 1 队减少的土方量正是第 2 队和第 3 队增加的土方量之和，且要求三个施工队施工时间相等。为此，可得下列方程组：

$$\begin{cases}12.5-x_1=x_2\cdots\cdots\cdots\cdots(1)\\12.5-x_1=4.3+x_3\cdots\cdots\cdots\cdots(2)\\12x_1=10x_2+8x_3\cdots\cdots\cdots\cdots(3)\end{cases}$$

解方程组得：$x_1=6.353$；$x_2=6.147$；$x_3=1.847$。

所以，3 个队的土、石方工程任务和施工时间应调整为表 4-16 所示。

土、石方施工队任务分派　　表 4-16

施工单位	第 1 队	第 2 队	第 3 队	总量
土方分配量(10^4m^3)	$50-12x_1=73.76$	$10\times6.147=61.47$	$8\times1.85=14.776$	150
土方完成时间(月)	$12.5-6.353=6.147$	6.147	1.847(1 月 26 天)	
石方分配量(10^4m^3)			30	30
石方完成时间(月)			4.3 (4 个月 9 天)	
总时间(月)	6.147(6 月 5 天)	6.147 (6 月 5 天)	6.147 (6 月 5 天)	

以上的分配就是施工速度最快的方案，总施工期为 6 月 5 天。

(3) 按施工任务最均衡来分派。

为了做到均衡连续地施工，可用网络计划技术把工序适当安排，以达到"时间-机械"的优化。

【案例 4-3】 某机械施工项目的网络图和所需机械台数如图 4-19 和表 4-17 所示，问如何分派任务才能使投入的机械台数最少又能最均匀施工？

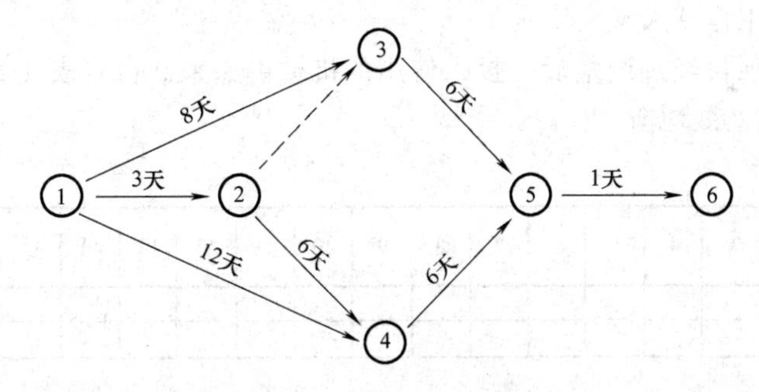

图 4-19　施工项目网络图

施工项目所需机械台数　　表 4-17

工序	天数	台数	台日数
①→②	3	1	3
①→③	8	2	16
①→④*	12	3	36
②→④	6	3	18
③→⑤	6	3	18
④→⑤*	6	5	30
⑤→⑥*	1	2	2

注：* 为关键线路工序。

表 4-18

天数 台数	1	2	3	4	5	6	7	8	9	10	11	12	13	14	15	16	17	18	19
1																			
2				1→3								3→5							
3																			
4																			
5	1→2																		
6					2→4														
7																			
8																			
9																			
10						1→4													5→5
11														4→5					
12																			
13																			
合计(台)																			

解：从网络图中可知，①→④→⑤→⑥是关键路线。在不压缩总工期的前提下，可利用非关键工序的浮动时间，适当安排：

（1）工序①→③完成后，还有 4 天机动时间；而工序③→⑤需用 3 台机械工作 6 天，因此，可分派 2 台工作 9 天，最后还有一天机动时间。

（2）工序①→②完成后，还有 3 天机动时间，而工序②→④需用 3 台机械工作 6 天，因此，可分派 2 台工作 9 天。

（3）整个施工项目经过调整后，投入使用的机械由原来 9 台（表 4-18）减少为最小值 7 台（表 4-19），施工最均衡。

表 4-19

天数 台数	1	2	3	4	5	6	7	8	9	10	11	12	13	14	15	16	17	18	19
1					1→3									3→5					
2																			
3																			
4																			
5	1→2																		
6							2→4												
7																			
8																			
9																			
10							1→4												5→5
11															4→5				
12																			
13																			
合计(台)																			

3. 机械施工工期的确定

工期是建筑工程三要素（工期、质量、成本）之一，又是影响建筑施工成本和机械使用经济效益的重要因素。一般来说，工期越短，成本越低；但工期压得过紧，又会增大机械施工成本。因此，确定机械施工期，是找出施工成本最低的最佳工期。

（1）一般工期的确定

建筑工程的施工期限一般都是建筑单位根据工程量、施工条件和建设要求提出的，有时也与施工单位协商议定。施工单位则应该根据工程数量、机械力量以及施工条件等情况计算确定工期：

计划施工天数＝计划工程量/日施工进度

＝计划工程量/（机械台数×工作班制×台班产量）

对于隐蔽工程，如水下作业、地质不明待开挖后决定的施工项目，工期可按下式估算：

$$t_e=\frac{A+4B+C}{6}$$

式中，A—最乐观时间；B—最可能时间；C—最悲观时间。

为使计划工期切合实际，应该全面考虑各种因素的影响。影响机械施工工期的主要因素如下：

① 施工条件。凡是机械施工所必需的条件，如运输、施工场地、工作面及动力等条件均应具备；如果机械数量或类型根据施工阶段（准备阶段、施工高潮和收尾阶段）的条件进行增减或调配，则工期也必须相应调整。

② 气候影响。气候对室外施工工期的影响十分明显，在施工设计时应充分考虑这一点，例如雨季不利于土方填筑工程和水中基础施工，冬季室外不利于混凝土灌注。如果是为了连续均衡作业而计划施工，则应充分做好准备工作，采取各种有效的防护措施，确定工期时也应留有余地。

③ 施工干扰。指各工序之间、各台机械的施工位置及运行路线之间的相互关系，特别是搭接关系；施工外界、相关工程进度以及安全和交通运输等问题对工期的影响。

④ 项目的开工顺序。可供施工利用的房屋建筑、给水和电力等项目应优先开工，受气候影响较大的施工项目，应根据具体情况及早安排，以赢得时间，缩短工期。

⑤ 机动余地。确定工期应留有余地，以防因工期紧迫而额外追加人力、机械或资金而造成损失。

（2）最佳工期的确定

从机械施工“工期-成本曲线”（图 4-20）可知，间接成本（与生产过程没有直接关系的固定费用）随着工期的延长而增长；直接成本（与施工工期或产量有关的变动费用）随着工期的延长而有所降低，总成本曲线是一条 U 形曲线，其最低点对应的横坐标值即为总施工成本最低的最佳工期。因此，在确定工期之前，应预先计算出机械化施工工程的各项成本及其随时间而变化的数值，然后便可以求出成本最低的施工期。当施工合同附有提前竣工奖励，推迟竣工罚款的条款时，也可根据“工期-成本”的关系曲线，找出提前竣工时的成本增

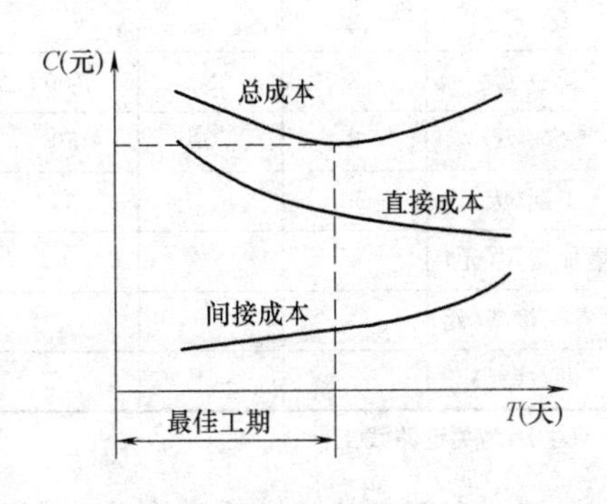

图 4-20　工期-成本曲线

加数量，衡量合同的奖金是否合算。

(3)“工期-成本”优化案例

在工程任务和施工力量一定的情况下，我们可以应用上述方法寻找最佳工期，从而降低施工成本；如果工期还要进一步缩短，则可以从该工程的网络图关键路线上寻找最有利的工序来压缩作业时间，或者可以改变工序衔接关系，即把原来按顺序施工变为平行交叉作业，或者从非关键路线上抽调出部分机械和人力用于关键路线等，以缩短关键线路的延续时间。若上述方法不行，就得采取措施，改变各工序作业条件，如增加机械，改单班为多班制，搞技术革新和技术改造等，而采取这些措施都要增加费用。以上各种方案都存在着“时间-成本”优化问题。

【案例 4-4】 某工程任务按网络图 4-21 计算，施工期为 20 天，现建设单位要求缩短施工最大可能压缩的天数及每压缩单位时间所增加的费用如表 4-20 所示，压缩 1 天可节省间接费 200 元，求最优方案。

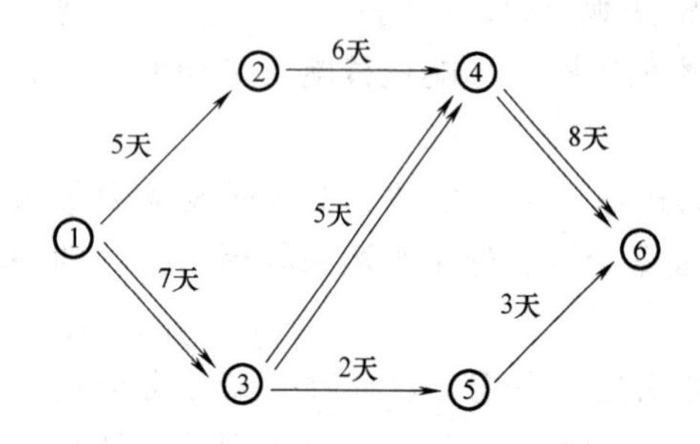

图 4-21　原施工方案网络图

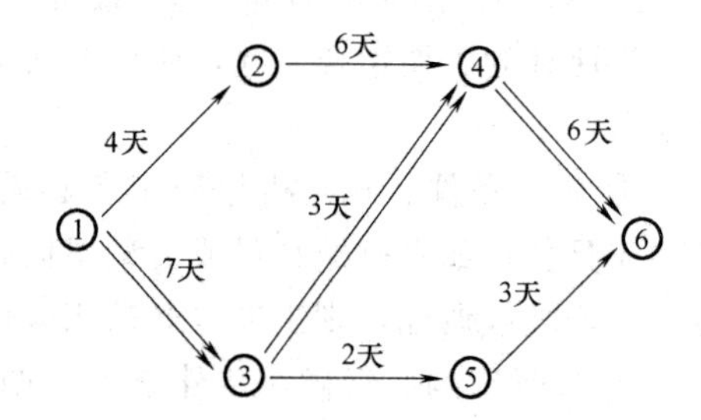

图 4-22　新施工方案网络图

时间和费用率　　　**表 4-20**

工序	时间（天）	可压缩天数	费用率（元/天）	天数压缩增加的费用(元)					
				1 天	2 天	3 天	4 天	5 天	6 天
①→②	5	1	100		100	100	100	100	100
①→③*	7	2	150					150	300
②→④	6	2	200					200	400
③→④*	5	2	50	50	100	100	100	100	100
③→⑤	2	0	—						
④→⑥*	8	2	100			100	200	200	200
⑤→⑥	3	0	50						
工期(天)	20			19	18	17	16	15	14
增加费用(元)				50	200	300	400	750	1100
节省间接费(元)				200	400	600	800	1000	1200
得益(元)				150	200	300	400	250	100

注：* 为关键路线工序。

解：本题可从关键路线中费用率最低的工序去缩短工期，同时应以关键路线不转移为原则。

① 从工序③→④压缩 1 天。可压缩工期 1 天，增加费用 50 元；

② 现在前半部出现两条关键路线，因此，从工序①→②和工序③→④各压缩 1 天，才能压缩工期 1 天，增加费用 150 元；

③ 从工序④→⑥压缩 1 天，可压缩工期 1 天，增加费用 100 元；压缩 2 天，可压缩工期 2 天增加费用 200 元；

④ 从工序①→③和②→④各压缩 1 天，能压缩工期 1 天，增加费用 350 元；各压缩 2 天，可压缩工期 2 天，增加费用 700 元；

⑤ 把上述缩短工期的增加费用和缩短工期节省间接费用的数值列入表 4-20，从表中数值可以看出：缩短工期 4 天，即总工期为 16 天，可获得效益 400 元的方案为最优方案；

⑥ 如采用最优方案，则可以按照新网络图（图 4-22）组织施工，并给相应的工序追加费用。

4. 机械施工临时设施

建筑工程机械施工的临时设施主要有：临时道路、临时房屋、临时停机场（棚）、机械作业场（棚）、临时仓库等。这些设施，可根据工程规模，施工期限，当地条件以及机械专业队情况，在施工设计时合理布置，并在施工准备阶段实施。由于临时设施是为主体工程服务的，只在施工期间起作用，因此，在安全、适用和满足施工要求的前提下，应尽量从简，以节省费用。设置临时设施，必须遵循设置原则，并根据施工要求和工地实际情况，运用数学方法进行技术经济计算和评价，选出最优方案。

(1) 临时设施的设置原则和要求

① 尽量利用或租用现有的或拟建的房屋、管线、道路和可缓慢拆除的项目为施工服务；

② 尽量不占、少占、缓占农田，充分利用山地和荒地，力求重复使用空地；

③ 有利于机械施工生产和施工人员生活，不影响施工并符合劳动保护、技术安全和防火、防洪等要求；

④ 有利于交通运输，尽量缩短运距，减少二次搬运；

⑤ 工程量小，成本低，维护费用少。

(2) 临时道路的修建

当施工机械和车辆无法到达施工现场时，必须修建临时公路。修建临时公路必须做好调查研究和勘测设计，掌握选线原则和要求，确定合理的技术指标，并应提出多个设计方案进行经济比较，然后选择最优方案。

① 临时道路的选线原则：线路应短捷，路面要根据施工机械的数量、规格及运行情况合理设计；不影响主体工程施工，避免穿过不良地段、地基、地物和农田；施工方便，造价低廉，养护工作简单，总费用最少。

② 临时道路最优方案：临时道路的最优方案必须是线路最短、工程量最少，行车安全方便，建筑费用和行车费用最低的方案。为此，可以从初步拟订的几个方案中优选。经济公路的表示式如下：

公路总费用(＝建造费用＋行车费用＋养护费用)为最小值

其中：

行车费用＝计算期内总运量×临时公路虚长×运价

式中　总运量——以施工期计算，计划通过临时公路运输的物资总量（t）；

公路虚长——按汽车行程时间折算成水平线路长度的平均值（km）；

运价——运输单价（元/t·km）。

按照汽车行程时间决定公路虚长的方法是：先确定直线水平路段的车速，然后把线路按上坡、下坡、转弯及居民区等分为若干路段，分别计算各路段的车速，从而决定每一路段的行程时间。

$$t=\frac{L}{v}$$

式中 L——路段长度（km）；

v——路段车速（km/h）；

由此可得到全长单程的行车时间：

$$t=\sum_{i=n}^{n}\frac{L_i}{v_i}=\frac{L_1}{v_1}+\frac{L_2}{v_2}+\cdots\cdots+\frac{L_n}{v_n}$$

以正、反方向的行程时间之和除以 2，即得平均行程时间，并据此求得虚长：

虚长＝水平路段车速×平均行程时间

③ 临时水电设施。施工临时水电设施应在保证施工用水、用电的前提下，做到一次投资费用和运行费用最小，即：

总费用(＝一次投资费＋维修费＋动力消耗费－残值)为最小值

④ 其他临时设施。机械施工的其他临时设施主要有：施工指挥所、宿舍、仓库、油库、停机场、机修所、机械工作棚等，其设置要点是位置要选择得当，布置要合理，便于机械施工作业和机械使用管理，符合安全要求，建造费用低，以及交通运输的费用低等。

5. 施工机械的进、退场

在建筑工程施工中，大型机械的进、退场应选择合理的运输方式、运输车辆和装卸方法，并按照运输问题的数学模式确定最优的运输方案。

（1）运输方式的选择

运输方式通常有空运、水运和陆运；陆运又包括铁路运输和公路运输；公路运输又有装运、牵引拖运和自行三种方式。施工机械进、退场绝大多数采用公路运输。

选择运输方式应以保证安全和按时投入施工为前提，综合考虑机械的体积、重量、行车装置、运输工具和条件，运输距离和装卸能力，运输费用等情况，经计算和评价选择最优的运输方式。

① 总运输费用最小。不论采用什么方式运输机械，都应考虑其进、退场的总运输费用为最省的方案。

总费用[＝∑(运距×运量×运价)＋∑(装卸量×装卸价)＋其他费用]为最小值

② 铁路运输与公路运输的选择。当公路路况良好，运距不超过 200km 时，公路装运比较经济，既可以节省装卸转运费用，又能迅速及时直达工地；如果运距超过 200km，机械重量或体积超过运输工具的装载能力而需要解体运输时，则以采用铁路运输为宜。

③ 公路运输方式的选择。公路运输方式可分为自行式运输，拖载运输和装载运输。对于自行式机械，如果道路条件允许，应尽量采用自行方式，以节省运费。如履带式或铁轮式机械，在运距不大于 5km 时，采用自行方式比较合算，其自行费用一般为装载费用的 30％以下；若运距太远，则由于大多数建筑机械不具备中、高速行驶能力，损耗太大，

自行将得不偿失；对于轮胎式机械，如果运距较短（如小于 50km），可采用牵引车拖运。

（2）装卸方法的选择

装卸费用是运输费用的组成部分，而装卸时间是影响运输效益的因素。因此，必须根据机械、运输工具及现场情况，选择合理的装卸方法。通常自行机械多采用自装卸方法，其他则应采用机械装卸方法；当装卸数量很少又缺乏装卸机械时，才采用人工装卸方法。

（3）最优运输方案

建筑工程施工机械的进、退场运输，不论是自运还是雇运，事先都应当选择最优运输方案，才能获得最好的运输经济效益。运输方案主要含车辆调运方案和物资调配方案。

①最优调运方案。车辆最优调运方案是在运输活动中尽量避免对流和迂回，空驶里程最小且吨位利用率最高的方案。

【案例 4-5】 某施工单位有 A、B、C 三个工地（图 4-23 所示），AB 长 50km，BC 长 20km，CA 长 60km，现从 A 运往 B 的机械有 8t，从 C 运往 A 的机械有 16t，若车辆满载的载量为 8t/辆，试确定最优调运方案。

解：有如下三种调运方案：

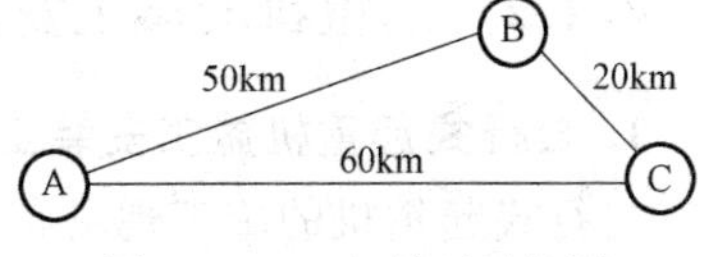

图 4-23　三角循环运输图

1）直接调运（A→C→A）：分别派车运输，因全部回空，实载率：(50＋60)/(100＋120)，只有 50％；

2）循环调运（A→B→C→A）：派两辆运输车辆从 A 运机械到 B，然后空驶至 C，再从 C 运机械到 A，实载率为：(50＋120)/(260)，有 65.4％；

3）直接与循环结合的综合调运：即一辆运输车辆循环调运（A→B→C→A），另一辆运输车辆直接调运（A→C→A），则实载率为：(110＋60)/(130＋120)，有 68％。

结论：经比较，采用综合调运方案最优，然后为循环调运，它们分别比直接调运的实载率高 18％和 15.4％。

② 最优调配方案。物资最优调配方案是线性规划中运输问题的最优可行解。

【案例 4-6】 某机械施工单位新承包 B_1、B_2、B_3 三处土方工程，B_1 需投入 17 台，B_2 需投入 18 台，B_3 需投入 15 台，现停放基地 A_1 有推土机 23 台，A_2 有 27 台，已知各停机点至工地的机械运输费用如表 4-21 所示，应怎样调配才能使总运费最少？

机械运输费（元/台）　表 4-21

工地 停机点	B_1	B_2	B_3
A_1	50	60	70
A_2	60	110	160

优配方案　表 4-22

工地 停机点	B_1	B_2	B_3	发量（台）
A_1	$x_{11}=0$	$x_{12}=8$	$x_{13}=15$	23
A_2	$x_{21}=17$	$x_{22}=10$	$x_{23}=0$	27
收量(台)	17	18	15	50

解：设 A_1 点运往三处工地的机械台数分别为：x_{11}、x_{12}、x_{13}，A_2 点运往三处工地的机械台数分别为：x_{21}、x_{22}、x_{23}，则可列出下列方程：

$$x_{11}+x_{12}+x_{13}=23 \quad (1)$$

$$x_{21}+x_{22}+x_{23}=27 \quad (2)$$

$$x_{11}+x_{21}=17 \quad (3)$$

$$x_{12}+x_{22}=18 \quad (4)$$

$$x_{13}+x_{23}=15 \quad (5)$$

并求总运费 S 最小值：

$$S=50\times x_{11}+60x_{12}+70x_{13}+60x_{21}+110x_{22}+160x_{23} \quad (6)$$

联立上六式，将（3）、（4）、（5）式分别代入（6）后，再代入（2）式，消去 x_{11}、x_{12}、x_{13}和 x_{21}，并整理可得：

$$S=3250+40x_{22}+80x_{23}$$

要使 S 最小，应使 $x_{23}=0$ 和 x_{22}最小，根据（4）式或 x_{12}最大；由（5）式可得 $x_{13}=15$；由（1）式可知，当 $x_{11}=0$ 时，$x_{12}=8$ 为最大，即 $x_{22}=10$ 为最小；再由（3）式可得 $x_{21}=17$，见表 4-22 所示。

结论：本题运输费用最省的方案是：A_1 停机点运 8 台推土机至 B_2 工地，运 15 台推土机至 B_3 工地；A_2 停机点运 17 台推土机至 B_1 工地，运 10 台推土机至 B_2 工地。其最省总运费为：

$$S=3250+40\times10+80\times0=3650\text{（元）}$$

4.2.2 起重机的施工安装工艺和方法

1. 自行式起重机施工安装工艺和方法

自行式起重机的施工现场布置必须按照施工方案和施工平面布置图进行，主要是吊装构件的布置和起重机的布置。总的原则是：构件堆放位置合理，起重机的运行路线和吊装位置合适，吊装作业与其他施工工序协调，使吊装作业能安全、顺利进行。

（1）施工现场的构件布置

建筑工程的标准构件通常由预制构件厂批量生产，然后运到现场堆放并吊装；非标准构件多采用现场预制，以减少运输费用。构件的现场预制或现场堆放情况，对吊装速度和安装质量都有较大的影响，因此，应该进行合理的布置，必要时画出堆放平面图。在布置时应注意以下几点：

① 符合施工吊装顺序要求。如装配式框架结构的布置，应满足先吊柱，后吊梁，再吊板的吊装顺序。

② 便于机械操作。如构件堆放应适当，尽量靠近起重机吊装位置，使起重机作业时，行走、回转、起落吊杆等动作次数最少、运输距离最短。

③ 构件布置应保证起重机的行驶路线畅通，吊装作业时回转无阻，吊装位置的地形应平整密实，安全可靠。

④ 根据构件的大小和重量布置时，应注意起重机的工作性能。一般重构件应放在靠近起重机的地方，轻构件可放在较远的地方。单机吊装时，绑扎中心应布置在起重机的安全回转半径之内。

⑤ 构件的布置还应利于吊装前的检查、准备和挂钩等工序。

⑥ 对于现场预制构件，布置时应考虑吊装方法，如拟用旋转法起吊，应采用斜向布置，还应考虑支模、运输、浇灌、抽芯、穿筋、张拉等制作工序的顺利进行。

（2）自行式起重机的布置

① 运行路线的布置。自行式起重机的移动路线有单线布置和多线布置；也可分为跨内布置和跨外布置。当建筑物宽度较小、构件重量较轻时，可采用单线跨内布置，起重机开行一次可完成一个节间吊装，工作效率很高。当建筑物宽度较大，构件较重，单线布置

较困难时，可采用多线布置。多线布置的形式很多，可根据现场具体情况确定。总之，起重机的运行路线应与构件的布置统一考虑，使构件布置整齐有序，起重机行驶吊装有规律节奏。

② 吊装位置的确定。起重机的吊装位置应接近吊装构件，以提高起重机的工作能力，在起重机工作性能范围内，应尽量多吊装构件，从而减少机械移动次数，并且前一个位置的吊装作业应为后一个位置的吊装作业创造有利条件，起码不应有所妨碍。

(3) 自行式起重机的吊装方法

由于建筑构件的种类和型式很多，结构和重量的差别很大，安装就位的要求也不相同，因此，自行式起重机的吊装方法也是多种多样的。以下介绍柱子和屋架的吊装方法。

① 自行式起重机吊装柱子的方法。自行式起重机吊装柱子有单机吊装法和多机抬吊法。单机吊装由于操作比较简单，应用最广泛，可分为旋转法、滑行法、斜吊法；当柱子重量大，一台起重机吊不起时，可采用双机抬吊，可分为滑行法、旋转法和递送法等。滑行法的操作比较简便，施工比较安全，应用比较普遍。

ⅰ单机旋转吊装法。如图 4-24 布置时，应注意柱子的绑点 a、柱脚中心 b 和柱基中心 c 三点在起重机工作半径的圆弧上；起吊时应一边起钩一边回转，使柱子绕柱脚旋转而立起，然后稍为转动即对准并落入杯口。

ⅱ单机滑行吊装法。这种方法多用于场地条件比较困难的情况下。如图 4-25 布置时，应将柱的绑扎点靠近柱子杯口，绑扎点和柱基中心同在起重机工作半径的圆弧上；起吊时，只起钩不回转，使柱脚滑行而吊起，继而转动落入杯口。为减少柱脚与地面的摩擦力，一般在柱脚上设置滚筒、托板和滑行道；也可采用涂油扁铁代替，效果较好。

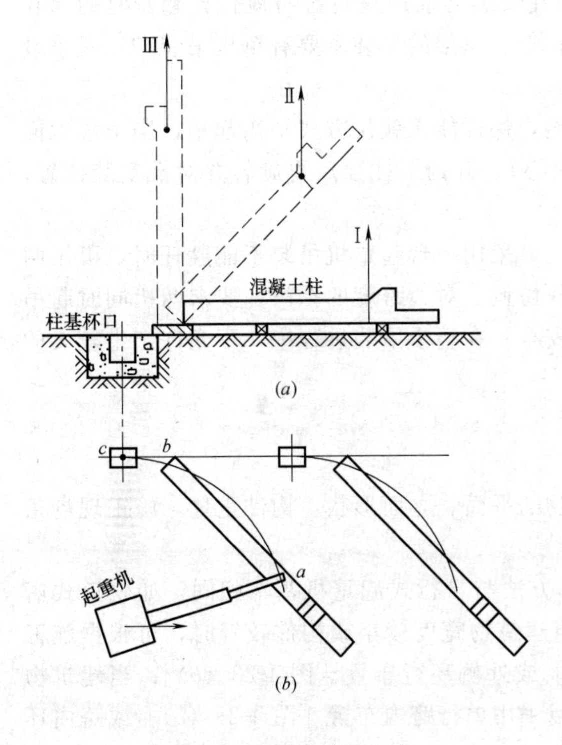

图 4-24 单机旋转吊装法

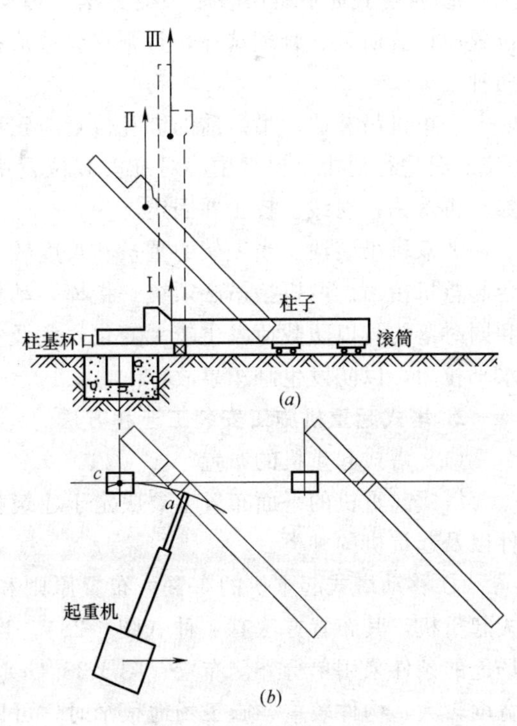

图 4-25 单机滑行吊装法

ⅲ单机斜吊法。单机斜吊法用于吊装较小柱子或起重机械的吊杆受长度限制而无法将构件垂直吊起时。如图 4-26 所示，吊装时必须在柱子下部拴好溜绳（或将控制棒缚在柱子上），以便在柱子吊直，处在杯口上部时，拉紧溜绳（或推动控制棒）使柱子插入杯口。

ⅳ双机滑行抬吊法。如图 4-27 平面布置时，柱子应斜向放置，柱脚下应设置滚筒、托板和滑行道。绑点应靠近杯口，两台起重机对立，同时起钩，直至把柱子吊离地面并落入杯口为止。双机抬吊法，每台起重机的起重负荷不得超过该机最大起重量的 80%，起重机的位置应事先选择好，并统一指挥，操作协调。

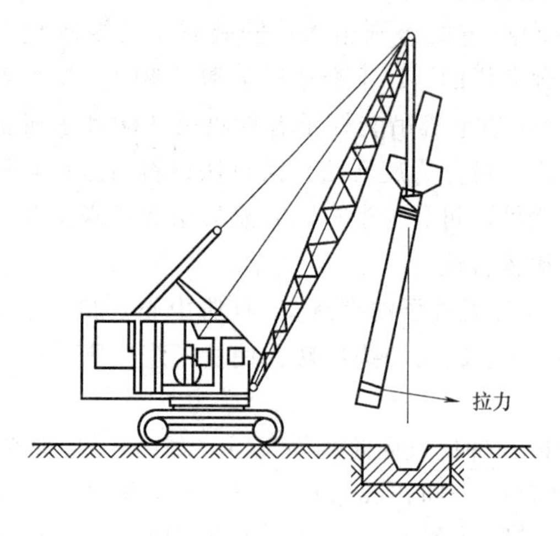

图 4-26 单机斜吊法

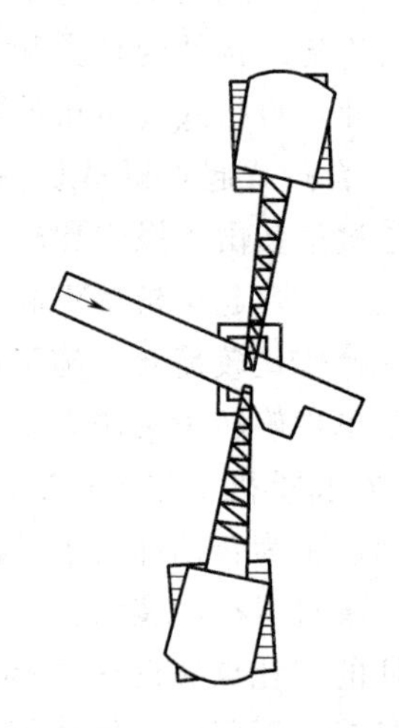

图 4-27 双机抬吊滑行法

② 自行式起重机吊装屋架的方法。屋架在安装之前应进行翻身就位，翻身时的绑扎位置应认真研究、合理选择，否则将会造成损伤。屋架的吊装主要有单机吊装和双机吊装两种。

ⅰ单机吊装法。吊装前的绑扎位置应正确，保证能按就位方式平衡起吊，当吊离地面 0.5m 时进行对中（屋架中心对准安装位置中心），升钩至柱顶后再旋转并对准安装位置，然后再落钩，对线、校正并固定。

ⅱ双机吊装法。当屋架的重量和长度较大，采用一台起重机吊装不能胜任时，可用两台起重机抬吊。两机抬吊必须统一指挥，动作协调。对大跨度的抬吊，要求两机同时起吊和同时落钩，以防载荷发生较大变化，危及安全。在整个吊装过程中，不允许产生较大的水平拉力，以防发生翻车事故。

2. 塔式起重机施工安装工艺和方法

（1）塔式起重机的布置

塔式起重机的平面布置主要决定于建筑物的平面、立面形状，构件重量，施工现场条件以及起重机的种类。

① 移动塔式起重机的布置。布置原则和方法与自行式起重机基本相同，如轨道式塔式起重机，其布置方法有 4 种（图 4-28）。当建筑物宽度较小或构件较轻时，可根据施工场地的条件采用单行外侧布置［图 4-28（*a*）］或外侧环行布置［图 4-28（*b*）］；当建筑物宽度较大、构件较重、施工场地很窄时，可以采用单行跨内布置［图 4-28（*c*）］或跨内环行布置［图 4-28（*d*）］，此法虽然节约施工场地，但给现场构件的布置带来困难。

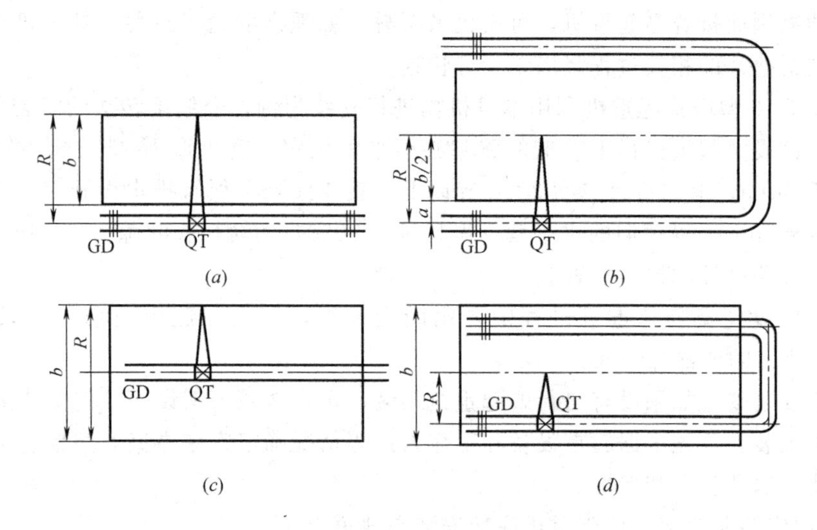

图 4-28　塔式起重机的平面布置方法

(a) 单行外侧布置；(b) 外侧环行布置；(c) 单行跨内布置；(d) 跨内环行布置

QT—塔式起重机；GD—轨道；R—起重机工作幅度；b—建筑物宽度；a—建筑物至轨道中心距

② 自升塔式起重机的布置：尽量布置在建筑物的中央或中部；以减少起重臂的长度或扩大起重机的工作范围。塔式起重机在吊装时多采用一次吊装法，可以不考虑构件的堆放场地，节约施工用地；如果施工组织需要，也可在起重半径范围内布置堆放场地，参考图 4-29。

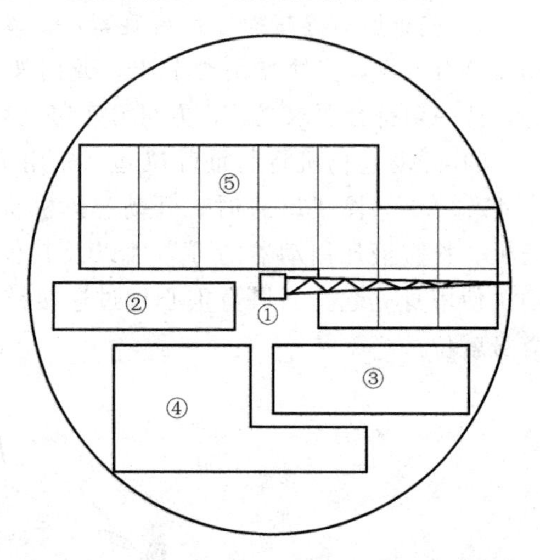

图 4-29　自升塔式起重机的平面布置图

①—自升塔式起重机；②—墙板堆放区；③—楼板堆放区；④—柱梁堆放区；⑤—建筑物

(2) 轨道塔式起重机的安装与试运行

① 轨道塔式起重机的安装。轨道塔式起重机应按该机使用说明书进行安装。对于型式代号有“K”字的快速安装式起重机，利用该机液压装置，安装十分快捷。其他型式起重机的常用安装方法有：旋转法、下接法、上装法、整体起扳法和折叠法等，前 3 种适用于上回转塔式起重机的安装，后 2 种适用于下回转塔式起重机的安装。当上回转（塔身不回转）塔式起重机高度不大，塔身结构强度较高时，利用本机动力采用旋转法安装既简单又快捷；对于塔身较高的塔式起重机，由于旋转安装法会使塔身变形，则可以采用下接法或上装法。下接法是先安装塔身上部，并利用吊臂或其他起重设备将上部塔身提升，安装一节塔身；然后再进行第二次提升，安装第二节塔身；直至所需高度。这种连接拼装工作均在地面进行，比较安全，对于重型塔式起重机，采用上接法所需的提升力太大，一般都采用从下往上拼装。

对于下回转（塔身回转）塔式起重机，如果塔身和臂长不大，安装场地较宽时，可利用本身变幅机构（变幅滑轮组作安装架设用）采用整体起扳法安装，不需要其他辅助设备；对于伸缩型或折叠型起重机，可按机械折叠（如绳索滑轮组折叠、螺杆机构折叠、液压连杆机构折叠）的相反过程竖塔，十分快速。

现以 QT_1-6 型塔式起重机利用本身机构进行安装为例，介绍旋转法的安装程序。

ⅰ轨道铺设。起重机行走轨道的路基必须平整压实，高出地面 250mm 左右，承压应达到 80～100kPa，上铺石碴厚度 350mm 以上，轨道外侧必须有排水设施，钢轨中心距偏差不得超过±3mm，纵横向的水平度不得超过 1/1000，两轨接头间隙为 4～6mm，轨道尽端应有行程开关碰杆和挡车装置。

ⅱ地锚埋设。安装起重机过程中要用固定缆绳，因而在起重机前后需埋设拉力为 150kN 和 50kN 的地锚各一处。

ⅲ设置安装架。如果没有自行式起重机吊装，可在轨道上架设一龙门安装架。

ⅳ塔机安装。首先根据起重设备和工作人员等情况确定安装方案，目前普遍采用本机机构来安装，以节省吊装费用。

1）利用安装龙门架，把起重机底架安装在轨道上；

2）在底架两侧分别组装起重臂和塔身，然后分别与底架两边铰接；

3）通过滑轮组穿好钢丝绳，使塔身顶部与起重臂另一端连接；

4）检查所有连接螺栓是否旋紧，钢丝绳与滑轮组缠绕是否正确，绳卡是否牢固，制动器是否可靠，夹轨器是否卡牢，龙门架平台上的方木是否符合要求，地锚情况是否良好，待一切符合要求之后，方可开车竖立塔身。

5）开动卷扬机将起重臂拉起（先用吊车将起重臂头部吊起，用以过死点），当仰角为 45°～60°（图 4-30）时，开动卷扬机将塔身拉起（当离开方木垛 500mm 时，刹住卷扬机、检查液压制动器的可靠性以及其他结构连接情况），如一切正常，即继续开动卷扬机使塔身立起。当塔身重心越过连接铰中心位置后，停止卷扬机传动，并用千斤顶使塔身就位。

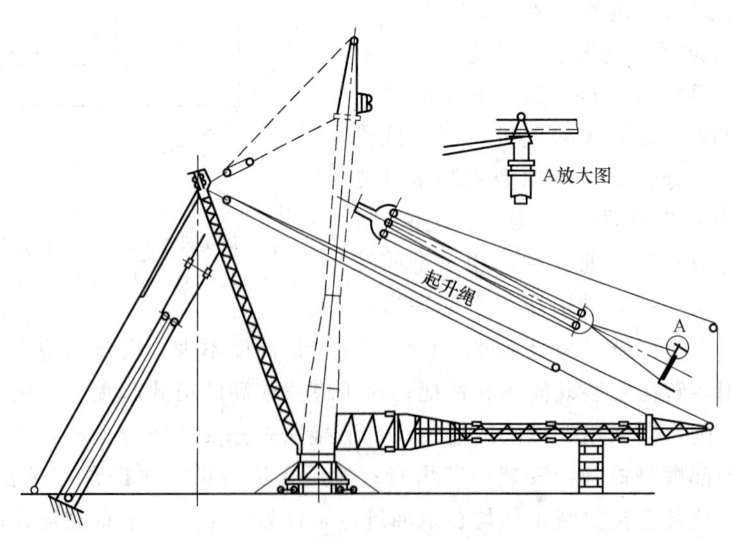

图 4-30　起动臂和塔身竖起示意图

6）塔身立直后，放下起重臂，吊上平衡臂，装好拉杆；然后，吊起平衡重（3t），装入平衡重箱内，如图 4-31。

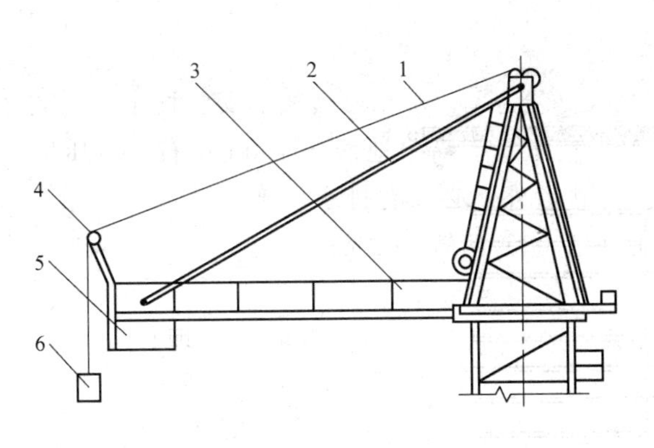

图 4-31　平衡臂的安装

1—卷扬机钢丝绳；2—拉杆；3—平衡臂；4—单滑轮；
5—平衡箱；6—平衡重物

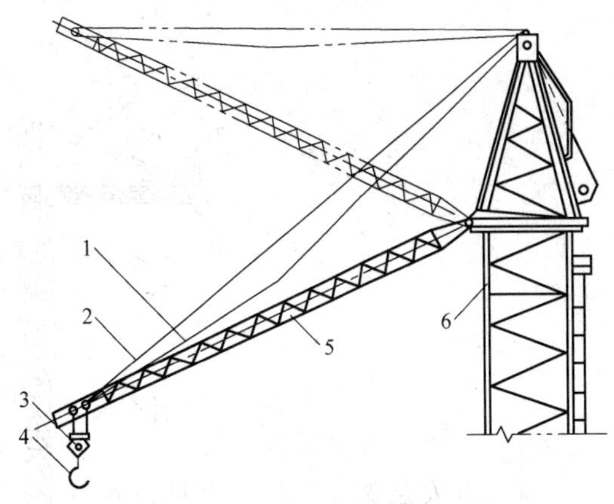

图 4-32　起重臂的安装

1—变幅绳；2—拉绳；3—动滑轮；4—吊钩；
5—起重臂；6—塔身

7）用钢丝绳将起重臂拉起，当尾端插入塔帽支承轴时，装上安全卡板，并用螺栓紧固好。改装钢丝绳，将起重臂升至所需位置并固定之，如图 4-32。

塔式起重机安装完毕，经试运转合格后可投入正常工作。

② 轨道塔式起重机的试运转。

ⅰ试运转前的检查。重点检查紧固螺栓，传动机构，制动装置，钢丝绳，电气元件，行走装置等。如发现问题，应及时处理好。

ⅱ无负荷试验。反复操纵起升机构，回转机构，行走机构，变幅机构，其中前 3 项还应同时做综合动作试验。

ⅲ静负荷和动负荷试验。在空载试验正常后，可做负荷试验，然后做超载 5%吊重离地 0.5m，停车保持 10 分钟的试验。最后满载作起升和制动、下降和制动、左右回转、起升回转联合动作等试验。

③ 拆卸方法。塔式起重机的拆卸方法与安装程序相反，即后装先拆，但放倒塔身时必须用控制器反转来放倒，绝不允许停止电动机任其自然下降，以防发生严重事故。

（3）附着式塔式起重机的安装与爬升

附着式塔式起重机必须做混凝土基础。如果地基基础较好，可以分块制作，以节约工料费；否则应做成整体基础，以保证其整体性。附着式自升塔式起重机的主要结构如图 4-33。

① 安装程序如下：

ⅰ安装底架。底架与支腿拼装为一整体，并固定在基础上。

ⅱ安装塔身。先安装第一节和第二节，并装填压铁。

ⅲ拼装套架。将引进轨道、平台、摆渡小车、销子、拉杆、电缆卷筒、撑杆和液压爬升系统等拼装好，并套在两节塔身外面。

ⅳ拼装其他机构。将过渡节、承座、支承回转装置、转台、回转机构拼装成一体，并吊装在套架上，然后，再将油缸装在承座上，将横梁装在油缸活塞的端部上，将塔帽装在转台上。

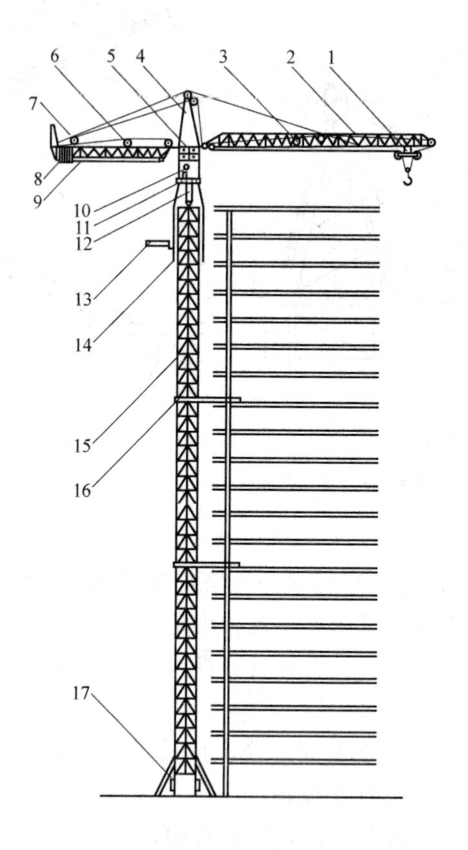

图 4-33　附着式自升塔式起重机主要结构

1—变幅牵引小车；2—吊臂；3—小车牵引机构；4—转塔塔帽；5—操作室；6—平衡重移动机构；7—起升机构；8—平衡重；9—平衡臂；10—电缆卷筒；11—旋转支承装置；12—顶升油缸；13—平台摆渡小车；14—爬升套架；15—塔身；16—附着拉杆；17—塔身底座

ⅴ安装标准节。开动顶升机构装一节塔身标准节。

ⅵ安装上部构件。组装平衡臂及平衡臂拖拉绳，组装起重臂、起重小车及牵引钢丝绳，安装平衡臂和起重臂。

ⅶ调整高度。开动顶升机构至所需高度。

② 吊钩滑轮倍率的变换。根据吊装起重量及吊装要求，可以改变吊钩滑轮倍率，从而改变吊钩升降速度。当进行吊装作业时，为获得准确就位，可采用 4 绳方式（吊钩升降速度为 22.5m/min)；如果进行物料运输，可改为 2 绳方式（吊钩升降速度为 45m/min)，以提高工作效率。

③ 起重机的爬升。附着式自升塔式起重机，可随建筑物的高度而爬升到所需的高度。

ⅰ爬升准备工作。将起重臂沿引进轨道方向就位并锁定，检查油压系统、操纵系统，最后放出电缆卷筒上的电缆（较爬升高度稍长）。

ⅱ爬升操作过程。附着式自升塔式起重机的爬升过程可分为 5 个步骤，见第 3 章节图 3-4 所示。第一为准备状态，主要是备好标准节；第二为顶起塔顶；第三为推进标准节；第四为安装标准节；第五为塔身与塔顶联成整体。

ⅲ爬升注意事项。三级风以上应停止作业，爬升过程应严禁旋转塔帽，每升高一定高度（如 20mm），必须用锚固装置把塔身附着在建筑物的框架上；液压系统的齿轮油泵，额定工作压力为 14MPa（最大可达 16MPa，但工作时间应小于 3 分钟）。

3. 提高起重机使用效益的措施

（1）采取合理的施工组织措施

起重机吊装组织设计，是一项比较复杂的工作。组织设计合理，可以节约劳力，加快进度，同时可以节约吊装费用。因此，较大的吊装作业，应先进行周密的调查研究，再选择一个最优的吊装方案，使各工序之间在时间和空间上紧密衔接，相互平衡，力求物料二次运输的距离或起重机的移动距离最小，起重机的一次工作循环时间最短，而总的有效作业时间最长，保证人力、物力充分合理利用，达到施工过程的连续、协调和均衡性。吊装方案确定之后，应认真做好机械、物料、人员以及现场的准备工作，其中，配置适当的起重工、搬运工和安装工，进行预演和试吊，检查准备工作是否充分，十分必要。在吊装施工过程中，应与其他建筑工序紧密配合，并根据现场条件进行合理的调度，尽量减少不必要的停歇时间，保证机械正常、高效、安全运转。

（2）选用合理的吊具

吊具的使用对于起重机的吊装能力、吊装速度和安全作业有很大的影响。当重复吊装或装卸同一种物料时，选用一种合适的专用吊具，可以成倍地提高作业速度，节省劳力和费用，求得令人满意的吊装效果。可以这样说，根据物料的结构、形状、重量及吊装要求，选用合适的专用吊具是提高使用起重机的经济效益的最重要措施。吊具的种类很多，建筑施工常见的有钢丝绳、吊笼、吊钩、吊桶、吊架以及其他专用吊具。

合理的吊具必须是装卸方便、节省人力、吊运安全、坚固耐用、结构简单、自重较轻、价格便宜、使用最经济的吊具。下面介绍建筑施工常用吊具的合理选用。

① 选用合适的钢丝绳。在所有吊具中，钢丝绳吊具的结构最简单，自重最轻，价格便宜，能迅速连接和分开，可以大大提高起重机吊重的有效利用程度，应尽量优先考虑选用。当吊装较大的结构物时，最好采用多分支钢丝绳。多分支钢丝绳的允许起重量决定于钢丝绳根数、单根钢丝绳的额定载重及分支间的夹角大小。图 4-34 为一双分支吊具在不同夹角时的实际载重量。从图中可以看出，分支绳与水平面的夹角越大，其实际载重量就越大。

双分支吊具的实际载重能力 G 的计算式为：

$$G=2\times10F_0\sin\alpha\ (\mathrm{t})$$

式中 F_0——单根钢丝绳的额定拉力（kN）；

α——钢丝绳与水平线的夹角（°）。

② 选用平衡吊具。当遇到形状不规则和重量不平衡的物料时，需要选择各种不同长度及不同载重量的吊具，很麻烦，这时，可选用平衡吊具，以节省选择计算和试找重心位置的时间。平衡吊具如图 4-35 所示，其调节原理是：起吊时钢丝绳受力压下滚子进入滚子槽，滚子拉着 U 形摩擦锁下压，锁住钢丝绳，使钢丝绳在合适的位置平稳地吊起重物；当钢丝绳不吊重物时。由于释放弹簧的作用，滚子和 U 形锁上升，钢丝绳可自由滑动。使用平衡吊具时，将吊绳调节到所需长度，并锁紧在这个位置上，即可迅速平稳地吊起构件。平衡吊具不仅能在水平方向吊不平衡的货物，而且在任何角度均可起吊货物。

③ 选用各种特殊吊具。根据吊装物料的结构形状，选用各种特殊吊钩或夹钳，使抓

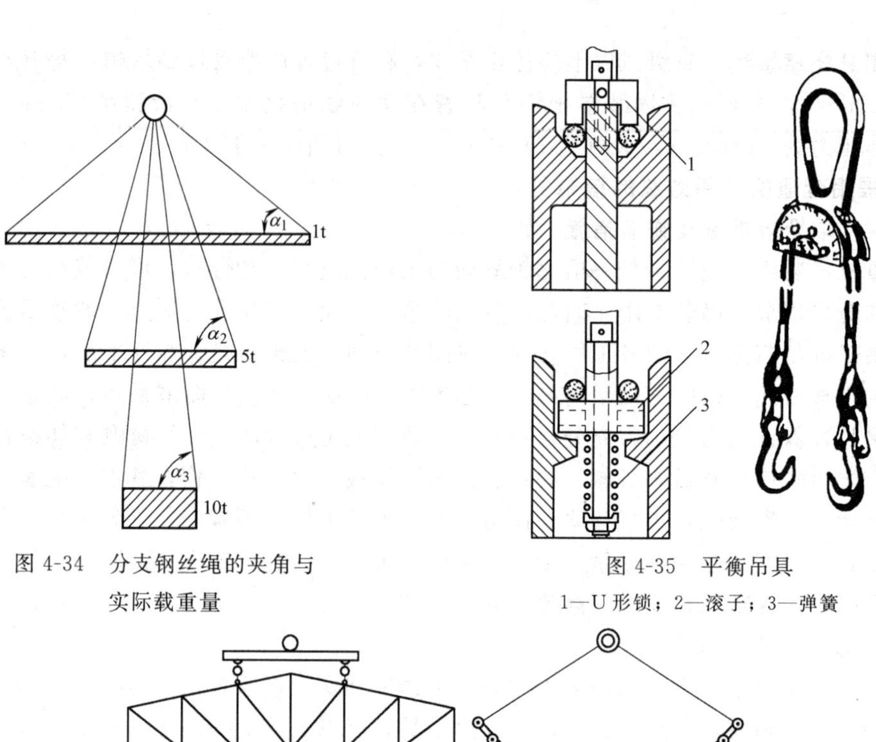

图 4-34 分支钢丝绳的夹角与实际载重量

图 4-35 平衡吊具

1—U形锁；2—滚子；3—弹簧

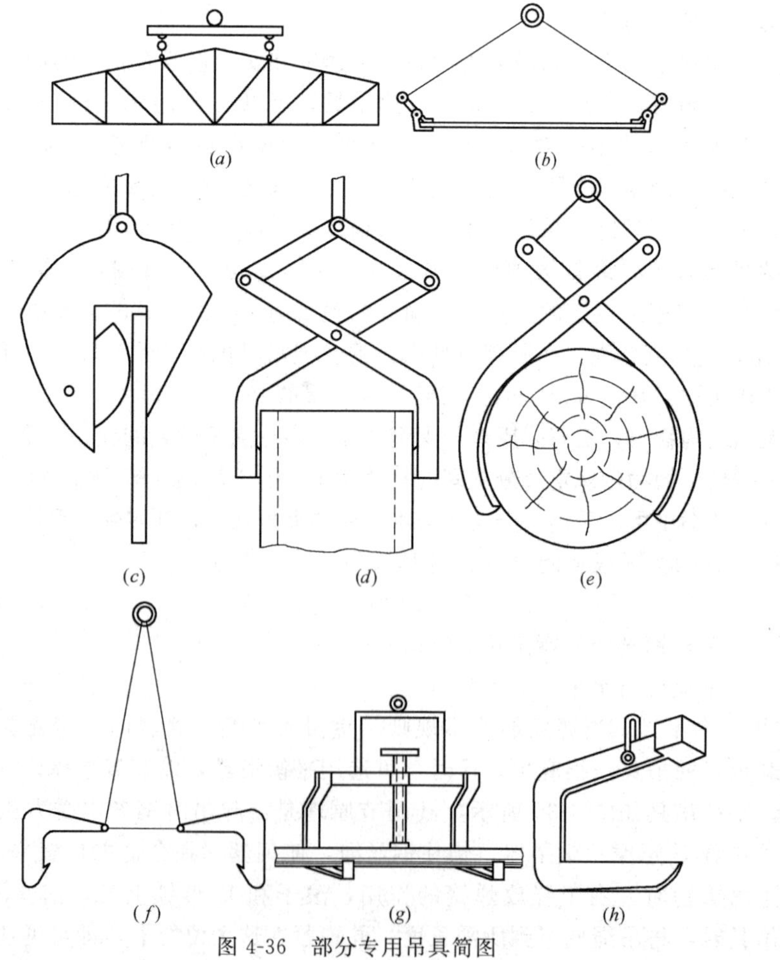

图 4-36 部分专用吊具简图

(a) 横梁吊具吊桁架；(b) 板用吊具吊模板；(c) 板用吊具吊竖板；(d) 夹钳吊型钢；(e) 夹钳吊圆木；(f) 石块吊具；(g) 吊架吊棒料；(h) C形框架（可插入货物孔内）

取物料方便、省时，以提高物料的搬运效率。特殊吊具的形式很多，主要有梁式吊具、板用吊具、木材吊具、石头吊具、棒料吊具等（图 4-36）。如要搬运线圈等圆柱形货物、货盘以及其他类似货物时，可以采用C形框架。

④ 采用合适的吊斗。选择料斗要考虑的因素很多，主要是根据吊运物料的性质、要求的载重量、吊运要求及施工条件。如果吊装混凝土或灰浆等胶结材料，可以选用合适的盛料斗。常见的吊斗有斗底可落吊斗、侧面卸料吊斗、底部卸料吊斗、可翻转吊斗等 4 种。如果吊运砖石等物料，最好采用吊篮。

⑤ 选用电磁或真空吊具。对于具有导磁性的黑色金属及其制品，可以采用专用电磁盘作取物装置。可非常快速而有效地吊装。还有一种真空吊具，利用真空搬运非多孔性的各种板材，如钢板、铝板、混凝土板、大理石板等，这种吊具还特别适用于吊运玻璃。上述两种表面接触的抓具，价格较贵，使用时需要动力（电力或真空系统），在建筑施工现场中很少使用，而多用于仓库及站场的装卸作业。

（3）提高起重机起重能力的措施。措施有：

① 使用 1～3 根的临时牵引绳牵引起重机的臂杆头部，牵引绳的另一端在地面或建筑物销固，如图 4-37。根据需要也可串入滑轮组。如臂杆强度允许，采用此法可增大起重量 10%～40%。

② 使用横梁将 2 台相对作业的起重机臂杆的头部连接成铰接式的整体，参考图 4-38。当起重机吊装时，所产生的倾覆载荷在横梁内部互相抵消，所以可增加总的起重能力。

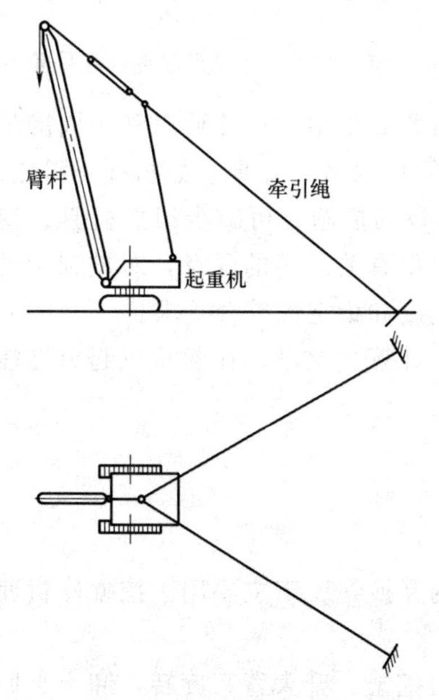

图 4-37 利用牵引绳提高起重机起重能力

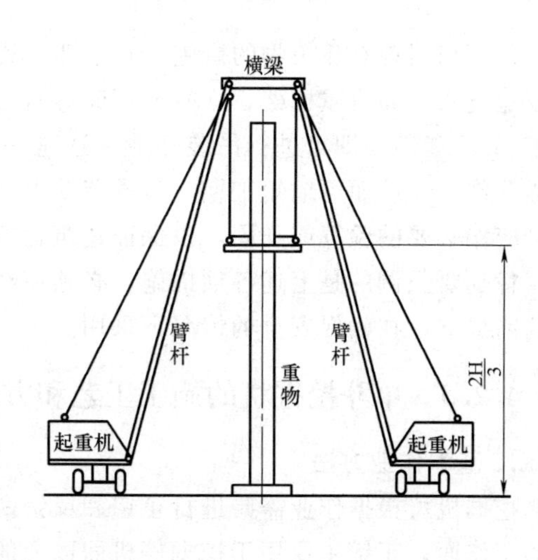

图 4-38 利用横梁提高起重机起重能力

③ 用各种型钢制成的支柱将起重机臂杆的头部支撑起来，使起重机的吊臂与增加的支柱组成人字桅杆，参图 4-39。单台吊装或 2 台抬吊均可采用此法。当臂杆和支柱的倾角大致相等时，臂杆的载荷可减少一半，压应力可减小 2/3～3/4。

④ 对于结构臂架的自行式起重机，可加添一动臂，改装为两个动臂及附加配重构成倒人字臂架的平衡式起重机，参考图 4-40。改为倒人字臂架时的起重力矩约为单臂架时的

2倍，起重能力大大提高。

⑤ 提高履带式起重机的起重能力，最简便的方法是加长和加宽起重机的履带。此外，还可以采用加装支腿（机械式或液压式）的方法来提高起重能力。

总之，采用附加装置提高起重机的起重能力时，必须保证起重机各部件的正常工作，如超过额定起重量时，要加大臂杆头部起重滑轮组的倍率；同时应注意保持稳定性，以防机械倾覆。

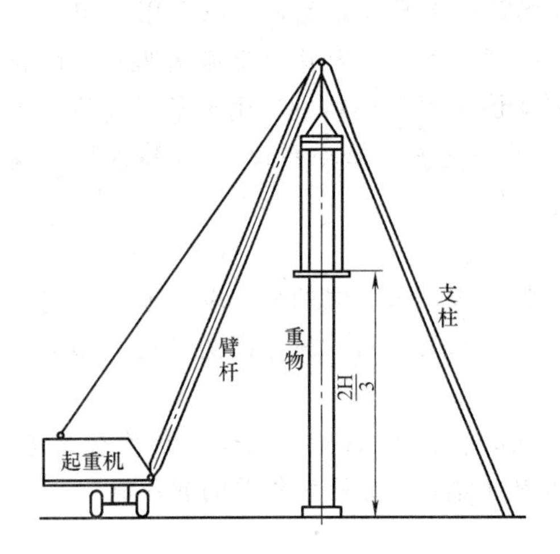

图 4-39　利用支柱提高起重机起重能力

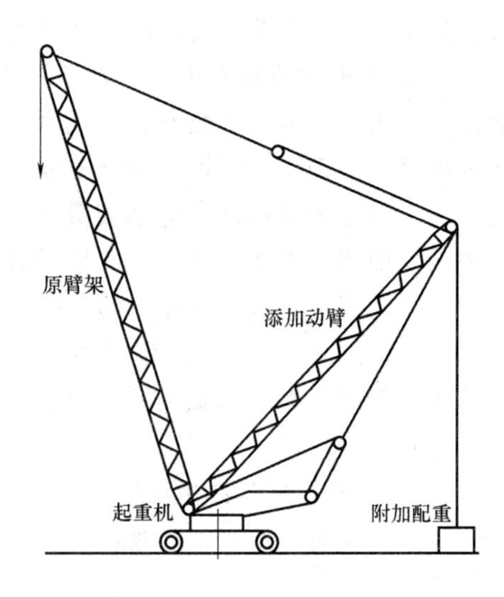

图 4-40　加添动臂提高起重机起重能力

(4) 利用现有建筑物的措施。在改建工程或设备吊装施工中，往往可以利用周围的设备或建筑物（如房屋框架、立柱、烟囱等），适当增设简易的吊装工具（如扒杆、滑轮组、滑车、绞车等），即可进行吊装作业。这是一个行之有效的措施，可减少组立机具、挖作地锚等作业，从而可缩短工期、节省劳动力。但必须取得有关部门的同意，对被利用的建筑物应作必要的验算或加固，以保证建筑物的强度、刚度和稳定性符合要求。

特别要强调的是上述各项措施，必须在经过分析、计算、试吊，在起重机起重性能允许的前提下，在确保安全的情况下采用。

4.2.3　单斗挖掘机的施工工艺和方法

1. 基本作业方法

挖掘机可根据作业需要进行正铲和反铲两种形式的互换，反铲主要用于挖掘停机面以下的工作面；正铲主要用于挖掘停机面以上的工作面。

挖掘机是进行循环性作业的机械，每一个循环是由挖土、升大臂、旋转，卸土、回转和降大臂六个基本动作组成。挖掘机的基本作业（包括正、反铲作业）分断续操作和连贯操作两种方法。所谓断续操作，是将上述六个动作分开做，即做完一个动作后再做下一个动作；连贯操作则是将上述六个动作进行复合，即升大臂和旋转合为一个动作，在挖土过程中，将挖斗、斗杆和大臂的动作密切协调地配合起来，在尽量短的时间内，使挖斗挖满土，加快作业循环速度，充分发挥机械的效率。连贯操作的动作较复杂而快，操作人员要十分集中精力，每一个动作都必须认真去做，否则容易造成事故。

(1) 断续操作方法

反铲和正铲的操作方法完全一样，只是挖斗的挖掘方向不同，这里以反铲作业为例进行介绍。

① 挖土。左手向前推挖斗操纵杆使挖斗进行挖土，当挖斗挖满土或挖斗转到极限位置时，将操纵杆放回中间位置，挖土结束。

② 升大臂。左手前推大臂操纵杆，大臂即上升，当挖斗离开地面到所需要高度时，将操纵杆放回中间位置，大臂即停止上升。

③ 旋转。右手前推（或后拉）旋转操纵杆，使转台向右（左）旋转，当挖斗转至卸土地点时，将操纵杆放回中间位置，旋转即结束。

④ 卸土。左手后拉挖斗操纵杆，使挖斗转动卸土，当挖斗内的土卸出后，将操纵杆置于中间位置，卸土即结束。

⑤ 回转。右手后拉（或前推）旋转操纵杆，使转台向左（右）旋转，当挖斗转至挖土位置时，将操纵杆放回中间位置，回转结束。

⑥ 降大臂。左手将大臂操纵杆向后拉，大臂往下降。当挖斗斗齿插入土壤后，将操纵杆放回中间位置，大臂下降结束。

若再继续操作，则开始下一个循环动作。操作时，应注意每个动作的正确性、平稳性和准确性。

(2) 连贯操作方法

① 挖土。根据土壤硬度和挖斗切削土壤的厚度，适当断续的稍降或稍升大臂。如果土壤较坚硬或挖斗切削土层较厚，会使挖斗挖掘阻力过大致使挖斗转动速度减慢，甚至会停止转动，此时，就要及时地稍升一下大臂，使挖斗能够顺利地进行挖掘；反之，如果土壤较软或挖斗切削土层太薄，就应及时稍降一下大臂，增大挖掘土层厚度，使挖斗在最短时间内挖满土壤。有时亦可用内收或前伸斗杆的方法来调整挖掘土层厚度。如果挖斗内没有挖满时，应将挖斗伸出，进行第二次挖掘。

当挖掘深坑时，有时会看不到挖斗的动作，在这种情况下可根据发动机的声音来调整挖掘深度。

② 提升大臂和旋转。挖斗挖满土壤后，紧接着提升大臂，当挖斗离开地面时就要开始旋转动作，即同时进行大臂上升和转台旋转两个动作。在进行此过程中，开始时注意力主要集中在大臂上升，并兼顾转台旋转；当大臂升到一定高度时（此高度是依卸土高度而定，能将土壤卸出为准），放松大臂操纵杆，使大臂停止上升，此时的注意力要完全集中在转台旋转上，当转至卸土位置时，及时停止旋转；如果卸土角度小，则开始的注意力应集中在转台旋转上，当转至卸土位置停止旋转时，让大臂继续上升到挖斗土壤能够卸出时为止。

③ 卸土。当挖斗接近卸土位置时即开始卸土，卸土最好一次将土壤卸掉。在卸土过程中，如果挖斗已接触土壤，但斗内的土还未全部卸出，此时应提升一下大臂后再卸土，也可边提大臂边卸土。如果挖斗内粘结而不能卸出时，可前后扳动几下挖斗操纵杆，使挖斗振动而卸出土壤。

卸土位置的选择应根据工程保障任务的要求和挖掘深度而定，在一般情况下，卸土位置和挖土位置越近越好，这样可以减小转台旋转角度，缩短作业循环时间，提高作业效率。

④ 回转与降大臂。当挖斗内的土壤卸出后，紧接着做回转动作，在回转的同时，向后拉大臂操纵杆降大臂，使挖斗回到挖掘位置。可根据旋转角度的大小和坑的深度来停止旋转和下降大臂的动作。

2. 正铲挖掘机开挖方式

（1）正向开挖，侧向装土法

正铲向前进方向挖土，汽车位于正铲的侧向装车，见图 4-41（*a*）、（*b*）所示。本法铲臂卸土回转角度最小（<90°）。装车方便，循环时间短，生产效率高。用于开挖工作面较大，深度不大的边坡、基坑、沟渠和路堑等，为最常用的开挖方法。

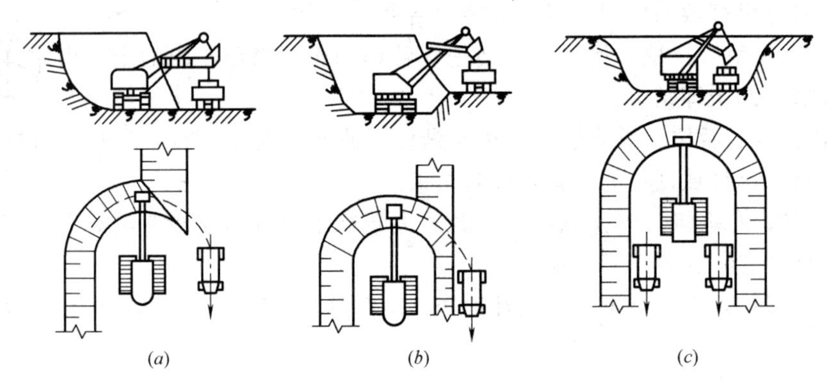

图 4-41　正铲挖掘机开挖方式

（*a*）、（*b*）正向开挖，侧向装土；（*c*）正向开挖，后方装土

（2）正向开挖，后方装土法

正铲向前进方向挖土，汽车停在正铲的后面［图 4-41（*c*）］。本法开挖工作面较大，但铲臂卸土回转角度较大（在 180°左右），且汽车要侧向行车，增加工作循环时间，生产效率降低（回转角度 180°，效率约降低 23%，回转角度 130°，约降低 13%）。用于开挖工作面较小且较深的基坑（槽）、管沟和路堑等。

正铲经济合理的挖土高度见表 4-23。

挖土机挖土装车时，回转角度对生产率的影响数值，参见表 4-24。

正铲开挖高度参考数值（m）　　**表 4-23**

土的类别	铲斗容量(m^3)			
	0.5	1.0	1.5	2.0
一～二	1.5	2.0	2.5	3.0
三	2.0	2.5	3.0	3.5
四	2.5	3.0	3.5	4.0

影响生产效率参考表　　**表 4-24**

土的类别	回转角度		
	90°	130°	180°
一～四	100%	87%	77%

（3）分层开挖法

将开挖面按机械的合理高度分为多层开挖［图 4-42（*a*）］；当开挖面高度不能成为一

次挖掘深度的整数倍时，则可在挖方的边缘或中部先开挖一条浅槽作为第一次挖土运输的线路［图 4-42（*b*）］，然后再逐次开挖直至基坑的底部。用于开挖大型基坑或沟渠，工作面高度大于机械挖掘的合理高度时采用。

（4）多层挖土法

将开挖面按机械的合理开挖高度，分为多层同时开挖，以加快开挖速度，土方可以分层运出，亦可分层递送，至最小层（或下层）用汽车运出（图 4-43）。但两台挖土机沿前进方向，上层应先开挖，与下层保持 30～50m 距离。适于开挖高边坡或大型基坑。

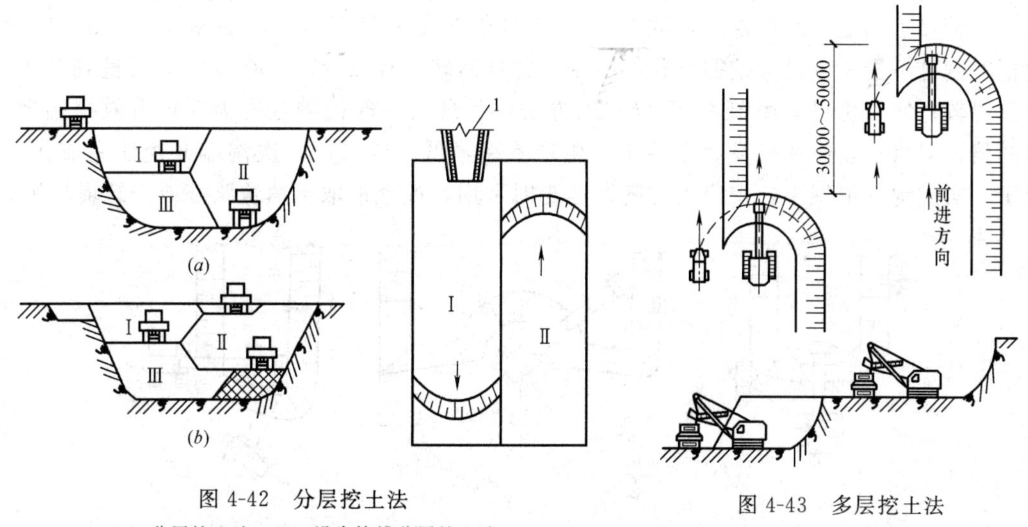

图 4-42　分层挖土法

（*a*）分层挖土法；（*b*）设先锋槽分层挖土法

1—下坑通道；Ⅰ、Ⅱ、Ⅲ—一、二、三层

图 4-43　多层挖土法

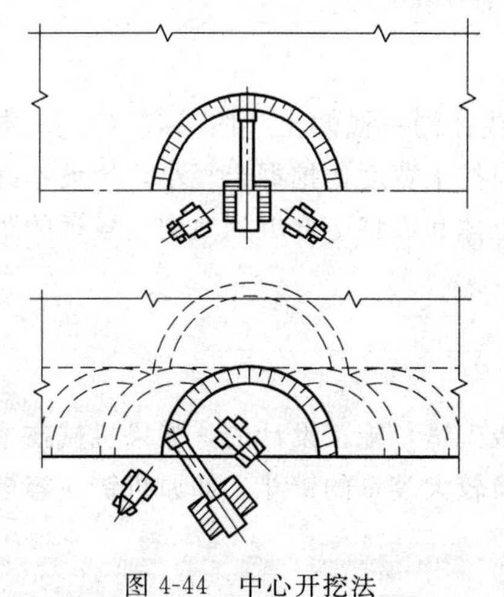

图 4-44　中心开挖法

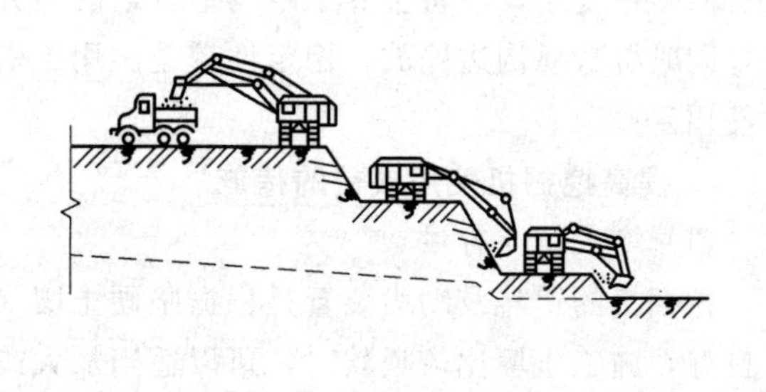

图 4-45　反铲多层接力开挖法

（5）中心开挖法

正铲先在挖土区的中心开挖，当向前挖至回转角度超过 90°时，则转向两侧开挖，运土汽车按八字形停放装土（图 4-44）。本法开挖移位方便，回转角度小（＜90°）。挖土区宽度宜在 40m 以上，以便于汽车靠近正铲装车。适用于开挖较宽的山坡地段或基坑、沟渠等。

3. 反铲挖掘机开挖方式

（1）多层接力开挖法

用两台或多台挖土机设在不同作业高度上同时挖土，边挖土边将土传递到上层，由地表挖土机连挖土带装土（图 4-45）；上部可用大型反铲，中、下层用大型或小型反铲，进行挖土和装土，均衡连续作业。一般两层挖土可挖深 10m，三层可挖深 15m 左右。本法开挖较深基坑，一次开挖到设计标高，一次完成，可避免汽车在坑下装运作业，提高生产效率，且不必设专用垫道。适于开挖土质较好、深 10m 以上的大型基坑、沟槽和渠道。

（2）沟端开挖法

反铲停于沟端，后退挖土，同时往沟一侧弃土或装汽车运走，如图 4-46（*a*）所示。挖掘宽度可不受机械最大挖掘半径的限制，臂杆回转半径仅 45°～90°，同时可挖到最大深度。对较宽的基坑可采用图 4-46（*b*）的方法，其最大一次挖掘宽度为反铲有效挖掘半径的两倍，但汽车须停在机身后面装土，生产效率降低。或采用几次沟端开挖法完成作业。适于一次成沟后退挖土，挖出土方随即运走时采用，或就地取土填筑路基或修筑堤坝等。

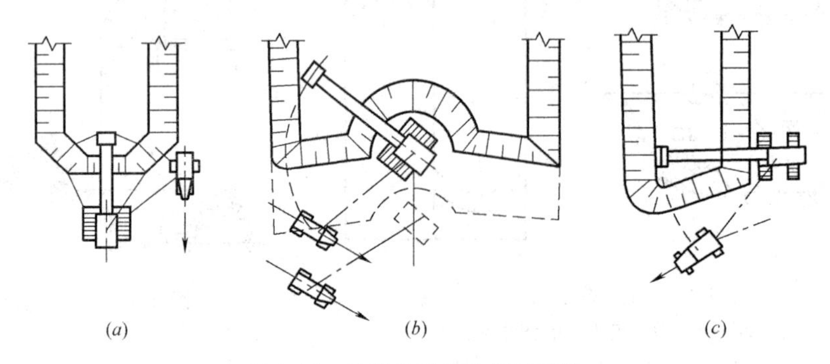

图 4-46　反铲沟端及沟侧开挖法

（*a*）、（*b*）沟端开挖法；（*c*）沟侧开挖法

（3）沟侧开挖法

反铲停于沟侧沿沟边开挖，汽车停在机旁装土或往沟一侧卸土［图 4-46（*c*）］。本法铲臂回转角度小，能将土弃于距沟边较远的地方，但挖土宽度比挖掘半径小，边坡不好控制，同时机身靠沟边停放，稳定性较差。用于横挖土体和需将土方甩到离沟边较远的距离时使用。

4. 提高挖掘机使用效益的措施

（1）增大铲斗容量

挖掘机的铲斗及动力装置是根据坚硬土壤（Ⅳ级土壤）施工设计的，如果机械技术状况良好，施工土壤比较松软时，可以适当加大或更换较大容量的铲斗，如原机铲斗容量为 0.5m。可增大到 0.65m。

（2）提高时间利用系数

① 严格执行保养和预防检修制度，特别是加强现场机械的预期检查维修（国外许多国家很注意这一措施，现场维修工时约占总维修工时的 90%），以保证机械技术状况良好，减少作业期间的机械故障，提高机械的使用率。

② 做好施工前的机械准备、场地准备和其他物资准备，保证作业顺利进行，尽量减

少停歇时间。

③ 合理组织施工，避免工序之间或机械之间发生干扰，以减少非生产行驶时间。

④ 集中精力操作机械，操纵应准确、迅速、协调，避免发生违章作业事故。

(3) 降低土壤可松性系数

在限定工程质量或经济合理的前提下，可选择较低等级的土壤，以利于铲土和运输生产。

(4) 提高铲斗充盈系数

理论上，挖掘机一次挖掘的土方量为：

$$q'=bdh\frac{K_1}{K_2}$$

式中 b——铲斗宽度（m）；

d——土层厚度（m）；

h——挖掘带高度（m）；

K_1——土斗充盈系数；

K_2——土壤可松性系数。

从式中可以看出，如果机械已选定，则 b 为常数，d 和 h 成反比关系，因此在保证施工安全的情况下，可以适当增高挖土工作面，保证在最大切削深度下一次装满铲斗。按一般经验，挖土高度允许超过挖掘机最大挖土高度 1m 以内；另外，提高操作人员的技术水平，即能根据挖掘带高度和切削土层厚度的反比关系进行操作，力求一次装满，并减少漏损。当挖掘面比较低时，不要只装一半就回转去卸土，而应挖装两次，把土斗装满才转向。此外还应经常清除粘结在铲斗内的余土。

(5) 缩短挖掘时间

挖掘时间的长短取决于挖掘行程（挖掘带长度）、切土速度、提升或牵引速度，因此，在松软的土壤中作业时，应加大切土层厚度，以充分发挥机械动力，加速挖土过程。当斗柄外伸不超过全部动矩的60%～70%时，由于挖切力较大，挖切土层厚度和挖切速度可以增大，据测试资料，合理采用这种方法可以缩短挖掘时间 15%～20%。

(6) 缩小运土旋转角

原则上旋转角（运土距离）越小，生产率越高（表 4-25），但由于挖土通道越小，机械移动的次数就越多，因此，应综合衡量。根据使用经验，运土旋转角维持在 60～90℃（侧向开行的通道为最大通道的 60%～70%）之间的工作效率最高。一般中、小型挖掘机的作业回转时间约占整个循环时间的 2/3，因此，合理布置挖掘机的运行方式十分重要。

挖掘机旋转角与生产率的关系 **表 4-25**

旋转角(°)	60	90	120	130	145	180
生产率(%)	120	100	88	85	81	75

(7) 缩短卸土时间

挖掘机与运输车辆配合施工时，运输车辆应迅速及时地停放在标杆位置；铲斗运转高度应适当，一般高于运输车辆 0.5～0.8m 即可；操作时，一对准运输车辆土斗，就立即卸土。

(8) 提高挖掘、运行、卸土和回空的速度

提高机械运行速度的要领是：掌握各种运行速度的惯性距离，操作应熟练，各程序应紧密衔接，间隔时间应最短，总之做到快而准；此外，可以把一些不相互干扰的操作动作同时进行（如回空时关斗底、放低铲斗），以缩短工作循环时间，但运行与挖掘、旋转与卸土等工序应明确分清，以保证施工安全。拉铲挖掘机如果必须回转 180°才卸土时，可采用 360°旋转的循环工作方法，这样省略了卸土前的制动和卸土后放开制动器的时间，生产率可提高 10%。

(9) 做好配合工作

根据施工现场情况，用推土机或人工将余土推运到挖掘机作业范围内，经常修整场地和道路，为挖装和运输作业创造有利条件。

(10) 做好施工组织设计

多种机械联合施工，其生产率决定于单机的作业情况以及多机的相互配合情况，而后者往往是主要因素。因此，可从施工组织设计方面采取如下措施：

① 选择机械时，挖掘生产率与运输机械的运输效率应相近；运输工具的装载容量应为挖掘机铲斗容量的 3～5 倍；如果运输车辆的容量太小，放送频繁，将降低生产率，应另行选择或进行调整（如适当调整台数、容量、运距等）。

② 挖掘机与汽车配合时，如果以挖掘机作业为主，最好采用“双放法”，即汽车分别停于挖掘机两侧的卸土圈弧线上（立标牌），见图 4-47，铲斗顺时针回转时装一车，逆时针回转时装另一车，这样不间断地工作，可提高挖装效率。

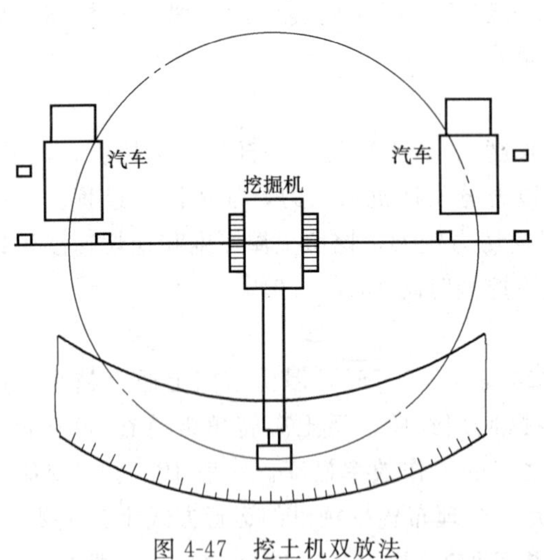

图 4-47 挖土机双放法

③ 挖土机或装载机与汽车相配合时，如果以汽车运输为主，最好采用“双装法”，即两台挖掘机共装一辆运输汽车，这样可缩短汽车停歇装土的时间，提高土方运输生产率。

④ 调度人员编制调度图表必须切合实际，既有预见性（随着运距的变化而调整），又有可靠性（如预备关键机械发生意外情况的解决办法和施工方法），才能稳定地提高生产率。

⑤ 大型土方工程最好配备一些一机多用的万能机械（如液压操纵的挖掘装载两用机），和配备多种用途的工作装置等。经验证明，当施工工程序某一环节发生问题时，万能机械或组配工作装置可以发挥调解的作用。

4.2.4 推土机的施工作业过程和方法

1. 推土机的基本作业过程

推土机的基本作业过程包括铲土、运土、卸土和回程四个阶段，如图 4-48 所示。

这四个过程中，其中以铲土和运土两个过程所耗动力和时间最多，因此，在这两个过程中应充分利用发动机的功率以最短的时间，最短距离使铲刀铲满土，并在运土过程中应

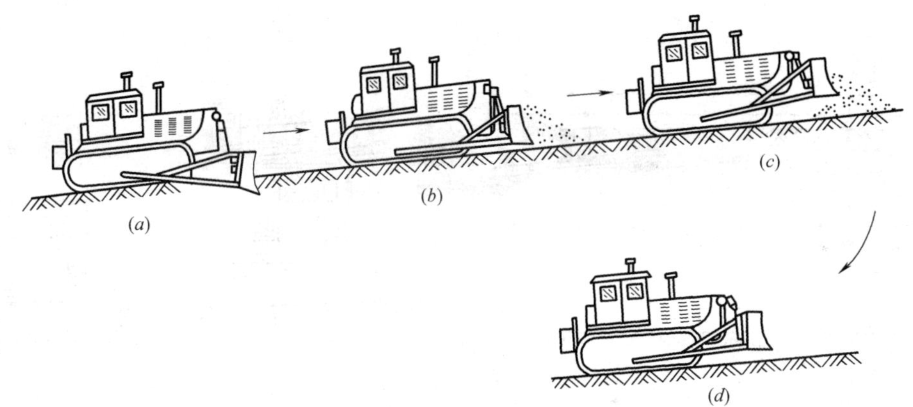

图 4-48　推土机的作业过程

(a) 铲土；(b) 运土；(c) 卸土；(d) 回程

尽可能地减少运土损失，使最多的土壤移送到卸土地点，以提高作业工效。在卸土过程中应根据施工条件的不同，采取不同的卸土方法，以达到施工技术要求和保证施工安全。对上述四个过程分述如下：

(1) 推土机的铲土作业

推土机铲土作业，就是在此作业行程内，推土机以一速向前行驶。使铲刀切入土内一定深度，而以最短的时间最短的距离，使其铲刀前堆满土壤。其铲土方法：依铲出断面不同，可分为直线式、波浪式和楔式三种，如图 4-49 所示。

① 直线式铲土。即在整个铲土过程中，铲刀入土保持在一定深度。此法应用较多，特别适于作业的最后几个行程应用。但其铲土行程较长，发动机的功率不能被充分利用。

② 波浪式铲土。即在铲土开始时尽量使铲刀入土至最大深度，当机械超负荷时，逐渐升起铲刀，待发动机运转正常后，又下降铲刀……，这样重复进行，直到铲刀积满土壤为止。它适于Ⅰ、Ⅱ级土壤作业。这种铲土方法由于能充分利用发动机的功率，故比直线铲土法能缩短铲土距离和铲土时间，作业效率高。但是，实践证明，波浪式铲土法由于铲土地段形成波浪，倒退时推土机会造成颠簸，对机械有较大影响，同时也影响驾驶员作业。此种方法过去虽有使用，但因以上缺点，故后来逐渐被淘汰。

③ 楔式铲土。即在铲土开始时，尽量使铲刀入土至最大深度，而后根据发动机负荷，逐渐升起铲刀，使之一次铲满土壤而转入运土。它适于Ⅰ、Ⅱ级且又稍潮湿的土壤作业。铲刀行程短，工作效率高。

(2) 运土作业

推土机的运土作业，即是将铲刀前边堆积的土壤，推运至卸土地点。推土机运土时，为了尽可能地减少运土损失，常用的方法有沟槽式、并列式和分段式三种。

① 沟槽式运土。即是沿着地面形成的土垄或挖入地下的沟槽运送土壤，以减少土壤的漏失。这种力法可提高运土量 10%～30%，它适于距离在 30m 内应用，如图 4-50 所示。

② 并列式运土。即以两部以上的推土机（同一类型）以同一速度并列行进运送，如图 4-51 所示。铲刀的间隔一般在黏土上应保持 300mm 左右，砂土为 150mm 左右。这方法，当运距为 25～100m 时效率尤高。当运距小于 25m 时，由于推土机调动排列费时，互相牵制，这一方法的优越性不易显出。

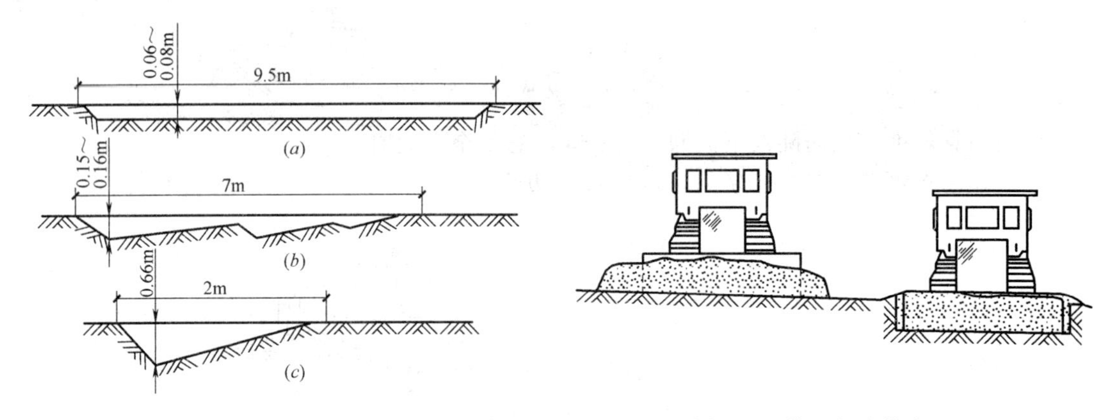

图 4-49　推土机的铲土方式

（a）直线式；（b）波浪式；（c）楔式

图 4-50　推土机沟槽式运土

③ 分段式运土。即作业时，将运距分成 10～15m 数段进行运送，这样可以减少土壤漏失，以提高作业率。这种方法在运距较长时应用，如图 4-52 所示。

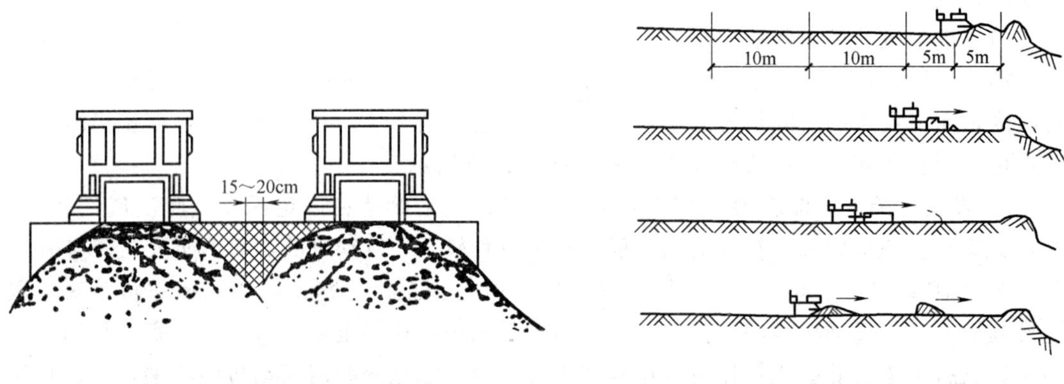

图 4-51　推土机并列式运土

图 4-52　推土机分段式运土

此外，推土机在作业中，应尽量利用下坡地形推土，或在作业中逐步创造下坡推土的有利地形，以提高作业率；相反，上坡推土将大大降低作业率。

（3）推土机的卸土作业

推土机的卸土作业，是以提升铲刀将铲刀前的土壤卸于卸土地点，其方法有平铺卸土、速举堆积卸土和速举堆积卸土并平整三种，如图 4-53 所示。

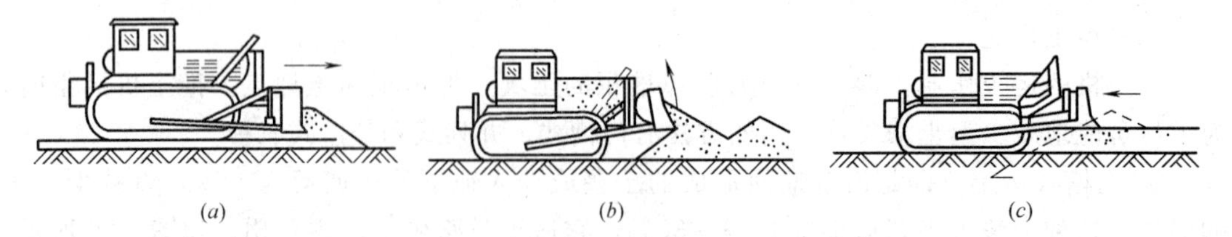

图 4-53　推土机的卸土方法

（a）平铺卸土；（b）速举堆积卸土；（c）速举堆积卸土并平整

① 平铺卸土适用于构筑路基和平整作业时应用。卸土时，其铲刀升起的高度应根据每次铺土厚度而定。推土机在行进中将土平铺地面。

② 速举堆积卸土，适用于填塞壕沟、坑穴、堆积砂石等建筑材料，以及填筑路基。

③ 速举堆积卸土并平整，适用于开挖沟槽、平底坑和挖土路基的弃土，以及填筑人工建筑物、壕沟和路堤等。

应当注意，推土机向陡坡下面卸土时，要注意安全。此时，不应使铲刀超过坡缘，同时应在机械倒车时才迅速升起铲刀，以使坡的边缘留有一点土堆，形成向内倾斜的坡度，以防止机械在坡边松土处下陷。

（4）推土机的回驶

推土机卸土后，应以较高速度驶回取土处，后退速度不高的推土机，在运距超过 50m 时，应调头驶回。采用沟槽式运土时，若土垄较高或沟槽较深不好倒车时，可于档槽外高速驶回。

2. 推土机的基本作业方法

（1）直铲作业

直铲作业，即是将铲出的土壤由取土点推送至前方卸土点。

在作业前，应根据土壤和作业性质，将铲刀的铲土角调到所需位置，在硬的土壤上作业，为便于切入土中，应将铲土角调到大的位置；如在松软的土壤上作业，则应将铲土角调到小的位置。

在作业前还应清理和构筑运土路线，如铲除小丘，填平坑穴，构筑运土堑壕等。

在作业开始时，应将铲刀置于下降位置，这样机械在行进中铲刀即逐渐切入土中，为缩短铲土距离，开始时不需将油门置于最大供油位置，而后根据机械负荷情况和作业性质，适时的升降铲刀或增大供油。在铲刀积满土后，即应升起铲刀于地面上转入运土。运土时如铲刀切入土中而使机械超负荷，则应稍将铲刀升起，而后又转入运土，如需调整方向时，拉动转向杆即可。在土壤运送到卸土地段后，应根据作业要求，将铲刀升起卸掉土壤，以较高的速度驶回取土点。

推土机在作业时的运行路线有直线式和曲折式两种，如图 4-54 所示。

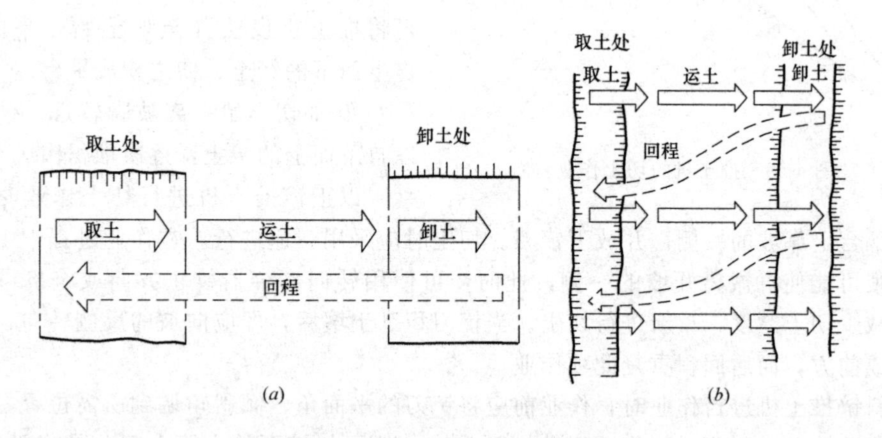

图 4-54　推土机的运行路线

（a）直线式；（b）曲折式

直线式运行，适用于挖掘堑壕，填塞坑穴及由路堑取土纵向运土填筑路基时应用。

曲折式运行，适用于由侧取土坑横向运土填筑路基或填塞壕沟时应用。

(2) 斜铲作业

由于斜铲推土机的铲土、运土、卸土三个过程是同时连续进行的，因此，都是采用低速档来工作。

在傍山取土时，应将铲刀调整为65°平面角，然后向坡外平斜，并使其较坡面的前端稍有下倾，以便在推土过程中，造成内倾的横向坡度，使机械安全运行。在挖土过程中，坡上的土壤被内角切取后，就沿刀片卸于坡外，形成一条行驶道。随着此道的逐渐加宽，而超过刀宽较多时，推土机在切取土壤后就要向外侧转向，卸土于坡下，一次完成全断面的推卸工作。这样比直铲纵向直推卸成土堆后，再分次侧移要省一些时间。此方法也适用于回填沟渠、山坑等工作。

(3) 侧铲作业

在挖掘Ⅱ、Ⅳ级的实土堆、小丘、台地以及冰冻土块时，使用一般直铲、斜铲推土机去铲土是不能胜任的，因此必须把铲刀调整为侧倾。一般在Ⅳ级土壤上倾角为4°～8°，在斜坡上工作时调为5°。此时只用铲刀的一端进行作业。调整的倾角在7°～10°时，这样铲刀尖就能掘进20cm深度，并使土壤在铲刀没有切土的一端下通过。

(4) 切土作业

切土作业，如图4-55所示，即是将一侧土壤铲切并运送到另一方，通常在山腹上构筑半挖半填路基时应用，该项作业正铲和活动铲推土机都可进行，但最好以活动铲推土机进行作业。

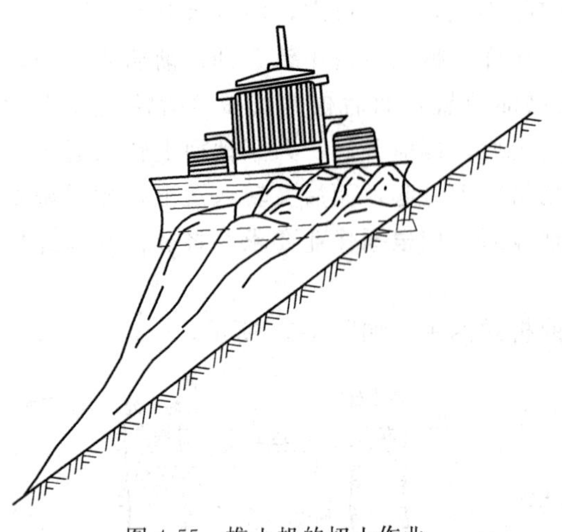

图4-55　推土机的切土作业

在山坡上进行切土作业，不论以何种推土机进行，最好在作业前修筑平台。平台的宽度和长度，一般应大于推土机的宽度和长度。平台以下述两种方法构筑：

① 如切土始点离山腹坡脚较远，此时，可将推土机设法开至切土始点高的一侧。自上而下的铲土，使之积成平台。

② 如切土始点离坡脚较近，推土机可以自下而上的铲土，逐次堆积构成平台。

以正铲推土机进行切土作业时，将机械停在平台上靠坡的一侧，并放下铲刀。切土时应采用一速进行。在作业过程中由于受力不均，很可能使机械离开坡的一侧，此时，可使用转向离合器校正方向或将机械倒回始点，并减少切土厚度，重新进行切土。当铲刀积满土壤后，即应向坡的反侧转向，将土推到外缘或前方，而后回程重复此项作业。

以斜铲推土机进行作业时，作业前应将铲刀的平面角、倾斜角调到所需位置，在横向运土或作业头几个行程，应将平面角调到最小位置；如铲下的土壤大部分是作纵向移运，则平面角应调到最大位置。活动铲推土机在作业过程中的操纵基本同于正铲推土机，但它在作业过程中能侧向移运土壤，所以作业效率较高。

3. 提高推土机使用效益的措施

(1) 增大刀片容量

推土机的设计功率是根据二级土壤水平铲土工作终止前的瞬间最大阻力选择的，在松软的土壤或下坡作业时，有一部分剩余功率，因此，可在推土板上加装翼板和顶板来增加刀片容量，以充分利用剩余功率，增大机械容量。采用此措施，在施工条件良好时生产率可提高 50%以上，运距可延长至 100～200m。

（2）提高时间利用系数和降低土壤可松性系数

参照本节 4.2.3 中（2）、（3）的相应内容。

（3）减少运土过程中的土方损失

① 在推土板两侧加装侧板。可减少从两侧漏掉的土壤，推运松土时，此项措施尤其有效。侧板厚一般为 8～10mm，底部与刀刃的距离为 150mm 左右。

② 采用并肩作业法。在施工场地较宽，运土较远并有多台推土机同时作业时，可采用此法。并肩作业推土机刀片之间的距离为 0.2～0.3m，司机操作应熟练，互相配合好。据现场实测，两台推土机并列推土可增加运土量 15%～30%；三台并列推土可增加运土量 30%～40%。倒平均运距不宜超过 50～75m，也不宜小于 20m。

③ 采用槽式运土法。推土机接连多次在一条作业线上切土和推运，使运土路线形成一条槽，槽深以 0.5～0.6m（不高于刀片）为宜，运距以 50～70m 较合适，由于减少土壤从铲刀两侧漏掉，一般能增加运土量 10%～30%。

④ 采用多刀推土法。当开挖较硬土壤时，可在运土线上堆积 3～4 刀土，土堆距离不大于 30m，高度应小于 2m，然后一次推向弃土点，此法相当于缩短运距而减少损失，对于下坡地形最为有效。

（4）缩短工作循环时间

① 缩短铲土时间。选择最佳的铲土方式，要求在最短的时间内铲满土；对于没装配松土齿即推土机，可在推土板后加装松土齿，利用空回程进行预松，实验证明，对紧密的土壤，采用倒退预松可提高生产率 20%以上；此外，还可以采用串联方式铲土，提高牵引力，缩短铲土时间。

② 提高运行速度。一般铲土用 1 档，运土用 1～2 档，回空用 3～4 挡，为此，必须加强运土线路的维护和保养，使道路保持良好状况。

③ 提高操作熟练程度。尽可能缩短换挡、提升和放下刀片时间。

④ 最大限度地缩短运距。确定经济线路，避免拐弯拨土的施工方法。

4.2.5 铲运机的施工作业过程和方法

铲运机的施工作业要抓住两点关键：一是铲运机的工作循环时间能最短（两工作循环之间无间断，或一个循环完成 2 次运土），二是实际载运率能最高（空载回驶的次数和距离最小）。为此，在施工过程中，必须熟练掌握铲运机的基本操作方法，合理选择铲土方式、运行路线、施工顺序，以及合理调配多种机械的联合施工。

1. 铲土方式的选择

铲运机的铲土方式是影响铲土效果的主要因素，铲土方式不同，则铲装时间长短不同，土斗充盈系数也不同，因此，必须根据土壤和机械情况，采用最佳铲土方式，即在最短的铲土距离和铲土时间内铲满土斗。为此，必须保证铲土层的厚度和铲土段长度，铲土层厚度不能小于表 4-26 所列数值，取土路线应为直线，取土长度应满足下式条件：

$$L_{取} \geqslant L_{铲} + L_{牵} + 2R$$

式中 $L_{取}$——铲运机取土长度（m）；

$L_{铲}$——铲运机长度（m）；

$L_{牵}$——牵引机长度（m）；

R——机械最小转弯半径（m）

铲运机铲土层最小厚度 **表 4-26**

铲运机土斗容量(m^3)	6	10	15
铲装砂黏土厚度(cm)	4～6	8～10	12～14
铲装粘砂土厚度(cm)	6～8	10～12	14～16

铲运机的铲土方式有：一次铲土法、波浪式铲土法、啄铲法、跨铲法以及助铲法等，在实施作业时，必须根据土壤性质、铲土地形、机械动力等情况，经过计算和试验，选择最佳的作业方式。

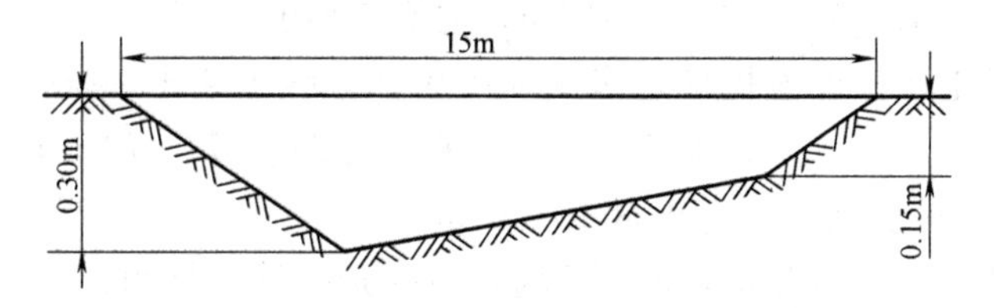

图 4-56 铲运机一次铲土法纵断面图

（1）一次铲土法。当铲运机铲装松软的土壤时，采用一次铲土法的效果最佳。一次铲土法的纵断面如图 4-56，其操作方法是：铲斗在 2～3m 内切至最大切土深度，并在最短的距离（15～30m）内铲满土斗。

（2）波浪式铲土法。铲运机在较硬的土壤中铲土时，由于机械动力所限制，往往一次铲土装不满，因此应根据发动机负荷情况，连续 3 或 4 次铲土，才能获得快铲多装的效果。波浪式铲土法的纵断面如图 4-57，其操作关键是：提斗速度快，以减少发动机恢复运转时间，缩短提斗及重复下铲的行程间距，节省铲装时间，同时减少土壤损失。

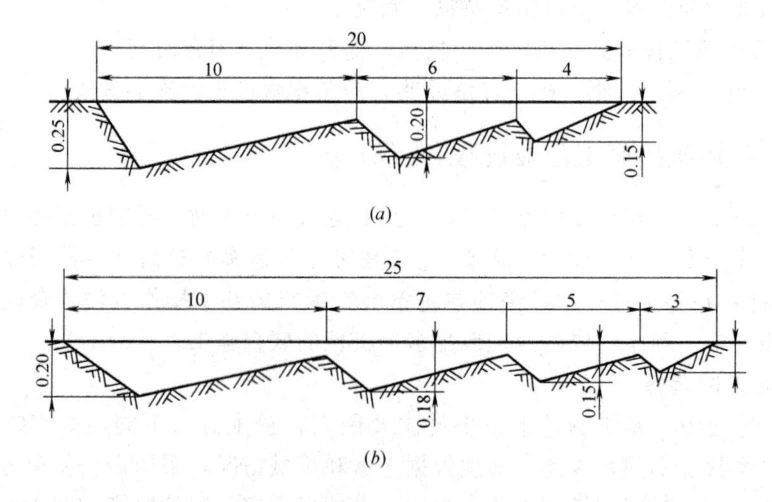

图 4-57 波浪式铲土法纵断面图

（a）动力较足或土壤较松软时；（b）动力不足或土壤较密实时

(3) 下坡铲土法。利用自然土坡，进行下坡铲土是最经济的铲土方式，铲土方法可参照推土机的下坡铲土法。如果没有自然坡度，可先近后远地铲土，人为制造下坡铲土地形。一般坡度在 25%～30%时，可缩短铲土时间 15%～25%，并可超装 20%～30%；如果坡度太大（>30%），则由于下坡制动，回空困难，效率可能反会下降。

(4) 啄铲法。在干燥的松散土壤中铲装时，最好采用啄铲法。其操作要点是：将铲斗迅速提高于地面，然后急速放下，借重力使其深深切入土层，迫使土壤较快地被挤入斗内。一般松散土壤经过 4～5 次啄铲之后，铲斗可以装满。

(5) 跨铲法。当铲装较密实的土壤而机械动力不足时，可以采用跨铲法。跨铲法铲土道的布置及铲土顺序见图 4-58。其作业顺序是：铲第一排时，路线之间留出土斗宽度的一半；铲第二排时应从留土中线前面（长度为第一排长度之半）开始铲土，以后各排均按此法进行。采用跨铲法从第二排开始，铲土后半段的铲土宽度已减至刀片宽度之半，铲装阻力减小，土层容易楔入斗内，因此在功率不变的情况下，可节省装土时间 10%～15%，甚至还能超装 10%。

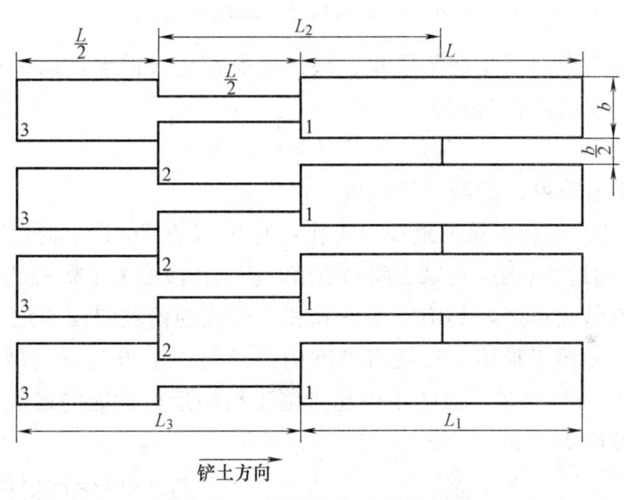

图 4-58 跨铲法铲土道布置图

(6) 助推铲土法。在坚硬土壤或冻深 20cm 左右的土壤中铲装时，往往铲切阻力过大而铲运机动力不足，或在干燥、松散土中铲装，铲运机对地面的附着力不够，牵引力不能充分发挥时，可以采用助推铲土法，例如选用推土机顶推助铲。此法如果组织得当，生产率可提高 30%左右。

2. 运行路线的选择

根据常用的施工方法及铲运机作业特点，铲运机的运行路线主要有：环形运行路线，“8”字形运行路线，螺旋形运行路线和直线迂回运行路线等 4 种；另外还有助铲推土机的运行路线。各种运行路线的选择方法如下：

(1) 环形运行路线

在修筑路基及其他构筑物时，当填挖高（深）度小于 4～6m、铲运机的运距在 100～500m 时，一般采用环形运行路线（图 4-59）较合算。环形运行方式组织简单，布置灵活，操纵方便，相互干扰少，有利于生产，同时适用于狭窄地形，可利用纵向下坡铲土；缺点是每个循环是2次同方向的转弯，使左右履带产生严重偏磨，但这可以采用定期变换运行方向的方法纠偏。

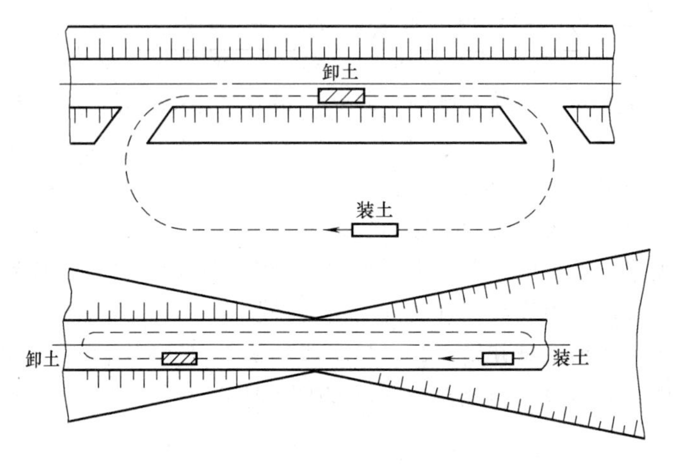

图4-59 铲运机环形运行路线

经济合理的环形路线应当是运距最短、缺口最少和直线铲土，而关键决定于工作段的长度。一般工作段长度的经验公式为：

$$L_{H} \geqslant 16.5H+30 \quad (m)$$

式中 H——土方工程的填、挖高（深）度（m）。

在现场施工中，为了简化填筑通道缺口工作，通常 H 在2m以下时，工作段取50～60m；随着填挖的进展，H 超过2m时，可减去间隔通道，使工作段变为100～120m。

运行路线的通道形式很多，其中以半贴式和全贴式的傍坡斜向通道（图4-60）为最合理，既节省土方量，又便于封填。对通道坡度的要求是：上坡运行的坡度为15%～20%，下坡运行的坡度为25%～30%，最陡不得超过施工机械运行性能的最大允许坡度，履带式铲运机的最大允许坡度一般为35%～50%。

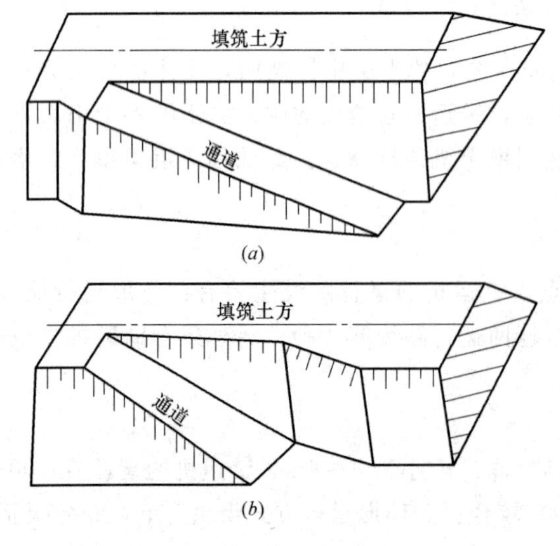

图4-60 铲运机运行通道形式

(2)“8”字形运行路线

当土方工程的填挖高（深）度较大，取弃土地段较长时，为了节省铲运机的运土时间，避免机械急转弯，从而减少履带偏向磨损，可以采用“8”字形运行路线，见图4-61。“8”字形运行路线的一次工作循环，可完成两次铲土和卸土，运距也较短，施工效率比环形路线高。

合理布置“8”字形运行路线的原则与环形运行路线一样，即确定合理的工作段长度和通道形式。为了缩短运距，“8”字形的交角 α 不应小于60°。对于取土坑内不能铲除的部分土壤，可用推土机配合施工。

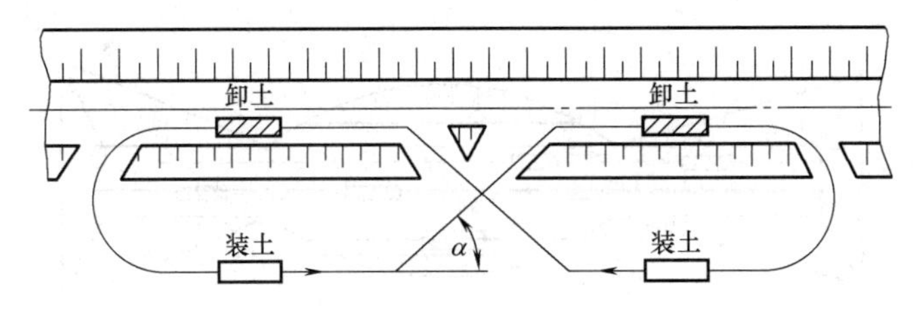

图 4-61　铲运机“8”字形运行路线

(3) 螺旋形运行路线

如果填筑宽路堤或大面积建筑基础，高差在 2.5m 以下，两侧取土、并且铲运机能垂直于线路中线卸土时，最好采用螺旋形运行路线（图 4-62）。这种运行路线的运距短，一个循环两次装运，铲运机的生产率较高，但不适用于需专门修筑上、下坡道的较高路堤，因为坡道造成的废方太大；同时铲运机工作一个循环有 4 次转弯，不利于提高速度，行走机构严重偏磨。

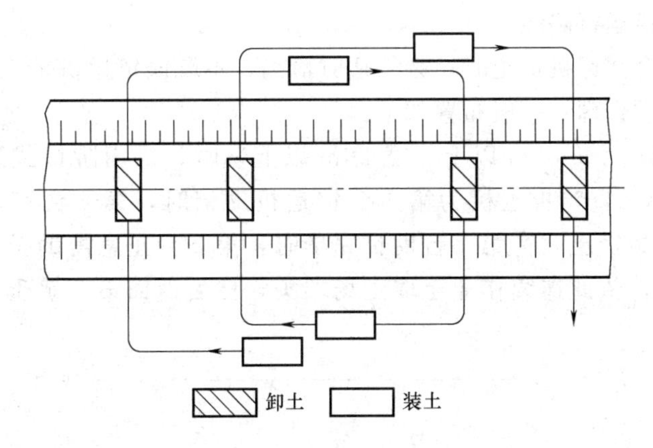

图 4-62　铲运机螺旋形运行路线

(4) 直线迂回运行路线

在铲运机施工设计时，凡是运距较长，取土和填方附近有迂回余地的土方工程，一般多采用直线迂回运行路线（图 4-63）。在移挖作填交替的施工地段，采用直线迂回运行路线进行纵向连续挖填，必须符合经济条件：

$$L_{mp} \leqslant L_k + L_p + L_c$$

式中　L_{mp}——纵向经济运距；

L_k——不移挖作填时，路堑弃土运距；

L_p——不移挖作填时，路堤弃土运距；

L_c——纵向利用时的增益运距，一般取 10～20m

如果单从运土考虑，则纵向连续挖填的纵向经济运距 L_{mp} 为：

$$L_{mp} \leqslant L_{k1} + L_{k2} + \cdots + L_{kn} + L_{p1} + L_{p2} + \cdots + L_{pm} + (m+n)L_c/2$$

式中　L_{k1}、L_{k2}、L_{kn}——不移挖作填时第 1、第 2……第 n 路堑弃土运距（m）；

L_{p1}、L_{p2}、L_{pm}——不移挖作填时第 1、第 2……第 m 路堤取土运距（m）；

L_c——纵向利用时的增益运距，可取 100～200m。

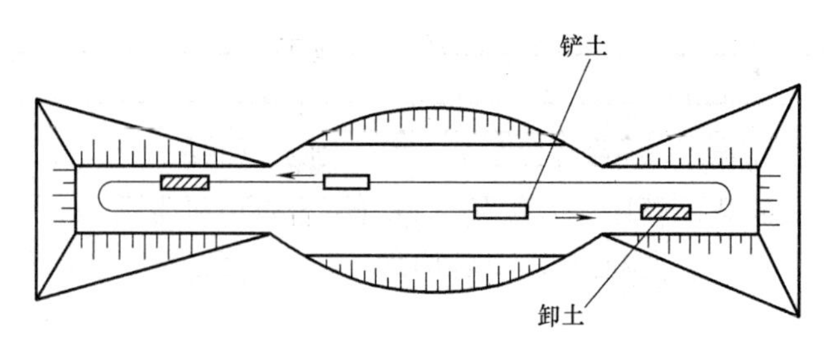

图 4-63　铲运机互线迂回运行路线

作经济比较时，应综合考虑其他有关因素，如下坡铲土、上下坡运土、转弯、压实等情况。铲运机运土上坡折合平距见表 4-27。

铲运机运土上坡折合平距　　表 4-27

上坡坡度(%)	6～10	10～20	20～25
每米折合平距(m)	4	7	9

(5) 助铲推土机运行路线

助铲推土机配合铲运机铲土时，必须适时恰当，不耽误铲运机铲土，不影响铲运机运行，其运行路线必须合理，一般布置如下：

当取土场地较大（长 80m 以上、宽 20m 以上）时，采用阶梯式运行路线助铲效率最高。如图 4-64 所示，当推土机为第 1 台铲运机助铲时，第 2 台铲运机从推土机后面进入第 2 铲土道开始铲土，待第 1 台助铲完毕时，第 2 台正急需助铲，推土机紧接着顶推，及时发挥作用，依此连续作业至取土场端头，然后返回第 1 铲土道，开始第 2 循环作业。

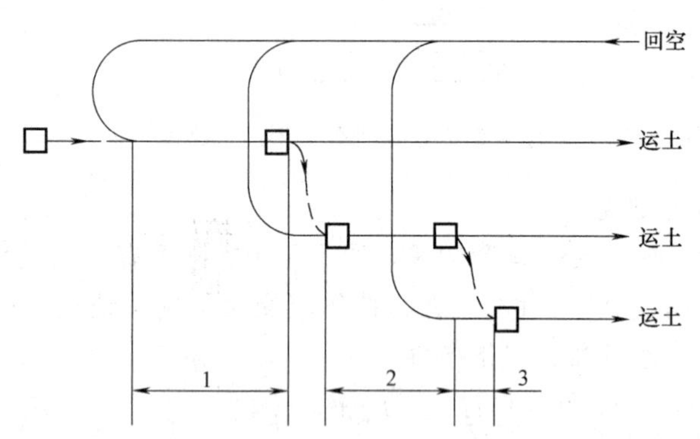

图 4-64　推土机助铲的运行路线

1、2、3—分别为各助铲区；实线-铲运机运行路线；虚线-助铲推土机运行路线

当取土场地较小（长小于 80m、宽小于 10m）时，则以往复式运行路线为宜，助铲推土机前进助铲，倒退回空，往复交替作业。为了不影响铲运机作业，推土机回空时应靠铲土道外侧。

3. 施工顺序的选择

(1) 开挖路堑的施工顺序。铲运机开挖路堑时，铲土应分层进行，先两侧后中间，合理控制边坡质量，避免超挖或欠挖；同时应采用挖近填远的施工方法，制造下坡铲土地形并保持平坦的运土路线。弃土应依地形而定，以有利于运行为原则。

（2）填筑路堤的施工顺序。铲运机填筑路堤施工时，取土应先近后远，以利于铲土；填筑应分段分层作业，基本方法是先两侧后中间（以保证施工安全和设计断面要求），先近后远（以利于平整和辗压），各分段之间的接合处应密切、交错、填足、压实。

（3）双联铲运机的装土顺序。双联铲运机（一台牵引机带动两个铲斗）装土时应先装前机，后机起顶推作用；由于前机装满后增加了机械的粘着重量，从而增大了粘着牵引力，再装后机就比较容易了。而对于前后装有双发动机的双斗串联自动铲运机，由于功率较大，前后铲斗可同时进行铲装，从而提高铲装效率。

4. 压实方法的选择

根据铲运机的填筑施工特点，一般多采用分层（层厚 20～30cm）填筑，自填自压方法是：先两侧后中间，土层均布，并在运土和回空的运行中有意识地将全部铺土层辗压，最后才用压路机压实。

4.3　工程预算的基本知识

4.3.1　建筑工程预算的意义、分类及构成

1. 工程预算的意义

建设工程预算是指建设工程在不同的实施阶段，预先计算和确定建设工程建设费用及资源消耗量的各种经济文书，是建设工程的投资估算、设计概算和施工图预算等的总称。建设工程预算包括概算和预算两个范畴，又分土建、市政和安装工程等系列。国家规定：凡是基本建设工程，都要编制建设预（概）算，建设预（概）算是完成基本建设任务不可缺少的一项重要工作。在基本建设中坚持实行预（概）算制度，是进行基本建设经济管理工作的重要内容。

在基本建设中，工程预（概）算是国家确定建设投资、建设单位确定工程造价、编制建设计划、推行投资包干制和招标承包制的主要依据，也是建设银行拨付工程款、施工单位签订施工合同、加强经营管理的重要依据。因此，搞好工程预（概）算工作，对提高经济效益，改善经营管理，全面完成建设任务，都具有重要的意义。

2. 工程预算的分类

根据建设工程不同的实施阶段和预算文件所起的不同作用，工程预算可分为：投资估算、设计概算、施工图预算、施工预算、工程结算和竣工决算等。

（1）投资估算

投资估算是指在编制项目建议书和可行性研究报告阶段，对拟建项目，根据工程估算指标和设备、材料预算价格及有关文件规定，确定的投资总额度。因其是按估算指标确定的，故称为投资估算。

建设项目总投资的费用项目，一般划分为：建筑安装工程费（指建造土建工程和设备、管道、装置等安装所发生的费用），设备、工器具购置费和其他各项费用等组成部分。投资估算总额包括上述全部建设费用。

投资估算是国家审批建设项目（立项）投资总额的主要依据之一，是工程建设决策阶段中设计任务书的主要内容之一。建设项目投资估算一般由建设单位编制，其精确程度，

按不同使用目的和决策要求而有所不同。

（2）设计概算

设计概算简称概算，是在扩大初步设计或初步设计阶段，由设计单位根据（扩初）设计图纸、概算定额、设备材料预算价格和有关文件规定，预先计算确定的建设项目从筹建到竣工交付使用的全部建设费用的经济文件。因其是由设计单位根据概算定额编制的，故称为设计概算。

设计概算是审批工程投资和控制工程造价的依据，是编制固定资产投资计划，签订建设项目总包合同和贷款总合同，实行建设项目投资包干的依据，也是评价设计方案和工程投资效益的依据。

设计概算按专业划分可划分为建筑工程概算和安装工程概算等系列；按工程特性及规模划分有建设项目总概算、单项工程综合概算、单位工程概算和其他工程及费用概算等四类，是由单个到总体，逐个编制，层层汇总而成。

① 建设项目的总概算：它是确定建设项目从筹建到竣工验收全部建设费用的文件，系由该建设项目的各个单项工程的综合概算，工程建设的其他费用概算和预备费汇编综合而成。

② 单项工程综合概算：它是确定各个单项工程全部建设费用的文件，是由该工程项目内的各个单位工程概算汇编而成。在一个建设项目中，只有一个单项工程时，则与该项工程有关的其他工程和费用的概算，也应列入该工程项目综合概算中，在这种情况下，工程项目概算实际上就是一个建设项目的总概算。

③ 单位工程概算：它是确定单位工程建设费用的文件，是根据设计图纸所计算的工程量和概算定额（或指标）、设备预算价格以及施工管理费和独立费标准等编制的。

④ 其他工程费用概算：它是确定建筑工程、设备及安装工程以外，而与整个建设工程有关的费用（如征地费、拆迁工程费、工程勘察设计费、基本建设管理费、生产工人技术培训费、科研试验费、试车费、建筑税等），这些费用均应在基本建设投资中支付，并列入建设项目总概算或单项工程综合概算的其他工程费用文件中，它是根据设计文件和国家、各省市、自治区和主管部门规定的取费定额或标准，以及相应的计算方法进行编制。

（3）施工图预算

施工图预算是在单位工程开工前，施工图经过会审后，根据施工图纸、预算定额、单位估价表以及其他费用标准等，预先详细地计算出单位工程的建筑安装工程费用的文件，是建设单位支付给施工单位的费用，它不包括设备工器具购置费和其他各种费用。

施工图预算是确定工程造价，实行财务监督的依据；是建设单位和施工单位发包与承包、办理结算的依据；实行招投标的工程，施工图预算是制订标底的依据。同时，施工图预算也是施工单位与建设单位签订工程施工合同，进行施工准备，编制施工组织设计，以及进行成本核算和竣工结算等不可缺少的文件。

（4）施工预算

施工预算是施工单位在施工前编制的预算，是在施工图预算的控制下，施工单位根据施工图纸、施工定额、施工及验收规范等，采用合理施工方法、技术组织措施，以及考虑现场实际情况与节约等因素下编制的单位工程（或分部分项工程）施工所需人工、材料和施工机械台班消耗量及相应费用的经济文件。

施工预算是施工企业对单位工程实行计划管理，编制施工、材料、劳动力计划，向班组签发工程施工任务单，实行定额考核，班组经济核算等的依据，也是施工企业加强经营管理，提高经济效益，降低工程成本的重要手段。

(5) 工程结算

工程结算是指一个单项工程、单位工程或分部、分项工程完工，并经建设单位及质检部门检验合格后，施工企业根据工程合同的规定及施工进度，在施工图预算基础上，按照实际完成的工程量所编制的结算文件。它是施工单位向建设单位办理工程价款结算，用以补偿施工过程中的资金消耗，考核经济效益的经济文件。

由于建筑安装产品施工周期长，施工单位与建设单位的工程结算有定期结算、阶段结算和竣工结算等方式。

(6) 竣工决算

竣工决算是单项工程或建设项目所有施工内容完成，交付建设单位使用后，进行工程建设费用的最后核算，确定的单项工程或建设项目，从筹建到建成投入使用的全部实际成本（实际造价），其文件称为竣工决算书。

竣工决算是核定工程建设项目总造价及考核投资效果的依据，也是建设单位有关部门之间进行资产移交的依据。

竣工决算与竣工结算有着不同的概念，前者为工程建设的实际总投资，后者则是指工程完工后，建设单位与施工单位之间进行的费用最后结算。竣工结算是施工企业向建设单位进行财务价款结算、收取工程款的凭据，须经监理审核、业主审定和中介单位审计认定后才能有效。

在建设工程中，通常把以价值形态贯穿于整个工程建设过程中的设计概算、施工图预算和竣工决算简称为“三算”。按照国家要求，所有建设项目，设计要编概算，施工要编预算，竣工要做结算和决算。国家计委颁发的《关于控制建设工程造价的若干规定》文件指出：当可行性研究报告一经批准后，其投资估算总额应作为工程造价的最高限额，不得任意突破。同时，要求决算不能超过预算，预算不能超过概算，概算不能超过投资估算。

3. 建筑安装工程造价的构成

在建设工程各个阶段的预算中，与建筑施工单位有关的预（结）算是施工图预算、施工预算和工程结算。目前，该类预（结）算的计价方式有两种：按工程造价形成顺序来计价的“工程量清单方式计价”和按费用构成要素组成来计价的“定额计价方式”。

建设工程发包与承包既可以采用工程量清单方式计价，也可以采取工程定额方式计价。根据国家相关法规、规范规定，全部使用国有资金投资或国有资金投资为主的建设工程施工发承包，必须采用工程量清单计价。非国有资金投资的建设工程，宜采用工程量清单计价。因此，工程量清单方式计价是现阶段工程计价的主要方式。

根据《建筑安装工程费用项目组成》建标［2013］44号文件（自2013年7月1日起施行，原建标［2003］206号文件同时废止），建筑安装工程费用项目按费用构成要素组成划分为人工费、材料费、施工机具使用费、企业管理费、利润、规费和税金（如图4-65所示）。即：

建筑安装工程费＝人工费＋材料费＋施工机具使用费＋企业管理费＋利润＋规费＋税金

建筑安装工程费用按工程造价形成顺序划分为分部分项工程费、措施项目费、其他项目费、规费和税金（如图 4-66 所示）。即：

建筑安装工程费＝分部分项工程费＋措施项目费＋其他项目费＋规费＋税金

从费用项目组成来看，两种计价方式的费用组成并无实质性区别。其具体区别包括：前者描述的是费用组成；后者侧重于满足具体的“组价”要求。

（1）定额计价的建筑安装工程费用

① 人工费：是指按工资总额构成规定，支付给从事建筑安装工程施工的生产工人和附属生产单位工人的各项费用。内容包括：

ⅰ计时工资或计件工资：是指按计时工资标准和工作时间或对已做工作按计件单价支付给个人的劳动报酬。

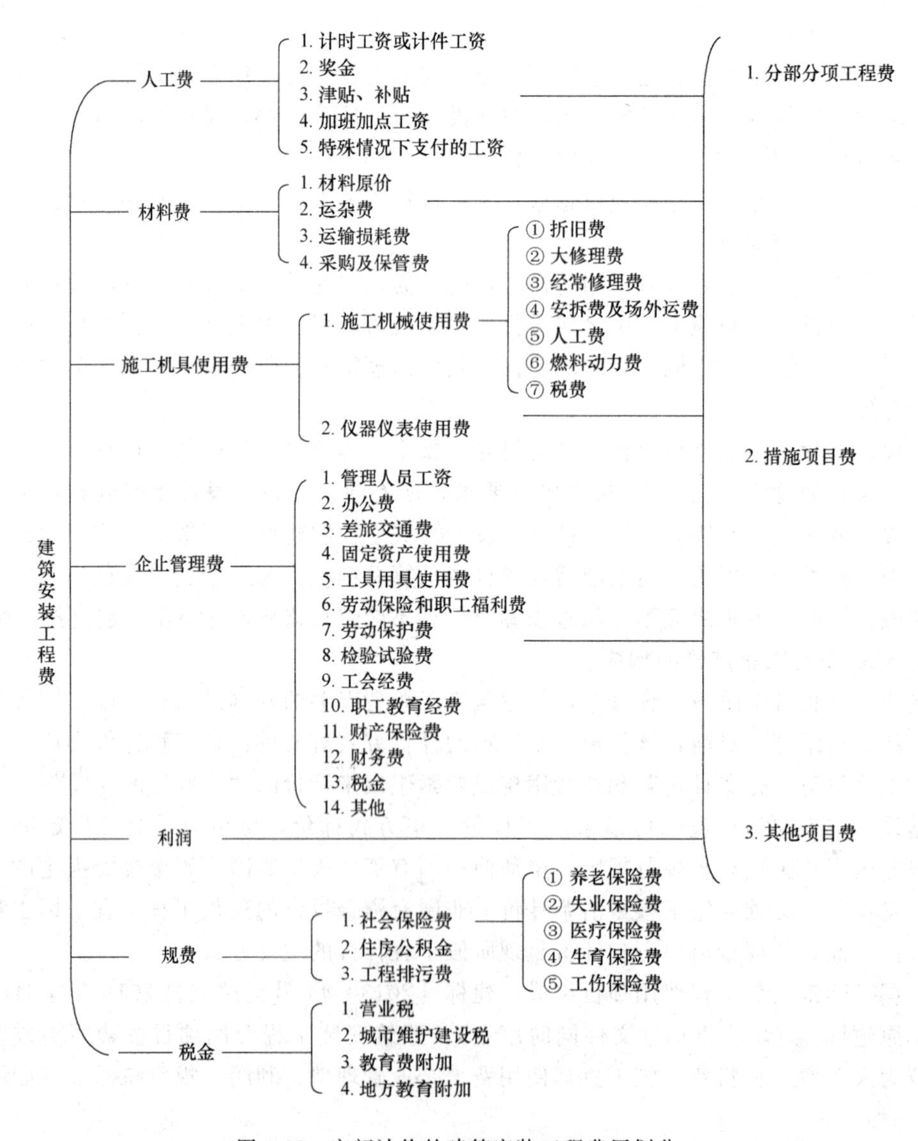

图 4-65　定额计价的建筑安装工程费用划分

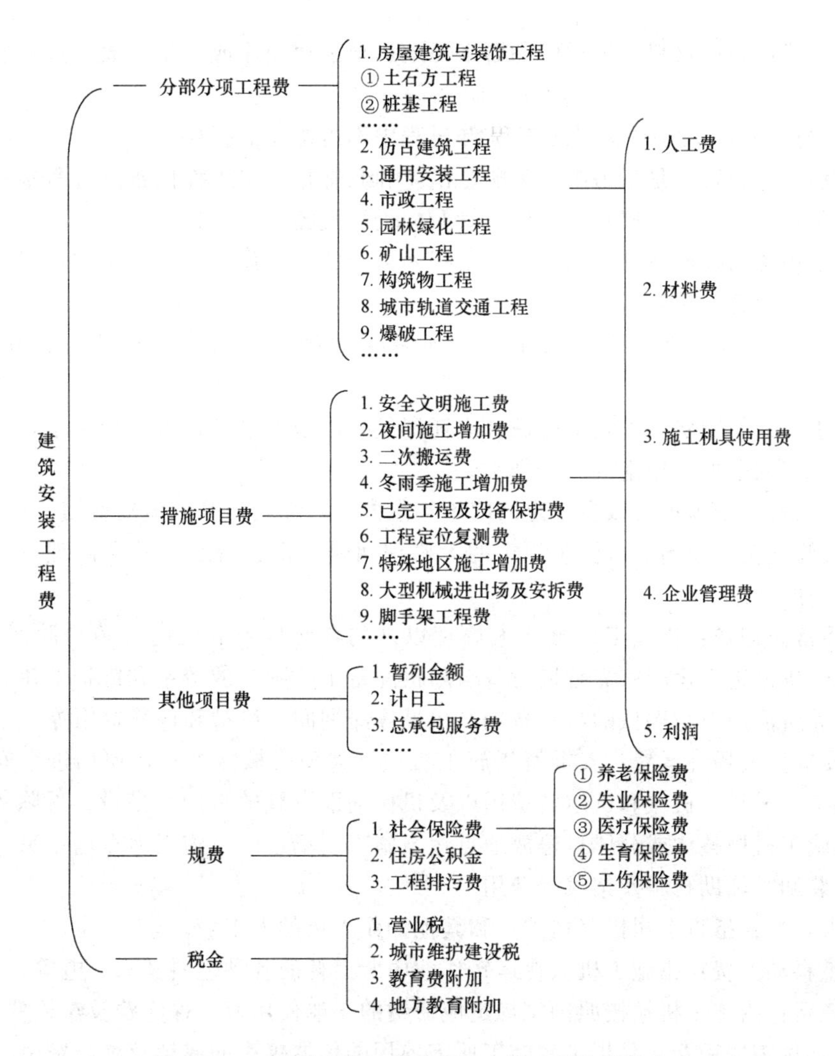

图 4-66　工程量清单计价的建筑安装工程造价组成

ⅱ奖金：是指对超额劳动和增收节支支付给个人的劳动报酬。如节约奖、劳动竞赛奖等。

ⅲ津贴补贴：是指为了补偿职工特殊或额外的劳动消耗和因其他特殊原因支付给个人的津贴，以及为了保证职工工资水平不受物价影响支付给个人的物价补贴。如流动施工津贴、特殊地区施工津贴、高温（寒）作业临时津贴、高空津贴等。

ⅳ加班加点工资：是指按规定支付的在法定节假日工作的加班工资和在法定日工作时间外延时工作的加点工资。

ⅴ特殊情况下支付的工资：是指根据国家法律、法规和政策规定，因病、工伤、产假、计划生育假、婚丧假、事假、探亲假、定期休假、停工学习、执行国家或社会义务等原因按计时工资标准或计时工资标准的一定比例支付的工资。

② 材料费：是指施工过程中耗费的原材料、辅助材料、构配件、零件、半成品或成品、工程设备的费用。内容包括：

ⅰ材料原价：是指材料、工程设备的出厂价格或商家供应价格。

ⅱ运杂费：是指材料、工程设备自来源地运至工地仓库或指定堆放地点所发生的全部费用。

ⅲ运输损耗费：是指材料在运输装卸过程中不可避免的损耗。

ⅳ采购及保管费：是指为组织采购、供应和保管材料、工程设备的过程中所需要的各项费用。包括采购费、仓储费、工地保管费、仓储损耗。

工程设备是指构成或计划构成永久工程一部分的机电设备、金属结构设备、仪器装置及其他类似的设备和装置。

③ 施工机具使用费：是指施工作业所发生的施工机械、仪器仪表使用费或其租赁费。

ⅰ施工机械使用费：以施工机械台班耗用量乘以施工机械台班单价表示，施工机械台班单价应由下列七项费用组成：

1）折旧费：指施工机械在规定的使用年限内，陆续收回其原值的费用。

2）大修理费：指施工机械按规定的大修理间隔台班进行必要的大修理，以恢复其正常功能所需的费用。

3）经常修理费：指施工机械除大修理以外的各级保养和临时故障排除所需的费用。包括为保障机械正常运转所需替换设备与随机配备工具附具的摊销和维护费用，机械运转中日常保养所需润滑与擦拭的材料费用及机械停滞期间的维护和保养费用等。

4）安拆费及场外运费：安拆费指施工机械（大型机械除外）在现场进行安装与拆卸所需的人工、材料、机械和试运转费用以及机械辅助设施的折旧、搭设、拆除等费用；场外运费指施工机械整体或分体自停放地点运至施工现场或由一施工地点运至另一施工地点的运输、装卸、辅助材料及架线等费用。

5）人工费：指机上司机（司炉）和其他操作人员的人工费。

6）燃料动力费：指施工机械在运转作业中所消耗的各种燃料及水、电等。

7）税费：指施工机械按照国家规定应缴纳的车船使用税、保险费及年检费等。

ⅱ仪器仪表使用费：是指工程施工所需使用的仪器仪表的摊销及维修费用。

④ 企业管理费：是指建筑安装企业组织施工生产和经营管理所需的费用。内容包括：

ⅰ管理人员工资：是指按规定支付给管理人员的计时工资、奖金、津贴补贴、加班加点工资及特殊情况下支付的工资等。

ⅱ办公费：是指企业管理办公用的文具、纸张、账表、印刷、邮电、书报、办公软件、现场监控、会议、水电、烧水和集体取暖降温（包括现场临时宿舍取暖降温）等费用。

ⅲ差旅交通费：是指职工因公出差、调动工作的差旅费、住勤补助费，市内交通费和误餐补助费，职工探亲路费，劳动力招募费，职工退休、退职一次性路费，工伤人员就医路费，工地转移费以及管理部门使用的交通工具的油料、燃料等费用。

ⅳ固定资产使用费：是指管理和试验部门及附属生产单位使用的属于固定资产的房屋、设备、仪器等的折旧、大修、维修或租赁费。

ⅴ工具用具使用费：是指企业施工生产和管理使用的不属于固定资产的工具、器具、家具、交通工具和检验、试验、测绘、消防用具等的购置、维修和摊销费。

ⅵ劳动保险和职工福利费：是指由企业支付的职工退职金、按规定支付给离休干部的经费，集体福利费、夏季防暑降温、冬季取暖补贴、上下班交通补贴等。

ⅶ劳动保护费：是企业按规定发放的劳动保护用品的支出。如工作服、手套、防暑降温饮料以及在有碍身体健康的环境中施工的保健费用等。

ⅷ检验试验费：是指施工企业按照有关标准规定，对建筑以及材料、构件和建筑安装物进行一般鉴定、检查所发生的费用，包括自设试验室进行试验所耗用的材料等费用。不包括新结构、新材料的试验费，对构件做破坏性试验及其他特殊要求检验试验的费用和建设单位委托检测机构进行检测的费用，对此类检测发生的费用，由建设单位在工程建设其他费用中列支。但对施工企业提供的具有合格证明的材料进行检测不合格的，该检测费用由施工企业支付。

ⅸ工会经费：是指企业按《工会法》规定的全部职工工资总额比例计提的工会经费。

ⅹ职工教育经费：是指按职工工资总额的规定比例计提，企业为职工进行专业技术和职业技能培训，专业技术人员继续教育、职工职业技能鉴定、职业资格认定以及根据需要对职工进行各类文化教育所发生的费用。

ⅹⅰ财产保险费：是指施工管理用财产、车辆等的保险费用。

ⅹⅱ财务费：是指企业为施工生产筹集资金或提供预付款担保、履约担保、职工工资支付担保等所发生的各种费用。

ⅹⅲ税金：是指企业按规定缴纳的房产税、车船使用税、土地使用税、印花税等。

ⅹⅳ其他：包括技术转让费、技术开发费、投标费、业务招待费、绿化费、广告费、公证费、法律顾问费、审计费、咨询费、保险费等。

⑤ 利润：是指施工企业完成所承包工程获得的盈利。

⑥ 规费：是指按国家法律、法规规定，由省级政府和省级有关权力部门规定必须缴纳或计取的费用。包括：

ⅰ社会保险费

1）养老保险费：是指企业按照规定标准为职工缴纳的基本养老保险费。

2）失业保险费：是指企业按照规定标准为职工缴纳的失业保险费。

3）医疗保险费：是指企业按照规定标准为职工缴纳的基本医疗保险费。

4）生育保险费：是指企业按照规定标准为职工缴纳的生育保险费。

5）工伤保险费：是指企业按照规定标准为职工缴纳的工伤保险费。

ⅱ住房公积金：是指企业按规定标准为职工缴纳的住房公积金。

ⅲ工程排污费：是指按规定缴纳的施工现场工程排污费。

其他应列而未列入的规费，按实际发生计取。

⑦ 税金：是指国家税法规定的应计入建筑安装工程造价内的营业税、城市维护建设税、教育费附加以及地方教育附加。

（2）工程量清单计价的建筑安装工程造价组成

① 分部分项工程费：是指各专业工程的分部分项工程应予列支的各项费用。

ⅰ专业工程：是指按现行国家计量规范划分的房屋建筑与装饰工程、仿古建筑工程、通用安装工程、市政工程、园林绿化工程、矿山工程、构筑物工程、城市轨道交通工程、爆破工程等各类工程。

ⅱ分部分项工程：指按现行国家计量规范对各专业工程划分的项目。如房屋建筑与装饰工程划分的土石方工程、地基处理与桩基工程、砌筑工程、钢筋及钢筋混凝土工程等。各类专业工程的分部分项工程划分见现行国家或行业计量规范。

② 措施项目费：是指为完成建设工程施工，发生于该工程施工前和施工过程中的技术、生活、安全、环境保护等方面的费用。内容包括：

ⅰ安全文明施工费

1）环境保护费：是指施工现场为达到环保部门要求所需要的各项费用。

2）文明施工费：是指施工现场文明施工所需要的各项费用。

3）安全施工费：是指施工现场安全施工所需要的各项费用。

4）临时设施费：是指施工企业为进行建设工程施工所必须搭设的生活和生产用的临时建筑物、构筑物和其他临时设施费用。包括临时设施的搭设、维修、拆除、清理费或摊销费等。

ⅱ夜间施工增加费：是指因夜间施工所发生的夜班补助费、夜间施工降效、夜间施工照明设备摊销及照明用电等费用。

ⅲ二次搬运费：是指因施工场地条件限制而发生的材料、构配件、半成品等一次运输不能到达堆放地点，必须进行二次或多次搬运所发生的费用。

ⅳ冬雨季施工增加费：是指在冬季或雨季施工需增加的临时设施、防滑、排除雨雪，人工及施工机械效率降低等费用。

ⅴ已完工程及设备保护费：是指竣工验收前，对已完工程及设备采取的必要保护措施所发生的费用。

ⅵ工程定位复测费：是指工程施工过程中进行全部施工测量放线和复测工作的费用。

ⅶ特殊地区施工增加费：是指工程在沙漠或其边缘地区、高海拔、高寒、原始森林等特殊地区施工增加的费用。

ⅷ大型机械设备进出场及安拆费：是指机械整体或分体自停放场地运至施工现场或由一个施工地点运至另一个施工地点，所发生的机械进出场运输及转移费用及机械在施工现场进行安装、拆卸所需的人工费、材料费、机械费、试运转费和安装所需的辅助设施的费用。

ⅸ脚手架工程费：是指施工需要的各种脚手架搭、拆、运输费用以及脚手架购置费的摊销（或租赁）费用。

措施项目及其包含的内容详见各类专业工程的现行国家或行业计量规范。

③ 其他项目费

ⅰ暂列金额：是指建设单位在工程量清单中暂定并包括在工程合同价款中的一笔款项。用于施工合同签订时尚未确定或者不可预见的所需材料、工程设备、服务的采购，施工中可能发生的工程变更、合同约定调整因素出现时的工程价款调整以及发生的索赔、现场签证确认等的费用。

ⅱ计日工：是指在施工过程中，施工企业完成建设单位提出的施工图纸以外的零星项目或工作所需的费用。

ⅲ总承包服务费：是指总承包人为配合、协调建设单位进行的专业工程发包，对建设单位自行采购的材料、工程设备等进行保管以及施工现场管理、竣工资料汇总整理等服务所需的费用。

④ 规费：定义同前“（1）定额计价的建筑安装工程费用”中的“⑥规费”。

⑤ 税金：定义同前“（1）定额计价的建筑安装工程费用”中的“⑦税金”

4.3.2 建筑工程造价的计价模式和计价程序

1. 定额计价法和工程量清单计价法简介

（1）定额计价法

定额计价法也称为施工图预算法，它是在施工图设计完成后，以施工图为依据，根据政府颁布的消耗量定额、有关计价规则及人工、材料、机械台班的预算价格进行预算的计算。

定额简单地讲是一种标准，即规定的额度，它们是编制预算和确定工程造价的标准，是判断和比较经济效益的尺度。

定额（即消耗量定额）是由建设行政部门制定颁布的，是根据合理的施工组织设计，按照一定时期内正常施工条件（一定的生产、技术、管理水平条件下），完成一个规定计量单位的合格产品，所需消耗的人工、材料、机械台班的社会平均消耗量（或标准数额）。建设工程定额按照工程类别可分为：建筑工程定额、装饰工程定额、安装工程定额、市政工程定额等。

定额是确定工程造价和物资消耗数量的主要依据，应具有如下性质：

① 定额的稳定性与时效性

由于定额是反映一定时期内，社会生产技术、组织管理能力和新技术、新工艺、新材料的应用水平，不是长期不变的，因此，随着生产技术的发展，机械化施工水平的提高，新技术、新工艺、新材料的应用或推广，定额的项目与标准也会适应新情况而发生必要的修订与补充。新定额颁发后，老定额也就失去了时效，新定额在执行期内具有时效性和贯彻的相对稳定性。

② 定额的法令性与灵活性

定额是由国家授权的主管部门制定、颁发与解释，具有它的法令性质，任何企、事业单位均无权变更，也不允许任意解释。但由于我国幅员辽阔，各地生产水平和施工条件不一，而且各种价格在地区和时间上都存有差异，因此，各地方主管部门可以根据本地区实际情况，依照定额指标编制本地区的“单位估价表”和地区补充定额。也可在不同时期，随市场价格的波动而做出价差调整的政策规定。这就体现了具有法令性的定额，在使用上又有某种灵活性特点和实事求是的原则。

③ 定额的先进性与合理性

建设工程定额是计算和确定工程投资的标准，是进行设计方案经济比较的尺度，是组织施工和编制计划的基础资料，也是施工企业加强管理、提高劳动生产率的工具。因此，定额在工程建设中所起的作用，是不可低估的。为使定额能够起到调动企业与工人生产的积极性，不断改善管理，提高劳动生产率，取得更好经济效益的作用，定额水平应符合先进合理的原则。就是说，定额应达到中等偏上的水平，是在正常施工条件下，大多数施工企业通过努力可以达到或超过的平均先进定额。

④ 定额的科学性与群众性

定额的科学性主要表现在定额是在认真研究生产规律的基础上，用科学的方法制定的。它能够比较正确地反映完成单位合格产品所需要的消耗量（包括劳动力、材料、机具），并通过定额可以研究施工企业的工时利用情况，从而找出影响工时利用的各种主客观因素，以便挖掘生产潜力，杜绝浪费现象，以最少的消耗，获得最大的经济效果，以促进生产的发展。

定额的群众性是指定额的制定和执行，都具有广泛的群众基础。首先定额的制定来源于广大职工群众的生产（施工）活动，是在广泛听取群众意见，并在群众直接参加下制定的；其次，定额要依靠广大职工群众贯彻执行，并通过广大职工群众的生产（施工）活动，进一步提高定额水平。

编制施工图预算，是根据施工图设计文件、消耗量定额和市场价格等资料，以一定的方法编制单位工程的预算；汇总所有单位工程预算形成单项工程预算，再汇总所有单项工程预算便是一个建设项目的建筑安装工程的预算造价。

（2）工程量清单计价法

工程量清单计价法是建设工程招标投标工作中，由具有编制招标文件能力的招标人（或由招标人委托具有资质的中介机构）按照国家统一的工程量计算规则——《建设工程工程量清单计价规范》，编制反映工程实体消耗和措施性消耗的工程量清单，作为招标文件的一部分提供给投标人，由投标人依据工程量清单自主报价，并按照经评审低价中标的工程造价计价模式。

工程量清单是表现拟建工程的分部分项工程项目、措施项目、其他项目名称和相应工程数量的明细清单，包括分部分项工程量清单、措施项目清单、其他项目清单。工程量清单应体现招标人要求投标人完成的工程项目及相应工程数量，也应体现为实现这些工程内容而进行的其他工作。

对比工程量清单计价法，定额计价法强调根据建设单位提供的全套施工图纸以及法定的工程量计算规则，由造价编制者自行计算工程量，严格按照规定的计价规则、计价程序和消耗量定额计算工程造价。

实行工程量清单计价有如下的作用：

① 为投标者提供一个公开、公平、公正的竞争环境。工程量清单由招标人统一提供，统一的工程量避免了由于计算不准确、项目不一致等人为因素造成的不公正影响，使投标者站在同一起跑线上，创造了一个公平的竞争环境。

② 它是计价和询标、评标的基础。工程量清单由招标人提供，无论是标底的编制还是企业投标报价，都必须在清单的基础上进行。同样也为今后的询标、评标奠定了基础。

如果发现清单有计算错误或是漏项，也可按招标文件的有关要求在中标后进行修正。

③ 工程量清单为施工过程中支付工程进度款提供依据。

④ 为办理工程结算、竣工结算及工程索赔提供了重要依据。

⑤ 设有标底价格的招标工程，招标人利用工程量清单编制标底价格，供评标时参考。

2. 工料单价法和综合单价法

（1）工料单价法（图 4-65）

所谓“工料单价法”就是利用定额基价直接计算的定额计价方式。工料单价法的分部分项工程量的单价为直接工程费，由人工、材料、机械（或施工机具）消耗量及其相应价格确定；构成工程造价的其他费用按照有关规定另行计算（见表4-19中措施费、间接费、利润、税金的计算方法说明）。

工料单价的内容由两部分组成：一是工、料、机数量，即合计用工量、各种材料消耗量、各种施工机械的台班消耗量；二是与工、料、机三“量”相对应的日工资单价、材料预算价格和机械台班预算价格。工料单价法的基本理论计算公式为：

① 人工费

公式1：人工费＝∑（工日消耗量×日工资单价）

日工资单价＝[生产工人平均月工资（计时、计件）＋平均月奖金＋津贴补贴＋特殊情况下支付的工资]÷年平均每月法定工作日

注：公式1主要适用于施工企业投标报价时自主确定人工费，也是工程造价管理机构编制计价定额确定定额人工单价或发布人工成本信息的参考依据。

公式2：人工费＝∑（工程工日消耗量×日工资单价）

日工资单价是指施工企业平均技术熟练程度的生产工人在每工作日（国家法定工作时间内）按规定从事施工作业应得的日工资总额。

工程造价管理机构确定日工资单价应通过市场调查、根据工程项目的技术要求，参考实物工程量人工单价综合分析确定，最低日工资单价不得低于工程所在地人力资源和社会保障部门所发布的最低工资标准的：普工1.3倍、一般技工2倍、高级技工3倍。

工程计价定额不可只列一个综合工日单价，应根据工程项目技术要求和工种差别适当划分多种日人工单价，确保各分部工程人工费的合理构成。

注：公式2适用于工程造价管理机构编制计价定额时确定定额人工费，是施工企业投标报价的参考依据。

② 材料费

ⅰ材料费：材料费＝∑（材料消耗量×材料单价）

材料单价＝[（材料原价＋运杂费）×（1＋运输损耗率（％））]×[1＋采购保管费率（％）]

ⅱ工程设备费：工程设备费＝∑（工程设备量×工程设备单价）

工程设备单价＝（设备原价＋运杂费）×[1＋采购保管费率（％）]

③ 施工机具使用费

ⅰ施工机械使用费：施工机械使用费＝∑（施工机械台班消耗量×机械台班单价）

机械台班单价＝台班折旧费＋台班大修费＋台班经常修理费＋台班安拆费及场外运费＋台班人工费＋台班燃料动力费＋台班车船税费

注：工程造价管理机构在确定计价定额中的施工机械使用费时，应根据《建筑施工机械台班费用计算规则》结合市场调查编制施工机械台班单价。施工企业可以参考工程造价管理机构发布的台班单价，自主确定施工机械使用费的报价，如租赁施工机械，公式为：

施工机械使用费＝∑（施工机械台班消耗量×机械台班租赁单价）

ⅱ仪器仪表使用费：仪器仪表使用费＝工程使用的仪器仪表摊销费＋维修费

④ 企业管理费费率

ⅰ以分部分项工程费为计算基础：

$$企业管理费费率(\%)=\frac{生产工人年平均管理费}{年有效施工天数\times人工单价}\times人工费占分部分项工程费比例(\%)$$

ⅱ 以人工费和机械费合计为计算基础：

$$企业管理费费率(\%)=\frac{生产工人年平均管理费}{年有效施工天数\times(人工单价+每一工日机械使用费)}\times100\%$$

ⅲ 以人工费为计算基础：

$$企业管理费费率(\%)=\frac{生产工人年平均管理费}{年有效施工天数\times人工单价}\times100\%$$

注：上述公式适用于施工企业投标报价时自主确定管理费，是工程造价管理机构编制计价定额确定企业管理费的参考依据。

工程造价管理机构在确定计价定额中企业管理费时，应以定额人工费或（定额人工费＋定额机械费）作为计算基数，其费率根据历年工程造价积累的资料，辅以调查数据确定，列入分部分项工程和措施项目中。

⑤ 利润

ⅰ 施工企业根据企业自身需求并结合建筑市场实际自主确定，列入报价中。

ⅱ 工程造价管理机构在确定计价定额中利润时，应以定额人工费或（定额人工费＋定额机械费）作为计算基数，其费率根据历年工程造价积累的资料，并结合建筑市场实际确定，以单位（单项）工程测算，利润在税前建筑安装工程费的比重可按不低于5%且不高于7%的费率计算。利润应列入分部分项工程和措施项目中。

⑥ 规费

ⅰ 社会保险费和住房公积金：应以定额人工费为计算基础，根据工程所在地省、自治区、直辖市或行业建设主管部门规定费率计算。

社会保险费和住房公积金＝Σ(工程定额人工费×社会保险费和住房公积金费率)

式中：社会保险费和住房公积金费率可以每万元发承包价的生产工人人工费和管理人员工资含量与工程所在地规定的缴纳标准综合分析取定。

ⅱ 工程排污费：工程排污费等其他应列而未列入的规费应按工程所在地环境保护等部门规定的标准缴纳，按实计取列入。

⑦ 税金

$$税金=税前造价\times综合税率(\%)$$

综合税率：

ⅰ 纳税地点在市区的企业

$$综合税率(\%)=\frac{1}{1-3\%-(3\%\times7\%)-(3\%\times3\%)-(3\%\times2\%)}-1$$

ⅱ 纳税地点在县城、镇的企业

$$综合税率(\%)=\frac{1}{1-3\%-(3\%\times5\%)-(3\%\times3\%)-(3\%\times2\%)}-1$$

ⅲ 纳税地点不在市区、县城、镇的企业

$$综合税率(\%)=\frac{1}{1-3\%-(3\%\times1\%)-(3\%\times3\%)-(3\%\times2\%)}-1$$

ⅳ 实行营业税改增值税的，按纳税地点现行税率计算。

(2) 综合单价法（图4-66）

工程量清单方式计价方法又称为“综合单价法”。综合单价法的分部分项工程量的单价为全费用单价。《建设工程工程量清单计价规范》规定，综合单价是指完成工程量清单中完成一个规定计量单位项目所需的人工费、材料费、机械使用费、管理费和利润，并考虑风险因素（包括除规费、税金以外的全部费用）。

由于工程量清单由分部分项工程量清单、措施项目清单和其他项目清单构成，工程量清单计价下的综合单价法的简要计算公式为：

① 分部分项工程费

$$分部分项工程费=\sum(分部分项工程量\times综合单价)$$

式中：综合单价包括人工费、材料费、施工机具使用费、企业管理费和利润以及一定范围的风险费用（下同）。

② 措施项目费

ⅰ国家计量规范规定应予计量的措施项目，其计算公式为：

$$措施项目费=\sum(措施项目工程量\times综合单价)$$

ⅱ国家计量规范规定不宜计量的措施项目计算方法如下：

1）安全文明施工费=计算基数×安全文明施工费费率（%）

计算基数应为定额基价（定额分部分项工程费+定额中可以计量的措施项目费）、定额人工费或（定额人工费+定额机械费），其费率由工程造价管理机构根据各专业工程的特点综合确定。

2）夜间施工增加费=计算基数×夜间施工增加费费率（%）

3）二次搬运费=计算基数×二次搬运费费率（%）

4）冬雨季施工增加费=计算基数×冬雨季施工增加费费率（%）

5）已完工程及设备保护费=计算基数×已完工程及设备保护费费率（%）

上述（2）～（5）项措施项目的计费基数应为定额人工费或（定额人工费+定额机械费），其费率由工程造价管理机构根据各专业工程特点和调查资料综合分析后确定。

③ 其他项目费

ⅰ暂列金额由建设单位根据工程特点，按有关计价规定估算，施工过程中由建设单位掌握使用、扣除合同价款调整后如有余额，归建设单位。

ⅱ计日工由建设单位和施工企业按施工过程中的签证计价。

ⅲ总承包服务费由建设单位在招标控制价中根据总包服务范围和有关计价规定编制，施工企业投标时自主报价，施工过程中按签约合同价执行。

④ 规费和税金

建设单位和施工企业均应按照省、自治区、直辖市或行业建设主管部门发布标准计算规费和税金，不得作为竞争性费用。

3. 工料单价法计算工程造价程序

以安装工程为例，说明工料单价法计算工程造价的程序。

见表4-28为我国现行安装工程造价的计算方法。由于除直接工程费是根据设计图纸和预算定额计算外，其余各项费用均需按照规定的取费标准进行计算，而各省所划分费用的项目是不尽相同的，各省制定和颁发有适合于本省的建筑安装工程的取费标准（即费用定额）和计算程序表，因此在计算建筑安装工程费时，必须执行本省、自治区、直辖市规定的取费标准和计算程序。表4-29和表4-30列出了江苏省2004年4月执行的建筑安装工程包工包料和包工不包料的造价计算程序表。

安装工程造价费用参考计算方法　　表 4-28

序号	费用项目			计 算 方 法
1	直接费	直接工程费	人工费	Σ(实物工程量×人工工日预算定额×日工资单价)
			材料费	Σ(实物工程量×材料预算定额×材料预算单价)
			施工机具费	Σ(实物工程量×机械预算定额×机械台班预算单价)
		措施费	环境保护费 文明施工费 安全施工费 临时设施费 夜间施工费 二次搬运费 大型机械进出场及安拆费 混凝土、钢筋混凝土模板及支架费、脚手架搭拆费 已完成工程及设备保护费 施工排水、降水费	通用措施费项目的计算方法 建标[2003]206 号文
2	间接费	规费 企业管理费		人工费为计算基础的安装工程： 人工费合计×规费费率(%)或企业管理费费率(%)
3	利润			人工费合计×相应利润率
4	税金(营业税、城市维护建设税以及教育费附加)			(1+2+3)×综合税率
5	工程造价			1+2+3+4

江苏省安装工程造价计算程序（包工包料）　　表 4-29

序号	费 用 名 称		计 算 公 式	备　　注
一	分部分项工程量清单费用		综合清单×工程量	按《江苏省安装工程计价表》
	其中	(1)人工费	计价表人工消耗量×人工单价	
		(2)材料费	计价表材料消耗量×材料单价	
		(3)机械费	计价表机械消耗量×机械单价	
		(4)主材费	计价表主材消耗量×单价	
		(5)管理费	(1)×费率	
		(6)利润	(1)×费率	
二	措施项目清单计价		分部分项工程费×费率 或综合单价×工程量	按《计价表》或费用计算规则
三	其他项目费用			双方约定
四	规费			
	其中	1. 工程定额测定费	(一+二+三)×费率	按规定计取
		2. 安全生产监督费		按规定计取
		3. 建筑管理费		按规定计取
		4. 劳动保险费		按各市规定计取
五	税金		(一+二+三+四)×费率	按各市规定计取
六	工程造价		一+二+三+四+五	

江苏省安装工程造价计算程序（包工不包料） **表 4-30**

<table>
<tr><th>序号</th><th colspan="2">费用名称</th><th>计算公式</th><th>备　注</th></tr>
<tr><td>一</td><td colspan="2">分部分项工程量清单人工费</td><td>计价表人工消耗量×35 元/工日</td><td>按《计价表》</td></tr>
<tr><td>二</td><td colspan="2">措施项目清单计价</td><td>(一)×费率或按计价表</td><td>按《计价表》或费用计算规则</td></tr>
<tr><td>三</td><td colspan="2">其他项目费用</td><td></td><td>双方约定</td></tr>
<tr><td rowspan="4">四</td><td colspan="2">规费</td><td></td><td></td></tr>
<tr><td rowspan="3">其中</td><td>1. 工程定额测定费</td><td rowspan="3">(一＋二＋三)×费率</td><td rowspan="3">按规定计取</td></tr>
<tr><td>2. 安全生产监督费</td></tr>
<tr><td>3. 建筑管理费</td></tr>
<tr><td>五</td><td colspan="2">税金</td><td>(一＋二＋三＋四)×费率</td><td>按各市规定计取</td></tr>
<tr><td>六</td><td colspan="2">工程造价</td><td>一＋二＋三＋四＋五</td><td></td></tr>
</table>

4.3.3 工程量清单计价

推行工程量清单计价，有利于我国工程造价管理政府职能的转变；有利于规范市场计价行为，规范建设市场秩序，促进建设市场有序竞争；有利于控制建设项目投资，合理利用资源，促进技术进步，提高劳动生产率；有利于提高造价工程师素质，使其必须成为懂技术、懂经济、懂管理的全面复合型人才；有利于适应我国加入世界贸易组织和与国际惯例接轨的要求，提高国内建设各方主体参与竞争的能力，全面提高我国工程造价管理水平。

(1)《建设工程工程量清单计价规范》(GB 50500—2013) 简介

《建设工程工程量清单计价规范》(以下简称《计价规范》) 的出台，是建设市场发展的要求，为建设工程招标投标计价活动健康有序的发展提供了依据，在《计价规范》中贯彻了由政府宏观调控、市场竞争形成价格的指导思想。主要体现在：

政府宏观调控。一是规定了全部使用国有资金或国有资金投资为主（二者简称国有资金投资）的建设工程施工发包，必须采用工程量清单计价；二是《计价规范》统一了分部分项工程项目名称，统一了计量单位，统一了工程量计算规则，统一了项目编码，为建立全国统一建设市场和规范计价行为提供了依据；三是《计价规范》没有人、材、机具的消耗量，必然促使企业提高管理水平，引导企业学会编制自己的消耗量定额，适应市场需要。

市场竞争形成价格。由于《计价规范》不规定人工、材料、机械消耗量，为企业报价提供了自主空间，投标企业可以结合自身的生产效率、消耗水平和管理能力与已储备的本企业报价资料，按照《计价规范》规定的原则和方法，投标报价。工程造价的最终确定，由承发包双方在市场竞争中按价值规律通过合同确定。

(2)《计价规范》的主要内容

① 一般概念。工程量清单计价方法是建设工程招标投标中，招标人按照国家统一的工程量计算规则提供工程数量，由投标人依据工程量清单自主报价，并按照经评审低价中标的工程造价计价方式。

工程量清单，是表现拟建工程的分部分项工程项目、措施项目、其他项目名称和相应数量的明细清单，由招标人按照《计价规范》附录中统一的项目编码、项目名称、计量单位和工程量计算规则进行编制，包括分部分项工程量清单、措施项目清单、其他项目清单。

工程量清单计价是指投标人完成由招标人提供的工程量清单所需的全部费用，包括分部分项工程费、措施项目费、其他项目费和规费、税金。

工程量清单计价采用综合单价计价。综合单价是指完成规定计量单位项目所需的人工费、材料费、机械使用费、管理费、利润，并考虑风险因素。

②《计价规范》中专业工程的《计量规范》包括正文和附录两大部分，二者具有同等效力。正文有：总则、术语、一般规定、分部分项工程、措施项目五部分组成。附录就不同的单位工程中，各分部工程的工程量清单设置、项目特征描述的内容、计量单位及工程量计算规则进行了阐述。主要包括项目编码、项目名称、项目特征、计量单位、工程量计算规则和工程内容，其中项目编码、项目名称、计量单位、工程量计算规则作为“四统一”的内容，要求招标人在编制工程量清单时必须执行。

③ 工程量清单项目及计算规则说明。《计量规范》附录的表现形式是以表格形式出现的，其内容如表 4-31 所示。

工程量清单项目及计算规则、工程内容表 **表 4-31**

项目编码	项目名称	项目特征	计量单位	工程量计算规则	工程内容

ⅰ项目编码。编码是为工程造价信息全国共享而设的，要求全国统一。这是《计价规范》要求四统一的第一个统一。项目编码共设 12 位数字，规范统一到前 9 位，后三位由编制人确定。

第一、二位表示专业工程代码：01-房屋建筑与装饰工程，02-仿古建筑工程，03-通用安装工程，04-市政工程，05-园林绿化工程，06-矿山工程，07-构筑物工程，等等。

第三、四位表示附录分类（通常是单位工程）顺序码，如通用安装工程中：0301 为“机械设备安装工程”；0302 为“热力设备安装工程”；0303 为“静置设备与工艺金属结构制作安装工程”；0304 为“电气设备安装工程”；0305 为“建筑智能化工程”；0306 为“自动化控制仪表安装工程”；0307 为“通风空调工程”；0308 为“工业管道工程”；0309 为“消防工程”；0310 为“给排水、采暖、燃气工程”；0311 为“通信设备及线路工程”；0312 为“刷油、防腐蚀、绝热工程”；0313 为“措施项目”。

第五、六位表示分部工程顺序码，如：030401 为电气设备安装工程的“变压器安装”；030402 为“配电装置安装”，等等。

第七、八、九位表示分项工程项目名称顺序码，如：030401001 为油浸电力变压器项目。未来在建设部的造价信息库里 030401001 就是有关油浸电力变压器的相关信息，包括各种油浸电力变压器的安装人工费、材料费用、综合单价、消耗量等，供全国查询。

还有 3 位数（即第十、十一、十二位），为清单项目名称顺序码，编制人依据设计图示按油浸电力变压器的型号、容量等逐项编码，一共 999 个码可供使用。这个数字对一个工程是足够用的。

ⅱ项目的名称。项目的设置或划分是以形成工程实体为原则，它也是计量的前提。因此项目名称均以工程实体命名。所谓实体是指形成生产或工艺作用的主要实体部分，对附属或次要部分均不设置项目。项目必须包括完成或形成实体部分的全部内容。

但也有个别工程项目，既不能形成实体，又不能综合在某一个实物量中。如消防系统的调试、自动控制仪表工程、采暖工程、通风工程的系统调试项目，它们是多台设备，组件由网络（指管线）连接，组成一个系统，在设备安装的最后阶段，根据工艺要求，进行参数整定，标准测试调整，以达到系统运行前的验收要求。它是某些设备安装工程不可或缺的一个内容，没有这个过程便无法验收。因此，《计价规范》对系统调试项目，均作为工程量清单项目单列。

项目设置的另一个原则是不能重复，完全相同的项目，只能相加后列一项，用同一编码，即一个项目仅有一个编码，只有一个对应的综合单价。项目名称全国统一是《计价规范》要求四个统一的第二个统一。

ⅲ项目特征。项目特征是用来表述项目名称的，它明显（直接）影响实体自身价值（或价格），如材料、规格等，还有体现工艺不同（或称施工方法不同）或安装位置的不同，这也影响该项目的价格，这些都必须表述在项目名称的前面或后面。以管道安装为例，项目名称内容包括材质是碳钢管还是不锈钢钢管，管径是 $\phi25$ 还是 $\phi50$，电气配线工程是铜导线还是铝导线，是 $2.5mm^2$ 还是 $4.0mm^2$。

施工方法不同时也要表述，如管道安装是螺纹连接还是焊接，电气配管是暗配还是明配，敷设电缆的位置是支架上，还是地沟埋设等都将影响安装价格。即使是同一规格、同一材质，安装工艺或安装位置不一样时，也需分别设置项目和编码。

在项目特征一栏中，很多以“名称”作为特征。此处的名称系指形成的实体的名称，而项目名称不一定是实体的本名，而是同类实体的统称，在设置具体清单项目时，就要用该实体的本名称。如编码 030404031，其项目名称为“小电器”安装，小电器是这个项目的统称，它包括：按钮、电铃、水位电气信号装置、测量表计、继电器、电磁锁、屏上辅助设备、辅助电压互感器、小型安全变压器等。还有没写到的，这么多的小电器不可能每个都列上，都设一个编码，只有放在一起，取名“小电器”。在设置清单项目时，就要在项目特征中按具体的名称设置，并表述其特征，如型号、规格，且各自编码。项目名称与项目特征中的名称不矛盾，特征中的名称是对项目名称的具体表述，是不可缺少的。

ⅳ计量单位。《计价规范》的附录是按国际惯例，工程量的计量单位均采用基本单位计量，它与定额的计算单位不一样，编制清单或报价时一定要求以《计价规范》附录规定的计量单位计，这也是《计价规范》要求四统一的第三个统一，一定要严格遵守。

——长度计量采用“m”为单位；

——面积计量采用“m^2”为单位；

——质量计量采用“kg”为单位；

——体积和容积采用“m^3”为单位；

——自然计量单位有台、套、个、组等。

ⅴ工程量计算规则。《计量规范》附录中，每一个清单项目都有一个相应的工程计算规则，这个规则全国统一，这是《计价规范》要求四统一的第四个统一，即全国各省市的工程清单，均要按附录的计算规则计算工程量。

清单项目的工程量计算规则与《全国统一安装工程预算工程量计算规则》有着原则上的区别。清单项目的计量原则是以实体安装就位的净尺寸计算，这与国际通用做法（FIDIC）是一致的。而预算工程量的计算在净值的基础上，加上人为规定的预留量，这个量随施工方法、措施的不同也在变化。因此这种规定限制了竞争的范围，这与市场机制是背离的，它是典型的计划经济体制下的计算规则。

ⅵ工程内容。这是表格形式的最后一个内容。由于清单项目是按实体设置的，而且应包括完成该实体的全部内容。安装工程的实体往往是由多个工程综合而成的，因此对各清单可能发生的工程项目均作了提示，并列在“工程内容”一栏内，供清单编制人对项目描述时参考。对清单项目的描述很重要，它是报价人计算综合单价的主要依据。

如果发生了附录工程内容中没有列到的，在清单项目描述中应予以补充，绝不可以以附录中没有为理由，不予描述。描述不清容易引发投标人报价（综合单价）内容不一致，给评标带来困难。

例如根据《计量规范》的排序，接地极的统一编码为 030409001，避雷针的统一编码为 030409006，半导体少长针消雷装置为 030409007。表 4-32 摘录了《计量规范》中防雷及接地装置工程量清单项目及工程量计算规则表。

防雷及接地装置（编码：030409） **表 4-32**

项目编码	项目名称	项目特征	计算单位	工程量计算规则	工程内容
030409001	接地极	接地母线和接地极的材质、规格	项	按设计图示数量计算	1. 接地极（板桩）制作、安装 2. 基础接地网安装 3. 补刷（喷）油漆
030409006	避雷针	1. 名称 2. 材质 3. 规格、安装形式、高度	项	按设计图示数量计算	1. 避雷针制作安装 2. 跨接 3. 补刷（喷）油漆
030409007	半导体少长针消雷装置	1. 型号 2. 高度	套	按设计图示数量计算	本体安装

（3）《计价规范》的特点

① 强制性。主要表现在：一是由建设主管部门按照强制性国家标准的要求批准颁布，规定全部使用国有资金或国有资金投资为主的大中型建设工程应按计价规范规定执行；二是明确工程量清单是招标文件的组成部分，并规定了招标人在编制工程量清单时必须遵守的规则，做到四统一，即统一项目编码、统一项目名称、统一计量单位、统一工程量计算规则。

② 实用性。附录中工程量清单项目及计算规则的项目名称表现的是工程实体项目，项目名称明确清晰，工程量计算规则简洁明了；特别还列有项目特征和工程内容，易于编制工程量清单时确定具体项目名称和投标报价。

③ 竞争性。一是《计价规范》中的措施项目，在工程量清单中只列“措施项目”一栏，具体采用什么措施，如模板、脚手架、临时设施、施工排水等详细内容由投标人根据

企业的施工组织设计，视具体情况报价，因为这些项目在各个企业间各有不同，是企业竞争项目，是留给企业竞争的空间；二是《计价规范》中人工、材料和施工机械没有具体的消耗量，投标企业既可以依据企业的定额和市场价格信息，也可以参照建设行政主管部门发布的社会平均消耗量定额进行报价，《计价规范》将报价权交给了企业。

④ 通用性。采用工程量清单计价将与国际惯例接轨，符合工程量计算方法标准化、工程量计算规则统一化、工程造价确定市场化的要求。

4.4 建筑工程项目管理基本知识

4.4.1 工程项目管理概述

工程项目管理是六十年代在国外新兴的一门建筑工程管理科学，随后被介绍到我国。它是一个工程项目从拟订项目规划、确定项目规模，到工程设计、工程施工一直到建成投产为止全过程的管理。它不仅与工程的经济效益、成本、工期、质量及组织管理等一系列的活动有关，而且涉及到政府部门、建设单位、设计单位、施工单位等众多相关单位。

1. 项目与项目管理

（1）项目

项目是一项特殊的将被完成的有限任务，它是一个组织为实现既定的目标，在一定的时间、人力和其他资源的约束条件下，所开展的满足一系列特点目标、有一定独特性的一次性活动。

项目区别于其他活动的特性主要有：

① 项目的一次性。项目作为一种任务，一旦完成即告结束，不会有完全相同的任务重复出现。但项目的一次性属性是对项目整体而言的，并不排斥在项目中存在重复性的工作。

② 项目的目标性。项目是一种特别设立的活动，任何活动都具有其目的性，因此，项目也必有明确的目标。

③ 项目的整体性。项目不是一项孤立的活动，而是一系列活动的有机组合，从而形成一个完整的过程。强调项目的整体性，也就是强调项目的过程性和系统性。

④ 项目的唯一性。施工项目即生产对象，是指建筑施工企业对一个建筑产品的施工过程及成果。主要有如下特征：

ⅰ 是建设项目或其中的单项工程或单位工程的施工项目。

ⅱ 以建筑施工企业为管理主体的管理整体。

ⅲ 由工程承包合同界定任务范围。

（2）项目管理

项目管理从直观上讲就是“对项目进行的管理”。所谓项目管理就是以项目为对象的系统管理方法，通过一个临时性的专门的柔性组织，对项目进行高效率的计划、组织、指导和控制，以实现项目全过程的动态管理和项目目标的综合协调与优化。项目管理，就是把各种资源应用于目标，以实现项目的目标，满足各方面既定的需求。具体而言，项目管理是指运用各种相关知识、技能、方法与工具，为满足或超越项目有关各方对项目的要求与期望，所开展的各种计划、组织、领导、控制等方面的活动。项目管理的管理对象是项目；管理的方式是目标管理；项目的组织通常是临时性、柔性和扁平化的组织；管理过程贯穿着系统工程的思想；管理的方法、工具和手段具有先进性和开放性，用到多学科的知识和工具。

项目管理的要素有：环境，资源，目标，组织。

项目管理的主要内容包括“三控制、三管理、一协调”即：成本控制、进度控制、质量控制、职业健康安全与环境管理、合同管理、信息管理、组织协调。

项目管理贯穿于项目的整个寿命周期，它以项目管理的活动为对象，探求项目活动科学、组织管理的理论与方法，同时它又是一种运用既有规律又经济的方法，对项目进行高效率的计划、组织、指导和控制的手段，在项目计划、组织、质量管理、费用控制、进度控制等五项活动中进行时间维、知识维和保障维的三维管理，项目管理既是一种管理活动，又是一种管理学科。

项目管理不同于其他的管理，其最大的特点就是注重综合性的管理，项目管理的特点具体而言有如下几个方面：

① 项目管理是一项系统的、复杂的工作。项目管理把项目看成是一个有机的整体，在整个项目管理的过程中都贯穿着系统工程的思想，强调了部分对整体的重要性，促使管理者不要忽视其中的任何阶段，以免造成总体的效果不佳甚至失败。

同时项目管理又把项目分成若干部分，其工作跨越了多个组织。其中各个组织来自不同地区、不同文化背景的人所组成，形成一个临时性组织。与此同时，项目管理的工作没有或很少有以往的经验可以借鉴。在执行过程中又增加了许多不确定的因素。而且在技术、资金、时间等外在条件的制约下要想实现管理的目标是十分困难的，所以说项目管理是一项系统的、复杂的工作。

② 项目管理的普遍性。项目管理的对象是项目或被当做项目来处理的事务。项目作为一种一次性和独特性的社会活动而普遍存在于我们人类社会的各项活动之中，甚至可以说是人类现有的各种物质文化成果最初都是通过项目的方式实现的，因为现有各种运营所依靠的设施与条件最初都是靠项目活动建设或开发的。

③ 项目管理的目的性。项目管理的方式是目标管理。项目管理的目的性要通过开展项目管理活动去保证满足或超越项目有关各方面明确提出的项目目标或指标和满足项目有关各方未明确规定的潜在需求和追求。

④ 项目管理的组织具有特殊性。项目管理的独特性是项目管理不同于一般的企业生产运营管理，也不同于常规的政府和独特的管理内容，是一种完全不同的管理活动。项目管理的组织具有特殊性，通常是柔性和扁平化的临时组织，实行是一种基于团队管理的个人负责制。由于项目系统管理的要求，强调协调控制能力，这就需要集中权力以控制工作正常运行，所以产生了项目经理这一重要角色。

项目管理的组织结构多为矩阵结构，有利于组织各部分的协调与控制，能充分保证项目总体目标的实现。

项目管理的工作跨越多个组织，项目管理的组织必须根据项目生命周期各个阶段的具体需要适时地调整组织配制，来保障组织高效、经济的运行，从这一方面来看，项目管理组织又具有很强的柔性。

⑤ 项目管理的集成性。项目管理的集成性是项目的管理中必须根据具体项目各要素或各专业之间的配置关系做好集成性的管理，而不能孤立地开展项目各个专业或专业的独立管理。

⑥ 项目管理的创新性。项目管理的创新性包括两层含义：一是项目管理对象（即每个具体项目）本身都具有一定的创新性；二是对于项目的管理包含有很好的创新性。

2. 工程项目与工程项目管理

（1）工程项目

工程项目是以工程建设为载体的项目，是作为被管理对象的一次性工程建设任务。它以建筑物或构筑物为目标产出物，需要支付一定的费用、按照一定的程序、在一定的时间内完成，并应符合质量要求。

为了顺利完成工程项目的投资建设，通常要把每一个工程项目划分成若干个工作阶段，以便更好地进行管理。每一个阶段都以一个或数个可交付成果作为其完成的标志。可交付成果就是某种有形的、可以核对的工作成果。可交付成果及其对应的各阶段组成了一个逻辑序列，最终形成了工程项目成果。图 4-67 为工程项目模型。

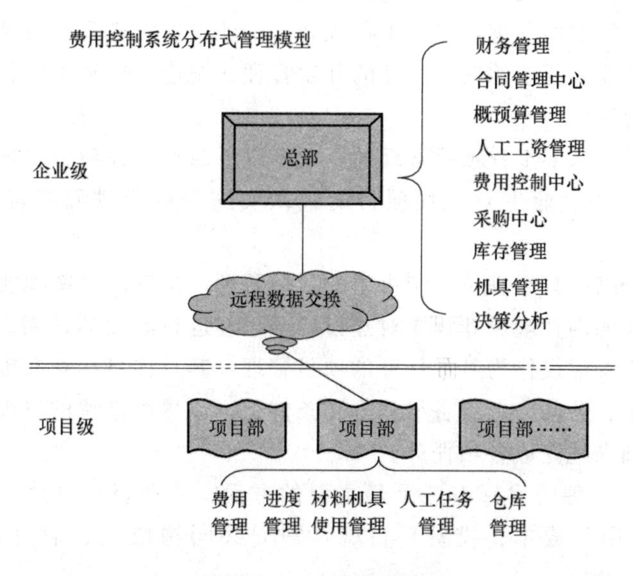

图 4-67　工程项目模型

每一个阶段通常都包括一件事先定义好的工作成果，用来确定希望达到的控制水平。这些工作成果的大部分都同主要阶段的可交付成果相联系，而该主要阶段一般也使用该可交付成果的名称命名，作为项目进展的里程碑。

通常，工程项目建设周期可划分为四个阶段：工程项目策划和决策阶段，工程项目准备阶段，工程项目实施阶段，工程项目竣工验收和总结评价阶段。大多数工程项目建设周期有共同的人力和费用投入模式，开始时慢，后来快，而当工程项目接近结束时又迅速减缓。

工程项目策划和决策阶段的主要工作包括：投资机会研究、初步可行性研究、项目评估及决策。此阶段的主要目标是对工程项目投资的必要性、可能性、可行性，以及为什么要投资、何时投资、如何实施等重大问题，进行科学论证和多方案比较。本阶段工作量不大，但却十分重要。投资决策是投资者最为重视的，因为它对工程项目的长远经济效益和战略方向起着决定性的作用。为保证工程项目决策的科学性、客观性，可行性研究和项目评估工作应委托高水平的咨询公司独立进行，可行性研究和项目评估应由不同的咨询公司来完成。

工程项目准备阶段的主要工作包括：工程项目的初步设计和施工图设计，工程项目征地及建设条件的准备，设备、工程招标及承包商的选定、签订承包合同。本阶段是战略决策的具体化，它在很大程度上决定了工程项目实施的成败及能否高效率地达到预期目标。

工程项目实施阶段的主要任务是将“蓝图”变成工程项目实体，实现投资决策意图。在这一阶段，通过施工，在规定的范围、工期、费用、质量内，按设计要求高效率地实现工程项目目标。本阶段在工程项目建设周期中工作量最大，投入的人力、物力和财力最多，工程项目管理的难度也最大。

(2) 工程项目管理

工程管理是指为实现预期目标，有效地利用资源对工程所进行的决策、计划、组织、指挥、协调与控制。一般来说，工程管理具有系统性、综合性、复杂性。工程管理领域既包括重大工程建设实施中的管理，如：工程规划与论证、工程勘察与设计、工程施工与运行管理等，也包括重要和复杂的新型产品的开发管理、制造管理和生产管理，还包括技术创新、技术改造的管理。

工程项目管理是指从事工程项目管理的企业（以下简称工程项目管理企业）受业主委托，按照合同约定，代表业主对工程项目的组织实施进行全过程或若干阶段的管理和服务。

工程项目管理是以项目经理负责制为主的目标管理，是以高效率地实现业主的目标为目的，按照项目建设的内在规律和程序对建设的全过程进行有效的计划、组织、协调和控制的工作系统；以工程建设作为基本任务的项目管理，其具体目标是在限定的时间内，在限定的资源（如资金、劳动力、设备材料等）条件下，以尽可能快的进度、尽可能低的费用（成本或投资）圆满地完成各项任务。

一般来说，项目管理的目标有三个最主要的方面：专业目标（功能、质量、生产力等），工期目标和费用（成本、投资）目标，它们共同构成项目管理的目标体系（图4-68）。

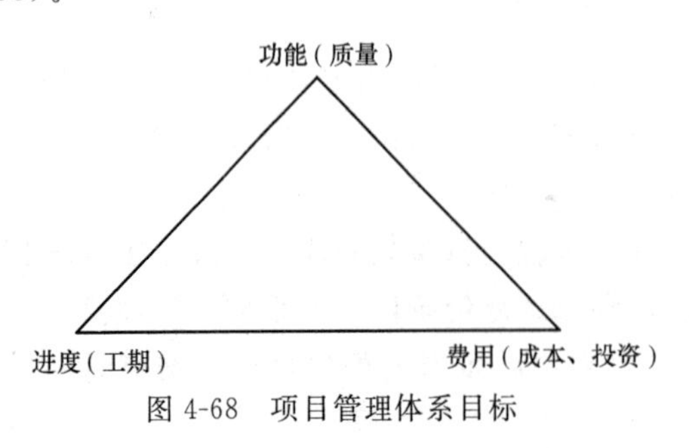

图 4-68　项目管理体系目标

进行工程项目管理就是要实现这三者的和谐统一。

建设工程项目管理，是指从事工程项目管理的企业，受工程项目业主方委托，对工程建设全过程或分阶段进行专业化管理和服务活动。

工程项目管理企业不直接与该工程项目的总承包企业或勘察、设计、供货、施工等企业签订合同，但可以按合同约定，协助业主与工程项目的总承包企业或勘察、设计、供货、施工等企业签订合同，并受业主委托监督合同的履行。工程项目管理的具体方式及服务内容、权限、取费和责任等，由业主与工程项目管理企业在合同中约定。

工程项目管理特点主要表现在如下几个方面：

① 项目管理是复杂的任务。

ⅰ 建设工程项目时间跨度长、外界影响因素多，受到投资、时间、质量等多种约束条件的严格限制，并且由多个阶段和部分有机组合而成，其中任何一个阶段或部分出问题，就会影响到整个项目目标的实现，增加项目管理的不确定因素。

ⅱ 项目管理需要各方面的人员临时组织成一个团队，要求全体人员能够综合运用包括专业技术、经济、法律等多种学科知识，步调一致地进行工作，随时解决工程实际中发生的问题。

② 项目管理具有创造性。建设项目具有一次性的特点。项目管理者在项目决策和实施过程中，必须从实际出发，结合项目的具体情况，因地制宜地处理和解决工程项目实际问题。因此，项目管理就是将前人总结的建设知识和经验，创造性地运用于工程管理实践。

③ 项目管理应建立专门的组织机构。工程建设项目管理需对资金、人员、材料、设备等多种资源进行优化配置和合理使用，并需要在不同阶段及时进行调整。对于项目决策和实施过程中出现的各种问题，相关部门都应迅速地做出协调一致的反应，以适应项目时间目标的要求。同时，因各种建设项目在资金来源、规模大小、专业领域等方面都存在较大不同，项目管理组织的结构形式、部门设立、人员配备必然不同，不可能采用单一的模式，而必须按照弹性原则围绕具体任务建立一次性的专门组织机构。

④ 项目管理方法具有完备的理论体系。现代项目管理方法的理论体系是多学科知识的集成，可以分为哲学方法、逻辑方法和学科方法。哲学方法是辨证地分析事物的两面性、正面效应和反面效应；逻辑方法使用概念、判断、推理等逻辑思维方式，对问题进行归纳、演绎、综合，如逻辑框架法等；专业方法是利用各种学科中常用的研究方法，如文献法、问卷法、蒙特卡罗模拟法、价值工程法、网络技术法等。这些方法在项目周期中的项目的策划与立项、目标控制、后评价等方面得到广泛应用，为项目的科学管理起到关键性作用。

⑤ 项目管理的标准是客户的满意度。一个项目能否成功关键在项目管理，项目成功的标准是客户的满意度。项目的客户是项目的利益相关者，是那些参与该项目或其利益受到该项目影响的个人和组织。项目管理就是要充分考虑相关客户的利益，最大限度地满足客户的要求。

（3）施工项目管理

施工项目管理是指企业运用系统的观点、理论和科学技术对施工项目进行的计划、组织、监督、控制、协调等企业过程管理，施工项目管理是由建筑施工企业对施工项目进行的管理。施工项目管理主要特点有：

① 施工项目的管理者是建筑施工企业。由业主或监理单位进行工程管理中涉及的施工阶段管理的属建设项目管理，不属施工项目管理。

② 施工项目管理的对象是施工项目，施工项目的特点具有多样性、固定性及庞大性。其主要特殊性表现在同时性即生产活动和市场交易同时进行。

③ 施工项目管理的内容是可变的即按施工阶段变化而变化。管理的方式实施的是动

态管理，目的是提高效率和效益。

④ 施工项目管理要求强化组织协调工作。施工活动中往往涉及到复杂的经济关系、技术关系、法律关系、行政关系和人际关系等。组织协调好各方关系是使施工顺利进行的重要保证。

4.4.2 工程项目管理组织

1. 施工项目管理组织机构

施工项目管理组织机构与企业管理组织机构是局部与整体的关系。组织机构设置的目的是为了进一步充分发挥项目管理功能，提高项目整体管理效率，以达到项目管理的最终目标。因此，企业在推行项目管理中合理设置项目管理组织机构是一个至关重要的问题。高效率的组织体系和组织机构的建立是施工项目管理成功的组织保证。

(1)“组织”的概念

“组织”有两种含义。组织的第一种含义是指组织机构。组织机构是按一定领导体制、部门设置、层次划分、职责分工、规章制度和信息系统等构成的有机整体，是社会人的结合形式，可以完成一定的任务，并为此而处理人和人、人和事、人和物的关系。组织的第二种含义是指组织行为（活动），即通过一定权力和影响力，为达到一定目标，对所需资源进行合理配置，处理人和人、人和事、人和物关系的行为（活动）。管理职能是通过两种含义的有机结合而产生和起作用的。

施工项目管理组织，是指为进行施工项目管理、实现组织职能而进行组织系统的设计与建立、组织运行和组织调整。组织系统的设计与建立，是指经过筹划、设计，建成一个可以完成施工项目管理任务的组织机构，建立必要的规章制度，划分并明确岗位、层次、部门的责任和权力，建立和形成管理信息系统及责任分担系统，并通过一定岗位和部门内人员的规范化的活动和信息流通实现的组织目标。

(2) 组织的职能

组织职能是项目管理基本职能之一，其目的是通过合理设计和职权关系结构来使各方面的工作协同一致。项目管理的组织职能包括五个方面：

① 组织设计。包括选定一个合理的组织系统，划分各部门的权限和职责，确立各种基本的规章制度。包括生产指挥系统组织设计、职能部门组织设计等。

② 组织联系。就是规定组织机构中各部门的相互关系，明确信息流通和信息反馈的渠道，以及它们之间的协调原则和方法。

③ 组织运行。就是按分担的责任完成各自的工作，规定各组织体的工作顺序和业务管理活动的运行过程。组织运行要抓好三个关键性问题，一是人员配置，二是业务交圈，三是信息反馈。

④ 组织行为。就是指应用行为科学、社会学及社会心理学原理来研究、理解和影响组织中人们的行为、言语、组织过程、管理风格以及组织变更等。

⑤ 组织调整。组织调整是指根据工作的需要，环境的变化，分析原有的项目组织系统的缺陷、适应性和效率性，对原组织系统进行调整和重新组合，包括组织形式的变化、人员的变动、规章制度的修订或废止、责任系统的调整以及信息流通系统的调整等。

（3）施工项目管理组织机构的作用

① 组织机构是施工项目管理的组织保证。项目经理在启动项目实施之前，首先要做组织准备，建立一个能完成管理任务、令项目经理指挥灵便、运转自如、效率很高的项目组织机构（项目经理部），其目的就是为了提供进行施工项目管理的组织保证。一个好的组织机构，可以有效地完成施工项目管理目标，有效地应付环境的变化，有效地供给组织成员生理、心理和社会需要，形成组织力，使组织系统正常运转，产生集体思想和集体意识，完成项目管理任务。

② 形成一定的权力系统以便进行集中统一指挥。权力由法定和拥戴产生。“法定”来自于授权，“拥戴”来自于信赖。法定或拥戴都会产生权力和组织力。组织机构的建立，首先是以法定的形式产生权力。权力是工作的需要，是管理地位形成的前提，是组织活动的反映。没有组织机构，便没有权力，也没有权力的运用。权力取决于组织机构内部是否团结一致，越团结，组织就越有权力、越有组织力，所以施工项目组织机构的建立要伴随着授权，以便权力的使用能够实现施工项目管理的目标。要合理分层。层次多，权力分散；层次少，权力集中。所以要在规章制度中把施工项目管理组织的权力阐述明白，固定下来。

③ 形成责任制和信息沟通体系。责任制是施工项目组织中的核心问题。没有责任也就不成其为项目管理机构，也就不存在项目管理。一个项目组织能否有效地运转，取决于是否有健全的岗位责任制。施工项目组织的每个成员都应肩负一定责任，责任是项目组织对每个成员规定的一部分管理活动和生产活动的具体内容。

信息沟通是组织力形成的重要因素。信息产生的根源在组织活动之中，下级（下层）以报告的形式或其他形式向上级（上层）传递信息；同级不同部门之间为了相互协作而横向传递信息。越是高层领导，越需要信息，越要深入下层获得信息。原因就是领导离不开信息，有了充分的信息才能进行有效决策。

综上所述，组织机构非常重要，在项目管理中是一个焦点。一个项目经理建立了理想有效的组织系统，他的项目管理就成功了一半。项目组织一直是各国项目管理专家普遍重视的问题。据国际项目管理协会统计，各国项目管理专家的论文，有1/3是有关项目组织的。我国建筑业体制的改革及推行、施工项目管理的研究等，说到底就是个组织问题。

（4）施工项目管理组织机构的设置原则

① 目的性的原则。施工项目组织机构设置的根本目的，是为了产生组织功能，实现施工项目管理的总目标。从这一根本目标出发，就会因目标设事、因事设机构定编制，按编制设岗位定人员，以职责定制度授权力。

② 精干高效原则。施工项目组织机构的人员设置，以能实现施工项目所要求的工作任务（事）为原则，尽量简化机构，做到精干高效。人员配置要从严控制二、三线人员，力求一专多能，一人多职。同时还要增加项目管理班子人员的知识含量，着眼于使用和学习锻炼相结合，以提高人员素质。

③ 管理跨度和分层统一的原则。管理跨度亦称管理幅度，是指一个主管人员直接管理的下属人员数量。跨度大，管理人员的接触关系增多，处理人与人之间关系的数量随之增大。跨度（N）与工作接触关系数（C）的关系公式是有名的邱格纳斯公式，是个几何级数，当$N=10$时，$C=5210$。故跨度太大时，领导者及下属常会出现应接不暇之烦。组织机构设计时，必须使管理跨度适当。然而跨度大小又与分层多少有关。不难理解，层次

多，跨度会小；层次少，跨度会大。这就要根据领导者的能力和施工项目的大小进行权衡。美国管理学家戴尔曾调查41家大企业，管理跨度的中位数是6～7人之间。对施工项目管理层来说，管理跨度更应尽量少些，以集中精力于施工管理。在鲁布格工程中，项目经理下属33人，分成了所长、课长、系长、工长四个层次，项目经理的跨度是5。项目经理在组建组织机构时，必须认真设计切实可行的跨度和层次，画出机构系统图，以便讨论、修正、按设计组建。

④ 业务系统化管理原则。由于施工项目是一个开放的系统，由众多子系统组成一个大系统，各子系统之间，子系统内部各单位工程之间，不同组织、工种、工序之间，存在着大量结合部，这就要求项目组织也必须是一个完整的组织结构系统，恰当分层和设置部门，以便在结合部上能形成一个相互制约、相互联系的有机整体，防止产生职能分工、权限划分和信息沟通上相互矛盾或重叠。要求在设计组织机构时以业务工作系统化原则作指导，周密考虑层间关系、分层与跨度关系、部门划分、授权范围、人员配备及信息沟通等；使组织机构自身成为一个严密的、封闭的组织系统，能够为完成项目管理总目标而实行合理分工及协作。

⑤ 弹性和流动性原则。工程建设项目的单件性、阶段性、露天性和流动性是施工项目生产活动的主要特点，必然带来生产对象数量、质量和地点的变化，带来资源配置的品种和数量变化。于是要求管理工作和组织机构随之进行调整，以使组织机构适应施工任务的变化。这就是说，要按照弹性和流动性的原则建立组织机构，不能一成不变。要准备调整人员及部门设置，以适应工程任务变动对管理机构流动性的要求。

⑥ 项目组织与企业组织一体化原则。项目组织是企业组织的有机组成部分，企业是它的母体，归根结底，项目组织是由企业组建的。从管理方面来看，企业是项目管理的外部环境，项目管理的人员全部来自企业，项目管理组织解体后，其人员仍回企业。即使进行组织机构调整，人员也是进出于企业人才市场的。施工项目的组织形式与企业的组织形式有关，不能离开企业的组织形式去谈项目的组织形式。

(5) 施工项目管理组织结构的形式

组织形式亦称组织结构的类型，是指一个组织以某一结构方式去处理层次、跨度、部门设置和上下级关系。施工项目组织的形式与企业的组织形式是不可分割的。加强施工项目管理就必须进行企业管理体制和内部配套改革。施工项目的组织形式有以下几种：

1) 工作队式项目组织。

① 工作队式项目组织特征表现在如下几个方面：

a. 项目经理在企业内招聘或抽调职能人员组成管理机构（工作队），由项目经理指挥，独立性大。

b. 项目管理班子成员在工程建设期间与原所在部门断绝领导与被领导关系。原单位负责人员负责业务指导及考察，但不能随意干预其工作或调回人员。

c. 项目管理组织与项目同寿命。项目结束后机构撤销，所有人员仍回原所在部门和岗位。

② 工作队式项目组织适用范围。工作队式项目组织是按照对象原则组织的项目管理机构，可独立地完成任务，相当于一个“实体”。企业职能部门处于服从地位，只提供一些服务。这种项目组织类型适用于大型项目、工期要求紧迫的项目、要求多工种多部门密

切配合的项目。因此，它要求项目经理素质要高，指挥能力要强，有快速组织队伍及善于指挥来自各方人员的能力。

③ 工作队式项目组织的优点：

a. 项目经理从职能部门抽调或招聘的是一批专家，他们在项目管理中配合、协同工作，可以取长补短，有利于培养一专多能的人才并充分发挥其作用。

b. 各专业人才集中在现场办公，减少了扯皮和等待时间，办事效率高，解决问题快。

c. 项目经理权力集中，运作的干扰少，故决策及时，指挥灵便。

d. 由于减少了项目与职能部门的结合部，项目与企业的结合部关系弱化，故易于协调关系，减少了行政干预，使项目经理的工作易于开展。

e. 不打乱企业的原建制，传统的直线职能制组织仍可保留。

④ 工作队式项目组织的缺点：

a. 各类人员来自不同部门，具有不同的专业背景，互相不熟悉，难免配合不力。

b. 各类人员在同一时期内所担负的管理工作任务可能有很大差别，因此很容易产生忙闲不均，可能导致人员浪费。特别是对稀缺专业人才，难以在企业内调剂使用。

c. 职工长期离开原单位，即离开了自己熟悉的环境和工作配合对象，容易影响其积极性的发挥。而且由于环境变化，容易产生临时观点和不满情绪。

d. 职能部门的优势无法发挥作用。由于同一部门人员分散，交流困难，也难以进行有效的培养、指导，削弱了职能部门的工作。当人才紧缺而同时又有多个项目需要按这一形式组织时，或者对管理效率有很高要求时，不宜采用这种项目组织类型。

2）部门控制式项目组织。

① 部门控制式项目组织特征。部门控制式项目组织是按职能原则建立的项目组织。它并不打乱企业现行的建制，把项目委托给企业某一专业部门或委托给某一施工队，由被委托的部门（施工队）领导，在本单位选人组合负责实施项目组织，项目终止后恢复原职。

② 部门控制式项目组织适用范围。部门控制式项目组织一般适用于小型的、专业性较强、不需涉及众多部门的施工项目。

③ 部门控制式项目组织优点：

a. 人才作用发挥较充分。这是因为由熟人组合办熟悉的事，人事关系容易协调。

b. 从接受任务到组织运转启动，时间短。

c. 职责明确，职能专一，关系简单。

d. 项目经理无需专门训练便容易进入状态。

④ 部门控制式项目组织缺点：

a. 不能适应大型项目管理需要，而真正需要进行施工项目管理的工程正是大型项目。

b. 不利于对计划体系下的组织体制（固定建制）进行调整。

c. 不利于精简机构。

3）矩阵制项目组织。

① 矩阵制项目组织特征：

a. 项目组织机构与职能部门的结合部同职能部门数相同。多个项目与职能部门的结合部呈矩阵状。

b. 把职能原则和对象原则结合起来，既发挥职能部门的纵向优势，又发挥项目组织的横向优势。

c. 专业职能部门是永久性的，项目组织是临时性的。职能部门负责人对参与项目组织的人员有组织调配、业务指导和管理考察的职责。项目经理将参与项目组织的职能人员在横向上有效地组织在一起，为实现项目目标协同工作。

d. 矩阵中的每个成员或部门，接受原部门负责人和项目经理的双重领导。但部门的控制力大于项目的控制力。部门负责人有权根据不同项目的需要和忙闲程度，在项目之间调配本部门人员。一个专业人员可能同时为几个项目服务，特殊人才可充分发挥作用，免得人才在一个项目中闲置又在另一个项目中短缺，大大提高人才利用率。

e. 项目经理对“借”到本项目经理部来的成员，有权控制和使用。当感到人力不足或某些成员不得力时，他可以向职能部门求援或要求调换，辞退回原部门。

f. 项目经理部的工作有多个职能部门支持，项目经理没有人员包袱。但要求在水平方向和垂直方向有良好的信息沟通及良好的协调配合，对整个企业组织和项目组织的管理水平和组织渠道畅通提出了较高的要求。

② 矩阵制项目组织适用范围。

a. 适用于同时承担多个需要进行项目管理工程的企业。在这种情况下，各项目对专业技术人才和管理人员都有需求，加在一起数量较大。采用矩阵制组织可以充分利用有限的人才对多个项目进行管理，特别有利于发挥稀有人才的作用。

b. 适用于大型、复杂的施工项目。因大型复杂的施工项目要求多部门、多技术、多工种配合实施，在不同阶段，对不同人员，有不同数量和搭配各异的需求。显然，部门控制式机构难以满足这种项目要求；混合工作队式组织又因人员固定而难以调配。人员使用固化，不能满足多个项目管理的人才需求。

③ 矩阵制项目组织优点：

a. 它兼有部门控制式和工作队式两种组织的优点，即解决了传统模式中企业组织和项目组织相互矛盾的状况，把职能原则与对象原则融为一体，求得了企业长期例行性管理和项目一次性管理的一致性。

b. 能以尽可能少的人力，实现多个项目管理的高效率。通过职能部门的协调，一些项目上的闲置人才可以及时转移到需要这些人才的项目上去，防止人才短缺，项目组织因此具有弹性和应变力。

c. 有利于人才的全面培养。可以使不同知识背景的人在合作中相互取长补短，在实践中拓宽知识面；发挥了纵向的专业优势，可以使人才成长有深厚的专业训练基础。

④ 矩阵制项目组织缺点：

a. 由于人员来自职能部门，且仍受职能部门控制，故凝聚在项目上的力量减弱，往往使项目组织的作用发挥受到影响。

b. 管理人员如果身兼多职地管理多个项目，便往往难以确定管理项目的优先顺序，有时难免顾此失彼。

c. 双重领导。项目组织中的成员既要接受项目经理的领导，又要接受企业中原职能部门的领导。在这种情况下，如果领导双方意见和目标不一致，乃至有矛盾时，当事人便无所适从。要防止这一问题产生，必须加强项目经理和部门负责人之间的沟通，还要有严格的规章制度和详细的计划，使工作人员尽可能明确在不同时间内应当干什么工作。

d. 矩阵制组织对企业管理水平、项目管理水平、领导者的素质、组织机构的办事效率、信息沟通渠道的畅通，均有较高要求，因此要精于组织，分层授权，疏通渠道，理顺关系。由于矩阵制组织的复杂性和结合部多，造成信息沟通量膨胀和沟通渠道复杂化，致使信息梗阻和失真。于是，要求协调组织内部的关系时必须有强有力的组织措施和协调办法以排除难题。为此，层次、职责、权限要明确划分。有意见分歧难以统一时，企业领导要出面及时协调。

4）事业部制项目组织。

① 事业部制项目组织特征：

a. 企业成立事业部，事业部对企业来说是职能部门，对企业外来说享有相对独立的经营权，可以是一个独立单位。事业部既可以按地区设置，也可以按工程类型或经营内容设置。事业部能较迅速适应环境变化，提高企业的应变能力，调动部门积极性。当企业向大型化、智能化发展并实行作业层和经营管理层分离时，事业部制是一种很受欢迎的选择，既可以加强经营战略管理，又可以加强项目管理。

b. 在事业部（一般为其中的工程部或开发部，对外工程公司是海外部）下边设置项目经理部。项目经理由事业部选派，一般对事业部负责，有的可以直接对业主负责，是根据其授权程度决定的。

② 事业部制项目组织适用范围。事业部制项目组织适用于大型经营性企业的工程承包，特别是适用于远离公司本部的工程承包。需要注意的是，一个地区只有一个项目，没有后续工程时，不宜设立地区事业部；它适用于在一个地区内有长期市场或一个企业有多种专业化施工力量时采用。在此情况下，事业部与地区市场同寿命。地区没有项目时，该事业部应予撤销。

③ 事业部制项目组织优点。事业部制项目组织有利于延伸企业的经营职能，扩大企业的经营业务，便于开拓企业的业务领域。还有利于迅速适应环境变化以加强项目管理。

④ 事业部制项目组织缺点。按事业部制建立项目组织，企业对项目经理部的约束力减弱，协调指导的机会减少，故有时会造成企业结构松散，必须加强制度约束，加大企业的综合协调能力。

2. 工程项目经理

项目经理，从职业角度，是指企业建立以项目经理责任制为核心，对项目实行质量、安全、进度、成本管理的责任保证体系和全面提高项目管理水平设立的重要管理岗位。项目经理是为项目的成功策划和执行负总责的人。项目经理是项目团队的领导者，项目经理首要职责是在预算范围内按时优质地领导项目小组完成全部项目工作内容，并使客户满意。为此项目经理必须在一系列的项目计划、组织和控制活动中做好领导工作，从而实现项目目标。为了确保项目目标的实现，对项目经理提出了如下要求：

（1）资格要求

国家规定，只有具有建造师执业资格证书的人员才可以担任项目经理。具有建造师执业资格证书并受聘于相应资质的施工企业，方能从事施工项目管理工作。

（2）能力要求

① 项目经理必须具有号召力。号召力也就是调动下属工作积极性的能力。人是社会

上的人，每个人都有自己的个性，而一般情况下项目经理部的成员是从企业内部各个部门调来后组合而成的，因此每个人的素质、能力和思想境界均或多或少存在不同之处。每个人从单位到项目部上班也都带有不同的目的，有的人是为了钱，有的人是为了学点技术和技能，而有的人是为了混日子。也因此每个人的工作积极性均会有所不同，为了钱的人如果没有得到他期望的工资，他就会有厌倦情绪；为了学技术和技能的人如果认为该项目没有他要学或认为岗位不对口学不到技术和技能也会产生厌倦情绪；为了混日子的人，则是得过且过。因此，项目经理应具有足够的号召力才能激发各种成员的工作积极性。

② 项目经理必须具有良好影响力。影响力主要是对下属产生影响的能力。项目经理除了要拥有的、其他员工视为重要的特殊知识，正确的、合法的发布命令之外，还需要适当引导下属的个人后期工作任务，授权他人自由使用资金，提高员工的职位，增加员工的工资报酬，对下属施加或导致其受到惩罚。并利用员工对某项具体工作的热爱产生相应的激励措施。

③ 项目经理必须具有很好的交流能力。交流能力就是有效倾听、劝告和理解他人行为的能力，也就是和其他人之间的友好的人际关系。强势领导必将制约企业的发展。项目经理只有具备足够的交流能力才能与下属、上级进行平等的交流，特别是对下级的交流更显重要。因为群众的声音是来自最基层、最原始的声音，特别是群众的反对声音，一个项目经理如果没有对下属职工的意见进行足够的分析、理解，那他的管理必然是强权管理，也必将引起职工的不满，其后果也必将重蹈我国历史上那些“忠言逆耳”的覆辙。

④ 项目经理必须具有应变能力。每个项目均具有其独特之处，而且每个项目在实施过程中都可能发生千变万化的情况，因此项目的管理是一个动态的管理，这就要求项目经理必须具有灵活应变的能力，才能对各种不利的情况迅速作出反应，并着手解决。没有灵活应变的能力，则必然会束手无策、急得如热锅上的蚂蚁一样，最终就可能导致项目进展受阻，无法将项目继续施展下去。

（3）性格要求

项目经理还必须自信、热情，充满激情、充满活力，对员工要有说服力。

（4）管理技能

管理技能首先要求项目经理把项目作为一个整体来看待，认识到项目各部分之间的相互联系和制约以及单个项目与母体组织之间的关系。只有对总体环境和整个项目有清楚的认识，项目经理才能制定出明确的目标和合理的计划。具体包括：

① 计划。计划是为了实现项目的既定目标，对未来项目实施过程进行规划和安排的活动。计划作为项目管理的一项职能，它贯穿于整个项目的全过程，在项目全过程中，随着项目的进展不断细化和具体化，同时又不断地修改和调整，形成一个前后相继的体系。项目经理要对整个项目进行统一管理，就必须制定出切实可行的计划或者对整个项目的计划做到心中有数，各项工作才能按计划有条不紊地进行。也就是说项目经理对施工的项目必须具有全盘考虑、统一计划的能力。

② 组织。这里所说的项目经理必须具备的组织能力是指为了使整个施工项目达到它的既定的目标，使全体参加者经分工与协作以及设置不同层次的权力和责任制度而构成的一种人的组合体的能力。当一个项目在中标后（有时在投标时），担任（或拟担任）该项目领导者的项目经理就必须充分利用他的组织能力对项目进行统一的组织，比如确定组织

目标、确定项目工作内容、组织结构设计、配置工作岗位及人员、制定岗位职责标准和工作流程及信息流程、制定考核标准等。在项目实施过程中，项目经理又必须充分利用他的组织能力对项目的各个环节进行统一的组织，即处理在实施过程中发生的人和人、人和事、人和物的各种关系，使项目按既定的计划进行。

③ 目标定位。项目经理必须具有定位目标的能力，目标是指项目为了达到预期成果所必须完成的各项指标的标准。目标有很多，但最核心的是质量目标、工期目标和投资目标。项目经理只有对这三大目标定位准确、合理才能使整个项目的管理有一个总方向，各项目工作也才能朝着这三大目标进行开展。要制定准确、合理的目标（总目标和分目标）就必须熟悉合同提出的项目总目标、反映项目特征的有关资料。

④ 对项目的整体意识。项目是一个错综复杂的整体，它可能含有多个分项工程、分部工程、单位工程，如果对整个项目没有整体意识，势必会顾此失彼。

⑤ 授权能力。也就是要使项目部成员共同参与决策，而不是那种传统的领导观念和领导体制，任何一项决策均要通过有关人员的充分讨论，并经充分论证后才能作出决定，这不仅可以做到“以德服人”，而且由于聚集了多人的智慧后，该决策将更得民心、更具有说服力，也更科学、更全面。

（5）基本素养

项目经理在工程项目施工中处于中心地位，起着举足轻重的作用。一个成功的项目经理需要具备的基本素质有：领导者的才能、沟通者的技巧和推动者的激情。

① 项目经理应对承接的项目所涉及的专业有一个全面的了解。

② 项目经理要有一定的财务知识。

③ 项目经理应对按合同完成项目建设有必胜信心。

④ 工程建设合同的签订尽量避免感情因素。

（6）明确重点工作

随着中国社会主义市场经济体制的建立和改革开放政策的深入，中国工程建设项目管理体制和设计体制的改革也在不断地进行。以项目管理为中心，实行项目经理负责制是工程建设项目管理成败的关键。在项目管理的过程中，项目经理必须抓好项目初始、中间实施和结束阶段的重点工作。

项目初始阶段的重点工作

项目初始阶段是指从合同签订生效后到正式开展设计这一阶段。此阶段的主要任务是完成组织、计划，创造开展项目工作的条件。项目初始阶段的工作由项目经理组织，项目组主要人员参加完成。项目初始阶段的工作对整个项目的实施具有宏观控制作用，成功的筹划是项目成功的一半，它的工作范围、质量、深度和合理性对以后项目实施的成功与否至关重要。因此，项目经理在项目初始阶段必须投入相当的精力和时间。

项目经理在项目初始阶段的主要要做好如下工作：

① 研究熟悉合同文件。项目经理组织已明确的项目班子成员仔细核阅合同文件、协议、补充协议等各项有关合同文件，深入消化了解，据此来开展项目工作。主要包括：了解合同谈判背景、中标条件及合同主要条款，研究、熟悉合同的主要内容，研究制定执行合同的策略、重点及注意事项。

② 确定项目的工作分解结构和编码。根据合同项目的具体内容确定项目的工作分解

结构和编码，将项目的工作任务分解成详细的工作单元，给每个单元规定各自的账目编码，这是进行费用/进度综合控制的基础。

③ 确定项目的组织分解结构和编码。根据项目的工作分解结构和编码，进一步确定项目的组织分解结构和编码。使项目的每一项工作都落实到公司的一个部、室的一个专业组织，不能遗漏，也不能把一项工作重复委派给一个以上的专业组。项目组实行动态管理，根据项目规模大小、复杂程度、专业协作条件关系，决定采取集中或分散的组织形式。

④ 组织业主（用户）开工会议。一般在合同生效后3～4周内，项目经理要组织召开业主（用户）开工会议。这是项目成立后与业主的第一次正式重要会议。在会上要进一步明确承发包双方的职责和范围，工程公司的工作内容和基础条件，进一步确认合同项目采用的标准及相关事项，确定双方的联系渠道和协调事项，讨论项目计划的有关工作。

⑤ 编制项目计划。项目计划是项目经理对项目的总体构思和安排。项目计划中要明确项目目标、工作原则、工作重点、工作程序和方法。项目经理首先编一个计划方案，提出对合同的研究意见，在技术和商务方面的可靠性和风险以及掌握项目进度、费用、质量和材料控制的原则和方法等，并经公司有关部门审查同意。接着再编制详细实施计划，并在项目开工会议上发布。这是项目工作的重要指导性文件。

项目经理除上述应具备的要求外还必须具有一副健康的身体和丰富的实践经验。由于工程繁忙，尤其是风险大或进展不顺利的项目，项目经理将肩负沉重压力，因此应具有健康的体魄。同时项目经理是亲临第一线的指挥官，要随时处理项目运行中发生的各种问题，因此应具有丰富的项目实践经验，才能对施工现场出现的各种问题迅速作出处理决定。

总之，一个优秀的项目经理不但要自信、奋进、精力充沛和善于沟通，而且还要具备广泛的管理技能和本专业的专业技术与技能，只能全面发展了，才能顺利实现本项目的各种既定的目标。

项目经理选聘高水平的技术、管理人员组成项目经理部，项目决策层由项目经理、生产项目经理、品质项目经理、项目总工程师组成。在建设单位，监理单位和公司的指导下，负责对本工程的工期、质量、安全、物资等实施计划、组织、协调、控制和决策。

3. 项目部各岗位职责

职责含义：指一个岗位所要求的需要去完成的工作内容以及应当承担的责任范围。岗位，是组织为完成某项任务而确立的，由工种、职务、职称和等级内容组成。职责，是职务与责任的统一，由授权范围和相应的责任两部分组成。

（1）项目经理部的项目经理的职责

① 组织项目管理班子。

② 负责本工程全部工作。

③ 以企业法人代表的身份处理与所承担的工程项目有关的外部关系，受委托签署有关合同。

④ 指挥工程项目建设的生产经营活动，调配并管理进入工程项目的人力资金、物资、机械设备等生产要素。

（2）生产项目经理的职责

① 在项目经理的领导下，负责本工程现场施工全面工作。

② 依据甲方基建施工进度和本施工组织计划，组织施工。

③ 依据施工图纸，处理现场的安装技术问题。

④ 依据工程进展的实际情况，提出施工人员和物资进场计划（包括进场人员的数量、时间，进场物资的种类、数量）。

⑤ 提出验收报告（包括验收内容，验收时间）。

⑥ 负责施工现场的安全保卫工作。

⑦ 负责施工专场作业人员的业绩考核，并依据奖惩制度提出奖惩办法，报项目经理批准后执行。

⑧ 分阶段向项目经理做出书面施工情况汇报，并在工程结束后作出全面工作总结报告。

（3）品质项目经理的职责

① 协助项目经理组织项目管理班子。

② 在项目经理领导下，负责本工程质检工作。

③ 负责本工程专家工作。

④ 负责本工程成品性试验。

（4）项目总工程师的职责

① 在项目经理的领导下，负责本项工程一切技术工作。

② 依据招标文件及相关图纸的要求，组织本项目施工图的深化设计。

③ 主持审核施工图纸的设计深度。

④ 负责解释施工现场提出的技术问题。

⑤ 负责本工程技术建档工作。

⑥ 分阶段组织有关人员进入施工现场进行施工质量检查。

⑦ 负责本工程各子系统施工质量考核。

（5）各职能部门的岗位职责

① 专家组职责。负责本工程系统深化设计；负责本工程施工图审核；负责本工程施工技术指导。

② 现场施工组职责。严格按施工图纸和施工规程组织施工；负责本工程管、洞预留、预埋指导和管道清理；负责本工程桥架安装；负责本工程设备定位；负责本工程布线；负责本工程设备安装（含设备连线、接地）；负责本工程系统试调；负责本工程试运行监测；负责整理本工程技术档案，负责提出验收报告。

③ 安全保卫组职责。设立专职安全保卫岗，负责本工程施工现场安全保卫工作；定期对员工进行安全生产和文明施工教育；依据施工现场有关管理规定，监督检查进场人员遵守施工现场安全保卫制度；负责保管进场物资，防止进场物资遗失和损坏；负责处理工程中出现的安全事故；负责本工程成品、半成品保护工作；负责定期编制专场施工安全保卫工作执行情况简报。

④ 质检组职责。设立专职质量检查岗，负责本工程现场施工质量检查工作；按照国际标准化组织颁布的ISO 9001质量标准以及施工图要求，对每道工序进行质量检查，并作好质量检查记录；按照本工程系统设计的技术指标和厂家提供的产品说明书规定的性能

技术指标，对进场设备、材料进行质量验收，对不符合工程质量要求的设备、材料有权拒绝进场；组织隐蔽工程质量验收，并负责收集隐蔽工程质量验收记录；负责定期编制现场施工质量简报。

⑤ 物资管理组职责。负责进场物资的验收，入库登记保管工作；任施工专场负责人签字的设备、材料领料单，发放库存物资；负责进场物资的日统计工作。对常用物资，在缺货前五天负责向施工现场负责人提出书面报告；工程结束后，负责对消耗及库存物资进行清理、统计，并将统计结果报施工现场负责人和财务计划组。

⑥财务计划组职责。负责拟定本工程经济收支预算计划；负责审核本工程各种设备、材料“订货合同”；负责本工程预决算并提出经济分析报告。

⑦ 物资采购供给组职责。依据本工程“供货合同”和现场提出的设备、材料进场计划，拟定物资采购计划；按照现场施工进度要求，负责分期分批采购工程所需物资并运往施工现场；严把进货质量关，严禁购进无生产许可证、无生产合格证以及假冒物资。

（6）机械员的工作职责

① 参与制定施工机械设备使用计划，负责制定维护保养计划；参与制定施工机械设备管理制定。

② 参与施工总平面布置及机械设备的采购或租赁。

③ 参与审查特种设备安装、拆卸单位资质和安全事故应急救援预案、专项施工方案；参与特种设备安装、拆卸的安全管理和监督检查。

④ 参与施工机械设备的检查验收和安全技术交底，负责特种设备使用备案、登记。

⑤ 参与组织施工机械设备操作人员的教育培训和资格证书查验，建立机械特种作业人员档案。

⑥ 负责监督检查施工机械设备的使用和维护保养，检查特种设备安全使用状况。

⑦ 负责落实施工机械设备安全防护和环境保护措施。

⑧ 参与施工机械设备事故调查、分析和处理；参与施工机械设备定额的编制，负责机械设备台账的建立。

⑨ 负责施工机械设备常规维护保养支出的统计、核算、报批；参与施工机械设备租赁结算。

⑩ 负责编制施工机械设备安全、技术管理资料；负责汇总、整理、移交机械设备资料。

4.4.3 工程项目管理的基本原理

工程项目管理就是运用各种知识、技能、手段和方法去满足或超出项目利害关系者对某个工程项目的要求。应该说，工程项目管理的知识、技能、手段和方法很多，也在不断发展中，但工程项目管理的基本原理主要是：目标的系统管理和过程控制。

1. 目标的系统管理

目标的系统管理就是把整个项目的工作任务和目标作为一个完整的系统加以统筹、控制。目标的系统管理包括两个方面：一方面首先确定工程项目总目标，采用工作分解结构（WBS）方法将总目标层层分解成若干个子目标和可执行目标，将它们落实到工程项目建设周期的各个阶段和各个责任人，并建立由上而下，由整体到局部的目标控制系统。另一方面要做好整个系统中各类目标（如质量目标、进度目标和费用目标）的协调平衡和各分项目标的衔接和协作工作，使整个系统步调一致、有序进行，从而保证总目标的实现。

(1) 工程项目目标

① 工程项目目标的确定。工程项目目标必须明确、可行、具体和可以度量，并须在投资方与业主、承包商之间达成一致。确定了工程项目目标，实际上也就明确了业主努力的方向。通常不允许在工程项目实施中仍存在不确定的目标和对目标做过多、过大的修改。如果必须改动项目目标，则工程项目的各个参与方必须就项目的全部变动内容达成一致意见。因此项目的投资者和执行者，都必须重视并加强对工程项目目标的探索和目标系统的建立。

② 工程项目目标确定应满足的条件：

ⅰ目标应是具体的，具有可评估性和可量化性，不应含混模糊；

ⅱ目标应与上级组织目标一致；

ⅲ在可能时，以可交付成果的形式对目标进行说明，如评估报告、设计图纸等；

ⅳ目标是可理解的，即必须让其他人知道你正努力去达到什么；

ⅴ目标是现实的，即是你应该去做的事情；

ⅵ目标应具有时间性，如果目标没有时间限制，可能永远无法达到；

ⅶ目标是可达到的，但需要努力和承担一定的风险；

ⅷ目标的可授权性，即每个目标都可授权给具体的人来负责。

③ 工程项目目标的特点：

ⅰ多目标性。工程项目是一个多目标系统，而且不同目标之间可能相互冲突，因此必须在多个目标之间找到平衡点。实现工程项目的过程就是多个目标协调一致的过程，这种协调包括同一层次的多个目标之间的横向协调，总目标与子目标之间的纵向协调，以及工程项目目标与组织目标之间的协调等。工程项目目标可以表现为：时间、费用、质量、环保、安全等。就是要充分利用可获得的资源，在规定的时间和费用内，按照一定的质量完成工程项目。

费用、时间和质量三大目标之间是对立统一的，如图 4-69 所示。一方面，如果工程项目的功能和质量要求较高，则需要较好的工程设备和材料，还需要精工细作，需要较长的建设周期，投入较多的资金；如果要加快进度、缩短工期，则需要增加作业班次，增加人力和设备，导致施工效率下降，增加单位产品费用，最终增加工程总投资；如果要降低投资，则需考虑降低功能和质量要求，需要按费用最低的原则安排进度计划，则整个工程的建设周期将较长，三大目标之间存在对立关系。另一方面，加快进度、缩短工期尽管需要增加一定的投资，但由于整个工程提前投产使用，可提早回收投资，提早产生收益。从理论上讲，当提前投产得到的收益高于因工期缩短而增加的投资时，则加快进度就是正确的决策。又如，提高功能和质量要求，虽然增加一次性投入，但降低了生产运营和维护费用，从工程项目全寿命周期费用分析可能还是节约了投资，三大目标之间又存在统一关系。因此，三大目标之间需要作为一个系统统筹考虑，反复协调和平衡，力求以资源的最优配置实现工

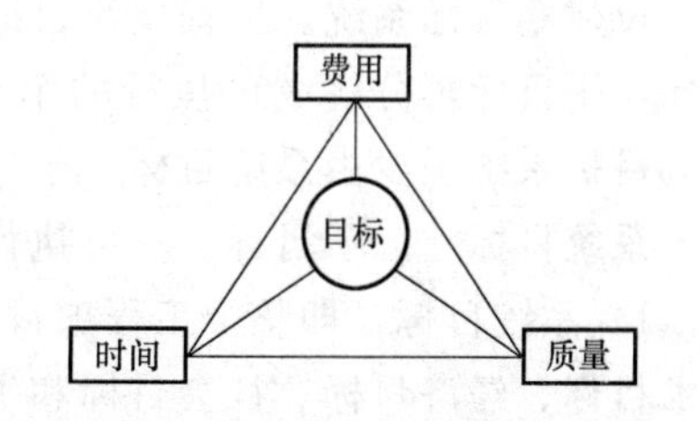

图 4-69　费用-时间-质量目标关系图

程项目目标。

ⅱ优先性。工程项目的多目标性和各目标之间的相互冲突等特点，使工程项目组织在建立工程项目目标系统、协调各目标间的关系时，表现为需要对某些目标优先考虑。如为了保证产品上市的市场机会，可能考虑时间目标优先于费用目标，要求工程项目必须按时完成。

ⅲ层次性。工程项目目标系统表现为一个有层次的体系。上层目标是下层目标的目的，下层目标是实现上层目标的手段，层次越低，目标越具体越易于操作。各个层次的目标具有一致性。

（2）工程项目目标系统

① 工程项目目标系统的建立过程。工程项目目标系统建立过程包括工程项目构思、识别需求、提出项目目标和建立目标系统等工作。具体过程：

工程项目构思──→识别需求──→提出项目目标──→建立目标系统

ⅰ工程项目构思。任何一个工程项目都是从构思开始的，国家政府、地方政府、部门或企业为实现其发展战略都可能需要建造某些工程项目，这就是工程项目构思。

工程项目构思常常是市场需求、经营需要、客户要求、技术进步和法律要求等的一个或多个因素导致的结果。

ⅱ识别需求。在工程项目构思的基础上，需要对工程项目投资方的具体需求进行识别和评价，形成理性的目标概念，使投资方的需求更加合理化。

ⅲ提出项目目标。通过对工程项目本身和工程项目环境的分析，确定符合实际情况的需求目标。分析的具体内容包括：

1）工程项目拟提供的产品或服务的市场现状分析和前景预测；

2）投资方的发展战略、现状和能力分析；

3）工程项目环境分析，包括政治、法律、经济、技术、社会文化、自然环境分析等。

通过上述分析，可以发现阻碍满足需求的问题，解决这些问题的程度就是工程项目的各个目标。

ⅳ建立目标系统。工程项目目标系统是一种层次结构，将工程项目的总目标分解成子目标，子目标再分解成可执行的第三级目标，如此一直分解下去，形成层次性的目标结构。目标系统至少由系统目标、子目标和可执行目标三个层次构成：

系统目标——子目标——可执行目标

1）系统目标，即整个工程项目的总目标。系统目标通常可以分为工程项目功能目标、技术目标、经济目标、社会目标和生态目标等。

2）子目标。由系统目标分解得到。它仅适用于工程项目的某一方面，相当于目标系统中的子系统目标。

3）可执行目标。该级目标应具有可操作性，也称作操作目标，用于确定工程项目的详细构成。更细的目标分解，一般在可行性研究以及技术设计和计划中形成，并得到进一步解释和定量化，逐渐转化为具体的工作任务。

② 工程项目目标系统建立的依据。

ⅰ业主的需求说明。即业主对工程项目使用功能的要求，包括建设工程项目的目的、产品方案、技术要求、拟建规模、建设地点的初步设想、资源情况、建设条件等。

ⅱ 国家、地方政府颁布的法律、法规、细则等。

ⅲ 国家和行业颁布的强制性标准、规范、规程等。

ⅳ 其他资料。如与本工程项目性质类似的历史数据，与本工程项目相关的最新技术发展资料等。

③ 工程项目目标系统的建立方法。可以采用工作分解结构（WBS）方法建立工程项目的目标系统。WBS 是一种层次化的树状结构，是将工程项目划分为可以管理的工程项目单元，通过控制这些单元的费用、进度和质量目标，达到控制整个工程项目的目的。

（3）工程项目目标管理

目标管理技术是一种把目标系统中的各级目标与实现目标的具体计划相联系的一种管理方法。目标系统中的各级目标对应工程项目组织机构中相应级别的职能部门。高层管理人员制定了工程项目的总目标，工程项目组织中的各级职能部门根据总目标的要求制定相应的目标和实现目标的工作计划，而职能部门的人员则根据本部门目标确定各自的工作职责范围和工作成果。工程项目目标、职能部门目标和员工目标的关系过程（图 4-70）：

分解目标过程：工程项目目标──→职能部门目标──→员工目标

实现目标过程：员工目标──→职能部门目标──→工程项目目标

工程项目目标管理方法就是要求每个项目管理团队成员必须明确工程项目目标，将实现个人目标作为实现总目标的重要组成部分和保证。

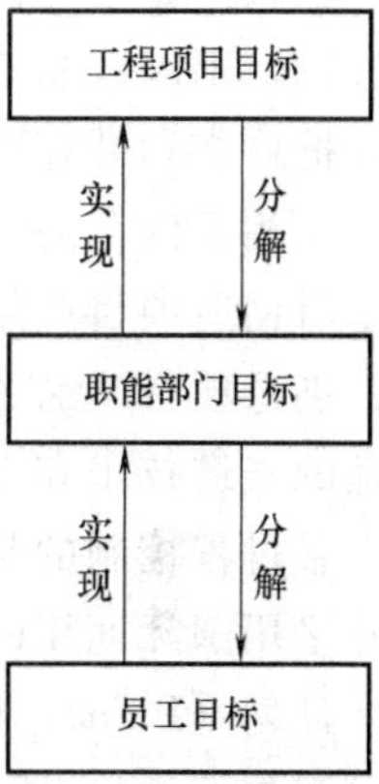

工程项目目标
实现 ↑ ↓ 分解
职能部门目标
实现 ↑ ↓ 分解
员工目标

图 4-70　目标分解、实现过程

① 目标管理的优点：

ⅰ 目标管理的系统性将工程项目目标与企业目标、工程项目组织中各职能部门目标以及项目管理团队各成员目标有机地结合在一起，使每个成员明确自己的地位和懂得自己在实现项目目标中的重要性，有利于增强责任感。

ⅱ 明确的个人目标在满足项目目标要求的同时，也满足了实现个人价值的需要，是一种有效的激励机制，可以最大程度地调动项目管理团队成员的积极性。

ⅲ 目标管理强调最终的结果，而不在意其实现目标的手段，可充分发挥项目管理团队成员的主观能动性。

② 目标管理的系统控制方法。控制是项目管理过程中的一项重要活动，通常是指项目管理人员在执行计划的过程中，按计划标准来衡量所取得的成果，纠正发生的偏差，最终实现项目目标的管理过程。

工程项目的三大目标：时间、费用、质量，三者有着内在的联系，相互影响、相互制约，处在一个统一的系统内。系统控制方法是指管理人员根据工程项目的客观情况，协调三个基本目标间的关系，制订实现工程项目目标的具体计划，并对计划的实施过程进行动态控制，最终实现工程项目预期目标的管理过程。

系统控制强调运用价值工程的方法，考虑工程项目整个寿命周期的影响，制订最佳资源配置和实现最优目标的工程项目计划。该计划实现了三大目标间的最优结合，而管理人员在计划执行过程中，又能针对出现的新情况，不断调整计划，纠正偏差，使工程项目目标始终保持最优状态，从而实现了“计划一执行一检查一纠偏一新计划”的动态控制过程。

实施目标管理的系统控制必须注意，对三大目标中任一目标做出改变，都必须考虑对另外两个目标的影响。例如：采用限额设计控制费用目标，既要保证费用控制在限额内，又要保证工程项目预期的使用功能和质量标准。当发现实际费用超出限额时，应对拟删减的工程内容或降低质量标准的措施进行分析，力求在费用限额内，对工程项目使用功能和质量标准的影响降低到最低程度。

③ 过程控制。

ⅰ过程控制的含义。上面讲述了目标的系统管理，但无论总目标还是各项子目标的实现都有一个投入到产出实现目标的过程，就是利用过程控制的原理，通过工作流（或业务流）对实现目标的过程、相关资源及投入过程进行动态管理，预先安排好过程最佳步骤、流程、控制方法以及资源需求，规定好组织内各部门之间的关键活动的接口，及时测量、统计关键活动的成果并及时反馈，不断改进，从而更有效地使用资源，既满足顾客的要求，又降低成本、保证质量和进度，使相关方受益。

ⅱ两类项目过程。项目过程分为两大类，一类是创造项目产品的过程。创造项目产品的过程因产品的不同而各异，创造工程项目产品的典型过程为前期筹划—设计—采购—施工—验收—总结评价，这些过程关注实现项目产品的特性、功能和质量。另一类是项目管理过程，不因产品不同而各异，它们的典型过程是启动“计划—实施—检查—处理”，也可以把检查和处理两个过程合并起来叫控制过程。上述两类项目过程在项目中是不可分离的，是相互依存的。创造项目产品的过程是项目的基础，是项目管理的对象。项目管理过程是对创造项目产品过程的管理，不能满足于参与创造项目产品的过程而忽视项目管理过程；创造项目产品的过程只能保证项目产品的功能特性，而项目管理的过程则是利用项目管理的先进技术和工具保证项目的效率和效益。

ⅲ过程控制的基本程序。国际标准化组织（ISO）和国际咨询工程师联合会（FIDIC）推荐采用国际通用的 PDCA 循环方法。

计划（Plan），即为完成项目目标而编制一个可操作的运转程序和作业计划。主要工作内容包括：1）明确工作目标并按工作分解结构（WBS）原理将工作层层分解，确立每项作业的具体目标；2）明确实现目标的具体操作过程；3）确定过程顺序和相互作用；4）为运行和控制过程确定准则和方法；5）明确保证必需的资源和信息以有效支持过程运行；6）在以上工作的基础上作出详细工作计划；7）对工程项目计划进行评审、批准。

实施（Do），实施过程就是从资源投入到成果实现的过程，主要就是协调人力和其他资源以执行工程项目计划。在这个过程中，工程项目管理团队必须对存在于工程项目中的各种技术和组织界面进行管理；并做好记录，包括人力和其他资源的投入、活动过程、成果的评审、确认等的记录。

检查（Check），就是通过对进展情况进行不断的监测和分析，以预防质量不合格、预防工期延误、预防费用超支，确保工程项目目标的实现。

处理（Act），处理措施包括两方面。一方面是客观情况变化，必须采取必要的措施调整计划，特别是变化影响到费用、进度、质量、风险等方面，必须做出相应的变更。另一方面，通过分析发现管理工作有缺陷，就应提出改进管理的措施，使管理工作持续进行。

PDCA 循环实际上是有效进行任何一项工作的合乎逻辑的工作程序。PDCA 四个过程不是运行一次就完结，而是要周而复始地进行，其基本模型如图 4-71 所示。工程项目的 PDCA 循环呈现阶梯式上升的趋势。PDCA 循环不是在同一水平上循环，每循环一次，就解决一部分问题，取得一部分成果，工作就前进一步。到了下一次循环，又有了新的目标和内容。图 4-72 表示了工程项目 PDCA 循环阶梯式上升的过程。

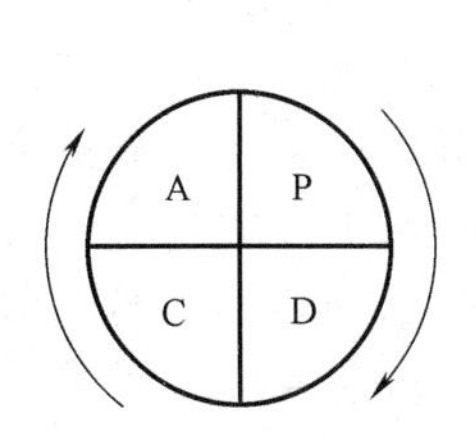

图 4-71 PDCA 循环的基本模型

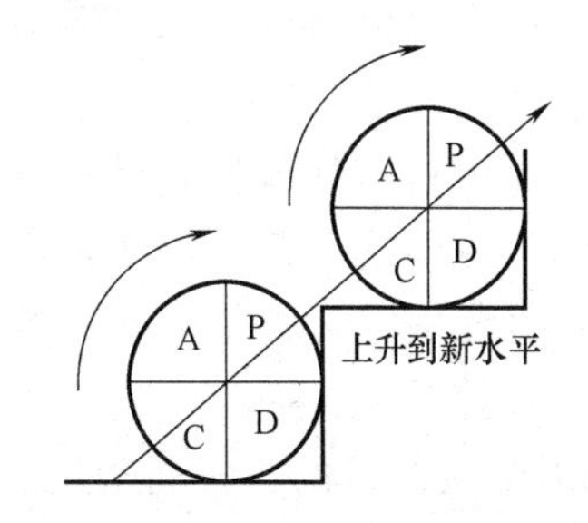

图 4-72 工程项目 PDCA 循环阶梯式上升的过程

需要指出的是，在过程控制过程中，上述的 PDCA 循环规则，着重说明管理工作是一个持续改进的过程，它没有包括项目的启动和收尾两个子过程。实际全过程可以用图 4-73 表示。

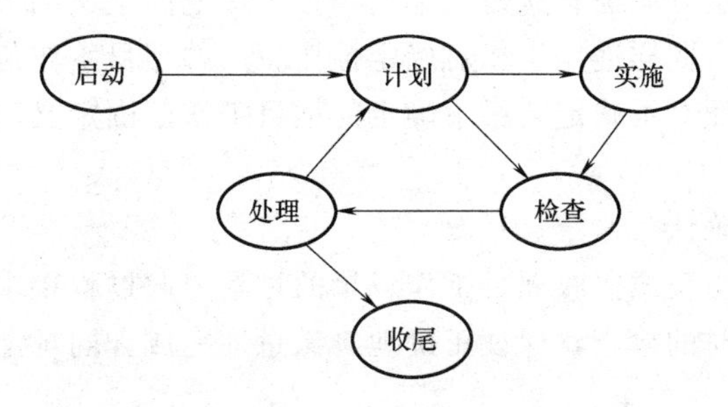

图 4-73 一个工程项目阶段内各个过的相互关系

ⅳ过程网络。工程项目的实现过程不是一个单一的过程，而是许多分过程和子过程的集合体。有些过程是顺序性的，前一过程的结束是后一过程的开始，而相当多的过程是可以平行交叉的，有不少过程还是相互渗透相互结合的。因此工程项目的过程控制，实际上是对结合在一起的互动过程进行网络管理。每个过程和过程网络的控制，都可以采用 PD-CA 循环的动态管理模式。通过循环管理达到以下目的：1）选择最佳路径；2）确定过程有效运行条件、控制关键点和方法；3）明确各过程的联系，界定过程间的接口；4）协调各过程活动；5）确定监视、测量、分析过程的方法和步骤；6）确保持续改进。

④ 动态控制。工程项目一次性、固定性、诸多因素带有不确定性等特点决定了其过程控制的动态特征，必须在项目实施过程中根据情况的变化进行项目目标的动态控制。动态控制广泛应用于工程项目的进度控制、费用控制、质量控制等过程中。工程项目动态控制的纠偏措施主要有：组织措施、管理措施、经济措施、技术措施等。

2. 工程项目范围管理

工程项目范围管理是指确保项目完成全部规定要做的工作，而且仅仅完成规定要做的工作，从而成功地达到项目目标的管理过程。即在满足工程项目使用功能的条件下，对项目应该包括哪些具体的工作进行定义和控制。工程项目范围管理的内容包括工程项目范围定义、项目范围确认和范围的变更控制。

（1）工程项目范围定义

① 工程项目范围定义的概念。范围一词在本教材中应解释为包括下述两方面的含义：一是工程项目将要包括的性质和使用功能；二是实施并完成该工程项目而必须做的具体工作。

由于工程项目划分为策划与决策阶段、准备阶段、实施阶段以及竣工验收和总结评价阶段，因此，范围管理在工程项目建设周期的各个阶段的内容是不同的。

工程项目范围定义就是把项目的可交付成果（一个主要的子项目）划分为较小的、更易管理的多个单元。

② 范围定义的目的：提高费用、时间和资源估算的准确性；确定在履行合同义务期间对工程进行测量和控制的基准，即：划分的独立单元要便于进度测量，目的是及时计算已发生的工程费用；明确划分各部分的权力和责任，便于清楚地分派任务。

③ 范围定义的依据：工程项目概况；项目的约束条件；项目其他阶段的成果；历史资料；各种假设。

④ 范围定义的方法：

ⅰ项目工作分解备选方案法。这是基本的项目工作范围定义的方法，这种也是一种结构化的分析方法，所以它同样适用于相对确定性比较高的项目工作范围的定义。

ⅱ专家法。当人们面对不确定或很不确定的项目工作范围定义时，人们多数时候也会使用专家法。

（2）工程项目范围确认

范围确认是项目业主正式接收项目工作成果的过程。此过程要求对项目在执行过程中完成的各项工作进行及时的检查，保证正确地、满意地完成合同规定的全部工作。

① 范围确认的依据。

ⅰ完成的工作成果。在项目建设周期的不同阶段，工作成果具有不同的表现形式。

在项目策划和决策阶段，项目建议书、可行性研究报告是咨询工程师提供咨询服务的工作成果。

项目准备阶段产生的工作成果包括初步设计图纸、项目实施的整体规划、项目采购计划、项目的招标文件、详细的设计图纸等。

在项目实施阶段，承包商建造完成的土建工程、电气工程、给排水工程以及已安装的生产设备等是阶段性的工作成果；整个项目的交付使用，则是承包商最终的工作成果。

项目竣工验收和总结评价阶段的工作成果主要是项目自评报告和后评价报告。

ⅱ有关的项目文件。这些文件主要是指双方签订的项目合同，包括项目计划、规范、技术文件、图纸等。如对咨询服务成果的确认主要是依据双方签订的咨询服务合同，特别是合同中关于咨询服务内容的描述，以及完成各项咨询任务的时间表、验收方式等。

ⅲ第三方的评价报告。第三方评价报告是指按照我国工程项目建设程序的有关规定，由具有独立法人资格和相应资质的实体，或相应的政府机构，对项目产生的工作成果进行独立评价后出具的评价报告。

ⅳ工作分解结构。

② 范围确认的方法。范围确认的主要方法是对所完成工作成果的数量和质量进行检查，通常包括以下三个基本步骤：a）测试；b）比较和分析（即评估）；c）处理。

③ 范围确认的结果。范围确认产生的结果就是对工程项目的正式接收。在项目周期的不同阶段，具有不同的工作成果。各阶段的主要工作成果描述如下：

ⅰ在项目的策划与决策阶段：范围确认的结果是接收项目建议书、预可行性研究报告或可行性研究报告。

ⅱ准备阶段：根据被委托咨询公司的具体任务，范围确认的结果是接收设计图纸、招标文件、项目总体计划等。

ⅲ实施阶段：范围确认的结果是接收施工单位完成项目的实体成果（如土建工程、生产设备和设施等）。

ⅳ竣工验收和总结阶段：范围确认的结果是接收和项目后评价报告及各种实测的统计资料。

（3）工程项目范围变更控制。

① 范围变更控制的定义。项目范围变更是项目变更的一个方面，是指在实施合同期间项目工作范围发生的改变，如增加或删除某些工作等。

范围变更控制就是：

ⅰ对造成范围变更的因素施加影响以确保这些变化给项目带来益处；

ⅱ确定范围变更已经发生；

ⅲ当变更发生时对实际变更进行管理。范围变更控制必须完全与其他的控制过程（如时间控制，费用控制，质量控制等）相结合才能收到更好的控制效果。

② 范围变更控制的依据：工作范围描述；技术规范和图纸；变更令；工程项目进度计划；进度报告。

（4）项目工作范围变更控制系统

它规定了项目工作范围变更应遵循的程序，包括书面工作、跟踪系统以及批准变更所必需的批准层次。下述工作范围变更程序适用于土木工程施工合同，项目参与方包括三方：业主、咨询工程师和承包商。

① 变更申请。咨询工程师、业主和承包商均可对合同工作范围提出变更申请。

咨询工程师提出变更，多数情况是发现设计中存在某些缺陷而需要对原设计进行修改。修改工作可由咨询工程师自己完成，也可以指令承包商完成。（注：FIDIC 条款规定）

② 审查和批准变更。对工作范围的任何变更，咨询工程师必须与项目业主进行充分协商，在达成一致意见后，由咨询工程师发出正式变更令。咨询工程师批准工作范围变更的原则如下：

ⅰ变更后的项目不能降低使用标准；

ⅱ变更工作在技术上可行；

ⅲ业主同意支付变更费用；

ⅳ变更后的施工工艺不宜复杂，且对总工期的影响保持在最低限度。

③ 编制变更文件和发布变更令。变更文件一般由变更令和变更令附件构成。

ⅰ变更令。在实施项目之前，咨询工程师应确定变更令的标准格式，以便在发生变更时使用。变更令通常包括如下内容：

1）变更令编号和签发变更令的日期；

2）项目名称和合同号；

产生变更的原因和详细的变更内容说明包括：依据合同的哪一条款发出变更令；变更工作是在接到变更令后立即开始实施，还是在确定变更工作的费用后实施；承包商应在多长期限内对变更工作提出增加费用和延长工期的请求；变更工作的具体内容和变更令附件。

3）先前变更产生的累计费用额，此次变更增加或减少的费用额，累计总变更费用额；

4）业主名称、业主授权代表签字；

5）咨询工程师名称、咨询工程师授权代表签字；

6）承包商名称、承包商授权代表签字。

ⅱ变更令附件。变更令附件一般包括变更工作的工程量表、设计资料、设计图纸和其他与变更工作有关的文件。

④ 承包商向咨询工程师发出对变更工作要求额外支付的意向通知。我国《建设工程施工合同示范文本》关于变更估价的规定是："承包人在工程变更确定后 14 天内，提出变更工程价款的报告，经工程师确认后调整合同价款…"，"承包人在双方确定变更后 14 天内不向工程师提出变更工程价款的报告时，视为该项变更不涉及合同价款的变更。"因此，承包商提出变更工程价款的报告是开始变更估价的前提条件。

⑤ 变更工作的估价。

ⅰ工程施工承包合同中确定变更工作费率（单价）或价格程序

1）如咨询工程师认为适当，应以合同中规定的费率和价格进行变更工作的估价。

2）如合同中未包括适用于该变更工作的费率和价格，则应在合理的范围内使用合同中的费率和价格作为估价的基础。

3）如咨询工程师认为合同中没有适用于该变更工作的费率和价格，则在与业主和承包商进行适当的协商后，由咨询工程师和承包商议定合适的费率和价格。

4）如双方在协商后未达成一致意见，则咨询工程师应确定他认为适当的费率和价格，并相应地通知承包商，同时将一份副本呈交业主。

ⅱ确定变更工作价格时应注意的问题

1）当合同中规定以多于一种的货币进行支付时，应说明以不同货币进行支付的比例。

2）变更工作的价格调整。

4.4.4 工程项目计划管理

工程管理计划应包括进度管理计划，质量管理计划，安全管理计划，环境管理计划，成本管理计划等计划内容。

1. 进度管理计划

（1）项目施工进度管理应按照项目施工的技术规律和合理的施工顺序，保证各工序在时间上和空间上顺利衔接。

（2）进度管理计划应包括下列内容：

① 对项目工地进度计划进行逐级分解，通过阶段性目标的实现保证最终工期目标的完成；

② 监理施工进度管理的组织机构并明确职责，制定相应管理制度；

③ 针对不同施工阶段的特点，制定进度管理的响应措施，包括施工组织措施，技术措施和合同措施等；

④ 建立施工进度动态管理机制，及时纠正施工过程中的进度偏差，并制定特殊情况下的赶工措施；

⑤ 根据项目周边环境特点，制定相应的协调措施，减少外部因素对施工进度的影响。

2. 质量管理计划

（1）质量管理计划可参照《质量管理体系要求》，在施工单位质量管理体系的框架内编制。

（2）质量管理计划应包括下列内容：

① 按照项目具体要求确定质量目标并进行目标分解，质量指标应具有可测性；

② 建立项目质量管理的组织机构并明确职责；

③ 制定符合项目特点的技术保障和资源保障措施，通过可靠的预防控制措施，保证质量目标的实现；

④ 建立质量过程检查制度，并对质量事故的处理作出相应规定。

3. 安全管理计划

（1）安全管理计划可参照《职业健康安全管理体系》，在事故单位安全管理体系的框架内编制。

（2）安全管理计划应包括下列内容：

① 确定项目重要危险源，制定项目职业健康安全管理目标；

② 建立有管理层次的项目安全管理组织机构并明确职责；

③ 根据项目特点，进行职业健康安全方面的资源配置；

④ 建立具有针对性的安全生产管理制度和职工安全教育培训制度；

⑤ 针对项目重要危险源，制定相应的安全技术措施，对达到一定规模的危险性较大的分部工程和特殊工种的作业应制定专项安全技术措施的编制计划；

⑥ 根据季节，气候的变化，制定相应的季节性安全施工措施；

⑦ 建立现场安全检查制度，并对安全事故的处理作出相应规定。

工程项目管理计划中所涉及的工地进度管理计划，质量管理计划，安全管理计划都是为了在整个工程中，确保工程质量，加快工程效率，从而提高工程性价比。采用高效沟通与管理是工地管理中降低成本的重要而有效的手段。工地管理中信息传达及信息决策所耗费的时间，将是巨大的成本代价，使用手持式视频通信可以更加充分的与远程决策人员进行充分沟通，从而尽快解决问题，为后期的工程进度留出足够空间，避免工程延误。

4.4.5 工程项目实施管理

工程实施阶段业主的项目管理是建设项目管理的一部分，它同样包括为广大管理者所熟知的、一般管理所具有的决策计划、组织、协调与控制五大功能，项目管理成败的关键在于认真二字，只要以铁的决心去推行，就一定能圆满完成项目管理的任务。

工程实施阶段业主的项目管理是建设项目管理的一个组成部分。根据我国的基本建设程序，建设项目建设程序分为六个阶段，即项目建议书阶段、可行性研究阶段、设计阶段、建设准备阶段、建设实施阶段和竣工验收阶段。如果说建设项目管理是指“在建设项目的生命周期内，用系统工程的理论、观点和方法，进行有效的规划、决策、组织、协调、控制等系统性的、科学的管理活动，从而按项目既定的质量要求、动用时间、投资总额、资源限制和环境条件，圆满地实现建设目标”，工程实施阶段业主的项目管理（以下简称项目管理）则可描述为：在工程的实施阶段，业主的项目部和项目管理人员，按照工程建设的有关法律、法规、技术规范的要求，根据已签订的工程承包合同、工程监理合同、其他合同及合同性文件，调动各方面的综合资源，对项目工程从开工至竣工的工程质量、进度、投资及其他方面的目标进行全面控制的管理过程。

1. 项目管理的过程

（1）建立项目管理组织

项目管理的边界条件是：工程承包合同已经签订，工程任务已经明确，监理工程师已经选好，其他相关条件也已具备。由于项目管理的主体是以项目负责人（项目经理）为首的项目部，因此，项目管理的第一步是建立项目管理的组织--项目部。项目部的建立包括以下内容：

采用适当方式选聘称职的项目负责人（项目经理）。

根据项目组织原则和工作内容，组建项目管理机构（项目部），明确各部门分工和责任。

根据工作需要选配合格的项目管理人员。

制定各级项目管理人员的岗位职责、工作标准。

编制项目管理流程，明确各级项目管理人员的权限。

根据项目管理的需要，制定项目管理制度和管理办法。如果上级机关有相关的规章制度亦应遵守。

（2）进行项目管理规划

项目管理规划是对项目组织、内容、方法、步骤及重点进行预测和决策，做出具体安排的纲领性文件，其内容包括：列出项目管理工作清单，并对工作进行分类。采用何种分类的方法取决于项目的特点和人员状况：如果项目比较复杂，且项目管理人员专业分工界限比较清楚，可按条条来划分；如果项目相对比较简单，项目管理人员多为复合型人才，既懂技术又懂经济和管理，则可按块块来划分。但在实际操作中，人们往往采用条块结合的方式，认为这样更能实现有效的管理。

将各项工作落实到人。项目管理需由全体项目人员共同完成，每个人都应有具体的工作。工作的目标、程序、深度、标准、时间和质量都应有明确规定。

建立项目管理工作体系，绘制项目管理工作体系图和项目管理工作体系流程图。

编制项目管理规划，确定管理的重点和难点，选择适当的管理手段和方法，形成书面文件，以利执行。

（3）项目管理的具体实施

项目管理的客体是监理工程师，监理工程师是业主唯一的现场施工管理者，要保证项目管理指令的唯一性，项目管理人员一般不能越过监理工程师直接向承包商发布指令或接受承包商的意见，项目管理人员的意见和决策应通过监理工程师贯彻执行。因此，项目管理的实施就是对监理工程师的管理。

熟悉合同。合同是项目管理的根本大法，离开合同就谈不上项目管理，因此，项目管理人员的首要任务就要熟悉合同，掌握工程实际情况。

督促监理单位根据工程建设的需要科学地组建监理项目管理机构，制定监理项目管理规划和监理工作实施细则，并与监理工程师讨论具体问题。

与监理工程师和承包商共同商讨工程建设问题。

委托监理工程师对施工项目的进度、质量、投资及其他事项进行全过程的全面管理。

通过现场抽查、资料分析及信息处理等手段对监理工程师的工作进行有效监督和管理。

对项目施工中重要、关键的技术难点和经济问题进行调查研究，并通过监理工程师落实到项目建设中去。

根据项目建设的实际情况，不断调整、补充、完善项目管理规划、规章制度和管理办法，以适应工程建设的需要。

（4）项目管理的终结

项目工程的竣工验收和总结是项目管理的一个重要阶段，工程虽然已经完工，但项目管理并没有结束，在某些特定的条件下，这一阶段的历时甚至会超过项目的建设。这项工作的目标是对项目成果进行总结评价，对外结清债权债务，结束交易关系。其内容有：

组织或委托监理工程师组织竣工初验；

组织或委托监理工程师组织试运行；

组织或委托监理工程师组织正式竣工验收；

责成监理工程师要求承包商对工程遗留问题进行处理；

组织办理工程移交；

办理竣工决算，支付质量保证金。

进行项目管理总结。项目管理总结包括技术总结、经济总结和管理总结三个方面。技术总结要说明在项目建设中采用了那些新工艺、新材料、新设备、新方法和质量保证措施，效果如何；经济总结主要是从横向和纵向两个方面比较经济指标的提高与下降；管理总结内容包括采取的建设管理体制，组织机构，资源配置，规章制度，管理办法，以及经验与教训。

项目部解体，人员分流转岗。

2. 项目管理的内容

项目管理的内容是纷繁多样的，归纳起来有以下几个方面：合同管理，质量控制，投资控制，进度控制，信息管理和其他方面的管理等。业主的项目管理和监理的项目管理及承包商的项目管理虽然内容相同，但在管理方式、管理手段、管理深度和具体工作上三者有严格的、明确的区别。只有认识这个区别，才能做好项目管理工作。

（1）合同管理

合同管理应该说并不是项目管理的一项具体内容，之所以把它列在这里，是因为合同在项目管理中的地位是如此的重要，离开他，项目管理就无从谈起。合同是项目管理的依据。

熟悉合同。项目管理人员要熟悉合同，包括合同协议书、补充协议书、技术条款、商务条款、备忘录、招标通知及其他一切被看作合同一部分的文件，并对合同进行深入细致的研究，对合同的关键条款、存在的漏洞及可能产生变化并引起纠纷的地方做到心中有数。

树立强烈的合同意识。在合同面前，业主和承包商的地位是平等的。一方面，项目管理人员不以势压人，逼迫承包商接受合同外的条件；另一方面，也要警惕承包商在项目实施过程中埋设陷阱。当承包商提出各种各样的建议时，首先想到要遵守合同，对采纳建议可能带来的经济问题要有充分估计。

（2）质量控制

工程项目实施阶段，业主的项目部要开展多方面的工作，对工程项目的质量进行控制和监督，概括地说有审查确认承包商的质量保证体系，进场材料、设备的质量控制，监理规划、监理实施细则的审查以及对监理工程师日常监理工作的监督和检查等几个方面。

承包商质量保证体系的审查确认。着重检查承包商是否已建立质量保证体系，质量保证体系是否经认证单位认证，是否制定了明确的质量目标和计划以及质量保证体系是否行之有效等。

工程材料的质量控制。检查承包商是否根据设计图纸的规定和合同的要求制定了材料检验和检查制度并在实际工作中严格对材料的采购订货、材料的进场和材料的使用进行质量控制。

生产设备的质量控制。包括生产设备采购订货的质量控制、生产设备加工制作的质量控制、生产设备组装调试的质量控制以及形成的生产能力的保证率等各个环节。

监理规划和监理工作实施细则的审查。业主的意志要通过监理工程师来实现。监理工作的好坏与监理规划和监理工作实施细则的优劣有直接关系。

经常深入工地了解情况，同时对监理工程师的日常监理工作进行监督检查。特别强调带着问题下工地进行调查研究。

（3）投资控制

项目部对工程项目投资控制负有很重要的责任，因为项目部所管的是源头的问题。项目部对投资控制的内容主要是审核批准拨付合同范围内的进度款、处理变更和索赔，即管理“项目实施控制价”。

审查、确认监理工程师上报的承包商所做的统计月报，上报上级部门，并不定时抽查工程实际完成情况与监理上报情况是否符合。这里主要指对已完工程量和工程质量的审核，必要时可请测量中心、试验中心检查、确认。

研究监理工程师审查后的合同变更及有关索赔报告，负责核实项目、原因、数量、施工条件，然后提出初步意见上报有关部门审批。需要强调说明的是：项目部要明示监理工程师，对于承包商所提出的合同变更及有关索赔要求，监理工程师在提出审查意见以前必须与项目部沟通并取得一致意见。否则将出现项目部否决监理工程师的意见的可能，这不仅会降低监理工程师的威信，也会给工程管理带来混乱。任何合同变更和索赔要求都要有文字依据。

审查竣工决算，报上级有关部门批准。

（4）进度控制

进度控制是指对工程实施阶段的工作内容、工作顺序、持续时间及工作之间的相互衔接关系等进行计划并付诸实施，然后在计划实施过程中经常检查实际进度是否按计划进行，一旦发现有偏差出现，应在分析偏差产生原因的基础上采取有效措施排除障碍或调整、修改原进度计划后再付诸实施，如此循环，直至工程项目竣工、交付使用的过程。进度控制的最终目的是确保工程项目按预定的时间启用或提前交付使用。项目部在进度控制方面所做的工作有：编制项目管理规划，研究项目的总进度、施工布置、重大施工技术和施工难题，对项目实施过程中可能出现的问题做好预案。制定一整套制度来规范管理以提高工作效率。

审查确认监理工程师上报的承包商所做的施工组织设计。要求监理工程师做好监理规划、计划、组织设计和进度控制的工作制度以及进度控制工作实施细则，并督促监理工程师在工程实施过程中努力落实。

主持会议研究各方面提出来的与合同实施有关的问题，参加监理工程师主持的有关协调研究会议，对涉及到工程进度的有关问题及时提出解决办法并通过监理工程师去实施，必要时对施工手段、施工资源、施工组织直至合同工期进行调整。重大问题须报上级部门批准。

及时审签工程进度款支付凭证，依据合同对承包商的工程进度完成情况进行奖励和处罚，必要时给予额外的奖励。帮助承包商解决施工中存在的设备、资金等方面的实际困难，以加快工程进展。

（5）信息管理

接受监理工程师的各项报告和文件。对合同范围内的本项目管理的内容进行审查、批准，对本项目管理以外的内容，与有关部门协调，协调不了的上报上级部门。所有报告和文件均应妥善保管或备份，以备查用。

提供月、季、年计划给有关部门进行汇总。

建立统计台账、变更台账、结算台账，对合同进展情况进行分析研究。

召开或参加各种协调会议和其他会议，掌握项目的各种情况。

深入施工现场，了解现场情况。

利用计算机进行信息管理和工程管理。

（6）其他目标的管理

安全目标。督促监理工程师做好安全控制，目的是保证项目施工中没有危险、不出事故、不造成人身伤亡和财产损失。安全法规、安全技术和工业卫生是安全控制的三大主要措施。

现场管理目标。科学安排、合理调配使用施工用地，并使之与各种环境保持协调关系。项目施工结束后，督促有关单位及时拆除临时设施并退场，以便重新规划使用或永久绿化。

文明施工目标。督促监理工程师和承包商按照有关法规要求，使施工现场和临时用地范围内秩序井然，文明安全，环境得到保护，绿地树木不被破坏，交通畅达，文物得以保存，防火设施完备，居民不受干扰，场容和环境卫生均符合要求。

协调现场各承包商、监理、设计、业主内部各有关部门、地方村镇之间的关系，为工程建设创造良好的内外环境。

4.4.6　施工资源与现场管理

项目进度管理是项目管理中的一个关键职能，对于项目进度控制至关重要，它是建立在项目范围确定的基础上，通过确定合理的工作顺序，采用一定的方法对项目范围所包含的工作及其之间的相互关系进行分析，在满足项目时间要求和资源约束的情况下，对各项工作所需要的时间进行估计，并在项目的时间期限内合理地安排和控制所有工作的开始和结束时间，使资源配置和成本消耗达到均衡状态的一系列管理活动和过程。

施工项目的顺利实施，需要项目资源的充分供给与支持。如果项目资源不能及时供给，计划再好的项目也不会成功。同时，施工项目的顺利进行不仅仅需要一种资源，它需要众多资源的供给和配合，只要有一种项目资源稀缺就有可能阻碍项目的发展。每一种项目资源都有可能成为施工项目的约束条件，而不同种类的项目需要的项目资源有所不同，因此，影响项目成功的约束条件也存在较大差异。

1. 施工资源管理

施工资源分为施工劳动力，施工机械设备，建筑材料、构配件，施工环境等。

施工项目资源管理，就是对项目所需人力、材料、机具、设备、技术和资金所进行的计划、组织、指挥、协调和控制等活动。

（1）施工资源管理的方法任务

施工资源管理的方法任务主要体现在四个方面：

一是对资源进行优化配置；二是对资源进行优化组合；三是在施工项目运转过程中对资源进行动态管理；四是在施工项目运行中合理地、高效地利用资源。

（2）施工资源管理的内容

施工资源管理的内容包括人力资源管理、材料管理、机械设备管理、技术管理和资金管理等。合理分配人、料、机械，使效率最高且经济合理是施工资源管理的根本目标。

2. 施工现场管理

施工现场管理是建筑企业管理的重要环节，也是建筑企业管理的落脚点。企业管理中很多问题必然会在现场得到反映，各项专业受理工作也是在现场贯彻落实。但是，作为建筑企业的最基层的基础工作——施工现场管理，其首要任务是保证施工活动能高效率、有秩序地进行现场出现的各种生产技术问题，有关施工人员在现场应该及时解决，实现预定的目标任务。

施工现场管理内容包括施工质量、进度、安全、成本控制。现场管理具体内容如下：

施工现场质量控制内容主要有：定点定位工作，各施工工序抽检、各分部分项工程质量控制及评定、材料控制等工作。

施工现场进度控制内容包括：按施工合同中要求的合同工期，制定出总进度计划及月度计划、周计划，根据该计划监督其落实情况，找出未完成原因后解决问题直至计划能按预定日期计划完成。

施工现场成本控制内容包括：对现场签证及设计变更严格按多级、多层次签字程序有序控制成本。

施工现场安全管理内容包括：工程例会上强调安全管理，每月组织一次安全大检查，并督促按检查结果进行整改。

第5章　建筑机械管理相关法律法规知识

5.1　建筑机械管理相关法律法规简介

5.1.1　建筑机械管理人员学习法律法规知识的意义

近年来，由于各级政府与生产企业始终坚持“安全第一、预防为主”的安全生产工作方针，坚持以人为本的安全管理理念，坚持依照法律法规加强安全生产管理，切实强化了企业的安全生产主体责任，生产领域内安全事故发生频率及伤亡人数逐年呈下降趋势，安全生产整体处于平稳发展的态势。

但是，毋庸置疑的是全国各地区、各行业企业生产安全发展极为不平衡，建筑业在“五大高危行业”（指矿山生产企业、建筑施工企业、危险化学品生产企业、烟花爆竹生产企业和民用爆破器材生产企业）中生产安全事故发生的次数和伤亡人数始终都处于前列，其中，机械伤害又与高处坠落、坍塌、物体打击和触电事故成为建筑业常发生的“五大伤害”，近年来，由于机械管理不善引发的事故屡见不鲜，对企业、对个人，乃至对社会造成的损失和不良影响都是十分巨大的。

生产领域内发生生产安全事故主要是人的不安全行为、物的不安全状态、环境的不安全因素及管理的缺陷造成的，其中人的不安全行为是主要因素，据有关资料显示，生产过程中由于人的不安全行为导致的事故占事故总数的88%，即使是物的因素导致的生产安全事故也与人的因素密切相关。

加强建筑机械管理，杜绝建筑机械使用过程的生产安全事故，从根本上说，就是要规范人的行为。规范人的行为的方式与手段很多，最重要的手段就是依靠法律法规来约束人的行为，也就是我们通常说的要依法办事，依法保护自己。

建筑机械管理相关法律法规的核心内容是针对人的行为规范展开的。其根本宗旨在于通过规范人的行为来保证建筑机械本身的安全。这正是我们机械管理人员为什么要学习相关法律法规知识的目的和意义。

5.1.2　建筑机械管理相关法律法规简介

目前涉及建筑机械管理的法律法规及技术标准规范很多，从法律法规的构成体系而言，它主要包括：宪法、法律、行政法规、部门规章、地方性法规和地方政府规章，以及与建筑机械管理相关的技术规范与技术标准。这些法律法规、技术规范和技术标准，虽然适用对象和范围有所不同，但相互之间都有一定的内在联系。

为了帮助机械管理人员学习和掌握与建筑机械管理相关的法律法规知识，本章将对主要的法律法规作一些简单的介绍。

1. 宪法

宪法是我国的根本大法，在我国法律体系中具有最高的法律地位和法律效力。宪法是由国家权力机关——全国人民代表大会制定的。宪法是制定其他一切法律法规的根据和基础，一切法律法规均不得与宪法的规定相抵触，否则一律无效。

现行的《中华人民共和国宪法》于1982年12月4日第五届全国人民代表大会第五次会议通过，1982年12月4日全国人民代表大会公告公布施行，2004年3月14日第十届全国人民代表大会第二次会议并对《中华人民共和国宪法》进行了修正。

《宪法》提出中华人民共和国公民享有劳动的权利和义务。《宪法》有关"加强劳动保护，改善劳动条件"的要求已经成为国家和企业共同遵循的安全生产基本原则。

2. 法律

法是指国家制定或认可的，体现执政阶级意志并由国家强制力保障实施的社会行为规范的总称。作为广义法律的法是指整个法的体系中的全部内容，而狭义的法律是指全国人大及其常委会制定的法律文件。与建筑机械管理相关的法律有：

(1)《中华人民共和国建筑法》

1997年11月1日第八届人大常委会第28次会议讨论通过了《中华人民共和国建筑法》。该法自1998年3月1日在全国实施。2011年4月22日第十一届全国人民代表大会常务委员会第二十次会议决定针对1998年3月1日开始实施的《中华人民共和国建筑法》作了个别条文的修改。《建筑法》的颁布与实施，标志着中国的建筑业生产管理从此走上了法制化轨道。

《中华人民共和国建筑法》包括：总则、建筑许可、建筑工程发包与承包、建筑工程监理、建筑安全生产管理、建筑工程质量管理、法律责任、附则等内容。

《建筑法》第五条规定：从事建筑活动应当遵守法律、法规，不得损害社会公共利益和他人的合法权益。

《建筑法》第四十四条规定：建筑施工企业必须依法加强对建筑安全生产的管理，执行安全生产责任制度，采取有效措施，防止伤亡和其他安全生产事故的发生。建筑施工企业的法定代表人对本企业的安全生产负责。

《建筑法》第四十六条规定：建筑施工企业应当建立健全劳动安全生产教育培训制度，加强对职工的安全生产教育培训，未经安全生产教育培训的人员，不得上岗作业。

新修订的《建筑法》第四十八条规定：建筑施工企业应当依法为职工参加工伤保险缴纳工伤保险费。鼓励企业为从事危险作业的职工办理意外伤害保险，支付保险费。

(2)《中华人民共和国安全生产法》

《中华人民共和国安全生产法》于2002年6月29日全国人大常委会审议通过，自2002年11月1日起施行。《安全生产法》是我国安全生产的第一部大法。它共有七章九十七条，其中《安全生产法》第三条正式确立了"安全第一，预防为主"的安全生产管理方针，尤其具有十分重大的意义。

《安全生产法》第十六条明确提出：生产经营单位应当具备本法和有关法律、行政法规和国家标准或行业标准规定的安全生产条件；不具备安全生产条件的，不得从事生产经营活动。它最早提出了"安全生产条件"这一概念，是我国建立安全生产许可制度的法律依据。

《安全生产法》中涉及到建筑机械管理的条文还有：

第二十九条　安全设备的设计、制造、安装、使用、检测、维修、改造和报废，应当符合国家标准或者行业标准。

生产经营单位必须对安全设备进行经常性维护、保养，并定期检测，保证正常运转。维护、保养、检测应当作好记录，并由有关人员签字。

第三十条　生产经营单位使用的涉及生命安全、危险性较大的特种设备，以及危险物品的容器、运输工具，必须按照国家有关规定，由专业生产单位生产，并经取得专业资质的检测、检验机构检测、检验合格，取得安全使用证或者安全标志，方可投入使用。检测、检验机构对检测、检验结果负责。

涉及生命安全、危险性较大的特种设备的目录由国务院负责特种设备安全监督管理的部门制定，报国务院批准后执行。

第三十一条　国家对严重危及生产安全的工艺、设备实行淘汰制度。

生产经营单位不得使用国家明令淘汰、禁止使用的危及生产安全的工艺、设备。

第三十五条　生产经营单位进行爆破、吊装等危险作业，应当安排专门人员进行现场安全管理，确保操作规程的遵守和安全措施的落实。

第四十一条　生产经营单位不得将生产经营项目、场所、设备发包或者出租给不具备安全生产条件或者相应资质的单位或者个人。

第五十六条　负有安全生产监督管理职责的部门依法对生产经营单位执行有关安全生产的法律、法规和国家标准或者行业标准的情况进行监督检查，行使以下职权：对有根据认为不符合保障安全生产的国家标准或者行业标准的设施、设备、器材予以查封或者扣押，并应当在15日内依法作出处理决定。

(3)《中华人民共和国特种设备安全法》

《中华人民共和国特种设备安全法》于2013年6月29日中华人民共和国第十二届全国人民代表大会常务委员会第三次会议通过，自2014年1月1日起施行，是我国特种设备管理的第一部法律。

《中华人民共和国特种设备安全法》包括总则、生产经营使用、检验检测、监督管理、事故应急救援与调差处理、法律责任、附则等内容。

《中华人民共和国特种设备安全法》的制定目的是：加强特种设备安全工作，预防特种设备事故，保障人身和财产安全，促进经济社会发展。

《中华人民共和国特种设备安全法》的适用对象是：特种设备的生产（包括设计、制造、安装、改造、修理）、经营、使用、检验、检测和特种设备安全的监督管理。

第七条规定：特种设备生产、经营、使用单位应当遵守本法和其他有关法律、法规，建立、健全特种设备安全和节能责任制度，加强特种设备安全和节能管理，确保特种设备生产、经营、使用安全，符合节能要求。

第八条规定：特种设备生产、经营、使用、检验、检测应当遵守有关特种设备安全技术规范及相关标准。

特种设备安全技术规范由国务院负责特种设备安全监督管理的部门制定。

第十三条　特种设备生产、经营、使用单位及其主要负责人对其生产、经营、使用的特种设备安全负责。

特种设备生产、经营、使用单位应当按照国家有关规定配备特种设备安全管理人员、检测人员和作业人员，并对其进行必要的安全教育和技能培训。

第十四条　特种设备安全管理人员、检测人员和作业人员应当按照国家有关规定取得相应资格，方可从事相关工作。特种设备安全管理人员、检测人员和作业人员应当严格执行安全技术规范和管理制度，保证特种设备安全。

第十五条　特种设备生产、经营、使用单位对其生产、经营、使用的特种设备应当进行自行检测和维护保养，对国家规定实行检验的特种设备应当及时申报并接受检验。

第十六条　特种设备采用新材料、新技术、新工艺，与安全技术规范的要求不一致，或者安全技术规范未作要求、可能对安全性能有重大影响的，应当向国务院负责特种设备安全监督管理的部门申报，由国务院负责特种设备安全监督管理的部门及时委托安全技术咨询机构或者相关专业机构进行技术评审，评审结果经国务院负责特种设备安全监督管理的部门批准，方可投入生产、使用。

国务院负责特种设备安全监督管理的部门应当将允许使用的新材料、新技术、新工艺的有关技术要求，及时纳入安全技术规范。

第十七条　国家鼓励投保特种设备安全责任保险。

第十八条　国家按照分类监督管理的原则对特种设备生产实行许可制度。特种设备生产单位应当具备下列条件，并经负责特种设备安全监督管理的部门许可，方可从事生产活动：

（一）有与生产相适应的专业技术人员；

（二）有与生产相适应的设备、设施和工作场所；

（三）有健全的质量保证、安全管理和岗位责任等制度。

第十九条　特种设备生产单位应当保证特种设备生产符合安全技术规范及相关标准的要求，对其生产的特种设备的安全性能负责。不得生产不符合安全性能要求和能效指标以及国家明令淘汰的特种设备。

第二十一条　特种设备出厂时，应当随附安全技术规范要求的设计文件、产品质量合格证明、安装及使用维护保养说明、监督检验证明等相关技术资料和文件，并在特种设备显著位置设置产品铭牌、安全警示标志及其说明。

第二十三条　特种设备安装、改造、修理的施工单位应当在施工前将拟进行的特种设备安装、改造、修理情况书面告知直辖市或者设区的市级人民政府负责特种设备安全监督管理的部门。

第二十四条　特种设备安装、改造、修理竣工后，安装、改造、修理的施工单位应当在验收后三十日内将相关技术资料和文件移交特种设备使用单位。特种设备使用单位应当将其存入该特种设备的安全技术档案。

第二十五条　锅炉、压力容器、压力管道元件等特种设备的制造过程和锅炉、压力容器、压力管道、电梯、起重机械、客运索道、大型游乐设施的安装、改造、重大修理过程，应当经特种设备检验机构按照安全技术规范的要求进行监督检验；未经监督检验或者监督检验不合格的，不得出厂或者交付使用。

第三十二条　特种设备使用单位应当使用取得许可生产并经检验合格的特种设备。

禁止使用国家明令淘汰和已经报废的特种设备。

第三十三条　特种设备使用单位应当在特种设备投入使用前或者投入使用后三十日内，向负责特种设备安全监督管理的部门办理使用登记，取得使用登记证书。登记标志应当置于该特种设备的显著位置。

第三十四条　特种设备使用单位应当建立岗位责任、隐患治理、应急救援等安全管理制度，制定操作规程，保证特种设备安全运行。

第三十五条　特种设备使用单位应当建立特种设备安全技术档案。安全技术档案应当包括以下内容：

（一）特种设备的设计文件、产品质量合格证明、安装及使用维护保养说明、监督检验证明等相关技术资料和文件；

（二）特种设备的定期检验和定期自行检查记录；

（三）特种设备的日常使用状况记录；

（四）特种设备及其附属仪器仪表的维护保养记录；

（五）特种设备的运行故障和事故记录。

第三十七条　特种设备的使用应当具有规定的安全距离、安全防护措施。

与特种设备安全相关的建筑物、附属设施，应当符合有关法律、行政法规的规定。

第三十八条　特种设备属于共有的，共有人可以委托物业服务单位或者其他管理人管理特种设备，受托人履行本法规定的特种设备使用单位的义务，承担相应责任。共有人未委托的，由共有人或者实际管理人履行管理义务，承担相应责任。

第三十九条　特种设备使用单位应当对其使用的特种设备进行经常性维护保养和定期自行检查，并作出记录。

特种设备使用单位应当对其使用的特种设备的安全附件、安全保护装置进行定期校验、检修，并作出记录。

第四十条　特种设备使用单位应当按照安全技术规范的要求，在检验合格有效期届满前一个月向特种设备检验机构提出定期检验要求。

特种设备检验机构接到定期检验要求后，应当按照安全技术规范的要求及时进行安全性能检验。特种设备使用单位应当将定期检验标志置于该特种设备的显著位置。

未经定期检验或者检验不合格的特种设备，不得继续使用。

第四十一条　特种设备安全管理人员应当对特种设备使用状况进行经常性检查，发现问题应当立即处理；情况紧急时，可以决定停止使用特种设备并及时报告本单位有关负责人。

特种设备作业人员在作业过程中发现事故隐患或者其他不安全因素，应当立即向特种设备安全管理人员和单位有关负责人报告；特种设备运行不正常时，特种设备作业人员应当按照操作规程采取有效措施保证安全。

第四十二条　特种设备出现故障或者发生异常情况，特种设备使用单位应当对其进行全面检查，消除事故隐患，方可继续使用。

第四十七条　特种设备进行改造、修理，按照规定需要变更使用登记的，应当办理变更登记，方可继续使用。

第四十八条　特种设备存在严重事故隐患，无改造、修理价值，或者达到安全技术规范规定的其他报废条件的，特种设备使用单位应当依法履行报废义务，采取必要措施消除该特种设备的使用功能，并向原登记的负责特种设备安全监督管理的部门办理使用登记证书注销手续。

前款规定报废条件以外的特种设备，达到设计使用年限可以继续使用的，应当按照安全技术规范的要求通过检验或者安全评估，并办理使用登记证书变更，方可继续使用。允许继续使用的，应当采取加强检验、检测和维护保养等措施，确保使用安全。

第六十九条　国务院负责特种设备安全监督管理的部门应当依法组织制定特种设备重特大事故应急预案，报国务院批准后纳入国家突发事件应急预案体系。

县级以上地方各级人民政府及其负责特种设备安全监督管理的部门应当依法组织制定本行政区域内特种设备事故应急预案，建立或者纳入相应的应急处置与救援体系。

特种设备使用单位应当制定特种设备事故应急专项预案，并定期进行应急演练。

第七十条　特种设备发生事故后，事故发生单位应当按照应急预案采取措施，组织抢救，防止事故扩大，减少人员伤亡和财产损失，保护事故现场和有关证据，并及时向事故发生地县级以上人民政府负责特种设备安全监督管理的部门和有关部门报告。

县级以上人民政府负责特种设备安全监督管理的部门接到事故报告，应当尽快核实情况，立即向本级人民政府报告，并按照规定逐级上报。必要时，负责特种设备安全监督管理的部门可以越级上报事故情况。对特别重大事故、重大事故，国务院负责特种设备安全监督管理的部门应当立即报告国务院并通报国务院安全生产监督管理部门等有关部门。

与事故相关的单位和人员不得迟报、谎报或者瞒报事故情况，不得隐匿、毁灭有关证据或者故意破坏事故现场。

第七十三条　组织事故调查的部门应当将事故调查报告报本级人民政府，并报上一级人民政府负责特种设备安全监督管理的部门备案。有关部门和单位应当依照法律、行政法规的规定，追究事故责任单位和人员的责任。

事故责任单位应当依法落实整改措施，预防同类事故发生。事故造成损害的，事故责任单位应当依法承担赔偿责任。

(4)《中华人民共和国劳动法》

《劳动法》于1994年7月5日第八届全国人民代表大会常务委员会第八次会议通过，自1995年1月1日起施行。

《劳动法》依据宪法制定，制定的目的是为了保护劳动者的合法权益，调整劳动关系，建立和维护适应社会主义市场经济的劳动制度，促进经济发展和社会进步。

《劳动法》适用对象是在中华人民共和国境内的企业、个体经济组织（以下统称用人单位）和与之形成劳动关系的劳动者以及国家机关、事业组织、社会团体和与之建立劳动合同关系的劳动者。

第三条　规定劳动者享有平等就业和选择职业的权利、取得劳动报酬的权利、休息休假的权利、获得劳动安全卫生保护的权利、接受职业技能培训的权利、享受社会保险和福利的权利、提请劳动争议处理的权利以及法律规定的其他劳动权利。劳动者应当完成劳动任务，提高职业技能，执行劳动安全卫生规程，遵守劳动纪律和职业道德。

第四条　规定用人单位应当依法建立和完善规章制度，保障劳动者享有劳动权利和履行劳动义务。

第十五条　禁止用人单位招用未满十六周岁的未成年人。

第五十二条　用人单位必须建立、健全劳动安全卫生制度，严格执行国家劳动安全卫生规程和标准，对劳动者进行劳动安全卫生教育，防止劳动过程中的事故，减少职业危害。

第五十三条　劳动安全卫生设施必须符合国家规定的标准。

新建、改建、扩建工程的劳动安全卫生设施必须与主体工程同时设计、同时施工、同时投入生产和使用。

第五十四条　用人单位必须为劳动者提供符合国家规定的劳动安全卫生条件和必要的劳动防护用品，对从事有职业危害作业的劳动者应当定期进行健康检查。

第五十五条　从事特种作业的劳动者必须经过专门培训并取得特种作业资格。

第五十六条　劳动者在劳动过程中必须严格遵守安全操作规程。劳动者对用人单位管理人员违章指挥、强令冒险作业，有权拒绝执行；对危害生命安全和身体健康的行为，有权提出批评、检举和控告。

第六十八条　用人单位应当建立职业培训制度，按照国家规定提取和使用职业培训经费，根据本单位实际，有计划地对劳动者进行职业培训。从事技术工种的劳动者，上岗前必须经过培训。

(5)《劳动合同法》

为了完善劳动合同制度，明确劳动合同双方当事人的权利和义务，保护劳动者的合法权益，构建和发展和谐稳定的劳动关系，制定本法。中华人民共和国境内的企业、个体经济组织、民办非企业单位等组织（以下称用人单位）与劳动者建立劳动关系，订立、履行、变更、解除或者终止劳动合同，适用本法。

第三条规定：订立劳动合同，应当遵循合法、公平、平等自愿、协商一致、诚实信用的原则。依法订立的劳动合同具有约束力，用人单位与劳动者应当履行劳动合同约定的义务。

第四条　用人单位应当依法建立和完善劳动规章制度，保障劳动者享有劳动权利、履行劳动义务。

用人单位在制定、修改或者决定有关劳动报酬、工作时间、休息休假、劳动安全卫生、保险福利、职工培训、劳动纪律以及劳动定额管理等直接涉及劳动者切身利益的规章制度或者重大事项时，应当经职工代表大会或者全体职工讨论，提出方案和意见，与工会或者职工代表平等协商确定。

在规章制度和重大事项决定实施过程中，工会或者职工认为不适当的，有权向用人单位提出，通过协商予以修改完善。

用人单位应当将直接涉及劳动者切身利益的规章制度和重大事项决定公示，或者告知劳动者。

第七条　用人单位自用工之日起即与劳动者建立劳动关系。用人单位应当建立职工名册备查。

第八条　用人单位招用劳动者时，应当如实告知劳动者工作内容、工作条件、工作地点、职业危害、安全生产状况、劳动报酬，以及劳动者要求了解的其他情况；用人单位有权了解劳动者与劳动合同直接相关的基本情况，劳动者应当如实说明。

第九条　用人单位招用劳动者，不得扣押劳动者的居民身份证和其他证件，不得要求劳动者提供担保或者以其他名义向劳动者收取财物。

第十条 建立劳动关系，应当订立书面劳动合同。

已建立劳动关系，未同时订立书面劳动合同的，应当自用工之日起一个月内订立书面劳动合同。

用人单位与劳动者在用工前订立劳动合同的，劳动关系自用工之日起建立。

第十一条 用人单位未在用工的同时订立书面劳动合同，与劳动者约定的劳动报酬不明确的，新招用的劳动者的劳动报酬按照集体合同规定的标准执行；没有集体合同或者集体合同未规定的，实行同工同酬。

第二十二条 用人单位为劳动者提供专项培训费用，对其进行专业技术培训的，可以与该劳动者订立协议，约定服务期。

劳动者违反服务期约定的，应当按照约定向用人单位支付违约金。违约金的数额不得超过用人单位提供的培训费用。用人单位要求劳动者支付的违约金不得超过服务期尚未履行部分所应分摊的培训费用。

用人单位与劳动者约定服务期的，不影响按照正常的工资调整机制提高劳动者在服务期间的劳动报酬。

第三十二条 劳动者拒绝用人单位管理人员违章指挥、强令冒险作业的，不视为违反劳动合同。

劳动者对危害生命安全和身体健康的劳动条件，有权对用人单位提出批评、检举和控告。

(6)《刑法》

《中华人民共和国刑法》于 1979 年 7 月 1 日第五届全国人民代表大会第 2 次会议通过，1997 年 3 月 14 日第八届全国人民代表大会第 5 次会议修订，1997 年 3 月 14 日中华人民共和国主席令第 83 号公布。2006 年 6 月 29 日，中华人民共和国第十届全国人民代表大会常务委员会第 22 次会议通过《中华人民共和国刑法修正案（六)》，其中对安全生产刑事责任作了具体规定。主要内容有：在生产、作业中违反有关安全管理的规定，因而发生重大伤亡事故或者造成其他严重后果的；强令他人违章冒险作业，因而发生重大伤亡事故或者造成其他严重后果的；安全生产设施或者安全生产条件不符合国家规定，因而发生重大伤亡事故或者造成其他严重后果的；在安全事故发生后，负有报告职责的人员不报或者谎报事故情况，贻误事故抢救，情节严重的，相关责任人员要承担相应的刑事责任。

2011 年 2 月 25 日第十一届全国人民代表大会常务委员会第十九次会议对《刑法》进行了第八次修改。刑法修正案（八）共五十条，对刑法相关条款进行了修改、增加。刑法修正案（八）进一步落实宽严相济刑事政策，取消了 13 个经济性非暴力犯罪死刑罪名，对判处死缓和无期徒刑罪犯的减刑、假释作了严格规范，对数罪并罚执行期限作了调整，加大了对累犯和黑社会性质组织犯罪的惩处力度；将醉酒驾车、飙车、拒不支付劳动报酬等严重危害群众利益的行为规定为犯罪，细化了危害食品安全、生产销售假药和破坏环境资源等方面犯罪的规定，进一步强化了刑法对民生的保护，对依法进行社区矫正作出规定。

3. 行政法规

行政法规是最高国家行政机关即国务院制定的法律文件。与建筑机械管理相关的行政法规主要有：

(1)《特种设备安全监察条例》

《特种设备安全监察条例》于2003年2月19日国务院第68次常务会议通过，2003年3月11日中华人民共和国国务院令第373号公布。2009年1月24日国务院第46次常务会议通过《国务院关于修改〈特种设备安全监察条例〉的决定》，并以国务院令第549号公布，自2009年5月1日起施行。

制定《特种设备安全监察条例》的目的是为加强特种设备的安全监察、防止和减少事故，保障人民群众生命和财产安全，促进经济发展。

该条例所称特种设备是指涉及生命安全、危险性较大的锅炉、压力容器（含气瓶，下同)、压力管道、电梯、起重机械、客运索道、大型游乐设施和场（厂）内专用机动车辆。《特种设备安全监察条例》第九十九条第四、五、八款还对电梯、起重机械、场（厂）内专用机动车辆进行了具体的说明。

特种设备的生产（含设计、制造、安装、改造、维修)、使用、检验检测及其监督检查，应当遵守该条例，但该条例另有规定的除外。

该条例共8章103条，包括总则、特种设备的生产、特种设备的使用、检验检测、监督检查、事故预防和调查处理、法律责任、附则。其中在总则第三条明确规定："房屋建筑工地和市政工程工地用起重机械、场（厂）内专用机动车辆的安装、使用的监督管理，由建设行政主管部门依照有关法律、法规的规定执行"。

《特种设备安全监察条例》与建筑机械管理相关的条文还有：

第五条　特种设备生产、使用单位应当建立健全特种设备安全、节能管理制度和岗位安全、节能责任制度。

特种设备生产、使用单位的主要负责人应当对本单位特种设备的安全和节能全面负责。特种设备生产、使用单位和特种设备检验检测机构，应当接受特种设备安全监督管理部门依法进行的特种设备安全监察。

第十条第二款：特种设备生产单位对其生产的特种设备的安全性能和能效指标负责，不得生产不符合安全性能要求和能效指标的特种设备，不得生产国家产业政策明令淘汰的特种设备。

第十五条　特种设备出厂时，应当附有安全技术规范要求的设计文件、产品质量合格证明、安装及使用维修说明、监督检验证明等文件。

第二十四条　特种设备使用单位应当使用符合安全技术规范要求的特种设备。特种设备投入使用前，使用单位应当核对其是否附有本条例第十五条规定的相关文件。

第二十五条　特种设备在投入使用前或者投入使用后30日内，特种设备使用单位应当向直辖市或者设区的市的特种设备安全监督管理部门登记。登记标志应当置于或者附着于该特种设备的显著位置。

第二十六条　特种设备使用单位应当建立特种设备安全技术档案。

第二十七条　特种设备使用单位应当对在用特种设备进行经常性日常维护保养，并定期自行检查。

特种设备使用单位对在用特种设备应当至少每月进行一次自行检查，并作出记录。特种设备使用单位在对在用特种设备进行自行检查和日常维护保养时发现异常情况的，应当及时处理。

特种设备使用单位应当对在用特种设备的安全附件、安全保护装置、测量调控装置及有关附属仪器仪表进行定期校验、检修，并作出记录。

第二十八条　特种设备使用单位应当按照安全技术规范的定期检验要求，在安全检验合格有效期届满前1个月向特种设备检验检测机构提出定期检验要求。

未经定期检验或者检验不合格的特种设备，不得继续使用。

第二十九条　特种设备出现故障或者发生异常情况，使用单位应当对其进行全面检查，消除事故隐患后，方可重新投入使用。

第三十九条　特种设备使用单位应当对特种设备作业人员进行特种设备安全、节能教育和培训，保证特种设备作业人员具备必要的特种设备安全、节能知识。

特种设备作业人员在作业中应当严格执行特种设备的操作规程和有关的安全规章制度。

第四十八条　特种设备检验检测机构进行特种设备检验检测，发现严重事故隐患或者能耗严重超标的，应当及时告知特种设备使用单位，并立即向特种设备安全监督管理部门报告。

第五十八条　特种设备安全监督管理部门对特种设备生产、使用单位和检验检测机构进行安全监察时，发现有违反本条例规定和安全技术规范要求的行为或者在用的特种设备存在事故隐患、不符合能效指标的，应当以书面形式发出特种设备安全监察指令，责令有关单位及时采取措施，予以改正或者消除事故隐患。紧急情况下需要采取紧急处置措施的，应当随后补发书面通知。

(2)《建设工程安全生产管理条例》

《建设工程安全生产管理条例》于2003年11月12日国务院第28次常务会议通过，2003年11月24日中华人民共和国国务院令第393号公布，自2004年2月1日起施行。

该条例的制定是为了加强建设工程安全生产监督管理，保障人民群众生命和财产安全。根据《中华人民共和国建筑法》、《中华人民共和国安全生产法》而制定的。

该条例适用于在中华人民共和国境内从事建设工程的新建、扩建、改建和拆除等有关活动及实施对建设工程安全生产的监督管理。条例所称建设工程，是指土木工程、建筑工程、线路管道和设备安装工程及装修工程。

《建设工程安全生产管理条例》明确了建设单位，施工单位，勘察、设计、工程监理及其他有关单位的安全责任，以及各级建设行政主管部门的监督管理责任，规定了生产安全事故的应急救援和调查处理办法，该条例还明确了各责任主体不能履行安全生产管理职责应承担的法律责任。条例共八章七十一条。

该条例与建筑机械管理相关的条文主要有：

第九条　建设单位不得明示或暗示施工单位购买、租赁、使用不符合安全施工要求的安全防护用具、机械设备、施工机具及配件、消防设施和器材。

第十五条　为建设工程提供机械设备和配件的单位，应当按照安全施工的要求配备齐全有效的保险、限位等安全设施和装置。

第十六条　出租的机械设备和施工机具及配件，应当具有生产（制造）许可证、产品合格证。出租单位应当对出租的机械设备和施工机具及配件的安全性能进行检测，在签订租赁合同时，应当出具检测合格证明。

禁止出租不合格的机械设备和施工机具及配件。

第十七条　在施工现场安装、拆卸施工起重机械和整体提升脚手架、模板等自升式架设设施，必须由具有相应资质的单位承担。

安装、拆卸施工起重机械和整体提升脚手架、模板等自升式架设设施，应当编制拆装方案、制定安全施工措施，并由专业技术人员现场监督。

施工起重机械和整体提升脚手架、模板等自升式架设设施安装、拆卸完毕后，安装单位应当出具自检合格证明，并向施工单位进行安全使用说明，办理验收手续并签字。

第十八条　施工起重机械和整体提升脚手架、模板等自升式架设设施的使用达到国家规定的检验检测期限的，必须经具有专业资质的检验检测机构检测。经检验不合格的，不得继续使用。

第二十五条　垂直运输机械作业人员、安装拆卸工、爆破作业人员、起重信号工、登高架设作业人员等特种作业人员，必须按照国家有关规定经过专门的安全作业培训，并取得特种作业操作资格证书后，方可上岗作业。

第二十八条　施工单位应当在施工现场入口处、施工起重机械、临时用电设施、脚手架、出入通道口、楼梯口、电梯井口、孔洞口、桥梁口、隧道口、基坑边沿、爆破物及有害危险气体和液体存放处等危险部位，设置明显的安全警示标志。安全警示标志必须符合国家标准。

第三十三条　作业人员应当遵守安全施工的强制性标准、规章制度和操作规程，正确使用安全防护用具、机械设备等。

第三十四条　施工单位采购、租赁的安全防护用具、机械设备、施工机具及配件，应当具有生产（制造）许可证、产品合格证，并在进入施工现场前进行查验。

施工现场的安全防护用具、机械设备、施工机具及配件必须由专人管理，定期进行检查、维修和保养，建立相应的资料档案，并按照国家有关规定及时报废。

第三十五条　施工单位在使用施工起重机械和整体提升脚手架、模板等自升式架设设施前，应当组织有关单位进行验收，也可以委托具有相应资质的检验检测机构进行验收；使用承租的机械设备和施工机具及配件的，由施工总承包单位、分包单位、出租单位和安装单位共同进行验收。验收合格的方可使用。

《特种设备安全监察条例》规定的施工起重机械，在验收前应当经有相应资质的检验检测机构监督检验合格。

施工单位应当自施工起重机械和整体提升脚手架、模板等自升式架设设施验收合格之日起30日内，向建设行政主管部门或者其他有关部门登记。登记标志应当置于或者附着于该设备的显著位置。

(3)《安全生产许可证条例》

《安全生产许可证条例》于2004年1月7日国务院第34次常务会议通过，2004年1月13日中华人民共和国国务院令第397号公布。《安全生产许可证条例》是根据《中华人民共和国安全生产法》的有关规定而制定的。《安全生产许可证条例》的实施标志着我国一项新的许可制度的诞生。

该条例制定的目的是：为了严格规范安全生产条件，进一步加强安全生产监督管理，防止和减少生产安全事故。

该条例第一次提出企业从事生产经营活动必须具备十三项安全生产条件。

该条例规定：矿山企业、建筑施工企业和危险化学品、烟花爆竹、民用爆破器材生产企业实行安全生产许可制度。上述企业未取得安全生产许可证的，不得从事生产活动。

该条例主要内容还有：安全生产许可证的颁发和管理、安全生产许可证工作的监督检查、违反《安全生产许可证条例》应承担的法律责任。

《安全生产许可证条例》中与建筑机械管理相关的内容主要有：

第六条　企业取得安全生产许可证，应当具备下列安全生产条件：

（五）特种作业人员经有关业务主管部门考核合格，取得特种作业操作资格证书；

（八）厂房、作业场所和安全设施、设备、工艺符合有关安全生产法律、法规、标准和规程的要求；

（十一）有重大危险源检测、评估、监控措施和应急预案。

第十四条　企业取得安全生产许可证后，不得降低安全生产条件，并应当加强日常安全生产管理，接受安全生产许可证颁发管理机关的监督检查。

安全生产许可证颁发管理机关应当加强对取得安全生产许可证的企业的监督检查，发现其不再具备本条例规定的安全生产条件的，应当暂扣或者吊销安全生产许可证。

(4)《生产安全事故报告与调查处理条例》

《生产安全事故报告和调查处理条例》经2007年3月28日国务院第172次常务会议通过，2007年4月7日公布，自2007年6月1日起施行。

该条例是为了规范生产安全事故的报告和调查处理，落实生产安全事故责任追究制度，防止和减少生产安全事故，根据《中华人民共和国安全生产法》和有关法律而制定的。生产经营活动中发生的造成人身伤亡或者直接经济损失的生产安全事故的报告和调查处理，适用本条例；

该条例根据生产安全事故（以下简称事故）造成的人员伤亡或者直接经济损失，事故一般分为：特别重大事故、重大事故、较大事故、一般事故四个等级。

该条例对事故的报告时间、内容和程序，对事故的调查职权、调查组的组成和调查的内容，以及对事故的处理等作出了明确规定。

该条例还对生产安全事故负有责任的单位和个人应承担的法律责任作出了明确定规定。

(5)《建设工程质量管理条例》

《建设工程质量管理条例》2000年1月10日国务院第25次常务会议通过，2000年1月30日中华人民共和国国务院令第279号公布，自公布之日起施行。

该条例是为了加强对建设工程质量的管理，保证建设工程质量，保护人民生命和财产安全，根据《中华人民共和国建筑法》制定的。凡在中华人民共和国境内从事建设工程的新建、扩建、改建等有关活动及实施对建设工程质量监督管理的，必须遵守本条例。

第二十五条　施工单位应当依法取得相应等级的资质证书，并在其资质等级许可的范围内承揽工程。

禁止施工单位超越本单位资质等级许可的业务范围或者以其他施工单位的名义承揽工程。禁止施工单位允许其他单位或者个人以本单位的名义承揽工程。

施工单位不得转包或者违法分包工程。

第二十六条　施工单位对建设工程的施工质量负责。

施工单位应当建立质量责任制，确定工程项目的项目经理、技术负责人和施工管理负责人。

建设工程实行总承包的，总承包单位应当对全部建设工程质量负责；建设工程勘察、设计、施工、设备采购的一项或者多项实行总承包的，总承包单位应当对其承包的建设工程或者采购的设备的质量负责。

第二十七条　总承包单位依法将建设工程分包给其他单位的，分包单位应当按照分包合同的约定对其分包工程的质量向总承包单位负责，总承包单位与分包单位对分包工程的质量承担连带责任。

第二十八条　施工单位必须按照工程设计图纸和施工技术标准施工，不得擅自修改工程设计，不得偷工减料。

施工单位在施工过程中发现设计文件和图纸有差错的，应当及时提出意见和建议。

第二十九条　施工单位必须按照工程设计要求、施工技术标准和合同约定，对建筑材料、建筑构配件、设备和商品混凝土进行检验，检验应当有书面记录和专人签字；未经检验或者检验不合格的，不得使用。

第三十条　施工单位必须建立、健全施工质量的检验制度，严格工序管理，作好隐蔽工程的质量检查和记录。隐蔽工程在隐蔽前，施工单位应当通知建设单位和建设工程质量监督机构。

第三十一条　施工人员对涉及结构安全的试块、试件以及有关材料，应当在建设单位或者工程监理单位监督下现场取样，并送具有相应资质等级的质量检测单位进行检测。

第三十二条　施工单位对施工中出现质量问题的建设工程或者竣工验收不合格的建设工程，应当负责返修。

第三十三条　施工单位应当建立、健全教育培训制度，加强对职工的教育培训；未经教育培训或者考核不合格的人员，不得上岗作业。

4. 部门规章

部门规章是国务院各部、委制定的法律文件。与建筑机械管理相关的部门规章主要有：

(1)《建筑起重机械安全监督管理规定》

《建筑起重机械安全监督管理规定》于2008年1月8日经建设部第145次常务会议讨论通过，2008年1月28日以建设部令第166号发布，自2008年6月1日起施行。

《建筑起重机械安全监督管理规定》全文共三十五条，主要内容有：

① 制定的目的、依据和适应范围。为了加强建筑起重机械的安全监督管理，防止和减少生产安全事故，保障人民群众生命和财产安全，依据《建设工程安全生产管理条例》、《特种设备安全监察条例》、《安全生产许可证条例》而制定本规定。

该规定适用于建筑起重机械的租赁、安装、拆卸、使用及其监督管理。该规定所称建筑起重机械，是指纳入特种设备目录，在房屋建筑工地和市政工程工地安装、拆卸、使用的起重机械。

②主体责任。

ⅰ《建筑起重机械安全监督管理规定》明确建筑起重机械的出租单位或自购自用的使用单位应履行的管理职责共5条。其中：

第四条　出租单位出租的建筑起重机械和使用单位购置、租赁、使用的建筑起重机械应当具有特种设备制造许可证、产品合格证、制造监督检验证明。

第五条　出租单位在建筑起重机械首次出租前，自购建筑起重机械的使用单位在建筑起重机械首次安装前，应当持建筑起重机械特种设备制造许可证、产品合格证和制造监督检验证明到本单位工商注册所在地县级以上地方人民政府建设主管部门办理备案。

第六条　出租单位应当在签订的建筑起重机械租赁合同中，明确租赁双方的安全责任，并出具建筑起重机械特种设备制造许可证、产品合格证、制造监督检验证明、备案证明和自检合格证明，提交安装使用说明书。

第七条　有下列情形之一的建筑起重机械，不得出租、使用：

（一）属国家明令淘汰或者禁止使用的；

（二）超过安全技术标准或者制造厂家规定的使用年限的；

（三）经检验达不到安全技术标准规定的；

（四）没有完整安全技术档案的；

（五）没有齐全有效的安全保护装置的。

第八条　建筑起重机械有本规定第七条第（一）、（二）、（三）项情形之一的，出租单位或者自购建筑起重机械的使用单位应当予以报废，并向原备案机关办理注销手续。

第九条　出租单位、自购建筑起重机械的使用单位，应当建立建筑起重机械安全技术档案。

建筑起重机械安全技术档案应当包括以下资料：

（一）购销合同、制造许可证、产品合格证、制造监督检验证明、安装使用说明书、备案证明等原始资料；

（二）定期检验报告、定期自行检查记录、定期维护保养记录、维修和技术改造记录、运行故障和生产安全事故记录、累计运转记录等运行资料；

（三）历次安装验收资料。

ⅱ《建筑起重机械安全监督管理规定》明确建筑起重机械安装拆卸单位应履行的管理职责共6条。其中：

第十条　从事建筑起重机械安装、拆卸活动的单位（以下简称安装单位）应当依法取得建设主管部门颁发的相应资质和建筑施工企业安全生产许可证，并在其资质许可范围内承揽建筑起重机械安装、拆卸工程。

第十一条　建筑起重机械使用单位和安装单位应当在签订的建筑起重机械安装、拆卸合同中明确双方的安全生产责任。

实行施工总承包的，施工总承包单位应当与安装单位签订建筑起重机械安装、拆卸工程安全协议书。

第十二条　安装单位应当履行下列安全职责：

（一）按照安全技术标准及建筑起重机械性能要求，编制建筑起重机械安装、拆卸工程专项施工方案，并由本单位技术负责人签字；

（二）按照安全技术标准及安装使用说明书等检查建筑起重机械及现场施工条件；

（三）组织安全施工技术交底并签字确认；

（四）制定建筑起重机械安装、拆卸工程生产安全事故应急救援预案；

（五）将建筑起重机械安装、拆卸工程专项施工方案，安装、拆卸人员名单，安装、拆卸时间等材料报施工总承包单位和监理单位审核后，告知工程所在地县级以上地方人民政府建设主管部门。

第十三条　安装单位应当按照建筑起重机械安装、拆卸工程专项施工方案及安全操作规程组织安装、拆卸作业。

安装单位的专业技术人员、专职安全生产管理人员应当进行现场监督，技术负责人应当定期巡查。

第十四条　建筑起重机械安装完毕后，安装单位应当按照安全技术标准及安装使用说明书的有关要求对建筑起重机械进行自检、调试和试运转。自检合格的，应当出具自检合格证明，并向使用单位进行安全使用说明。

第十五条　安装单位应当建立建筑起重机械安装、拆卸工程档案。

建筑起重机械安装、拆卸工程档案应当包括以下资料：

（一）安装、拆卸合同及安全协议书；

（二）安装、拆卸工程专项施工方案；

（三）安全施工技术交底的有关资料；

（四）安装工程验收资料；

（五）安装、拆卸工程生产安全事故应急救援预案。

ⅲ《建筑起重机械安全监督管理规定》明确建筑起重机械使用单位应履行的职责共5条。其中：

第十六条　建筑起重机械安装完毕后，使用单位应当组织出租、安装、监理等有关单位进行验收，或者委托具有相应资质的检验检测机构进行验收。建筑起重机械经验收合格后方可投入使用，未经验收或者验收不合格的不得使用。

实行施工总承包的，由施工总承包单位组织验收。

建筑起重机械在验收前应当经有相应资质的检验检测机构监督检验合格。

检验检测机构和检验检测人员对检验检测结果、鉴定结论依法承担法律责任。

第十七条　使用单位应当自建筑起重机械安装验收合格之日起30日内，将建筑起重机械安装验收资料、建筑起重机械安全管理制度、特种作业人员名单等，向工程所在地县级以上地方人民政府建设主管部门办理建筑起重机械使用登记。登记标志置于或者附着于该设备的显著位置。

第十八条　使用单位应当履行下列安全职责：

（一）根据不同施工阶段、周围环境以及季节、气候的变化，对建筑起重机械采取相应的安全防护措施；

（二）制定建筑起重机械生产安全事故应急救援预案；

（三）在建筑起重机械活动范围内设置明显的安全警示标志，对集中作业区做好安全防护；

（四）设置相应的设备管理机构或者配备专职的设备管理人员；

（五）指定专职设备管理人员、专职安全生产管理人员进行现场监督检查；

（六）建筑起重机械出现故障或者发生异常情况的，立即停止使用，消除故障和事故隐患后，方可重新投入使用。

第十九条　使用单位应当对在用的建筑起重机械及其安全保护装置、吊具、索具等进行经常性和定期的检查、维护和保养，并做好记录。

使用单位在建筑起重机械租期结束后，应当将定期检查、维护和保养记录移交出租单位。

建筑起重机械租赁合同对建筑起重机械的检查、维护、保养另有约定的，从其约定。

第二十条　建筑起重机械在使用过程中需要附着的，使用单位应当委托原安装单位或者具有相应资质的安装单位按照专项施工方案实施，并按照本规定第十六条规定组织验收。验收合格后方可投入使用。

建筑起重机械在使用过程中需要顶升的，使用单位委托原安装单位或者具有相应资质的安装单位按照专项施工方案实施后，即可投入使用。

禁止擅自在建筑起重机械上安装非原制造厂制造的标准节和附着装置。

ⅳ《建筑起重机械安全监督管理规定》明确该规定还明确了施工总承包单位、监理单位、建设单位和建设行政主管部门的相关职责。其中：

第二十一条　施工总承包单位应当履行下列安全职责：

（一）向安装单位提供拟安装设备位置的基础施工资料，确保建筑起重机械进场安装、拆卸所需的施工条件；

（二）审核建筑起重机械的特种设备制造许可证、产品合格证、制造监督检验证明、备案证明等文件；

（三）审核安装单位、使用单位的资质证书、安全生产许可证和特种作业人员的特种作业操作资格证书；

（四）审核安装单位制定的建筑起重机械安装、拆卸工程专项施工方案和生产安全事故应急救援预案；

（五）审核使用单位制定的建筑起重机械生产安全事故应急救援预案；

（六）指定专职安全生产管理人员监督检查建筑起重机械安装、拆卸、使用情况；

（七）施工现场有多台塔式起重机作业时，应当组织制定并实施防止塔式起重机相互碰撞的安全措施。

第二十三条　依法发包给两个及两个以上施工单位的工程，不同施工单位在同一施工现场使用多台塔式起重机作业时，建设单位应当协调组织制定防止塔式起重机相互碰撞的安全措施。

安装单位、使用单位拒不整改生产安全事故隐患的，建设单位接到监理单位报告后，应当责令安装单位、使用单位立即停工整改。

该规定还特别强调国务院建设行政主管部门对全国的建筑起重机械的租赁、安装、拆卸、使用依法实施监督管理，县级以上建设行政主管部门对本行政区域内的建筑起重机械的租赁、安装、拆卸、使用依法实施监督管理的要求。

③ 法律责任。

该规定明确了各责任主体如不履行建筑起重机械管理职责应承担的法律责任共 7 条。

依照此规定，建设部陆续出台了《建筑施工特种作业人员管理规定》（建质［2008］

75 号）、《建筑起重机械备案登记办法》（建质［2008］76 号）等相应的规定和管理办法。

（2）《建筑起重机械备案登记办法》

《建筑起重机械备案登记办法》于 2008 年 4 月 18 日由中华人民共和国住房和城乡建设部以建质［2008］76 号文件形式发布。该文件是为了加强建筑起重机械备案登记管理，根据《建筑起重机械安全监督管理规定》而制定的。

该办法所称建筑起重机械备案登记包括建筑起重机械的备案、安装（拆卸）告知和使用登记。（相关链接：2006 年 9 月 20 日，江苏省建筑工程管理局印发《江苏省建筑施工起重机械设备使用登记办法》，规定对在本省行政区域内进行房屋建筑工程和市政工程施工的起重机械实行登记管理。江苏省实行的建筑起重机械登记包括产权登记、使用登记和使用登记注销，俗称"二登记一注销"。其中使用登记注销，是指：施工现场使用的建筑起重机械在拆除前一周内，使用单位必须到工程所在地登记部门办理使用注销手续。）

第五条规定：建筑起重机械出租单位或者自购建筑起重机械使用单位（简称"产权单位"）在建筑起重机械首次出租或安装前，应当向本单位工商注册所在地县级以上地方人民政府建设主管部门办理备案。

第十三条规定：安装单位应当在建筑起重机械安装（拆卸）前 2 个工作日内通过书面形式、传真或者计算机信息系统告知工程所在地县级以上地方人民政府建设主管部门，同时按规定提交经施工总承包单位、监理单位审核合格的有关资料。

第十四条规定：建筑起重机械使用单位在建筑起重机械安装验收合格之日起 30 日内，向工程所在地县级以上地方人民政府建设主管部门办理使用登记。

该办法还对备案、告知和登记的程序和应提交的资料等作了详细的规定。

（3）《建筑施工特种作业人员管理规定》

《建筑施工特种作业人员管理规定》于 2008 年 4 月 18 日由中华人民共和国住房和城乡建设部以建质［2008］75 号文件形式发布，于 2008 年 6 月 1 日起正式实施。

该规定所称建筑施工特种作业人员是指在房屋建筑和市政工程施工活动中，从事可能对本人、他人及周围设备设施的安全造成重大危害作业的人员。

建筑施工特种作业包括：

（一）建筑电工；

（二）建筑架子工；

（三）建筑起重信号司索工；

（四）建筑起重机械司机；

（五）建筑起重机械安装拆卸工；

（六）高处作业吊篮安装拆卸工；

（七）经省级以上人民政府建设主管部门认定的其他特种作业。（相关链接：2009 年 1 月 20 日，江苏省建筑工程管理局印发《江苏省建筑施工特种作业人员管理暂行办法》，在国家住房和城乡建设部确定的建筑施工特种作业工种设置的基础上增加了五个特种作业工种：建筑焊工；建筑施工机械安装质量检验工；桩机操作工；建筑混凝土泵操作工；建筑施工现场场内机动车司机。）

该规定第八条明确提出申请从事建筑施工特种作业的人员，应当具备下列基本条件：

（一）年满 18 周岁且符合相关工种规定的年龄要求；

（二）经医院体检合格且无妨碍从事相应特种作业的疾病和生理缺陷；

（三）初中及以上学历；

（四）符合相应特种作业需要的其他条件。

该规定第四条明确要求：建筑施工特种作业人员必须经建设主管部门考核合格，取得建筑施工特种作业人员操作资格证书（以下简称“资格证书”），方可上岗从事相应作业。（相关链接：《建筑施工特种作业人员考核工作的实施意见》规定，建筑施工特种作业人员考核内容应当包括安全技术理论和安全操作技能。安全技术理论考核不合格的，不得参加安全操作技能考核。安全技术理论考试和实际操作技能考核均合格的，为考核合格。）

《建筑施工特种作业人员管理规定》对特种作业人员管理的主要内容有：

第十五条　持有资格证书的人员，应当受聘于建筑施工企业或者建筑起重机械出租单位（以下简称用人单位），方可从事相应的特种作业。

第十六条　用人单位对于首次取得资格证书的人员，应当在其正式上岗前安排不少于3个月的实习操作。（相关链接：《建筑施工特种作业人员考核工作的实施意见》规定首次取得《建筑施工特种作业操作资格证书》的人员实习操作不得少于三个月。实习操作期间，用人单位应当指定专人指导和监督作业。指导人员应当从取得相应特种作业资格证书并从事相关工作3年以上、无不良记录的熟练工中选择。实习操作期满，经用人单位考核合格，方可独立作业。）

第十七条　建筑施工特种作业人员应当参加年度安全教育培训或者继续教育，每年不得少于24小时。

第二十一条　建筑施工特种作业人员变动工作单位，任何单位和个人不得以任何理由非法扣押其资格证书。

第二十二条　特种作业人员的资格证书有效期为两年。有效期满需要延期的，建筑施工特种作业人员应当于期满前3个月内向原考核发证机关申请办理延期复核手续。延期复核合格的，资格证书有效期延期2年。

该规定还明确了特种作业人员的权利和义务，明确了用人单位应当履行的职责（共8项）。

该规定还对特种作业人员考核发证和申请延期复核的要求与程序，考核发证机关对特种作业人员的监督管理作了详细的规定。如第24条规定：对生产安全事故负有责任的；2年内违章操作记录达3次（含3次）以上的；未按规定参加年度安全教育培训或者继续教育的等，延期复核均为不合格。

(4)《建筑施工企业安全生产许可证管理规定》

2004年6月29日国家建设部第37次常务会议根据《安全生产许可证条例》的管理要求，讨论通过了《建筑施工企业安全生产许可证管理规定》，于2004年7月5日以建设部令第128号公布施行。

该规定明确，国家对建筑施工企业实行安全生产许可制度。从事土木工程、建筑工程、线路管道和设备安装工程及装修工程的新建、扩建、改建和拆除等有关活动的企业，未取得安全生产许可证的，不得从事建筑施工活动。

国家建设部根据建筑施工企业管理的特点，确定建筑施工企业安全生产条件共计12项。其中与建筑机械管理相关的条件有：

（五）特种作业人员经有关业务主管部门考核合格，取得特种作业操作资格证书；

（八）施工现场的办公、生活区及作业场所和安全防护用具、机械设备、施工机具及配件符合有关安全生产法律、法规、标准和规程的要求；

（十）有对危险性较大的分部分项工程及施工现场易发生重大事故的部位、环节的预防、监控措施和应急预案；

《建筑施工企业安全生产许可证管理规定》还对建筑施工企业安全生产许可证管理及相关的法律责任作出了具体的规定。

5. 江苏省地方性法规及地方政府规章

地方性法规是指省、自治区、直辖市以及省、自治区人民政府所在地的市和经国务院批准的较大的市人民代表大会及其常委会在法定权限内制定的法律文件；地方政府规章是指省、自治区、直辖市以及省、自治区人民政府所在地的市和经国务院批准的较大的市的人民政府所制定的法律文件。江苏省经国务院批准的较大的市为无锡、徐州、苏州三市。地方性法规及地方政府规章是根据本行政区域的具体情况和实际需要，在不同宪法、法律、行政法规相抵触的前提下，制定的规范性法律文件。地方性法规只在本辖区内有效。

与建筑机械管理相关的江苏省地方性法规及江苏省地方人民政府规章有《江苏省工程建设管理条例》、《江苏省建筑施工起重机械设备安全监督管理规定》等，以下重点介绍《江苏省建筑施工起重机械设备安全监督管理规定》。

《江苏省建筑施工起重机械设备安全监督管理规定》于 2004 年 3 月 8 日经江苏省建设厅常务会议审议通过，并于 2004 年 4 月 1 日起施行。规定内容包括：总则、购置与报废、安装与拆卸、使用与维修、检验检测、监督和附则共七章三十三条。它是建设部《建筑起重机械安全监督管理规定》颁发之前，我省对建筑起重机械管理的一部重要的指导性文件。

该规定明确在江苏省行政区域内从事建筑施工起重机械设备的购置、租赁、安装、拆卸、使用、维修、检验检测活动及实施监督管理应当遵守该规定。

该规定所称建筑施工起重机械设备是指在房屋建筑工程和市政基础设施工程施工中使用的各类塔式起重机、移动式起重机、门式起重机、施工升降机、高处作业吊篮、龙门架（井架）物料提升机、附着式升降脚手架等起重机械设备。

与建设部 166 号令比较，《江苏省建筑施工起重机械设备安全监督管理规定》的主要内容都在前文中体现出来了，同时还有以下条文比前文阐述的更为翔实具体，在当前的建筑起重机械管理中仍然有重要的指导作用。譬如：

第八条有关建筑起重机械设备应当及时予以报废的条件和要求。

起重机械设备有下列情形之一的，应当及时予以报废：

（一）国家和本省明令淘汰的；

（二）主要结构件应力超过原计算应力 15％的；

（三）主要结构件腐蚀深度达原厚度 10％的；

（四）存在其他严重事故隐患的。

报废后的起重机械设备不得再使用或整机转让。

第十三条有关建筑起重机械安装、拆卸作业的现场管理规定。

起重机械设备安装或拆卸作业前，作业人员应当对拟安装或拆卸设备的完好性进行检查。作业时，应当设置警戒区，禁止无关人员进入施工现场。施工现场应当设置负责统一指挥的人员和专职监护的人员。各工序应当定岗、定人、定责。作业人员应当严格执行施工方案和拆装工艺。

第二十条有关使用单位对在用建筑起重机械设备进行日常维护保养与定期检查的具体要求。

起重机械设备的使用单位应当对在用起重机械设备进行以下维护保养与检查：

① 进行日常维护保养；

② 每月至少进行一次检查，并做出记录；

③ 对安全保护装置定期进行校验、检修，并作记录。

第二十三条对安装后停用半年以上的起重机械设备和达到国家规定使用年限的起重机械设备的处理规定。

安装后停用半年以上的起重机械设备在重新启用前，必须经建筑起重机械检测机构进行检测。检测合格后，方可继续使用。

起重机械设备使用达到国家规定使用年限的，应当进行结构安全性能检验。经检验合格后，方可继续使用。

第二十五、二十六条是对检验检测机构的要求。

建筑起重机械检验检测机构和检验检测人员应当客观、公正、及时地出具检验检测结果、鉴定结论。检验检测结果、鉴定结论应当经检验检测人员签字，由检验检测机构负责人签署。

建筑起重机械检验检测机构和检验检测人员对检验检测结果、鉴定结论负责。

建筑起重机械检验检测机构进行起重机械设备检验检测时，发现严重事故隐患，应当及时告知设备使用单位，并立即向工程所在地建设行政主管部门报告。

《江苏省建筑施工起重机械设备安全监督管理规定》是我省目前建筑起重机械管理依据的重要文件之一，有关具体内容将在以下各章节中表述。

5.2 法律责任

5.2.1 法律责任概述

法律责任是行为人因违反法律义务而应承担的不利的法律后果。法律义务不同，行为人所需要承担法律责任的形式也不同。法律责任的形式主要可分为民事责任、行政责任、刑事责任等。有时，法律关系主体的同一行为可能违反多项法律义务，而需承担多种形式的法律责任。

法律责任有两个特征：(1) 法律责任以违反法律义务（包括法定义务和契约义务）为前提，法律义务是认定法律责任的前提基础。(2) 法律责任具有国家强制性，表现在它是由国家强制力实施或潜在保证的。

5.2.2 法律责任的种类

1. 民事法律责任

(1) 民事法律责任的种类

民事责任是指由于违反民事法律、违约或者由于民法规定所应承担的一种法律责任。民事责任分为侵权责任和违约责任两类。违约责任是指行为人不履行合同义务而承担的责任；侵权责任是指行为人侵犯国家、集体和公民的财产权利以及侵犯法人名称和自然人的人身权时所应承担的责任。

建筑机械管理过程中所涉及到的民事法律责任主要是侵权责任。

（2）民事法律责任的方式

民事责任承担形式是多种多样的，主要包括：停止侵权、排除妨碍、消除危险；返还财产；恢复原状；修理、重作、更换；赔偿损失；支付违约金；消除影响，恢复名誉；赔礼道歉等。建筑机械管理过程中所涉及到的民事法律责任方式主要是财产责任，即人身伤害和财产损失的赔偿。

2. 行政法律责任

（1）行政法律责任的种类

行政责任是指因违反行政法或者因行政规定而应当承担的法律责任。行政法律责任分为行政处罚和行政处分两大类，公民和法人因违反行政管理法律、法规的行为而应承担的行政处罚；国家工作人员因违反政纪或在执行职务时违反行政的规定而受到的行政处分。建筑机械管理过程中所涉及到的行政法律责任主要是行政处罚。

（2）行政处罚的方式

根据《行政处罚法》第8条的规定，行政处罚的种类包括：

①警告；②罚款；③没收违法所得或财物；④责令停产停业；⑤暂扣或者吊销许可证与执照；⑥行政拘留；⑦法律、行政法规所规定的其他行政处罚。

3. 刑事法律责任

（1）刑事法律责任的种类

刑事责任是指由于犯罪行为而承担的法律责任。刑事法律责任的种类分为主刑和附加刑两类。主刑只能单独适用，不能附加适用。附加刑可以附加主刑适用，也可以单独适用。

（2）刑事法律责任的方式

① 主刑分为：管制、拘役、有期徒刑、无期徒刑及死刑；

② 附加刑分为：罚金、剥夺政治权利与没收财产。

法律责任除了上面提到的民事责任、刑事责任、行政责任外，还有违宪责任和国家赔偿责任。在建筑机械管理中，因不履行管理职责导致严重后果的，相关责任人应该承担的法律责任主要是民事责任、刑事责任和行政责任。

5.2.3 与建筑机械管理相关的法律责任具体内容

1.《中华人民共和国建筑法》

第七十一条　建筑施工企业违反本法规定，对建筑安全事故隐患不采取措施予以消除的，责令改正，可以处以罚款；情节严重的，责令停业整顿，降低资质等级或者吊销资质证书；构成犯罪的，依法追究刑事责任。

2.《中华人民共和国安全生产法》

第八十二条　生产经营单位有下列行为之一的，责令限期改正；逾期未改正的，责令停产停业整顿，可以并处二万元以下的罚款：

（四）特种作业人员未按照规定经专门的安全作业培训并取得特种作业操作资格证书，上岗作业的。

第八十三条　生产经营单位有下列行为之一的，责令限期改正；逾期未改正的，责令停止建设或者停产停业整顿，可以并处五万元以下的罚款；造成严重后果，构成犯罪的，依照刑法有关规定追究刑事责任：

（四）未在有较大危险因素的生产经营场所和有关设施、设备上设置明显的安全警示标志的；

（五）安全设备的安装、使用、检测、改造和报废不符合国家标准或者行业标准的；

（六）未对安全设备进行经常性维护、保养和定期检测的；

（八）特种设备以及危险物品的容器、运输工具未经取得专业资质的机构检测检验合格，取得安全使用证或者安全标志，投入使用的；

（九）使用国家明令淘汰、禁止使用的危及生产安全的工艺、设备的。

第八十五条　生产经营单位有下列行为之一的，责令限期改正；逾期未改正的，责令停产停业整顿，可以并处二万元以上十万元以下的罚款；造成严重后果，构成犯罪的，依照刑法有关规定追究刑事责任：

（二）对重大危险源未登记建档，或者未进行评估、监控，或者未制订应急预案的；

（三）进行爆破、吊装等危险作业，未安排专门管理人员进行现场安全管理的。

第八十六条　生产经营单位将生产经营项目、场所、设备发包或者出租给不具备安全生产条件或者相应资质的单位或者个人的，责令限期改正，没收违法所得；违法所得五万元以上的，并处违法所得一倍以上五倍以下的罚款；没有违法所得或者违法所得不足五万元的，单处或者并处一万元以上五万元以下的罚款；导致发生生产安全事故给他人造成损害的，与承包方、承租方承担连带赔偿责任。

生产经营单位未与承包单位、承租单位签订专门的安全生产管理协议或者未在承包合同、租赁合同中明确各自的安全生产管理职责，或者未对承包单位、承租单位的安全生产统一协调、管理的，责令限期改正；逾期未改正的，责令停产停业整顿。

第九十三条　生产经营单位不具备本法和其他有关法律、行政法规和国家标准或者行业标准规定的安全生产条件，经停产停业整顿仍不具备安全生产条件的，予以关闭；有关部门应当依法吊销其有关证照。

3.《中华人民共和国特种设备安全法》

第七十四条　违反本法规定，未经许可从事特种设备生产活动的，责令停止生产，没收违法制造的特种设备，处十万元以上五十万元以下罚款；有违法所得的，没收违法所得；已经实施安装、改造、修理的，责令恢复原状或者责令限期由取得许可的单位重新安装、改造、修理。

第七十七条　违反本法规定，特种设备出厂时，未按照安全技术规范的要求随附相关技术资料和文件的，责令限期改正；逾期未改正的，责令停止制造、销售，处二万元以上二十万元以下罚款；有违法所得的，没收违法所得。

第七十八条　违反本法规定，特种设备安装、改造、修理的施工单位在施工前未书面告知负责特种设备安全监督管理的部门即行施工的，或者在验收后三十日内未将相关技术资料和文件移交特种设备使用单位的，责令限期改正；逾期未改正的，处一万元以上十万元以下罚款。

第七十九条　违反本法规定，特种设备的制造、安装、改造、重大修理以及锅炉清洗过程，未经监督检验的，责令限期改正；逾期未改正的，处五万元以上二十万元以下罚款；有违法所得的，没收违法所得；情节严重的，吊销生产许可证。

第八十一条　违反本法规定，特种设备生产单位有下列行为之一的，责令限期改正；逾期未改正的，责令停止生产，处五万元以上五十万元以下罚款；情节严重的，吊销生产许可证：

（一）不再具备生产条件、生产许可证已经过期或者超出许可范围生产的；

（二）明知特种设备存在同一性缺陷，未立即停止生产并召回的。

违反本法规定，特种设备生产单位生产、销售、交付国家明令淘汰的特种设备的，责令停止生产、销售，没收违法生产、销售、交付的特种设备，处三万元以上三十万元以下罚款；有违法所得的，没收违法所得。

特种设备生产单位涂改、倒卖、出租、出借生产许可证的，责令停止生产，处五万元以上五十万元以下罚款；情节严重的，吊销生产许可证。

第八十三条　违反本法规定，特种设备使用单位有下列行为之一的，责令限期改正；逾期未改正的，责令停止使用有关特种设备，处一万元以上十万元以下罚款：

（一）使用特种设备未按照规定办理使用登记的；

（二）未建立特种设备安全技术档案或者安全技术档案不符合规定要求，或者未依法设置使用登记标志、定期检验标志的；

（三）未对其使用的特种设备进行经常性维护保养和定期自行检查，或者未对其使用的特种设备的安全附件、安全保护装置进行定期校验、检修，并作出记录的；

（四）未按照安全技术规范的要求及时申报并接受检验的；

（五）未按照安全技术规范的要求进行锅炉水（介）质处理的；

（六）未制定特种设备事故应急专项预案的。

第八十四条　违反本法规定，特种设备使用单位有下列行为之一的，责令停止使用有关特种设备，处三万元以上三十万元以下罚款：

（一）使用未取得许可生产，未经检验或者检验不合格的特种设备，或者国家明令淘汰、已经报废的特种设备的；

（二）特种设备出现故障或者发生异常情况，未对其进行全面检查、消除事故隐患，继续使用的；

（三）特种设备存在严重事故隐患，无改造、修理价值，或者达到安全技术规范规定的其他报废条件，未依法履行报废义务，并办理使用登记证书注销手续的。

第八十六条　违反本法规定，特种设备生产、经营、使用单位有下列情形之一的，责令限期改正；逾期未改正的，责令停止使用有关特种设备或者停产停业整顿，处一万元以上五万元以下罚款：

（一）未配备具有相应资格的特种设备安全管理人员、检测人员和作业人员的；

（二）使用未取得相应资格的人员从事特种设备安全管理、检测和作业的；

（三）未对特种设备安全管理人员、检测人员和作业人员进行安全教育和技能培训的。

第八十九条　发生特种设备事故，有下列情形之一的，对单位处五万元以上二十万元以下罚款；对主要负责人处一万元以上五万元以下罚款；主要负责人属于国家工作人员的，并依法给予处分：

（一）发生特种设备事故时，不立即组织抢救或者在事故调查处理期间擅离职守或者逃匿的；

（二）对特种设备事故迟报、谎报或者瞒报的。

第九十条 发生事故，对负有责任的单位除要求其依法承担相应的赔偿等责任外，依照下列规定处以罚款：

（一）发生一般事故，处十万元以上二十万元以下罚款；

（二）发生较大事故，处二十万元以上五十万元以下罚款；

（三）发生重大事故，处五十万元以上二百万元以下罚款。

第九十一条　对事故发生负有责任的单位的主要负责人未依法履行职责或者负有领导责任的，依照下列规定处以罚款；属于国家工作人员的，并依法给予处分：

（一）发生一般事故，处上一年年收入百分之三十的罚款；

（二）发生较大事故，处上一年年收入百分之四十的罚款；

（三）发生重大事故，处上一年年收入百分之六十的罚款。

第九十二条　违反本法规定，特种设备安全管理人员、检测人员和作业人员不履行岗位职责，违反操作规程和有关安全规章制度，造成事故的，吊销相关人员的资格。

第九十五条　违反本法规定，特种设备生产、经营、使用单位或者检验、检测机构拒不接受负责特种设备安全监督管理的部门依法实施的监督检查的，责令限期改正；逾期未改正的，责令停产停业整顿，处二万元以上二十万元以下罚款。

特种设备生产、经营、使用单位擅自动用、调换、转移、损毁被查封、扣押的特种设备或者其主要部件的，责令改正，处五万元以上二十万元以下罚款；情节严重的，吊销生产许可证，注销特种设备使用登记证书。

第九十六条　违反本法规定，被依法吊销许可证的，自吊销许可证之日起三年内，负责特种设备安全监督管理的部门不予受理其新的许可申请。

第九十七条　违反本法规定，造成人身、财产损害的，依法承担民事责任。

违反本法规定，应当承担民事赔偿责任和缴纳罚款、罚金，其财产不足以同时支付时，先承担民事赔偿责任。

第九十八条　违反本法规定，构成违反治安管理行为的，依法给予治安管理处罚；构成犯罪的，依法追究刑事责任。

4.《中华人民共和国劳动法》

《劳动法》规定了用人单位、劳动者、劳动行政部门或有关部门的有关工作人员的违法违规行为应承担的责任：

第八十九条　用人单位制定的劳动规章制度违反法律、法规规定的，由劳动行政部门给予警告，责令改正；对劳动者造成损害的，应当承担赔偿责任。

第九十条　用人单位违反本法规定，延长劳动者工作时间的，由劳动行政部门给予警告，责令改正，并可以处以罚款。

第九十一条　用人单位有下列侵害劳动者合法权益情形之一的，由劳动行政部门责令支付劳动者的工资报酬、经济补偿，并可以责令支付赔偿金：

（一）克扣或者无故拖欠劳动者工资的；（二）拒不支付劳动者延长工作时间工资报酬的；（三）低于当地最低工资标准支付劳动者工资的；（四）解除劳动合同后，未依照本法规定给予劳动者经济补偿的。

第九十二条　用人单位的劳动安全设施和劳动卫生条件不符合国家规定或者未向劳动者提供必要的劳动防护用品和劳动保护设施的，由劳动行政部门或者有关部门责令改正，可以处以罚款；情节严重的，提请县级以上人民政府决定责令停产整顿；对事故隐患不采取措施，致使发生重大事故，造成劳动者生命和财产损失的，对责任人员比照刑法第一百八十七条的规定追究刑事责任。

第九十三条　用人单位强令劳动者违章冒险作业，发生重大伤亡事故，造成严重后果的，对责任人员依法追究刑事责任。

第九十四条　用人单位非法招用未满十六周岁的未成年人的，由劳动行政部门责令改正，处以罚款；情节严重的，由工商行政管理部门吊销营业执照。

5.《中华人民共和国劳动合同法》

《劳动合同法》对用人单位违法违规的处理规定：

第八十条　用人单位直接涉及劳动者切身利益的规章制度违反法律、法规规定的，由劳动行政部门责令改正，给予警告；给劳动者造成损害的，应当承担赔偿责任。

第八十一条　用人单位提供的劳动合同文本未载明本法规定的劳动合同必备条款或者用人单位未将劳动合同文本交付劳动者的，由劳动行政部门责令改正；给劳动者造成损害的，应当承担赔偿责任。

第八十五条　用人单位有下列情形之一的，由劳动行政部门责令限期支付劳动报酬、加班费或者经济补偿；劳动报酬低于当地最低工资标准的，应当支付其差额部分；逾期不支付的，责令用人单位按应付金额百分之五十以上百分之一百以下的标准向劳动者加付赔偿金：

（一）未按照劳动合同的约定或者国家规定及时足额支付劳动者劳动报酬的；

（二）低于当地最低工资标准支付劳动者工资的；

（三）安排加班不支付加班费的；

（四）解除或者终止劳动合同，未依照本法规定向劳动者支付经济补偿的。

第九十四条　个人承包经营违反本法规定招用劳动者，给劳动者造成损害的，发包的组织与个人承包经营者承担连带赔偿责任。

6.《刑法修正案（六）》

第134条　在生产、作业中违反有关安全管理的规定，因而发生重大伤亡事故或者造成其他严重后果的，处3年以下有期徒刑或者拘役；情节特别恶劣的，处3年以上7年以下有期徒刑。

强令他人违章冒险作业，因而发生重大伤亡事故或者造成其他严重后果的，处5年以下有期徒刑或者拘役；情节特别恶劣的，处5年以上有期徒刑。

第135条　安全生产设施或者安全生产条件不符合国家规定，因而发生重大伤亡事故或者造成其他严重后果的，对直接负责的主管人员和其他直接责任人员，处3年以下有期徒刑或者拘役；情节特别恶劣的，处3年以上7年以下有期徒刑。

第139条　在安全事故发生后，负有报告职责的人员不报或者谎报事故情况，贻误事故抢救，情节严重的，处3年以下有期徒刑或者拘役；情节特别严重的，处3年以上7年以下有期徒刑。

7.《特种设备安全监察条例》

第八十条第一款：未经许可，擅自从事移动式压力容器或者气瓶充装活动的，由特种设备安全监督管理部门予以取缔，没收违法充装的气瓶，处10万元以上50万元以下罚款；有违法所得的，没收违法所得；触犯刑律的，对负有责任的主管人员和其他直接责任人员依照刑法关于非法经营罪或者其他罪的规定，依法追究刑事责任。

第八十条第二款：移动式压力容器、气瓶充装单位未按照安全技术规范的要求进行充装活动的，由特种设备安全监督管理部门责令改正，处2万元以上10万元以下罚款；情节严重的，撤销其充装资格。

第八十二条　已经取得许可、核准的特种设备生产单位、检验检测机构有下列行为之一的，由特种设备安全监督管理部门责令改正，处2万元以上10万元以下罚款；情节严重的，撤销其相应资格：

（一）未按照安全技术规范的要求办理许可证变更手续的；

（二）不再符合本条例规定或者安全技术规范要求的条件，继续从事特种设备生产、检验检测的；

（三）未依照本条例规定或者安全技术规范要求进行特种设备生产、检验检测的；

（四）伪造、变造、出租、出借、转让许可证书或者监督检验报告的。

第八十三条　特种设备使用单位有下列情形之一的，由特种设备安全监督管理部门责令限期改正；逾期未改正的，处2000元以上2万元以下罚款；情节严重的，责令停止使用或者停产停业整顿：

（一）特种设备投入使用前或者投入使用后30日内，未向特种设备安全监督管理部门登记，擅自将其投入使用的；

（二）未依照本条例第二十六条的规定，建立特种设备安全技术档案的；

（三）未依照本条例第二十七条的规定，对在用特种设备进行经常性日常维护保养和定期自行检查的，或者对在用特种设备的安全附件、安全保护装置、测量调控装置及有关附属仪器仪表进行定期校验、检修，并作出记录的；

（四）未按照安全技术规范的定期检验要求，在安全检验合格有效期届满前1个月向特种设备检验检测机构提出定期检验要求的；

（五）使用未经定期检验或者检验不合格的特种设备的；

（六）特种设备出现故障或者发生异常情况，未对其进行全面检查、消除事故隐患，继续投入使用的；

（七）未制定特种设备事故应急专项预案的；

（八）特种设备不符合能效指标，未及时采取相应措施进行整改的。

第八十六条　特种设备使用单位有下列情形之一的，由特种设备安全监督管理部门责令限期改正；逾期未改正的，责令停止使用或者停产停业整顿，处2000元以上2万元以下罚款：

（一）未依照本条例规定设置特种设备安全管理机构或者配备专职、兼职的安全管理人员的；

（二）从事特种设备作业的人员，未取得相应特种作业人员证书，上岗作业的；

（三）未对特种设备作业人员进行特种设备安全教育和培训的。

第八十七条　发生特种设备事故，有下列情形之一的，对单位，由特种设备安全监督管理部门处5万元以上20万元以下罚款；对主要负责人，由特种设备安全监督管理部门处4000元以上2万元以下罚款；属于国家工作人员的，依法给予处分；触犯刑律的，依照刑法关于重大责任事故罪或者其他罪的规定，依法追究刑事责任：

（一）特种设备使用单位的主要负责人在本单位发生特种设备事故时，不立即组织抢救或者在事故调查处理期间擅离职守或者逃匿的；

（二）特种设备使用单位的主要负责人对特种设备事故隐瞒不报、谎报或者拖延不报的。

第八十八条　对事故发生负有责任的单位，由特种设备安全监督管理部门依照下列规定处以罚款：

（一）发生一般事故的，处10万元以上20万元以下罚款；

（二）发生较大事故的，处20万元以上50万元以下罚款；

（三）发生重大事故的，处50万元以上200万元以下罚款。

第八十九条　对事故发生负有责任的单位的主要负责人未依法履行职责，导致事故发生的，由特种设备安全监督管理部门依照下列规定处以罚款；属于国家工作人员的，并依法给予处分；触犯刑律的，依照刑法关于重大责任事故罪或者其他罪的规定，依法追究刑事责任：

（一）发生一般事故的，处上一年年收入30%的罚款；

（二）发生较大事故的，处上一年年收入40%的罚款；

（三）发生重大事故的，处上一年年收入60%的罚款。

第九十八条第二款：特种设备生产、使用单位擅自动用、调换、转移、损毁被查封、扣押的特种设备或者其主要部件的，由特种设备安全监督管理部门责令改正，处5万元以上20万元以下罚款；情节严重的，撤销其相应资格。

8.《安全生产许可证条例》

第十四条　企业取得安全生产许可证后，不得降低安全生产条件，并应当加强日常安全生产管理，接受安全生产许可证颁发管理机关的监督检查。

安全生产许可证颁发管理机关应当加强对取得安全生产许可证的企业的监督检查，发现其不再具备本条例规定的安全生产条件的，应当暂扣或者吊销安全生产许可证。

第十九条　违反本条例规定，未取得安全生产许可证擅自进行生产的，责令停止生产，没收违法所得，并处10万元以上50万元以下的罚款；造成重大事故或者其他严重后果，构成犯罪的，依法追究刑事责任。

第二十条　违反本条例规定，安全生产许可证有效期满未办理延期手续，继续进行生产的，责令停止生产，限期补办延期手续，没收违法所得，并处5万元以上10万元以下的罚款；逾期仍不办理延期手续，继续进行生产的，依照本条例第十九条的规定处罚。

第二十一条　违反本条例规定，转让安全生产许可证的，没收违法所得，处10万元以上50万元以下的罚款，并吊销其安全生产许可证；构成犯罪的，依法追究刑事责任；接受转让的，依照本条例第十九条的规定处罚。

冒用安全生产许可证或者使用伪造的安全生产许可证的，依照本条例第十九条的规定处罚。

9.《建设工程安全生产管理条例》

第五十九条　违反本条例的规定，为建设工程提供机械设备和配件的单位，未按照安全施工的要求配备齐全有效的保险、限位等安全设施和装置的，责令限期改正，处合同价款1倍以上3倍以下的罚款；造成损失的，依法承担赔偿责任。

第六十条　违反本条例的规定，出租单位出租未经安全性能检测或者经检测不合格的机械设备和施工机具及配件的，责令停业整顿，并处5万元以上10万元以下的罚款；造成损失的，依法承担赔偿责任。

第六十一条　违反本条例的规定，施工起重机械和整体提升脚手架、模板等自升式架设设施安装、拆卸单位有下列行为之一的，责令限期改正，处5万元以上10万元以下的罚款；情节严重的，责令停业整顿，降低资质等级，直至吊销资质证书；造成损失的，依法承担赔偿责任：

（一）未编制拆装方案、制订安全施工措施的；

（二）未由专业技术人员现场监督的；

（三）未出具自检合格证明或者出具虚假证明的；

（四）未向施工单位进行安全使用说明，办理移交手续的。

施工起重机械和整体提升脚手架、模板等自升式架设设施安装、拆卸单位有前款规定的第（一）项、第（三）项行为，经有关部门或者单位职工提出后，对事故隐患仍不采取措施，因而发生重大伤亡事故或者造成其他严重后果，构成犯罪的，对直接责任人员，依照刑法有关规定追究刑事责任。

第六十五条　违反本条例的规定，施工单位有下列行为之一的，责令限期改正；逾期未改正的，责令停业整顿，并处10万元以上30万元以下的罚款；情节严重的，降低资质等级，直至吊销资质证书；造成重大安全事故，构成犯罪的，对直接责任人员，依照刑法有关规定追究刑事责任；造成损失的，依法承担赔偿责任：

（一）安全防护用具、机械设备、施工机具及配件在进入施工现场前未经查验或者查验不合格即投入使用的；

（二）使用未经验收或者验收不合格的施工起重机械和整体提升脚手架、模板等自升式架设设施的；

（三）委托不具有相应资质的单位承担施工现场安装、拆卸施工起重机械和整体提升脚手架、模板等自升式架设设施的；

（四）在施工组织设计中未编制安全技术措施、施工现场临时用电方案或者专项施工方案的。

第六十七条　施工单位取得资质证书后，降低安全生产条件的，责令限期改正；经整改仍未达到与其资质等级相适应的安全生产条件的，责令停业整顿，降低其资质等级直至吊销资质证书。

10.《建设工程质量管理条例》

第五十四条　违反本条例规定，建设单位将建设工程发包给不具有相应资质等级的勘察、设计、施工单位或者委托给不具有相应资质等级的工程监理单位的，责令改正，处50万元以上100万元以下的罚款。

第五十五条　违反本条例规定，建设单位将建设工程肢解发包的，责令改正，处工程合同价款百分之零点五以上百分之一以下的罚款；对全部或者部分使用国有资金的项目，并可以暂停项目执行或者暂停资金拨付。

第六十条　违反本条例规定，勘察、设计、施工、工程监理单位超越本单位资质等级承揽工程的，责令停止违法行为，对勘察、设计单位或者工程监理单位处合同约定的勘察费、设计费或者监理酬金1倍以上2倍以下的罚款；对施工单位处工程合同价款百分之二以上百分之四以下的罚款，可以责令停业整顿，降低资质等级；情节严重的，吊销资质证书；有违法所得的，予以没收。

未取得资质证书承揽工程的，予以取缔，依照前款规定处以罚款；有违法所得的，予以没收。

以欺骗手段取得资质证书承揽工程的，吊销资质证书，依照本条第一款规定处以罚款；有违法所得的，予以没收。

第六十一条　违反本条例规定，勘察、设计、施工、工程监理单位允许其他单位或者个人以本单位名义承揽工程的，责令改正，没收违法所得，对勘察、设计单位和工程监理单位处合同约定的勘察费、设计费和监理酬金1倍以上2倍以下的罚款；对施工单位处工程合同价款百分之二以上百分之四以下的罚款；可以责令停业整顿，降低资质等级；情节严重的，吊销资质证书。

第六十二条　违反本条例规定，承包单位将承包的工程转包或者违法分包的，责令改正，没收违法所得，对勘察、设计单位处合同约定的勘察费、设计费百分之二十五以上百分之五十以下的罚款；对施工单位处工程合同价款百分之零点五以上百分之一以下的罚款；可以责令停业整顿，降低资质等级；情节严重的，吊销资质证书。

第六十四条　违反本条例规定，施工单位在施工中偷工减料的，使用不合格的建筑材料、建筑构配件和设备的，或者有不按照工程设计图纸或者施工技术标准施工的其他行为的，责令改正，处工程合同价款百分之二以上百分之四以下的罚款；造成建设工程质量不符合规定的质量标准的，负责返工、修理，并赔偿因此造成的损失；情节严重的，责令停业整顿，降低资质等级或者吊销资质证书。

第六十五条　违反本条例规定，施工单位未对建筑材料、建筑构配件、设备和商品混凝土进行检验，或者未对涉及结构安全的试块、试件以及有关材料取样检测的，责令改正，处10万元以上20万元以下的罚款；情节严重的，责令停业整顿，降低资质等级或者吊销资质证书；造成损失的，依法承担赔偿责任。

第七十条　发生重大工程质量事故隐瞒不报、谎报或者拖延报告期限的，对直接负责的主管人员和其他责任人员依法给予行政处分。

第七十七条　建设、勘察、设计、施工、工程监理单位的工作人员因调动工作、退休等原因离开该单位后，被发现在该单位工作期间违反国家有关建设工程质量管理规定，造成重大工程质量事故的，仍应当依法追究法律责任。

11.《建筑起重机械安全监督管理规定》

第二十八条　违反本规定，出租单位、自购建筑起重机械的使用单位，有下列行为之一的，由县级以上地方人民政府建设主管部门责令限期改正，予以警告，并处以 5 000 元以上 1 万元以下罚款：

（一）未按照规定办理备案的；

（二）未按照规定办理注销手续的；

（三）未按照规定建立建筑起重机械安全技术档案的。

第二十九条　违反本规定，安装单位有下列行为之一的，由县级以上地方人民政府建设主管部门责令限期改正，予以警告，并处以 5000 元以上 3 万元以下罚款：

（一）未履行第十二条第（二）、（四）、（五）项安全职责的；

（二）未按照规定建立建筑起重机械安装、拆卸工程档案的；

（三）未按照建筑起重机械安装、拆卸工程专项施工方案及安全操作规程组织安装、拆卸作业的。

第三十条　违反本规定，使用单位有下列行为之一的，由县级以上地方人民政府建设主管部门责令限期改正，予以警告，并处以 5000 元以上 3 万元以下罚款：

（一）未履行第十八条第（一）、（二）、（四）、（六）项安全职责的；

（二）未指定专职设备管理人员进行现场监督检查的；

（三）擅自在建筑起重机械上安装非原制造厂制造的标准节和附着装置的。

第三十一条　违反本规定，施工总承包单位未履行第二十一条第（一）、（三）、（四）、（五）、（七）项安全职责的，由县级以上地方人民政府建设主管部门责令限期改正，予以警告，并处以 5000 元以上 3 万元以下罚款。

12.《建筑施工企业安全生产许可证管理规定》

第二十二条　取得安全生产许可证的建筑施工企业，发生重大安全事故的，暂扣安全生产许可证并限期整改。

第二十三条　建筑施工企业不再具备安全生产条件的，暂扣安全生产许可证并限期整改；情节严重的，吊销安全生产许可证。

第二十四条　违反本规定，建筑施工企业未取得安全生产许可证擅自从事建筑施工活动的，责令其在建项目停止施工，没收违法所得，并处 10 万元以上 50 万元以下的罚款；造成重大安全事故或者其他严重后果，构成犯罪的，依法追究刑事责任。

第二十五条　违反本规定，安全生产许可证有效期满未办理延期手续，继续从事建筑施工活动的，责令其在建项目停止施工，限期补办延期手续，没收违法所得，并处 5 万元以上 10 万元以下的罚款；逾期仍不办理延期手续，继续从事建筑施工活动的，依照本规定第二十四条的规定处罚。

第二十六条　违反本规定，建筑施工企业转让安全生产许可证的，没收违法所得，处 10 万元以上 50 万元以下的罚款，并吊销安全生产许可证；构成犯罪的，依法追究刑事责任；接受转让的，依照本规定第二十四条的规定处罚。

冒用安全生产许可证或者使用伪造的安全生产许可证的，依照本规定第二十四条的规定处罚。

13.《建筑施工特种作业人员管理规定》

第二十九条　有下列情形之一的，考核发证机关应当撤销资格证书：

（一）持证人弄虚作假骗取资格证书或者办理延期复核手续的；

（二）考核发证机关工作人员违法核发资格证书的；

（三）考核发证机关规定应当撤销资格证书的其他情形。

第三十条　有下列情形之一的，考核发证机关应当注销资格证书：

（一）依法不予延期的；

（二）持证人逾期未申请办理延期复核手续的；

（三）持证人死亡或者不具有完全民事行为能力的；

（四）考核发证机关规定应当注销的其他情形。

14.《江苏省建筑施工起重机械设备安全监督管理规定》

第二十九条　设区的市、县（市）建设行政主管部门对违反本规定第五条、第八条规定购置使用的起重机械设备，可予以查封或者扣押，责令清除出建筑施工现场。